中国自主基础软件
技术与应用丛书

“十四五”时期国家重点出版物出版专项规划项目

统信UOS
应用开发详解

统信软件技术有限公司◎著

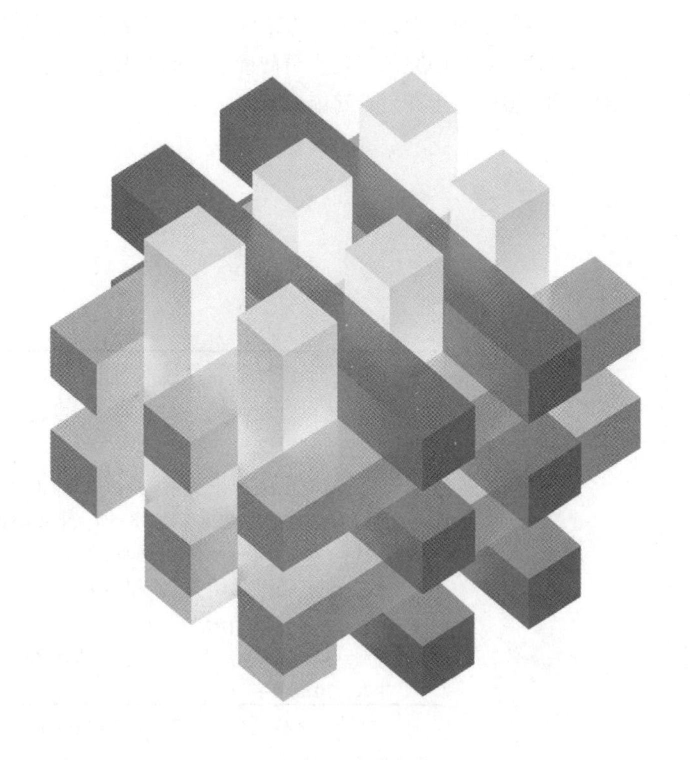

人 民 邮 电 出 版 社
北 京

图书在版编目（CIP）数据

统信UOS应用开发详解 / 统信软件技术有限公司著
. -- 北京 : 人民邮电出版社, 2023.1
（中国自主基础软件技术与应用丛书）
ISBN 978-7-115-59734-2

Ⅰ. ①统… Ⅱ. ①统… Ⅲ. ①操作系统－教材 Ⅳ.
①TP316

中国版本图书馆CIP数据核字(2022)第126056号

内容提要

本书是统信UOS应用开发指南，包括5篇，共16章。背景知识篇介绍操作系统简史以及国产操作系统；应用开发篇是本书的核心，包括开发设计原则、开发环境与开发工具、Qt开发框架、DTK开发框架、DTK插件开发、服务开发、调试与性能优化；发布与部署篇介绍包格式、上架部署；桌面应用开发实战篇介绍6个难度从初级、中级到高级的经典应用案例，以及系统接口案例；常见问题篇介绍内核与驱动、开发工具相关、常用资源，帮助读者进一步提升开发水平。

本书内容全面，理论与实践相结合，语言表达清晰、简洁，有利于读者参考学习。

本书适合统信UOS的开发人员阅读，有助于其全面掌握开发内容；也适合有志于参与统信生态构建的信创厂商、应用开发者阅读参考。

◆ 著　　　　统信软件技术有限公司
责任编辑　赵祥妮　俞　彬
责任印制　陈　犇
◆ 人民邮电出版社出版发行　　北京市丰台区成寿寺路11号
邮编　100164　　电子邮件　315@ptpress.com.cn
网址　https://www.ptpress.com.cn
三河市中晟雅豪印务有限公司印刷
◆ 开本：787×1092　1/16
印张：37.5　　　　2023年1月第1版
字数：1058千字　　2023年1月河北第1次印刷

定价：148.00元

读者服务热线：(010)81055410　印装质量热线：(010)81055316
反盗版热线：(010)81055315
广告经营许可证：京东市监广登字20170147号

《统信 UOS 应用开发详解》编委会

推荐序

承载应用、连接硬件的操作系统，无疑是支撑信息技术运行和发展的基石，向自主操作系统迁移逐渐成为信息技术行业的共识。

生态是操作系统产业的核心。操作系统生态建设任重而道远，整体上可分为 3 个阶段。第一个阶段是满足关键行业的日常办公应用需求。目前中国操作系统生态已经完全满足了这个需求。第二个阶段是满足不同行业的多场景应用需求。这需要丰富的业务型软件、专用软件和外设硬件的支持。这也是当前生态建设的难点之一，目前我们就处于这个阶段。第三个阶段是进入广阔的消费者市场，真正满足普通用户的应用需求。统信软件技术有限公司（简称统信软件）正在向着这个方向努力。

在构建操作系统生态的道路上，我们需要“填坑补课”，填补生态建设中还没有做的特别好的方面，给开发者提供更强的生态吸引力。自成立以来，统信软件一直以“打造操作系统创新生态”为自己的使命。但也不得不承认有关统信 UOS 的应用开发技术资料相对匮乏，开发者在刚开始面对统信 UOS 时难免感觉无从下手。

应用开发人才是操作系统生态建设中必不可少的一环，人才培养的重要性不言而喻。因此，统信软件汇集众多一线开发人员的技术储备、心得体会，推出了这本《统信 UOS 应用开发详解》。本书具有以下特点。

1. 从开发者角度来组织本书的内容。本书的内容源自统信 UOS 一线开发人员的多年积累，面向开发者，按照应用开发的流程进行组织，并整理了在开发过程中可能会遇到的内核与驱动问题、常用开发工具与常用资源。

2. 详细解读开发工具 DTK。DTK 是统信软件基于 Qt 开发的一整套简单且实用的通用开发框架，提供了丰富的开发接口与支持工具，可满足日常图形应用、业务应用、系统定制应用的开发需求，提升开发效率，让开发者畅享跨平台、跨架构的开发体验。本书内容涵盖在开发过程中常用的 DTK 程序框架、图形控件、常用组件和设置界面，以及多种 DTK 插件的开发。

3. 理论与实践相结合，提供可学习、可参考的典型开发案例。书里介绍了 6 个典型的开发案例，包括简易文本编辑器、计算器、相册、邮箱客户端、影院、音乐播放器，还介绍了设备访问、托盘图标等系统接口案例。这些案例来自真实运行在统信 UOS 上的应用，对开发者更有借鉴价值。

4. 不仅注重讲解应用开发知识点，而且注重开发者全流程的技能培养。想要从零到一完成应用开发，除核心的 Qt 和 DTK 开发知识外，开发者还需要理解开发设计原则，能配置开发环境、选择合适的开发工具，会进行调试与性能调优，完成软件的打包、上架和部署。这个完整应用开发流程的各个环节在本书中都有介绍，读者可根据需要选择性阅读。

通过阅读本书，读者可对操作系统上的应用开发流程建立起清晰的认识，掌握在统信 UOS 上进行应用开发的必备知识与常用工具，动手实操应用的开发。对于有志于参与统信 UOS 操作系统生态构建的每一位开发者，无论是已经有经验的，还是刚接触应用开发的，或是刚接触统信 UOS 的，都希望本书能在大家的学习与开发道路上提供可参考的学习路线、较为明确的指导。

随着生态的日益完善，我国自己的操作系统产品将从关键领域走向千行百业和千家万户。我们也期待着与广大读者、用户、开发者、上下游厂商携手并肩，共同努力，加快这一天的到来。

石丰

统信软件技术有限公司 服务中心总经理

2022 年 10 月

目 录

第1篇 背景知识

第01章 操作系统简史

1.1 人工时代 003
1.2 批处理操作系统 003
1.2.1 联机批处理操作系统 003
1.2.2 脱机批处理操作系统 003
1.3 分时操作系统 004
1.3.1 UNIX 操作系统的诞生 004
1.3.2 可视化操作系统的演进 005
1.3.3 开源 Linux 的诞生与演进 005

第02章 国产操作系统

2.1 国产操作系统的必要性 007
2.2 国产操作系统统信 UOS 007
2.2.1 DDE 009
2.2.2 统信 UOS 生态环境 010

第2篇 应用开发

第03章 开发设计原则

3.1 同源异构 013
3.1.1 内核适配 013
3.1.2 ABI 兼容性 013
3.1.3 接口兼容性 014
3.2 兼容性原则 014
3.3 目录权限规范 014
3.4 界面设计理念 015
3.4.1 为用户而设计 015
3.4.2 设计解决的不是视觉问题 015
3.4.3 保持轻量 015

第04章 开发环境与开发工具

4.1 统信 UOS 的安装 018
4.1.1 物理机单系统安装 018
4.1.2 物理机多系统安装 022
4.1.3 VirtualBox 安装 023
4.1.4 统信 UOS 的基本使用 026
4.1.5 安装软件 028
4.2 常见的开发环境配置 029
4.2.1 DTK 开发环境 029
4.2.2 开发第一个程序：HelloWorld 031
4.3 目录结构设计 037
4.3.1 项目目录规范 037
4.3.2 README 文件 037
4.4 版本控制系统 039
4.4.1 Git 基础知识 039
4.4.2 安装 Git 040
4.4.3 配置 Git 041
4.5 Git Flow 开发模型 042
4.5.1 主分支 043

4.5.2 辅助分支 043
4.6 版本号管理 044
4.7 统信 UOS 的开发者模式 044
4.7.1 潜在风险说明 045
4.7.2 开启方法 045

第 05 章 Qt 开发框架

5.1 Qt 基础模块 047
5.1.1 Qt Core 047
5.1.2 Qt GUI 064
5.1.3 Qt Widgets 067
5.1.4 Qt Test 080
5.2 Qt 扩展模块 090
5.2.1 Qt Concurrent 090
5.2.2 Qt BlueTooth 093
5.2.3 Qt D-Bus 096
5.2.4 Qt Image Formats 097
5.3 Qt WebEngine 概述 097
5.3.1 开发 Qt WebEngine Widgets 应用 098
5.3.2 开发与 Qt WebEngine 相关的 Qt Quick 应用 099
5.3.3 命令行参数 099
5.3.4 Qt WebEngine 其他说明 100
5.4 Electron 概述 101
5.4.1 Electron 开发环境 101
5.4.2 第一个 Electron 程序 102
5.4.3 打包并分发第一个应用 105
5.4.4 调试方法 105
5.5 常见问题 106
5.5.1 qmake 工程设置模块之间的编译依赖关系 106
5.5.2 CMake 工程设置模块之间的编译依赖关系 106
5.5.3 快速使用 QTimer 进行一次计时操作 107
5.5.4 Qt 单元测试发送事件到控件中 107
5.5.5 使用事件过滤器 110
5.5.6 信号和槽的连接参数 111
5.5.7 Qt 多线程常见使用方法 112
5.5.8 QWidget 坐标系的位置变换 113
5.5.9 Qt 版本区分 115
5.5.10 限制 QLineEdit 内容输入 116
5.5.11 Qt 通过信号与槽传递自定义结构体数据 117
5.5.12 Qt 界面控件自动关联信号槽 118
5.5.13 QString 格式化字符串的使用 118
5.5.14 QDateTime 日期时间类的使用 119

第 06 章 DTK 开发框架

6.1 DTK 开发简述 122
6.2 DTK 功能模块介绍 122
6.3 DTK 程序框架创建 123
6.3.1 软件环境配置和开发包安装 123
6.3.2 创建 qmake 项目 124
6.3.3 创建 CMake 项目 126
6.4 DTK 图形控件使用 127
6.4.1 dtkwidget 的 public 类简介 127
6.4.2 DMainWindow 简介 128
6.5 DTK 常用组件 135
6.5.1 布局 135
6.5.2 进度、状态指示 141
6.5.3 输入框和编辑框 144
6.5.4 按钮与选项 148

6.5.5 消息通知与提示 153
6.6 DTK 中的设置界面框架 157
6.6.1 简介 158
6.6.2 示例 158
6.6.3 详解 159

第07章 DTK 插件开发

7.1 插件的工作原理 165
7.2 dde-dock 插件开发 165
7.2.1 dde-dock 插件接口 165
7.2.2 dde-dock 插件开发过程 167
7.3 dde-control-center 插件开发 182
7.3.1 dde-control-center 插件开发的准备工作 182
7.3.2 dde-control-center 插件接口 182
7.3.3 构建 dde-control-center 插件 183
7.3.4 插件加载原理 189
7.4 dfm 插件开发 190
7.4.1 准备工作 191
7.4.2 属性对话框插件 191
7.4.3 视图插件 195
7.4.4 面包屑插件 202
7.4.5 文件控制器插件 210
7.4.6 文件预览插件 217
7.5 PAM 插件 224
7.5.1 PAM 工作流程 224
7.5.2 PAM 配置文件介绍 225
7.5.3 PAM 主要操作函数 228
7.5.4 PAM 标准接口介绍 229
7.5.5 实现一个 PAM 插件 229
7.6 浏览器插件开发 231
7.6.1 NPAPI 插件 231
7.6.2 插件安装 232
7.6.3 插件识别 232
7.6.4 插件的生命周期 233
7.6.5 NAAPI 的插件开发 234

第08章 服务开发

8.1 systemd 服务开发 240
8.1.1 systemd 系统架构 240
8.1.2 unit 介绍 240
8.1.3 unit 管理 241
8.1.4 unit 服务配置文件 242
8.1.5 实例 243
8.1.6 systemd 调试 246
8.2 PolicyKit 服务开发 247
8.2.1 PolicyKit 系统架构 247
8.2.2 身份验证代理 248
8.2.3 声明操作 248
8.2.4 polkitd 250
8.2.5 pkcheck 250
8.2.6 pkaction 251

第09章 调试与性能优化

9.1 GDB 入门 254
9.1.1 何为 GDB 254
9.1.2 GDB 工作原理 254
9.1.3 调用和退出 GDB 254
9.1.4 GDB 基本命令 258
9.1.5 GDB 调试脚本 275
9.1.6 GDB 多线程调试 276
9.1.7 GDB 多进程调试 280

9.2 Qt Creator 中的调试和调优 284
9.2.1 代码调试 284
9.2.2 性能调优 289
9.3 使用 perf 进行性能分析 292
9.3.1 用法 292
9.3.2 事件类型 293
9.3.3 示例 294
9.4 使用 gperftools 进行性能分析 304
9.4.1 编译安装 gperftools 304
9.4.2 TCMalloc 305
9.4.3 heap checker 305
9.4.4 heap profiler 308
9.4.5 CPU profiler 312
9.5 使用 gprof 进行性能分析 314
9.5.1 编译 profiling 程序 315
9.5.2 运行 profiling 程序 315
9.5.3 运行 gprof 316
9.5.4 gprof 输出样式 316
9.6 使用 Valgrind 与 Sanitizers 进行内存分析 319
9.6.1 Valgrind 319
9.6.2 Sanitizers 324

第3篇 发布与部署

第10章 包格式

10.1 Debian 软件包 333
10.1.1 Debian 软件包概述 333
10.1.2 统信 UOS 系统安装 deb 软件包 335
10.1.3 构建 deb 软件包 341
10.2 RPM 356
10.2.1 RPM 软件管理命令 356
10.2.2 DNF 包管理器 359
10.2.3 构建 RPM 包 364
10.3 依赖分析与处理 369
10.3.1 软件包的依赖概述 369
10.3.2 统信 UOS 系统上软件依赖分析方法及原理 369
10.3.3 统信 UOS 系统使用过程中如何处理依赖 372
10.3.4 统信 UOS 开发过程中常见的依赖问题 377

第11章 上架部署

11.1 应用规范 380
11.1.1 目录结构 380
11.1.2 权限规范 380
11.2 签名 380
11.2.1 签名机制 381
11.2.2 统信 UOS 应用签名 383
11.2.3 签名工具的使用 386
11.3 上架 387
11.3.1 应用商店介绍 388
11.3.2 准备工作 389
11.3.3 创建应用 390
11.3.4 上架 391
11.4 内网分发 391
11.4.1 私有化应用商店 392
11.4.2 部署流程 392
11.4.3 其他 396

第 4 篇　桌面应用开发实战

第 12 章 经典应用案例

12.1 初级：简易文本编辑器 401
12.1.1 简述 401
12.1.2 应用主要功能 401
12.1.3 “关于”界面 402
12.1.4 主业务视图 406
12.1.5 标题栏 407
12.1.6 文本显示 / 编辑框及行号栏 412
12.1.7 底部栏 420
12.2 初级：计算器 424
12.2.1 简述 424
12.2.2 应用主要功能 424
12.2.3 应用入口 425
12.2.4 应用主窗口内容添加 426
12.3 中级：相册 435
12.3.1 简述 435
12.3.2 图片加载 435
12.3.3 缩略图展示 436
12.3.4 大图展示 440
12.4 中级：邮箱客户端 442
12.4.1 简述 442
12.4.2 邮件引擎 442
12.4.3 数据结构 444
12.4.4 实例 445
12.5 高级：影院 446
12.5.1 简述 446
12.5.2 播放引擎介绍 446
12.5.3 播放引擎接口函数 447
12.5.4 实例 448
12.6 高级：音乐播放器 451
12.6.1 简述 451
12.6.2 音乐引擎介绍 451
12.6.3 音乐播放接口 451
12.6.4 实例 453

第 13 章 系统接口案例

13.1 定时任务 458
13.1.1 cron 简述 458
13.1.2 systemd 简述 458
13.2 设备访问 460
13.2.1 摄像头 460
13.2.2 扬声器和麦克风 484
13.2.3 网络 502
13.2.4 蓝牙 509
13.3 通知接口 518
13.4 托盘图标 523
13.4.1 QSystemTrayIcon 类 523
13.4.2 实例 525

第 5 篇　常见问题

第 14 章 内核与驱动

14.1 内核编译 531
14.1.1 编译 x86/ARM 内核 531
14.1.2 交叉编译龙芯内核 531
14.2 GPIO 531
14.2.1 数据结构 532

14.2.2 驱动初始化流程 532

14.2.3 示例 532

14.3 input 子系统 533

14.3.1 输入设备驱动 533

14.3.2 应用示例 535

14.4 hwmon 子系统 537

14.4.1 hwmon 驱动 537

14.4.2 应用示例 539

14.5 LTP 539

14.5.1 LTP 执行原理 540

14.5.2 LTP 环境部署 540

14.5.3 安装目录 540

14.5.4 测试执行 540

14.6 驱动问题 541

14.6.1 网卡速度异常问题 541

14.6.2 USB 触摸板 S3 唤醒问题 541

14.6.3 HDMI 热插拔连接状态错误问题 543

第 15 章 开发工具相关

15.1 其他开发工具 549

15.1.1 VS Code 549

15.1.2 JetBrains 系列 IDE 552

15.1.3 Eclipse 555

15.2 其他语言开发环境搭建 558

15.2.1 Node.js 558

15.2.2 Go 561

15.2.3 Rust 563

第 16 章 常用资源

16.1 DTK 接口简要说明 567

16.1.1 DMainWindow 自定义快捷菜单 567

16.1.2 DApplication 接口函数 569

16.1.3 DTK 汉字转拼音 569

16.1.4 DListView DViewItemAction::setWidget 用法 569

16.1.5 打印预览 571

16.1.6 DAccessibilityChecker 的用法 572

16.1.7 自定义按钮背景色 573

16.1.8 帮助手册 574

16.1.9 日志文件 575

16.1.10 系统信息 576

16.1.11 系统通知 577

16.1.12 DRegionMonitor 577

16.2 Linux 开发常用资源 578

16.2.1 libc 手册 579

16.2.2 man 手册 579

16.2.3 编辑器 581

16.2.4 工具 582

16.2.5 代理 583

16.2.6 网络安全 583

16.2.7 文件共享 584

16.2.8 终端 584

16.2.9 图形界面 585

16.2.10 数据备份与恢复 585

16.2.11 控制台 586

16.2.12 包管理工具 586

-第 1 篇　背景知识-

第 01 章

操作系统简史

操作系统用于管理计算机硬件、软件资源，并提供通用服务，是直接运行在计算机硬件上的基本系统软件。其他软件都必须在操作系统的支持下才能运行。操作系统可划分为批处理操作系统、分时操作系统等类型。实际上，发展到现在，分时操作系统、实时操作系统、个人操作系统、网络操作系统、分布式操作系统在不同的场景下都被广泛使用。本章将对操作系统的发展历史进行简要介绍。

1.1 人工时代

在电子管计算机时代，计算机是没有系统软件的，只能在少数领域中得到运用，人们用机器语言编程。编写的程序是用纸带（或卡片）来表示的。用户先把纸带装到计算机上，然后启动输入机把程序和数据送入计算机，接着通过计算机控制台开关启动程序运行，计算完毕，输出机输出计算结果，用户卸下并取走纸带，如图 1-1 所示。

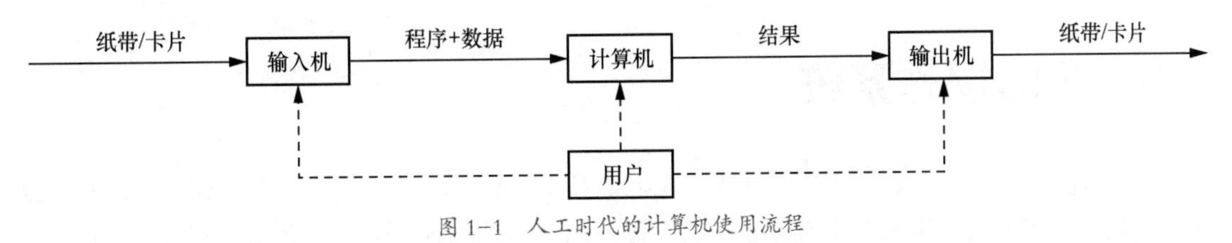

图 1-1　人工时代的计算机使用流程

可以看出，这种方式效率很低，CPU 有效运行时间极短，因为要等待大量的人工操作完成。而且用户独占机器，程序运行过程中计算机无法和程序员进行交互。为解决上述问题，人们开始研制不同的操作系统来适应计算机的发展。

1.2 批处理操作系统

批处理操作系统是加载在计算机上的一个系统软件，在它的控制下，计算机能够自动、成批地处理一个或多个用户的作业（包括程序、数据和命令）。

1.2.1 联机批处理操作系统

首先出现的是联机批处理操作系统，即作业的输入输出（Input/Output，I/O）由 CPU 来处理。批处理是指用户将批量作业流提交给操作系统后就不再干预，由操作系统控制它们自动运行，如图 1-2 所示。这种采用批处理作业技术的操作系统称为批处理操作系统。批处理操作系统分为单道批处理操作系统和多道批处理操作系统。批处理操作系统不具有交互性，它是人们为了提高 CPU 的利用率而设计出的一种操作系统。

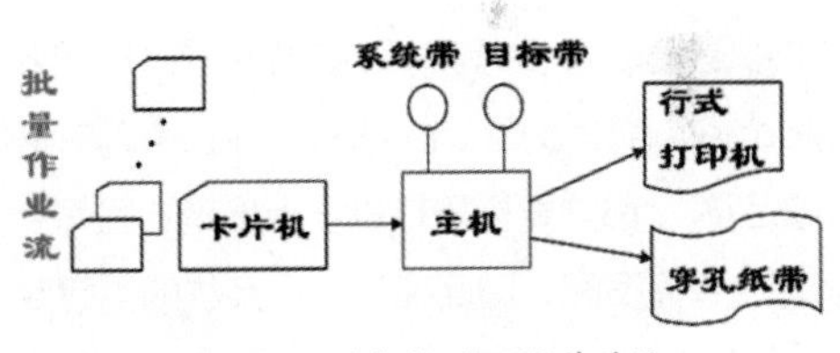

图 1-2　联机批处理操作系统

1.2.2 脱机批处理操作系统

脱机批处理操作系统是人们为了缓解人机矛盾、主机与外围设备（简称外设）的矛盾，以及提高 CPU 利用率而设计出的操作系统。这种操作系统的显著特征是：增加一台不与主机直接相连而专门用于与 I/O 打交道的卫星机，如图 1-3 所示。

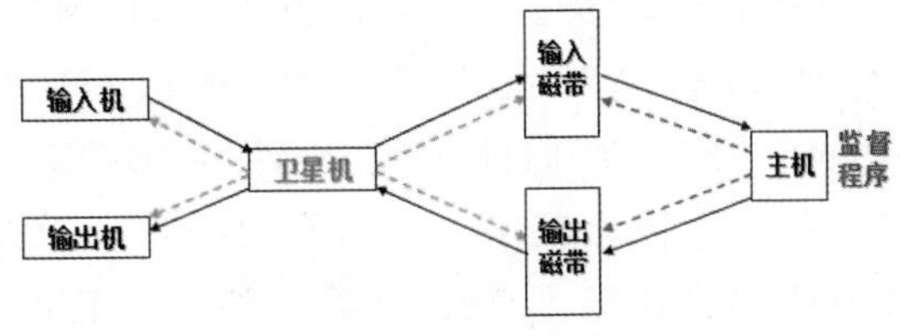

图 1-3　脱机批处理操作系统

卫星机的功能是：从输入机读取用户作业并放到输入磁带上，从输出磁带读取执行结果并传给输出机。这样，主机不直接与慢速的 I/O 打交道，而是与速度相对较快的磁带联系，可有效缓解主机与外设的矛盾。主机与卫星机可并行工作，二者分工明确，也可以充分发挥主机的高速计算能力。脱机批处理操作系统在 20 世纪 60 年代应用十分广泛，它极大地缓解了人机矛盾及主机与外设的矛盾，是现代操作系统的原型。1964 年，IBM（International Business Machines，国际商业机器）公司发布了 System/360（S/360）系统，对应的主机操作系统为 OS/360。OS/360 支持多道程序，最多可同时运行 15 道程序。为了便于管理，OS/360 把 CPU 存储器划分为多个（最多 15 个）分区，每个程序在一个分区中运行。

1.3 分时操作系统

分时操作系统使得一台计算机可采用时间片轮转的方式，同时为几个、几十个甚至几百个终端用户服务。分时操作系统把计算机与许多终端用户连接起来，将系统处理机时间与内存空间按一定的时间间隔划分为时间片，轮流地切换给各终端用户的程序使用。由于时间间隔很短，每个终端用户会感觉自己独占了计算机。分时操作系统的特点是可有效提高资源的使用率。例如 UNIX 操作系统就采用剥夺式动态优先的 CPU 调度，有力地支持分时操作。典型的分时操作系统例子是 UNIX 和 Linux 操作系统。其可以同时连接多个终端并且每隔一段时间重新扫描进程、重新分配进程的优先级，还可动态分配系统资源。

1.3.1 UNIX 操作系统的诞生

计算机操作系统的鼻祖是 Multics（Multiplexed Information and Computing System，多路信息和计算系统）操作系统，以下简称 M 系统。M 系统是 1964 年美国贝尔实验室、麻省理工学院及通用电气公司共同研发的，最初的目的是开发出一套安装在大型主机上多人多工的操作系统。因为当时的计算机一次只能接受一个任务，多人的任务需要排队执行。后来，原 M 系统设计成员肯尼思 • 汤普森（Kenneth Thompson）想把一款名为《太空旅游》的游戏移植到他们实验室的一台机器上而开发了一套软件。该套软件参考 M 系统的思路设计，但是功能单一，实验室的人戏称此软件为 UNICS（UNiplexed Information and Computing System，单路信息和计算系统）。由于当时的 UNICS 每次移植到一个新的机器上时，都需要重复在机器上处理，且需针对不同的机器设备进行额外的编程处理，就是驱动都要程序员写、程序员配，因此那个时候系统的传播受限于硬件和使用者的能力，只能供极少部分人使用。

1971 年，肯尼思•汤普森 和丹尼斯•里奇（Dennis Ritchie）为了使当时的 UNICS 具有更好的移植性、适用于不同的硬件设施，创造了 C 语言。他们于 1973 年，用 C 语言重新改写并编译 UNICS 的核心，将其正式命名为 UNIX，形成了 UNIX 的初代版本。该版本由于使用了高级语言——C 语言，减轻了对底层硬件依赖的问题，从而可以广泛地在各种机器上使用。初代的 UNIX 采用了 200 多条程序命令，虽然内核很小，但是功能极为精简、强悍。当时原本需要用 100 ~ 1000 行代码才能实现的程序，在 UNIX 中使用不超过 10 条命令就可实现。它极高的效率使它在美国 AT&T 公司内得以快速传播。可以设想一下，本来要一天才能做完的工作，用当时的 UNIX 几分钟就能搞定，这种“神器”能不快速传播吗?

计算机软件的发展历程是一个持续优化、提升效率的过程。UNICS 的发明是为了将复杂的任务简单化。为了简化软件和硬件的关联处理而重新创建的一种新语言（C 语言），也帮助我们实现了软件和硬件的分离，为现代操作系统（UNIX）的发展打下了坚实的基础。需要指出的是，当时的 UNIX 属于 AT&T 公司的贝尔实验室，但该公司和学术界院校（美国加利福尼亚大学伯克利分校）合作开发，使得 UNIX 在各大高校快速传播。1977 年，加利福尼亚大学伯克利分校的比尔 • 乔伊（Bill Joy）在取得了 UNIX 的核心源码后，着手将其修改成适合自己机器的版本，同时增加了很多功能软件与编译工具，最终将它命名为 BSD（Berkeley Software Distribution，伯克利软件套件）。BSD 是 UNIX 很重要的一个分支，苹果公司（后简称苹果）的操作系统实际源自此分支。1979 年，AT&T 公司出于商业方面的考量，将 UNIX 的版权收回。因此，AT&T 公司在 1979 年发行的第 7 版 UNIX 中，特别提到了“不可对学生提供源码”的严格限制。这导致后来学术界自力更生，安德鲁 · 塔嫩鲍姆（Andrew Tanenbaum）教授参照 UNIX 的功能，写出了 Minix 系统，用于教授操作系统的相关教程。该系统在 1986 年完成开发并发布，相关图书也于次年出版。这是后来大名鼎鼎的林纳斯 • 托瓦兹（Linus Torvalds）得以构建 Linux 初代系统的基础。

1.3.2 可视化操作系统的演进

在 1984 年以前，几乎所有的操作系统都是基于企业或高校科研机构的大型机来设计和使用的，还没有达到普通人能用的地步。当时，大部分的计算机操作系统是基于命令行终端的，没有图形化的操作界面。这样的操作系统只能被极少部分的高级专业人员和学术界的师生使用。但到了 1984 年，一切都发生了变化。这时，操作系统的发展发生了哪些变化呢？具体如下。

- VisiCorp 公司的第一款可视化操作系统 Visi On 发布。
- 苹果的第一款可视化操作系统 macOS 1.0 发布。
- 微软公司（后简称微软）推出 Windows 1.0（1985 年）。
- 日本 NEC 公司（日本电气股份有限公司）基于 ITRON/86 规范，第一个实现了 ITRON 操作系统。

几乎是不约而同的，世界上几个重要的操作系统厂商都在同一时间段内发布了操作系统的商用版本，且都具有图形化界面。而这 4 个操作系统经过近 40 年的演进，几乎影响了我们现代生活的方方面面。苹果的 macOS 实际来源于 UNIX（FreeBSD 版本），是 UNIX 阵营向普通消费者市场进军的主力，图形化的界面和应用降低了系统和计算机的使用门槛。

微软之前一直使用 MS-DOS 命令行的系统，在看到苹果的可视化界面后，紧接着开发出 Windows 系统，以抢占普通消费者市场，由此开启了苹果和微软两大公司 30 多年的激烈竞争。

1.3.3 开源 Linux 的诞生与演进

从 20 世纪 80 年代中后期开始，大量基于可视化操作界面的操作系统问世后，操作系统真正普及开来。不过，可视化操作系统是直接装在机器上的，它在降低了用户使用门槛的同时，也封闭了内在复杂的软件设计。普通的学院派老师、学生难以看到其被隐藏的具体设计。由此，开源的操作系统 Linux 出现了。

1991 年，在芬兰赫尔辛基上大学的林纳斯 • 托瓦兹参照 UNIX 和 Minix，重写了一个初始的 Linux 系统，并于 1991 年 10 月 5 日发布了 0.01 版。1993 年，100 余名程序员参与了 Linux 内核代码的编写、修改工作，其中核心组由 5 人组成，此时 Linux 0.99 的代码大约有 10 万行，用户数大约有 10 万。由于全世界 Linux 爱好者、使用者的参与，发展到 Linux 4.9.2 时，Linux 内核源码就超过了 1800 万行。2019 年，Linux 新版内核发布，该内核有大约 2500 万行代码。有别于 UNIX 的闭源（代码不可获得），Linux 系统遵循开源协议，意味着任何人都可以获取和编辑代码，Linux 也因此获得了极大的关注和应用推广。

第 02 章

国产操作系统

对计算机而言，操作系统是其最基本也是最重要的基础性系统软件之一。本章分析国产操作系统的必要性，并对国产操作系统统信 UOS 进行了简要介绍。

2.1 国产操作系统的必要性

为什么要发展国产操作系统？我们不妨从一系列事件谈起。

2013 年，美国的“棱镜”计划被曝光，国际舆论一片哗然。这项计划从 2007 年就已经开始，从欧洲到拉丁美洲，从传统盟友到合作伙伴，从国家元首通话到日常会议记录，美国惊人规模的海外监听计划令世人震惊。

2017 年 5 月 12 日，WannaCry 蠕虫病毒通过 MS17-010 漏洞在全球范围内大爆发，感染了大量的计算机。该蠕虫病毒感染计算机后会向计算机中植入敲诈者病毒，导致计算机大量文件被加密。受害者计算机被黑客锁定后，会提示需支付价值相当于 300 美元（约合人民币 2157 元）的比特币才可解锁。WannaCry 主要利用了微软“视窗”系统的漏洞，以获得自动传播的能力，能够在数小时内感染一个系统内的全部计算机。

2017 年 11 月，Intel 公司（英特尔公司，后简称 Intel）被曝出 ME 事件，证实了 Intel 的处理器内部存在一套完全独立的系统，它由一个或多个核以及内存、时钟、总线、用于加密引擎的保留内存组成，甚至拥有独立的操作系统以及应用，可读取主系统的内存，可以通过网络控制器联网。这套系统可以在计算机休眠甚至关机的状态下运行。只要 Intel 想，ME 可以在用户不知道的情况下将用户的计算机完全控制。它可以控制计算机开机、关机，读取所有开放文件，检查所有已运行的程序，追踪用户的键盘、鼠标动作，甚至能截屏。全球数亿个处理器背后的每个用户都被监控着。如果处理器被国家安全相关部门使用，或被应用在军事上，那就更加危险，因为机密有可能被他人窃取，或是关键设备被他人控制。

2018 年 4 月 17 日，美国商务部宣布，禁止美国公司向中兴通讯股份有限公司销售零部件、商品、软件和技术 7 年，直到 2025 年 3 月 13 日。

上述事件总结起来说明两个问题：一是 CPU 或者操作系统受制于人，便没有自主权；二是信息安全没有办法保证，在国家安全上就没有办法建立最后的防火墙。CPU、操作系统都来自他人之手，网络安全更无从谈起。

如果我们没有自己的操作系统，桌面操作系统只能被微软等垄断，嵌入式操作系统基本也是国外产品“一统天下”，这会成为政府、金融、国防信息系统的安全隐患。电子政务系统方面尤其需注意，电子政务系统是供政府和公民使用的信息交流平台，其中既有公用的信息，又有需要严格保密的非公开信息。开放性、虚拟性、网络化，这些特点决定了电子政务系统对安全性有非常严格的要求，而没有一个拥有完全自主知识产权的操作系统，要想保证电子政务系统的安全几乎是不可能的。此外像 Windows 这样的操作系统中存在着很多的漏洞和陷门，不断引起世界性的“冲击波”和“震荡波”等安全事件，这也给我们敲响了警钟。

近几年，Linux 的发展为我们发展自己的操作系统提供了良好的机遇。Linux 是一个源码开放的“自由软件”，任何人都可以利用这些源码进行二次开发。这样我们就可以基于 Linux 内核去解决安全问题。这样的操作系统才能放心使用。统信 UOS 就是在这样的背景下孕育出来的，已发展为国内乃至国际上知名的操作系统。

2.2 国产操作系统统信 UOS

统信 UOS 是由统信软件技术有限公司（后简称统信软件）开发的一款基于 Linux 内核的操作系统，

支持龙芯、飞腾、兆芯、海光、鲲鹏等芯片平台的笔记本计算机、台式计算机、一体机、工作站以及服务器。统信 UOS 的第一个版本在 2020 年 1 月发布。统信 UOS 虽然很年轻，但它实际上有着很深的技术底蕴。统信 UOS 由深度操作系统发展而来。所以从某个角度来说，统信 UOS 的发展史实际上就是深度操作系统的发展史。

Deepin，原名 Linux Deepin，其致力于为全球用户提供美观易用、安全可靠的 Linux 发行版，中文名为深度操作系统。Linux Deepin 的前身是 Hiweed Linux 项目，Hiweed Linux 项目曾经短暂地暂停开发，在重启 Hiweed Linux 项目的时候，Hiweed Linux 更名为 Linux Deepin，并且成为深度社区下的一个子模块，后来不断发展，从深度社区中独立出来，成为今天的项目。深度操作系统中基于 Qt 技术开发了深度桌面环境和深度控制中心，并且开发了一系列面向日常使用的深度特色应用，如深度商店、深度截图、深度音乐、深度影院等。深度操作系统非常注重易用的用户体验和美观的设计。对于大多数用户来说，它易于安装和使用，能够很好地代替 Windows 系统进行工作与娱乐。统信 UOS 研发历程简介如下。

- 2004 年，其前身 Hiweed Linux 是中国第一个基于 Debian 的本地化版本，同时出现了社区研发团队。
- 2008 年，正式更名为 Linux Deepin，深度操作系统第一个版本发布。
- 2011 年，武汉深之度科技有限公司（简称深度科技）成立，并组建了专职研发团队对其进行支持。
- 2012 年，进入全球发行版排行榜前 100 名，获得第七届中日韩开源软件竞赛的“技术优胜奖”。
- 2013 年，进入全球发行版排行榜前 50 名，对外提供商业服务。
- 2014 年，更名为 Deepin，进入全球发行版排行榜前 20 名，北京运营中心成立，通过软件企业认定与 ISO 9001 认证，与多家上下游国产软件厂商达成战略合作，多项作品获得软件著作权认证，获得中国开源软件推进联盟“2014 年度开源优秀项目奖”，获得数千万规模的战略投资，建立起国内唯一拥有员工过百人的专注于桌面 Linux 发行版的团队。
- 2015 年，通过中华人民共和国工业和信息化部（简称工信部）国产操作系统适配测试，研发上线中国第一台基于国产操作系统的 ATM 设备，加入 Linux 基金会，获得第十九届中国国际软件博览会“创新奖”，获得 2015 年中国信息安全大会“国产化迁移最佳解决方案奖”和“自主可控操作系统最佳产品奖”，建立华东、华南、东北、西北分支机构。
- 2016 年，和网易云音乐联合正式发布国内第一个支持 Linux 平台的在线音乐应用，公司获得 CMMI3 认证证书。
- 2017 年，加入工信部安全可靠技术和产业联盟，进入全球发行版排行榜前 10 名。
- 2019 年，统信软件技术有限公司成立。
- 2020 年，统信 UOS 1010 发布。

目前，国内已经出现非常活跃的国产操作系统社区，深度操作系统累计下载达 5000 多万次，有 40 种不同语言的版本，用户遍及全球 40 多个国家和地区，是全球开源操作系统排行榜上排名最高的中国操作系统产品。以深度操作系统为基础，国内领先的操作系统厂家于 2019 年联合成立了统信软件。统信软件是以“打造操作系统创新生态”为使命的中国基础软件公司。统信软件成立后，依靠强大的开发团队，陆续推出 1010、1030、1040 和 1050 版本。

统信 UOS 基于深度操作系统，在深度操作系统的桌面开发环境的基础上，进行了多生态的适配和开发。对于统信 UOS 来说，DDE（Deepin Desktop Environment，深度桌面环境）是整个系统的根基，能通过其华丽的桌面效果和较好的用户体验吸引广大的社区用户使用。

2.2.1 DDE

统信 UOS 桌面操作系统架构如图 2-1 所示。DDE 在内核和 X Server 之上有一系列的程序，用户登录后就可以流畅地使用桌面、任务栏、开始菜单、文件操作和系统设置。DDE 符合中国人的使用习惯，很多地方的交互设计细节要比其他桌面环境做得更加精致和简洁，主要面向开箱即用的非技术型用户。

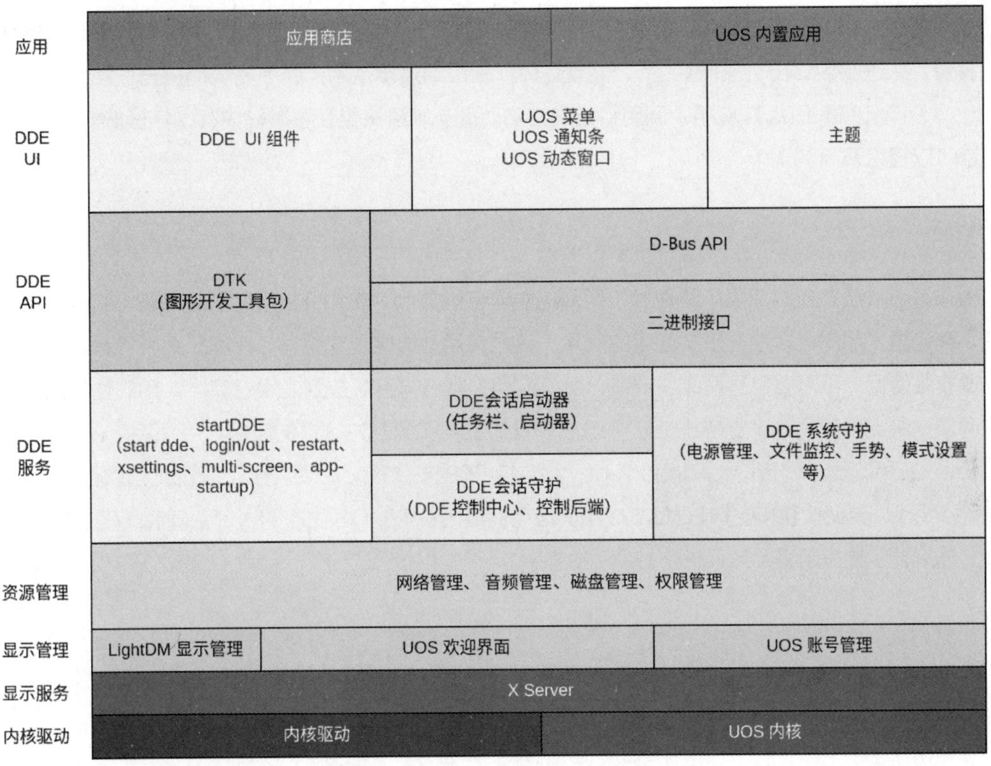

图 2-1　统信 UOS 桌面操作系统架构

统信 UOS 桌面操作系统从技术剖面（如图 2-1 所示）看，从下到上主要分为以下几层。

- 内核驱动：主要保障硬件的基本功能和兼容性，Linux 发行版的内核驱动层大同小异，区别在于内核补丁集不一样，或者集成的驱动和固件数量不同。
- 显示服务：从内核引导到 plymouth（俗称“开机动画”）后，如果见到登录并输入密码的界面，则说明 X Server 已经运行。简单地理解，X Server 就是 Linux 系统中掌握着绘制图形界面权力的“天神”，大多数程序绘制图形都和 X Server 有关联。同时 X Server 也是事件输入（比如键盘、鼠标输入）输出（比如显示器输出）的抽象层，开发者可以不考虑底层驱动和显卡驱动细节，直接使用 X11/XCB 的 API（Application Program Interface，应用程序接口）进行应用开发，只不过很多开发者使用 GTK+/Qt 等在 X11/XCB 更上层的 API 上进行应用开发。
- 显示管理：简单地理解就是登录界面提示用户输入密码的地方。
- 资源管理：由一系列的底层守护程序来监控硬件的状态，并汇报给上层的桌面环境和应用进行进一步操作，常见的资源管理器包括网络、音频、磁盘管理等。
- 桌面环境：主要包括桌面环境服务和后台守护进程的 DDE 服务，对外提供图形开发工具包（DTK）、二进制接口、D-Bus API 的 DDE API，和 DDE UI（User Interface，用户界面）几个部分。

- 应用：主要包括统信软件开发的系列应用，即合作开发的国内应用、Android 应用、Windows 应用和网页应用。应用商店主要提供系统的软件安装、卸载、升级等服务，保证用户可以安全、方便地进行软件管理，同时提供商店的评论和评分等功能。

简单来说，桌面操作系统的设计和实现就是对所有底层抽象的硬件、库和各种各样的状态进行管理，最后通过界面的方式和合理的交互设计与用户进行交互，让用户可以自然、流畅地使用各种应用完成自己的工作。在统信 UOS 桌面环境的后台守护进程基础之上，桌面环境会对外提供 API 层，包括图形开发工具包、二进制接口和 D-Bus API，供桌面环境和应用直接调用，而不需要用户自己重新开发，其中 D-Bus API 通过 D-Bus 在应用中调用特定的接口时动态唤醒（默认不常驻内存）。任何语言编写的应用用户都可以轻松调用。

2.2.2 统信 UOS 生态环境

操作系统的生态建设成果可体现为应用商店中丰富的应用。应用商店实际上是统信 UOS 的应用管理工具。在这里，用户可以搜索想要使用的应用，这些应用都是经过统信 UOS 适配中心验证过的，用户可以一键安装使用，不需要自己编译、安装，所有应用都默认打包好放到应用仓库中。用户也不需要考虑依赖的问题，装完即用。除了支持统信软件自己开发的应用和第三方认证的应用，应用商店还支持 50 多款 Windows 应用，通过内置的 Android runtime 支持 200 多款 Android 应用，通过统信软件和 Intel 合作开发的 deepin-xwalk 直接支持 HTMl5 应用。应用商店为统信 UOS 生态的入口。随着统信 UOS 的普及、壮大，越来越多的应用将会加入统信 UOS 生态中。

-第2篇　应用开发-

第 03 章

开发设计原则

在开发过程中，开发者需要遵守一些原则，以确保开发出高质量的应用，这些原则如下。

- 移植性：应用可以在不同的架构之间方便地迁移。
- 兼容性：应用和不同版本的系统之间需要保持兼容，避免产生不同系统之间的适配问题。

本章将介绍这些原则。

3.1 同源异构

Linux 是开源的操作系统，源码的开放性使得不同的硬件架构都可以在 Linux 的基础上进行适配。在 2020 年之前，由于各自发展，x86、MIPS、ARM 架构在市场上都有自己主推的发行版本，导致开发者在开发时的适配工作比较烦琐。基于减少操作系统厂商、硬件厂商和应用开发商的适配工作量的考虑，统信软件提出同源异构的工程实践，即在操作系统层进行兼容性处理，保证开发者在不同的硬件平台可以获得一致的 API，也就是源码相同但硬件 CPU 架构不同。

3.1.1 内核适配

统信软件使用 Linux 内核 4.19 作为长期维护内核。4.19 版本的内核的主要功能特性如下。

（1）CPU：支持 Intel Ice Lake，支持 RISC-V，可提高 NUMA 模拟性能。

（2）图形系统：支持 Qualcomm Adreno 600 系列硬件，支持 Intel Ice Lake“Gen 11”显卡。

（3）文件系统：支持 EROFS（Enhanced Read-Only File System，超级只读文件系统），支持块 I/O 延迟控制。

（4）网络：支持 CAKE 队列算法，用于优化家庭网络问题。

操作系统需要保证实现不同架构下内核源码的同源，以减少内核 / 驱动的维护成本。

3.1.2 ABI 兼容性

ABI（Application Binary Interface，应用程序二进制接口）定义了在计算机系统上使用机器码访问数据结构或者计算逻辑的方式。ABI 是底层的接口，只保障使用机器码调用时的兼容性，这也意味着 ABI 是与架构相关的。对于不同的架构，其 ABI 是完全不相同的。在同一个架构上，不同的操作系统、编译器所定义的 ABI 也是不同的。这导致了不同系统上的程序、不同编译器编译的程序，甚至同一个编译器不同的版本所构建的二进制程序，都可能是无法兼容的。对于库开发者或者操作系统来说，需要保障系统的向后兼容性，即旧版本上运行的程序在新版本上是可以直接运行的。相对来说，应用开发者需要利用操作系统向后兼容的特性，在最低版本的系统上构建应用，这样才可能保障其在高版本系统上可以兼容运行。如果操作系统并不能保证 ABI 的兼容性，那么应用开发者需要做一些额外的工作来保障兼容性。在 Linux 发行版上，系统的开放性会导致很多发行版不能保障升级时 ABI 没有变化或者被删除，这时就需要应用来保障，主要手段有依赖打包和静态编译两种。

1. 依赖打包

应用在发布时，通过 ldd 等分析应用运行时依赖的动态链接库分析工具，将应用运行需要的所有二进制文件都打包到一起，并通过 LD_LIBRARY_PATH 这一 Linux 系统环境变量来添加额外的运行依赖查找路径。也有一些开源项目能够用于对应用的依赖进行打包。例如，AppImage 可以方便地对应用进行打包分发。

2. 静态编译

在条件允许的情况下，可以通过静态编译来构建程序。

例如对构建的程序通过 ldd 来查看依赖，代码如下：

```
ldd dynamic-build-bin
    linux-vdso.so.1 (0x00007ffec371e000)
```

```
    libpthread.so.0 => /lib/x86_64-linux-gnu/libpthread.so.0 (0x00007fa6f23c4000)
    libc.so.6 => /lib/x86_64-linux-gnu/libc.so.6 (0x00007fa6f2203000)
    /lib64/ld-linux-x86-64.so.2 (0x00007fa6f2414000)
```

如果使用静态编译来构建程序，那么使用 ldd 查看的结果如下：

```
ldd static-build-bin
    不是动态可执行文件
```

静态编译可以屏蔽依赖库导致的兼容问题，但是也无法处理所有问题。无法使用静态编译的情况：依赖库中有复杂的动态加载二进制插件的行为，操作系统的系统调用接口发生变化（由于 Linux 内核的系统调用非常稳定，该情况很难发生）。

3.1.3 接口兼容性

通过在不同的平台提供相同的内核以及相同的库版本，可以降低移植过程中接口变化的影响。即使开发者避免了 ABI 变化导致的运行问题，也还有更加复杂的接口兼容问题。在这里，接口是指不同进程直接调用的进程间通信（Interprocess Communication，IPC）接口，而不是指应用构建时的源码接口。源码接口的变化在应用构建时就可以被识别出来。IPC 接口只有在程序运行时才能体现，这会导致应用的功能受到影响。

3.2 兼容性原则

兼容性具有“相互”的特点，即应用和操作系统应该相互兼容。作为应用开发者，我们应主要关心应用在不同版本操作系统上的运行情况，主要有以下两个方面的问题。

- 运行依赖问题：应用运行时会依赖很多系统库，这些库在不同版本的操作系统上是不一样的。一般来说，操作系统会保证库升级时不删除接口，但这并不是绝对的。在这种情况下，应用的处理方式是使用自带依赖的方式，例如 AppImage 技术就会进行依赖打包。
- 功能依赖问题：如果应用需要使用操作系统上的特性，那么必须进行操作系统版本判断，在不同版本的操作系统上进行不同的操作。

3.3 目录权限规范

应用的全部安装文件必须在 /opt/apps/${appid}/ 目录下。该目录所有者必须为 root，建议目录权限为 755。7 表示当前文件所有者的权限，为可读可写可执行权限（7=4+2+1）；第一个 5 表示当前文件的所属组（同组用户）权限，为可读可执行权限（5=4+1）；第二个 5 表示当前文件的组外权限，为可读可执行权限（5=4+1）。所以 755 表示该文件所有者对该文件具有读、写、执行权限，该文件所有者所属组用户及其他用户对该文件具有读和执行权限。软件包不允许直接向 $HOME 目录中写入文件，后期系统将会使用沙箱技术[1]重新定向 $HOME，任何依赖该特性的行为都可能失效。应用使用如下环境变量指示

1 沙箱技术，即在沙盘环境中运行浏览器或其他程序，运行所产生的变化可以删除。它会实现一个类似沙盒的独立作业环境，在其内部运行的程序并不能对硬盘产生永久性的影响。

的目录写入应用数据和配置：

```
$XDG_DATA_HOME
$XDG_CONFIG_HOME
$XDG_CACHE_HOME
```

对于 appid 为 com.deepin.demo 的应用，其写入目录为：

```
$XDG_DATA_HOME/com.deepin.demo
$XDG_CONFIG_HOME/com.deepin.demo
$XDG_CACHE_HOME/com.deepin.demo
```

3.4 界面设计理念

界面设计是广义上的概念，其一般遵循简易性等原则。计算机中的界面设计一般指用户界面（User Interface，UI）设计。UI 设计（或称界面设计）是指对软件的人机交互、操作逻辑、界面美观性的整体设计。

3.4.1 为用户而设计

通常来讲，用户使用计算机时都是带着一定的心智模型的，这些心智模型可能来自生活、自然界，也可能来自其他场景或操作系统等。好的产品设计既要尊重各类用户的心智模型，也要充分了解各类用户的心智模型。产品开发者应该为用户（或者潜在用户）设计产品，而不是为自己设计产品，不可以站在“上帝视角”或者以设计师的惯性思维来思考产品设计，个人的需求不能代表用户的需求，产品开发者使用产品的方式也不一定是用户使用产品的方式。只有在设计过程中时时站在用户的角度去考虑，才能做出符合用户需求的产品。如果你知道目标用户群体，并充分了解他们的情况和需求，能体会他们在使用相关产品的过程中遇到的痛点，并全力为解决他们的痛点而思考，那么你离好的产品设计就更进一步了。

3.4.2 设计解决的不是视觉问题

如果只是为了将产品做得好看或者漂亮，而忽略了用户真正的需求，偏离了产品真正的侧重点，那么产品再好看也只是空有其表。如果设计只是一味地堆控件，这样的产品设计也可以说是失败的。产品可以设计得很好看，让用户看着心里舒服，同时可以设计得简单、易用，并能满足用户的需求，这是关键。想一想，鸟儿为了飞翔，骨头必须要变成中空的，鲸为了能在海里遨游，必须要有鳍，自然界里的生物各种各样，它们的 DNA 为了它们自身能不断繁衍下去不断改进，且从不做无用的进化，千万年来，它们每一次改进，都有它们的意义。UI 设计并非堆控件，只有满足了用户的需求，UI 设计才有意义。

3.4.3 保持轻量

一般随着时间的推移，增加的功能必然会越来越多，功能的增多必然会导致系统或者应用“臃肿”。每个用户需要的功能大多数时候是恒定的，只不过不同的用户有不同的需求，如果只是一味地“吸收”所有功能，然后让用户各取所需，这样肯定是不行的，因为这意味着用户不常用的功能也很多。应用也是一样的道理。

即使按照上面所说的有选择性地根据用户需求做功能筛选，功能还是会慢慢增多。应该避免直接向用户展现其复杂性，即使系统或应用本身很复杂，也至少要让用户看起来不复杂。有了不复杂的直观感受之后，用户才有继续深入使用的耐心和勇气。轻量化是深度操作系统设计贯穿始终的一个原则，小到一个图标，大到整个系统，都需要遵循这个原则。轻量化的设计无论在视觉上还是功能上都能让用户更轻松地使用，不会让用户在视觉上产生很强烈的疲惫感，也不会让用户在操作上有很大的心理负担。

第 04 章

开发环境与开发工具

开发环境是指在基本硬件和宿主软件（操作系统）的基础上，为支持系统软件和应用软件的工程化开发和维护而使用的一组软件。开发工具则是指用于辅助软件生命周期过程的基于计算机的工具，使用它可减轻手工方式管理的负担。本章将简要介绍统信 UOS 的安装、开发环境和开发工具的配置。

4.1 统信 UOS 的安装

统信UOS的安装包括物理机单系统安装以及物理机多系统安装，也可以在VirtualBox虚拟机中进行安装。

4.1.1 物理机单系统安装

物理机单系统安装统信 UOS，意味着计算机将只有统信 UOS 一款操作系统。如果此前计算机内安装了其他操作系统，将被完全删除，请注意提前备份重要数据。统信 UOS 目前支持绝大多数通用的硬件和国产设备，但在安装开始前仍需进行检查，以避免安装过程中出问题后花费更多时间进行排查。

4.1.1.1 检查硬件设备

1. x86 架构计算机

如果使用的是配备兆芯或海光芯片的计算机，用户可直接向厂商咨询该设备对统信 UOS 的支持情况，也可通过适配清单查询整机品牌适配情况。如果使用的是配备 Intel 或 AMD（Advanced Micro Devices，美国超威半导体）公司（后简称 AMD）芯片的计算机，用户务必要检查芯片型号，统信 UOS 20 对计算机配置的说明如表 4-1 所示。

表 4-1 安装统信UOS 20 的计算机配置

	CPU	内存	硬盘容量	安装介质
最低配置	2GHz，Core 2 Duo 或同级别 AMD CPU	2GB	—	U 盘或光盘
推荐配置	Intel 或 AMD 的 4 核或更高配置 CPU	8GB或更大	64GB 或更大	U 盘或光盘

如果硬盘容量大于 64GB，则可以在安装系统时选择“全盘安装”自动模式，否则需要手动分区。

注意 统信 UOS 暂时不能很好地支持搭载 Intel 第八代 CPU 的设备，但从 1040 版本开始支持搭载 Intel 第十代 CPU 的设备。若某些较新的显卡、网卡等设备不能正常工作，需要额外配置驱动。而苹果计算机的某些硬件设备如 touchbar，可能无法支持，这需要用户自行尝试解决。

2. ARM 架构计算机

对于配备国产鲲鹏或飞腾芯片的计算机，可直接向厂商咨询该设备对统信 UOS 的支持情况，也可通过适配清单查询整机品牌适配情况。

注意 统信 UOS 不支持飞腾 1500 系列芯片，从 1040 版本开始支持飞腾 D2000 CPU 产品。部分国产 ARM 计算机型号支持 NVIDIA（英伟达）显卡，具体请咨询供货商。

对于配备华为海思 990 芯片的笔记本计算机，可通过统信官网联系统信软件官方获取专用镜像。如果是其他 ARM（例如树莓派）计算机或开发板，统信软件暂未提供官方支持，需要用户自行探索。

3. 龙芯架构计算机

请用户首先向供货商咨询对应设备对统信UOS的支持情况，也可通过适配清单查询整机品牌适配情况。

注意 龙芯 3000、4000 系列芯片使用的是 MIPS 指令集，龙芯 5000 系列芯片使用的是 LoongArch 指令集，操作系统镜像不通用。龙芯 3000 系列芯片不支持虚拟化。

4．申威架构计算机

请用户首先向供货商咨询对应设备对统信 UOS 的支持情况，也可通过适配清单查询整机品牌适配情况。

4.1.1.2　下载系统镜像并刻录

首先访问统信生态中心官网并注册账户，通过下载页面下载统信 UOS 专业版最新版本的系统镜像。下载完成后可选择通过 U 盘刻录系统或光盘刻录系统进行安装。有批量安装需求的开发者，也可通过 PXE（Preboot eXecution Environment，预启动执行环境）进行系统安装。

1．U 盘刻录系统

使用 U 盘刻录统信 UOS，要求 U 盘可用容量不少于 4GB。

U 盘刻录工具推荐使用深度启动盘制作工具，它支持 Windows、macOS、Linux 等平台；也可使用 PowerISO 等其他刻录工具。下面简单介绍深度启动盘制作工具的使用流程。

（1）如图 4-1 所示，启动软件，将镜像文件（以 .iso 为扩展名）拖入深度启动盘制作工具，或单击“请选择镜像文件”。

（2）如果单击了“请选择镜像文件”，就在文件管理器中找到并选中镜像文件，如图 4-2 所示，再单击“打开”。

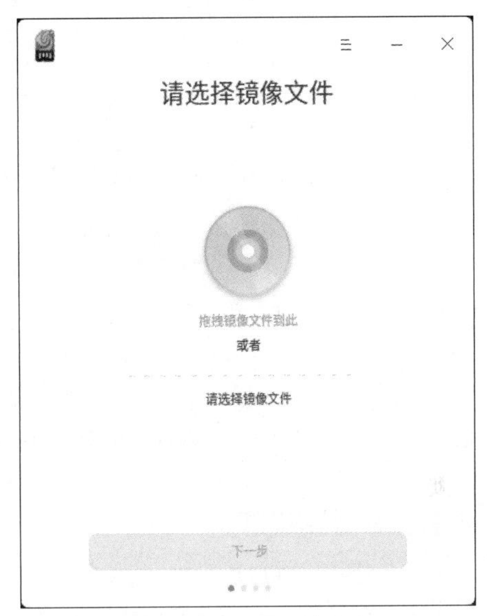

图 4-1　启动深度启动盘制作工具

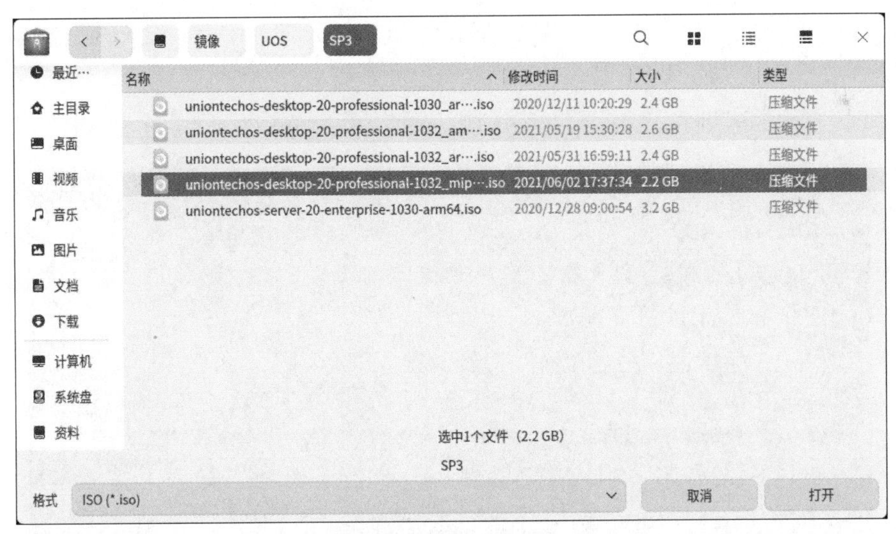

图 4-2　选择镜像文件

（3）选择 U 盘设备，推荐勾选“格式化分区”，然后单击“开始制作”，开始刻录，如图 4-3 所示。

（4）刻录完成后，深度启动盘制作工具会自动卸载 U 盘，单击“完成”并拔出 U 盘即可，如图 4-4 所示。

2．光盘刻录系统

使用光盘刻录系统，要求光盘可用容量不小于 4GB，可选用 RW 或 RO 式光盘，光驱需要具有刻录功能。

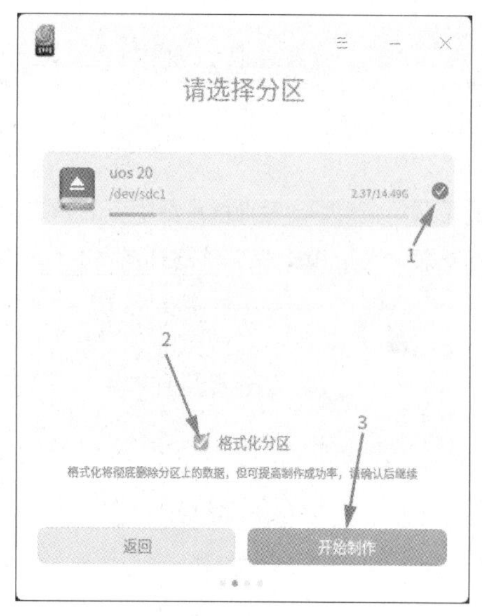

图 4-3　刻录

图 4-4　制作完成

对于光盘刻录软件，在 Windows 系统下可使用系统自带的刻录软件，也可使用 UltraISO（软碟通）等第三方软件。其他操作系统下使用的刻录软件请用户自行探索。

4.1.1.3　开始安装

首先需关闭计算机，将 U 盘插入计算机的 USB 接口，或将光盘放入光驱。随后开机并进入 BIOS（Basic Input/Output System，基本输入 / 输出系统）设置界面或进入快速选择界面，选择通过 U 盘或光盘设备启动。

不同计算机进入 BIOS 设置界面的快捷键不同，常用的有 F3、Delete 等。进入快速选择界面常用的快捷键是 F11 或 F12。如尝试无效，建议上网搜索或咨询供货商。

以某固件厂商的产品为例，进入 BIOS 设置界面，选择通过 U 盘启动，如图 4-5 所示。

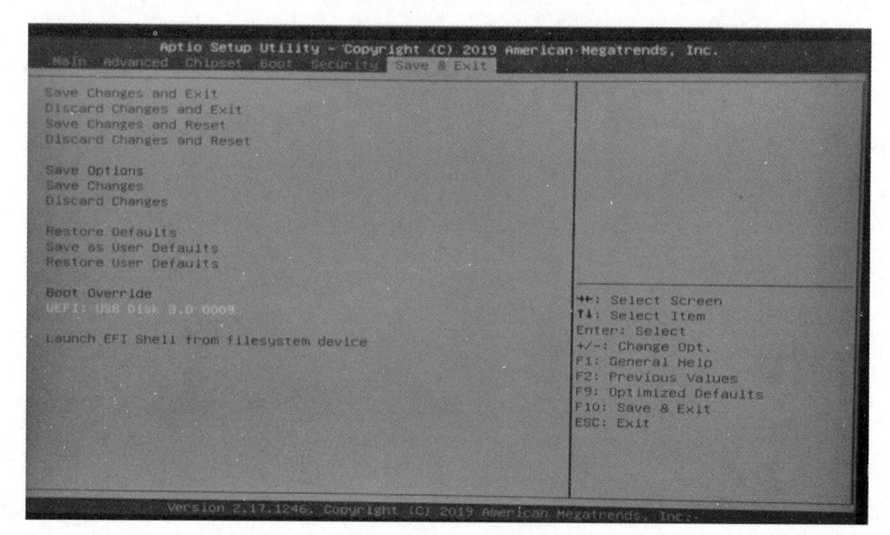

图 4-5　通过 U 盘启动

随后进入安装操作系统的 GRUB（GRand Unified Bootloader，是 GNU 项目的一个启动加载包）界面，如图 4-6 所示。

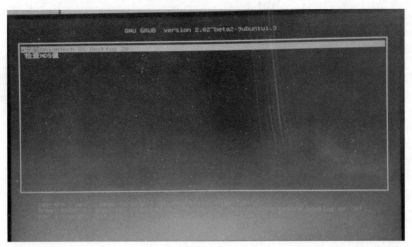

图 4-6　GRUB 界面

按 Enter 键，即可打开操作系统安装器。

4.1.1.4　选择安装器语言

打开安装器之后的第一步是选择语言，其支持多种语言，默认语言为简体中文，如图 4-7 所示。图 4-7 中选项代表的语言表示安装器的显示语言，非操作系统实际的显示语言。

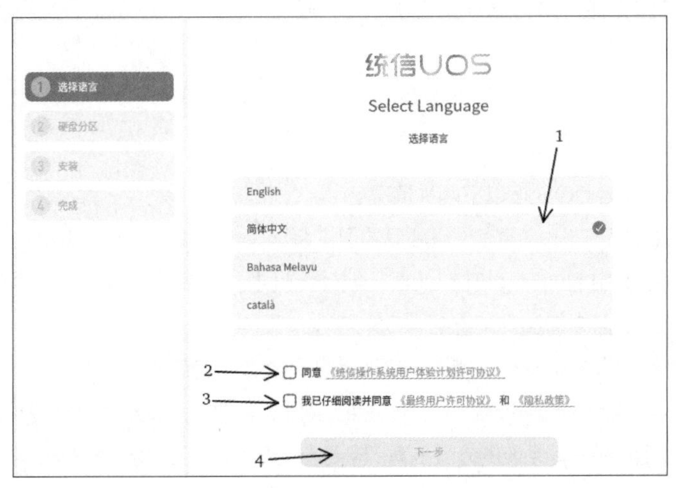

图 4-7　选择语言

4.1.1.5　硬盘分区和安装

下面介绍硬盘分区，物理机单系统安装推荐选择“全盘安装”，并选择安装位置所在的硬盘。设置成全盘安装会进行自动分区，这对不熟悉 Linux 分区的用户十分友好。

注意　如果有多块硬盘，请务必先确认需要安装的硬盘再进行安装，如图 4-8 所示。

如果选择“手动安装”，请务必至少创建 EFI（Extensible Firmware Interface，可扩展固件接口）分区和 / 分区，建议同时创建 /home 分区和 /boot 分区。分区完成后，系统即开始安装，如图 4-9 所示，此过程需要 3 ~ 5 分钟。

安装完成后，单击“完成”按钮，并立即拔出 U 盘或弹出光盘。此时安装器会重启计算机。

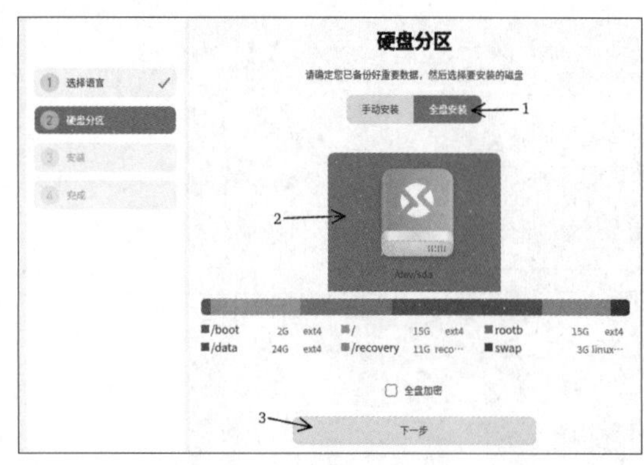

图 4-8　确认硬盘

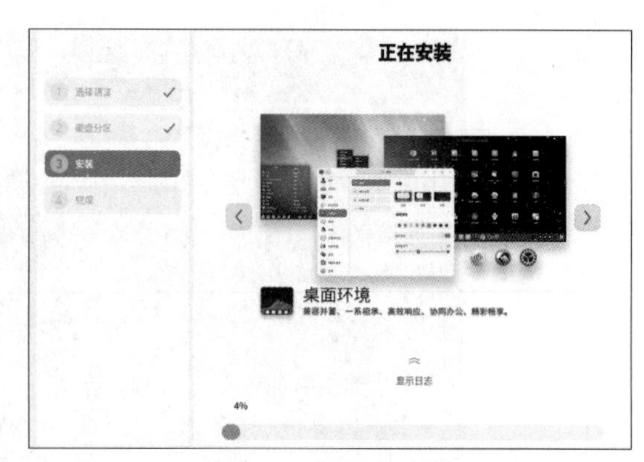

图 4-9　系统开始安装

4.1.1.6　使用前配置

重启计算机后，即开始进行统信 UOS 使用前配置，包括选择语言、键盘布局、选择时区和创建账户等，全部为图形化操作，用户根据需要配置即可，此处不再详述，如图 4-10 所示。

优化系统配置结束后，即进入系统登录界面，此时安装和配置完成，可正常使用统信 UOS 进行开发。

图 4-10　使用前配置

4.1.2　物理机多系统安装

物理机多系统安装统信 UOS 指以下两种情况。

- 第一种：计算机中只有一块硬盘，且硬盘内已安装至少一种操作系统，此时在不删除已有操作系统的情况下，在硬盘中增加安装统信 UOS。或计算机中虽有多块硬盘，但需要在其中一块已安装了其他操作系统的硬盘中增加安装统信 UOS。
- 第二种：计算机中有多块硬盘，其中一块硬盘需要全盘安装统信 UOS。

第二种情况请参照 4.1.1 小节的说明，本小节重点介绍第一种情况。此时需要硬盘具备用于安装新操作系统的空余容量，如果硬盘已被其他系统的分区占满，需要通过硬盘调整工具删除一些分区或缩小现有分区容量，腾出空间用于安装统信 UOS。在 Windows 上可用 DiskGenius 或 EaseUS 等工具通过删除分区或缩小分区容量来腾出硬盘空间。物理机多系统安装亦需要检查硬件设备、下载系统镜像、刻录系统、启动 U 盘或光盘进入安装器、选择安装器语言、硬盘分区和安装、使用前配置等步骤。其与物理机单系统安装相比，唯一的区别在于硬盘分区这一步骤需要手动进行。下面详细讲解手动分区安装多系统的步骤。

（1）手动安装。

在“硬盘分区”界面选择需进行安装的硬盘，并选择“手动安装”，如图 4-11 所示。

随后在可用空间区域，单击按钮新建分区。

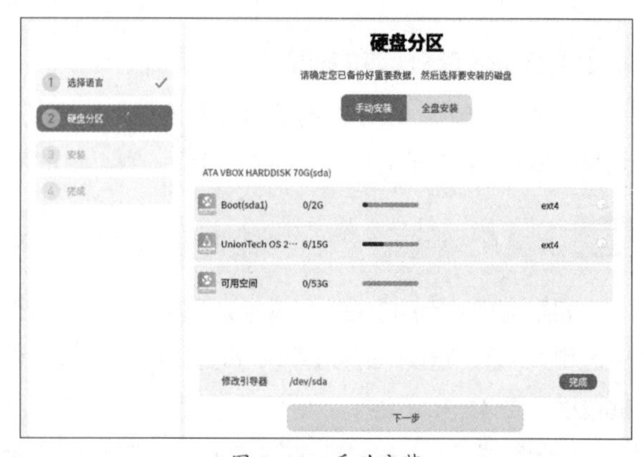

图 4-11　手动安装

> **注意** 请勿改动原有操作系统分区，避免出现数据紊乱。

（2）新建分区。

首先选择分区类型，如果分区类型使用 MBR（Master Boot Record，主引导记录），则需要留意原操作系统已有主分区数量，由于 MBR 下所有操作系统分区的主分区数量上限为 4，请将超出分区的类型改为“逻辑分区”。如果分区类型使用 GPT（GUID Partition Table，全局唯一标识符分区表），则全部设置为默认选项“主分区”即可，如图 4-12 所示。

其次选择位置，保持默认设置“起点”即可。

随后选择文件系统、挂载点及大小，以下为文件系统和主要挂载点的说明。

- 文件系统：对于普通应用开发者，推荐选择 ext4 文件系统关联挂载点，同时推荐创建交换分区，交换分区容量一般以内存容量的 1~2 倍为宜。
  ext4、ext3、ext2、reiserfs、xfs、lvm2 皆为文件系统，适用于不同的使用场景，专业领域开发者请依据实际需求选择。
- 挂载点：根分区（/）必须创建，该分区内包含系统文件，建议给予 15GB 或更多空间；home 分区（/home）推荐创建，该分区包含用户数据文件，由于日常应用的数据和用户数据都存放在这里，建议多给予一些空间；boot 分区（/boot）主要用于存放操作系统启动过程中的相关数据，分配 1GB 即可；其他分区用户可按需创建。

> **注意** home 分区和根分区的 home 子目录在文件结构上是同一含义，但在分区上有区别，表示硬盘中的两个独立区域。如果没有创建 home 分区，则 /home 目录和其他目录共享根分区容量；如果创建了 home 分区，则 /home 和 / 下除 home 以外的其他目录不再共享分区容量。Linux 下的其他分区同理。

图 4-13 所示为常见分区示例。

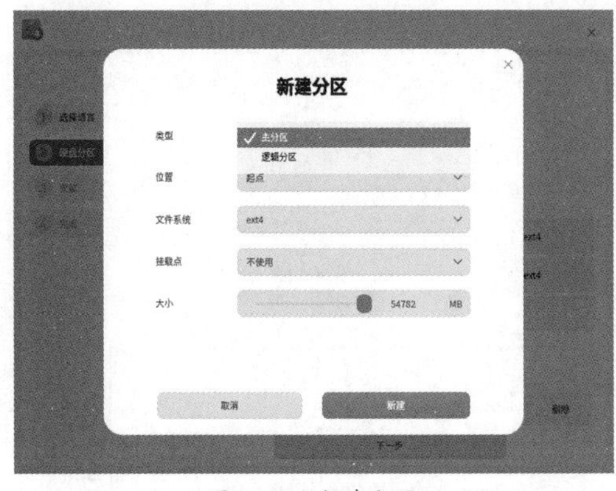

图 4-12　新建分区

图 4-13　常见分区

（3）修改引导器。

如果只有一块硬盘，选择 /dev/sda 即可；如果有多块硬盘，请选择当前分区所在的硬盘。/dev/sda 表示第一块硬盘，/dev/sdb 表示第二块硬盘，依次类推。全部设置完之后，单击“下一步”继续安装系统即可。剩余步骤请参照 4.1.1 小节。

4.1.3　VirtualBox 安装

VirtualBox 是一款开源虚拟机软件，支持 Linux、macOS 和 Windows 等操作系统，目前只支持在

x86 CPU 下模拟运行 x86 操作系统。

请通过 https://www.virtualbox.org/wiki/Downloads 下载各系统对应的 VirtualBox 软件，下面以 Windows 为例介绍如何在 VirtualBox 上安装统信 UOS 20。

（1）启动 VirtualBox 并新建虚拟机，如图 4-14 所示。

（2）为虚拟机命名并选择系统类型，如图 4-15 所示。

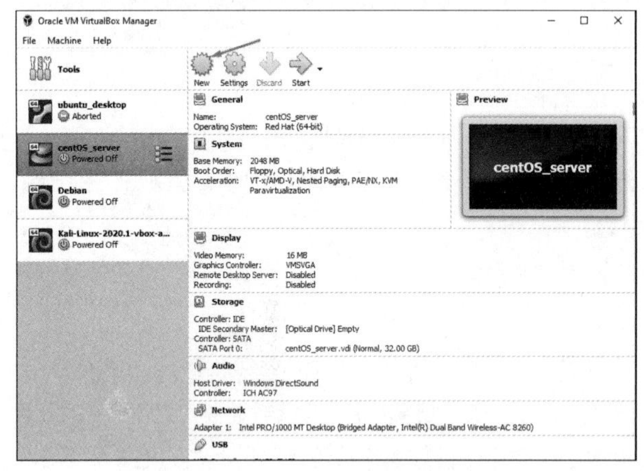

图 4-14　启动 VirtualBox 并新建虚拟机

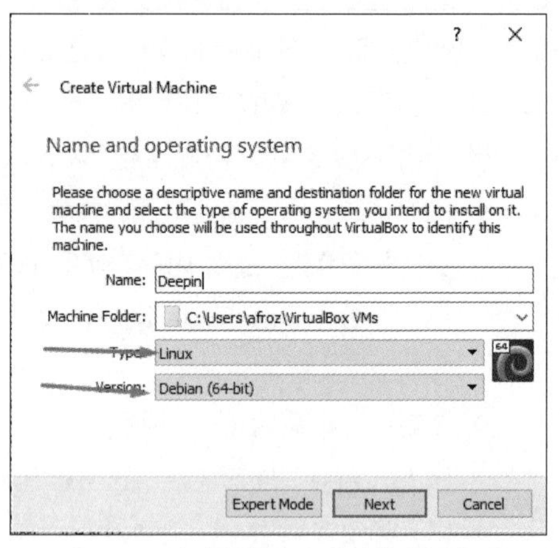

图 4-15　为虚拟机命名并选择系统类型

注意　操作系统版本建议选择 Debian（64-bit）。

（3）为虚拟机分配内存，如图 4-16 所示。

注意　建议为统信 UOS 分配 2GB 或更大的内存。

（4）创建虚拟硬盘，如图 4-17 ~ 图 4-20 所示。如需进行全盘安装，需要分配 64GB 或更大的内存。

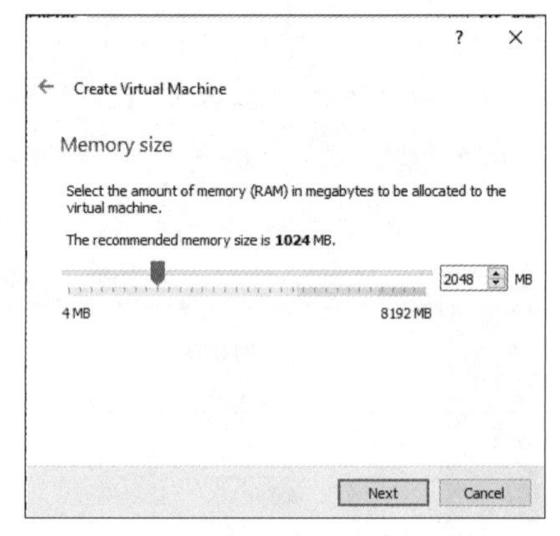

图 4-16　分配内存

图 4-17　创建虚拟硬盘

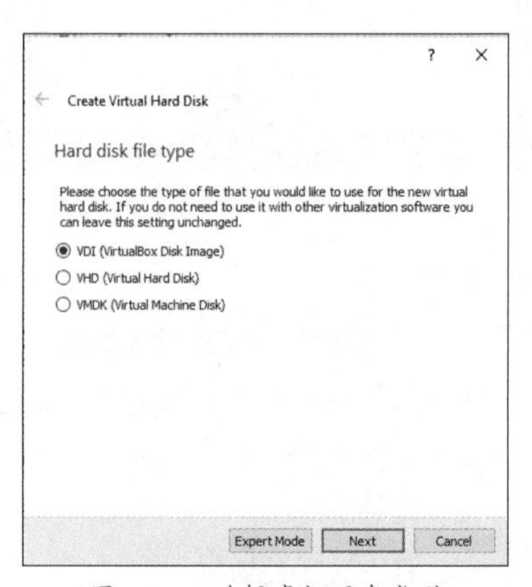

图 4-18　选择虚拟硬盘类型

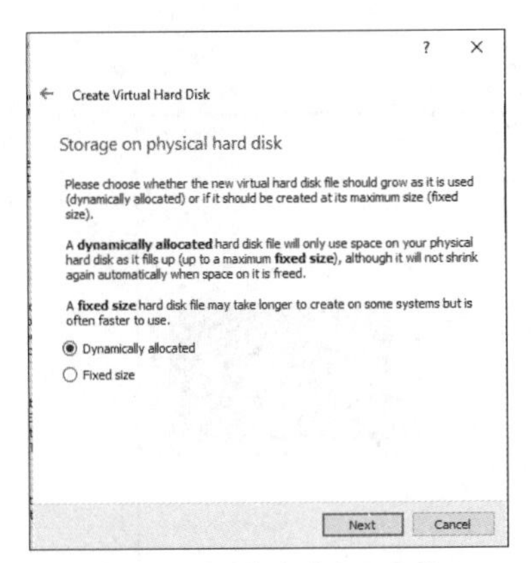

图 4-19　选择内存分配方式

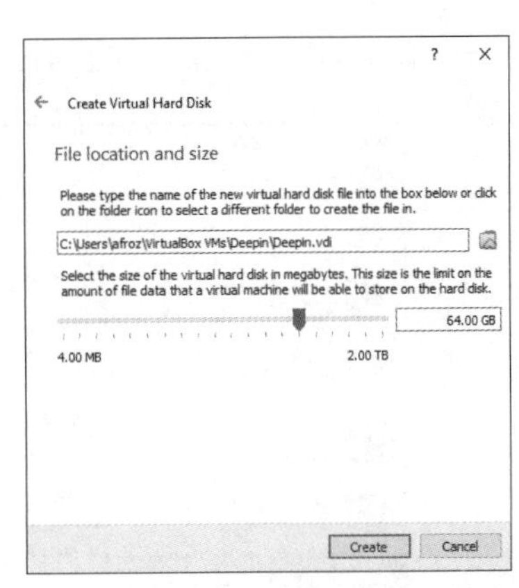

图 4-20　选择物理文件

（5）挂载镜像，如图 4-21 和图 4-22 所示。

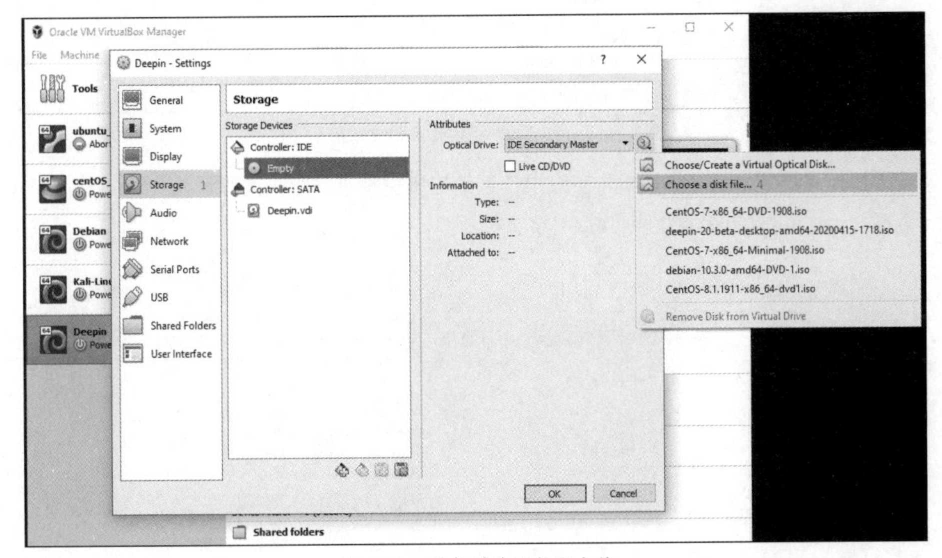

图 4-21　选择挂载的物理文件

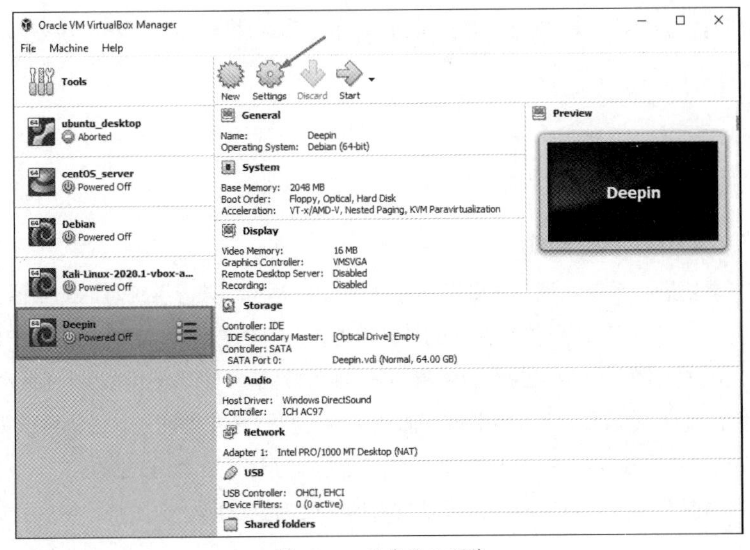

图 4-22　挂载系统预览

（6）启动虚拟机并安装系统，如图 4-23 所示。

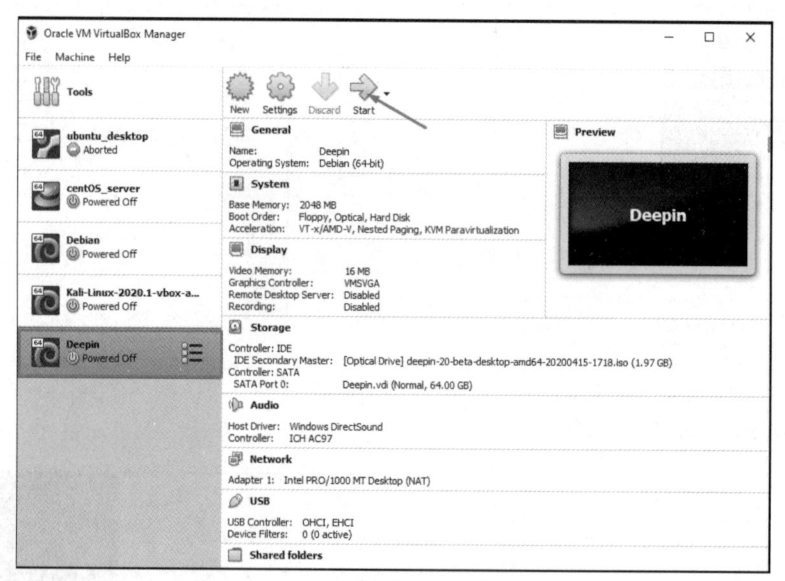

图 4-23 启动虚拟机并安装系统

（7）安装操作系统的步骤与物理机中安装操作系统的步骤基本一致，请参考 4.1.1 小节。

（8）安装完成后卸载镜像文件，如图 4-24 所示。

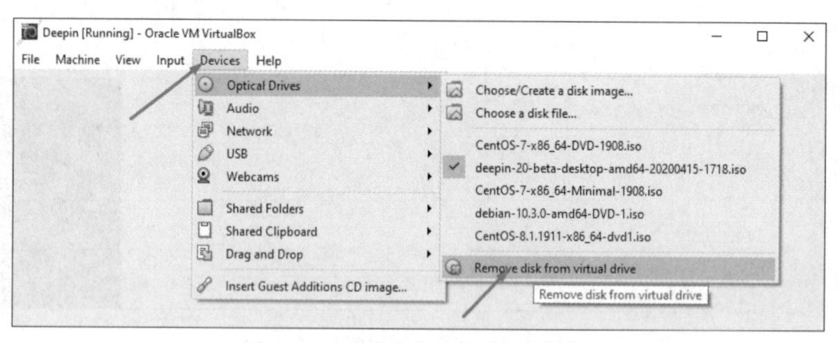

图 4-24 安装完成后卸载镜像文件

系统安装完成后，请务必卸载镜像文件，否则下次启动虚拟机会重复进行系统安装而不会进入操作系统。

4.1.4 统信 UOS 的基本使用

4.1.4.1 系统激活和开发者模式

进入系统后，需要进行系统激活，否则在功能使用上会受限。进行系统激活的路径为控制中心→系统信息→关于本机。统信 UOS 默认为每台新的计算机提供 90 天试用期，如需更多系统使用时间，可联系统信软件工作人员进行激活码购买或申请免费的开发用激活码。也可使用 uos-activator 命令，通过终端进行激活操作。确认系统已激活（包括试用激活）后，打开开发者模式，否则系统默认禁用 root 权限。访问路径为控制中心→通用→打开开发者模式。有两种打开开发者模式的方式——在线模式和离线模式，按照图形界面提示操作即可。成功打开开发者模式后需要重启一次系统，重启完成后即拥有 root 权限。

注意 开发者模式一旦打开，则无法关闭。

4.1.4.2 网络设置

网络设置的图标位于系统栏右下角，即图 4-25 所示的方框处。

图 4-25 网络设置的图标

图标如果是黑色连接表示网络通畅，其他皆为异常状态。如果网络异常，首先检查网线是否插好或是否损坏（如为无线连接，请检查 Wi-Fi 密码是否正确）；再检查是否需要网络特殊认证（此步骤针对的是企业级开发者，家庭开发者请忽略）；如经上述检查未发现错误，最后检查网卡驱动和网络配置。请打开控制中心进行网络信息检查。如果最终确定是网卡较新导致的网络问题，需要安装网卡驱动。对于部分网卡（包括无线网卡），尤其是较新的网卡，统信 UOS 可能未及时进行支持，此时需要检查网卡芯片型号，并自行编译驱动。对于 USB 网卡，请进行以下检查：

```
lsusb
Bus 001 Device 001: ID xxxx:xxxx
```

依据设备 ID 查询芯片型号，查询厂商是否有驱动源码，如果有源码请进行编译、安装。

对于 PCI（Peripheral Component Interconnect，外设部件互连）插槽网卡，请进行以下检查：

```
lspci | grep "Ethernet controller"
02:00.0 Ethernet controller: Realtek Semiconductor Co., Ltd.
RTL8111/8168/8411 PCI Express Gigabit Ethernet Controller (rev 15)
```

依据设备型号，查询厂商是否有驱动源码，如果有源码请进行编译、安装。

4.1.4.3 安装显卡驱动

如果系统的显示不正常，比如有“撕裂”等现象，有可能是显卡驱动问题导致的。如果是 x86 以下的计算机，对于 NVIDIA 显卡，可以使用如下方式安装专有驱动：

```
sudo apt install nvidia-driver nvidia-xconfig
```

对于 x86 和 ARM 计算机，亦可前往 NVIDIA 官网下载 .run 格式的驱动包来手动安装。安装代码如下：

```
wget nvidia-driver.run
sudo systemctl stop lightdm
sudo nvidia-driver.run
sudo nvidia-xconfig
```

对于 AMD 显卡，使用预装的开源驱动即可；关于国产显卡的驱动的安装办法，请咨询产品供货商。其他系统使用细节，请参考统信 UOS 产品手册。

4.1.5 安装软件

在统信 UOS 上安装软件主要有以下 3 种常见方式：使用命令行终端，通过软件仓库安装；通过应用商店安装；手动安装。下面将一一介绍这 3 种安装方式。

4.1.5.1 使用命令行终端安装

统信 UOS 常用的包管理工具是 apt，下面简单介绍一下 apt 安装软件的使用方法：

```
# 第一次使用务必首先执行以下命令
sudo apt update && sudo apt upgrade
# 搜索软件
apt search 软件名
# 安装
sudo apt install 软件包名
# 卸载
sudo apt remove 软件包名
# 卸载软件并删除配置文件
sudo apt purge 软件包名
```

4.1.5.2 通过应用商店安装

应用商店中上架的应用皆经过官方适配，推荐采用此方式安装应用。可通过启动器或任务栏上的图标启动应用商店，亦可通过终端命令 deepin-app-store 启动应用商店。应用商店界面如图 4-26 所示。

图 4-26 应用商店界面

应用商店下载管理界面如图 4-27 所示。应用商店支持图形化的应用安装、卸载、更新，并可呈现用户针对应用提出的反馈建议。

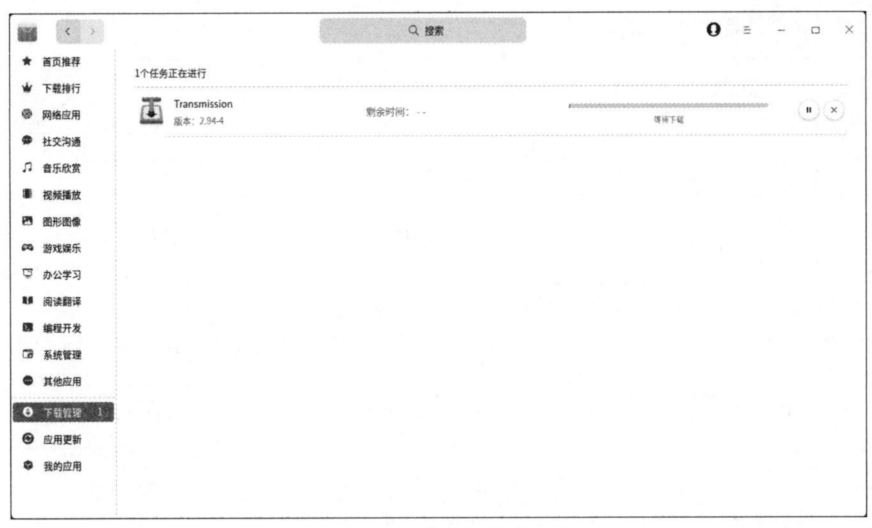

图 4-27　应用商店下载管理界面

4.1.5.3　手动安装

统信 UOS 亦支持手动安装应用，推荐安装的软件安装包为 .deb 格式，同时亦支持 snap、flatpak、AppImage、.bin、.run、.sh、.bundle格式，甚至无须安装的压缩包等。以deb软件包为例，安装命令如下：

```
wget xxx.deb
sudo apt install ./xxx.deb
```

也可直接双击 deb 软件包，操作系统的包安装器会自动处理依赖并安装软件，如图 4-28 所示。

如果在内网或无网环境下，可能会下载到软件及其依赖的 deb 软件包，此时有多个 deb 软件包需要一起安装，方法如下：

```
sudo dpkg -i *.deb
```

图 4-28　安装软件

4.2　常见的开发环境配置

4.2.1　DTK 开发环境

搭建 DTK（Development Tool Kit，开发工具包）开发环境主要指两个方面的内容：安装基础开发库和 IDE。基础开发库指 Qt 库和 DTK 库及其头文件，IDE 指 Qt Creator。整个过程使用 sudo 进行软件包的安装，需要先打开计算机的开发者模式。在统信 UOS 桌面操作系统中已预装 DTK 运行库和 Qt 基础运行库，基础开发库方面只需要安装 Qt 库和 DTK 库的头文件。如果是刚装好的系统，建议先使用 sudo apt update 将仓库最新的软件包信息同步到本地，再进行软件包的安装。安装 Qt 库可使用如下命令：

```
sudo apt update
sudo apt -y install qt5-default
```

在安装 DTK 库之前应先简单看一下 DTK 库有哪些，在终端上使用 sudo apt install libdtk，然后按

Tab 键补全命令，终端输出的内容如下：

```
$ sudo apt install libdtk
libdtkcore2                 libdtkgui5                  libdtkwidget2-dev
libdtkcore2-dbgsym          libdtkgui5-bin              libdtkwidget5
libdtkcore2-dev             libdtkgui5-bin-dbgsym       libdtkwidget5-bin
libdtkcore5                 libdtkgui5-dbgsym           libdtkwidget5-bin-dbgsym
libdtkcore5-bin             libdtkgui-bin               libdtkwidget5-dbgsym
libdtkcore5-bin-dbgsym      libdtkgui-bin-dbgsym        libdtkwidget-bin
libdtkcore5-dbgsym          libdtkgui-dev               libdtkwidget-bin-dbgsym
libdtkcore-bin              libdtkpay                   libdtkwidget-dev
libdtkcore-bin-dbgsym       libdtkpay-dbgsym            libdtkwm2
libdtkcore-dev              libdtkpay-dev               libdtkwm2-dbgsym
libdtkgui2                  libdtkwidget2               libdtkwm-dev
libdtkgui2-dbgsym           libdtkwidget2-dbgsym
```

其中，以 -dev 结尾的为对应库的开发包，里面主要是一些头文件和源码相关配置文件；以 -dbgsym 结尾的为对应库的调试信息包，里面是一些库的调试信息。从输出的内容还可以看到主要有 3 类库：dtkcore、dtkgui 和 dtkwidget。其中 dtkcore 是核心库，提供基础功能的组件和工具类；dtkgui 是 DTK 显示效果相关的库，提供主题、颜色定义等功能；dtkwidget 就是控件库，提供各种 DTK 控件。使用 apt 安装这 3 类库的开发包：

```
sudo apt -y install libdtkcore-dev libdtkgui-dev libdtkwidget-dev
```

如果需要用 CMake 来组织项目，可以安装 CMake 软件包：

```
sudo apt -y install cmake
```

开发包安装完毕后，接下来安装 Qt Creator，命令如下：

```
sudo apt -y install qtcreator
```

Qt Creator 安装完成后，打开 Qt Creator，单击“工具”→“选项”→“Kits”→“Qt Versions”，可以看到当前 Qt 库版本，如图 4-29 所示。

图 4-29 查看 Qt 库版本

对于开发 DTK 应用，建议在 Qt Creator 中添加 DTK 应用模板，首先需要在 /etc/apt/source.list 中添加社区源 deb [by-hash=force] https://community-packages.deepin.com/deepin/ apricot main contrib non-free，然后安装 qtcreator-dtk-template：

```
sudo apt update

sudo apt -y install qtcreator-dtk-template
```

打开Qt Creator，通过“文件”→“新建文件或项目”→“Application”创建新项目时，可以看到“Dtk Widgets Application”模板，如图 4-30 所示。

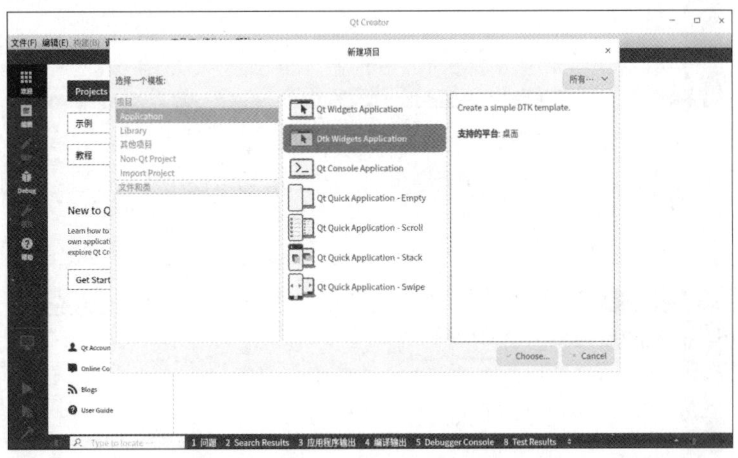

图 4-30 “Dtk Widgets Application”模板

作为开发者，有时需要下载 Qt 源码或者 DTK 源码来学习或分析问题。首先需要修改 /etc/apt/source.list，删除 deb-src 前的 # 来去掉代码源的注释，然后使用 apt source 命令下载源码包，比如：

```
$ apt source libdtkwidget2
正在读取软件包列表 ... 完成
选择 dtkwidget2 作为源码包而非 libdtkwidget2
需要下载 6,072 kB 的源码包。
获取 :1 https://home-packages.chinauos.com/home plum/main dtkwidget2 2.2.1-
1 (dsc) [1,362 B]
获取 :2 https://home-packages.chinauos.com/home plum/main dtkwidget2 2.2.1-
1 (tar) [6,043 kB]
获取 :3 https://home-packages.chinauos.com/home plum/main dtkwidget2 2.2.1-
1 (diff) [28.5 kB]
已下载 6,072 kB，耗时 11 秒 (575 kB/s)
dpkg-source: info: extracting dtkwidget2 in dtkwidget2-2.2.1
dpkg-source: info: unpacking dtkwidget2_2.2.1.orig.tar.xz
dpkg-source: info: unpacking dtkwidget2_2.2.1-1.debian.tar.xz
```

命令执行后，可以在当前目录下看到 dtkwidget 的源码。

4.2.2 开发第一个程序：HelloWorld

开发环境配置好之后，来创建一个简单的 HelloWorld 程序。在 Qt Creator 中单击“文件”→“新建文件或项目”→“Application”→“Dtk Widgets Application”，创建 DTK 项目，如图 4-31 所示。

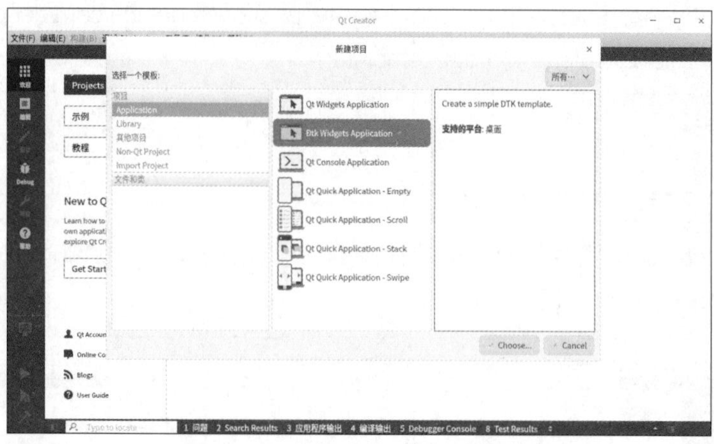

图 4-31　单击“Dtk Widgets Application”创建 DTK 项目

项目名称改为 HelloWorld。创建路径表示源码存放位置，可以使用默认位置，也可以使用自定义位置，如图 4-32 所示。

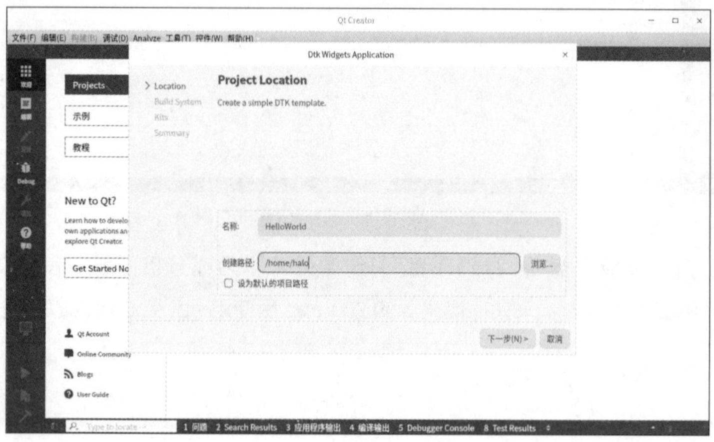

图 4-32　设置项目创建路径

单击“下一步”，Qt Creator 默认使用 qmake 构建项目，如果在开发环境配置阶段安装了 CMake，这里就可以选择 CMake 来构建项目，如图 4-33 所示。

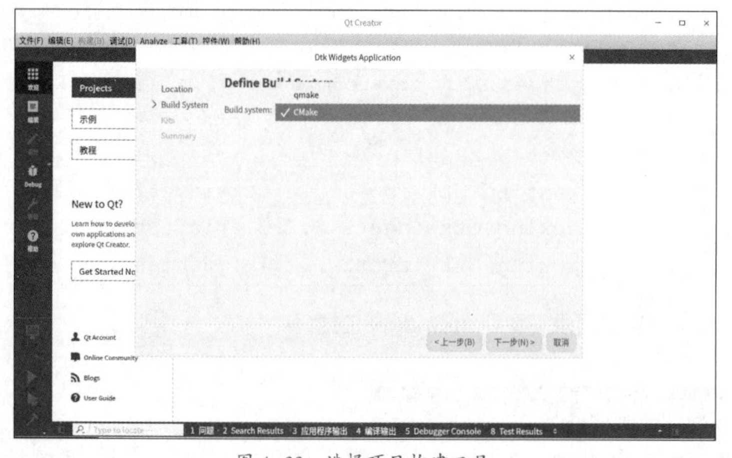

图 4-33　选择项目构建工具

单击“下一步”，构建套件使用默认项“桌面”，如图 4-34 所示。

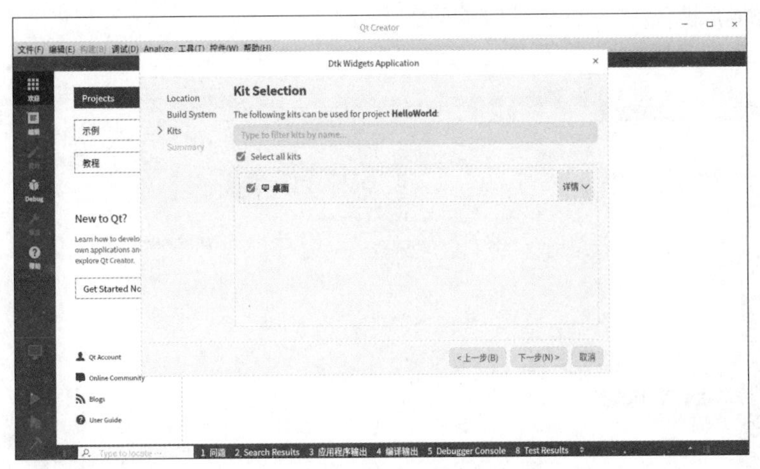

图 4-34　选择项目构建套件

单击“下一步”，由于系统没有安装版本管理工具，所以这里是“None”，如图 4-35 所示。

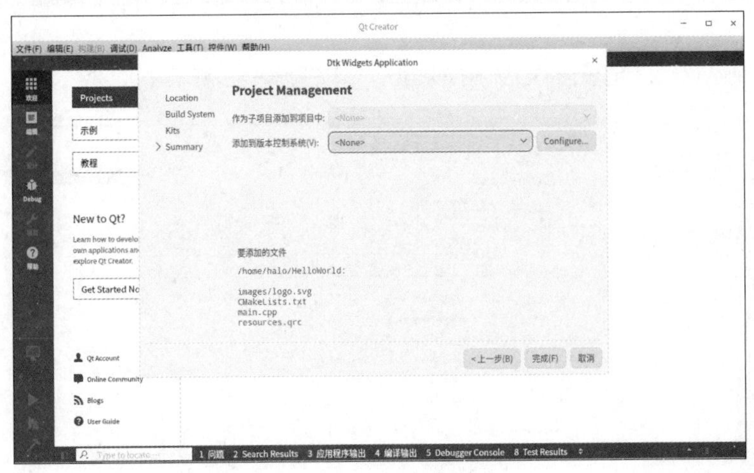

图 4-35　选择版本管理工具

单击“完成”，可以看到 Dtk Widgets Application 模板已经生成了 dtk template application 代码，如图 4-36 所示。

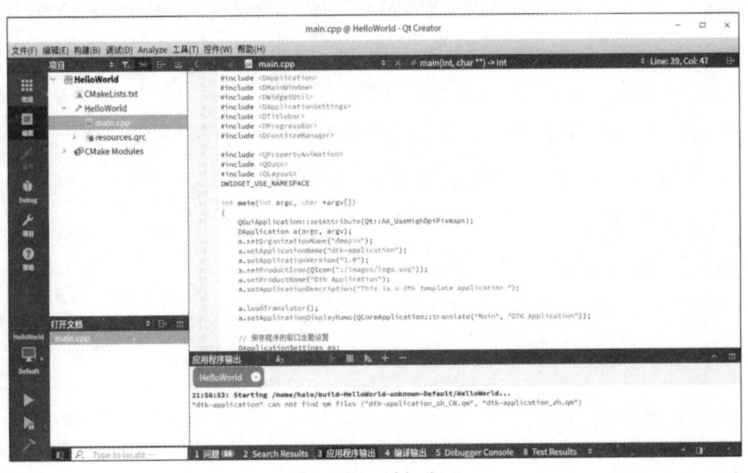

图 4-36　模板代码

接下来通过修改模板代码来创建 HelloWorld 程序。在 Qt Creator 左侧的项目名称“HelloWorld”上右击，然后选择新建“C++ Class”，如图 4-37 所示。

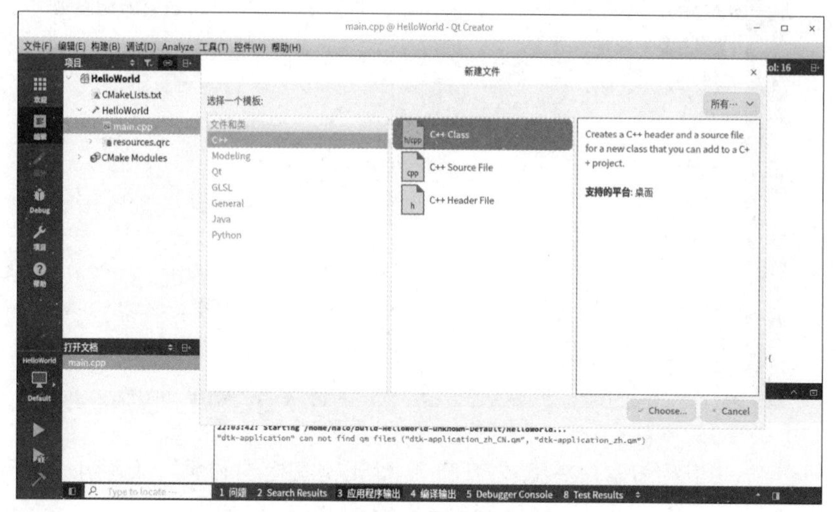

图 4-37　新建类

类名改为 HelloWorld，继承自“DMainWindow”，如图 4-38 所示。

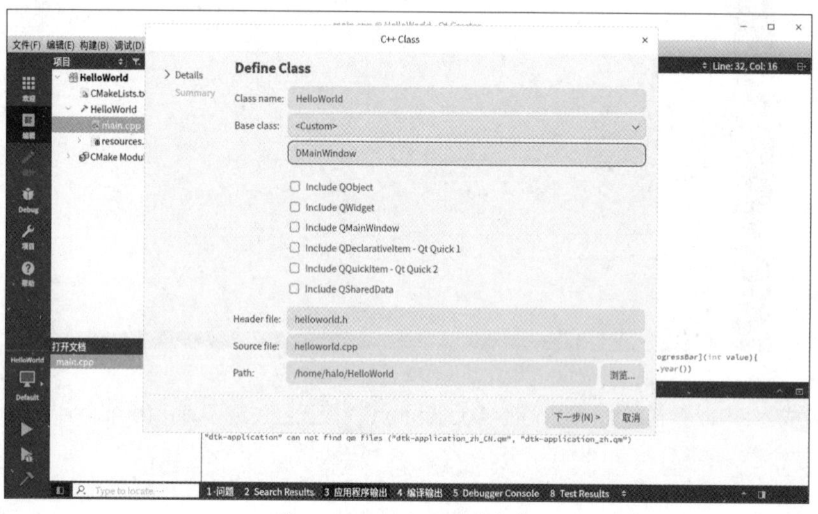

图 4-38　HelloWorld 类信息

单击“下一步”，再单击“完成”，由于这里使用 CMake 作为构建工具，添加新的源文件时 Qt Creator 不会自动将源文件路径添加到所属项目的 CMakeLists.txt 中，因此 Qt Creator 会提示是否要将新增源文件的路径保存到剪贴板中，这里勾选“Remember My Choice”并选择“Yes”，如图 4-39 所示。

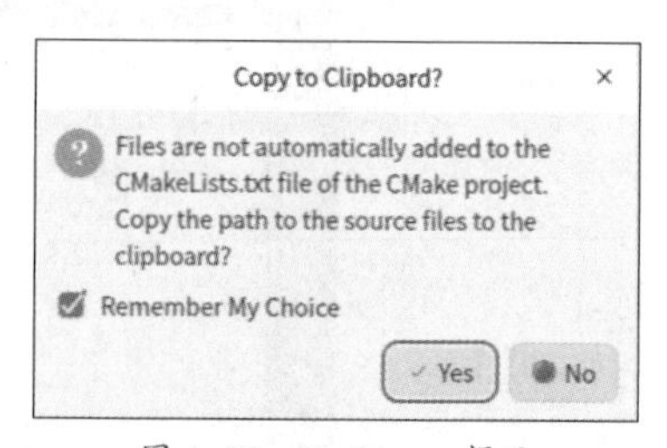

图 4-39　Qt Creator 提示

然后在 CMakeLists.txt 的 add_executable 行中添加源文件路径:

```
add_executable(${PROJECT_NAME} main.cpp helloworld.h helloworld.
            cpp resources.qrc)
```

保存后，可以在 Qt Creator 左侧项目视图中看到新增的源文件。修改 helloworld.h，修改后内容如下:

```
#ifndef HELLOWORLD_H
#define HELLOWORLD_H

#include <DMainWindow>

class HelloWorld : public DTK_WIDGET_NAMESPACE::DMainWindow
{
    Q_OBJECT
public:
    HelloWorld();

private:
    void initUI();
};

#endif // HELLOWORLD_H
```

HelloWorld 继承 DMainWindow，作为程序的主窗口。修改 helloworld.cpp 源文件，修改后内容如下:

```
#include "helloworld.h"

#include <DLabel>
#include <DWidget>
#include <DFontSizeManager>

#include <QVBoxLayout>

DWIDGET_USE_NAMESPACE

HelloWorld::HelloWorld()
    : DMainWindow()
{
    initUI();
}

void HelloWorld::initUI()
{
    auto centerWidget = new DWidget;
    auto centerWidgetLayout = new QVBoxLayout;
    auto helloWorld = new DLabel(tr("Hello,world"));
    centerWidgetLayout->addWidget(helloWorld, 0, Qt::AlignCenter);
    DFontSizeManager::instance()->bind(helloWorld, DFontSizeManager::T1);
    centerWidget->setLayout(centerWidgetLayout);
    setCentralWidget(centerWidget);
}
```

在 HelloWorld 类的 initUI 方法中，创建了 DWidget 对象来调用 DMainWindow 的 setCentralWidget 方法将其作为主窗口的 centerWidget；在 centerWidget 中使用垂直布局，布局中添加居中显示的 DLabel 对象用于显示“Hello,world”，为保证系统显示比例调整后字体大小自动同步调整，使用了 DFontSizeManager 的 bind 方法将 DLabel 对象 helloWorld 的字体绑定为 T1。

修改 main.cpp 源文件，修改后内容如下：

```
#include "helloworld.h"

#include <DApplication>
#include <DApplicationSettings>
#include <DTitlebar>
#include <DWidgetUtil>

#include <QLayout>

DWIDGET_USE_NAMESPACE

int main(int argc, char *argv[])
{
    QGuiApplication::setAttribute(Qt::AA_UseHighDpiPixmaps);
    DApplication a(argc, argv);
    a.setOrganizationName("deepin");
    a.setApplicationName("dtk-application");
    a.setApplicationVersion("1.0");
    a.setProductIcon(QIcon(":/images/logo.svg"));
    a.setProductName("Dtk Application");
    a.setApplicationDescription("This is a dtk template application.");

    a.loadTranslator();
    a.setApplicationDisplayName(QCoreApplication::translate("Main",
                                "DTK Application"));

    // 保存程序的窗口主题设置
    DApplicationSettings as;
    Q_UNUSED(as)

    HelloWorld w;
    w.titlebar()->setIcon(QIcon(":/images/logo.svg"));
    w.titlebar()->setTitle("Hello,world");
    // 设置标题，宽度不够会隐藏标题文字
    w.setMinimumSize(QSize(600, 400));
    w.show();

    Dtk::Widget::moveToCenter(&w);

    return a.exec();
}
```

在 main 函数中，创建 HelloWorld 类对象作为主窗口，调整最小尺寸为 600×400，调用 Dtk::Widget::moveToCenter 使主窗口显示在屏幕中央，运行结果如图 4-40 所示。

虽然代码中只在 DMainWindow 中创建了一个 DLabel 对象，但从运行结果来看，窗口图标、窗口标题、窗口菜单栏也一并创建了，包括窗口阴影效果。更详细的内容请阅读本书 DTK 相关章节。

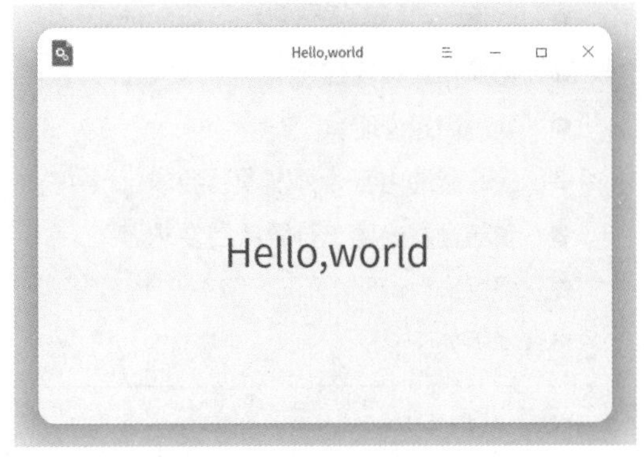

图 4-40 运行结果

4.3 目录结构设计

项目目录结构和代码编码风格一样，非常重要。

4.3.1 项目目录规范

一般情况下，项目目录按照表 4-2 所示的结构进行创建和管理（以 dtkcore 为例），复杂项目可由开发经理以此为基础按需调整项目目录结构。

表 4-2 dtkcore 项目的目录结构

目录名	说明
src/	存放项目源码文件
res/	存放项目资源文件，若是 DTK 的内嵌图标资源或其他第三方库使用要求资源，可以按照其要求单独放置
3rdparty/	存放本项目引用的第三方项目源码或者二进制文件。如非顶级依赖，可以适当调整并放入 src 目录相应的模块。另外需注意：项目依赖优先使用仓库中已有的包，尽量避免出现包裹第三方项目的情况
examples/	代码使用示例
tests/	单元测试资源存放目录
docs/	存放帮助手册、man 等文件
tools/	存放项目用到的工具和脚本
po/	存放项目用到的翻译文件，目录名也可以为 translations、i18n 等明显可以看出是翻译文件存放目录的名称
misc/	项目需要使用到的数据文件或者不属于前面任一类型的文件
.desktop	项目的 .desktop 文件，如有多个可以放在 misc 目录中
README	项目的说明文档，用于说明项目的概要，放置在最外层目录
LICENSE	项目采用的授权协议，放置在最外层目录
Makefile	构建脚本，同类型的还有 .pro 文件、CMakeLists.txt 文件等

4.3.2 README 文件

每个项目必须包含 README 文件，README 文件内需包含如下内容：

- 项目描述；

- 依赖，包括编译依赖和运行时依赖；
- 构建和安装内容；
- 项目目录说明；
- 获取帮助内容（开发项目要求）；
- 参与开发内容（开源项目要求）；
- 授权协议说明。

参考模板如下：

```
# Project Name
Project description.

## Dependencies
### Build dependencies

- Qt >= 5.6

### Runtime dependencies

- git

## Installation

### Build
$ mkdir build
$ cd build
$ qmake ..
$ make

### Install

$ sudo make install

## Getting help
Any usage issues can ask for help via

* [Forum](https://bbs.deepin.org)
* [WiKi](https://wiki.deepin.org/)

## Getting involved
We encourage you to report issues and contribute changes

* [Contribution guide for developers](https://github.com/linuxdeepin/
developer-center/wiki/Contribution-Guidelines-for-Developers-en). (English)
* [开发者代码贡献指南](https://github.com/linuxdeepin/developer-center/wiki/
```

```
Contribution-Guidelines-for-Developers) （中文）

## License
[Project name] is licensed under [GPLv3](LICENSE).
```

4.4 版本控制系统

版本控制系统是一种记录若干文件内容变化，以便将来查阅特定版本修订情况的系统，有本地版本控制系统、集中化的版本控制系统、分布式版本控制系统。

（1）本地版本控制系统：其中广泛流行的一种叫作 rcs，它基本上就是用来保存并管理文件（file）补丁。文件补丁记录着文件修订前后的内容变化，可以通过不断打补丁，计算出各个版本（version）的文件内容，如图 4-41 所示。

（2）集中化的版本控制系统：通过单一的集中管理的服务器（Central VCS Server），保存所有文件的修订版本，协同工作的客户端（图中示意为 Computer A 和 Computer B）连到这个服务器，从中取出最新的文件或向其提交更新内容，如图 4-42 所示。

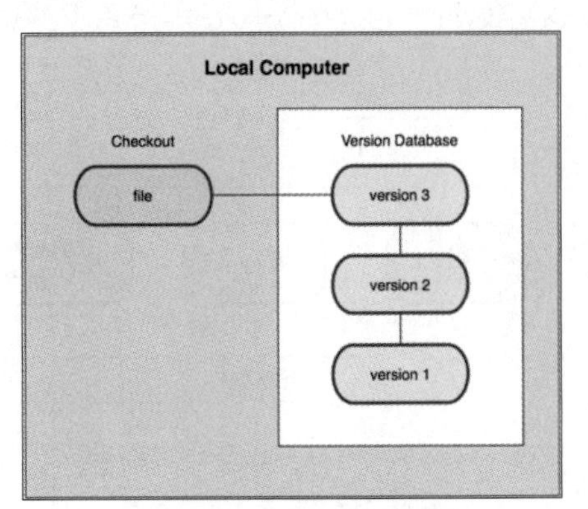

图 4-41　本地版本控制系统

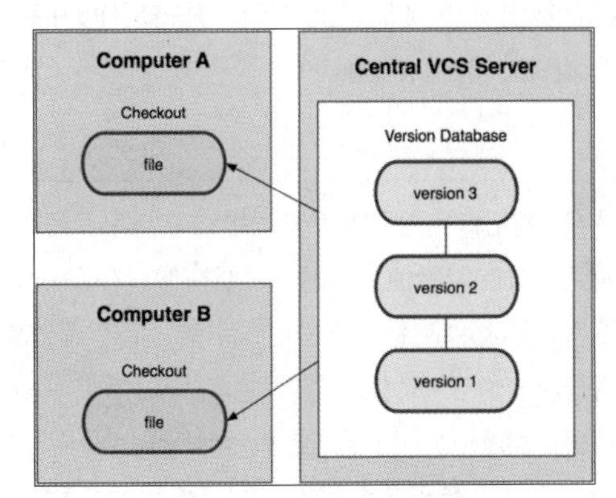

图 4-42　集中化的版本控制系统

（3）分布式版本控制系统：客户端不仅提取最新版本的文件快照，而且把原始的代码仓库完整地镜像。这么一来，任何一处用于协同工作的服务器发生故障，都可以用任何一个镜像出来的本地仓库恢复。因为每一次提取操作实际上都是一次对代码仓库的完整备份。并且此类系统可以指定和若干不同远程仓库进行交互，这样就可以在一个项目中和不同小组的人相互协作，这在集中化的版本控制系统中是无法实现的，如图 4-43 所示。

下面介绍的 Git 属于分布式版本控制系统。

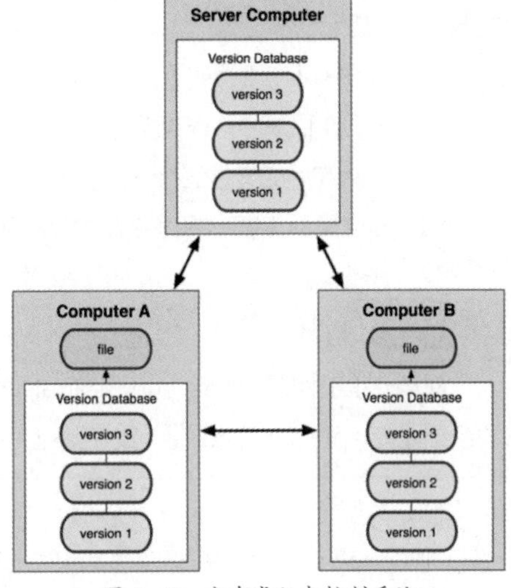

图 4-43　分布式版本控制系统

4.4.1 Git 基础知识

Git 直接记录快照而非进行差异比较。Git 和其他版本控制系统的主要区别在于，它只关心文件数据的整体是否发生变化，而大多数其他版本控制系统则只关心文件内容的具体差异。Git 会把变化的文件快照记录在一个微型的文件系统中。每次提交更新内容时，它会纵览一遍所有文件的指纹信息并对文件进行一次快照，然后保存一个指向这次快照的索引。为提高性能，若文件没有变化，Git 不会再次保存快照，而只对上次保存的快照进行一次链接，如图 4-44 所示。

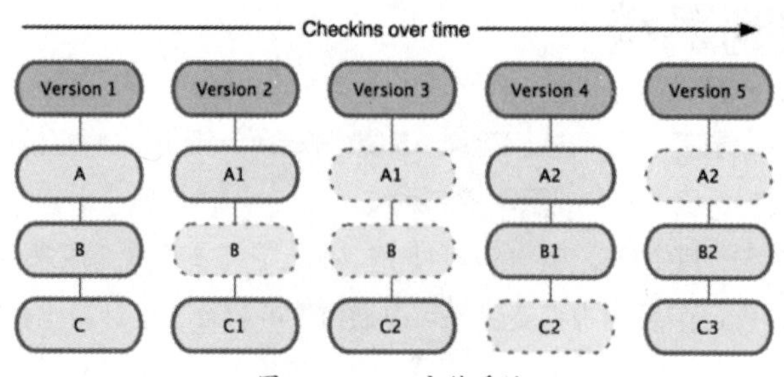

图 4-44 Git 文件系统

Git 中的绝大多数操作只需要访问本地文件和资源，因为 Git 在本地磁盘上就保存着所有当前项目的历史更新数据，处理起来速度很快。Git 使用 SHA-1 算法计算数据的校验和，通过文件的内容或目录的结构计算出一个 SHA-1 哈希值，并将其作为指纹字符串。该指纹字符串由 40 个十六进制字符（0~9 及 a~f）组成，看起来就像：

```
24b9da6552252987aa493b52f8696cd6d3b00373
```

Git 的工作完全依赖于这类指纹字符串，所以我们会经常看到这样的哈希值。实际上，所有保存在 Git 数据库中的内容都是用此种哈希值来进行索引的，而不是依靠文件名。任何一个文件在 Git 内只有 3 种状态：已修改（modified）、已暂存（staged）和已提交（committed）。当 Git 管理项目时，文件流转于 3 个区域，即工作目录、暂存区、本地仓库，分别对应文件的已修改、已暂存、已提交 3 种状态，如图 4-45 所示。

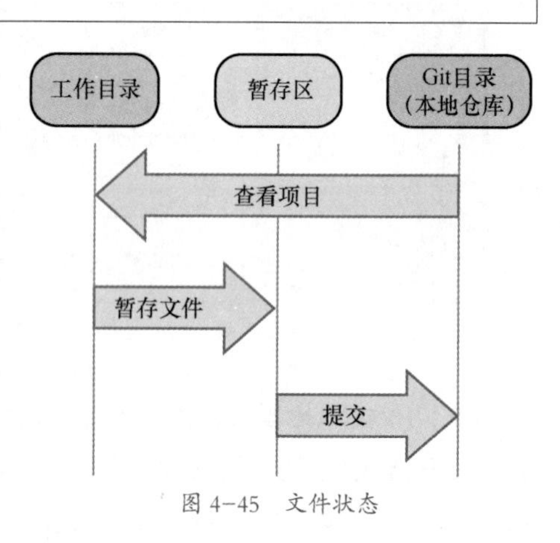

图 4-45 文件状态

基本的 Git 工作流程如下。

（1）在工作目录中修改某些文件。

（2）对修改后的文件进行快照，然后将其保存到暂存区。

（3）提交更新内容，将保存在暂存区的文件快照永久转储到 Git 目录中。

4.4.2 安装 Git

使用 Git 工作需要调用 curl、expat、openssl、zlib 等库代码，所以要先安装这些依赖。在有 YUM 的系统或者 apt-get 的系统上可以用下面的命令安装：

```
//YUM 系统
$ yum install curl-devel expat-devel gettest-devel openssl-devel zlib-devel
```

```
//apt-get 系统
$ apt-get install libcurl4-gnutls-dev libexpat1-dev gettext libz-dev libssl-dev
```

之后从 Git 官网下载最新源码。

```
$ tar -zxf git-2.31.1.tar.gz
$ cd git-2.31.1
$ make prefix=/usr/local all
$ sudo make prefix=/usr/local all
```

然后就可以使用 git 命令了。在统信 UOS 上可以直接使用系统提供的包管理工具，可以用 apt-get 安装：

```
$ apt-get install git
```

4.4.3　配置 Git

一台新的机器在安装好 Git 之后，一般需配置使用者的 Git 工作环境。配置操作只需要做一次，以后升级会沿用之前的配置，并且支持随时修改。

Git 提供了一个叫作 git config 的工具，专门用来配置或读取相应的工作环境变量。由这些环境变量来决定 Git 在各个环节的具体工作方式和行为。这些环境变量可以存储在以下 3 个不同的地方。

- /etc/gitconfig 文件：系统中对所有用户都普遍适用的配置。若使用 git config 时用 --system 选项，读写的就是这个文件。
- ~ /.gitconfig 文件：用户主目录下的配置文件只适用于该用户。若使用 git config 时用 --global 选项，读写的就是这个文件。
- 当前项目的 .git/config 文件：配置只对当前项目有效。

每个级别的配置都会覆盖上层的相同配置，所以 .git/config 里的配置会覆盖 /etc/gitconfig 中的同名变量。

4.4.3.1　用户信息

首先要配置的就是个人用户名和邮箱。这两条信息非常重要，因为每次 Git 的提交操作都会引用这两条信息，说明是谁提交了更新内容，所以其会随更新内容一起被永久纳入记录：

```
$ git config --global user.name "zhangsan"
$ git config --global user.email "zhangsan@uniontech.com"
```

这里用了 --global 选项，所以会对用户主目录下的所有项目生效。如果需要在某些项目中使用特定的用户名和邮箱，可以去掉 --global 选项，重新配置，新的设定会保存在当前项目的 .git/config 文件里。

4.4.3.2　文本编辑器

使用 Git 会出现需要额外输入一些信息的场景，会自动调用一个外部的编辑器。默认会用操作系统指定的默认编辑器，一般可能是 vi 或者 vim。如果用户有其他的偏好，可以自行设置编辑器，比如设置为 deepin-editor：

```
$ git config --global core.editor deepin-editor
```

4.4.3.3 查看配置信息

要查看已有的配置信息，可以使用 git config --list 命令：

```
$ git config --list
user.name=zhangsan
user.email=zhangsan@uniontech.com
core.editor=deepin-editor
```

4.5 Git Flow 开发模型

Git Flow 是构建在 Git 之上的一个组织软件开发活动的模型，是在 Git 之上构建的软件开发最佳实践。Git Flow 是使用 Git 进行源码管理时的一套行为规范和简化部分 Git 操作的工具。

一般而言，软件开发模型有常见的瀑布模型、迭代开发模型以及敏捷开发模型等。每种模型有各自的应用场景。Git Flow 重点解决的是源码在开发过程中的各种冲突导致开发活动混乱的问题。因此，Git Flow 可以很好地与各种现有开发模型结合使用。

在开始研究 Git Flow 的具体内容前，可以先了解模型的全貌，如图 4-46 所示。

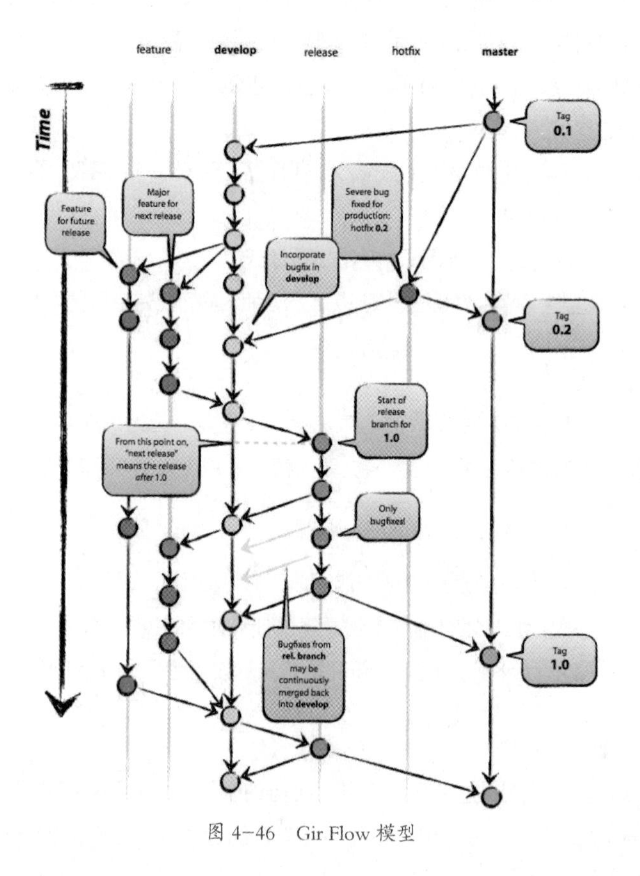

图 4-46 Gir Flow 模型

Git Flow 模型中定义了主分支和辅助分支两类分支。其中主分支用于组织与软件开发、部署相关的活动，辅助分支用于组织解决特定问题而进行的各种开发活动。

4.5.1 主分支

主分支是所有开发活动的核心分支，所有的开发活动产生的输出物最终都会反映到主分支的代码中。主分支分为 master 分支和 develop 分支。

1. master 分支

master 分支上存放的应该是可随时在生产环境中部署的代码（Production Ready State）。当开发活动告一段落，产生了新的可部署的代码时，master 分支上的代码会被更新。另外，每一次更新时最好添加对应的版本号标签（Tag）。

2. develop 分支

develop 分支保存当前最新开发成果。通常这个分支上的代码是可进行每日夜间发布的代码（Nightly build）。因此这个分支有时也可以被称作"integration 分支"。当 develop 分支上的代码实现了软件需求说明书中所有的功能、通过了所有的测试后，并且代码已经足够稳定时，就可以将所有的开发成果合并回 master 分支。对于 master 分支上新提交的代码建议都添加上一个新的版本号标签，供后续代码跟踪使用。

因此，每次将 develop 分支上的代码合并回 master 分支时，都可以认为一个新的可在生产环境中部署的版本产生了。通常而言，"仅在发布新的可部署的代码时才更新 master 分支上的代码"是推荐所有人都遵守的行为准则。基于此，理论上，每当有代码提交到 master 分支时，可以使用 Git Hook 触发软件自动测试以及生产环境代码的自动更新操作。这些自动化操作将有利于减少新代码发布之后的一些事务性工作。

4.5.2 辅助分支

辅助分支是用于组织解决特定问题的各种开发活动的分支。辅助分支主要用于组织软件新功能的并行开发、简化新功能开发代码的跟踪、辅助完成版本发布以及对生产代码的缺陷进行紧急修复。这些分支与主分支不同，通常只会在有限的时间范围内存在。辅助分支包括：用于开发新功能的 feature 分支、用于辅助版本发布的 release 分支、用于修复生产代码中的缺陷的 hotfix 分支。这些分支都有固定的使用目的和分支操作限制。单纯从技术的角度来说，这些分支与 Git 的其他分支并没有什么区别，但通过命名定义了使用这些分支的方法。

1. feature 分支

feature 分支的使用规范包括：可以从 develop 分支发起 feature 分支，代码必须合并回 develop 分支，feature 分支命名时可以使用除 master、develop、release-*、hotfix-* 之外的任何名称。

feature 分支（有时也可以叫作"topic 分支"）通常是在开发一项新的软件功能的时候使用，这个分支上的代码变更最终会合并回 develop 分支或者被抛弃掉（例如实验性的且效果不好的代码变更）。

一般而言，feature 分支代码可以保存在开发者自己的代码库中而不会强制提交到主代码库里。

2. release 分支

release 分支的使用规范包括：可以从 develop 分支派生，代码必须合并回 develop 分支和 master 分支，分支命名惯例为 release-*。

release 分支是为发布新的产品版本而设计的。在这个分支上的代码允许做小的缺陷修复、准备发布版本所需的各项说明信息（版本号、发布时间、编译时间等）。在 release 分支上的这些操作可以让 develop 分支空闲出来以接收新的 feature 分支上提交的代码，进入新的软件开发迭代周期。

当 develop 分支上的代码已经包含所有即将发布的版本中所计划包含的软件功能，并且已通过所有测试时，就可以考虑创建 release 分支了。而所有在当前即将发布的版本之外的业务需求一定要确保不能混到 release 分支内（避免由此引入一些不可控的系统缺陷）。成功派生 release 分支并赋予版本号之后，develop 分支就可以为“下一个版本”服务了。所谓“下一个版本”，是指在当前即将发布的版本之后发布的版本。版本号的命名可以依据项目定义的版本号命名规则进行。

3. hotfix 分支

hotfix 分支的使用规范包括：可以从 master 分支派生，代码必须合并回 master 分支和 develop 分支，分支命名惯例为 hotfix-*。除了是计划外创建的以外，hotfix 分支与 release 分支十分相似，都可以产生一个新的可在生产环境中部署的软件版本。当生产环境中的软件遇到异常情况或者发现严重到必须立即修复的软件缺陷的时候，就需要从 master 分支上指定的标签版本派生 hotfix 分支来组织代码的紧急修复工作。这样做显而易见的好处是不会打断正在进行的 develop 分支的开发工作，能够让团队中负责新功能开发的人与负责代码紧急修复的人并行开展工作。

Git Flow 开发模型从源码管理角度对通常意义上的软件开发活动进行了约束，应该说为开发者的软件开发提供了一个可供参考的管理模型。Git Flow 开发模型让开发代码仓库保持整洁，让小组各个成员的开发相互隔离，能够有效避免处于开发状态中的代码相互影响而导致的效率低下和混乱。在不同的开发团队、不同的文化、不同的项目背景等情况下都有可能需要对开发模型进行适当的裁剪或扩充。

4.6 版本号管理

关于版本号，现使用 x.y.z 共 3 位的版本号代替过去的 4 位版本号。master 分支发布版本之后，按情况新建维护分支，如：DDE 项目发布 1.0.0 版本，则新建 maintain/1.0 分支用于 DDE 1.0 的维护。如果主分支当前版本为 1.1.0 或者更大的版本号 2.0.0，则 maintain/x.y 分支发布版本为 x.y.1、x.y.2，依次累加，如 maintain/1.0 分支上发布的 Tag 为 1.0.1、1.0.2 等。正常迭代（bug fix）时版本号第三位 z 自增，当有接口新增时第二位 y 自增，当有重大更新可能导致不兼容时第一位 x 自增。

4.7 统信 UOS 的开发者模式

统信 UOS 的特性之一就是拥有可靠的安全机制，通过设置多重安全机制来保障系统安全，包括 GRUB 权限控制、安全启动机制、root 权限限制、应用证书签名机制。

与目前传统的其他 Linux 发行版相比，统信 UOS 的开发者模式功能更能保障系统安全。

开发者模式是统信 UOS 新定义的安全模式，借鉴 Android 系统对 root 权限的保护以及默认禁止安装非应用市场的应用，为最终用户带来更好的系统使用安全保障。统信 UOS 默认关闭开发者模式，普通用户无 root 权限便无法对统信 UOS 做任何更改，可以避免误操作引起的系统故障和潜在的安全风险。统信 UOS 桌面版默认禁用开发者模式；在未进入开发者模式时，用户无法进行 root 权限操作；如果在终端中执行 sudo 操作会提示“无 root 权限，如想获得 root 权限可以在控制中心选择进入开发者模式”。

开发者模式主要受众对象为统信 UOS 开发人员，使用该模式需要用户在统信 UOS 环境上拥有一定的研发能力，打开开发者模式意味着放开统信 UOS 为普通用户设置的所有安全保护。

4.7.1　潜在风险说明

1. sudo“提权”

使用 sudo 命令表示以系统管理者的身份执行命令，也就是说，经由 sudo 所执行的命令就如同 root 亲自执行；使用 sudo 命令可以安装和运行非应用商店签名的安全应用，但也可能导致系统的完整性遭到破坏，而造成系统无法正常使用，也可能造成数据丢失等不可逆损失。

2. root 管理员权限

root 管理员拥有整个系统的最大权限，所有命令均可以使用；个人下载、使用非应用商店的签名应用，也让恶意软件有了捷径可入，系统很容易被病毒侵入，大大地影响了系统的安全性。没有了一定的保护，很多“流氓”软件和应用可能会在系统里为所欲为，其侵入系统后，窃取系统里的个人隐私及信息，这样很容易出现个人或公司财产被窃取的风险；因操作失误而删除系统的一些重要软件或文件，可能会导致系统不稳定，比如系统的操作变“卡”，或者造成一些其他软件没办法正常使用，严重时会直接导致系统无法启动，造成个人或公司数据丢失等损失。

4.7.2　开启方法

首先需要确认拥有统信 UOS 在线网络账号，如果还没有统信 UOS 在线网络账号，可在统信 UOS 官网进行注册。打开开发者模式的方法如图 4-47 所示。

1. 在线模式

进入统信 UOS 后，打开控制中心，打开开发者模式模块，进入开发者模式，选择在线模式，输入统信 UOS 在线网络账号的用户名和密码。

2. 离线模式

在控制中心，单击开发者模式模块，进入开发者模式模块，选择离线模式，导出机器信息；上传导出的机器信息文件到网站 https://www.chinauos.com/developMode，导出文件的扩展名为 .json。单击下载离线证书按钮，下载离线证书。在控制中心，单击开发者模式模块，进入开发者模式页面，选择离线模式，导入证书；系统获取到证书后进入开发者模式。

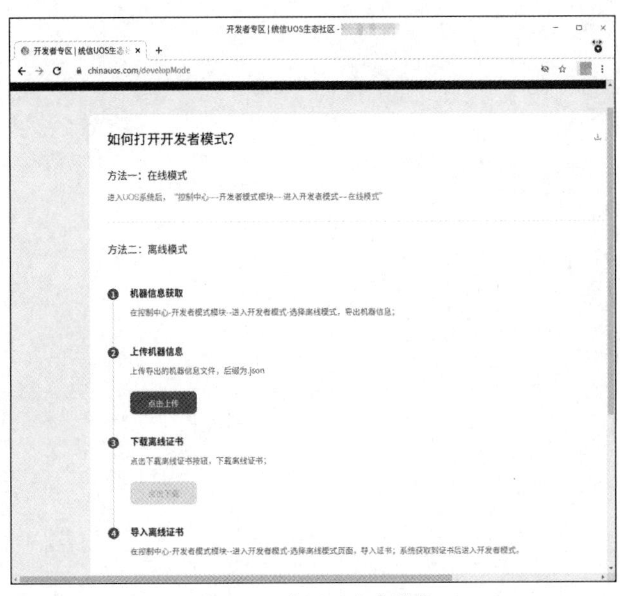

图 4-47　打开开发者模式

第05章

Qt 开发框架

Qt 是一个跨平台 C++ 图形用户界面（Graphical User Interface，GUI）应用开发框架，由 Qt 公司开发。它既可用于开发 GUI 程序，也可用于开发非 GUI 程序，比如控制台工具和服务器。Qt 是面向对象的框架，使用特殊的代码生成扩展，即 MOC（Meta Object Compiler，元对象编译器）。Qt 很容易扩展，并且允许真正意义上的组件编程。

5.1　Qt 基础模块

Qt 有若干不同的模块，每个模块包含若干不同的功能组件，供用户使用。Qt 的模块可以分为基础模块和扩展模块。基础模块主要是指 Qt 中常用的一些功能模块，而扩展模块则是指一些较为高级的模块。表 5-1 所示为 Qt 主要的基础模块。我们对这些模块进行介绍，以帮助读者掌握如何使用 Qt 框架；在每一个模块的介绍中，我们还提供一些经典的案例代码，以帮助读者快速上手 Qt 框架。

表 5-1　Qt 主要的基础模块

模块名称	描述
Qt Core	核心模块，Qt 的非 GUI 相关的核心模块，可供其他模块使用
Qt GUI	GUI 模块，提供基础的用于构建 GUI 的组件，包含 OpenGL 支持
Qt Widgets	控件模块，提供扩展 Qt GUI 支持的若干 C++ 控件类
Qt Multimedia	多媒体模块，提供基于控件的实现多媒体相关功能支持的类
Qt Network	网络模块，提供易于使用且便于移植的网络功能开发支持
Qt QML	提供 QML 和 JavaScript 支持的类
Qt Quick Test	测试模块，提供 QML 应用和库的单元测试支持
Qt SQL	提供数据库集成支持，SQL（结构化查询语言）相关的支持模块
Qt Test	测试模块，提供 Qt 应用和库的单元测试支持
Qt Concurrent	提供无须触及底层多线程的多线程封装支持
Qt BlueTooth	提供 Qt 蓝牙设备之间的通信支持
Qt D-Bus	提供 D-Bus 协议的 IPC 支持
Qt Image Formats	提供图像格式解析的插件支持
Qt Print Support	提供输出支持
Qt Speech	提供文本转语音支持
Qt Wayland Compositor	提供基于 Wayland 协议开发的自定义显示服务器

本节将着重介绍 Qt 中非常重要的 3 个模块，即 Qt Core、Qt GUI、Qt Widgets，这 3 个模块是 Qt 实现的基础，本节内容包括 Qt 的元对象系统、Qt 资源系统、Qt 控件与 Qt 布局等常用知识。除此之外，本节还将介绍 Qt 的单元测试，以便让读者能够快速上手一些简单而实用的 Qt 案例工程。

5.1.1　Qt Core

Qt Core 模块是 Qt 的精髓，它提供 Qt 中的核心功能，引用 Qt Core 可以实现非常强大的对象通信机制、可查询设计的对象属性、层次化可遍历的树形组织结构、受保护的自然指针、动态的插件机制等。Qt Core 是 Qt 中重要并且应用广泛的模块，依赖于 Qt 的程序或库中都应该包含它。

5.1.1.1　核心功能

下面对核心功能涉及的主要内容进行介绍。

1. 元对象系统

Qt 的元对象系统提供了对象间通信、运行时类型信息、动态属性系统的信号和槽机制。元对象系统基于 3 个条件。

（1）QObject 类为可以利用元对象系统的对象提供基类。

（2）类声明的私有部分内的 Q_OBJECT 宏用于启用元对象功能，例如动态属性、信号和槽。

（3）MOC 为每个 QObject 子类提供必要的代码，以实现元对象功能。

其中有几个关键的概念需要进一步说明。

（1）QObject 类。Qt 中很多类都是由它继承而来，它在元对象系统中扮演着重要的角色，其中心特征就是利用信号和槽机制实现对象间通信，提供了 connect、disconnect 函数来连接和断开对象之间的信号和槽，具体介绍可参考后面的信号槽部分。

（2）对象树机制。当创建一个继承自 QObject 的类，并指定其继承自 QObject 的类作为父类的时候，这个类会自动添加到父对象的 children()list 中，它会随着父对象的析构（父对象析构的时候会删除所有的 child 对象）而析构，也可以通过 findchild 函数来查找子对象等。每个对象都有一个对象名称（object name）和类名称（class name），它们都可以通过相应的 metaObject 对象来获得。还可以通过 inherits 方法来判断一个对象的类是不是从另一个类继承而来。当它被删除的时候会发出 destroyed 信号，通过这个信号可以实现一些功能。Object 可以通过 event 接收事件并且过滤其他对象的事件。详细介绍请参考 installEventFilter 和 eventFilter。

（3）Q_OBJECT 宏。继承自 QObject 的类都建议添加这个宏，不然会引起一些奇怪且难以发现的错误，如无法找到信号或者槽函数等。在 MOC 编译的过程中，会在类声明文件中查找 Q_OBJECT 宏定义，从而生产 moc 文件。这些 moc 文件中就包含一些元对象信息和信号槽已经实现的部分。

（4）MOC。从名字上即可理解，在编译代码的时候，最终还是调用的 C++ 的编译器，而 Qt 中的 signal、slot 这些内容 C++ 本身是不认识的，MOC 的作用是把这部分内容转化为 C++ 认识的代码，也就是最后得到的 moc_XXX 的文件。需要注意的是，它虽然被称为编译器，但是上述过程发生在编译之前的预处理阶段。生成的源文件通常被包含到类的源文件中（在 cpp 文件中声明类的时候通常需要这样做）。

2. 属性系统

Qt 提供了一个绝妙的属性系统。然而，作为一个独立于编译器和平台的库，Qt 不依赖于非标准的编译特性，Qt 可以在任何平台上的标准编译器下编译。

■ **声明属性的要求**

Qt 属性系统提供了一个类似于类数据成员的，具有可通过元对象系统访问的属性行为。Qt 并不依赖非标准的编译器功能，例如 _property 或 [property]，可在 Qt 支持的每个平台上将其与任何标准 C++ 编译器一起使用，简单地说，就是代码 Q_PROPERTY 这个宏所描述的字段。作用就是把类的信息暴露出来，使之成为通用的大家都知道的信息，并且可以通过元对象进行读取与写入，还支持动态添加和删除属性，同时支持自定义的数据类型。

下面给出使用 Q_PROPERTY 宏的代码片段，简要说明如何使用 Q_PROPERTY 宏，以及如何使用 MEMBER 关键字将成员变量导出为 Qt 属性。注意，NOTIFY 必须指定一个信号，以允许 QML 属性的绑定。

```
    Q_PROPERTY(QColor color MEMBER m_color NOTIFY colorChanged)
    Q_PROPERTY(qreal spacing MEMBER m_spacing NOTIFY spacingChanged)
    Q_PROPERTY(QString text MEMBER m_text NOTIFY textChanged)
    Q_PROPERTY(QDate date READ getDate WRITE setDate)
    ...
public:
```

```
    const int getDatr();
    void setDaet();
signals:
    void colorChanged();
    void spacingChanged();
    void textChanged(const QString &newText);
private:
    QColor m_color;
    qreal m_spacing;
    QString m_text;
    int m_data;
```

属性的行为类似于类数据成员，表 5-2 列出了属性的主要行为。

表 5-2　属性的主要行为

主要行为	描述
READ	用于读取属性值。理想情况下，将 const 函数用于读取属性值，并且它必须返回属性的类型或对该类型的 const 引用。例如，QWidget::focus 是具有读取函数 QWidget::hasFocus 的附加属性
WRITE	用于设置属性值。它必须返回 void，并且必须正好接收一个参数，该参数可以是属性的类型，可以是该类型的指针或引用。例如，QWidget::enabled 具有 WRITE 功能 QWidget::setEnabled。只读属性不需要 WRITE 功能。例如，QWidget::focus 没有 WRITE 功能
RESET	用于将属性设置回其上下文特定的默认值。RESET 函数必须返回 void 并且不接收任何参数
NOTIFY	如果已定义，则应在对应类中指定一个现有信号，只要该属性的值发生更改，该信号就会被发出。变量的 NOTIFY 信号 MEMBER 必须采用 0 个或 1 个参数，该参数必须与属性具有相同的类型
REVISION	如果包含此行为，则它定义将在 API 的特定版本中使用的属性及其通知程序信号（通常用于暴露于 QML）。如果不包含此行为，则默认为 0
DESIGNABLE	指示该属性在 GUI 设计工具（例如 Qt Designer）的属性编辑器中是否可见。大多数属性为 true
SCRIPTABLE	指示脚本引擎是否应访问此属性（默认值为 true）
STORED	指示该属性应被认为是单独存在还是依赖于其他值。它还指示在存储对象的状态时是否必须保存属性值
USER	指示该属性是被指定为该类的面向用户还是可编辑的属性
CONSTANT	指示该属性值是恒定不变的，常量属性不能具有 WRITE 方法或 NOTIFY 信号

■ **使用元对象系统读取和写入属性**

使用元对象系统可以通过通用函数 QObject::property 和 QObject::setProperty 来读取和写入属性，而无须知道除属性名称之外的所有相关类的信息。下面的代码片段，对 QAbstractButton::setDown 的调用和对 QObject::setProperty 的调用都将属性设置为“down”。

```
QPushButton *button = new QPushButton;
QObject *object = button;
button->setDown(true);
object->setProperty("down", true);
```

通过元对象系统的访问器写入属性相对于直接调用 setDown 更具优势，因为访问速度更快，并且在编译时可以提供更好的诊断，但是以这种方式设置属性需要在编译时知道该类，而通过名称访问属性可以访问在编译时不知道的类。可以通过查询类的 QObject、QMetaObject 和 QMetaProperty 来在运行时发现其属性。下面的代码片段，介绍了如何使用 QObject 的 QMetaObject 属性。

```
QObject *object = ...
const QMetaObject *metaobject = object->metaObject();
int count = metaobject->propertyCount();
for (int i=0; i<count; ++i) {
    QMetaProperty metaproperty = metaobject->property(i);
    const char *name = metaproperty.name();
    QVariant value = object->property(name);
    ...
}
```

■ **一个简单的例子**

假设有一个 MyClass 类，它是从 QObject 派生的，并且在其私有部分中使用了 Q_OBJECT 宏。要在 MyClass 中声明一个属性以跟踪优先级值。该属性的名称为 priority，其类型为一个名为 Priority 的枚举类型，该枚举类型在 MyClass 中定义。类的私有部分中使用 Q_PROPERTY 宏声明该属性。所需的 READ 函数名为 priority，其中包括一个名为 setPriority 的 WRITE 函数。枚举类型必须使用 Q_ENUM 宏在元对象系统中注册。注册枚举类型，枚举器名称可调用 QObject::setProperty。

主要代码如下：

```
class MyClass : public QObject
{
    Q_OBJECT
    Q_PROPERTY(Priority priority READ priority WRITE setPriority NOTIFY
               priorityChanged)
public:
    MyClass(QObject *parent = 0);
    ~MyClass();
    enum Priority { High, Low, VeryHigh, VeryLow };
    Q_ENUM(Priority)
    void setPriority(Priority priority)
    {
        m_priority = priority;
        emit priorityChanged(priority);
    }
    Priority priority() const
    { return m_priority; }
signals:
    void priorityChanged(Priority);
private:
    Priority m_priority;
};
```

在该示例代码中，作为属性类型的枚举类型在 MyClass 中声明，并使用 Q_ENUM 宏在元对象系统中注册。这使得枚举值可以作为字符串使用，以用于 setProperty 的调用。如果在另一个类中声明了枚举类型，则需要将已声明枚举类型完全限定名称（即 OtherClass::Priority），并且其他类还必须继承 QObject 并使用 Q_ENUM 宏在衍生类中注册枚举类型。

■ **动态属性**

QObject::setProperty 方法也可以在运行时向类的实例中添加新属性。当它使用名称和值调用时，如果 QObject 中存在具有给定名称的属性，并且给定值与该属性的类型兼容，则该值存储在该属性中，并返回 true。如果该值与该属性的类型不兼容，则不更改属性，并返回 false。但是，如果 QObject 中不存在具有给定名称的属性（即未使用 Q_PROPERTY 声明），则会将具有给定名称和值的新属性自动添加到 QObject 中，仍返回 false。这意味着不能根据是否返回 false 来确定是否实际设置了特定属性，除非事先知道该属性已经存在于 QObject 中。

注意 动态属性是按实例添加的，即它们是添加到 QObject 中而不是添加到 QMetaObject 中的。通过将属性名称和无效的 QVariant 值传递给 QObject::setProperty，可以从实例中删除属性。QVariant 的默认构造函数会构造一个无效的 QVariant。可以使用 QObject::property 查询动态属性，就像在编译时使用 Q_PROPERTY 声明的属性一样。

■ **属性和自定义类型**

属性使用的自定义类型需要使用 Q_DECLARE_METATYPE 宏进行注册，运行时创建的动态属性的值可以存储在 QVariant 对象中。

3. 对象模型

标准的 C++ 对象模型为对象范例提供了非常有效的运行时支持。但是它的静态性质在某些问题领域是不灵活的。GUI 编程是一个既需要运行时效率又需要高度灵活性的领域。Qt 通过将 C++ 的速度与 Qt 对象模型的灵活性相结合来提供此功能。

Qt 将以下这些功能添加到 C++ 中。

（1）一种非常强大的无缝对象通信机制，称为信号和槽。

（2）可查询和可设计的对象属性。

（3）强大的事件循环和事件过滤器。

（4）上下文字符串翻译以实现多语言。

（5）复杂的间隔驱动计时器，使许多任务可以优雅地集成到事件驱动的 GUI 中。

（6）分层且可查询的对象树，以自然方式组织对象所有权。

（7）受保护指针（QPointer），在销毁引用的对象时会自动将其设置为 0，这与普通的 C++ 指针不同。在对象销毁时，C++ 指针会变成悬挂的指针。

（8）支持自定义类型创建。

上述的许多功能都是基于 QObject 的继承，使用标准 C++ 技术实现的。其他对象，例如对象通信机制和动态属性系统，则需要使用 Qt 自己的 MOC 提供的元对象系统来实现。元对象系统是 C++ 的扩展，使该语言更适合真正的组件 GUI 编程。表 5-3 介绍了元对象系统中常用的类，这些类构成了 Qt 对象模型的基础。

表 5-3　元对象系统中常用的类

类名	描述
QMetaClassInfo	有关类（Class）的其他信息
QMetaEnum	有关枚举器的元数据
QMetaObject	有关成员函数的元数据
QMetaProperty	有关属性的元数据
QMetaType	管理元对象系统中的命名类型
QObject	所有 Qt 对象的基类
QObjectCleanupHandler	观察多个 QObject 的生命周期
QPointer	提供指向 QObject 的受保护指针的模板类
QSignalBlocker	QObject::blockSignals 周围的异常安全包装器
QSignalMapper	捆绑可识别发件人的信号
QVariant	充当常见 Qt 数据类型的并集

4. 信号槽

信号槽用于对象之间的通信。信号槽机制是 Qt 的主要功能，这可能是 Qt 与其他框架提供的功能最不同的部分。Qt 的元对象系统是信号槽实现的基础。在 GUI 编程中，当更改一个小部件时，通常希望通知另一个小部件。更笼统地说，就是希望任何类型的对象都能够相互通信。例如，如果用户单击“关闭”按钮，可能希望调用窗口的 close 函数。

■ 信号

当一个对象想对外发送通知或者进行某种改变的时候，该对象就可以发送信号。信号是公共访问函数，可以从任何地方发出，但建议仅从定义信号及其子类的类中发出信号。它在类中的定义是这样的：

```
// 声明
signal:
  void timeOut(int);

// 发送信号
  emit timeOut(x);
```

信号是由 MOC 自动生成的，不能在 .cpp 文件中实现（使用 signal 关键字声明），不能有返回类型（即 use void）。信号可以像普通函数一样携带参数。值得注意的是，如果需要传递自定义类型的参数，则该自定义类型需要加入元对象系统。

■ 槽

槽是正常的 C++ 函数，可以正常调用。槽的特点是可以连接信号。由于槽函数是普通的成员函数，因此在直接调用时，它们遵循普通的 C++ 规则。当发出与其连接的信号时，将调用该槽函数。它在类中的定义是这样的：

```
public slots:
    void onTimeOut(int);
```

一般来说槽函数也没有返回值，参数可以比信号的参数少，但是需要保持和信号一一对应，槽函数也可以是静态函数、全局函数、匿名函数等。槽函数的使用示例如下：

```
#include <QObject>
class Counter : public QObject
{
    Q_OBJECT
public:
    Counter() { m_value = 0; }
    int value() const { return m_value; }
public slots:
    void setValue(int value);
signals:
    void valueChanged(int newValue);
private:
    int m_value;
};
void Counter::setValue(int value)
{
    if (value != m_value) {
        m_value = value;
        emit valueChanged(value);
    }
}
...
    Counter a, b;
    QObject::connect(&a, &Counter::valueChanged,
                     &b, &Counter::setValue);
    a.setValue(12);     // a.value() == 12, b.value() == 12
    b.setValue(48);     // a.value() == 12, b.value() == 48
```

信号 valueChanged 在 Value 值被改变的时候发出，a 对象的信号连接到了 b 对象的槽，当调用 a 的 setValue 时，b 对象的槽函数 setValue 被调用。在 b 对象值被修改的同时，虽然 b 对象也发送了 valueChanged 信号，但是没有任何槽函数连接这个信号，所以什么也不会做。

■ **信号槽的连接**

信号槽使用 QObject::connect 函数进行连接，函数返回值为布尔（bool）类型，表示连接成功或者失败，Qt 中连接信号槽的方法大体分为两种。

（1）通过宏的方法连接，优点是可以检查函数参数类型、个数的错误，缺点是写起来比较麻烦：

```
connect(&button,SIGNAL(clicked(bool)),this,SLOT(on_button_cheched()));
```

（2）通过函数地址的方法连接，优点是写起来简单，缺点是不会做参数类型检查：

```
connect(&button,&QPushbutton::clicked,this,&QWidget::quilt)
```

信号除了可以连接槽之外，还可以连接信号，写法与信号槽的连接相同。一个信号可以连接多个槽，多个信号也可以连接一个槽。信号连接之后可以使用 disconnect 来断开。

信号槽的第 5 个参数表示连接方式，表 5-4 介绍了各连接方式的含义。

表 5-4　信号槽的连接方式

连接方式	描述
Qt::AutoConnection	自动连接。默认使用的方式。信号发出的线程和槽的对象在一个线程中的时候相当于 Qt::DirectConnection；如果在不同线程中，则相当于 Qt::QueuedConnection
Qt::DirectConnection	直接连接。相当于直接调用槽函数，但是当信号发出的线程和槽的对象不在一个线程中的时候，槽函数是在发出的信号中执行的
Qt::QueuedConnection	队列连接。内部通过 postEvent 实现。不是实时调用的，槽函数永远在槽函数对象所在的线程中执行。如果信号参数是引用类型，则会另外复制一份，线程是安全的
Qt::BlockingQueuedConnection	阻塞连接。此连接方式只能用于信号发出的线程和槽函数的对象不在一个线程中的情况。通过信号量 +postEvent 实现。不是实时调用的，槽函数永远在槽函数对象所在的线程中执行。发出信号后，当前线程会阻塞，等到槽函数执行完毕后才继续执行
Qt::UniqueConnection	防止重复连接。如果当前信号和槽已经连接过，就不再连接了

■ **高级信号槽的使用**

对于有关信号发送者的信息，Qt 提供了 QObject::sender 函数功能，该函数会返回指向发送信号的对象指针。另外，C++ 中的 lambda 表达式也可以是槽函数，这是将自定义参数传递到槽函数的便捷方法：

```
connect(action, &QAction::triggered, engine,
        [=]() { engine->processAction(action->text()); });
```

■ **和第三方信号 / 槽机制一起使用**

Qt 可以与第三方信号 / 槽机制一起使用，甚至可以在同一项目中使用这两种机制。只需将以下行添加到 qmake 项目的文件（.pro 文件）中。

```
CONFIG += no_keywords
```

上述代码会告诉 Qt 不要定义 MOC 关键字 signals、slots 和 emit，因为这些关键字名称将由第三方库使用。要继续使用带有 no_keywords 标志的 Qt 信号和槽，只需将源码中使用的所有 Qt MOC 关键字替换为相应的 Qt 宏 Q_SIGNALS（或 Q_SIGNAL）、Q_SLOTS（或 Q_SLOT）和 Q_EMIT。

5.1.1.2　Qt 资源系统

Qt 资源系统是一种与平台无关的机制，用于将二进制文件存储在应用的可执行文件中。如果应用始终需要一组特定的文件（图标、翻译文件等），并且不想有丢失这些文件的风险，使用资源系统是很有效的。与应用关联的资源在 .qrc 文件中指定，该文件格式是一种基于 XML 的文件格式，该文件格式列出了磁盘上的文件，可以选择为它们分配资源名称，应用必须使用该资源名称来访问该资源。下面是 .qrc 示例文件代码：

```
<!DOCTYPE RCC><RCC version="1.0">
<qresource>
    <file>images/copy.png</file>
    <file>images/cut.png</file>
```

```
    <file>images/new.png</file>
    <file>images/open.png</file>
    <file>images/paste.png</file>
    <file>images/save.png</file>
</qresource>
</RCC>
```

不用担心它的复杂性，资源文件的添加和删除完全可以在 Qt Creator 或者资源编辑器中完成，在使用的时候只需要在 .pro 文件中添加 RESOURCES = application.qrc，然后就可以在代码中使用这些文件：

```
cutAct = new QAction(QIcon(":/images/cut.png"), tr(("Cut"), this)
```

5.1.1.3　其他关键框架

1. 动画框架

■ **动画框架类**

动画框架旨在为创建动画和平滑的 GUI 提供一种简便的方法。通过对 Qt 属性进行动画处理，框架为动画小部件和其他 QObject 提供了极高的自由度。该框架也可以与 Graphics View 框架一起使用。Qt Quick 中还包含动画框架中可用的许多概念，其中包括定义动画的声明性方式。获得的有关动画框架的许多知识都可以应用于 Qt Quick。表 5-5 简要描述了 Qt 动画框架中常用的类。

表 5-5　Qt 动画框架中常用的类

类名	描述
QAbstractAnimation	所有动画的基类
QVariantAnimation	动画基础类
QAnimationGroup	动画组的抽象基类
QEasingCurve	缓和曲线以控制动画
QParallelAnimationGroup	平行动画组
QPauseAnimation	在 QSequentialAnimationGroup 中加入延迟
QPropertyAnimation	动画 Qt 属性
QSequentialAnimationGroup	顺序动画组
QTimeLine	控制动画的时间线

动画框架的基础包括基类 QAbstractAnimation 及其两个子类 QVariantAnimation 和 QAnimationGroup。QAbstractAnimation 是所有动画的基类，它表示框架中所有动画共有的基本属性。值得注意的是，该基类具有开始、停止和暂停动画的能力。

动画框架还提供了 QPropertyAnimation 类，该类继承了 QVariantAnimation 并执行 Qt 属性的动画，该属性是 Qt 元对象系统的一部分，该类使用缓和曲线对属性进行插值。因此，当要为一个值设置动画时，可以将其声明为属性，并且类要继承自 QObject。

可以通过构建 QAbstractAnimation 的树结构来构造复杂的动画。通过 QAnimationGroup 来构建树，QAnimationGroup 用作其他动画的容器。还要注意，组是 QAbstractAnimation 的子类，因此组本身可以包含其他组。

动画框架可以单独使用，也可以设计为状态机框架（有关 Qt 状态机的介绍，请参见状态机框架部分）的一部分。状态机提供可以播放动画的特殊状态，QState 在进入状态时，也可以设置属性或退出，在底层实现中，动画由全局计时器控制，该计时器将更新内容发送给所有正在播放的动画。

下面介绍一个例子，button 将在 8s 内把按钮从屏幕左上角移至 (250,250) 处，然后在剩下的 2s 内将其移回原始位置，运动将在这些点之间线性插值。

```
QPushButton button("Animated Button");
button.show();
QPropertyAnimation animation(&button, "geometry");
animation.setDuration(10000);
animation.setKeyValueAt(0, QRect(0, 0, 100, 30));
animation.setKeyValueAt(0.8, QRect(250, 250, 100, 30));
animation.setKeyValueAt(1, QRect(0, 0, 100, 30));
animation.start();
```

■ 动画和图形视图框架

要为 QGraphicsItem 设置动画，可以使用 QPropertyAnimation。但是，QGraphicsItem 不继承 QObject。一种解决方法是将要设置动画的图形项目子类化，此子类还将继承 QObject，这样，QPropertyAnimation 可以用于 QGraphicsItem。另一种解决方法是继承 QGraphicsWidget，它已经继承自 QObject 类了。示例代码如下：

```
class Pixmap : public QObject, public QGraphicsPixmapItem
{
    Q_OBJECT
    Q_PROPERTY(QPointF pos READ pos WRITE setPos)
    ...
};
```

■ 缓和曲线

如前所述，QPropertyAnimation 在开始和结束属性值之间进行插值，改变了动画速度。除了向动画添加更多关键值外，还可以使用缓和曲线。缓和曲线描述了一个控制应如何在 0 和 1 之间进行插值的功能。缓和曲线允许从一个值到另一个值的过渡看起来比简单的恒定速度过渡更自然。如果要在不更改插值路径的情况下控制动画的速度，缓和曲线将很有用。示例代码如下：

```
QPushButton button("Animated Button");
button.show();
QPropertyAnimation animation(&button, "geometry");
animation.setDuration(3000);
animation.setStartValue(QRect(0, 0, 100, 30));
animation.setEndValue(QRect(250, 250, 100, 30));
animation.setEasingCurve(QEasingCurve::OutBounce);
animation.start();
```

在该代码中，动画将遵循一条曲线，使其像球一样反弹，就像从起点到终点的位置一样。QEasingCurve 有大量曲线供选择，由 QEasingCurve::Type 枚举定义。如果需要另一条曲线，也可以自己实现，然后向 QEasingCurve 注册。

■ 组合动画

一个应用通常包含多个动画，例如，你想同时移动多个图形项目，或者依次移动它们。并行组可以同时播放多个动画。调用其 start 函数将启动其控制的所有动画。毫无疑问，QSequentialAnimationGroup 会按顺序播放动画。前一个动画结束后，开始播放列表中的下一个动画。由于动画组本身就是动画，因此可以将其添加到另一个组中。这样，可以构建动画的树结构，该树结构会指定动画相对于彼此的播放时间。示例代码如下：

```
QPushButton button("Animated Button");
button.show();
QPropertyAnimation anim1(&button, "geometry");
anim1.setDuration(3000);
anim1.setStartValue(QRect(0, 0, 100, 30));
anim1.setEndValue(QRect(500, 500, 100, 30));
QPropertyAnimation anim2(&button, "geometry");
anim2.setDuration(3000);
anim2.setStartValue(QRect(500, 500, 100, 30));
anim2.setEndValue(QRect(1000, 500, 100, 30));
QSequentialAnimationGroup group;
group.addAnimation(&anim1);
group.addAnimation(&anim2);
group.start();
```

■ **动画和状态**

使用状态机时，可以使用 QSignalTransition 或 QEventTransition 类将一个或多个动画与状态之间的过渡相关联。这些类均从 QAbstractTransition 派生，QAbstractTransition 定义了便捷功能 addAnimation，该功能可实现添加过渡发生时触发的一个或多个动画。还可以将属性与状态相关联，而不必自己设置开始和结束值。下面是一个完整的示例代码，该示例对 QPushButton 的几何图形进行了动画处理。

```
QPushButton *button = new QPushButton("Animated Button");
button->show();
QStateMachine *machine = new QStateMachine;
QState *state1 = new QState(machine);
state1->assignProperty(button, "geometry", QRect(0, 0, 100, 30));
machine->setInitialState(state1);
QState *state2 = new QState(machine);
state2->assignProperty(button, "geometry", QRect(250, 250, 100, 30));
QSignalTransition *transition1 = state1->addTransition(button,
                                 &QPushButton::clicked, state2);
transition1->addAnimation(new QPropertyAnimation(button, "geometry"));
QSignalTransition *transition2 = state2->addTransition(button,
                                 &QPushButton::clicked, state1);
transition2->addAnimation(new QPropertyAnimation(button, "geometry"));
machine->start();
```

2. JSON 支持

Qt 支持处理 JSON 数据。JSON 是一种对源自 JavaScript 的对象数据进行编码的格式，现在已广泛用作互联网上的数据交换格式。Qt 中的 JSON 支持提供了易于使用的 C++ API 来解析、修改和保存

JSON 数据。它还支持以二进制格式保存此数据，该二进制格式可以直接将文件映射至内存中进行访问，并且访问速度非常快。有关 JSON 数据格式的更多详细信息，可以在 json.org 和 RFC-4627 中找到。所有 JSON 类都是基于值的隐式共享类。表 5-6 简要说明了 Qt 中 JSON 框架的常用类。

表 5-6　Qt 中 JSON 框架的常用类

类	描述
QJsonArray	封装 JSON 数组
QJsonDocument	读写 JSON 文档的方式
QJsonObject	封装 JSON 对象
QJsonObject::const_iterator	为 QJsonObject 提供 STL 样式的 const 迭代器
QJsonObject::iterator	为 QJsonObject 提供 STL 样式的非常量迭代器
QJsonParseError	用于在 JSON 解析期间报告错误
QJsonValue	将值封装在 JSON 中

3. 状态机框架

Qt 状态机框架提供了用于创建和执行状态图的类。概念和表示法基于哈雷尔（Harel）提出的状态图（Statecharts，一种复杂系统的可视化形式），也是 UML 状态图的基础。状态机执行的语义基于状态图的可扩展标记语言（State Chart XML，SCXML）。

状态图提供了建模系统如何对刺激做出反应的图形方式。这是通过定义系统可能处于的状态以及系统如何从一种状态转换到另一种状态来完成的。事件驱动系统（例如 Qt 应用）的一个关键特征是行为通常不仅取决于最后一个事件或当前事件，还取决于行为之前的事件。使用状态图，此信息易于表达。状态机框架提供了 API 和执行模型，可用于将状态图的元素和语义有效地嵌入 Qt 应用。该框架与 Qt 的元对象系统紧密集成。例如，状态之间的转换可以由信号触发，状态可以配置为设置属性并调用 QObject 上的方法。Qt的事件系统用于驱动状态机，状态机框架中的状态图是分层的。一种状态可以嵌套在其他状态中，并且状态机的当前配置由当前处于活动状态的状态集组成，状态机有效配置中的所有状态将具有一个共同的祖先。

状态机框架中的类由 Qt 提供，用于创建事件驱动的状态机。表 5-7 简要介绍了 Qt 状态机框架的常用类。

表 5-7　Qt 状态机框架的常用类

类	描述
QAbstractState	QStateMachine 的状态的基类
QAbstractTransition	QAbstractState 对象之间转换的基类
QEventTransition	Qt 事件的特定于 QObject 的转换
QFinalState	最终状态
QHistoryState	返回到先前处于活动状态的子状态的方法
QKeyEventTransition	关键事件的过渡
QMouseEventTransition	鼠标事件的过渡
QSignalTransition	基于 Qt 信号的过渡
QState	QStateMachine 的通用状态
QStateMachine	分层有限状态机
QStateMachine::SignalEvent	代表 Qt 信号事件
QStateMachine::WrappedEvent	继承 QEvent 并保留与 QObject 相关的事件的克隆

以下代码片段显示了创建 Qt 状态机所需的代码。首先，创建状态机和状态：

```
QStateMachine machine;
QState *s1 = new QState();
QState *s2 = new QState();
QState *s3 = new QState();
```

然后，使用 QState::addTransition 函数创建过渡：

```
s1->addTransition(button, &QPushButton::clicked, s2);
s2->addTransition(button, &QPushButton::clicked, s3);
s3->addTransition(button, &QPushButton::clicked, s1);
```

接下来，将状态添加到计算机中并设置计算机的初始状态：

```
machine.addState(s1);
machine.addState(s2);
machine.addState(s3);
machine.setInitialState(s1);
```

最后，启动状态机：

```
machine.start();
```

4. Qt 插件框架

Qt 提供了两个用于创建插件的 API。

（1）用于编写 Qt 自身扩展的高级 API：自定义数据库驱动程序、图像格式、文本编解码器、样式等的 API。

（2）用于扩展 Qt 应用的低级 API：例如，如果要编写自定义的 QStyle 子类并让 Qt 应用动态地加载它，则可以使用更高级别的 API。由于较高级别的 API 建立在较低级别的 API 之上，因此两者都有一些共同的问题。如果要提供与 Qt Designer 一起使用的插件，请参阅 Qt Designer 模块文档。

■ **高级 API：编写 Qt 插件**

Qt 支持通过扩展适当的插件基类实现一些功能并添加宏，可以编写扩展 Qt 本身的插件。默认情况下，派生插件存储在标准插件目录的子目录中，如果未将插件存储在适当的目录中，则 Qt 找不到插件。表 5-8 总结了 Qt 中的常用插件基类，其中一些类是私有的，因此未记录，可以使用它们，但不能保证它们能与更高版本的 Qt 兼容。

表 5-8　Qt 中的常用插件基类

基类	目录名	Qt 模块	关键案例敏感性
QAccessibleBridgePlugin	accessiblebridge	Qt GUI	区分大小写
QImageIOPlugin	imageformats	Qt GUI	区分大小写
QAudioSystemPlugin	audio	Qt Multimedia	不区分大小写
QDeclarativeVideoBackend-FactoryInterface	video/declarativevideobackend	Qt Multimedia	不区分大小写
QGstBufferPoolPlugin	video/bufferpool	Qt Multimedia	不区分大小写
QMediaPlaylistIOPlugin	playlistformats	Qt Multimedia	不区分大小写

续表

基类	目录名	Qt 模块	关键案例敏感性
QMediaResourcePolicyPlugin	resourcepolicy	Qt Multimedia	不区分大小写
QMediaServiceProviderPlugin	mediaservice	Qt Multimedia	不区分大小写
QSGVideoNodeFactoryPlugin	video/videonode	Qt Multimedia	不区分大小写
QBearerEnginePlugin	bearer	Qt Network	区分大小写
QPlatformInputContextPlugin	platforminputcontexts	Qt Platform Abstraction	不区分大小写
QPlatformIntegrationPlugin	platforms	Qt Platform Abstraction	不区分大小写
QPlatformThemePlugin	platformthemes	Qt Platform Abstraction	不区分大小写
QGeoPositionInfoSourceFactory	position	Qt Platform Abstraction	区分大小写
QPlatformPrinterSupportPlugin	printsupport	Qt Platform Abstraction	不区分大小写
QSGContextPlugin	scenegraph	Qt Quick	区分大小写
QScriptExtensionPlugin	script	Qt Script	区分大小写
QSensorGesturePluginInterface	sensorgestures	Qt Sensors	区分大小写
QSensorPluginInterface	sensors	Qt Sensors	区分大小写
QSqlDriverPlugin	sqldrivers	Qt SQL	区分大小写
QIconEnginePlugin	iconengines	Qt SVG	不区分大小写
QAccessiblePlugin	accessible	Qt Widgets	区分大小写
QStylePlugin	styles	Qt Widgets	不区分大小写

如果有一个新的样式类 MyStyle，想要将其当作插件使用，该类的定义如下（mystyleplugin.h）：

```
class MyStylePlugin : public QStylePlugin
{
    Q_OBJECT
    Q_PLUGIN_METADATA(IID "org.qt-project.Qt.QStyleFactoryInterface" FILE
                      "mystyleplugin.json")
public:
    QStyle *create(const QString &key);
};
```

确保类实现位于 mystyleplugin.cpp 文件中：

```
#include "mystyleplugin.h"
QStyle *MyStylePlugin::create(const QString &key)
{
    if (key.toLower() == "mystyle")
        return new MyStyle;
    return 0;
}
```

注意　QStylePlugin 不区分大小写，并且密钥的小写版本在 create 的实现中使用；大多数其他插件区分大小写。此外，mystyleplugin.json 的大多数插件需要一个包含描述插件的元数据的 JSON 文件。对于样式插件，它仅包含可以由该插件创建的样式列表：

```
{ "Keys": [ "mystyleplugin" ] }
```

JSON 文件中需要提供的信息类型取决于插件，请参阅类文档以获取有关文件中需要包含的信息的详细说明。

对于数据库驱动程序、图像格式、文本编解码器和大多数其他插件类型，不需要显式地创建对象，Qt 将根据需要找到并创建它们。样式是例外，因为开发者可能会想在代码中显式地设置样式。要应用样式，请使用如下代码：

```
QApplication::setStyle(QStyleFactory::create("MyStyle"));
```

■ **低级 API：扩展 Qt 应用**

不仅是 Qt 本身，Qt 应用也可以通过插件进行扩展。这要求应用使用 QPluginLoader 检测和加载插件。在这种情况下，插件可以提供任意功能，并且不仅限于数据库驱动程序、图像格式、文本编解码器、样式以及扩展 Qt 功能的其他类型的插件。注意：必须先初始化 QCoreApplication 才能加载插件。通过插件使应用可扩展涉及以下步骤。

（1）定义一组用于与插件“对话”的接口（仅具有纯虚函数的类）。

（2）使用 Q_DECLARE_INTERFACE 宏告诉 Qt 的元对象系统有关接口的信息。

（3）在应用中使用 QPluginLoader 加载插件。

（4）使用 qobject_cast 测试插件是否实现了给定的接口。

编写插件涉及以下步骤。

（1）声明一个插件类，该类继承自 QObject 和该插件要提供的接口。

（2）使用 Q_INTERFACES 宏告诉 Qt 的元对象系统有关接口的信息。

（3）使用 Q_PLUGIN_METADATA 宏导出插件。

（4）使用合适的 .pro 文件构建插件。

例如，以下是接口类的定义：

```
class FilterInterface
{
public:
    virtual~FilterInterface() {}
    virtual QStringList filters() const = 0;
    virtual QImage filterImage(const QString &filter, const QImage &image,
                               QWidget *parent) = 0;
};
```

以下是实现该接口的插件类的定义：

```
#include <QObject>
#include <QtPlugin>
```

```
#include <QStringList>
#include <QImage>
#include <plugandpaint/interfaces.h>
class ExtraFiltersPlugin : public QObject, public FilterInterface
{
    Q_OBJECT
    Q_PLUGIN_METADATA(IID "org.qt-project.Qt.Examples.PlugAndPaint.
                      FilterInterface" FILE "extrafilters.json")
    Q_INTERFACES(FilterInterface)
public:
    QStringList filters() const;
    QImage filterImage(const QString &filter, const QImage &image,
                      QWidget *parent);
};
```

■ **定位插件**

Qt 应用会自动知道哪些插件可用，因为插件存储在标准插件子目录中。应用不需要通过任何代码来查找和加载插件，因为 Qt 会自动处理它们。在开发过程中，插件目录是 QTDIR/plugins（QTDIR 是 Qt 的安装目录），每种类型的插件都存放在该类型的子目录中，例如 styles。如果希望应用使用插件，而又不想使用标准插件路径，请在安装过程中确定要用于插件的路径，并保存该路径，例如，使用 QSettings。运行时读取的应用可以使用此路径调用 QCoreApplication::addLibraryPath，插件将对应用可用。

■ **静态插件**

将插件包含在应用中的非常普通、灵活的方法是将其编译为单独提供的动态库，并在运行时进行检测和加载。插件可以静态链接到应用，如果构建静态版本的 Qt，则这是包括 Qt 的预定义插件的唯一选项。使用静态插件可使得部署不太容易出错，但是缺点是如果不完全重建和重新分发应用，则无法添加插件的功能。通过执行以下步骤，用户也可以创建自己的静态插件。

（1）在 .pro 文件中添加 CONFIG += static。

（2）在应用中使用 Q_IMPORT_PLUGIN 宏。

（3）如果该插件使用了 .qrc 文件，请在应用中使用 Q_INIT_RESOURCE 宏。

（4）在 .pro 文件中使用 LIBS 链接应用插件库。

5. 事件系统

在 Qt 中，事件是从抽象 QEvent 类派生的对象，它们表示发生在应用内部或由于应用需要了解外部活动而发生的事情。事件可以由 QObject 子类的任何实例接收和处理，但它们与小部件联系紧密。下面介绍在典型应用中如何传递和处理事件。

■ **事件如何传递**

当事件发生时，Qt 通过构造适当的 QEvent 子类的实例来创建事件对象以表示它，并通过调用其 event 函数将其传递到 QObject 的特定实例（或其子类之一）中，此函数不会处理事件。根据所传递事件的类型，它将为该特定类型的事件调用事件处理程序，并根据事件是被接收还是被忽略来发送响应。一些事件来自窗口系统，例如 QMouseEvent 和 QKeyEvent；一些事件来自其他源，例如 QTimerEvent；有些事件来自应用本身。

■ **事件类型**

大多数事件类型都有特殊的类，尤其是 QResizeEvent、QPaintEvent、QMouseEvent、QKeyEvent 和 QCloseEvent。每个类都将 QEvent 子类化，并添加特定于事件的函数。例如，QResizeEvent 添加了 size 和 oldSize 来使小部件能够发现其尺寸如何被更改。一些类支持不止一种实际的事件类型。QMouseEvent 支持鼠标单击、双击、移动和其他相关操作。每个事件都有一个关联的类型，其在 QEvent::Type 中定义，并且可以用作运行时类型信息检查的来源，以快速确定构造给定事件对象的子类。Qt 的事件传递机制非常灵活，程序能以各种复杂的方式做出反应。

■ **事件处理程序**

传递事件的通常方法是调用虚函数。例如，通过调用 QWidget::paintEvent 来传递 QPaintEvent。这个虚函数负责适当地做出反应，通常通过重新绘制窗口小部件来实现。如果没有在虚函数的实现中进行所有必要的工作，则可能需要调用基类的实现部分。例如，以下代码处理自定义复选框小部件上的鼠标单击事件，同时将其他按键单击事件传递给基类 QCheckBox：

```
void MyCheckBox::mousePressEvent(QMouseEvent *event)
{
    if (event->button() == Qt::LeftButton) {
        // 处理鼠标单击事件
    } else {
        // 处理其他按键单击事件，由基类进行
        QCheckBox::mousePressEvent(event);
    }
}
```

如果要替换基类的功能，则必须自己实现所有功能。但是，如果只想扩展基类的功能，则可以实现所需的功能，并调用基类，以获取不想处理的任何情况下的默认行为。

有时，没有此类特定事件的功能，或者特定事件的功能不够。常见的示例是 Tab 键的按下。通常，QWidget 会拦截事件来移动键盘焦点，但是一些小部件需要自己处理 Tab 键的按下。这些对象可以重新实现 QObject::event 函数，并且可以在常规处理之前或之后进行事件处理，或者可以完全替换该函数。一个既拦截 Tab 键的按下又具有自定义事件的小部件，可能包含以下 event 函数：

```
bool MyWidget::event(QEvent *event)
{
    if (event->type() == QEvent::KeyPress) {
        QKeyEvent *ke = static_cast<QKeyEvent *>(event);
        if (ke->key() == Qt::Key_Tab) {
            // 处理 Tab 键的按下
            return true;
        }
    } else if (event->type() == MyCustomEventType) {
        MyCustomEvent *myEvent = static_cast<MyCustomEvent *>(event);
        // 处理自定义事件
        return true;
    }
    return QWidget::event(event);
}
```

注意，对于所有未处理的情况，仍会调用 QWidget::event，并且返回值会指示是否处理了事件。true 值会阻止事件上的其他对象被发送。

■ **事件过滤器**

有时，一个对象可能需要查看并拦截传递给另一个对象的事件。例如，对话框通常要过滤某些小部件的按键事件。通过使用 QObject::installEventFilter 函数设置一个使此事件过滤的过滤器，在 QObject::eventFilter 函数中可以处理一些特定的事件。事件过滤器可以在目标对象处理事件之前处理事件，从而使它可以根据需要检查和丢弃事件。可以使用 QObject::removeEventFilter 函数删除现有的事件过滤器。

调用过滤器对象的 eventFilter 实现部分时，它可以接收或拒绝事件，并允许或拒绝事件的进一步处理。如果所有事件过滤器都允许进一步处理事件（每次返回 false），则事件将发送到目标对象本身。如果其中一个停止处理（返回 true），则目标过滤器和任何以后的事件过滤器将不会收到该事件，下面的代码片段介绍处理 Tab 键按下的情况：

```
bool FilterObject::eventFilter(QObject *object, QEvent *event)
{
    if (object == target && event->type() == QEvent::KeyPress) {
        QKeyEvent *keyEvent = static_cast<QKeyEvent *>(event);
        if (keyEvent->key() == Qt::Key_Tab) {
            // 处理 Tab 键的按下
            return true;
        } else
            return false;
        }
    return false;
}
```

■ **发送事件**

可以通过构造合适的事件对象并使用 QCoreApplication::sendEvent 和 QCoreApplication::postEvent 来发送事件，以与 Qt 的事件循环完全相同的方式发送事件。sendEvent 会立即处理事件，postEvent 会将事件加入事件队列循环。isAccepted 函数可表明事件是被最后调用的处理程序接收还是拒绝。postEvent 将事件发布到队列中，以供以后系统分发事件，下次 Qt 的主事件循环运行时，它将分派所有已发布的事件，并进行一些优化。例如，有多个调整大小事件则将它们压缩为一个。

这同样适用于绘画事件：QWidget::update 调用 postEvent，通过避免多次重新绘画来消除闪烁并提高速度。postEvent 也可用于对象初始化期间，因为通常会在对象初始化完成后不久就分派已发布的事件。在实现小部件时，重要的是要意识到事件可以在其生命周期的早期就交付，因此，在其构造函数中，一定要在接收到事件之前尽早初始化成员变量。要创建自定义类型的事件，需要定义事件编号，该事件编号必须大于 QEvent::User，并且可能需要子类化 QEvent 才能传递有关自定义事件的特定信息。

5.1.2 Qt GUI

Qt GUI 模块提供了关于窗口系统集成、事件处理、OpenGL 和 OpenGL ES 集成、2D 图形、基本图像、字体和文本的类。这些类在 Qt 的内部使用，也可以直接使用。例如，使用低级 OpenGL ES 图形 API 编写应用。对于编写 GUI 的应用开发人员而言，Qt 提供了更高级别的 API，例如 Qt Quick，它比

Qt GUI 模块中的启用器更为合适。

5.1.2.1　使用 Qt GUI 模块

使用 Qt 模块需要将其直接链接到模块库或通过其他依赖关系链接到模块库。包括 CMake 和 qmake 在内的一些构建工具对此都有专门的支持。

（1）CMake 构建工具。使用 find_package 命令在 Qt 5 软件包中找到所需的模块组件：

```
find_package(Qt5 COMPONENTS Gui REQUIRED)
target_link_libraries(mytarget Qt5::Gui)
```

（2）qmake 构建工具。如果使用 qmake 生成项目，则默认情况下包括使用 Qt GUI。要禁用 Qt GUI，请将以下行添加到 .pro 文件中：

```
QT -= gui
```

5.1.2.2　应用窗口

Qt GUI 模块中最重要的类是 QCoreApplication、QGuiApplication、QApplication 和 QWindow。Qt 应用要在屏幕上显示内容则需要利用这些类。QGuiApplication 包含主事件循环，在该循环中，来自窗口系统和其他来源的所有事件都将被处理和调度分发，它还会处理应用的初始化和最终的释放工作。QWindow 类表示基础窗口系统中的窗口。它提供了许多虚拟功能来处理来自窗口系统的事件（QEvent），例如触摸输入、曝光、焦点、按键和几何形状改变。

1. QCoreApplication

QCoreApplication 类为没有 UI 的 Qt 应用提供了事件循环，此类直接继承 QObject。QCoreApplication 包含主事件循环，它将处理和调度来自操作系统的所有事件（例如计时器和网络事件），它还会处理应用的初始化和回收工作，以及系统范围内和应用范围内的相关设置工作。

■ **事件循环和事件处理**

事件循环通过调用 exec 开始，建议尽早在 main 函数中创建 QCoreApplication、QGuiApplication 或 QApplication 对象。这些对象提供了几个静态、方便的方法，可以从 instance 获得 QCoreApplication 对象。可以使用 sendEvent 发送事件，也可以使用 postEvent 将事件发布到事件队列中。可以使用 removePostedEvents 删除待处理的事件，也可以使用 sendPostedEvents 调度待处理的事件。QCoreApplication 类还提供了一个 quit 槽函数和一个 aboutToQuit 信号。

■ **应用和库路径**

应用具有 applicationDirPath 和 applicationFilePath 两种路径，applicationDirPath 返回包含应用可执行文件的目录，applicationFilePath 返回应用可执行文件的文件路径。

可以使用 libraryPaths 检索库路径（请参阅 QLibrary 的相关说明），并通过 setLibraryPaths、addLibraryPath 和 removeLibraryPath 对其进行操作。

■ **翻译**

可以使用 installTranslator 和 removeTranslator 来添加和删除翻译文件。可以使用 translate 翻译应用的字符串，QObject::tr 和 QObject::trUtf8 函数是根据 translation 实现的。

■ **访问命令行参数**

传递给 QCoreApplication 的构造函数的命令行参数应使用 arguments 函数进行访问。可以创建

QCommandLineParser 进行更高级的命令行选项处理。

2. QGuiApplication

对于任何使用 Qt 的 GUI 应用，无论该应用在任意给定时间内有多少个窗口，都存在一个确定的 QGuiApplication 对象。对于非 GUI 的 Qt 应用，因为它不依赖于 Qt GUI 模块，所以需要改用 QCoreApplication。对于基于 QWidget 的 Qt 应用，因为它提供了创建 QWidget 实例所需的某些功能，所以请使用 QApplication。可通过 instance 函数访问 QGuiApplication 对象，该函数返回一个指针，其等效于全局 qApp 指针。QGuiApplication 的主要职责如下。

（1）通过用户的桌面设置来初始化应用，例如 palette、font 和 styleHints。如果用户全局更改桌面属性（例如通过控制面板更改），它会跟踪这些属性。

（2）执行事件处理，这意味着它从底层窗口系统接收事件并将其分派到相关的小部件。可以使用 sendEvent 和 postEvent 将事件发送到小部件或者系统事件队列。

（3）解析常见的命令行参数，并相应地设置其内部状态。

（4）提供字符串本地化功能，这些字符串可以通过 translate 进行翻译。

（5）提供一些高级的对象，例如 clipboard。

（6）确定应用的窗口。可以使用 topLevelAt 来确定窗口的确定位置。

（7）管理应用的光标处理。

（8）为复杂的会话管理提供支持。这使应用可以在用户注销时正常终止，如果无法终止则取消关闭进程，甚至可以保留整个应用的状态以备将来使用。

由于 QGuiApplication 对象进行了大量初始化，因此必须在创建与 GUI 相关的其他对象之前创建它。QGuiApplication 还会处理常见的命令行参数。因此，通常好的方法是在应用本身对 argv 进行任何解析或修改之前创建它。表 5-9 简要介绍了 Qt 各个模块的常用方法。

表 5-9　Qt 各个模块的常用方法

模块	常用方法
系统设置	desktopSettingsAware、setDesktopSettingsAware、styleHints、palette、setPalette、font、setFont
事件处理	exec、processEvents、exit、quit、sendEvent、postEvent、sendPostedEvents、removePostedEvents、hasPendingEvents、notify
窗口	allWindows、topLevelWindows、focusWindow、clipboard、topLevelAt
高级光标处理	overrideCursor、setOverrideCursor、restoreOverrideCursor
会话管理	isSessionRestored、sessionId、commitDataRequest、saveStateRequest
其他	startingUp、closingDown

3. QApplication

QApplication 为 QGuiApplication 专门提供了一些基于 QWidget 的应用所需的方法，用于处理小部件的一些特殊初始化。以下示例显示了如何动态创建适当类型的应用实例：

```
QCoreApplication* createApplication(int &argc, char *argv[])
{
    for (int i = 1; i < argc; ++i) {
        if (!qstrcmp(argv[i], "-no-gui"))
            return new QCoreApplication(argc, argv);
```

```
    }
    return new QApplication(argc, argv);
}
int main(int argc, char* argv[])
{
    QScopedPointer<QCoreApplication> app(createApplication(argc, argv));
    if (qobject_cast<QApplication *>(app.data())) {
      // 启动 GUI 版本 ...
    } else {
      // 启动非 GUI 版本 ...
    }
    return app->exec();
}
```

4. QWindow

应用通常会将 QWidget 或 QQuickView 用于其 UI，而不是直接使用 QWindow。当希望将依赖关系保持在最低水平或希望直接使用 OpenGL 时，仍可以使用 QBackingStore 或 QOpenGLContext 直接渲染到 QWindow。

5.1.2.3 2D 绘图

Qt GUI 模块包含关于 2D 图形、图像、高级字体等的类。可以将创建的表面类型为 QSurface::RasterSurface 的 QWindow 与 Qt 高度优化的 2D 矢量图形 API QBackingStore 和 QPainter 结合使用。QPainter 支持绘制线条、多边形、矢量路径、图像和文本。Qt 可以使用 QImage 和 QPixmap 类加载和保存图像。默认情况下，Qt 支持常见的图像格式，包括 JPEG 和 PNG 格式。用户可以通过 QImageIOPlugin 类添加对其他格式的支持。Qt 的排版是通过 QTextDocument 类完成的，QTextDocument 将 QPainter API 与 Qt 的字体类（主要是 QFont）结合使用。倾向于使用低级 API 而不是文本和字体处理的应用，可以使用 QRawFont 和 QGlyphRun 之类的类。

5.1.3 Qt Widgets

Qt 的窗口小部件模块提供了一组 UI 元素来创建经典桌面式的 UI。QWidget 类提供渲染到屏幕，并处理用户输入事件的基本功能。Qt 提供的所有 UI 元素要么是 QWidget 的子类，要么与 QWidget 子类结合使用。通过自定义 QWidget 或合适的子类并重新实现虚拟事件处理程序，可以创建自定义窗口小部件。

5.1.3.1 Widget：小部件

小部件是在 Qt 中创建 UI 的主要元素。小部件可以显示数据和状态信息，接收用户输入，并为同一分组中的小部件提供容器。未嵌入父窗口的窗口小部件称为窗口，Qt 窗口部件示意如图 5-1 所示。

通常，窗口具有框架和标题栏，可以使用适当的窗口标记来创建没有这些修饰的窗口。在 Qt 中，QMainWindow 和 QDialog 的各种子类是常见的窗口类型。在应用中，窗口提供了用于构建 UI 的屏幕空间。窗口在视觉上将应用彼此分开，通常会提供一种窗口装饰，使用户可以根据自己的喜好调整应用的大小和位置。Windows 通常集成到桌面环境中，在某种程度上由桌面环境提供的窗口管理系统进行管理。例如，应用的选定窗口显示在任务栏中。

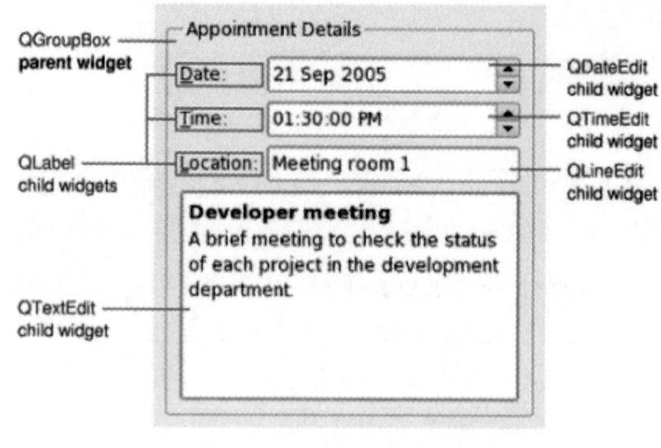

图 5-1　Qt 窗口部件示意

1. 主窗口和辅助窗口

没有父项的任何 QWidget 都将成为窗口，并且在大多数平台上其会在桌面的任务栏中列出。通常只需要应用中的一个窗口，即主窗口。另外，通过设置 Qt::Window 标志，具有父项的 QWidget 可以成为窗口。根据窗口管理系统的不同，这些辅助窗口通常堆叠在其各自的父窗口之上，并且没有自己的任务栏条目。

2. 主窗口和对话框

应用的主窗口提供了构建应用 UI 的框架，以及通过继承创建的 QMainWindow。QMainWindow 有其自己的布局，可以在其中添加菜单栏、工具栏、可停靠的小部件和状态栏。中心区域可以被任何类型的 QWidget 占据。对话框作为辅助窗口，向用户显示选项等。通过将 QDialog 子类化并使用小部件和进行布局来实现 UI，从而创建对话框。另外，Qt 提供了许多现成的标准对话框，可用于文件或字体选择等标准任务。

3. 窗口 Geometry

QWidget 提供了一些处理小部件几何形状的函数。其中某些功能在纯客户区域（不包括窗口框架的窗口）上实现。

（1）包括窗口框架：x、y、frameGeometry、pos 和 move。

（2）不包括窗口框架：geometry、width、height、rect 和 size。

对于所有子窗口小部件，框架的几何形状等同于小部件的客户端几何形状。图 5-2 显示了 Qt 窗口的常用函数。

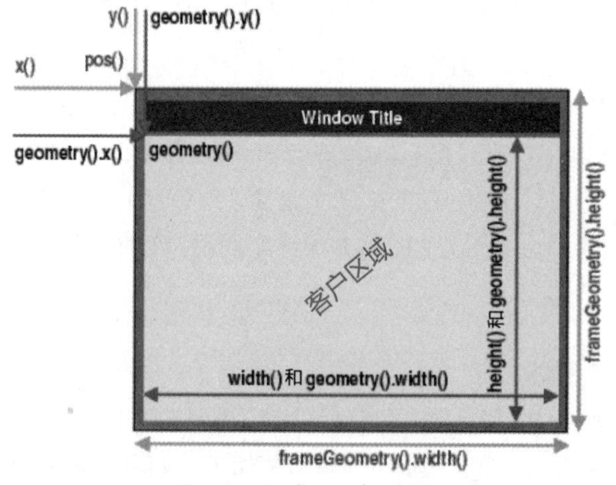

图 5-2　Qt 窗口的常用函数

4. X11 特殊性

在 X11 上，在窗口管理器装饰窗口之前，窗口没有框架。在调用 QWidget::show 和窗口接收到第一个绘画事件之后的某个时间点，会异步发生或根本不会发生绘制窗口装饰。请记住，X11 是不受策略限制的。因此，无法对窗口得到的装饰框架做出任何安全的假设。此外，使用工具包时不能简单地在屏幕上放置窗口。因为 Qt 所能做的就是向窗口管理器发送某些提示，而窗口管理器是一个独立的单元，可能会遵守、忽略或误解这些提示。在现有的窗口管理器中，窗口放置的处理方式大不相同。对于装饰后的窗口，X11 没有提供标准或简便的方法来获得框架的几何形状。Qt 通过巧妙的启发式方法和巧妙的代码解决了这个问题，这些代码可用于当今存在的各种窗口管理器。如果发现 QWidget::frameGeometry 返回错误结果，请不要感到奇怪。

5.1.3.2　应用主窗口

1. 主窗口类概述

主窗口类提供了典型的现代应用主窗口所需的一切，例如主窗口本身、菜单、工具栏、状态栏等。表 5-10 简要介绍了 Qt 的常用控件。

表 5-10　Qt 的常用控件

类名	描述
QAction	可以插入小部件中的抽象 UI 操作
QActionGroup	将动作分组
QDockWidget	可以停靠在 QMainWindow 内或作为桌面上的顶层窗口浮动的小部件
QMainWindow	应用主窗口
QMdiArea	多文档类型窗口
QMdiSubWindow	QMdiArea 的子窗口类
QMenu	菜单小部件，用于菜单栏、上下文菜单和其他弹出菜单
QMenuBar	水平菜单栏
QSizeGrip	调整句柄大小以调整顶层窗口的大小
QStatusBar	适合显示状态信息的水平条
QToolBar	包含一组控件的可移动面板
QWidgetAction	用于将自定义窗口小部件插入基于 QAction 的容器（例如工具栏）

2. 主窗口类

Qt 提供以下类来管理主窗口和相关的 UI 组件。

（1）QMainWindow 是可围绕其构建应用的中心类。它与配套的 QDockWidget 和 QToolBar 类共同代表应用的顶级 UI。

（2）QDockWidget 提供了一个小部件，可用于创建可分离的工具选项板或帮助程序窗口。Dock 小部件可跟踪其自身的属性，并且可以将它们作为外部窗口进行移动、关闭和浮动。

（3）QToolBar 提供了一个通用的工具栏小部件，可以容纳许多不同的与动作相关的小部件，例如按钮、下拉菜单、组合框和旋转框。Qt 中对统一动作模型的强调意味着工具栏、菜单和键盘快捷键可以很好地协作。

5.1.3.3　Dialog 窗口

对话框可以是模态对话框和非模态对话框。非模态对话框不会阻止用户与应用中的其他窗口进行交互。Qt为文件、字体、颜色选择等提供了一组现成的对话框。表5-11简要介绍了Qt中常用的对话框控件。

通过将常规窗口小部件组合到 QDialog 中，可以轻松创建自定义对话框。表 5-12 介绍了 Qt 对话框基础控件。

表 5-11 Qt 中常用的对话框控件

类名	描述
QColorDialog	用于指定颜色的对话框小部件
QFileDialog	允许用户选择文件或目录的对话框
QFontDialog	用于选择字体的对话框小部件
QInputDialog	简单的便捷对话框，可从用户那里获得值
QMessageBox	模态对话框，用于通知用户或询问用户问题并接收答案
QProgressDialog	对缓慢操作的进度的反馈

表 5-12 Qt 对话框基础控件

类名	描述
QDialog	对话框窗口的基类
QDialogButtonBox	在适合当前小部件样式的布局中显示按钮的小部件

5.1.3.4 模型 / 视图

Qt 包含一组项目视图类，这些项目视图类使用模型 / 视图架构来管理数据及其向用户呈现方式之间的关系。此架构引入的功能分离为开发人员提供了更大的灵活性，可以让用户自定义项目的表示形式，并提供标准的模型接口，以允许将各种数据源与现有项目视图一起使用。下面对模型 / 视图范式进行简要介绍，概述所涉及的概念，并描述项目视图系统的体系结构。另外会解释体系结构中的每个组件，并给出示例，这些示例显示了如何使用所提供的类。

1. 模型 / 视图架构

模型 - 视图 - 控制器（Model-View-Controller，MVC）模式是一种源自 Smalltalk 的设计模式，通常在构建 UI 时使用。MVC 由 3 个部分组成，模型是应用对象，视图是其屏幕显示，控制器定义了 UI 对用户输入的反应方式。在使用 MVC 之前，UI 设计倾向于将这些对象放在一起。MVC 使它们解耦以增加灵活性和重用性。

如果将视图和控制器对象组合在一起，则结果是模型 / 视图架构。这仍然将存储数据的方式与将数据呈现给用户的方式分开，且基于相同的原理提供了一个更简单的框架。这便于实现在几个不同的视图中显示相同的数据，并实现新的视图类型，而无须更改基础数据结构。为了允许灵活地处理用户输入，引入了委托（Delegate）的概念。在此框架中拥有委托的好处在于，允许自定义渲染和编辑数据项的方式。模型 / 视图架构示意如图 5-3 所示。

该模型与数据源通信，为架构中的其他组件提供接口。通信的性质取决于数据源的类型以及模型的实现方式。视图从模型中获取模型索引，这些是对数据项的引用。通过向模型提供模型索引，视图可以从数据源检索数据项。在标准视图中，委托渲染数据项。编辑项目后，委托使用模型索引直接与模型进行通信。

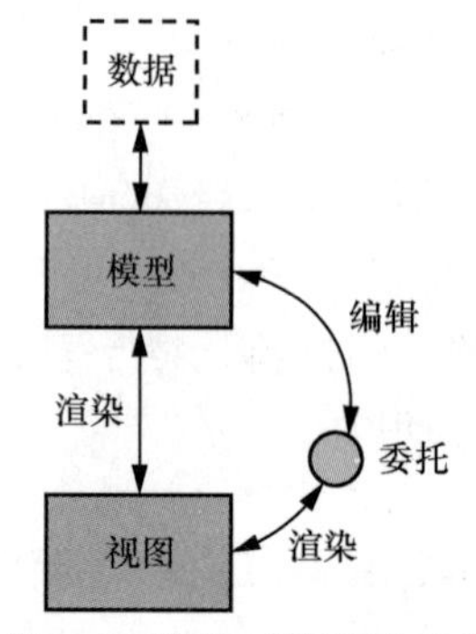

图 5-3 模型 / 视图架构示意

这些组件通过抽象类来定义，抽象类提供了共同的接口，在某些情况下还提供了功能的默认实现。抽象类需要子类化，以提供其他组件期望的全部功能，这也允许编写专门的组件。模型、视图和委托使用信号与槽相互通信：

（1）来自模型的信号通知视图有关数据源保存的数据的更改；

（2）来自视图的信号提供有关用户与正在显示的项目的交互信息；

（3）在编辑期间，将使用来自委托的信号来通知模型并查看有关编辑器状态的信息。

■ **模型**

所有项目模型都基于 QAbstractItemModel 类。此类定义了一个接口，供视图和委托用来访问数据。数据本身不必存储在模型中。它可以保存在由单独的类、文件、数据库或某些其他应用组件提供的数据结构或存储库中。

QAbstractItemModel 提供了一个数据接口，该接口足够灵活，可以处理以表、列表和树的形式表示数据的视图。当为列表和类似表的数据结构实现新模型时，QAbstractListModel 和 QAbstractTableModel 类是更好的起点，因为它们提供了常用功能的适当默认实现。这些类都可以被子类化，以提供支持特殊类型的列表和表的模型。Qt 提供了一些现成的模型，可用于处理数据项：

（1）QStringListModel 用于存储 QString 项目的简单列表；

（2）QStandardItemModel 管理更复杂的项目树结构，每个项目可以包含任意数据；

（3）QFileSystemModel 提供有关本地归档系统中文件和目录的信息；

（4）QSqlQueryModel、QSqlTableModel 和 QSqlRelationalTableModel 用于使用模型 / 视图约定访问数据库。

■ **视图**

Qt 提供了针对各种视图的完整实现：QListView 显示项目列表、QTableView 显示表中模型的数据、QTreeView 在分层列表中显示数据的模型项。这些类均基于 QAbstractItemView 抽象基类实现，但也可以将其子类化，以提供自定义视图。

■ **委托**

QAbstractItemDelegate 是模型 / 视图框架中委托的抽象基类。默认委托实现由 QStyledItemDelegate 提供，并且被 Qt 的标准视图用作默认委托。但是，QStyledItemDelegate 和 QItemDelegate 是绘画和为视图中的项目提供编辑器的独立替代方法。它们之间的区别在于 QStyledItemDelegate 使用当前样式来绘制其项目。因此，在实现自定义委托或使用 Qt 样式表时，建议将 QStyledItemDelegate 用作基类。

■ **排序**

在模型 / 视图架构中，有两种排序的方法，选择哪种方法取决于基础模型。如果模型是可排序的，即重新实现了 QAbstractItemModel::sort 函数，则 QTableView 和 QTreeView 都将提供一个 API，该 API 允许以编程方式对模型数据进行排序。此外，通过 QHeaderView::sortIndicatorChanged 将信号连接到 QTableView::sortByColumn 槽函数或 QTreeView::sortByColum 槽函数。

■ **便利类**

从标准视图类派生出许多便利类，以使依赖 Qt 基于项目的项目视图和表类的应用受益。这样的类的示例包括 QListWidget、QTreeWidget 和 QTableWidget。这些类的灵活性不如视图类，并且不能与任意模型一起使用。建议使用模型 / 视图方法来处理项目视图中的数据，除非强烈需要一组基于项目的类。如果希望在仍然使用基于项目的接口的同时利用模型 / 视图方法提供的功能，请考虑将视图类（例如 QListView、QTableView 和 QTreeView）与 QStandardItemModel 一起使用。

2. 使用模型和视图

下面会说明如何在 Qt 中使用模型 / 视图。

■ **Qt 包含的两个模型**

Qt 提供的两个标准模型是 QStandardItemModel 和 QFileSystemModel。QStandardItemModel 是一个多用途模型，可用于表示列表视图、表视图和树形视图所需的各种数据结构。QFileSystemModel 是维护有关目录内容信息的模型。QFileSystemModel 提供了一个现成的模型来进行试验，并且可以轻松配置为使用现有数据。使用这个模型，可以展示如何建立一个与现成视图一起使用的模型，并探索如何使用模型索引来操作数据。

■ **使用现有模型中的视图**

QListView 和 QTreeView 类是非常适合与 QFileSystemModel 一起使用的视图。图 5-4 中的示例在树形视图中显示目录的内容，在列表视图中显示相同的信息。这两种视图共享用户的选择，以便在两种视图中突出显示用户所选的内容。

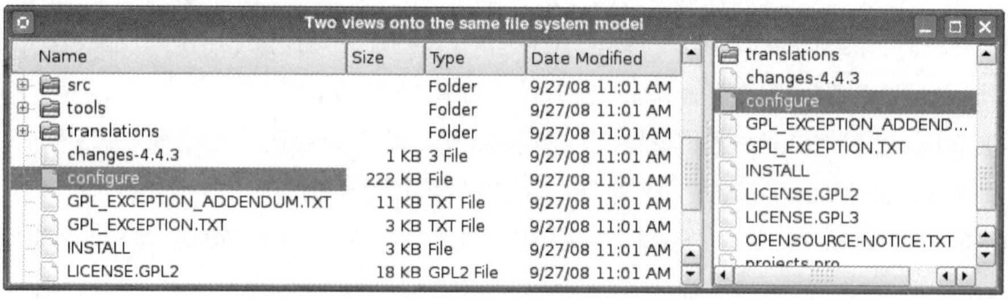

图 5-4 QTreeView 及 QListView 示例

以下代码设置一个 QFileSystemModel，并创建一些视图来显示目录的内容。这是使用模型的简单方法。该模型的构建和使用是在单个 main 内进行的，该模型被设置为使用来自特定文件系统的数据。对 setRootPath 的调用告诉模型文件系统上的哪个驱动器公开给视图。这些视图的构造方式与其他小部件的相同。设置视图以显示模型中的项目仅需使用目录模型作为参数来调用其 setModel 函数。通过在每个视图上调用 setRootIndex 函数来过滤模型提供的数据，并从文件系统模型中为当前目录传递合适的模型索引。这种情况下 index 使用的功能是 QFileSystemModel 所独有的，为它提供一个目录，它返回一个模型索引。模型索引部分会在后面讨论，下面的代码片段简要描述了如何使用这些类。

```
int main(int argc, char *argv[])
{
    QApplication app(argc, argv);
    QSplitter *splitter = new QSplitter;
    QFileSystemModel *model = new QFileSystemModel;
    model->setRootPath(QDir::currentPath());

    QTreeView *tree = new QTreeView(splitter);
    tree->setModel(model);
    tree->setRootIndex(model->index(QDir::currentPath()));
    QListView *list = new QListView(splitter);
    list->setModel(model);
```

```
    list->setRootIndex(model->index(QDir::currentPath()));

    splitter->setWindowTitle("Two views onto the same file system model");
    splitter->show();
    return app.exec();
}
```

■ **模型类**

在模型 / 视图架构中，模型提供了视图和委托用来访问数据的标准接口。在 Qt 中，标准接口由 QAbstractItemModel 类定义。无论数据项如何存储在任何基础数据结构中，QAbstractItemModel 的所有子类都将数据表示为包含项表的层次结构。视图使用此约定来访问模型中的数据项，但是它们向用户呈现此信息的方式不受限制。图 5-5 简要描述了各模型的数据组织方式。

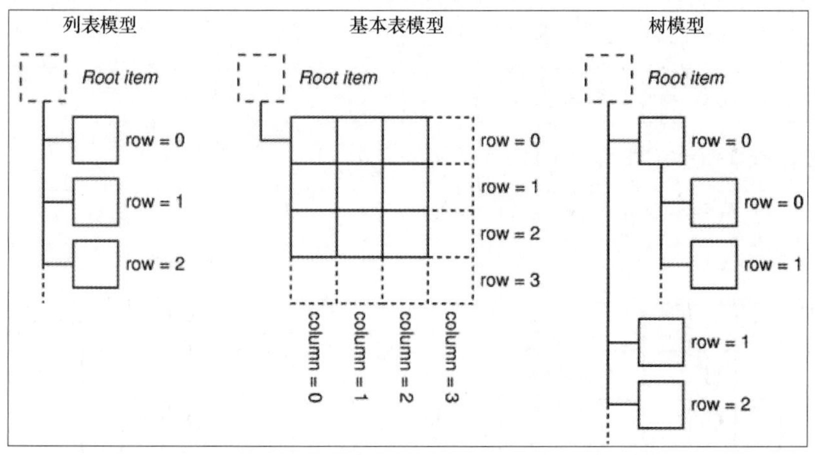

图 5-5　各模型的数据组织方式

■ **模型索引**

为了确保数据的表示方式与访问方式分开，引入了模型索引的概念。可以通过模型获得的每条信息都由模型索引表示。视图和委托使用这些索引来请求要显示的数据项。

```
QAbstractItemModel *model = index.model();
```

模型需要知道如何获取数据，并且可以相当普遍地定义模型管理的数据类型。模型索引包含指向创建它们的模型的指针，这可以防止在使用多个模型时产生混淆。模型索引提供了对信息的临时引用，可用于通过模型检索或修改数据。由于模型可能会不时重组其内部结构，致使模型索引可能变得无效，因此不应进行存储。如果需要长期引用一条信息，则必须创建一个持久模型索引。这为模型保持最新状态提供了参考。临时模型索引由 QModelIndex 类提供，而持久模型索引由 QPersistentModelIndex 类提供。

■ **行和列**

在最基本的形式中，可以将模型作为一个简单的表进行访问，其中按行（row）和列（column）的编号定位项目。这并不意味着基础数据存储在数组结构中。行号和列号的使用仅是允许组件相互通信的约定。可以通过在模型中指定给定项目的行号和列号来检索任何给定项目的信息，然后会收到代表该项目的索引，代码如下：

```
QModelIndex index = model->index(row, column, ...);
```

QModelIndex 使用示意如图 5-6 所示。

图 5-6 显示了基本表模型的表示形式，其中每个项目都由一对行号和列号定位。通过将相关的行号和列号传递给模型，可获得引用数据项的模型索引，代码片段如下：

```
QModelIndex indexA = model->index(0, 0, QModelIndex());
QModelIndex indexB = model->index(1, 1, QModelIndex());
QModelIndex indexC = model->index(2, 1, QModelIndex());
```

■ **父项**

当在表视图或列表视图中使用数据时，模型提供的用于项目数据的类表接口是理想的。行号和列号系统、准确地映射到视图显示项目的方式上。但是，诸如树形视图的结构要求模型向其中的项目公开更灵活的接口。每个项目也可以是另一个项目表的父项，就像树形视图中的顶级项目可以包含另一个项目列表一样。当请求模型项目的索引时，必须提供有关该项目的父项的一些信息。在模型之外，引用项目的唯一方法是使用模型索引，因此还必须提供父模型索引：

```
QModelIndex index = model->index(row, column, parent);
```

树形结构 QModelIndex 使用示意如图 5-7 所示。

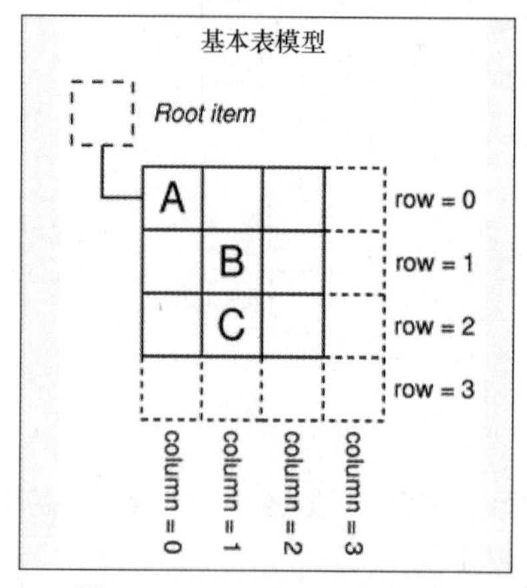

图 5-6 QModelIndex 使用示意

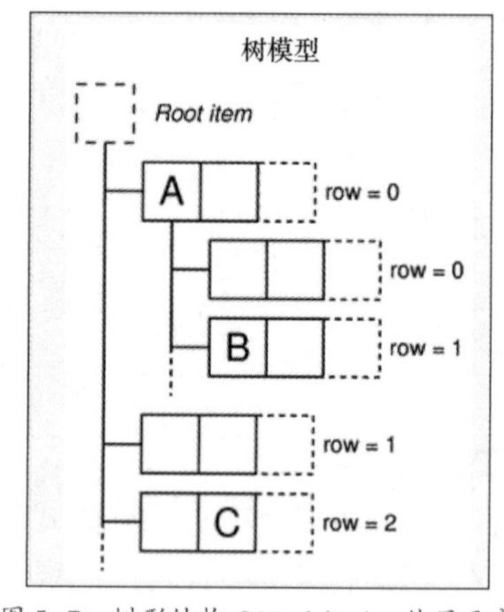

图 5-7 树形结构 QModelIndex 使用示意

图 5-7 显示了树模型的表示形式，其中每个项目均由父项、行号和列号引用。

项目“A”和“C”在模型中表示为顶级同级：

```
QModelIndex indexA = model->index(0, 0, QModelIndex());
QModelIndex indexC = model->index(2, 1, QModelIndex());
```

项目“A”具有多个子项。使用以下代码可获得项目“B”的模型索引：

```
QModelIndex indexB = model->index(1, 0, indexA);
```

■ **项目角色**

该角色向模型指示要引用的数据类型。视图可以以不同的方式显示角色，因此为每个角色提供适当的信息很重要。示例代码如下：

```
QVariant value = model->data(index, role);
```

该角色向模型指示要引用的数据类型示意如图 5-8 所示。视图可以以不同的方式显示角色，因此为每个角色提供适当的信息很重要。Qt::ItemDataRole 中定义的标准角色涵盖项目数据的常见用法。通过为每个角色提供适当的项目数据，模型可以向视图和委托提供有关如何将项目呈现给用户的提示。

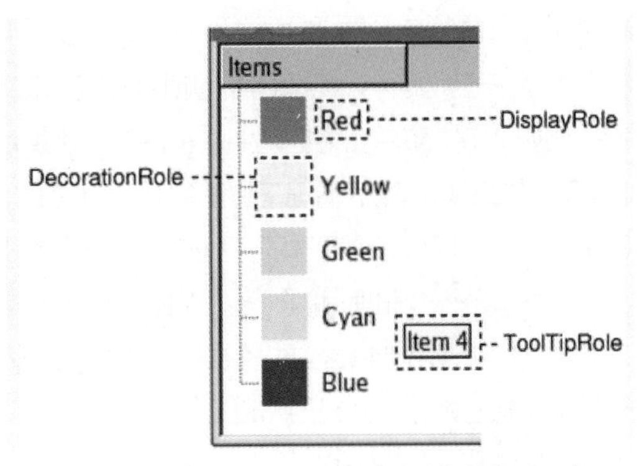

图 5-8　角色向模型指示要引用的数据类型示意

■ **使用模型索引**

为了演示如何使用模型索引从模型中检索数据，设置了没有视图的 QFileSystemModel，并在小部件中显示文件和目录的名称。尽管这样做没有显示使用模型的正常方式，但是演示了在处理模型索引时模型所使用的约定。QFileSystemModel 加载是异步的，以最大程度地减少系统资源的使用。在处理此模型时，必须考虑到这一点。下面的代码片段简要介绍了 QFileSystemModel 的使用:

```
QFileSystemModel *model = new QFileSystemModel;
connect(model, &QFileSystemModel::directoryLoaded,
        [model](const QString &directory) {
    QModelIndex parentIndex = model->index(directory);
    int numRows = model->rowCount(parentIndex);
});
model->setRootPath(QDir::currentPath);
```

上述代码片段首先设置默认的 QFileSystemModel。将其连接到 lambda，在其中将使用该模型提供的 index 的特定实现来获取父索引。在 lambda 中，使用 rowCount 函数对模型中的行进行计数。最后，设置 QFileSystemModel 的根路径，以便它开始加载数据并触发 lambda。代码如下:

```
for (int row = 0; row < numRows; ++row) {
    QModelIndex index = model->index(row, 0, parentIndex);
```

上述代码为了获得模型索引，指定行号、列号（第一列为零 0），并为所需的所有项的父项指定适当的模型索引。使用模型的 data 函数检索存储在每个项目中的文本。指定模型索引和 DisplayRole 以获得字符串形式的项目数据。

上面的示例演示了从模型检索数据的基本原理，具体如下。

（1）可以使用 rowCount 和 columnCount 找到模型的尺寸。这些功能通常需要指定父模型索引。

（2）模型索引用于访问模型中的项目。需要行、列和父模型索引来指定项目。

（3）要访问模型中的顶级项目，请指定一个空的模型索引作为父模型索引 QModelIndex。

（4）项目包含不同角色的数据。要获取特定角色的数据，必须同时向模型提供模型索引和角色。

3. 视图

在模型 / 视图架构中，视图从模型中获取数据项并将其呈现给用户。呈现数据的方式不必类似于模型提供的数据的表示方式，并且可以与用于存储数据项的基础数据结构完全不同。

通过使用 QAbstractItemModel 类提供的标准模型接口、QAbstractItemView 类提供的标准视图接口以及使用以一般方式表示数据项的模型索引来实现内容和表示的分离。视图通常管理从模型获得数据的整体布局。它们可以自己渲染单个数据项，或使用委托来处理渲染和编辑功能。

除了显示数据外，视图还处理项目之间的导航以及项目选择的某些方面。视图还实现了基本的 UI 功能，例如上下文菜单和拖放功能。视图可以提供项目的默认编辑功能，也可以使用委托来提供自定义编辑器。可以在没有模型的情况下构造视图，但是必须提供模型才能显示有用的信息。视图通过使用选项来跟踪用户选择的项目，这些选项可以被每个视图单独维护，或者在多个视图之间共享。

一些显示标题和项目的视图，例如 QTableView 和 QTreeView 类，也可以通过视图类 QHeaderView 来实现。标头通常与包含它们的视图访问相同的模型。它们使用 QAbstractItemModel:: headerData 函数从模型中检索数据，并且通常以标签形式显示标头信息。可以从 QHeaderView 类中子类化新的标头，以为视图提供更专业的标签。

■ **使用现有视图**

Qt 提供了 3 种现成的视图类，它们以大多数用户熟悉的方式显示来自模型的数据。QListView 可以将模型中的项目显示为简单列表或经典图标视图的形式。QTreeView 会将模型中的项目显示为列表的层次结构，从而允许以紧凑的方式表示深层嵌套的结构。QTableView 以表格的形式显示来自模型的项目，非常类似于电子表格应用的布局。各视图示意如图 5-9 所示。

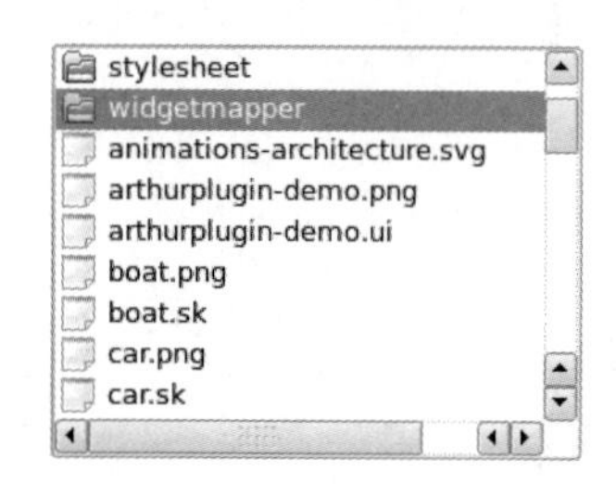

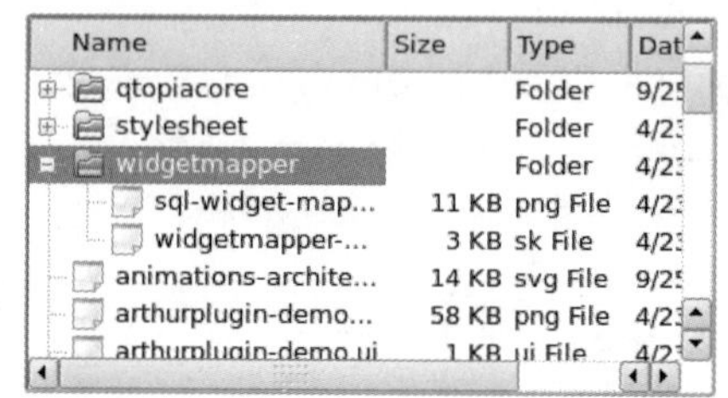

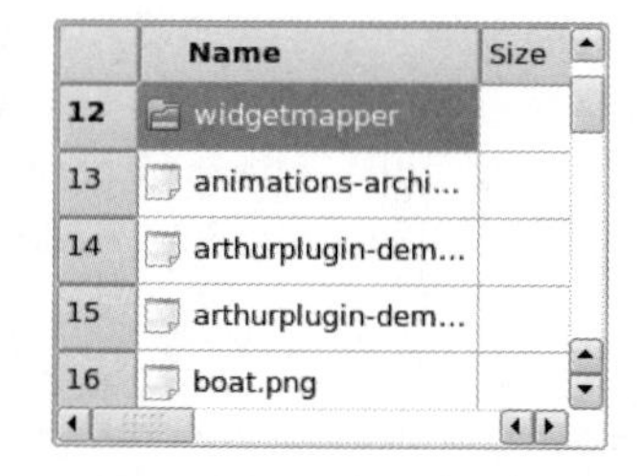

图 5-9　QListView、QTreeView、QTableView 视图示意

上面显示的标准视图的默认行为对于大多数应用来说应该足够了。它们提供了基本的编辑功能，并且可以进行定制，以满足更专业的 UI 的需求。

■ **使用模型**

以创建的字符串列表模型作为示例模型，使用一些数据对其进行设置，并构造一个视图以显示模型的内容。这些操作都可以在一个函数中执行：

```
QStringList numbers;
numbers << "One" << "Two" << "Three" << "Four" << "Five";
QAbstractItemModel *model = new StringListModel(numbers);
```

注意 将 StringListModel 声明为 QAbstractItemModel。这使得可以使用模型的抽象接口，并确保即使将字符串列表模型替换为其他模型，代码也仍然可以正常工作。QListView 提供的列表视图足以在字符串列表模型中显示项目。构造视图，并使用以下代码建立模型：

```
QListView *view = new QListView;
view->setModel(model);
view->show();
```

该视图呈现模型的内容，并通过模型的界面访问数据。当用户尝试编辑项目时，视图将使用默认委托来提供编辑器小部件。QListView 显示字符串列表模型中的数据。由于模型是可编辑的，因此视图自动允许使用默认委托来编辑列表中的每个项目。

■ **使用多个视图**

为同一模型提供多个视图仅是为每个视图设置相同模型的问题。下面的代码表示创建两个表视图，每个视图都使用为该示例创建的相同简单表模型：

```
QTableView *firstTableView = new QTableView;
QTableView *secondTableView = new QTableView;
firstTableView->setModel(model);
secondTableView->setModel(model);
```

在模型 / 视图架构中使用信号和槽意味着可以将对模型的更改传播到所有附加的视图，从而确保无论使用哪种视图，始终可以访问相同的数据。

图 5-10 显示了同一模型的两个不同视图，每个视图都包含许多选定项。尽管在视图中始终显示来自模型的数据，但每个视图都维护自己内部的选择模型。这在某些情况下可能很有用，但对于许多应用来说，需要一个共享的选择模型。

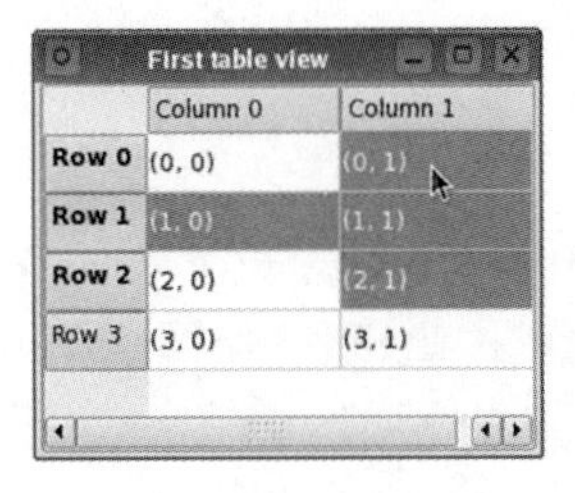

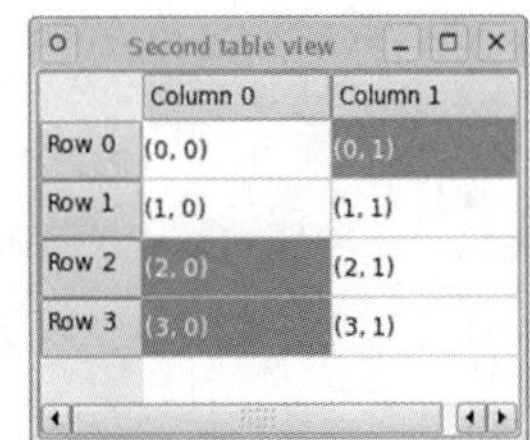

图 5-10　同一模型的两个不同视图

4. 委托

与 MVC 不同，模型 / 视图设计不包括用于管理与用户交互的完全独立的组件。通常，视图负责向用户呈现模型数据，并负责处理用户输入。为了使获取此输入的方式具有一定的灵活性，交互由委托执行。这些组件提供输入功能，还负责在某些视图中渲染单个项目。在 QAbstractItemDelegate 类中定义了用于控制委托的标准接口。委托可通过实现 paint 和 sizeHint 函数来呈现其内容。但是，基于简单窗口小部件的委托可以继承 QStyledItemDelegate，而不是 QAbstractItemDelegate 的子类，并利用这些函数的默认实现。代表的编辑器可以通过使用小部件来管理编辑过程，也可以通过直接处理事件来实现。

■ **使用现有的委托**

Qt 提供的标准视图使用 QStyledItemDelegate 的实例来提供编辑功能。这个委托接口的默认实现为每个标准视图（QListView、QTableView 和 QTreeView）以常规样式呈现项目。所有标准角色均由标准视图使用的默认委托处理，QStyledItemDelegate 文档中描述了解释这些的方式。视图使用的委托由 itemDelegate 函数返回。setItemDelegate 函数允许为一个标准视图安装一个自定义委托，当设置自定义视图的委托时需要使用这个函数。

■ **一个简单的委托**

此处实现的委托使用 QSpinBox 提供编辑功能，主要用于显示整数的模型。尽管为达到此目的建立了一个基于整数的自定义表模型，但由于自定义委托控制数据输入，因此可以轻松地使用 QStandardItemModel。构造一个表视图以显示模型的内容，这将使用自定义委托进行编辑，如图 5-11 所示。

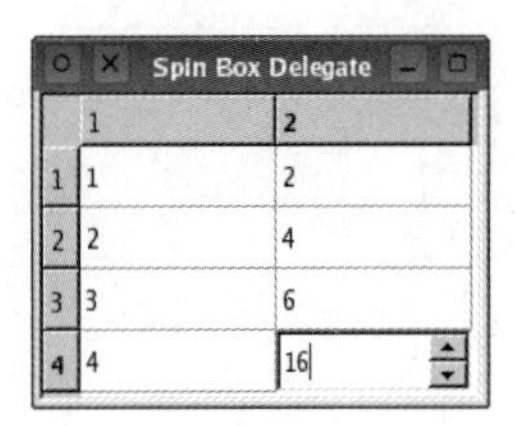

图 5-11　使用自定义委托进行编辑

在下面的代码片段中，为简化编写自定义显示函数的过程，选择从 QStyledItemDelegate 继承委托，提供函数来管理编辑器小部件：

```
class SpinBoxDelegate : public QStyledItemDelegate
{
    Q_OBJECT
public:
    SpinBoxDelegate(QObject *parent = nullptr);
    QWidget *createEditor(QWidget *parent, const QStyleOptionViewItem &option,
                          const QModelIndex &index) const override;
    void setEditorData(QWidget *editor, const QModelIndex &index) const override;
    void setModelData(QWidget *editor, QAbstractItemModel *model,
                      const QModelIndex &index) const override;
    void updateEditorGeometry(QWidget *editor, const QStyleOptionViewItem &option,
                              const QModelIndex &index) const override;
};
```

注意 在构造委托时，未设置任何编辑器小部件，仅在需要时构造一个编辑器小部件。在此示例中，当表视图需要提供编辑器时，它会要求委托提供适合要修改的项目的编辑器小部件。createEditor 函数提供委托能够设置合适的小部件所需的一切：

```
QWidget *SpinBoxDelegate::createEditor(QWidget *parent,
                                       const QStyleOptionViewItem &/* option */,
                                       const QModelIndex &/* index */) const
{
    QSpinBox *editor = new QSpinBox(parent);
    editor->setFrame(false);
    editor->setMinimum(0);
    editor->setMaximum(100);
    return editor;
}
```

注意，不需要保留指向编辑器小部件的指针，因为在不再需要它时视图会负责销毁它。

在编辑器上安装了委托的默认事件过滤器，以确保它提供用户期望的标准编辑快捷方式。可以将其他快捷方式添加到编辑器中，以允许更复杂的行为。在“编辑提示”部分讨论了这些内容。该视图可通过调用后面为达到这些目的定义的函数来确保正确设置编辑器的数据和几何形状。可以根据视图提供的模型索引创建不同的编辑器。例如，如果有一列整数和一列字符串，则可以返回 QSpinBox 或 QLineEdit，这取决于正在编辑的列。委托必须提供将模型数据复制到编辑器中的功能。在此示例中，读取了显示角色中存储的数据，并在旋转框中相应地设置了值。代码如下：

```
void SpinBoxDelegate::setEditorData(QWidget *editor,
                                    const QModelIndex &index) const
{
    int value = index.model()->data(index, Qt::EditRole).toInt();
    QSpinBox *spinBox = static_cast<QSpinBox*>(editor);
    spinBox->setValue(value);
}
```

从此示例可知编辑器小部件是一个旋转框，可以为模型中的不同类型的数据提供不同的编辑器。在这种情况下，需要先将小部件转换为适当的类型，然后才能访问其成员函数。当用户在旋转框中完成值的编辑后，视图通过调用 setModelData 函数要求委托将已编辑的值存储在模型中。代码如下：

```
void SpinBoxDelegate::setModelData(QWidget *editor, QAbstractItemModel *model,
                                   const QModelIndex &index) const
{
    QSpinBox *spinBox = static_cast<QSpinBox*>(editor);
    spinBox->interpretText();
    int value = spinBox->value();
    model->setData(index, value, Qt::EditRole);
}
```

由于视图管理委托的是编辑器小部件，因此只需要使用提供的编辑器的内容来更新模型。在这种情况下，应确保旋转框是最新的，并使用指定的索引将其包含的值更新为模型。标准 QStyledItemDelegate 类通过发出 closeEditor 信号在完成编辑后通知视图。该视图可确保关闭并销毁了编辑器小部件。在此示例中，仅提供简单的编辑工具，因此永远不需要发出此信号。对数据的所有操作都是通过 QAbstractItemModel 提供的接口来执行的。这使得委托几乎不受其处理的数据类型的影响，但是必须做出一些假设才能使用某些类型的编辑器小部件。在此示例中，假定模型始终包含整数值，但是仍然可以将此委托与其他类型的模型一起使用，因为 QVariant 为意外数据提供了合理的默认值。

委托负责管理编辑器的几何图形。创建编辑器时以及更改项目的大小或在视图中的位置时，必须设置几何形状。幸运的是，视图在视图选项对象内提供了所有必要的几何信息。代码如下：

```
void SpinBoxDelegate::updateEditorGeometry(QWidget *editor,
                                           const QStyleOptionViewItem &option,
                                           const QModelIndex &/* index */) const
{
    editor->setGeometry(option.rect);
}
```

在这种情况下，仅使用项目矩形中 view 选项提供的几何信息。呈现具有多个元素的项目的委托将不会直接使用项目矩形。它将使编辑器相对于项目中的其他元素定位。

编辑后，委托应向其他组件提供有关编辑过程结果的提示，并提供有助于后续任何编辑操作的提示。这是通过发出带有适当提示的 closeEditor 信号来实现的。这由默认的 QStyledItemDelegate 事件过滤器来处理，该事件过滤器是在构造旋转框时安装的。旋转框的行为可以调整，使其对用户更加友好。在 QStyledItemDelegate 提供的默认事件过滤器中，如果用户单击“Return”确认在旋转框中的选择，则委托将值提交给模型并关闭旋转框。用户可以通过在旋转框上安装自己的事件过滤器来更改此行为，并提供需要的编辑提示。例如，可以发出带有 EditNextItem 提示的 closeEditor 信号以自动开始编辑视图中的下一个项目。另一种不需要使用事件过滤器的方法是提供自己的编辑器小部件。方便起见，可将 QSpinBox 子类化。使用这种替代方法将对编辑器小部件的行为有更多的控制权，但需要编写额外的代码。如果需要自定义标准 Qt 编辑器小部件的行为，通常采用在委托中安装事件过滤器的方法。

5.1.4 Qt Test

Qt Test 提供用于对 Qt 应用和库进行单元测试的类。所有公共方法都在 QTest 命名空间中。此外，QSignalSpy 类为 Qt 的信号和槽提供了自省功能，而 QAbstractItemModelTester 允许对项目模型进行非破坏性测试。注意：Qt Test 模块无法实现二进制兼容性保证。这意味着使用 Qt Test 的应用只能保证与针对其开发的 Qt 版本一起使用。但是，它能保证源码兼容性。

5.1.4.1 Qt Test 概述

Qt Test 是用于对基于 Qt 的应用和库进行单元测试的框架。Qt Test 提供了单元测试框架中常见的功能以及用于测试 GUI 的扩展。Qt Test 旨在简化基于 Qt 的应用和库的单元测试代码的编写。表 5-13 简要列举了 Qt Test 框架的一些特征。

表 5-13 Qt Test 框架的一些特征

特征	描述
轻量化	Qt Test 由大约 6000 行代码和约 60 个导出符号组成
独立化	Qt Test 仅需要 Qt Core 模块中的几个符号即可进行非 GUI 测试
快速测试	Qt Test 不需要特殊的测试运行程序，没有特殊的测试注册
数据驱动的测试	可以使用不同的测试数据多次进行测试
基于 GUI 的测试	Qt Test 提供了用于模拟鼠标和键盘的功能
基准测试	Qt Test 支持基准测试，并提供多个测量后端
IDE 友好	Qt Test 输出可以由 Qt Creator、Visual Studio 和 KDevelop 解释的消息
线程安全	错误报告是线程安全的和原子性的
类型安全	广泛使用模板可防止隐式类型转换引起的错误
易于扩展	可以将自定义类型轻松地添加到测试数据和测试输出中

1. 创建测试

要创建测试，请子类化 QObject 并向其中添加一个或多个专用槽。每个专用槽都代表测试中的一个测试功能。QTest::qExec 可用于执行测试对象中的所有测试功能。此外，可以定义以下不用作测试功能的专用槽，如果存在，它们将由测试框架执行，并可用于初始化和清除整个测试或当前的测试功能。

（1）initTestCase 将在第一个测试功能执行之前被调用。

（2）initTestCase_data 将被调用以创建全局测试数据表。

（3）cleanupTestCase 在最后一个测试函数执行后被调用。

（4）init 将在每个测试功能执行之前被调用。

（5）cleanup 将在每个测试函数执行后被调用。

使用 initTestCase 准备测试。每次测试都应使系统处于可用状态，因此可以重复运行。清理操作应在 cleanupTestCase 中进行，因此即使测试失败也可以进行清理操作。

使用 init 准备测试功能。每个测试功能都应使系统保持可用状态，以便可以重复运行。清理操作应在 cleanup 中进行，因此即使测试失败并提前退出，也可以进行清理操作。另外，可以使用 RAII（Resource

Acquisition Is Initialization，资源获取是初始化），并在析构函数中调用清除操作，以确保它们在测试函数返回且对象移出作用域时发生。如果 initTestCase 失败，将不执行任何测试功能。如果 init 失败，将不执行其下测试功能，而是继续执行下一个测试功能。案例如下：

```
class MyFirstTest: public QObject
{
    Q_OBJECT
private:
    bool myCondition()
    {
        return true;
    }
private slots:
    void initTestCase()
    {
        qDebug("调用此方法先于其他");
    }
        void myFirstTest()
        {
        QVERIFY(true); // 检查传入参数是否为真
        QCOMPARE(1, 1); // 比较两个数
    }
    void mySecondTest()
    {
        QVERIFY(myCondition());
        QVERIFY(1 != 2);
    }
    void cleanupTestCase()
    {
        qDebug("在调用 myFirstTest 和 mySecondTest 后，调用此方法");
    }
};
```

最后，如果测试类具有静态的公共方法 initMain，则在实例化 QApplication 对象之前，QTEST_MAIN 宏将调用该方法。例如，这允许设置应用属性，如 Qt::AA_DisableHighDpiScaling。

2. 使用 CMake 和 CTest 创建测试

可以使用 CMake 和 CTest 来创建测试。CTest 使与测试名称标签匹配的正则表达式可以包含或排除测试。可以进一步将这些测试名称标签应用于测试，然后 CTest 可以基于这些测试名称标签来包含或排除测试。test 在命令行上调用 target 时，所有带标签的目标都将运行。CTest 可以扩展到不同的单元测试框架，并且可以与 QTest 一起使用。

以下是 CMakeLists.txt 文件的示例，该文件会指定项目名称和使用的语言（此处为 mytest 和 C++），构建测试所需的 Qt 模块（Qt5Test）以及测试中包含的文件（tst_mytest.cpp）。

```
#CMakeLists.txt
project(mytest LANGUAGES CXX)
```

```
find_package(Qt5Test REQUIRED)
set(CMAKE_INCLUDE_CURRENT_DIR ON)
set(CMAKE_AUTOMOC ON)
enable_testing(true)
add_executable(mytest tst_mytest.cpp)
add_test(NAME mytest COMMAND mytest)
target_link_libraries(mytest PRIVATE Qt5::Test)
```

3. 用 qmake 构建

如果要将 qmake 用作构建工具，只需将以下内容添加到项目文件中：

```
QT += testlib
```

如果想执行测试，请添加以下行：

```
CONFIG += testcase
```

为了防止将测试安装到目标处，请添加以下行：

```
CONFIG+= no_testcase_installs
```

4. 使用其他工具构建

如果使用其他构建工具，请确保将 Qt Test 的头文件添加到 include 路径中（通常是 Qt 安装目录下的 include/QtTest 目录）。如果使用的是 Qt 的发行版，则将测试链接到 QtTest 库。对于调试版本，请使用 QtTest_debug。

5. Qt Test 命令行参数

■ **语法**

要应用自动测试的语法，可采用以下简单形式：

```
testname [options] [testfunctions[:testdata]]...
```

testname 用可执行文件的名称代替。testfunctions 可以包含要执行的测试功能的名称。如果没有 testfunctions，则执行所有测试。如果在其中附加条目的名称 testdata，则仅使用该测试数据来执行测试功能。代码如下：

```
/myTestDirectory$ testQString toUpper
```

执行 toUpper 带有所有可用测试数据的测试函数：

```
/myTestDirectory$ testQString toUpper toInt:zero
```

toUpper 使用所有可用的测试数据来执行测试功能，并通过 toInt 调用带有测试数据的测试功能 zero（如果指定的测试数据不存在，则关联的测试将失败）。

执行 testMyWidget 功能测试，输出每个信号，并在每个模拟的鼠标 / 键盘事件后等待 500ms：

```
/myTestDirectory$ testMyWidget -vs -eventdelay 500
```

■ **选项**

以下命令行选项可确定如何报告测试结果：

```
* -o filename, format
```

将输出以指定格式（TXT、XML、LightXML、JUnit XML 或 TAP 之一）写入指定的文件。特殊文件名可用于将日志输出为标准格式，输出参数如表 5-14 所示。

表 5-14　输出参数

参数	描述
-o filename	将输出写入指定的文件
-txt	以纯文本格式输出结果
-xml	将结果输出为 XML 文档
-lightxml	将结果输出为 XML 标签流
-junitxml	将结果输出为 JUnit XML 文档
-csv	将结果输出为 CSV（Comma Separated Value，逗号分隔值）。此模式仅适用于基准测试，因为它会抑制正常的通过 / 失败消息
-teamcity	以 TeamCity 格式输出结果
-tap	以 TAP（Test Anything Protocol，测试任何协议）格式输出结果

-o 选项可以重复使用，如果 -o 未使用该选项的任何版本，则测试结果将记录到标准输出中。如果未使用任何格式选项，则测试结果将以纯文本格式记录。

■ **测试日志详细信息选项**

表 5-15 简要介绍了控制在测试日志中报告多少详细信息的选项。

表 5-15　测试日志详细信息选项

选项	描述
-silent	静音输出。仅显示致命错误、测试失败和最少的状态消息
-v1	详细输出。显示何时输入每个测试功能（此选项仅影响纯文本输出）
-v2	扩展的详细输出。显示每个 QCOMPARE 和 QVERIFY（此选项影响所有输出格式，并暗示 -v1 纯文本输出）
-vs	显示所有发出的信号以及这些信号导致的槽调用（此选项影响所有输出格式）

■ **测试选项**

表 5-16 简要介绍了会影响测试执行方式的选项。

表 5-16　会影响测试执行方式的选项

选项	描述
-functions	输出测试中可用的所有测试功能，然后退出
-datatags	输出测试中可用的所有数据标签。全局数据标签前面带有“global”
-eventdelay ms	如果没有为键盘或鼠标模拟指定任何延迟（QTest::keyClick、QTest::mouseClick 等），则会替换此参数中的值（以 ms 为单位）
-keydelay ms	与 -eventdelay ms 类似，但仅影响键盘模拟，不影响鼠标模拟
-mousedelay ms	与 -eventdelay ms 类似，但仅影响鼠标模拟，不影响键盘模拟
-maxwarnings number	设置要输出的最大警告数。0 代表无限制，默认值为 2000

续表

选项	描述
-nocrashhandler	在 UNIX 上禁用崩溃处理程序。在 Windows 上，它将重新启用 Windows 错误报告对话框，默认情况下该对话框处于关闭状态。这对于调试崩溃很有用
-platform name	此选项适用于所有 Qt 应用，在自动测试的环境中可能特别有用。通过使用“屏幕外”平台插件（平台外屏幕），可以执行使用 QWidget 或 QWindow 的测试，而不会在屏幕上显示任何内容。当前，X11 仅完全支持“屏幕外”平台插件

6. 创建基准

若要创建基准，请按照创建测试的说明进行操作，然后将 QBENCHMARK 宏或 QTest::setBenchmarkResult 添加到基准的测试函数中。以下代码片段中使用了宏：

```
class MyFirstBenchmark: public QObject
{
    Q_OBJECT
private slots:
    void myFirstBenchmark()
    {
        QString string1;
        QString string2;
        QBENCHMARK {
            string1.localeAwareCompare(string2);
        }
    }
};
```

衡量性能的测试函数应包含一个 QBENCHMARK 宏或一次对的调用 setBenchmarkResult。多次出现是没有意义的，因为每个测试功能或数据驱动设置中的每个数据标签只能报告一个性能结果。应避免更改构成（或影响）QBENCHMARK 宏程序主体的测试代码，或避免更改计算传递的值的测试代码 setBenchmarkResult。理想情况下，连续性能结果的差异仅应由所测试产品的更改引起。对测试代码的更改可能会导致对性能更改的误导性报告。如果确实需要更改测试代码，请在提交消息中明确指出。

在性能测试函数中，QBENCHMARK 或之后 setBenchmarkResult 应使用 QCOMPARE、QVERIFY 等来实现验证步骤。如果测试的代码路径不同于预期的代码路径，则可以将性能结果标记为无效。性能分析工具可以使用此信息来筛选出无效结果。例如，意外的错误情况通常会导致程序从正常程序运行中过早地退出，从而错误地显示性能急剧提高。表 5-17 简要介绍了 Qt 性能测试的常用计时器。

表 5-17 Qt 性能测试的常用计时器

名称	选项	可用系统
Walltime	（default）	所有系统
CPU 嘀嗒计数器（counter）	-tickcounter	Windows、macOS、Linux、类 UNIX 系统

续表

名称	选项	可用系统
Event Counter	-eventcounter	所有系统
Valgrind Callgrind	-callgrind	Linux（如果安装）
Linux Perf	-perf	Linux

简而言之，Walltime 始终可用，但需要重复很多次才能获得有用的结果。CPU 嘀嗒计数器通常可用，并且可以提供较少重复的结果，但可能会受到 CPU 频率缩放问题的影响。Valgrind Callgrind 可提供准确的结果，但不考虑 I / O 等待，并且仅在有限数量的系统上可用。事件计数在所有系统上都可用，它提供了事件循环将事件发送到其相应目标之前接收到的事件数（这可能包括非 Qt 事件）。

Linux 性能监控解决方案仅适用于 Linux，并提供了许多不同的计数器，这可通过使用一个附加选项 -perfcounter countername 进行选择，如 -perfcounter cache-misses、-perfcounter branch-misses 或 -perfcounter l1d-load-misses。默认计数器为 cpu-cycles。可以通过运行带有该选项的任何基准可执行文件来获得计数器的完整列表 -perfcounterlist。

7. 使用全局测试数据表

可以定义 initTestCase_data 来设置全局测试数据表。每个测试针对全局测试数据表中的每一行执行一次。当测试功能本身是数据驱动时，将对每个本地数据行和每个全局数据行执行测试功能。使用 QFETCH_GLOBAL 宏从表中获取全局数据。以下是全局测试数据的典型用例：

（1）在 QSql 测试中的可用数据库后端进行选择，以对每个数据库执行每个测试；

（2）使用和不使用 SSL（HTTP 和 HTTPS）代理服务进行所有网络测试；

（3）用高精度时钟和粗略时钟测试计时器；

（4）选择解析器是从 QByteArray 还是从 QIODevice 读取。

例如，测试 roundTripInt_data 每个区域设置的每个数字 initTestCase_data，代码如下：

```
void TestQLocale::roundTripInt()
{
    QFETCH_GLOBAL(QLocale, locale);
    QFETCH(int, number);
    bool ok;
    QCOMPARE(locale.toInt(locale.toString(number), &ok), number);
    QVERIFY(ok);
}
```

5.1.4.2　单元测试

1. 编写单元测试

设置要测试的 QString 类的行为。首先，需要一个包含测试功能的类。此类必须继承自 QObject，需要包括 QTest 标准头文件，并将测试功能声明为槽函数，以便测试框架找到并执行它。然后，需要实现测试功能本身。使用 QVERIFY 宏传递比较的参数。如果表达式的计算结果为 true，则继续执行测试函数。否则，将在测试日志中附加一条描述失败的消息，并且测试功能会停止执行。如果要将更详细的输出内容输出到测试日志中，则应改用 QCOMPARE 宏。QTEST_MAIN 宏扩展为一个简单的 main 执行所有测试功能的方法。

注意 如果测试类的声明和实现都在 .cpp 文件中，则还需要包括生成的 .moc 文件才能正常编译通过。下面的代码片段中最后一行说明了该问题：

```
#include <QtTest/QtTest>
class TestQString: public QObject
{
    Q_OBJECT
private slots:
    void toUpper();
}

void TestQString::toUpper()
{
    QString str = "Hello";
    QCOMPARE(str.toUpper(), QString("HELLO"));
}

QTEST_MAIN(TestQString)
#include "testqstring.moc"
```

接下来编译运行的测试代码，当然这也可以在 QT Creator 中进行。

运行的代码如下：

```
/myTestDirectory$ qmake -project "QT += testlib"
/myTestDirectory$ qmake
/myTestDirectory$ make
********* Start testing of TestQString *********
Config : Using QtTest library %VERSION%, Qt %VERSION%
PASS   : TestQString::initTestCase()
PASS   : TestQString::toUpper()
PASS   : TestQString::cleanupTestCase()
Totals: 3 passed, 0 failed, 0 skipped
********* Finished testing of TestQString *********
```

2. 数据驱动测试

某些时候需要使用不同的测试数据进行多次测试，下面通过例子演示如何加载这些测试数据。当存在很多测试样例时，一般首先想到的是使用这样的代码：

```
QCOMPARE(QString("hello").toUpper(),QString("HELLO"));
QCOMPARE(QString("Hello").toUpper(),QString("HELLO"));
QCOMPARE(QString("HellO").toUpper(),QString("HELLO"));
QCOMPARE(QString("HELLO").toUpper(),QString("HELLO"));
```

在复杂的测试项目中这样的代码非常糟糕，有一种方案可以使数据和功能分离开，具体代码如下：

```
class TestQString: public QObject
{
    Q_OBJECT
private slots:
    void toUpper_data();
    void toUpper();
};
void TestQString::toUpper_data()
{
    QTest::addColumn<QString>("string");
    QTest::addColumn<QString>("result");
    QTest::newRow("all lower") << "hello" << "HELLO";
    QTest::newRow("mixed")     << "Hello" << "HELLO";
    QTest::newRow("all upper") << "HELLO" << "HELLO";
}
void TestQString::toUpper()
{
    QFETCH(QString, string);
    QFETCH(QString, result);
    QCOMPARE(string.toUpper(), result);
}
QTEST_MAIN(TestQString)
#include "testqstring.moc"
```

测试功能的关联数据功能带有相同的名称，后跟_data。首先，使用QTest::addColumn函数定义测试表的两个元素：测试字符串，以及将 QString::toUpper 函数应用于该字符串的预期结果。然后，使用QTest::newRow 函数将一些数据添加到表中。每组数据将成为测试表中的单独一行。QTest::newRow有一个参数：与数据集关联的名称，该名称在测试日志中用于标识数据集。接着，将数据集流式地传输到新表的行中。首先传输的是一个任意字符串，然后是对该字符串应用 QString::toUpper 函数的预期结果。可以将测试数据视为二维表。例如，一个 2 列 3 行，列分别称为 string 和 result 的测试数据如表 5-18 所示。

表 5-18　测试数据

index	name	string	result
0	all lower	"hello"	HELLO
1	mixed	"Hello"	HELLO
2	all upper	"HELLO"	HELLO

TestQString::toUpper 函数将执行 3 次，一次是针对在关联的 TestQString::toUpper_data 函数中创建的测试表中的每个条目。首先，使用 QFETCH 宏获取数据集的两个元素。QFETCH 有两个参数：元素的数据类型和元素名称。然后，使用 QCOMPARE 宏执行测试。使用这种方法非常容易将新数据添加到测试中，而无须修改测试本身。

3. 模拟 GUI 事件

Qt Test具有一些机制可用来测试GUI。Qt Test不会模拟本地窗口系统事件，而是发送内部Qt事件。

这意味着测试在运行的机器上没有副作用。下面通过一个例子模拟测试 QLineEdit 类的行为：

```
#include <QtWidgets>
#include <QtTest/QtTest>
class TestGui: public QObject
{
    Q_OBJECT
private slots:
    void testGui();
};
void TestGui::testGui()
{
    QLineEdit lineEdit;
    QTest::keyClicks(&lineEdit, "hello world");
    QCOMPARE(lineEdit.text(), QString("hello world"));
}
```

在测试功能的实现中，首先创建一个 QLineEdit。然后，使用 QTest::keyClicks 函数在行编辑中模拟编写“hello world”，QTest::keyClicks 模拟单击 Widget 上的一系列按键。可以指定键盘修饰符，以及每次单击后的测试延迟（单位为 ms）。以类似的方式，可以使用 QTest::keyClick、QTest::keyPress、QTest::keyRelease、QTest::mouseClick、QTest::mouseDclick、QTest::mouseMove、QTest::mousePress 和 QTest::mouseRelease 函数模拟关联的 GUI 事件。最后，使用 QCOMPARE 宏检查行编辑的文本是否符合预期。

4. 重复 GUI 事件

下面的例子会展示如何模拟 GUI 事件、如何存储一系列 GUI 事件以及如何在 Widget 上使用它们。

```
class TestGui: public QObject
{
    Q_OBJECT
private slots:
    void testGui_data();
    void testGui();
};
void TestGui::testGui_data()
{
    QTest::addColumn<QTestEventList>("events");
    QTest::addColumn<QString>("expected");
    QTestEventList list1;
    list1.addKeyClick('a');
    QTest::newRow("char") << list1 << "a";
    QTestEventList list2;
    list2.addKeyClick('a');
    list2.addKeyClick(Qt::Key_Backspace);
    QTest::newRow("there and back again") << list2 << "";
}
```

```
void TestGui::testGui()
{
    QFETCH(QTestEventList, events);
    QFETCH(QString, expected);
    QLineEdit lineEdit;
    events.simulate(&lineEdit);
    QCOMPARE(lineEdit.text(), expected);
}
```

存储一系列事件并重现它们的方法与第 02 章中介绍的方法非常相似。需要做的就是在测试类中添加一个数据函数，和之前一样，测试函数的关联数据函数带有相同的名称，后跟 _data。QTestEventList 可被存储作为测试数据供以后使用。在当前的数据函数中，创建两个 QTestEventList 元素。第一个列表由单击“a”键组成。使用 QTestEventList::addKeyClick 函数将事件添加到列表中。然后，使用 QTest::newRow 函数为数据集命名，并将事件列表和预期结果流式地传输到表中。第二个列表包含两次按键单击：一个“a”键后面带有一个“退格键”。再次使用 QTestEventList::addKeyClick 将事件添加到列表中，并使用 QTest::newRow 将事件列表和预期结果放入具有关联名称的表。创建一个 QLineEdit，并使用 QTestEventList::simulate 函数在该小部件上应用事件列表。

5. **编写基准**

下面的示例会演示如何使用 Qt Test 编写基准：

```
void TestBenchmark::simple()
{
    QString str1 = QLatin1String("This is a test string");
    QString str2 = QLatin1String("This is a test string");
    QCOMPARE(str1.localeAwareCompare(str2), 0);
    QBENCHMARK {
        str1.localeAwareCompare(str2);
    }
}
void TestBenchmark::multiple_data()
{
    QTest::addColumn<bool>("useLocaleCompare");
    QTest::newRow("locale aware compare") << true;
    QTest::newRow("standard compare") << false;
}
void TestBenchmark::multiple()
{
    QFETCH(bool, useLocaleCompare);
    QString str1 = QLatin1String("This is a test string");
    QString str2 = QLatin1String("This is a test string");
    int result;
    if (useLocaleCompare) {
```

```
        QBENCHMARK {
            result = str1.localeAwareCompare(str2);
        }
    } else {
        QBENCHMARK {
            result = (str1 == str2);
        }
    }
    Q_UNUSED(result);
}
```

为了创建基准，使用 QBENCHMARK 宏扩展了测试函数。基准测试函数通常由设置代码和包含要测量的代码的 QBENCHMARK 宏组成。此测试函数对 QString::localeAwareCompare 进行基准测试。可以在函数开始执行时进行设置，此时时钟尚未运行。将对 QBENCHMARK 宏中的代码进行测试，可能会重复几次以获取准确的测量结果。数据分离的实现对于创建较多数据输入的基准非常有用，例如，区域设置比较与标准比较。然后，测试函数使用数据来确定要进行基准测试的内容。

6. 使用 QSKIP 跳过测试

如果从测试函数调用 QSKIP 宏，它将停止执行测试，而不会在测试日志中添加失败。它可用于跳过某些肯定会失败的测试。QSKIP 参数中的文本会附加到测试日志中，并说明为什么未执行测试。代码如下：

```
if (tst_Databases::getMySqlVersion(db).section(QChar('.'), 0, 0).toInt() < 5)
QSKIP("Test requires MySQL >= 5.0");


....
QTest::addColumn<bool>("bool");
QTest::newRow("local 1") << false;
QTest::newRow("local 2") << true;
QSKIP("skipping all");
```

在数据驱动的测试中，对 QSKIP 的每次调用仅跳过测试数据的当前行。如果数据驱动的测试包含对 QSKIP 的无条件调用，则它将为测试数据的每一行生成一条跳过消息。

5.2 Qt 扩展模块

Qt 扩展模块主要包括 Qt 开发中常用的一些高级模块，其中包括 Qt Concurrent、Qt BlueTooth、Qt D-Bus 等。

5.2.1 Qt Concurrent

Qt Concurrent 命名空间提供了高级 API，这些 API 使得无须使用低级线程原语（例如互斥锁、读写锁、等待条件或信号量）就可以编写多线程程序。用 Qt Concurrent 编写的程序会根据可用的处理器内核数自动调整使用的线程数。Qt Concurrent 包括用于并行列表处理的功能性编程样式 API，用于共享内存（非分布式）系统的 MapReduce 和 FilterReduce 实现，以及用于在 GUI 应用中管理异步计算的类。

5.2.1.1 Concurrent Map 和 Concurrent Map-Reduce

QtConcurrent::map、QtConcurrent::mapped 和 QtConcurrent::mappedReduced 函数可对诸如 QList 或 QVector 之类的项目进行并行计算。QtConcurrent::map 修改序列，QtConcurrent::mapped 返回包含修改内容的新序列，而 QtConcurrent::mappedReduced 返回单个结果。

1. Concurrent Map

QtConcurrent::mapped 接收输入序列和映射函数，然后为序列中的每个项目调用此 map 函数，并返回一个新序列，其中包含 map 函数的返回值。map 函数必须采用以下形式：

```
U function(const T &t);
```

T 和 U 可以是任何类型（甚至可以是同一类型），但是 T 的类型必须与序列中存储的类型匹配。该函数返回修改或映射的内容。案例代码如下：

```
QImage scaled(const QImage &image)
{
    return image.scaled(100, 100);
}
QList<QImage> images = ...;
QFuture<QImage> thumbnails = QtConcurrent::mapped(images, scaled);
```

使用 QtConcurrent::map 类似于使用 QtConcurrent::mapped：

```
void scale(QImage &image)
{
    image = image.scaled(100, 100);
}
QList<QImage> images = ...;
QFuture<void> future = QtConcurrent::map(images, scale);
```

2. Concurrent Map-Reduce

QtConcurrent::mappedReduced 与 QtConcurrent::mapped 相似，但它不是使用新的结果返回序列，而是使用 reduce 函数将结果合并为一个值。reduce 函数的形式必须为：

```
V function(T &result, const U &intermediate);
```

T 表示最终结果的类型，U 表示映射函数的返回类型。注意：未使用 reduce 函数的返回值和返回类型。可参考如下案例代码：

```
void addToCollage(QImage &collage, const QImage &thumbnail)
{
    QPainter p(&collage);
    static QPoint offset = QPoint(0, 0);
```

```
    p.drawImage(offset, thumbnail);
    offset += ...;
}
QList<QImage> images = ...;
QFuture<QImage> collage = QtConcurrent::mappedReduced(images, scaled,
                                                      addToCollage);
```

对于 map 函数返回的每个结果，reduce 函数都将被调用一次，并且应将中间函数合并到 result 变量中。QtConcurrent::mappedReduced 会保证一次只有一个线程调用 reduce，因此不需要使用互斥锁来锁定结果变量。QtConcurrent::ReduceOptions 枚举提供了一种控制还原顺序的方法，如果使用 QtConcurrent::UnorderedReduce（默认设置），则顺序是不确定的，而 QtConcurrent::OrderedReduce 可确保按原始序列的顺序进行。

5.2.1.2 Concurrent Filter

QtConcurrent::filter、QtConcurrent::filtered 和 QtConcurrent::filteredReduced 函数可按顺序过滤诸如 QList 或 QVector 的项目。QtConcurrent::filter 修改序列，QtConcurrent::filtered 返回包含过滤内容的新序列，而 QtConcurrent::filteredReduced 返回单个结果。QtConcurrent::filtered 接收输入序列和过滤器函数，然后为该序列中的每个项目调用此过滤器函数，并返回包含过滤后的值的新序列。下面这个示例会说明如何保留 QStringList 中所有小写的字符串：

```
bool allLowerCase(const QString &string)
{
    return string.lowered() == string;
}
QStringList strings = ...;
QFuture<QString> lowerCaseStrings = QtConcurrent::filtered(strings,
                                                           allLowerCase);
```

5.2.1.3 Concurrent Run

QtConcurrent::run 函数在单独的线程中执行函数。该函数的返回值可通过 QFuture API 获得。

1. 函数执行

要在另一个线程中执行一个函数，请使用 QtConcurrent::run：

```
extern void aFunction();
QFuture<void> future = QtConcurrent::run(aFunction);
```

这将从默认 QThreadPool 获得的单独线程并运行 aFunction。可以使用 QFuture 和 QFutureWatcher 类来监视函数的状态。要使用专用线程池，可以将 QThreadPool 作为第一个参数传递：

```
extern void aFunction();
QThreadPool pool;
QFuture<void> future = QtConcurrent::run(&pool, aFunction);
```

2. 函数参数传递

将参数添加到函数名称后面的QtConcurrent::run调用中，可以将参数传递给函数。例如：

```
extern void aFunctionWithArguments(int arg1, double arg2,
                                   const QString &string);
int integer = ...;
double floatingPoint = ...;
QString string = ...;
QFuture<void> future = QtConcurrent::run(aFunctionWithArguments, integer,
                                         floatingPoint, string);
```

在调用QtConcurrent::run的位置创建每个参数的副本，并且在开始执行该函数时，将这些值传递给线程。调用QtConcurrent::run之后，对参数所做的更改对线程不可见。

3. 函数返回值

函数的任何返回值都可以通过QFuture获得：

```
extern QString someFunction(const QByteArray &input);
QByteArray bytearray = ...;
QFuture<QString> future = QtConcurrent::run(someFunction, bytearray);
...
QString result = future.result();
```

注意 QFuture::result函数将阻塞并等待结果变为可用。当函数执行完成并且结果可用时，使用QFutureWatcher来获取通知。

5.2.2 Qt BlueTooth

蓝牙API提供了支持蓝牙设备的连接技术。表5-19简要介绍了各平台支持蓝牙API的情况。

表5-19 各平台支持蓝牙API的情况

API Feature	Android	iOS	Linux（BlueZ 4.x/5.x）	macOS	UWP	Win32
Classic Bluetooth	√	×	√	√	√	√
Bluetooth LE Central	√	√	√	√	√	√
Bluetooth LE Peripheral	√	√	√	√	×	×
Bluetooth LE Advertisement & Scanning	×	×	×	×	×	×

5.2.2.1 使用蓝牙

要在应用中使用蓝牙模块，则需要在.pro文件中添加以下配置代码：

```
QT += bluetooth
```

如果在程序中需要使用QML的蓝牙模块类，则需要在相应的.qml文件中添加以下代码：

```
import QtBluetooth 5.12
```

5.2.2.2 Qt 蓝牙 QML 类

Qt 蓝牙 QML 类使应用能够以比 C++ 类更简单的方式扫描设备并进行连接和交互。但是，它的限制比 C++ API 多。可以使用 C++ API 灵活创建 QML 插件。表 5-20 简要介绍了 Qt 中蓝牙模块的常用组件。

表 5-20　Qt 中蓝牙模块的常用组件

组件名字	描述
BluetoothDiscoveryModel	可以搜索指定范围内的蓝牙设备和服务
BluetoothService	提供有关特定蓝牙服务的信息
BluetoothSocket	启用与蓝牙服务或设备的连接并与之通信

1. BluetoothDiscoveryModel

BluetoothDiscoveryModel 提供了可连接服务的模型，可以通过 UUID 过滤模型的内容，从而允许发现仅限于单个服务，比如游戏。BluetoothDiscoveryModel 提供的模型角色是服务、名称、远程地址和设备名称。这些信息根据当前 DiscoveryMode 的改变而改变。示例 QML 代码如下：

```
BluetoothDiscoveryModel {
    id: btModel
    running: true
    discoveryMode: BluetoothDiscoveryModel.DeviceDiscovery
    onDiscoveryModeChanged: console.log("Discovery mode: " + discoveryMode)
    onServiceDiscovered: console.log("Found new service " + service.
                                     deviceAddress + " " + service.
                                     deviceName + " " + service.serviceName);
    onDeviceDiscovered: console.log("New device: " + device)
    onErrorChanged: {
        switch (btModel.error) {
            case BluetoothDiscoveryModel.PoweredOffError:
            console.log("Error: Bluetooth device not turned on"); break;
            case BluetoothDiscoveryModel.InputOutputError:
            console.log("Error: Bluetooth I/O Error"); break;
            case BluetoothDiscoveryModel.InvalidBluetoothAdapterError:
            console.log("Error: Invalid Bluetooth Adapter Error"); break;
            case BluetoothDiscoveryModel.NoError:
            break;
            default:
            console.log("Error: Unknown Error"); break;
        }
    }
}
```

2. BluetoothService

它允许 QML 项目获取有关远程服务的信息，或描述要与 BluetoothSocket 连接的服务。

3. BluetoothSocket

它允许 QML 类连接到另一个蓝牙设备并与其交换字符串。可使用 QDataStream 对象发送和接收数据，该对象允许 QString 的类型安全传输。QDataStream 是一种众所周知的格式，并且可以由非 Qt 应用解码。注意：为了易于使用，非常适合将 BluetoothSocket 与字符串一起使用。如果要使用二进制协议进行应用通信，则应考虑使用其 C++ 对应版本 QBluetoothSocket。与远程设备的连接可以通过无线电频率通信协议（Radio Frequency Communication，RFcomm）或逻辑链路控制和适配协议（Logical Link Control and Adaptation Protocol，L2CAP）。远程端口或服务 UUID 都是必要的，这可以通过创建 BluetoothService 或从 BluetoothDiscoveryModel 传递服务返回来指定。

5.2.2.3　Qt 蓝牙 C++ 类

Qt 蓝牙 C++ API 使应用能够以比 Qt 蓝牙 QML 类更灵活的方式扫描设备并与之连接和交互。Qt 蓝牙 C++ 常用类如表 5-21 所示。

表 5-21　Qt 蓝牙 C++ 常用类

类名	描述
QBluetoothAddress	为蓝牙设备分配地址
QBluetoothDeviceDiscoveryAgent	发现附近的蓝牙设备
QBluetoothDeviceInfo	存储有关蓝牙设备的信息
QBluetoothHostInfo	封装本地 QBluetooth 设备的详细信息
QBluetoothLocalDevice	启用对本地蓝牙设备的访问
QBluetoothServer	使用 RFcomm 或 L2CAP 与蓝牙设备进行通信
QBluetoothServiceDiscoveryAgent	查询蓝牙服务
QBluetoothServiceInfo	启用对蓝牙服务属性的访问
QBluetoothServiceInfo::Alternative	存储蓝牙数据元素替代项的属性
QBluetoothServiceInfo::Sequence	存储蓝牙数据元素序列的属性
QBluetoothSocket	启用与运行蓝牙服务器的蓝牙设备的连接套接字
QBluetoothTransferManager	使用对象推送配置文件（Object Push Profile，OPP）将数据传输到另一台设备
QBluetoothTransferReply	存储对数据传输请求的响应
QBluetoothTransferRequest	存储有关数据传输请求的信息
QBluetoothUuid	为每个蓝牙服务生成一个 UUID
QLowEnergyAdvertisingData	在蓝牙低功耗广播期间要广播的数据
QLowEnergyAdvertisingParameters	用于蓝牙低功耗广播的参数
QLowEnergyAdvertisingParameters::AddressInfo	定义白名单的元素
QLowEnergyCharacteristic	存储有关蓝牙低功耗服务特征的信息
QLowEnergyCharacteristicData	用于设置 GATT 服务数据
QLowEnergyConnectionParameters	在请求或报告蓝牙 LE 连接的参数更新时使用
QLowEnergyController	接入低功耗蓝牙设备
QLowEnergyDescriptor	存储有关低功耗蓝牙描述符的信息
QLowEnergyDescriptorData	用于创建 GATT 服务数据
QLowEnergyService	低功耗蓝牙设备上的一项服务
QLowEnergyServiceData	用于设置 GATT 服务数据

5.2.3 Qt D-Bus

D-Bus 是一种进程间通信和远程过程调用（Remote Procedure Call，RPC）机制，最初是为 Linux 开发的，目的是用一个统一协议替换现有与 IPC 竞争的解决方案。它也被设计为允许系统级进程（例如打印机和硬件驱动程序服务）与普通用户进程通信。它使用二进制消息传递协议，由于其低延迟和低开销，因此它适合于同一台机器进行通信。它的规范当前由 freedesktop 项目定义，并且可供各方使用。通常，通信是通过被称为“总线”的中央服务器应用进行的，但是直接的应用到应用的通信也是可能的。在总线上进行通信时，应用可以查询其他哪些应用和服务可用，以及按需激活应用。

5.2.3.1 D-Bus 总线

D-Bus 总线用于需要多对多通信的场景。为此，在任何应用连接到总线之前启动中央服务器：该服务器负责跟踪已连接的应用，并适当地将消息从其源路由到目的地。此外，D-Bus 定义了两种众所周知的总线，即系统总线和会话总线。某些服务被定义为可以在这些总线中的一个或两个中找到。例如，希望查询连接到计算机的硬件设备列表的应用可能会与系统总线上可用的服务通信，而提供打开用户 Web 浏览器的服务可能会在会话总线上找到。在系统总线上，人们可能还期望找到关于允许每个应用提供哪些服务的限制。因此，可以合理地确定，如果存在某种服务，则该服务是由受信任的应用提供的。

5.2.3.2 概念

1. 消息

在底层，应用通过 D-Bus 相互发送消息来进行通信。消息用于中继远程调用以及与之关联的答复和错误。当通过总线使用消息时，消息将具有目的地，这意味着消息仅被路由到感兴趣的一方，避免了由于“蜂拥”或广播而造成的消息堵塞。Qt D-Bus 模块将消息的低级概念完全封装为 Qt 开发人员熟悉的、更简单的、面向对象的方法。在大多数情况下，开发人员无须担心发送或接收消息。

2. 服务名称

通过总线进行通信时，应用会获得所谓的“服务名称”，这就是该应用被同一总线上的其他应用所知的方式。服务名称由 D-Bus 总线守护程序代理，用于将消息从一个应用路由到另一个应用。与服务名称类似的概念是 IP 地址和主机名，根据计算机向网络提供的服务，计算机通常具有一个 IP 地址，并且可能具有一个或多个与其关联的主机名。另一方面，如果不使用总线，则不会使用服务名称。如果与计算机网络进行比较，则服务名称相当于点对点网络，由于对等点是已知的，因此无须使用主机名来查找它或它的 IP 地址。

实际上，D-Bus 服务名称的格式与主机名的非常相似：由点和点分隔的字母和数字序列。常见的做法甚至是根据定义该服务的组织域名来命名服务名称。例如，D-Bus 服务由 freedesktop 定义，可以在总线上的服务名称下找到，代码如下：

```
org.freedesktop.DBus
```

3. 对象路径

像网络主机一样，应用通过导出对象为其他应用提供特定的服务。这些对象是按层次组织的，它们的关系非常类似于从 QObject 派生的类所具有的父子关系。区别是存在“根对象”的概念，所有对象都具有最终的父对象。如果继续使用 Web 服务进行类比，则对象路径等于统一资源定位符（Uniform Resource Locator，URL）的部分路径，如图 5-12 所示。

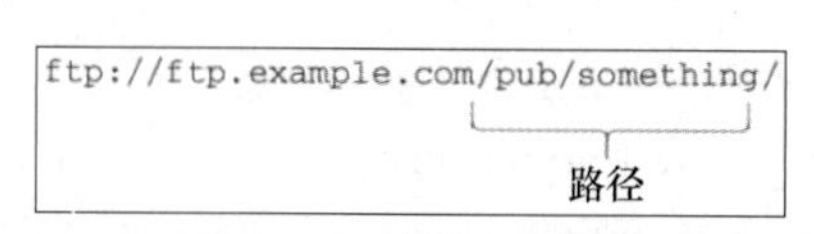

图 5-12 对象路径示意

D-Bus 中的对象路径类似于文件系统上的路径：是用斜杠分隔的标签，每个标签均由字母、数字和下画线字符（_）组成，必须始终以斜杠开头，并且不能以斜杠结尾。

4. 接口

接口类似于 C++ 抽象类和 Java 的 interface 关键字，并会声明调用方和被调用方建立的“合约”。也就是说，它们建立了可用方法、信号和属性的名称，以及建立了通信时双方期望的行为。Qt 在其插件系统中使用了非常类似的机制：C++ 中的基类通过 Q_DECLARE_INTERFACE 宏与唯一标识符进行关联。

5.2.4 Qt Image Formats

默认情况下，Qt GUI 核心库支持读取和写入常见文件格式的图像文件，包括 PNG、JPEG、BMP、GIF 以及其他一些格式。其通过 Qt 图像 I/O 系统的插件，明确地提供了文件格式支持。因此，此模块不提供自己的 API。取而代之的是，通过 QImage::load 和 QImage::save 以使用 Qt 中其他图像相同的 I/O 方式访问该功能。或者，使用 QImageReader 和 QImageWriter 进行更详细的控制。

文件格式的实际编码和解码是由编解码器完成的。编解码器可以是 Qt 代码或第三方代码。如果是第三方编解码器，则构建过程将在系统库中寻找它们。如果未找到，则可能会使用源码中捆绑的代码在 src / 3rdparty 中进行替代。Qt 中常用的图像格式如表 5-22 所示。

表 5-22　Qt 中常用的图像格式

格式	描述	支持	第三方编解码器
ICNS	Apple 图标图像	读 / 写	不支持
JP2	Joint Photographic Experts Group 2000	读 / 写	支持（未捆绑）
MNG	Multiple-image Network Graphics	读 / 写	支持（未捆绑）
TGA	Truevision 图形适配器	读 / 写	不支持
TIFF	Tag Image File Format	读 / 写	支持（未捆绑）
WBMP	Wireless Bitmap	读 / 写	不支持
WEBP	WebP	读 / 写	支持（未捆绑）

注意　1. Qt 源码中不再捆绑某些第三方编解码器。第三方编解码器仅用于手动构建，在系统库不可用时作为备用。

2. 出于安全原因，自 Qt 5.8 起，默认情况下不构建 Direct Draw Surface（DDS）处理程序，仍需要此处理程序的用户可以在源项目中构建它。

5.3 Qt WebEngine 概述

Qt WebEngine 模块提供了一个 Web 浏览器引擎，可以轻松地将网络内容嵌入没有本机 Web 引擎平台的 Qt 应用。Qt WebEngine 使用 C++ 和 QML 来渲染 HTML、XHTML 和 SVG 类型的文档，支持使用串联样式表（Cascading Style Sheets，CSS）样式设置和用 JavaScript 编写的脚本。Qt WebEngine 被拆分为 3 个模块和 1 个独立可执行程序模块。Qt WebEngine 模块如表 5-23 所示。

Qt WebEngine Process 负责页面渲染和 JavaScript 代码的运行，独立于 GUI 进程。如果将 Qt 库捆绑到应用中，则该库必须随应用一起提供。Qt WebEngine 整体架构如图 5-13 所示。

表 5-23　Qt WebEngine 模块

模块名称	描述
Qt WebEngine Core（核心模块）	用于与 Chromium 进行交互
Qt WebEngine Widgets（小部件模块）	用于创建基于窗口小部件的 Web 应用
Qt WebEngine	用于创建基于 Qt Quick 的 Web 应用

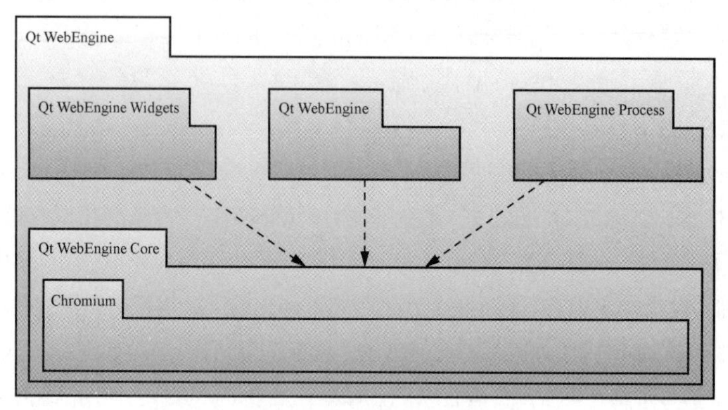

图 5-13　Qt WebEngine 整体架构

5.3.1　开发 Qt WebEngine Widgets 应用

使用 QWebEngineView 类以简单方式显示网页，它是一个小部件，所以可以将 QWebEngineView 对象嵌入窗体，实现下载并显示网页。代码如下：

```
QWebEngineView *view = new QWebEngineView(parent);
view->load(QUrl("https://www.chinauos.com"));
view->show();
```

QWebEngineView 的每个实例对象都有一个 QWebEnginePage 成员对象，QWebEnginePage 可以拥有 QWebEngineHistory（可访问页面导航历史记录）和几个 QAction 对象，这些对象可在网页上提供功能操作接口。另外，QWebEnginePage 能够在页面主框架上下文中运行 JavaScript 代码，并能够为特定事件（例如显示自定义身份验证对话框）启用自定义处理程序。每个 QWebEnginePage 都属于 QWebEngineProfile，可以有 QWebEngineSettings 对象（负责处理页面设置）、QWebEngineScriptCollection 对象（负责运行页面上的脚本），以及 QWebEngineCookieStore 对象（负责访问 Chromium 中 HTTP 的 cookies）。

对于基于窗口部件 Widgets 的应用，在启动时要自动初始化 Web 引擎，在一种情况下除外，即将 Qt WebEngine 集成到插件中。在这种情况下，必须使用 QtWebEngine::initialize 在 main 中对其进行初始化，如以下代码片段：

```
int main(int argc, char **argv)
{
    QApplication app(argc, argv);
    QtWebEngine::initialize();
    QMainWindow window;
    window.show();
    return app.exec();
}
```

5.3.2　开发与 Qt WebEngine 相关的 Qt Quick 应用

WebEngineView 的 QML 类允许 Qt Quick 应用呈现动态网页内容，WebEngineView 可以与其他类型 QML 或 Qt Quick 应用指定的 screen 共享 screen。为了确保可以在 GUI 显示和渲染过程之间共享 OpenGL 上下文，必须在 main 中调用 QtWebEngine::initialize 初始化 Web 引擎，如以下代码片段：

```
int main(int argc, char *argv[])
{
    QGuiApplication app(argc, argv);
    QtWebEngine::initialize();
    QQmlApplicationEngine engine;
    engine.load(QUrl("qrc:/main.qml"));
    return app.exec();
}
```

应用使用 URL 或 HTML 字符串把页面加载到 WebEngineView 中，在会话历史记录中可以导航。默认情况下，指向不同页面的链接会加载到同一个 WebEngineView 对象中，有的网站可能会要求将新页面打开为新的选项卡、窗口或对话框。以下示例中 QML 应用使用 URL 属性加载网页：

```
import QtQuick 2.0
import QtQuick.Window 2.0
import QtWebEngine 1.0

Window {
    width: 1024
    height: 750
    visible: true
    WebEngineView {
        anchors.fill: parent
        url: "https://www.chinauos.com"
    }
}
```

5.3.3　命令行参数

调试时可以将以下命令行参数作为错误报告输入。

- --disable-gpu：禁用图形处理单元（Graphics Processing Unit，GPU）硬件加速，在诊断 OpenGL 问题时很有用。
- --disable-logging：禁用控制台日志记录，这可能对调试版本很有用。
- --enable-logging --log-level=0：启用控制台日志记录并将日志记录级别设置为 0，这意味着严重性 info 及更高级别的消息将记录在日志中。这是调试版本的默认设置，其他可能的日志记录级别是 1（表示警告）、2（表示错误）和 3（表示致命错误）。

- --v=1：打开调试日志，并将控制台日志记录级别提到最高，默认值为 0（无调试消息），需要和参数 --enable-logging 联合使用。
- --no-sandbox：禁用渲染器和插件进程的沙箱。请注意禁用沙箱可能会带来安全风险。
- --single-process：在与浏览器同一个进程中运行渲染器和插件。这对于渲染器崩溃的堆栈跟踪很有用。
- --enable-features=NetworkServiceInProcess：在主要过程中运行网络。这可能有助于防火墙管理，因为仅需要将应用可执行文件列入白名单，而不需要考虑 Qt WebEngine Process，但这意味着失去网络服务沙箱安全保障。

或者，可以设置环境变量 QTWEBENGINE_CHROMIUM_FLAGS。例如可以将以下值设置为在调试名为 simplebrowser 的应用时禁用日志记录：

```
QTWEBENGINE_CHROMIUM_FLAGS=" --disable-logging"./simplebrowser
```

如果可以确保在应用进程调用 QtWebEngine::initialize 之前设置 QTWEBENGINE_CHROMIUM_FLAGS，则可以在应用中使用 qputenv 函数来设置 QTWEBENGINE_CHROMIUM_FLAGS 以添加调试参数。

5.3.4 Qt WebEngine 其他说明

Qt WebEngine 当前仅支持 Windows、Linux 和 macOS，由于 Chromium 的编译、构建要求，其通常还需要比 Qt 其他部分依赖更新的编译器。Qt WebEngine 取代了基于 WebKit 项目的 Qt WebKit 模块，自 Qt 5.2 以来一直没有主动与上游 WebKit 进行代码同步，并在 Qt 5.5 中已经被弃用。

Qt WebEngine 使用自己的网络堆栈，QSslConfiguration 的设计并非为了打开 SSL 连接，而是通过 Qt WebEngine 使用操作系统中的 CA 根证书来验证对等方证书。WebEngineCertificateError::error 和 QWebEngineCertificateError::error 枚举提供有关各类可能出现证书错误的信息。可以使用 WebEngineView::certificateError QML 方法或重新实现函数 QWebEnginePage::certificateError 来处理错误。Qt WebEngine 渲染 Web 页面需要 OpenGL 支持，OpenGL 和硬件密切关联，可以通过字符查看 GPU 支持情况，以下示例可展示 GPU 详细信息：

```
int main(int argc, char *argv[])
{
    QCoreApplication::setAttribute(Qt::AA_EnableHighDpiScaling);
    QApplication app(argc, argv);
    QWebEngineView view;
    view.setUrl(QUrl(("chrome://gpu"));
    view.resize(1024, 750);
    view.show();
    return app.exec();
}
```

运行结果如图 5-14 所示。

Copy Report to Clipboard

Graphics Feature Status

- Canvas: Hardware accelerated
- CheckerImaging: Disabled
- Flash: Hardware accelerated
- Flash Stage3D: Hardware accelerated
- Flash Stage3D Baseline profile: Hardware accelerated
- Compositing: Hardware accelerated
- Multiple Raster Threads: Enabled
- Native GpuMemoryBuffers: Software only. Hardware acceleration disabled
- Rasterization: Software only. Hardware acceleration disabled
- Video Decode: Unavailable
- WebGL: Hardware accelerated
- WebGL2: Hardware accelerated

图 5-14　Intel Core i5-6300U 非独立显卡平台信息

5.4　Electron 概述

Electron 基于 Chromium 和 Node.js，让你可以使用 HTML、CSS 和 JavaScript 构建跨平台的桌面应用。一般来说，如果你可以构建一个网站，就可以构建一个桌面应用，Electron 负责比较难的部分，你只需把精力放在要构建的应用的核心上即可。Electron 是一个由 GitHub 及众多贡献者组成的活跃社区共同维护的开源项目。Electron 兼容 macOS、Windows 和 Linux，可以用于构建出基于 3 个平台的应用。

5.4.1　Electron 开发环境

5.4.1.1　安装 Node.js

使用为平台预构建的 Node.js 安装器来安装 Node.js，安装文件从 Node.js 官方网站下载，将其配置好。要检查 Node.js 是否正确安装，请在终端执行以下命令：

```
$ node -v
v14.16.1
$ npm -v
6.14.122
```

以上命令应输出 Node.js 和 npm 的版本信息，如果以上命令执行成功没有报错，下一步就可以准备安装 Electron 了。

5.4.1.2　创建项目并安装 Electron 到项目文件夹

为你的项目创建一个文件夹并安装 Electron，命令如下：

```
$ mkdir uos-electron-app && cd uos-electron-app
$ npm init -y
$ npm i --save-dev electron
```

5.4.2 第一个 Electron程序

5.4.2.1 主脚本文件

项目目录 uos-electron-app 已经创建好，接下来创建主脚本文件，主脚本指定了运行主进程 Electron 应用的入口（main.js 文件）。在主进程中运行的脚本可控制应用的生命周期、显示 GUI 及其元素、执行本机操作系统交互以及在网页中创建渲染进程，特别的是 Electron 应用只能有一个主进程。

主脚本示例如下：

```
// 为了管理应用的生命周期事件以及创建和控制浏览器窗口，从 electron 包导入 app 和
BrowserWindow 模块
const { app, BrowserWindow } = require('electron')
// 导入 path 包，该包为操作文件路径提供了实用的功能
const path = require('path')

// 定义一个方法来创建带有预加载脚本的新的浏览器窗口，并加载 index.html 文件到该窗口中
function createWindow () {
  const uoswin = new BrowserWindow({
    width: 800,
    height: 600,
    webPreferences: {
      preload: path.join(__dirname, 'preload.js')
    }
  })

  uoswin.loadFile('index.html')
}

app.whenReady().then(() => {
// 调用 createWindow 方法，在 Electron 应用第一次被初始化时创建一个新的窗口
  createWindow()

  app.on('activate', () => {
// 添加一个新的监听器，只有当应用激活后没有可见窗口时，才能创建新的浏览器窗口，例如在首次
启动应用后或重启运行中的应用时
    if (BrowserWindow.getAllWindows().length === 0) {
      createWindow()
    }
  })
})

// 添加一个新的监听器，当应用不再有任何打开窗口时试图退出。由于操作系统的窗口管理行为，此
监听器在 macOS 上是禁止操作的
```

```
app.on('window-all-closed', () => {
  if (process.platform !== 'darwin') {
    app.quit()
  }
})
```

5.4.2.2　创建网页 index.html

index.html 应用初始化想要显示的网页。此网页能呈现渲染过程。可以创建多个浏览器窗口，每个窗口都使用自己的独立渲染进程，也可以有选择性地从预加载脚本中公开额外的 Node.js API 来授予对它们的访问权限。index.html 内容如下：

```
<!DOCTYPE html>
<html>
<head>
    <meta charset="UTF-8">
    <title>UOS 你好 !</title>
    <meta http-equiv="Content-Security-Policy" content="script-src 'self'
'unsafe-inline';" />
</head>
<body style="background: white;">
    <h1>UOS 你好 !</h1>
    <p>
        正在使用 Node.js <span id="node-version"></span>,
        Chromium <span id="chrome-version"></span>,
        Electron <span id="electron-version"></span>.
    </p>
</body>
</html>
```

5.4.2.3　定义预加载脚本 preload.js

预加载脚本就像 Node.js 和网页之间的“桥梁”。它允许将特定的 API 和行为暴露到网页上，而不是暴露整个 Node.js 的 API。在本例中，我们将使用预加载脚本从 process 对象中读取版本信息，并用该信息更新网页。preload.js 内容如下：

```
// 首先定义一个事件监听器，当 Web 页面加载完成后会通知你
window.addEventListener('DOMContentLoaded', () => {
// 接着定义一个功能函数，用来为 index.html 中的所有 placeholder 设置文本
  const replaceText = (selector, text) => {
    const element = document.getElementById(selector)
    if (element) element.innerText = text
  }
// 接下来遍历想展示版本号的组件列表
  for (const type of ['chrome', 'node', 'electron']) {
```

```
// 调用 replaceText 来查找 index.html 中的版本占位符并将其文本值设置为 process.versions
的值
    replaceText('${type}-version', process.versions[type])
  }
})
```

5.4.2.4 修改 package.json 文件

Electron 应用与其他的 Node.js 应用一致，使用 package.json 文件作为主入口，应用的主脚本是 main.js，所以相应修改 package.json 文件。代码如下：

```
{
    "name": "uos-electron-app",
    "version": "1.0.0",
    "author": "ephraim",
    "description": "UOS Electron app",
    "main": "main.js"
}
```

如果未设置 main 字段，Electron 将尝试加载包含在 package.json 文件目录中的 index.js 文件，author和description字段对于打包来说是必要的，否则执行npm run make命令时会报错。默认情况下，npm start 命令将用 Node.js 来运行主脚本。要使用 Electron 来运行脚本，你需要将其更改为如下代码，添加 scripts 字段：

```
{
    "name": "uos-electron-app",
    "version": "1.0.0",
    "author": "ephraim",
    "description": "UOS Electron app",
    "main": "main.js",
    "scripts": {
        "start": "electron ."
    }
}
```

5.4.2.5 运行应用

在当前项目目录中启动终端，输入并执行如下命令：

```
$ npm start
```

正在运行的 Electron 应用中应该出现一个“UOS 你好”的程序。

如果提示 chrome-sandbox is owned by root and has mode 4755 启动失败，重新设置 chrome-sandbox 文件权限即可。设置命令如下：

```
$ sudo chmod 4755 ./node_modules/electron/dist/chrome-sandbox
$ sudo chown root:root ./node_modules/electron/dist/chrome-sandbox
```

5.4.3 打包并分发第一个应用

分发新创建的应用的简单、快捷的方法是使用 Electron Forge，下面介绍通过它来发布第一个 Electron 应用。

5.4.3.1 将 Electron Forge 导入应用文件夹

执行如下 npm 和 npx 命令来实现：

```
$ npm install --save-dev @electron-forge/cli
...
$ npx electron-forge import
...
Thanks for using "electron-forge"!!!
```

此时 package.json 文件内容已经被更新，可以打包发布 deb、rpm 和 macOS 这 3 种软件包。

5.4.3.2 创建分发版本

统信 UOS 软件包格式属于 .deb、.rpm 格式，在 UOS 环境下不容易被构建，需要把 package.json 文件中 @electron-forge/maker-rpm 部分删掉。

执行 make 命令开始打包，在目录 out/make/deb/x64 中生成 .deb 软件包 uos-electron-app_1.0.0_amd64.deb，执行 ls 命令查看文件大小。

执行 make 等命令的结果如下：

```
$ npm run make

> uos-electron-app@1.0.0 make /home/ephraim/Desktop/uos-electron-app
> electron-forge make
...
$ ls out/make/deb/x64/uos-electron-app_1.0.0_amd64.deb
out/make/deb/x64/uos-electron-app_1.0.0_amd64.deb
$ ls out/make/deb/x64/uos-electron-app_1.0.0_amd64.deb -la
-rw-r--r-- 1 ephraim ephraim 59105256 4月  28 17:54
out/make/deb/x64/uos-electron-app_1.0.0_amd64.deb
```

安装刚打包好的 .deb 软件包，即可从启动器中按照 uos-electron-app 名字找到应用，启动应用。

5.4.4 调试方法

Electron 浏览器窗口中的 DevTools 只能调试在该窗口中执行的 JavaScript Web 页面。为了提供一个可以调试主进程的方法，Electron 提供了 --inspect 和 --inspect-brk 开关，可使用如下的命令来调试 Electron 的主进程：

```
$ --inspect=[port]
```

Electron 将在指定的端口上监听 V8 协议消息，外部调试器需要连接到这个端口，默认端口是 5858。代码如下：

```
$ electron --inspect=5858 apppath
$ electron --inspect-brk=5858 apppatch
```

--inspect-brk 的使用和 --inspect 一样，不同的是 --inspect-brk 会在 JavaScript 脚本的第一行暂停运行。外部调试器可以是一个支持 V8 协议的浏览器，属于 Chromium 系的浏览器都支持，比如 UOS 浏览器、360 浏览器、奇安信可信浏览器等，通过地址栏访问 chrome://inspect 来连接 Chrome，并选择需要检查的 Electron 应用。可通过 Ctrl+Shift+I 快捷键进入调试工具 DevTools 界面。

5.5 常见问题

下面就 Qt 编程经常遇到的一些问题进行说明。

5.5.1 qmake 工程设置模块之间的编译依赖关系

当项目中存在多个子项目的时候，往往各个模块之间存在编译依赖关系，这个时候我们需要在 .pro 文件中添加对应的编译依赖关系，在 qmake 中使用 .depends 进行关联，参考代码如下：

```
TEMPLATE = subdirs

SUBDIRS += \
    demo \
    gui \
    logic

gui.depends = logic
demo.depends = gui
```

.depends 指定 gui 模块编译依赖于 logic 模块，demo 依赖于 gui 模块。

5.5.2 CMake 工程设置模块之间的编译依赖关系

在 CMake 工程中，可使用 add_dependencies 为顶层目标生成依赖关系，代码如下：

```
add_dependencies(target-name depend-target1 depend-target2 ...)
```

假设我们需要生成一个可执行文件，生成该文件需要链接 a.so、b.so、c.so、d.so 这 4 个动态库。正常情况下，我们只需要在 CMakeLists.txt 中加入 TARGET_LINK_LIBRARIES 来添加对应的库文件，代码如下：

```
ADD_EXECUTABLE(main main.cpp)
TARGET_LINK_LIBRARIES(main a.so b.so c.so d.so)
```

但是编译的时候会报错，会提示一些符号的定义部分找不到，而这些符号恰恰就在这几个库中，假设在 a.so 和 b.so 中，在上述两条命令之间加上以下命令即可编译通过（注意：cmake 命令不区分大小写）：

```
ADD_DEPENDENCIES(main a.so b.so)
```

原因比较简单，生成 main 需要依赖 a.so 和 b.so 中的符号定义，然而 a.so 和 b.so 库的生成发生在 main 编译之后，添加这条命令就是提醒编译器需要先生成 main 的依赖（a.so、b.so），然后生成 main。

5.5.3　快速使用 QTimer 进行一次计时操作

在 Qt 中，可以通过 setSingleShot(true) 来设置定时器只执行一次循环，下面的代码每秒更新一次：

```
QTimer *timer = new QTimer(this);
connect(timer, SIGNAL(timeout()), this, SLOT(update()));
// timer->setSingleShot(true); // 单次调用
timer->start(1000);
```

当调用 start 函数后，每一秒都会调用 update 方法。除此之外，还可以使用静态函数 QTimer::singleShot 进行一次计时操作，参考代码如下：

```
QTimer::singleShot(200, this, [&](){
    // to do
});
```

5.5.4　Qt 单元测试发送事件到控件中

Qt 模拟 GUI 事件，就是调用 QTest 提供的函数去模拟鼠标单击等效果，从而达到模拟用户输入的功能，例如：

```
// 模拟键盘
QTest::keyClicks()
// 模拟键盘按下和释放
QTest::keyPress()
QTest::keyRelease()
// 模拟鼠标单击
QTest::mouseClick()
// 模拟鼠标双击
QTest::mouseDclick()
// 模拟鼠标移动
QTest::mouseMove()
// 模拟鼠标按下
QTest::mousePress()
// 模拟鼠标释放
QTest::mouseRelease()
```

示例代码：

```
#include <QtTest>
#include <QCoreApplication>

#include <QPushButton>
#include "mainwindow.h"
#include <QLabel>

#define QMYTEST_MAIN(TestObject) \
    QT_BEGIN_NAMESPACE \
    QTEST_ADD_GPU_BLACKLIST_SUPPORT_DEFS \
    QT_END_NAMESPACE \
    int main(int argc, char *argv[]) \
    { \
        MyApplication app(argc, argv); \
        QTEST_DISABLE_KEYPAD_NAVIGATION \
        QTEST_ADD_GPU_BLACKLIST_SUPPORT \
        TestObject tc; \
        QTEST_SET_MAIN_SOURCE_PATH \
        return QTest::qExec(&tc, argc, argv); \
    }

class QTestGui : public QObject
{
    Q_OBJECT
private slots:
    // 在所有测试用例开始和结束处分别调用
    void initTestCase();
    void cleanupTestCase();

    // 在单个测试用例开始和结束处分别调用
    void init();
    void cleanup();



    void testClickButton();
    void testSetLabelImage_data();
    void testSetLabelImage();
    void testKeyClicks();

private:
    MainWindow *mainwindow = nullptr;
};
```

```
void QTestGui::initTestCase()
{
    mainwindow = new MainWindow;
    QVERIFY(mainwindow);
    mainwindow->show();
}

void QTestGui::cleanupTestCase()
{
    delete mainwindow;
}

void QTestGui::init()
{


}

void QTestGui::cleanup()
{


}

void QTestGui::testClickButton()
{
    QPushButton *b = mainwindow->findChild<QPushButton * >("TestButton");
    QVERIFY(b);
    b->click();
    QTest::qWait(300);
    b->click();
    QTest::qWait(300);
    b->click();
    QTest::qWait(300);
    b->click();
}

void QTestGui::testSetLabelImage_data()
{
    QTest::addColumn<QString>("path");
    QTest::newRow("data0") << QString(":/test.png");
}

void QTestGui::testSetLabelImage()
{
    QFETCH(QString, path);
```

```
    mainwindow->setImage(path);
    QLabel *label = mainwindow->findChild<QLabel * >("label");
    QVERIFY(label);
    QCOMPARE(label->pixmap()->isNull(), false);
    QTest::qWait(500);
}

void QTestGui::testKeyClicks()
{
    QLineEdit lineEdit;
    QTest::keyClicks(&lineEdit, "hello world");
    QCOMPARE(lineEdit.text(), QString("hello world"));
}

QTEST_MAIN(QTestGui)

#include "test_gui.moc"
```

5.5.5 使用事件过滤器

如果已安装监视对象的事件过滤器，则可以过滤事件。在重新实现此功能时，如果要过滤事件（即停止进一步处理该事件），返回 true，否则返回 false，例如：

```
class MainWindow : public QMainWindow
{
public:
    MainWindow();

protected:
    bool eventFilter(QObject *obj, QEvent *ev) override;

private:
    QTextEdit *textEdit;
};

MainWindow::MainWindow()
{
    textEdit = new QTextEdit;
    setCentralWidget(textEdit);

    textEdit->installEventFilter(this);
}

bool MainWindow::eventFilter(QObject *obj, QEvent *event)
```

```
{
    if (obj == textEdit) {
        if (event->type() == QEvent::KeyPress) {
            QKeyEvent *keyEvent = static_cast<QKeyEvent*>(event);
            qDebug() << "Ate key press" << keyEvent->key();
            return true;
        } else {
            return false;
        }
    } else {
        // 将当前事件交给父对象处理
        return QMainWindow::eventFilter(obj, event);
    }
}
```

注意 在上面的示例中，未处理的事件传递给了基类的 eventFilter 函数，因为基类可能出于其内部目的重新实现了 eventFilter。

5.5.6 信号和槽的连接参数

通过 connect 函数将指定的信号连接到指定的槽函数上，接下来将要发生的事情就是信号一旦被发射，相应的槽函数就会被调用。每次调用 connect 函数时，都省略了这个函数的第 5 个参数，最后一个参数就是指定信号和槽的连接方式。信号和槽的连接方式是 Qt 中多线程编程的难点之一。

（1）Qt::DirectConnection。直接在发送信号的线程中调用槽函数，等价于槽函数的实时调用。调用方式示意如图 5-15 所示。

（2）Qt::QueuedConnection。信号发送至目标线程的事件队列中，由目标线程处理，当前线程继续向下执行，属于异步调用。调用方式示意如图 5-16 所示。

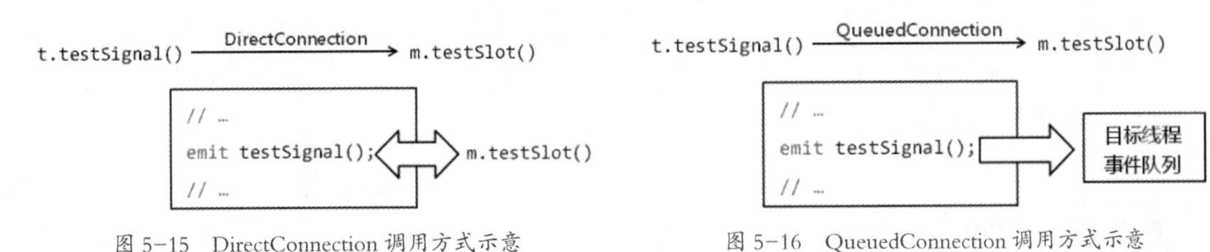

图 5-15 DirectConnection 调用方式示意

图 5-16 QueuedConnection 调用方式示意

（3）Qt::BlockingQueuedConnection（同步调用）。信号发送至目标线程的事件队列中，由目标线程处理，当前线程等待槽函数返回，之后继续向下执行。调用方式示意如图 5-17 所示。

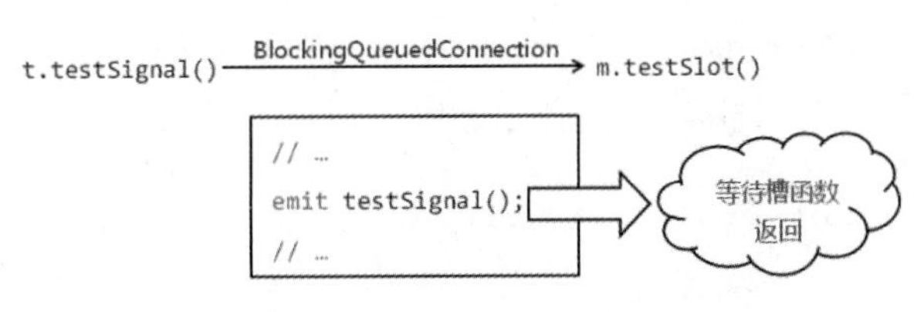

图 5-17 BlockingQueuedConnection 调用方式示意

注意 目标线程和当前线程必须不同。

（4）Qt::AutoConnection（默认连接）。Qt::AutoConnection 是 connect 第 5 个参数的默认值，也是工程中常用的连接方式，使用它会自动确定连接类型。有两种连接情况：

a. 当发送线程和目标线程相同时，为 Qt::DirectConnection；

b. 当发送线程和目标线程不相同时，为 Qt::QueuedConnection。

（5）Qt::UniqueConnection（单一连接）。功能与 Qt::AutoConnection 相同，可自动确定连接类型，同一个信号与同一个槽函数之间只有一个连接。

5.5.7 Qt 多线程常见使用方法

■ **方法一：子类化 QThread**

QThread 中只有 run 函数是在新线程里面的，其他函数都在生成 QThread 的线程里。

```
class WorkerThread : public QThread
{
    Q_OBJECT
    void run() override {
        QString result;
        /* ... 一些耗时的操作 ... */
        emit resultReady(result);
    }
signals:
    void resultReady(const QString &s);
};

void MyObject::startWorkInAThread()
{
    WorkerThread *workerThread = new WorkerThread(this);
    connect(workerThread, &WorkerThread::resultReady, this,
            &MyObject::handleResults);
    connect(workerThread, &WorkerThread::finished, workerThread,
            &QObject::deleteLater);
    workerThread->start();
}
```

■ **方法二：子类化 QObject**

可以通过 QObject::moveToThread 将工作对象移动到线程中来使用它们。QObject 的线程转移函数是 void moveToThread(QThread * targetThread)。使用此函数可以把一个顶层 Object 对象（即没有父级）转移到一个新的线程里。

```
class Worker : public QObject
{
    Q_OBJECT

public slots:
```

```
    void doWork(const QString &parameter) {
        QString result;
        /* ... 一些耗时的操作 ... */
        emit resultReady(result);
    }

signals:
    void resultReady(const QString &result);
};

class Controller : public QObject
{
    Q_OBJECT
    QThread workerThread;
public:
    Controller() {
        Worker *worker = new Worker;
        worker->moveToThread(&workerThread);
        connect(&workerThread, &QThread::finished, worker,
                &QObject::deleteLater);
        connect(this, &Controller::operate, worker, &Worker::doWork);
        connect(worker, &Worker::resultReady, this,
                &Controller::handleResults);
        workerThread.start();
    }
    ~Controller() {
        workerThread.quit();
        workerThread.wait();
    }
public slots:
    void handleResults(const QString &);
signals:
    void operate(const QString &);
};
```

■ **方法三：使用 Qt Concurrent**

在 Qt 中，还可以使用 Qt Concurrent 进行多线程编程，参考代码如下：

```
QtConcurrent::run(QThreadPool::globalInstance(), function,...);
```

5.5.8　QWidget 坐标系的位置变换

■ **坐标系简介**

Qt 中每一个窗口都有一个坐标系，默认情况下，窗口左上角为坐标原点，即 (0,0)。坐标值以像素为单位增减，水平向右依次增大、水平向左依次减小、垂直向下依次增大、垂直向上依次减小。示例

代码如下:

```
void MainWindow::paintEvent(QPaintEvent *)
{
    QPainter painter(this);
    painter.setBrush(Qt::red);
    painter.drawRect(0, 0, 100, 100);
    painter.setBrush(Qt::yellow);
    painter.drawRect(-50, -50, 100, 100);
}
```

我们先在 (0,0) 点处绘制了一个长宽都是 100 像素的红色矩形，又在 (-50,-50) 点处绘制了一个大小相同的黄色矩形。我们只能看到黄色矩形的一部分，效果如图 5-18 所示。

■ 坐标系变换

坐标系变换是利用变换矩阵来进行的，我们可以利用 QTransform 类来设置变换矩阵，因为一般来说我们不需要进行更改，所以这里不介绍。下面只对坐标系的平移、缩放、扭曲等进行介绍。

（1）利用 translate 函数进行平移变换。

```
void MainWindow::paintEvent(QPaintEvent *)
{
    QPainter painter(this);
    painter.setBrush(Qt::yellow);
    painter.drawRect(0, 0, 50, 50);
    painter.translate(100, 100); // 将点 (100,100) 设为原点
    painter.setBrush(Qt::red);
    painter.drawRect(0, 0, 50, 50);
    painter.translate(-100, -100);
    painter.drawLine(0, 0, 20, 20);
}
```

效果：这里将 (100,100) 点设为了原点，所以此时 (100,100) 点就是 (0,0) 点，以前的 (0,0) 点就是 (-100,-100) 点。要想使原来的 (0,0) 点重新成为原点，需将 (-100,-100) 点设为原点。效果如图 5-19 所示。

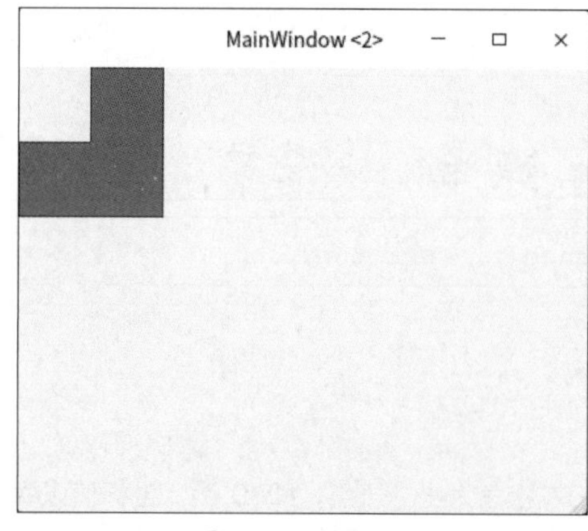

图 5-18　绘图效果

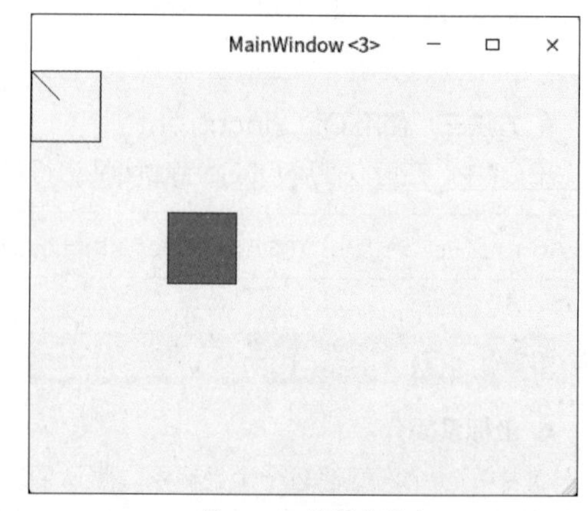

图 5-19　绘图效果

（2）利用 scale 函数进行比例变换，实现缩放效果。

```
void MainWindow::paintEvent(QPaintEvent *)
{
    QPainter painter(this);
    painter.setBrush(Qt::yellow);
    painter.drawRect(0, 0, 100, 100);
    painter.scale(2, 2); // 放大两倍
    painter.setBrush(Qt::red);
    painter.drawRect(50, 50, 50, 50);
}
```

效果：可以看到，painter.scale(2,2) 是将横纵坐标值都扩大了两倍，现在的 (50,50) 点就相当于以前的 (100,100) 点。效果如图 5-20 所示。

（3）利用 shear 函数进行扭曲变换。

```
void MainWindow::paintEvent(QPaintEvent *)
{
    QPainter painter(this);
    painter.setBrush(Qt::yellow);
    painter.drawRect(0, 0, 50, 50);
    painter.shear(0, 1); // 纵向扭曲变换
    painter.setBrush(Qt::red);
    painter.drawRect(50, 0, 50, 50);
}
```

效果：这里 painter.shear(0,1) 是进行纵向扭曲变换，0 表示不扭曲，当第一个 0 更改时就会进行横向扭曲变换。效果如图 5-21 所示。

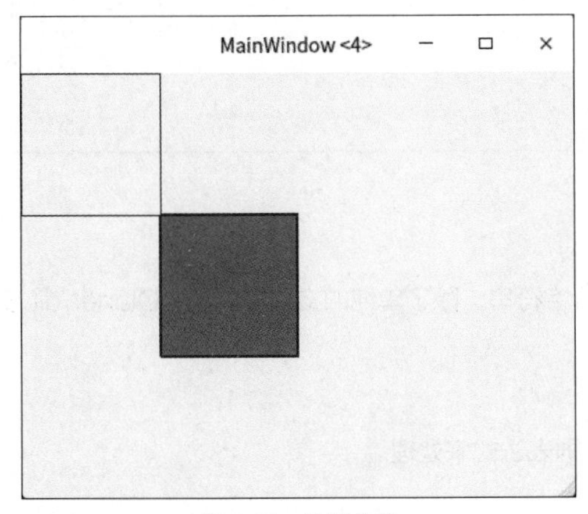

图 5-20 绘图效果

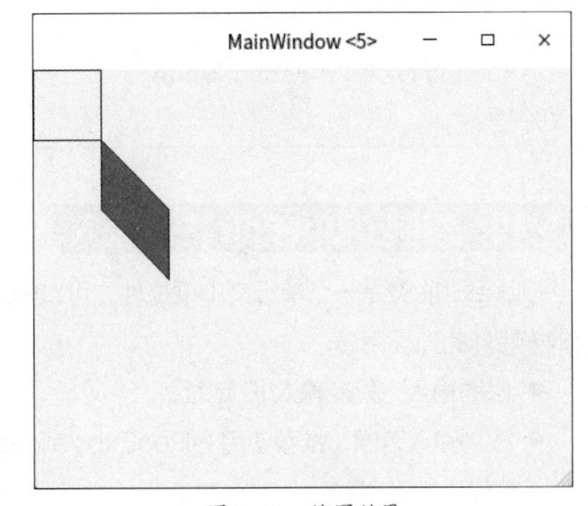

图 5-21 绘图效果

5.5.9 Qt 版本区分

Qt 版本比较多，可通过以下方式进行版本区分。

■ 区分 Qt 版本

示例代码如下：

```
// 示例 1
#if (QT_VERSION <= QT_VERSION_CHECK(5,0,0))

#if _MSC_VER
    QTextCodec *codec = QTextCodec::codecForName("gbk");
#else
    QTextCodec *codec = QTextCodec::codecForName("utf-8");
#endif
    QTextCodec::setCodecForLocale(codec);
    QTextCodec::setCodecForCStrings(codec);
    QTextCodec::setCodecForTr(codec);

#else
    QTextCodec *codec = QTextCodec::codecForName("utf-8");
    QTextCodec::setCodecForLocale(codec);
#endif

// 示例 2
#if (QT_VERSION > QT_VERSION_CHECK(5,0,0))
    void incomingConnection(qintptr handle);
#else
    void incomingConnection(int handle);
#endif
```

■ 区分 debug 和 release

示例代码如下：

```
#ifdef QT_NO_DEBUG
    qDebug() << "release mode";
#else
    qDebug() << "debug mode";
#endif
```

5.5.10 限制 QLineEdit 内容输入

QLineEdit 类是一个单行文本框控件，可以输入单行字符串。除了单纯的文本框以外，QLineEdit 还有很多特殊的处理用途。

- 限制输入，只能输入 IP 地址。
- 限制输入范围，推荐使用 QRegExpValidator 正则表达式来处理。

示例代码如下：

```
// 正则表达式限制输入
QString str = "\\b(?:(?:25[0-5]|2[0-4][0-9]|[01]?[0-9][0-9]?)\\.){3}
(?:25[0-5]|2[0-4][0-9]|[01]?[0-9][0-9]?)\\b";
ui->lineEdit->setValidator(new QRegExpValidator(QRegExp(str)));
```

```
//用于占位
ui->lineEdit->setInputMask("000.000.000.000");

#if 0
//设置浮点数范围限制失败
ui->lineEdit->setValidator(new QDoubleValidator(20, 50, 1));
#else
//设置浮点数范围限制成功
QDoubleValidator *validator = new QDoubleValidator(20, 50, 1);
validator->setNotation(QDoubleValidator::StandardNotation);
ui->lineEdit->setValidator(validator);
#endif
//设置整数范围限制成功
ui->lineEdit->setValidator(new QIntValidator(10, 120));

//其实上面的代码缺陷很多，只能限制只输入小数，无法设定数值范围
//需要用到非常厉害的 QRegExpValidator

//限制浮点数输入范围为 [-180,180]
QRegExp regexp("^-?(180|1?[0-7]?\\d(\\.\\d+)?)$");
//限制浮点数输入范围为 [-90,90]，并限定精度为小数位后 4 位
QRegExp regexp("^-?(90|[1-8]?\\d(\\.\\d{1,4})?)$");
QRegExpValidator *validator = new QRegExpValidator(regexp, this);
ui->lineEdit->setValidator(validator);
```

5.5.11　Qt 通过信号与槽传递自定义结构体数据

Qt connect 函数原型：

```
QMetaObject::Connection QObject::connect(const QObject *sender, const char
*signal, const QObject *receiver, const char *method, Qt::ConnectionType
type = Qt::AutoConnection)
```

当我们传递一些自定义类型，比如类和结构体的时候，需要向 Qt 的元对象系统中注册自定义的数据类型，这样其才能被 Qt 识别，具体的操作步骤如下。

（1）包含头文件：

```
#include <QMetaType>
```

（2）注册自定义结构体类型。假设结构体 MyStruct_Def 在 a.h 里面定义：

```
typedef struct {
    int i;
    float j;
    int k;
}MyStruct_Def;
```

（3）注册结构体类型：

```
qRegisterMetaType<MyStruct_Def>("MyStruct_Def");
```

（4）进行正常信号槽连接：

```
connect(this, &MainWindow::signals_1, module, &Module::slots_1);
```

5.5.12 Qt 界面控件自动关联信号槽

Qt 支持所有的界面控件，比如 QPushButton、QLineEdit，自动关联 on_ 控件名 _ 信号（参数）信号槽，比如按钮的单击信号 on_pushButton_clicked，而不用手动通过 connect 进行关联，然后直接实现槽函数即可：

```
void on_<object name>_<signal name>(<signal parameters>);
```

假设对象具有 QPushButton 类型的子对象，其对象名称为 button1。捕获按钮的 clicked 信号的槽为：

```
void on_button1_clicked();
```

如果对象本身具有正确设置的对象名称，则其自身的信号也将连接到其对应的槽。

5.5.13 QString 格式化字符串的使用

■ **QString::number**

QString::number 将数字（整数、浮点数、有符号数、无符号数等）转换为 QString 类型，常用于 UI 数据显示。例如：

```
static QString number(int, int base=10);
static QString number(uint, int base=10);
static QString number(long, int base=10);
static QString number(ulong, int base=10);
static QString number(qlonglong, int base=10);
static QString number(qulonglong, int base=10);
static QString number(double, char f='g', int prec=6);
```

第 1 个参数：待转换数字。

第 2 个参数（整型）：转换进制。

第 2 个参数（浮点数）：浮点数格式。

第 3 个参数（浮点数）：保留小数位数。

默认情况下是十进制显示方式转换，也可以使用八进制、十六进制显示方式进行转换。

■ **QString::number 整数转换**

示例代码如下：

```
int a = 20;
uint b =255;
QString::number(a);
```

```
QString::number(a,10);
QString::number(b);
QString::number(b,16);

// 结果为 "20", "20", "255", "ff"
```

■ **浮点数格式化为字符串**

（1）保留 2 位小数：

```
float a;
QString::number(a,'f', 2);
```

例如：输入 1.234，结果为 1.23；输入 1，结果为 1.00。

（2）保留 2 位有效数字，以简单方式表示，或者以科学记数法表示：

```
float a;
QString::number(a, 'g', 2);
```

例如：输入 0.00001，结果为 1e-5；输入 0.00012，结果为 1.2e-4；输入 1.23，结果为 1.2。

■ **QString::sprintf**

此函数支持的格式定义和 C++ 库中的 sprintf 函数定义一样：

```
QString str;
str.sprintf("%s","Welcome ");                      //str = "Welcome "
str.sprintf("%s"," to you! ");                     //str = " to you! "
str.sprintf("%s %s","Welcome "," to you! ");  //str = "Welcome  to you! ";
```

■ **QString::arg**

示例代码如下：

```
QString str;
//str =  "Joy was born in 1993.";
str = QString("%1 was born in %2.").arg("Joy").arg(1993);
```

其中："%1" 被替换为 "Joy"；"%2" 被替换为 "1993"。

5.5.14　QDateTime 日期时间类的使用

QDateTime 为日期时间数据类型，表示日期和时间，如 2021-05-19 11:30:00。

使用示例：

```
#include <QDateTime>

QDateTime dateTime;

// 常用：时间字符串格式化
QString dateTime_str = dateTime.currentDateTime().toString("yyyy-MM-dd
```

```
                        hh:mm:ss");

// 从字符串转换为毫秒形式（需要完整的“年月日时分秒”数据）
long msec = dateTime.fromString("2021-05-19 11:30:00:001", "yyyy-MM-dd
            hh:mm:ss:zzz").toMSecsSinceEpoch();
// 从毫秒形式转换为“年月日时分秒”形式
QString dateTime_str2 = dateTime.fromMSecsSinceEpoch(msec).toString("yyyy-
                        MM-dd hh:mm:ss:zzz");

// 从字符串转换为秒形式（需要完整的“年月日时分秒”数据）
int sec = dateTime.fromString("2021-05-19 12:30:00:001", "yyyy-MM-dd
          hh:mm:ss:zzz").toTime_t();
// 从秒形式转换为“年月日时分秒”形式（若有 zzz，则为 000）
QString dateTime_str3 = dateTime.fromTime_t(sec).toString("yyyy-MM-dd
                        hh:mm:ss[:zzz]");
```

各格式化字符说明如表 5-24 所示。

表 5-24　格式化字符说明

表达式	说明
d	天，不补零显示，值为 1~31
dd	天，补零显示，值为 01~31
M	月，不补零显示，值为 1~12
MM	月，补零显示，值为 01~12
yy	年，2 位显示，值为 00~99
yyyy	年，4 位显示，如 2020
h	小时，不补零显示，值为 0~23 或 1~12（如果显示 AM/PM）
hh	小时，补零 2 位显示，值为 00~23 或 01~12（如果显示 AM/PM）
H	小时，不补零显示，值为 0~23（即使显示 AM/PM）
HH	小时，补零显示，值为 00~23（即使显示 AM/PM）
m	分钟，不补零显示，值为 0~59
mm	分钟，补零显示，值为 00~59
z	毫秒，不补零显示，值为 0~999
zzz	毫秒，补零 3 位显示，值为 000~999
AP 或 A	使用 AM/PM 显示
ap 或 a	使用 am/pm 显示

第 06 章

DTK 开发框架

DTK（Development ToolKit，开发工具包）是统信软件基于 Qt 开发的一整套简单且实用的通用开发框架，处于统信 UOS 的核心位置，该开发套件可以帮助开发者快速实现跨平台、跨架构开发。DTK 从开发者的角度出发，融合现代化的开发理念，提供丰富的开发接口与支持工具，可满足开发者日常图形应用、业务应用、系统定制应用的开发需求，有助于提升开发效率。

6.1 DTK 开发简述

DTK 是基于 Qt 5 开发的通用开发框架，可方便开发者统一地开发统信 UOS 桌面和统信 UOS 系列应用，主要的功能有：

- 提供单实例的接口，方便开发者直接使用，不用“造轮子”；
- 提供 XCB 窗口移动、缩放等一系列函数；
- 提供一系列美观的自绘控件，用户不用自己写 Qt 控件了。

DTK 作为基础的开发包，可为整个操作系统提供整体的视觉效果。

可以手动通过更新源地址的方式安装 DTK 开发包。需要安装的 DTK 开发包如下：

- libdtkwidget-dev；
- libdtkcore-dev；
- libdtkgui-dev。

因为 DTK 是基于 Qt 5 开发、封装出来的开发包，所以 DTK 开发框架可以直接集成嵌入 Qt Creator 开发工具里。qtcreator-template-dtk 是 DTK 开发框架插件，开发环境中安装该插件包后，该插件将被直接嵌入 Qt Creator 的 IDE 里，DTK 开发框架如图 6-1 所示。

在用 Qt Creator 创建应用时，应选择“Dtk Widgets Application”模板，之后的步骤与创建常规 Qt 应用的一样。创建结束后，构建编译运行程序，即可得到一个简易 DTK 应用。DTK 框架创建的简易 DTK 应用的主菜单默认内嵌以下 3 项菜单内容，如图 6-2 所示。

- Theme：应用主题变更选择。
- About：应用“关于”界面。
- Exit：退出应用。

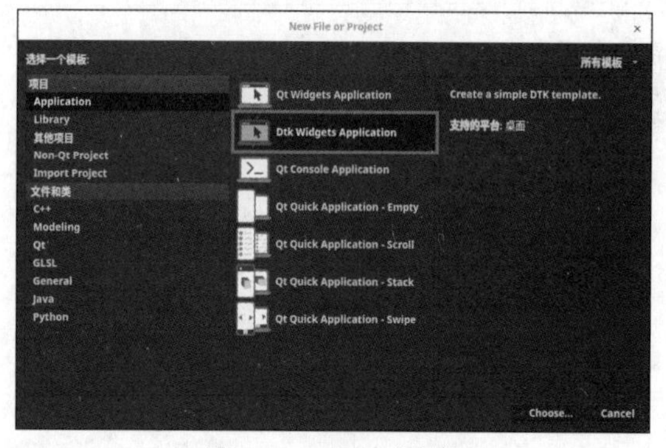

图 6-1　DTK 开发框架

图 6-2　简易 DTK 应用主菜单

6.2 DTK 功能模块介绍

DTK 中包含 3 个核心模块、180 多个类、2000 多个函数接口，同时可无缝融合 Qt 的 14 个辅助功能模块。并且它提供了 10 多个应用和桌面扩展接口模块，可满足开发者日常图形应用、业务应用、系统定制应用的开发需求，表 6-1 给出了 DTK 中常用的项目（或库）及其功能描述。

表 6-1　DTK 中常用的项目（或库）及其功能描述

项目（或库）	功能描述
dtkcore	提供应用开发中的工具类，如程序日志、文件系统监控、格式转换等工具类
dtkgui	包含开发 GUI 应用所需的功能。主要是控制窗口主题的外观、调色板等参数
dtkwidget	提供各种统信 UOS 风格的 DTK 基础控件
qt5integration	提供各种 Qt 插件，方便统一 Qt 应用的风格，包括图标引擎、主题样式插件等
qt5platform-plugins	主要是平台插件，如 XCB 插件，方便修改 X11 下窗口的属性

项目的主要模块关系可参考图 6-3。

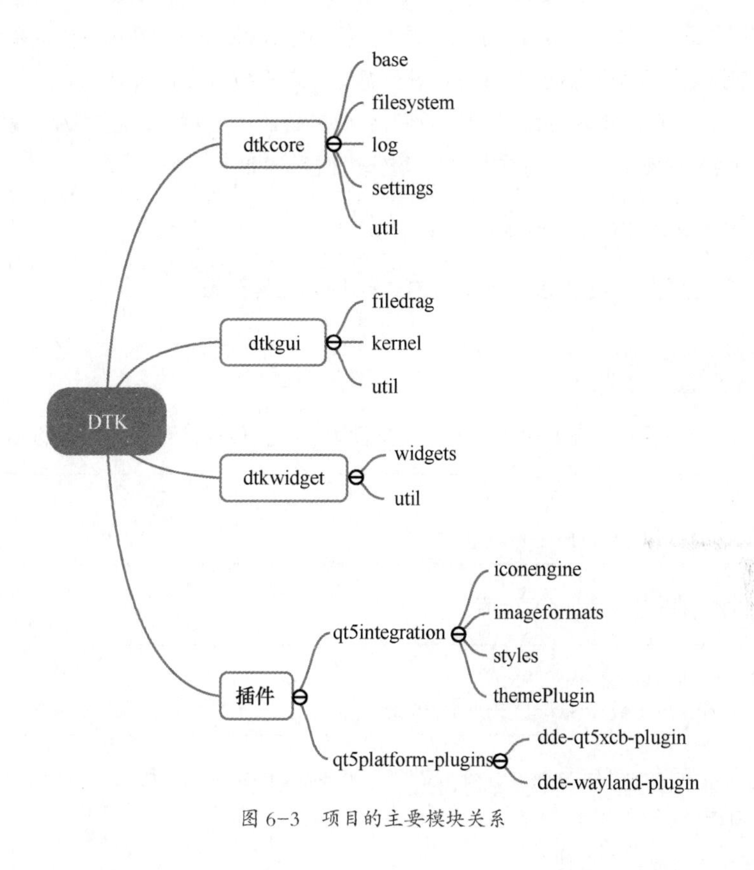

图 6-3　项目的主要模块关系

6.3　DTK 程序框架创建

下面对 DTK 程序框架的创建过程进行介绍。

6.3.1　软件环境配置和开发包安装

使用 UOS/deepin v20，如果未安装 Qt 开发环境，需要使用以下代码安装：

```
sudo apt -y update
sudo apt -y install qtcreator qt5-default build-essential cmake vim
```

然后进行 DTK 开发包的安装：

```
sudo apt -y install libdtkcore-dev libdtkwidget-dev libdtkgui-dev
```

其中 DTK 源码可以通过以下链接获取：

https://github.com/linuxdeepin/dtkgui；

https://github.com/linuxdeepin/dtkcore；

https://github.com/linuxdeepin/dtkwidget。

UI 控件源码内容可以参考以下链接：https://github.com/linuxdeepin/dde-control-center。

如果需要编译源码进行调试，需要在项目目录下执行命令 sudo apt build-dep.，会自动安装 debian 目录下描述的依赖包。然后可以使用 qmake 进行编译（未来将会支持 CMake）。如果使用的是深度操作系统 /UOS 系统，则需要开启 log 以开启 qDebug 的日志输出功能，通过 vim 编辑文件 /etc/X11/Xsession.d/00deepin-dde-env，将文件中下面这一行注释掉即可：

```
export QT_LOGGING_RULES="*.debug=false"
```

如果不注释掉以上内容，可以使用 qInfo 等方式输出日志进行调试。

6.3.2 创建 qmake 项目

新建 Qt Widgets 项目后，在新建项目的 .pro 文件里面添加 DTK 相关的库就可以使用 DTK 了：

```
QT += core gui
QT += dtkcore dtkgui dtkwidget
```

或者以 pkgconfig 的方式添加 DTK 库：

```
CONFIG += c++11 link_pkgconfig
PKGCONFIG += dtkcore dtkgui dtkwidget
```

简单的控制台示例程序可存为 demo.pro 文件或 main.cpp 文件，然后进行编译。下面是 demo.pro 文件的控制台示例程序。

【例 6-1】简单的控制台示例程序：

```
greaterThan(QT_MAJOR_VERSION, 4): QT += widgets
TARGET      = demo
TEMPLATE    = app
CONFIG      += c++11 link_pkgconfig
PKGCONFIG   += dtkwidget

SOURCES     += main.cpp
```

main.cpp 文件源码如下：

```
#include <DApplication>
#include <DMainWindow>
#include <DWidgetUtil>
#include <DLog>
#include <DLabel>
#include <DTitlebar>
#include <DFontSizeManager>
#include <DApplicationSettings>
#include <DGuiApplicationHelper>

DCORE_USE_NAMESPACE
DWIDGET_USE_NAMESPACE

int main(int argc, char *argv[])
{
    DApplication *a = DApplication::globalApplication(argc, argv);

    // log 由控制台进行输出
    Dtk::Core::DLogManager::registerConsoleAppender();
    qInfo() << "Hello DTK~";

    // 设置全局单实例，防止多个进程同时存在
    if (!DGuiApplicationHelper::setSingleInstance("DTK-examples")) {
        qInfo() << "another instance is running!!";
        return -1;
    }

    // “关于”界面显示的一些信息
    a->setApplicationName("DTK-example");
    a->setOrganizationName("deepin");
    a->setApplicationVersion("1.0");

    // 使用 GSetting 记住主题
    DApplicationSettings as;
    Q_UNUSED(as)

    DMainWindow w;
    DLabel *label = new DLabel("Hello DTK~", &w);
    label->setAlignment(Qt::AlignCenter);
```

```
    DFontSizeManager::instance()->bind(label, DFontSizeManager::T1);

    w.setCentralWidget(label);
    w.resize(600, 400);
    w.show();
    w.titlebar()->setDisableFlags(Qt::WindowMinimizeButtonHint);

    Dtk::Widget::moveToCenter(&w);

    return a->exec();
}
```

以上就是 DTK 常用库的一个简单示例，假定已安装好 Qt 的开发环境，执行 qmake demo.pro && make，编译运行程序，界面如图 6-4 所示。

图 6-4　示例程序界面

6.3.3　创建 CMake 项目

如果要使用 CMake 来组织项目，只需要将前面的 .pro 文件换成如下 CMakeLists.txt 文件：

```
cmake_minimum_required(VERSION 3.10)
project(demo VERSION 1.0 LANGUAGES CXX)
set(CMAKE_CXX_STANDARD 11)
set(CMAKE_AUTOMOC ON)
set(CMAKE_AUTORCC ON)
set(CMAKE_INCLUDE_CURRENT_DIR ON)
find_package(Qt5 REQUIRED COMPONENTS Core Gui Widgets)
find_package(Dtk REQUIRED Core Gui Widget)
add_executable(${PROJECT_NAME} main.cpp)
target_include_directories(${PROJECT_NAME} PUBLIC
    ${Qt5Widgets_INCLUDE_DIRS}
    ${DTKWIDGET_INCLUDE_DIR}
```

```
    ${DTKCORE_INCLUDE_DIR})
target_link_libraries(${PROJECT_NAME} PRIVATE
    Qt5::Widgets
    ${DtkWidget_LIBRARIES})
```

然后执行 cmake CMakeLists.txt 即可。

6.4　DTK 图形控件使用

DTK 中包含一些工具类和大量的常用控件，是统信 UOS 桌面环境中所有图形应用的底层库，本节将介绍图形控件的使用。

6.4.1　dtkwidget 的 public 类简介

在 dtkwidget 的安装目录 /usr/include/libdtk-x.x.x/DWidget 里面，可以看到如图 6-5 所示的很多头文件。

DDesktopServices	DFocusFrame	DDataWidgetMapper	DDrawerGroup
DHiDPIHelper	DStylePainter	DTabletWindowOptionButton	DTipLabel
DFileIconProvider	DFloatingMessage	DCommandLinkButton	DWizard
DWidgetUtil	DVerticalSlider	DWhatsThis	DPageIndicator
DTextEdit	DWarningButton	DHorizontalLine	DProgressBar
DStyledIconEngine	DStyleOptionViewItem	DStackedWidget	DApplicationSettings
DMenu	DArrowLineExpand	DMDIArea	DSplitter
DPaletteHelper	DWindowMaxButton	DGraphicsDropShadowEffect	DArrowRectangle
DStyleOptionButton	DSegmentedControl	DSpinBox	DFileChooserEdit
DMessageManager	DGraphicsClipEffect	DInputDialog	DSimpleListItem
DSegmentedHighlight	DTabWidget	DPlainTextEdit	DStyleOptionLineEdit
DDialogButtonBox	DSpinner	DDialogCloseButton	DPushButton
DCheckBox	DBorderlessWindow	DThemeManager	DFloatingWidget
DColumnView	DPasswordEdit	DWindowMinButton	DToolBar
DStatusBar	DSlider	DHeaderView	DKeySequenceEdit
DCrumbEdit	DWebView	DUndoView	DTileRules
DLabel	DSwitchButton	DMdiSubWindow	DIconButton
DSearchComboBox	DStyleHelper	DPlatformWindowHandle	DGraphicsView
DToolBox	DShadowLine	DSettingsWidgetFactory	DAboutDialog
DLineEdit	DDockWidget	DDateTimeEdit	DGroupBox
DTableView	DIpv4LineEdit	DStyledItemDelegate	DToolTip

图 6-5　dtkwidget 头文件

图 6-5 中以 D 开头的类大多是对 Qt 中对应控件的重写，部分是单独的实现。使用以上控件，可以使程序保持一致的风格。各个控件的使用方法和 Qt 原生的比较接近。有一些说明文档可以在深度操作系统官网找到。这些类在项目源码中的 dtkwidget/src/Headers 路径下。

dtkwidget 里面有一个整合了大部分控件的示例程序，如图 6-6 所示，也可以根据该示例程序开发自己需要的应用界面。

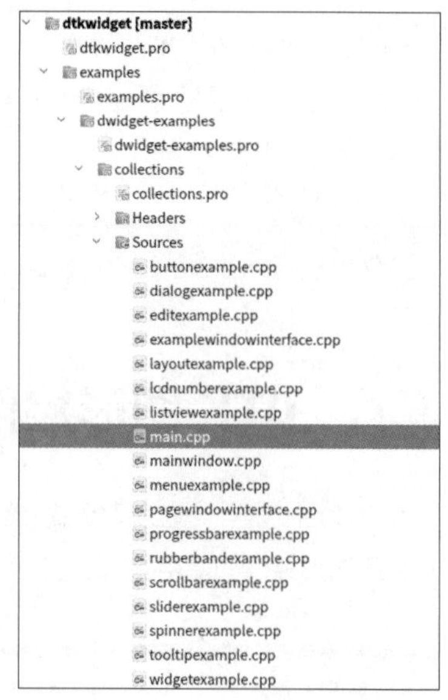

图 6-6 dtkwidget 示例程序

6.3 节中的【例 6-1】程序是一个基本的示例。从使用 qmake 创建项目的示例可以看出，文件中的内容与普通 Qt 程序的 .pro 文件没有太多不同，只是可以开启 pkg-config 支持，并且添加了 dtkwidget 库为依赖。另外，CMakeLists.txt 中默认打开了 MOC 的自动处理，可以自动处理一些需要被 MOC 处理的文件。

在 main.cpp 文件中，DApplication 和 DMainWindow 替代了 Qt 中常见的 QApplication 和 QMainWindow，构成了基本的 DTK 程序。其中，DApplication 继承自 QApplication，它们在使用方式上没有太大不同。DApplication 在 QApplication 的基础上，加入了对桌面环境特性（如窗口背景模糊、窗口圆角等）的融合。需要注意的是，使用 DTK 的控件一般会要求程序使用 DApplication，否则效果可能会相差甚大；在【例 6-1】的代码中，DApplication 对象还设置了一系列与程序、产品相关的属性，这些属性主要在命令行参数、“关于”界面中使用。

6.4.2 DMainWindow 简介

DMainWindow 继承自 QMainWindow，虽然两者有着继承关系，但是两者在表现上差异较大，在使用上也有一些不同。DTK 有 Dark（深色）和 Light（浅色）两套主题，可以进入控制中心，选择“个性化”-“通用”-“主题”，然后选择主题，如图 6-7 所示。DMainWindow 的主题默认是跟随系统的。

DMainWindow 还提供了一个“关于”（About）界面，如图 6-8 所示。

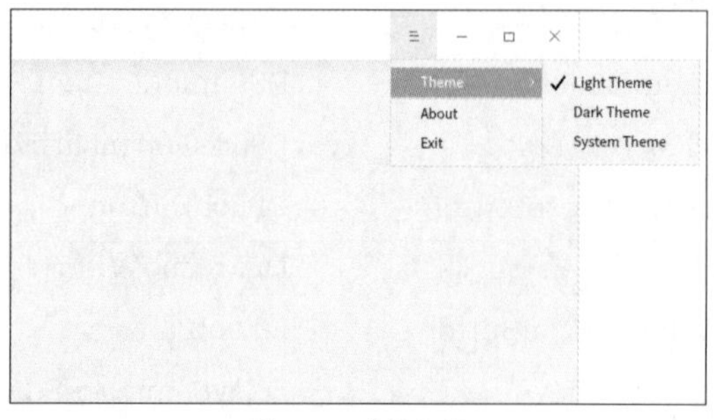

图 6-7 选择主题

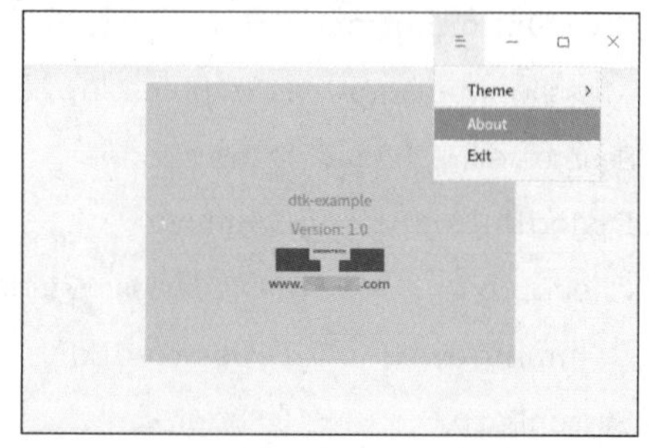

图 6-8 “关于”界面

前面的代码示例中的以下两行就是对“关于”界面的设置：

```
a->setApplicationName("DTK-example");
a->setApplicationVersion("1.0");
```

“关于”界面是一个系统级的标准应用信息展示界面，本节后续将介绍其更多的用法。

1. 记住应用主题

DApplicationSettings 类可以让系统记住当前应用主题的设置，程序关闭后再次打开的时候依然会保持之前设置的主题。具体代码如下，设置效果如图 6-9 所示。

```
#include <DApplicationSettings>
DApplicationSettings as;
```

图 6-9　当前应用主题的设置

2. 设置单实例

默认为用户级别的单实例，一个用户只能打开一个应用，需要传入 app name 作为键值。如果应用窗口处于最小化或隐藏状态，setAutoActivateWindows 函数会使应用在其他进程启动的时候自动弹出窗口到最顶层。

代码如下：

```
#include <DGuiApplicationHelper>
a->setAutoActivateWindows(true);
if (!DGuiApplicationHelper::setSingleInstance("DTK-example")) {
    qInfo() << "another instance is running!";
    return -1;
}
```

3. 默认的“关于”界面

DApplication 可以设置一个默认的“关于”界面，可以通过接口增加或修改一些默认的信息，代码如下，设置效果如图 6-10 所示。

```
DApplication *a = DApplication::globalApplication(argc, argv);

// 设置组织名称
a->setOrganizationName("Uniontech");
// 设置应用名称
a->setApplicationName("DTK-demo");
// 设置应用版本号
a->setApplicationVersion("1.0");
// 设置应用图标
a->setProductIcon(QIcon(":/images/logo.svg"));
// 设置应用产品名称
a->setProductName("DTK Widgets Example");
```

```
// 设置应用描述信息
a->setApplicationHomePage("https://www.chinauos.com");
a->setApplicationDescription("DTK widgets example is an demo application to
                             demonstrate how DTK works.");
// 不显示鸣谢信息
a->setApplicationAcknowledgementVisible(false);
// 设置程序授权
a->setApplicationLicense("GPLv3");
```

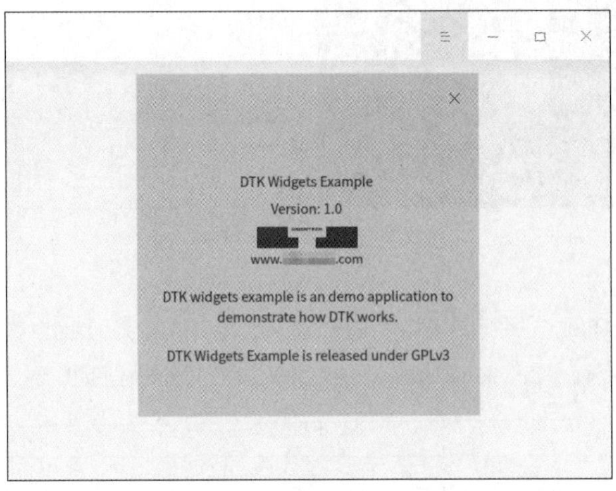

图 6-10 “关于”界面设置效果

4. 定制“关于”界面

除了设置默认的“关于”界面之外，还可以定制“关于”界面。例如：

```
#include <DAboutDialog>
DAboutDialog aboutDialog;
aboutDialog.setVersion("1.0");
a->setAboutDialog(&aboutDialog);
```

除了设置版本号的 setVersion 以外，还有以下这些接口可供调用，用来设置“关于”界面的各种信息：

```
void setWindowTitle(const QString &windowTitle);
void setProductIcon(const QIcon &icon);
void setProductName(const QString &productName);
void setDescription(const QString &description);
void setCompanyLogo(const QPixmap &companyLogo);
void setWebsiteName(const QString &websiteName);
void setWebsiteLink(const QString &websiteLink);
void setAcknowledgementLink(const QString &acknowledgementLink);
void setAcknowledgementVisible(bool visible);
void setLicense(const QString &license);
```

示例如下，这里为了方便，使用了一些内置的图标进行演示，效果如图 6-11 所示。

```
DMainWindow w;
Dtk::Widget::moveToCenter(&w);

DAboutDialog aboutDialog;
a->setAboutDialog(&aboutDialog);

// 设置标题
aboutDialog.setWindowTitle("About Application");
// 设置应用版本号
aboutDialog.setVersion("1.0");
// 设置应用产品名称
aboutDialog.setProductName("DtkDemo");
// 设置应用图标
aboutDialog.setProductIcon(w.style()->standardIcon(QStyle::SP_
                                MessageBoxQuestion));
// 设置网址名称
aboutDialog.setWebsiteName("UOS 社区 ");
// 设置网址链接
aboutDialog.setWebsiteLink("https://bbs.chinauos.com");
// 不显示鸣谢信息
aboutDialog.setAcknowledgementVisible(false);
// 设置描述信息
aboutDialog.setDescription("DTK component usage demo.");
// 设置公司标志（logo）
aboutDialog.setCompanyLogo(w.style()->standardIcon(QStyle::SP_
                                ComputerIcon).pixmap(32, 32));
// 设置左上角图标
aboutDialog.setIcon(w.style()->standardIcon(QStyle::SP_
                        MessageBoxQuestion));
// 设置协议信息
aboutDialog.setLicense("GPLv3");
```

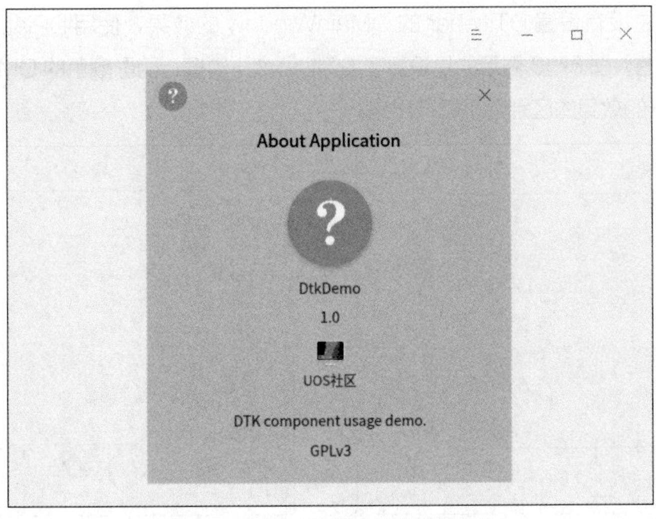

图 6-11 “关于”界面设置图标效果

5. QMainWindow 与窗口特效

较为复杂、功能较多的应用，通常继承 QMainWindow 类来进行开发，其为搭建应用用户界面提供了非常好的框架。下面的代码可实现简单的开发效果。

```
#include <DMainWindow>
#include <DPlatformWindowHandle>

QMainWindow w;
w.resize(600, 400);

DPlatformWindowHandle handle(&w, &w);
handle.setShadowColor(Qt::green);
handle.setBorderColor(Qt::red);
DTitlebar *tb = new DTitlebar(&w);
w.setMenuWidget(tb);

w.show();
```

上面的代码就是将一个 QMainWindow 加上绿色的阴影、红色的边框以及标题栏，使其实现和 DMainWindow 相同的界面。实际上这就是 DMainWindow 和 QMainWindow 的区别所在，DMainWindow 就是在内部调用 DPlatformWindowHandle 的接口对 QMainWindow 类进行了处理。其相关代码和下面这段代码是一样的效果:

```
#include <DMainWindow>

DMainWindow w;
w.resize(600, 400);

w.setShadowColor(Qt::green);
w.setBorderColor(Qt::red);

w.show();
```

图 6-12 展示的是没有设置 DTitlebar 的 QMainWindow 的效果，使用 DPlatformWindowHandle 设置了边框、阴影颜色；图 6-13 展示的是设置了 DTitlebar、边框、阴影颜色的 QMainWindow 的效果，它和 DMainWindow 的效果的区别几乎看不出来。

图 6-12　没有设置 DTitlebar

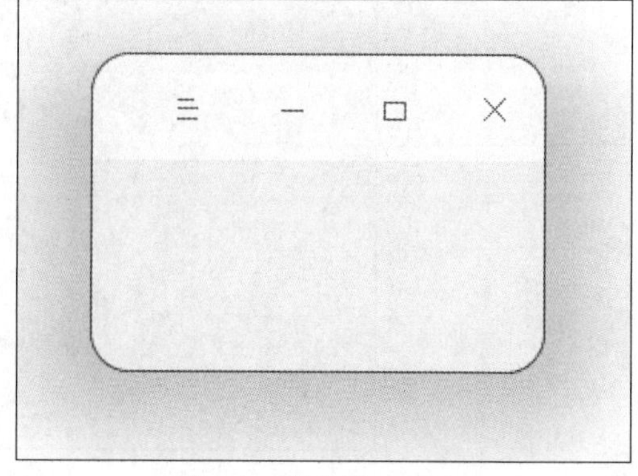

图 6-13　设置了 DTitlebar

DTitlebar 还有一些主要接口可供调用，以实现各种窗口特效，具体如下：

```
// 获取标题栏
DTitlebar *titlebar() const;
// 获取窗口的圆角大小
int windowRadius() const;
// 获取边框的宽度
int borderWidth() const;
// 获取边框的颜色
QColor borderColor() const;
// 获取阴影的圆角大小
int shadowRadius() const;
// 获取阴影的偏移量
QPoint shadowOffset() const;
// 获取阴影的颜色
QColor shadowColor() const;
```

6. DBlurEffectWidget

DBlurEffectWidget 类继承自 QWidget 和 DObject，Widget 经过高斯模糊处理，提供一种半透明的效果，透明度可调节，dde-dock、dde-launcher 中都有使用该组件。setMode 设置为高斯模糊的效果，setBlendMode 可以设置窗口和背景色间的颜色混合模式，setMaskAlpha 可以设置模糊窗口的透明度，示例代码如下：

```
DBlurEffectWidget *widget =  new DBlurEffectWidget;
widget->setMode(DBlurEffectWidget::GaussianBlur);
widget->setBlendMode(DBlurEffectWidget::InWidgetBlend);
widget->setMaskAlpha(0);
```

效果如图 6-14 所示。

图 6-14　DBlurEffectWidget 类设置效果

注意 该功能需要在控制中心开启窗口特效才有效。另外，也可以设定模糊窗口的形状、范围，示例代码如下：

```
// 创建模糊窗口 1
DBlurEffectWidget *blurWidget1 = new DBlurEffectWidget;
blurWidget1->setFixedSize(140, 140);
blurWidget1->setBlendMode(DBlurEffectWidget::InWindowBlend);
// 设置圆角大小
blurWidget1->setRadius(30);
blurWidget1->show();

// 创建模糊窗口 2
DBlurEffectWidget *blurWidget2 = new DBlurEffectWidget;

// DBlurEffectWidget 窗口背景混合模式
blurWidget2->setFixedSize(140, 140);
blurWidget2->setBlendMode(DBlurEffectWidget::BehindWindowBlend);

// 设置遮罩层颜色为暗色
blurWidget2->setMaskColor(DBlurEffectWidget::DarkColor);
// 设置控件在“X”和“Y”方向上的圆角半径
blurWidget2->setBlurRectXRadius(70);
blurWidget2->setBlurRectYRadius(70);
blurWidget2->setMaskAlpha(1);
blurWidget2->show();
```

效果如图 6-15 和图 6-16 所示。

图 6-15 模糊窗口 1

图 6-16 模糊窗口 2

7. 获取调色板与主题

可以通过调色板管理机制为每个窗体应用分配调色板，选择主题，下面是示例代码：

```
#include <DApplicationHelper>
DMainWindow w;
const DPalette &dp = DApplicationHelper::instance()->palette(&w);
```

Dark、Ligth 主题下的调色板是不一样的，可以用来确定当前主题下适合使用什么样的颜色。主题的获取与改变见 6.5.4 节的“DButtonBox 与主题管理”部分。

6.5　DTK 常用组件

接下来介绍 DTK 常用组件。

6.5.1　布局

除了使用 Qt 自带的一些布局 Layout 类，还可以使用 DTK 实现或重写过的一些类来更好地实现界面的布局。

1. DFlowLayout

DFlowLayout 用于创建新的流布局管理器，具有指定的对齐方式以及指定的水平和垂直间隙，用于图形化界面设计，示例代码如下：

```
#include <dflowlayout.h>
#include <DFloatingButton>

DFlowLayout layout;
widget->setLayout(&layout);
for (int i = 0; i< 3000; ++i) {
    DFloatingButton *button = new DFloatingButton(widget);
    layout.insertWidget(i, button);
}
```

该布局提供了一种平铺的布局方式，可以适应窗口的缩放。如从右键菜单中“打开方式”进入的选择默认程序的界面，实现的效果如图 6-17 所示。

图 6-17　平铺布局效果

2. DAnchors

锚定布局（DAnchors）是基于锚线来确定控件之间的布局关系的一种布局管理方式。锚线有 6 种，即左（left）、水平居中（horizontalCenter）、右（right）、顶端（top）、垂直居中（verticalCenter）、底端（bottom），如图 6-18 所示。

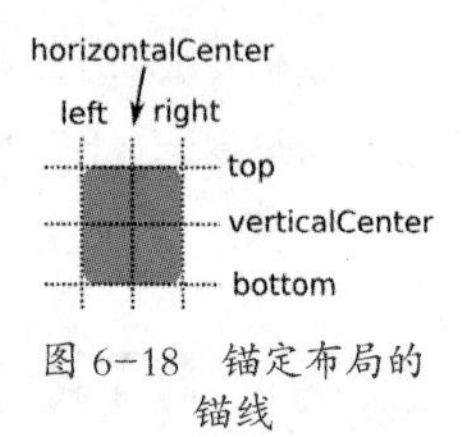

图 6-18　锚定布局的锚线

使用锚定布局，围绕 horizontalCenter 和 verticalCenter 将两个标签控件放置在 Widget 窗体中间的位置，并给两个标签控件设置一定的间隔，具体代码如下：

```
QWidget *widget = new QWidget;
QLabel *lb1 = new QLabel("anchor1", widget);
QLabel *lb2 = new QLabel("anchor2", widget);

DAnchors<QLabel> anchor1(lb1);
DAnchors<QLabel> anchor2(lb2);

anchor2.setLeft(anchor1.right());

anchor2.moveHorizontalCenter(widget->width()/2);
anchor2.moveVerticalCenter(widget->height()/2);

anchor1.moveHorizontalCenter(widget->width()/2);
anchor1.moveVerticalCenter(widget->height()/2);

anchor2.setLeftMargin(15);
```

效果如图 6-19 所示。

> **注意** 锚定布局可同时在多个控件中使用，控件只需要满足以下条件：各控件为兄弟关系，或被锚定控件为父控件。

锚定布局允许设置锚线之间的间距，其和锚线一一对应，每个控件都有 4 个空白 margin（leftMargin、rightMargin、topMargin 和 bottomMargin）以及两个偏离 offset（horizontalCenterOffset 和 verticalCenterOffset）。

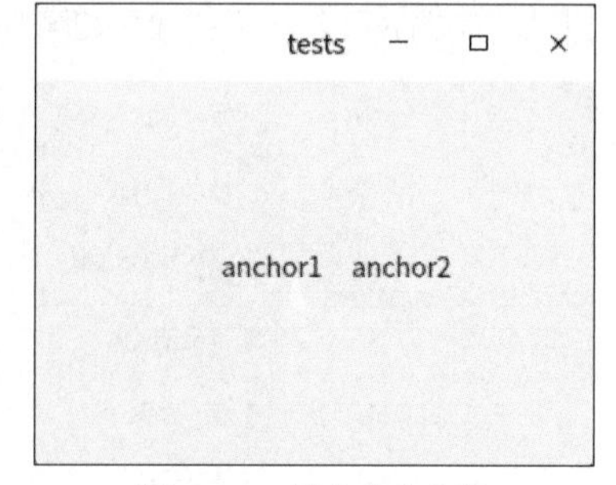

图 6-19　锚定布局效果

3. DFrame

DFrame 控件（见图 6-20）又称为容器控件，能为窗体上的控件进行分组。使用该控件可以将一个窗体中的各种功能进行进一步分类。例如：

```
DMainWindow w;
w.resize(600, 400);
Dtk::Widget::moveToCenter(&w);

DWidget *widget = new DWidget;
w.setCentralWidget(widget);

QVBoxLayout *layout = new QVBoxLayout(widget);
```

```
DFrame *frame = new DFrame(widget);
QHBoxLayout *frameLayout = new QHBoxLayout(frame);
frame->resize(widget->size());
layout->addWidget(frame);

w.show();
```

DFrame 提供了圆角的背景框，使得界面的布局更加简洁、美观。通常需要将其配合各种 Layout 一起使用，以适应页面大小。使用 frameLayout->addWidget 函数时，将想要放置的控件添加进函数即可。

图 6-20　DFrame 控件

比如在容器 DFrame 中添加一个 DListView 列表控件，示例代码如下：

```
// 创建 widget
DMainWindow w;
w.resize(600, 400);
w.show();

Dtk::Widget::moveToCenter(&w);

DWidget *widget = new DWidget;
w.setCentralWidget(widget);

// 添加 DFrame 与布局管理
QVBoxLayout *layout = new QVBoxLayout(widget);
DFrame *frame = new DFrame(widget);
QHBoxLayout *frameLayout = new QHBoxLayout(frame);
layout->addWidget(frame);

// 添加 DListView
DListView *listView = new DListView(/*widget*/);
QStandardItemModel *itemModel = new QStandardItemModel(widget);
listView->setModel(itemModel);
listView->setEditTriggers(QAbstractItemView::NoEditTriggers);
```

```
listView->setBackgroundType(DStyledItemDelegate::ClipCornerBackground);
listView->setSelectionMode(QAbstractItemView::NoSelection);
listView->setHorizontalScrollBarPolicy(Qt::ScrollBarAlwaysOff);
listView->setVerticalScrollBarPolicy(Qt::ScrollBarAlwaysOff);
listView->setSpacing(1);

DStandardItem *item1 = new DStandardItem("item1");
DStandardItem *item2 = new DStandardItem("item2");
DStandardItem *item3 = new DStandardItem("item3");
item1->setCheckable(true);
item2->setCheckable(true);
item3->setCheckable(true);
itemModel->appendRow(item1);
itemModel->appendRow(item2);
itemModel->appendRow(item3);

frameLayout->addWidget(listView);
```

效果如图 6-21 所示。

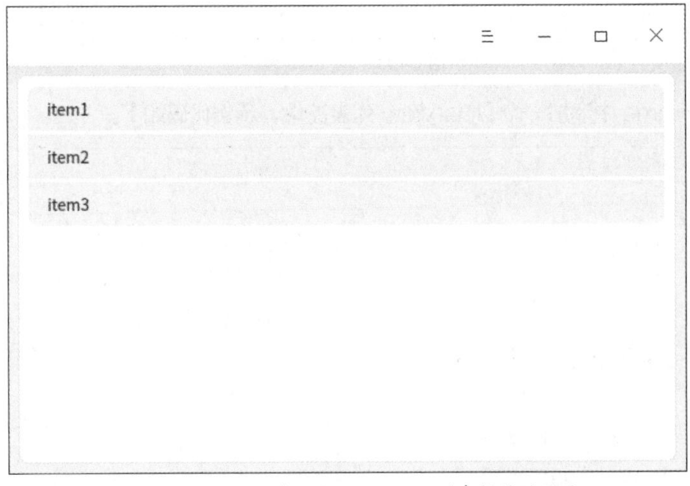

图 6-21　DFrame 中添加 DListView 列表控件的效果

4. DBackgroundGroup

DBackgroundGroup 组件用于设置所有的背景属性，示例代码如下：

```
QMainWindow w;
Dtk::Widget::moveToCenter(&w);

DWidget *widget = new DWidget;
w.setCentralWidget(widget);

// 添加 DFrame
QVBoxLayout *layout = new QVBoxLayout(widget);
```

```
DFrame *frame = new DFrame(widget);
QHBoxLayout *frameLayout = new QHBoxLayout(frame);
layout->addWidget(frame);

// 添加第一组 DBackgroundGroup，由 3 个 QFrame 组成
QVBoxLayout *vlayout1 = new QVBoxLayout;
DBackgroundGroup *group1 = new DBackgroundGroup(vlayout1,&w);
frameLayout->addWidget(group1);
vlayout1->addWidget(new QFrame);
vlayout1->addWidget(new QFrame);
vlayout1->addWidget(new QFrame);
group1->setUseWidgetBackground(false);

// 添加第二组 DBackgroundGroup，由 3 个 QFrame 组成
QVBoxLayout *vlayout2 = new QVBoxLayout;
DBackgroundGroup *group2 = new DBackgroundGroup(vlayout2,&w);
frameLayout->addWidget(group2);
vlayout2->addWidget(new QFrame);
vlayout2->addWidget(new QFrame);
vlayout2->addWidget(new QFrame);
group2->setUseWidgetBackground(false);
```

运行效果如图 6-22 所示。DBackgroundGroup 比较像 DListView 的 ClipCornerBackground 模式，但是其使用起来更加灵活，可以很方便地在其中添加一些 Widget 之类的组件，在控制中心、打印预览的组件中会大量用到它。

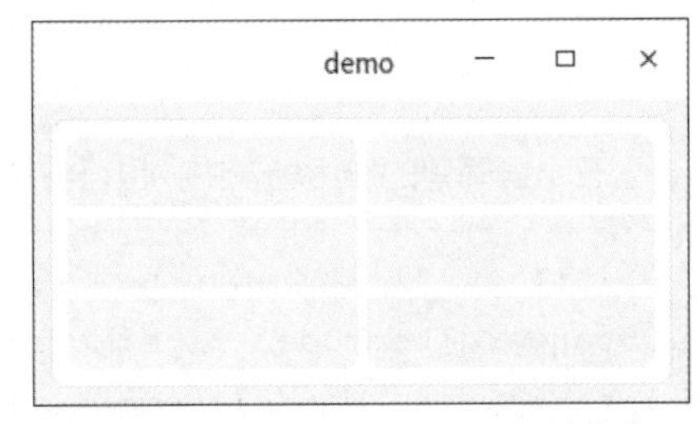

图 6-22　DBackgroundGroup 示例效果

5. DListView

DListView 允许用户将界面外的数据滚动到界面内，同时界面内原有的数据会滚动到界面外，从而显示更多的数据。下面给出示例代码：

```
DMainWindow w;
Dtk::Widget::moveToCenter(&w);

DWidget *widget = new DWidget;
w.setCentralWidget(widget);

DListView *listView = new DListView(widget);
QStandardItemModel *itemModel = new QStandardItemModel(widget);
listView->setModel(itemModel);

DStandardItem *item1 = new DStandardItem("item1");
DStandardItem *item2 = new DStandardItem("item2");
DStandardItem *item3 = new DStandardItem("item3");
item1->setCheckable(false);
```

```
item2->setCheckable(false);
item3->setCheckable(false);
itemModel->appendRow(item1);
itemModel->appendRow(item2);
itemModel->appendRow(item3);

item1->setIcon(QIcon::fromTheme("preferences-system"));
item2->setIcon(QIcon::fromTheme("preferences-system"));
item3->setIcon(QIcon::fromTheme("preferences-system"));
```

DListView 经过了重绘，默认是一些圆角的列表界面，可以给它设置图标，也可以编辑其中的文本，运行效果如图 6-23 所示。

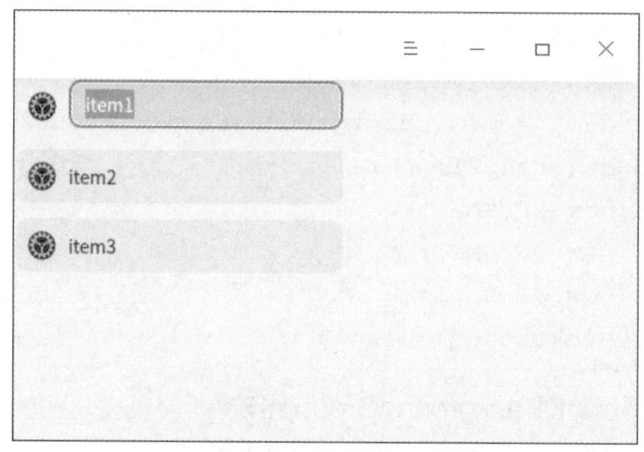

图 6-23 DListView 运行效果 1

在一些简单的应用场景中，也可将它作为一些列表中的圆角的背景，即简洁又美观，示例代码如下：

```
DListView *listView = new DListView(widget);
QStandardItemModel *itemModel = new QStandardItemModel(widget);
listView->setModel(itemModel);
listView->setEditTriggers(QAbstractItemView::NoEditTriggers);
listView->setBackgroundType(DStyledItemDelegate::ClipCornerBackground);
listView->setSelectionMode(QAbstractItemView::NoSelection);
listView->setHorizontalScrollBarPolicy(Qt::ScrollBarAlwaysOff);
listView->setVerticalScrollBarPolicy(Qt::ScrollBarAlwaysOff);
listView->setSpacing(1);

DStandardItem *item1 = new DStandardItem("item1");
DStandardItem *item2 = new DStandardItem("item2");
DStandardItem *item3 = new DStandardItem("item3");
item1->setCheckable(false);
item2->setCheckable(false);
item3->setCheckable(false);
itemModel->appendRow(item1);
itemModel->appendRow(item2);
itemModel->appendRow(item3);
```

以上代码使用DListView创建了一个边框四角为圆角的列表界面，并禁用了滚动条，如图6-24所示。这是控制中心里面一些列表的常见用法。

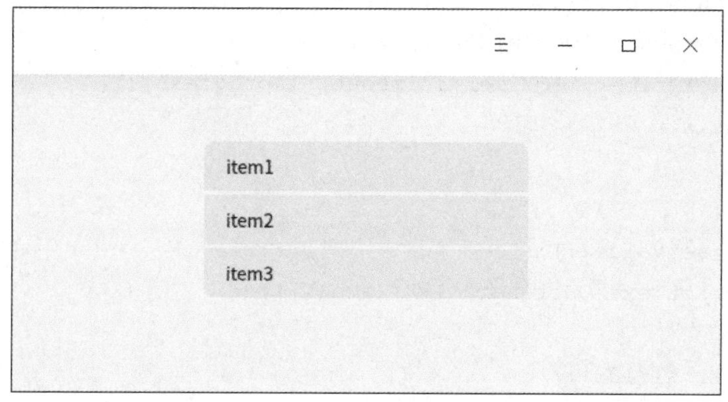

图 6-24　DListView 运行效果 2

6.5.2　进度、状态指示

DTK 实现了全新的水波纹进度条，重绘了 Qt 的进度条，还封装了更好用的带颜色的进度条。

1. 水波纹进度指示

下面为水波纹进度指示示例代码，效果如图 6-25 所示。

```
DWaterProgress progress(widget);
progress.setValue(50);
progress.start();
progress.setFixedSize(60,60);
```

图 6-25　水波纹进度指示示例效果

2. 环形进度指示

下面为环形进度指示示例代码，效果如图 6-26 所示。

```
DCircleProgress *progress = new DCircleProgress(widget);
progress->resize(120,120);
progress->setLineWidth(10);

// 设置总量环形颜色为灰色
```

```
progress->setBackgroundColor(Qt::gray);
// 设置当前进度部分颜色为浅绿色
progress->setChunkColor(QColor(Qt::green));
QTimer *timer = new QTimer(widget);
QObject::connect(timer, &QTimer::timeout, [&progress](){
    static int i = 0;
    i++;
    i = i%101;
    progress->setValue(i);
    progress->setText(QString("%1%").arg(i));
});
timer->setInterval(100);
timer->start();
```

DWaterProgress 为动态显示的控件，调用 DWaterProgress:: start 方法以后控件即开始显示水纹波动的动画；DCircleProgress 则具有一定的样式定制性，总量环形和当前进度部分可以分别设置颜色。

3. DProgressBar

下面为进度条显示示例代码。

```
auto pNoTextBar = new DProgressBar(widget);
// pNoTextBar->setFixedHeight(10);
static auto pBarRun = [](QWidget *pBar){
    auto animation = new QPropertyAnimation(pBar, "value");
    animation->setDuration(10000);
    animation->setLoopCount(-1);
    animation->setStartValue(0);
    animation->setEndValue(100);
    animation->start();
};
pBarRun(pNoTextBar);
```

以上代码给进度条添加动画来显示文字，如图 6-27 所示。

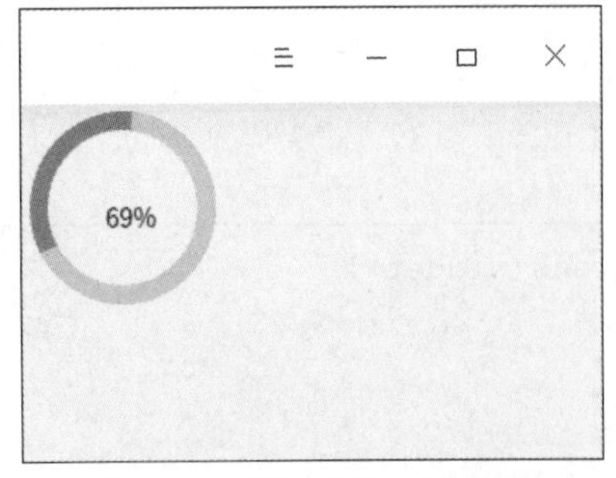

图 6-26　环形进度指示示例效果

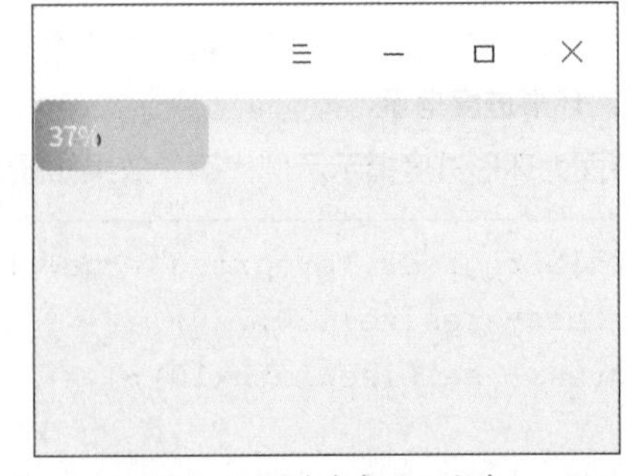

图 6-27　进度条显示文字

4. DColoredProgressBar

下面为带颜色的进度条显示示例代码。

```
DMainWindow w;
Dtk::Widget::moveToCenter(&w);

DWidget *widget = new DWidget;
w.setCentralWidget(widget);

DColoredProgressBar *clrPBar = new DColoredProgressBar(widget);
clrPBar->setAlignment(Qt::AlignHCenter | Qt::AlignVCenter);

clrPBar->addThreshold(10, QBrush(QColor(Qt::black)));
clrPBar->addThreshold(20, QBrush(QColor(Qt::red)));
clrPBar->addThreshold(30, QBrush(QColor(Qt::green)));
clrPBar->addThreshold(40, QBrush(QColor(Qt::blue)));
clrPBar->addThreshold(50, QBrush(QColor(Qt::cyan)));
clrPBar->addThreshold(60, QBrush(QColor(Qt::darkGray)));
clrPBar->addThreshold(70, QBrush(QColor(Qt::black)));
clrPBar->addThreshold(80, QBrush(QColor(Qt::green)));
clrPBar->addThreshold(90, QBrush(QColor(Qt::magenta)));

QTimer *timer = new QTimer(widget);
QObject::connect(timer, &QTimer::timeout, [clrPBar](){
    static int i = 0;
    i++;
    i = i%101;
    clrPBar->setValue(i);
});
timer->setInterval(100);
timer->start();
```

以上代码创建了一个带颜色的进度条，使用定时器更新进度，如图 6-28 所示；达到设定的进度值之后显示自定义颜色，如图 6-29 所示。

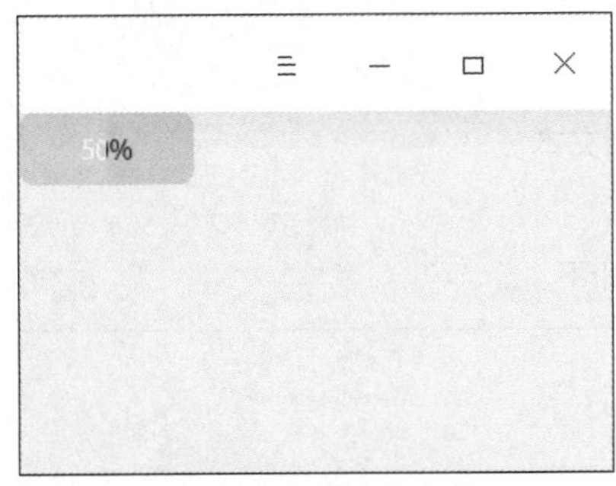

图 6-28　带颜色的进度条显示效果 1

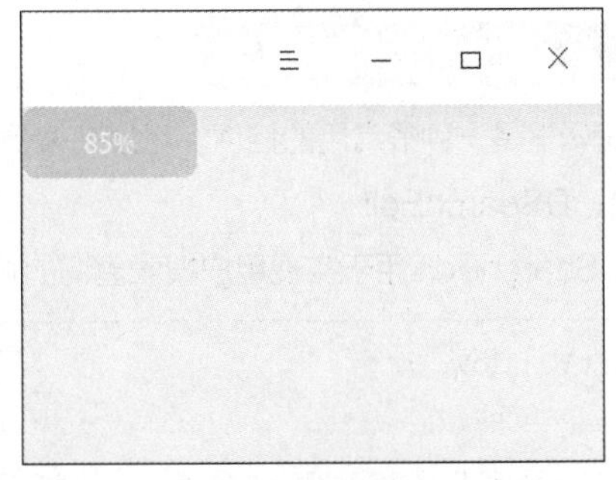

图 6-29　带颜色的进度条显示效果 2

5. DSlider

DSlider 控件可以设置滑块，可选择需要的值，下面是具体的示例代码：

```
DSlider slider;
slider.setParent(widget);
slider.setLeftIcon(QIcon::fromTheme("emblem-remove"));
slider.setRightIcon(QIcon::fromTheme("emblem-added"));
slider.setMouseWheelEnabled(true);
slider.setMinimumWidth(200);

slider.setMinimum(0);
slider.setMaximum(100);

QObject::connect(&slider, &DSlider::valueChanged, [&slider](int value){
    slider.setTipValue((std::to_string(value)).c_str());
});
// slider.setMarkPositions({0, 10, 20, 30, 40, 50, 60, 70, 80, 90, 100});
slider.setBelowTicks({"低", "中", "高"});
```

DSlider 将 QSlider 进行了重绘，添加了气泡提示、左右侧图标、刻度等，效果如图 6-30 所示。

6. DSpinner

DSpinner 总共分成两部分，即显示的部分和下拉列表，下面是示例代码：

```
DSpinner *spiner = new DSpinner(widget);
spiner->start();
```

该控件提供了一个动态的指示图标，可在界面加载、任务阻塞的时候使用，如图 6-31 所示。

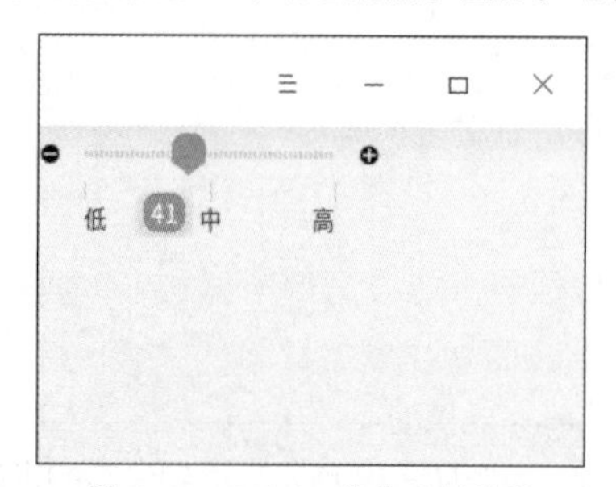

图 6-30　DSlider 控件示例效果

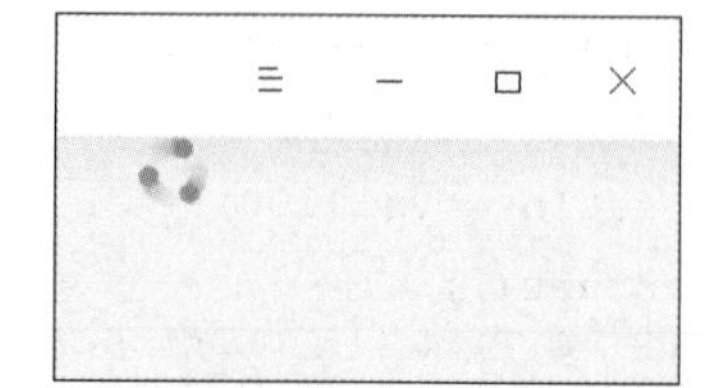

图 6-31　DSpinner 控件的动态指示图标

6.5.3　输入框和编辑框

编辑框是一种很常用的控件，可以在编辑框中输入并编辑文本。

1. DSearchEdit

DSearchEdit 用于实现用户搜索查询的功能，示例代码如下：

```
DMainWindow w;

DSearchEdit *search = new DSearchEdit;
```

```
search->setPlaceHolder(" 搜索 ");
w.titlebar()->addWidget(search);
```

以上代码将 DSearchEdit 添加到标题栏里面，运行效果如图 6-32 所示。也可以自己将应用的图标设置到标题栏。

图 6-32　DSearchEdit 运行效果

搜索逻辑涉及业务内容，是比较复杂的部分，具体可以参考 dde-control-center 的实现。

2. DPasswordEdit

DPasswordEdit 控件提供了安全的密码输入框，支持明文、密文输入模式，继承自 DLineEdit，支持右键菜单，示例代码如下：

```
#include <DPasswordEdit>
DPasswordEdit *edit = new DPasswordEdit(widget);

QObject::connect(edit, &DPasswordEdit::textEdited, [edit] (QString text) {
    if (text.length() < 8) {
        edit->setAlert(true);
    } else {
        edit->setAlert(false);
    }
    if(!text.contains(QRegExp("^[a-zA-Z0-9]+$"))){
        edit->showAlertMessage(" 密码只能由大小写字母和数字组成 !");
    }
});
```

上面的示例代码创建了一个密码输入框，可以很方便地显示明文、密文，使用 setAlert 来显示警告色，当密码长度不够 8 位的时候显示警告，并且使用正则表达式验证密码是否符合规范，效果如图 6-33 和图 6-34 所示。继承自 DLineEdit 的都可以设置警告色，并支持右键菜单。

图 6-33　DPasswordEdit 效果 1

图 6-34　DPasswordEdit 效果 2

3. DIpv4LineEdit

DPasswordEdit 提供了 IPv4 的输入框，可以严格保证输入内容的正确性，示例代码如下，运行效果如图 6-35 所示。

```
#include <DIpv4LineEdit>
DIpv4LineEdit edit(widget);
```

4. DFileChooserEdit

DFileChooserEdit 提供了获取文件路径的基本组件，会自动创建 Dialog 以选择文件，示例代码如下，运行效果如图 6-36 和图 6-37 所示。

```
#include <DFileChooserEdit>

DFileChooserEdit fileChooserEdit(widget);
```

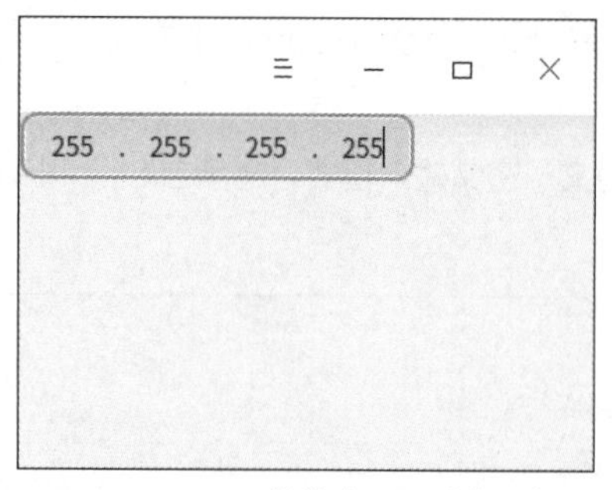

图 6-35 DPasswordEdit 提供的 IPv4 的输入框示例效果

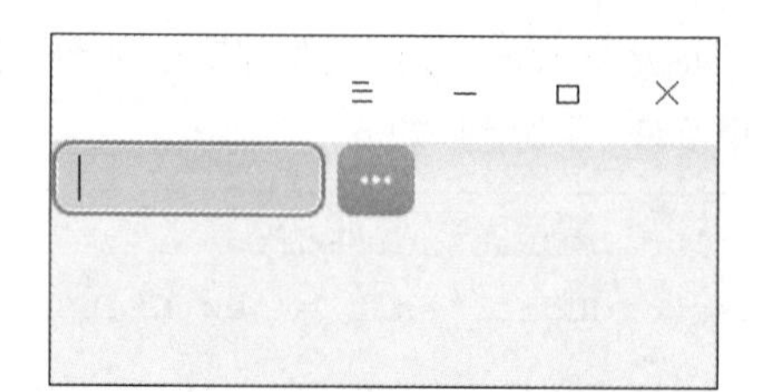

图 6-36 DFileChooserEdit 示例效果 1

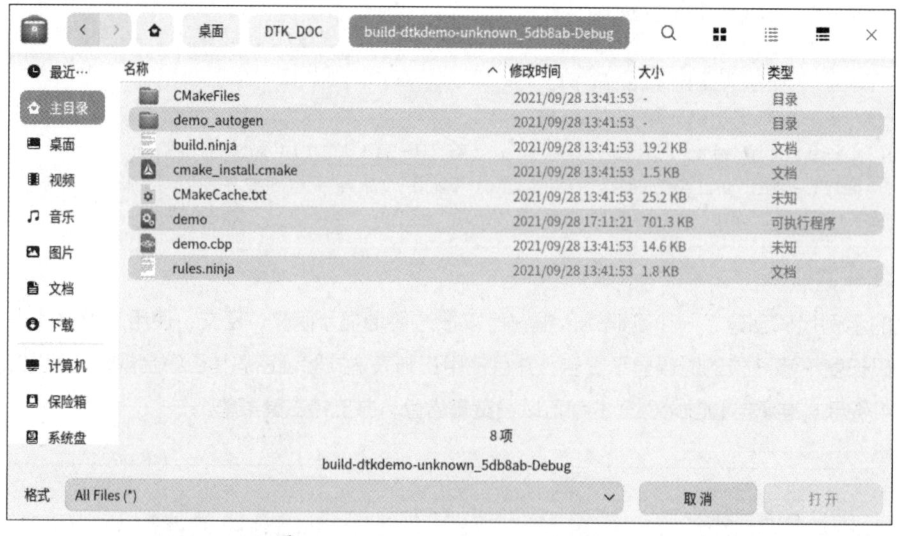

图 6-37 DFileChooserEdit 示例效果 2

5. DKeySequenceEdit

DKeySequenceEdit 用于设置快捷键。示例代码如下，运行效果如图 6-38 所示。

```
QHBoxLayout *bgwLayout = new QHBoxLayout(widget);

QLabel *setSeqLabel = new QLabel(" 设置快捷键 ", widget);
setSeqLabel->setFixedSize(72, 19);
```

```
setSeqLabel->setAlignment(Qt::AlignLeft);

DKeySequenceEdit *ksEdit = new DKeySequenceEdit(widget);
ksEdit->setKeySequence(QKeySequence(Qt::Alt + Qt::Key_F4));

bgwLayout->addWidget(setSeqLabel);
bgwLayout->addWidget(ksEdit);
```

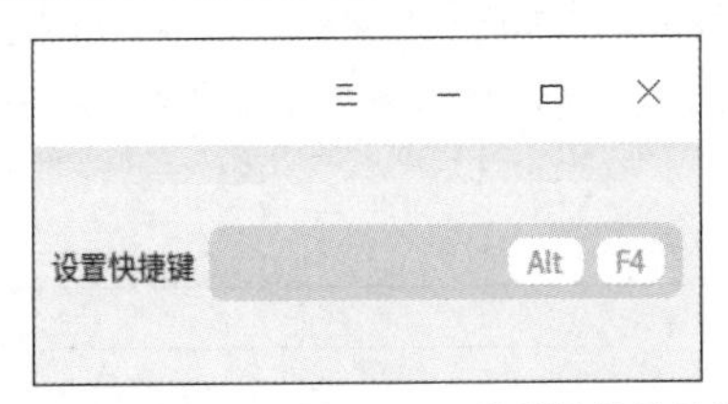

图 6-38 DKeySequenceEdit 设置快捷键效果

6. DCrumbEdit

DCrumbEdit 提供了编辑框，编辑框内可包含若干标签，并允许用户通过输入来编辑这些标签。编辑框所包含的标签可通过标签的文字内容来唯一地确定，即编辑框所包含的标签内容（字符串值）均不重复。示例代码如下，运行效果如图 6-39 所示。

```
DMainWindow w;
w.resize(380, 160);

DCrumbEdit *edit = new DCrumbEdit(&w);
edit->setFixedSize(340, 70);

DCrumbTextFormat first = edit->makeTextFormat();
first.setText(" 颜色 ");
DCrumbTextFormat second = edit->makeTextFormat();
second.setText(" 主题 ");
DCrumbTextFormat third = edit->makeTextFormat();
third.setText(" 亮度 ");
DCrumbTextFormat forth = edit->makeTextFormat();
forth.setText(" 个性 ");

edit->insertCrumb(first);
edit->insertCrumb(second);
edit->insertCrumb(third);
edit->insertCrumb(forth);

w.setCentralWidget(edit);
w.show();
```

为实现输入框在表现形式以及行为上的一些特殊需求，DTK 引入了自己的输入控件：DLineEdit、DSearchEdit、DPasswordEdit 和 DIpv4LineEdit。DLineEdit 在 QLineEdit 的基础上加入了警告，即可以通过 setAlert 方法设置 DLineEdit 的警告状态，并且可通过 showAlertMessage 显示警告信息。

图 6-39 DCrumbEdit 编辑框效果

6.5.4 按钮与选项

按钮主要用于提交页面的内容、确认某种操作等。选项可以用于显示基础记录源中的“是 / 否”值，下面一一进行介绍。

1. DSwitchButton

DSwitchButton 是 DTK 的自绘控件，提供了较美观的切换按钮，示例代码如下，效果如图 6-40 和图 6-41 所示。

```
DSwitchButton button(widget);
QObject::connect(&button, &DSwitchButton::checkedChanged, [](bool checked){
    qInfo() << "checked: " << checked;
});
```

图 6-40　DSwitchButton 效果 1

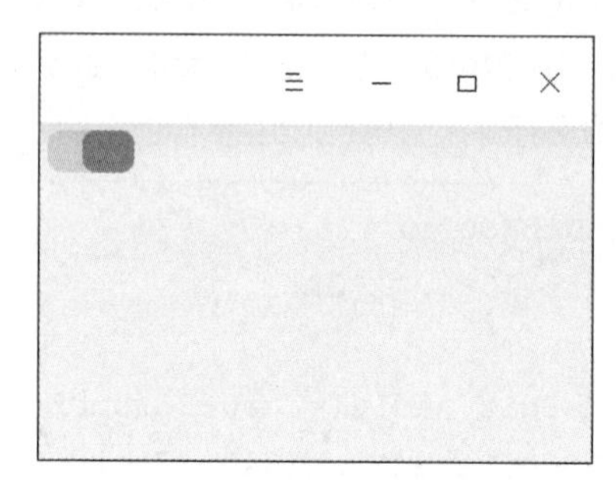

图 6-41　DSwitchButton 效果 2

2. DTabBar

使用 DTabBar 控件可以通过定义与每个选项卡关联的标签和数据来创建选项卡，示例代码如下：

```
DTabBar *tabBar = new DTabBar(widget);
tabBar->addTab("tab1");
tabBar->addTab("tab2");
tabBar->addTab("tab3");
tabBar->setAutoHide(true);
tabBar->setExpanding(false);
tabBar->setEnabledEmbedStyle(true);
tabBar->setFixedWidth(550);
```

setEnabledEmbedStyle 可以设置两种风格，一种是圆角形式的，另一种是方角形式的，效果分别如图 6-42 和图 6-43 所示。

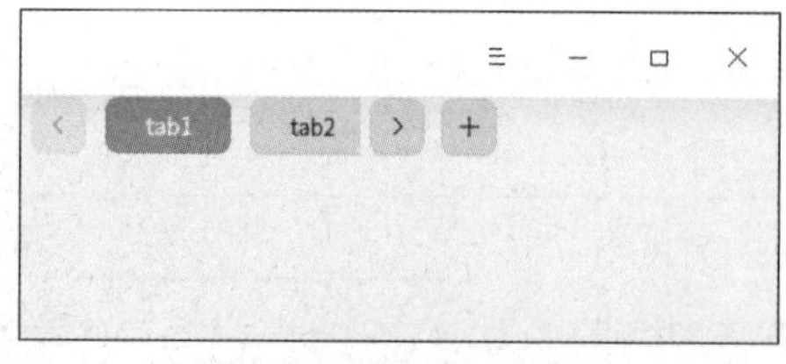

图 6-42　DTabBar 效果 1

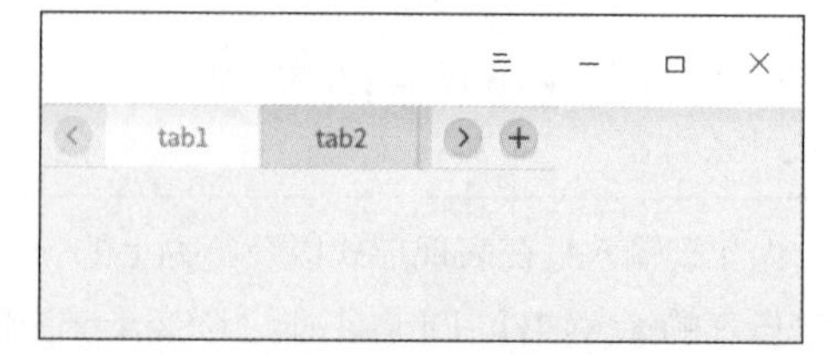

图 6-43　DTabBar 效果 2

3. DButtonBox 与主题管理

按钮盒（DButtonBox）可以很方便地快速布置一组标准按钮，比如常见的确认对话框有

“OK”“Cancel”等标准按钮。示例代码如下：

```
#include <DButtonBox>
#include <DMainWindow>
#include <DGuiApplicationHelper>

DMainWindow w;
Dtk::Widget::moveToCenter(&w);

DWidget *widget = new DWidget;
w.setCentralWidget(widget);

DButtonBox *buttonBox = new DButtonBox;
auto button1 = new DButtonBoxButton(" 浅色模式 ");
auto button2 = new DButtonBoxButton(" 深色模式 ");
buttonBox->setButtonList({button1, button2}, true);
buttonBox->setId(buttonBox->buttonList().at(0), 0);
buttonBox->setId(buttonBox->buttonList().at(1), 1);
auto lightType = DGuiApplicationHelper:: LightType;
auto darkType = DGuiApplicationHelper:: DarkType;
if (DGuiApplicationHelper::instance()->themeType() == LightType) {
    buttonBox->buttonList().at(0)->click();
} else {
    buttonBox->buttonList().at(1)->click();
}

QObject::connect(buttonBox, &DButtonBox::buttonClicked, [=]
(QAbstractButton *button) {
    if (buttonBox->id(button) == 0) {
        DGuiApplicationHelper::instance()->setPaletteType(LightType);
    } else {
        DGuiApplicationHelper::instance()->setPaletteType(DarkType);
    }
});
w.titlebar()->addWidget(buttonBox);
```

上面的代码在 titlebar 控件的基础上用 DButtonBox 控件来设置主题，浅色模式和深色模式的效果分别如图 6-44 和图 6-45 所示。

图 6-44　浅色模式效果

图 6-45　深色模式效果

4. DIconButton

DIconButton（图标按钮组件）可以响应按下事件，并且按下时会带有水波纹的效果，示例代码如下，效果如图 6-46 所示。

```
DIconButton button(widget);
QIcon icon(QIcon::fromTheme("preferences-system"));
button.setIcon(icon);
// button.setEnabledCircle(true);
QObject::connect(&button, &DIconButton::clicked, []{
    qInfo() << "clicked.";
});
```

DIconButton 提供了默认为圆角矩形样式、可设置图片的按钮，比如窗口的最大 / 最小化按钮以及关闭按钮、DTabBar 的 +/- 按钮等。只有图片没有文字的按钮适合用 DIconButton，有固定的背景色。setEnabledCircle 可以将其设置为圆形的边框。

图 6-46　DIconButton 效果

5. DToolButton

DToolButton 继承自 QToolButton 并进行了重绘，通常使用 SVG 格式的图片以使按钮图标的颜色可以跟随活动用色，比如在控制中心单击“账户”，设置全名处的按钮就是一个典型的使用 SVG 格式图片的 DToolButton，单击该按钮时按钮图标也会变成活动用色。示例代码如下，效果如图 6-47 和图 6-48 所示。

```
DToolButton button(widget);
button.setIcon(QIcon::fromTheme("printer_lrtb_1"));
QObject::connect(&button, &DToolButton::clicked, []{
    qInfo() << "clicked.";
});
```

图 6-47　DToolButton 效果 1

图 6-48　DToolButton 效果 2

6. DFloatingButton

DFloatingButton 继承自 DIconButton，将按钮重绘成圆形并增加了背景色，背景色默认跟随系统（例如在控制中心选择“个性化”-“通用”，选择活动用色中设置的颜色）。如锁屏界面的解锁按钮、控制中心的增加账户按钮等。示例代码如下：

```
DFloatingButton button(widget);
QIcon icon(QIcon::fromTheme("preferences-system"));
button.setIcon(icon);
// button.setBackgroundRole(QPalette::Button);
QObject::connect(&button, &DFloatingButton::clicked, []{
    qInfo() << "clicked.";
});
```

代码运行效果如图 6-49 和图 6-50 所示。图 6-50 左边按钮显示为绿色，就是因为当前系统的活动用色是绿色。

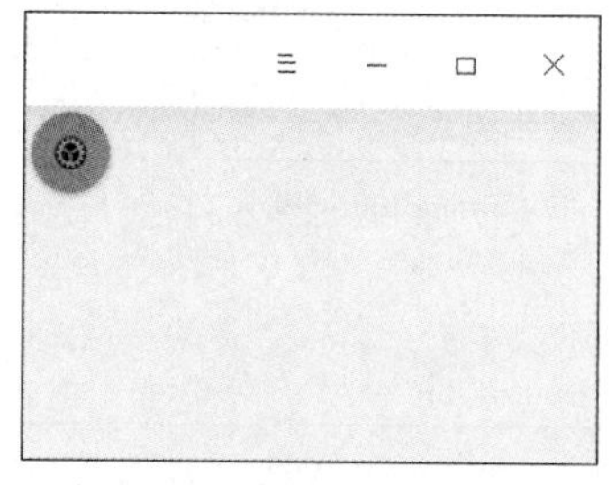

图 6-49　DFloatingButton 效果 1

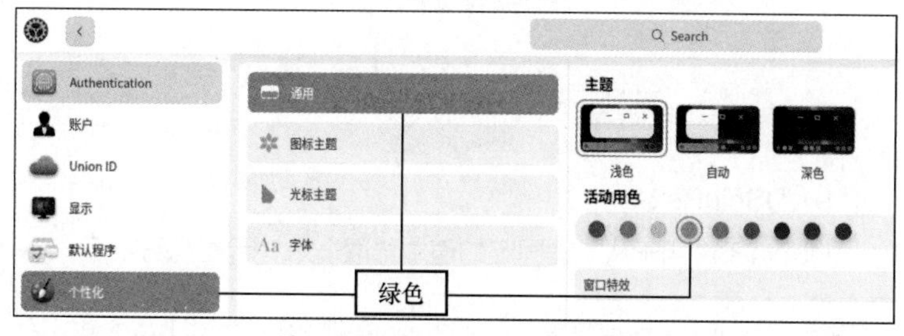

图 6-50　DFloatingButton 效果 2

7. DSuggestButton

DSuggestButton 通常和 DPushButton 一起用，引导用户单击按钮，在 DDialog 里面也有用到 DSuggestButton。示例代码如下，效果如图 6-51 所示。

```
DMainWindow w;
Dtk::Widget::moveToCenter(&w);

DWidget *widget = new DWidget;
w.setCentralWidget(widget);

QHBoxLayout *layout = new QHBoxLayout(widget);
DPushButton button1(" 取消 ", widget);
DSuggestButton button2(" 同意 ", widget);
button1.setCheckable(false);
layout->addWidget(&button1);
layout->addWidget(&button2);
QObject::connect(&button1, &DSuggestButton::clicked, []{
    qInfo() << "button1 clicked.";
});

QObject::connect(&button2, &DSuggestButton::clicked, []{
    qInfo() << "button2 clicked.";
});
```

8. DWarningButton

DWarningButton 的功能和普通的文字按钮一致，不过是用在警告信息上的，告诉用户有危险操作，如在控制中心单击“账户” - “删除账户”按钮时。示例代码如下，效果如图 6-52 所示。

```
DWarningButton button(widget);
button.setText(" 移除 ");
QObject::connect(&button, &DWarningButton::clicked, [](){
    qInfo() << "clicked.";
});
```

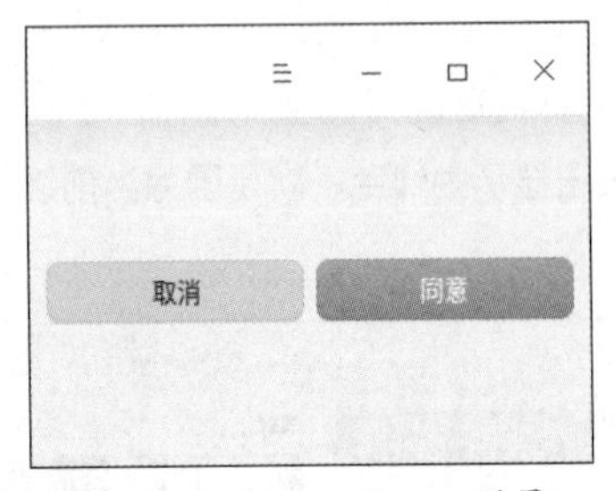

图 6-51　DSuggestButton 效果

图 6-52　DWarningButton 效果

9. DSpinBox

DSpinBox 用于从一些固定的值中选取一个，示例代码如下：

```
QVBoxLayout *bgwLayout = new QVBoxLayout(widget);
DSpinBox box1;
DDoubleSpinBox box2;

bgwLayout->addWidget(&box1);
bgwLayout->addWidget(&box2);
```

DTK 继承并重绘了 Qt 的两种 spinbox，效果如图 6-53 所示。

10. DCommandLinkButton

DCommandLinkButton 用于模拟链接跳转，鼠标指针位于其对应内容上时会有高亮提示，可以在单击按钮之后执行一些自定义的命令操作，比如可以在打开网址、打开其他应用等场景下使用它。示例代码如下，效果如图 6-54 所示。

```
DMainWindow w;
Dtk::Widget::moveToCenter(&w);

DWidget *widget = new DWidget;
w.setCentralWidget(widget);

auto linkButton = new DCommandLinkButton(" 单击访问 UOS 官网 ", widget);
auto infoIcon = widget->style()->standardIcon(QStyle::SP_MessageBoxInformation);
auto warnIcon = widget->style()->standardIcon(QStyle::SP_MessageBoxWarning);
QObject::connect(linkButton, &DCommandLinkButton::clicked, [=] {
    if (QProcess::startDetached("xdg-open https://www.chinauos.com")) {
        w.sendMessage(infoIcon, " 链接打开成功 !");
    } else {
        w.sendMessage(warnIcon, " 链接打开失败 !");
    }
});
```

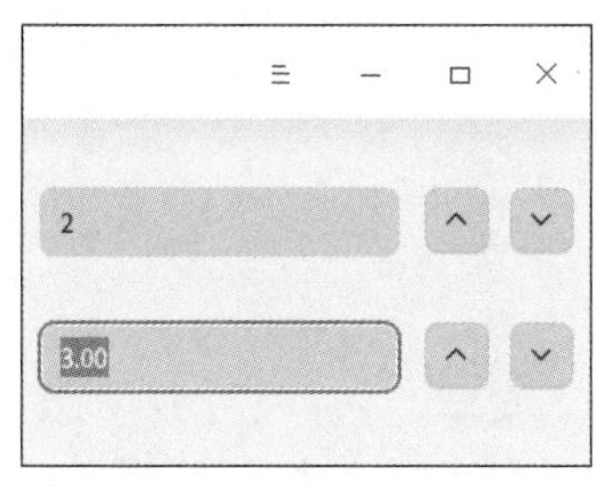

图 6-53　DSpinBox 效果

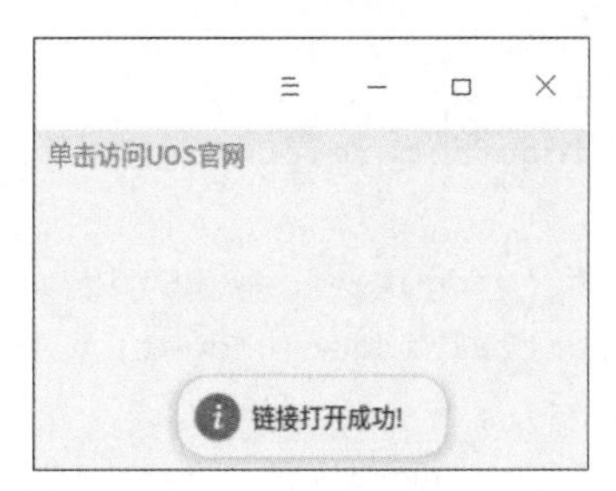

图 6-54　DCommandLinkButton 效果

6.5.5　消息通知与提示

在使用计算机的时候，通常都会有一些应用的通知消息，这需要用消息通知与提示来实现。

1. DMessageManager

使用 DMessageManager 可以非常方便地创建多种语言的应用消息，MainWindow 可以自己给自己发送消息，示例代码如下：

```
DMainWindow w;
Dtk::Widget::moveToCenter(&w);

DWidget *widget = new DWidget;
w.setCentralWidget(widget);
auto warnIcon = widget->style()->standardIcon(QStyle::SP_MessageBoxWarning);
w.sendMessage(warnIcon, "临时消息");
```

以上代码创建了一个 Widget 托管给 MainWindow，在其上显示一些临时消息，几秒后会自动消失。另外，还可以通过 DMessageManager 给 Widget 发消息，示例代码如下：

```
DMainWindow w;
Dtk::Widget::moveToCenter(&w);

DWidget *widget = new DWidget;
w.setCentralWidget(widget);

DPushButton *button = new DPushButton("start", widget);
auto warnIcon = widget->style()->standardIcon(QStyle::SP_MessageBoxWarning);
QObject::connect(button, &DPushButton::clicked, [ = ] {
    DMessageManager::instance()->sendMessage(widget,warnIcon, "临时消息");
});
```

效果如图 6-55 所示，单击按钮，发送得够快的话，最多可以堆叠显示 3 条消息，4s 后会自动消失。

还可以配合使用 DMessageManager 和 DFloatingMessage 发送常驻消息，需要手动单击按钮消息才会消失，示例代码如下：

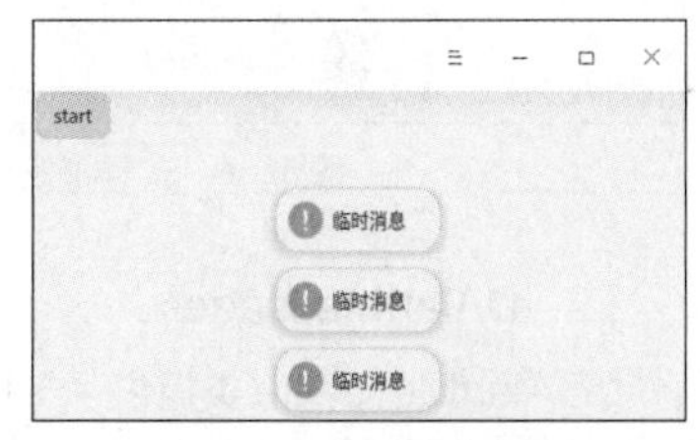

图 6-55　发送消息效果

```
DMainWindow w;
Dtk::Widget::moveToCenter(&w);

DWidget *widget = new DWidget;
w.setCentralWidget(widget);

// 创建一个 lineedit
DLineEdit *pNormalLineEdit = new DLineEdit(widget);
pNormalLineEdit->setEchoMode(QLineEdit::Normal);
pNormalLineEdit->resize(220, 40);

// 创建消息
DMessageManager *manager = DMessageManager::instance();
DFloatingMessage *msg = new DFloatingMessage(DFloatingMessage::ResidentType);
// 设置图标
msg->setIcon(QIcon(QIcon::fromTheme("preferences-system")));

// 在编辑 lineedit 输入内容的时候发送消息，消息内容是 lineedit 里面输入的内容
QObject::connect(pNormalLineEdit, &DLineEdit::textChanged, &w, [&]
(const QString &text) {
    msg->setMessage(text);
    manager->sendMessage(widget, msg);
});
```

以上代码输入内容的时候创建了一个 msg 消息，通过 manager 管理器发送给 Widget，显示在界面下方的中间位置。sendMessage 发生消息的时候，msg 将被发送到 Widget，同时也将 msg 托管给 Widget，所以不用手动释放给 msg 分配的内存。代码运行效果如图 6-56 所示。DFloatingMessage::ResidentType 是常驻消息，DFloatingMessage::TransientType 是临时消息，默认是创建临时消息。临时消息没有关闭按钮，不主动关闭则它会在 4s 后消失，如图 6-57 所示。

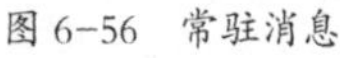
图 6-56 常驻消息

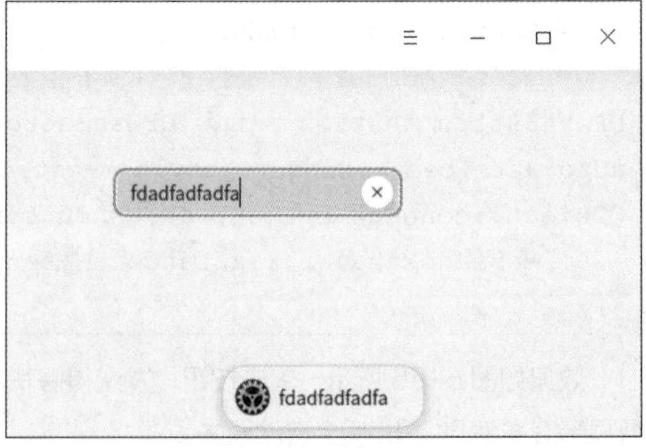

图 6-57 临时消息

2. DAlertMessage

DAlertMessage 类提供了一种显示输入提示消息、应用内通知消息的方式。可以设置永久显示消息，

默认是隔几秒后就消失。示例代码如下：

```
DMainWindow w;
w.resize(380, 160);

DLineEdit *pNormalLineEdit = new DLineEdit(&w);

pNormalLineEdit->setEchoMode(QLineEdit::Normal);

// 设置警告色
pNormalLineEdit->setAlert(true);

pNormalLineEdit->move(80,70);
pNormalLineEdit->resize(220,40);

// 可以直接使用 pNormalLineEdit->showAlertMessage
// 也可以使用 DAlertControl 控制对齐方式
DAlertControl *ctrl = new DAlertControl(pNormalLineEdit, &w);
ctrl->setMessageAlignment(Qt::AlignLeft);

QObject::connect(pNormalLineEdit, &DLineEdit::textChanged, &w, [&](){
    ctrl->showAlertMessage(pNormalLineEdit->text());
});

w.show();
```

效果如图 6-58 所示。

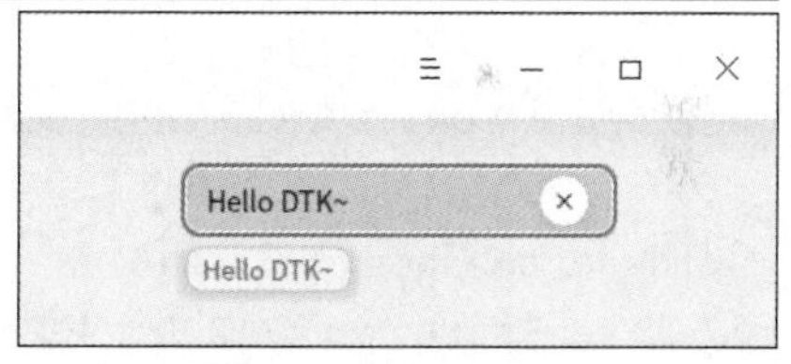

图 6-59　DAlertMessage 效果

3. DDialog

DDialog 提供了类似于 Windows 的消息弹框机制，用于让用户确认一些选项，示例代码如下：

```
#include <QObject>
#include <DWidget>
#include <DDialog>
#include <DPushButton>

DWidget *widget = new DWidget;
w.setCentralWidget(widget);

QPushButton *button = new QPushButton("start", widget);

QObject::connect(button, &DPushButton::clicked, [ = ] {
    DDialog dialog;
```

```
    dialog.setIcon(widget->style()->standardIcon(QStyle::SP_MessageBoxWarning));
    dialog.setTitle(" 需要管理员权限 ");
    dialog.addContent(new DPasswordEdit);
    dialog.addButton(" 取消 ");
    dialog.addButton(" 授权 ", false, DDialog::ButtonRecommend);
    dialog.exec();
});
```

效果如图 6-59 所示，其中图 6-59（a）是按钮，图 6-59（b）是具体效果。

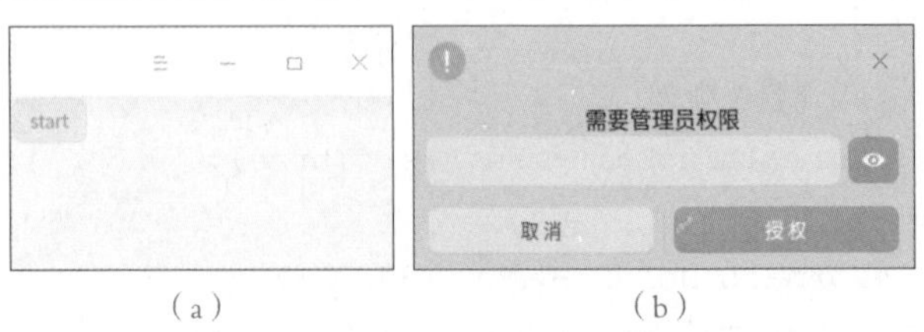

（a）　　（b）

图 6-59　DDialog 效果

4. DArrowRectangle

该组件提供了消息对话框样式，可以设置尖头的方向，有 FloatWidget 模式和 FloatWindow 模式。FloatWidget 模式表示可以嵌入其他窗口显示，FloatWindow 模式表示可以单独显示在固定的位置。常见的应用就是在任务栏的预览页面，显示已打开应用窗口的缩略图。示例代码如下：

```
DArrowRectangle *arrowRect = new DArrowRectangle(DArrowRectangle::ArrowBottom,
                              DArrowRectangle::FloatWindow);
// DArrowRectangle *arrowRect = new DArrowRectangle(DArrowRectangle::
                                   ArrowBottom, DArrowRectangle::FloatWidget);
arrowRect->setRadius(8);
arrowRect->setRadiusArrowStyleEnable(true);
QLabel *content = new QLabel("ArrowRectangle");
content->setAlignment(Qt::AlignCenter);
content->resize(320,240);
arrowRect->setContent(content);

arrowRect->show(320, 240);
// arrowRect->move(1200, 400);
```

图 6-60 和图 6-61 分别是 FloatWindow 模式和 FloatWidget 模式的效果。

图 6-60　FloatWindow 模式效果

图 6-61　FloatWidget 模式效果

5. DToast

DToast 提供了闪现的消息提示，就像呼吸灯一样，可以反复使用，这里将 DToast 添加到了状态栏，DToast 的动画显示完成之后再在状态栏上显示 3s（3000ms）的“Hello DTK~”字样。示例代码如下：

```
DMainWindow w;
Dtk::Widget::moveToCenter(&w);

DWidget *widget = new DWidget;
w.setCentralWidget(widget);

DToast *toast = new DToast;
toast->setText("Welcome~");
w.statusBar()->addWidget(toast);
toast->pop();

QObject::connect(toast, &DToast::visibleChanged, [&w](bool isVisible){
    if (!isVisible) {
        w.statusBar()->showMessage("Hello DTK~", 3000);
    }
});
```

效果如图 6-62 和图 6-63 所示。

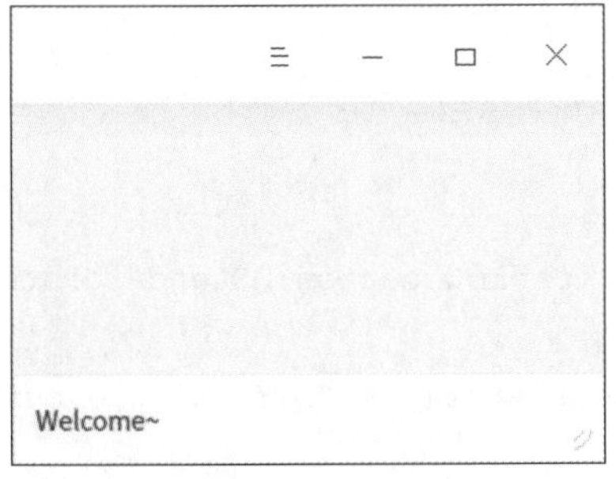

图 6-62　DToast 效果 1

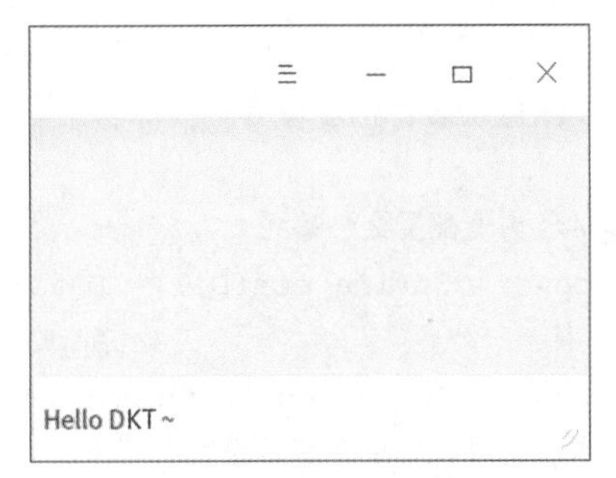

图 6-63　DToast 效果 2

当然也可以将 DToast 用到其他 Widget 的合适地方。DToast 是一个旧的接口，通常可以使用 DMessageManager 来代替。

6.6 DTK 中的设置界面框架

在大部分统信 UOS 的应用中，窗口标题栏都提供了程序选项按钮，单击这类按钮会弹出菜单，并且其包含一个“设置”菜单项，用户单击“设置”菜单项就能打开程序的设置窗口。这是所有 DTK 应用需要遵循的设计风格。本节会就此内容进行说明，并通过修改 DTK-example 程序演示如何给应用添加设置窗口，以保证应用跟其他 DTK 应用的风格一致。

6.6.1 简介

应用的设置菜单具有统一的入口，使用 JSON 文件进行配置，如图 6-64 所示。

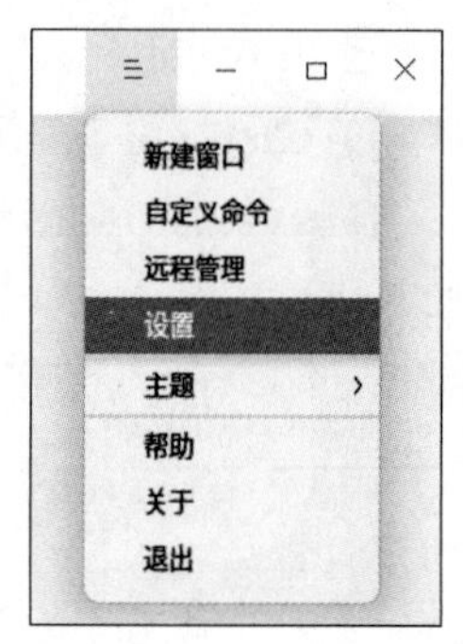

图 6-64 应用的设置菜单

6.6.2 示例

在 dtkwidget 的示例程序 collections 里面，有对 JSON 配置文件的解析示例。

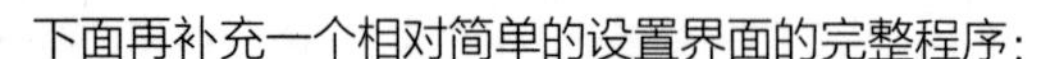

下面再补充一个相对简单的设置界面的完整程序：

```
DMainWindow w;
Dtk::Widget::moveToCenter(&w);

DWidget *widget = new DWidget;
w.setCentralWidget(widget);

DTitlebar *titlebar = w.titlebar();
titlebar->setIcon(QIcon(":/menu/logo_icon.svg"));
if (titlebar) {
    titlebar->setMenu(new QMenu(titlebar));
    titlebar->setSeparatorVisible(true);
    titlebar->menu()->addAction("menu-settings");
}

auto initJsonFile = []
{
    // 构造配置文件路径
    const QString confDir = DStandardPaths::writableLocation(QStandardPaths::
                            AppConfigLocation);
    const QString confPath = confDir + QDir::separator() + "DTK-example.conf";
    // 创建设置项存储后端
    QSettingBackend *backend = new QSettingBackend(confPath);
    // 通过 JSON 文件创建 DSettings 对象
    DSettings *settings = DSettings::fromJsonFile(":/menu/DTK-settings.json");
    // 设置 DSettings 存储后端
    settings->setBackend(backend);

    return settings;
};

DSettingsDialog *settingsDialog = nullptr;
auto createSettingsMenu = [&settingsDialog, widget]
{
    // 创建 QMenu
```

```
    QMenu *menu = new QMenu;
    // 创建设置界面并使其在单击的时候显示
    settingsDialog = new DSettingsDialog(widget);
    QAction *settingsAction = menu->addAction("Settings");
    QObject::connect(settingsAction, &QAction::triggered, [&] {
        settingsDialog->show();
    });
    return menu;
};
```

以上是一些初始化、函数定义的代码。接下来在标题栏的程序选项菜单中添加“设置”菜单项，代码如下：

```
// 给标题栏添加“设置”菜单项
QMenu *settingsMenu = createSettingsMenu();

// 将创建的菜单项按钮添加到标题栏
w.titlebar()->setMenu(settingsMenu);
```

然后将 JSON 文件内容解析、设置到界面中。为了方便应用开发者构建设置界面，DTK 开发了一套通过 JSON 文件创建设置界面的机制。在构建设置界面的时候，应用开发者无须一行代码一行代码地构建界面，通过 JSON 文件描述设置界面内容，经过 DSettings 加载，传递给 DSettingsDialog 构建界面即可，代码如下：

```
// 通过 DSettings 对象构建设置界面
DSettings *settings = initJsonFile();

// 更新 JSON 数据到 Dialog
settingsDialog->updateSettings(settings);

QObject::connect(settings, &DSettings::valueChanged, [](const QString &key,
const QVariant &value) {
    // 处理设置后的值
    qInfo() << "value changed: " << key << "  " << value;
});
```

6.6.3 详解

在上面的代码中，新建了类 settingsDialog，用于该程序的应用设置界面。

其中，DSettings 需要一个存储后端来存放设置数据，DTK 提供了两个可选选项，一个是上面例子中用到的 QSettingsBackend，另一个是 GSettingsBackend。从名字上可以看出，QSettingsBackend 使用 QSettings 作为存储后端，而 GSettingsBackend 使用 GSettings 作为存储后端。GSettings 相较于 QSettings，优点在于可以有系统和用户级两套配置，在进行系统定制时比较方便，而且其本身有一套通知机制；但是，缺点也比较明显，即它在使用上比较麻烦。本例为了方便，演示时使用

QSettings 作为存储后端。

存储后端构建完成后，通过 DSettings::setBackend 将其设置给 DSettings 对象，DSettingsDialog 则通过 DSettingsDialog::updateSettings 方法加载 DSettings 的内容。DSettings 从 JSON 文件加载内容时，使用 DSettings::fromJsonFile 方法，在本例中 DTK-settings.json 文件的内容如下：

```
{
    "groups": [
        {
            "key": "basic",
            "name": "Basic",
            "groups": [
                {
                    "key": "select_multiple",
                    "name": "Checkbox",
                    "options": [
                        {
                            "key": "checkbox_1",
                            "text": "Check list 1",
                            "type": "checkbox",
                            "default": 1
                        },
                        {
                            "key": "checkbox_2",
                            "text": "Check list 2",
                            "type": "checkbox"
                        }
                    ]
                },
                {
                    "key": "select_single",
                    "name": "Radiogroup",
                    "options": [
                        {
                            "key": "radiogroup",
                            "name": "",
                            "type": "radiogroup",
                            "items": [
                                "Option 1",
                                "Option 2"
                            ],
                            "default": 2
                        }
                    ]
```

```
                },
                {
                    "key": "slider",
                    "name": "Sliders",
                    "options": [
                        {
                            "key": "slider",
                            "type": "slider",
                            "name": "Opacity",
                            "min": 0,
                            "max": 100,
                            "default": 40
                        }
                    ]
                }
            ]
        },
        {
            "key": "advanced",
            "name": "Advanced",
            "groups": [
                {
                    "key": "combo",
                    "name": "Combobox",
                    "options": [
                        {
                            "key": "combobox",
                            "name": "Combobox",
                            "type": "combobox",
                            "items": [
                                "hello", "world"
                            ],
                            "default": "hello"
                        }
                    ]
                },
                {
                    "key": "spin",
                    "name": "SpinButton",
                    "options": [
                        {
                            "key": "spin",
                            "name": "Change the value",
```

```
                                "type": "spinbutton",
                                "default": 10
                            }
                        ]
                    },
                    {
                        "key": "shortcuts",
                        "name": "Shortcuts",
                        "options": [
                            {
                                "key": "open_file",
                                "name": "Open file",
                                "type": "shortcut",
                                "default": "Ctrl+o"
                            },
                            {
                                "key": "open_folder",
                                "name": "Open folder",
                                "type": "shortcut",
                                "default": "Ctrl+f"
                            }
                        ]
                    }
                ]
            }
        ]
}
```

图 6-65 展示了在设置界面添加的图标（icon）和菜单按钮效果。

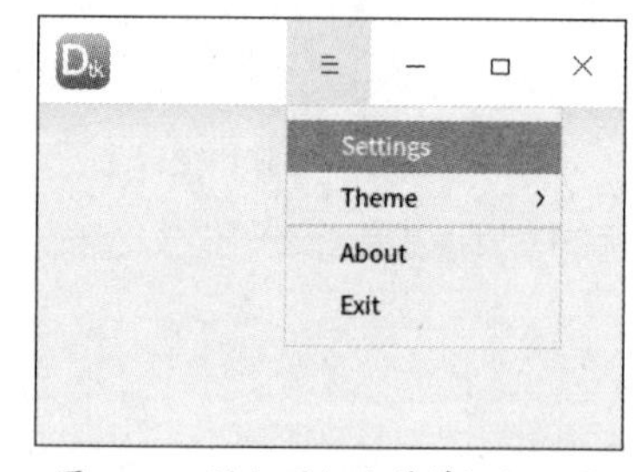

图 6-65 添加图标和菜单按钮效果

展开“Settings”菜单，其页面内容如图 6-66 所示。

其中“Advanced”页面如图 6-67 所示。

由 DSettings 生成的设置界面分为左右两个部分，左侧是导航栏，右侧为设置内容，在设置内容最下方是重置按钮（Restore Defaults），用户可以通过这个按钮将程序所有的设置项重置。

JSON 文件最外层是一个无名对象，包含属性 groups，这是一级导航，例如图 6-66 中的 Basic；一级导航下层是二级导航，例如图 6-66 中的 Checkbox，二级导航在 JSON 文件中以对象的形式出现，包含属性 key、name 和 options。其中，key 为字符串，表示设置项目的唯一 ID，JSON 文件中除最顶层的对象外，其余的对象均需设置 key 属性；name 属性同样为字符串，表示标题的名称；options 属性为数组，包含当前二级标题下的所有设置项。每个设置项都从属于一个特定的二级导航，每个二级导航都从属于一个一级导航。每个设置项可以对应于不同的控件类型，在设置项的 JSON 对象中使用 type 属性来标识，DSettings 目前支持的 type 属性类型和其对应的生成控件及 JSON 属性如表 6-2 所示。

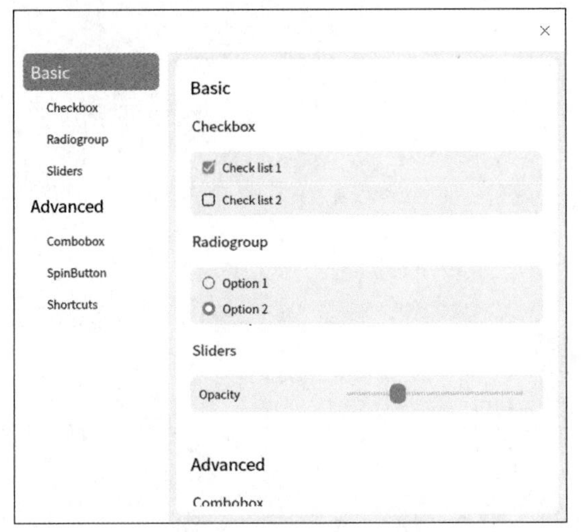

图 6-66　“Settings”菜单页面内容

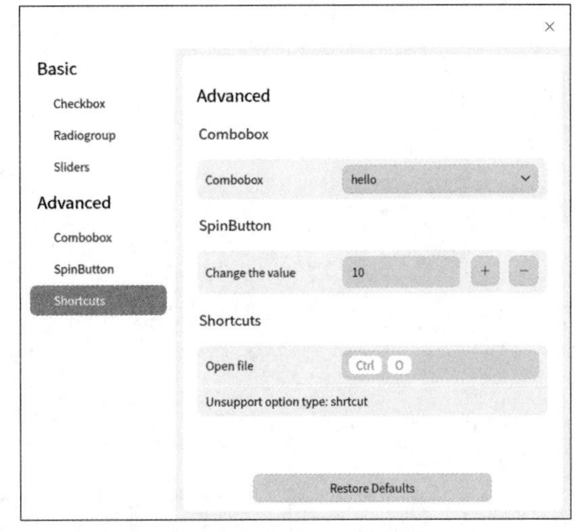

图 6-67　“Advanced”页面

表 6-2　Dsettings 中支持的 type 属性类型和其对应的生成控件及 JSON 属性

type 属性类型	生成控件	JSON 属性
checkbox	QCheckBox	text
radiogroup	QRadioButton 组成的 QButtonGroup	items
slider	QSlider	name、min、max
combobox	QComboBox	name、items
spinbutton	QSpinBox	name、min、max
shortcut	ShortcutEdit	name
lineedit	QLineEdit	name、text
buttongroup	DButtonBox	name、items
switchbutton	DSwitchButton	name
title1	QWidget 和 QLable 组成的标题	text
title2	QWidget 和 QLable 组成的标题	text

除了表 6-2 列出的属性外，每个控件可选提供一个 default 属性，表示设置项默认值，用于单击按钮后的设置项重置处理，建议对所有控件都设置一个默认值。

第 07 章

DTK 插件开发

介绍完 DTK 开发框架后，本章就 DTK 插件开发的内容进行介绍，主要包括插件的工作原理及插件开发。

7.1　插件的工作原理

插件是在不需要改动并重新编译主程序本身的情况下扩展主程序功能的一种机制。dde-dock 插件是根据 Qt 插件标准所开发的共享库文件（.so），可以通过实现 Qt 的插件标准和 dde-dock 提供的接口来完成 dde-dock 的功能扩展。

7.2　dde-dock 插件开发

在 dde-dock 启动时，系统会启动线程去检测目录 /usr/lib/dde-dock/plugins 下的所有文件，并检测其是否是正常的动态库文件，如果是则尝试加载。尝试加载即检测库文件的元数据，插件的元数据定义在 JSON 文件中，这一点后文会介绍。如果元数据检测通过，就开始检查插件是否实现了 dde-dock 指定的接口，若这一步也通过就会开始初始化插件，获取插件提供的控件，进而将控件显示在任务栏上。

7.2.1　dde-dock 插件接口

这里先介绍 dde-dock 提供了哪些接口，可作为手册查看。注意，为 dde-dock 编写插件并不是要实现所有接口。这些接口提供了 dde-dock 允许的各种可能的功能，插件开发者可以根据需求实现自己需要的接口。后续的插件示例也会用到这里列出的部分接口。接口定义的文件一般在系统如下位置：

```
/usr/include/dde-dock/pluginproxyinterface.h
/usr/include/dde-dock/pluginsiteminterface.h
/usr/include/dde-dock/constants.h
```

只有标明必须实现的接口才是必须要由插件开发者实现的接口，对于其他接口，如果不需要对应功能可不实现。

1. PluginsItemInterface

PluginsItemInterface 类中定义的接口除了 displayMode 和 position（历史遗留），从插件的角度来看都是被动的，只能等待被任务栏的插件机制调用，其接口如表 7-1 所示。

表 7-1　PluginsItemInterface 类中的接口

名称	说明
pluginName	返回插件名称，在 dde-dock 内部管理插件时使用，必须实现
pluginDisplayName	返回插件名称，并在界面上显示
init	插件初始化入口函数，参数 proxyInter 可认为是主程序的进程，必须实现
itemWidget	返回插件主控件，用于显示在 dde-dock 面板上，必须实现
itemTipsWidget	返回鼠标指针悬浮在插件主控件上时显示的提示框控件
itemPopupApplet	返回单击插件主控件后弹出的控件
itemCommand	返回单击插件主控件后要执行的命令数据
itemContextMenu	返回右击插件主控件后要显示的菜单数据

续表

名称	说明
invokedMenuItem	菜单项被单击后的回调函数
itemSortKey	返回插件主控件的排序位置
setSortKey	重新设置主控件的排序位置（用户拖动插件控件后的位置）
itemAllowContainer	插件控件是否允许被收纳
itemIsInContainer	插件是否处于收纳模式（仅在 itemAllowContainer 为 true 时有用）
setItemIsInContainer	插件是否处于收纳模式的状态（仅在 itemAllowContainer 为 true 时有用）
pluginIsAllowDisable	插件是否允许被禁用（默认为不允许被禁用）
pluginIsDisable	插件当前是否处于被禁用状态
pluginStateSwitched	当插件的禁用状态被用户改变时此接口被调用
displayModeChanged	dde-dock 显示模式发生改变时此接口被调用
positionChanged	dde-dock 位置变化时此接口被调用
refreshIcon	当插件控件的图标需要更新时此接口被调用
displayMode	用于插件主动获取 dde-dock 当前的显示模式
position	用于插件主动获取 dde-dock 当前的位置

2. PluginProxyInterface

由于上面介绍的接口对于插件来说基本都是被动的，即插件本身无法确定这些接口什么时候会被调用，很明显对于插件机制来说这是不完整的，因此便有了 PluginProxyInterface。它定义了一些让插件主动调用以控制 dde-dock 的一些行为的接口。

PluginProxyInterface 的具体实例可以认为是抽象了的 dde-dock 主程序，或者是 dde-dock 中所有插件的管理员，这个实例将会通过 PluginsItemInterface 中的 init 接口传递给插件，因此在上述 init 接口中总是会先把这个传入的对象保存起来以供后续使用。PluginProxyInterface 类中的接口如表 7-2 所示。

表 7-2　PluginProxyInterface 类中的接口

名称	说明
itemAdded	向 dde-dock 添加新的主控件（一个插件可以添加多个主控件，它们之间使用 itemKey 来区分）
itemUpdate	通知 dde-dock 有主控件需要更新
itemRemoved	从 dde-dock 移除主控件
requestWindowAutoHide	设置 dde-dock 是否允许隐藏，通常用在任务栏被设置为智能隐藏或始终隐藏而插件又需要让 dde-dock 保持显示状态来显示一些重要信息的场景下
requestRefreshWindowVisible	通知 dde-dock 更新隐藏状态
requestSetAppletVisible	通知 dde-dock 显示或隐藏插件的弹出面板（单击后弹出的控件）
saveValue	统一的配置保存函数
getValue	统一的配置读取函数

7.2.2 dde-dock 插件开发过程

接下来将介绍一个简单的 dde-dock 插件的开发过程，插件开发者可据此熟悉 dde-dock 插件开发的步骤，以便创造出更多具有丰富功能的插件。

7.2.2.1 预期功能

首先来确定插件所需要的功能：

（1）实时显示 home 分区（即 /home 目录对应的分区）可使用的剩余空间大小百分比；

（2）允许禁用插件；

（3）鼠标指针悬浮在插件上时显示 home 分区总容量和可用容量；

（4）单击插件时打开一个提示框，显示关于 home 分区更详细的信息；

（5）右击插件时打开一个菜单，用于刷新缓存和启动 gparted 程序。

7.2.2.2 安装依赖

下面以 Qt + CMake 为例进行说明，以深度操作系统 15.9 环境为基础，需安装如下包：

- dde-dock-dev；
- cmake；
- qtbase5-dev-tools；
- pkg-config。

7.2.2.3 项目基本结构

创建必需的项目目录与文件，如插件名称为 home_monitor，需创建以下的目录结构：

```
home_monitor
├── home_monitor.json
├── homemonitorplugin.cpp
├── homemonitorplugin.h
└── CMakeLists.txt
```

接着来依次分析各个文件的作用。

7.2.2.4 CMake 配置文件

CMakeLists.txt 是 cmake 命令要读取的配置文件，用于管理整个项目的源文件、依赖等，其内容如下：

```
# 以 # 开头的行是注释，用于介绍相关命令，对创建一份新的 CMakeLists.txt 文件有帮助，目前可以简单地了解
# 学习 CMake 时建议直接以命令列表作为入口
# 下面是完整的文档入口的链接：
# https://cmake.org/cmake/help/latest/

# 设置运行被配置所需的 CMake 最低版本
```

```
cmake_minimum_required(VERSION 3.11)

# 使用 set 命令设置一个变量
set(PLUGIN_NAME "home_monitor")

# 设置项目名称
project(${PLUGIN_NAME})

# 启用 Qt MOC 的支持
set(CMAKE_AUTOMOC ON)
# 启用 qrc 资源文件的支持
set(CMAKE_AUTORCC ON)

# 指定所有源码文件
# 使用 CMake 的 file 命令，递归查找项目目录下所有头文件和源码文件
# 并将结果放入 SRCS 变量，SRCS 变量可于后续使用
file(GLOB_RECURSE SRCS "*.h" "*.cpp")

# 指定要用的库
# 使用了 CMake 的 find_package 命令，查找库 Qt5Widgets 等
# REQUIRED 参数表示如果没有找到则报错
# find_package 命令在找到并加载指定的库之后会设置一些变量
# 常用的有:
# <库名>_FOUND           是否找到(Qt5Widgets_FOUND)
# <库名>_DIR             在哪个目录下找到的(Qt5Widgets_DIR)
# <库名>_INCLUDE_DIRS    有哪些头文件目录(Qt5Widgets_INCLUDE_DIRS)
# <库名>_LIBRARIES       有哪些库文件(Qt5Widgets_LIBRARIES)
find_package(Qt5Widgets REQUIRED)
find_package(DtkWidget REQUIRED)

# find_package 命令还可以用来加载 CMake 的功能模块
# 并不是所有的库都直接支持 CMake 查找，但大部分都支持了 pkg-config 这个标准
# 因此 CMake 提供了间接加载库的模块 FindPkgConfig，下面这行命令表示加载 FindPkgConfig 模块
# 这个 CMake 模块提供了额外的基于 pkg-config 加载库的功能
# 执行下面的命令后会设置如下变量，不过一般用不到:
# PKG_CONFIG_FOUND              pkg-config 可执行文件是否找到了
# PKG_CONFIG_EXECUTABLE         pkg-config 可执行文件的路径
# PKG_CONFIG_VERSION_STRING     pkg-config 的版本信息
find_package(PkgConfig REQUIRED)

# 加载 FindPkgConfig 模块后就可以使用 pkg_check_modules 命令加载需要的库
# pkg_check_modules 命令是由 FindPkgConfig 模块提供的
# 因此要使用这个命令必须先加载 FindPkgConfig 模块
# 执行pkg_check_modules命令加载库也会设置一些类似执行find_package加载库后设置的变量:
```

```
# DdeDockInterface_FOUND
# DdeDockInterface_INCLUDE_DIRS
# DdeDockInterface_LIBRARIES
# 还有另外一些变量以及更灵活的用法，比如一次性查找多个库，关于这些请自行查找 CMake 文档
pkg_check_modules(DdeDockInterface REQUIRED dde-dock)

# add_definitions 命令用于声明 / 定义一些编译 / 预处理参数
# 根据 CMake 文档描述，此命令已经被另外几个功能划分得更为细致的命令所取代，具体请查阅文档
# 这里的例子应该使用较新的 add_compile_definitions 命令
# 不过为了保持与 dde-dock 已有插件一致
# 暂时仍然使用 add_definitions，add_definitions 的语法很简单
# 就是直接写要定义的 flag 并在前面加上“-D”即可
# 括号中的 ${QT_DEFINITIONS} 变量会在执行 CMake 时展开为它的值
# 这个变量属于历史遗留的，应该是在 Qt 3/Qt 4 时有用
# 基于 Qt 5 或更高版本的新插件不必使用此变量。要查看 Qt 5 的库定义了哪些变量应该查看变量
${Qt5Widgets_DEFINITIONS}add_definitions("${QT_DEFINITIONS} -DQT_PLUGIN")

# 新增一个编译目标
# 这里使用命令 add_library 来表示本项目要生成一个库文件目标
# 类似的还有使用命令 add_executable 添加一个可执行二进制目标
# 甚至使用命令 add_custom_target（使用较少）添加自定义目标
# SHARED 表示生成的库应该是动态库
# 变量 ${PLUGIN_NAME} 和 ${SRCS} 都是前面处理好的
# 另外，qrc 资源文件也应该追加在后面以编译进目标
add_library(${PLUGIN_NAME} SHARED ${SRCS} home_monitor.qrc)

# 设置目标的生成位置，这里表示生成在执行 CMake 的目录中，
# 另外还有很多可用于设置的属性，可查阅 CMake 文档
set_target_properties(${PLUGIN_NAME} PROPERTIES LIBRARY_OUTPUT_DIRECTORY ./)

# 设置目标要使用的 include 目录，即头文件目录
# 变量 ${DtkWidget_INCLUDE_DIRS} 是在前面执行 find_package 命令时引入的
# 当出现编译失败，提示找不到某些库的头文件时应该检查此处是否将所有需要的头文件都包含了
target_include_directories(${PLUGIN_NAME} PUBLIC
    ${Qt5Widgets_INCLUDE_DIRS}
    ${DtkWidget_INCLUDE_DIRS}
    ${DdeDockInterface_INCLUDE_DIRS}
)

# 设置目标要使用的链接库
# 变量 ${DtkWidget_LIBRARIES} 和 ${Qt5Widgets_LIBRARIES} 是在前面执行 find_package
  命令时引入的
# 当出现运行时错误提示某些符号没有定义时应该检查此处是否将所有要用的库都写在了这里
target_link_libraries(${PLUGIN_NAME} PRIVATE
```

```
    ${Qt5Widgets_LIBRARIES}
    ${DtkWidget_LIBRARIES}
    ${DdeDockInterface_LIBRARIES}
)

# 设置安装路径的前缀（默认为“/usr/local”）
set(CMAKE_INSTALL_PREFIX "/usr")

# 设置执行 make install 时哪个目标应该被安装到哪个位置
install(TARGETS ${PLUGIN_NAME} LIBRARY DESTINATION lib/dde-dock/plugins)
```

7.2.2.5 元数据文件

home_monitor.json 文件是插件的元数据文件，指明了当前插件所使用的 dde-dock 的接口版本。dde-dock 在加载此插件时，会检测自己的接口版本是否与插件的接口版本一致，当双方的接口版本不一致或者不兼容时，dde-dock 为了安全将阻止加载对应的插件。另外，元数据文件是在源码中使用特定的宏加载到插件中的。在 dde-dock 内建的插件代码中，可以找到当前具体的接口版本，在本书编写时最新的版本是 1.2。代码如下：

```
{
    "api": "1.2"
}
```

另外还可以指定 D-Bus 服务（可选的，且仅支持 session D-Bus），dde-dock 在加载插件时会检查此插件所依赖的 D-Bus 服务，如果服务没有启动则不会初始化这个插件，直到服务启动。下面的代码表示依赖 dbus 地址为“com.deepin.daemon.Network”的 D-Bus 服务。

```
{
    "api": "1.2",
    "depends-daemon-dbus-service": "com.deepin.daemon.Network"
}
```

在 homemonitorplugin.h 头文件中声明了插件核心类 HomeMonitorPlugin，它继承（实现）了前面提到的 PluginsItemInterface，这代表它是一个实现了 dde-dock 接口的插件。

下面是最小化实现了 dde-dock 接口的插件的源码，只实现了必须实现的接口。注意：下文的代码只是为了简述开发插件的主要过程，详细的示例代码可查看 home-monitor 目录下的内容。

```
#ifndef HOMEMONITORPLUGIN_H
#define HOMEMONITORPLUGIN_H

#include <dde-dock/pluginsiteminterface.h>

#include <QObject>

class HomeMonitorPlugin : public QObject, PluginsItemInterface
```

```
{
    Q_OBJECT
    // 声明实现了的接口
    Q_INTERFACES(PluginsItemInterface)
    // 插件元数据
    Q_PLUGIN_METADATA(IID "com.deepin.dock.PluginsItemInterface"
                      FILE "home_monitor.json")

public:
    explicit HomeMonitorPlugin(QObject *parent = nullptr);

    // 返回插件的名称，必须是唯一值，不可以和其他插件冲突
    const QString pluginName() const override;

    // 插件初始化函数
    void init(PluginProxyInterface *proxyInter) override;

    // 返回插件的 widget
    QWidget *itemWidget(const QString &itemKey) override;
};

#endif // HOMEMONITORPLUGIN_H
```

homemonitorplugin.cpp 文件中包含对应接口的实现，代码如下：

```
#include "homemonitorplugin.h"

HomeMonitorPlugin::HomeMonitorPlugin(QObject *parent)
    : QObject(parent)
{


}

const QString HomeMonitorPlugin::pluginName() const
{
    return QStringLiteral("home_monitor");
}

void HomeMonitorPlugin::init(PluginProxyInterface *proxyInter)
{
    m_proxyInter = proxyInter;
}

QWidget *HomeMonitorPlugin::itemWidget(const QString &itemKey)
{
    Q_UNUSED(itemKey);
```

```
    // 这里暂时返回空指针，这意味着插件会被 dde-dock 加载
    // 但是不会有任何东西被添加到 dde-dock 上
    return nullptr;
}
```

7.2.2.6 测试插件加载

插件的基本结构搭建好之后，应该测试这个插件能否被 dde-dock 正确加载，这时候如果测试出有问题可以及时处理。

7.2.2.7 从源码构建

为了不污染源码目录，推荐在源码目录中创建 build 目录：

```
cd home_monitor

mkdir build

cd build

cmake ..

make -j4
```

7.2.2.8 安装

执行下面的命令即可将插件安装到系统中，也就是 CMakeLists.txt 文件指定的安装位置：

```
sudo make install
```

可以看到 home_monitor.so 文件被安装在了 dde-dock 的插件目录中。

```
install -m 755 -p ./home_monitor/libhome_monitor.so /usr/lib/dde-dock/
plugins/libhome_monitor.so
```

或者将 .so 文件放在 ~ /.local/lib/dde-dock/plugins/ 目录下，dde-dock 会加载本地的插件。

```
install -m 755 -p ./home_monitor/libhome_monitor.so~/.local/lib/dde-dock/
plugins/libhome_monitor.so
```

7.2.2.9 测试加载

先执行 pkill dde-dock 命令“杀死”dde-dock；然后重新运行 dde-dock，在终端输出中如果出现以下内容，说明插件的加载已经正常：

```
init plugin:  "home_monitor"

init plugin finished:  "home_monitor"
```

7.2.2.10　创建插件主控件

创建新文件 informationwidget.h 和 informationwidget.cpp，用于创建控件类 InformationWidget，这个控件可显示在 dde-dock 上。

此时的目录结构为：

```
home_monitor

├── build/
├── home_monitor.json
├── homemonitorplugin.cpp
├── homemonitorplugin.h
├── informationwidget.cpp
├── informationwidget.h
└── CMakeLists.txt
```

其中 informationwidget.h 文件内容如下：

```
#ifndef INFORMATIONWIDGET_H
#define INFORMATIONWIDGET_H

#include <QWidget>
#include <QLabel>
#include <QTimer>
#include <QStorageInfo>

class InformationWidget : public QWidget
{
    Q_OBJECT

public:
    explicit InformationWidget(QWidget *parent = nullptr);

    inline QStorageInfo * storageInfo() { return m_storageInfo; }

private slots:
    // 用于更新数据的槽函数
    void refreshInfo();

private:
    // 真正的数据显示在这个 Label 上
    QLabel *m_infoLabel;
    // 处理时间间隔的计时器
    QTimer *m_refreshTimer;
    // 分区数据的来源
    QStorageInfo *m_storageInfo;
```

```
};

#endif // INFORMATIONWIDGET_H
```

informationwidget.cpp 文件包含对类 InformationWidget 的实现代码，内容如下：

```
#include "informationwidget.h"

#include <QVBoxLayout>
#include <QTimer>
#include <QDebug>

InformationWidget::InformationWidget(QWidget *parent)
    : QWidget(parent)
    , m_infoLabel(new QLabel)
    , m_refreshTimer(new QTimer(this))
    // 使用 "/home" 初始化 QStorageInfo
    // 如果 "/home" 没有挂载到一个单独的分区上，QStorageInfo 收集的数据将会是根分区的
    , m_storageInfo(new QStorageInfo("/home"))
{
    m_infoLabel->setStyleSheet("QLabel {"
                               "color: white;"
                               "}");
    m_infoLabel->setAlignment(Qt::AlignCenter);

    QVBoxLayout *centralLayout = new QVBoxLayout;
    centralLayout->addWidget(m_infoLabel);
    centralLayout->setSpacing(0);
    centralLayout->setMargin(0);

    setLayout(centralLayout);

    // 连接 Timer 超时的信号到更新数据的槽上
    connect(m_refreshTimer, &QTimer::timeout, this, &InformationWidget::refreshInfo);

    // 设置 Timer 超时时间为 10s，即每 10s 更新一次控件上的数据，并启动定时器
    m_refreshTimer->start(10000);

    refreshInfo();
}

void InformationWidget::refreshInfo()
{
    // 获取分区总容量
    const double total = m_storageInfo->bytesTotal();
```

```
    // 获取可用总容量
    const double available = m_storageInfo->bytesAvailable();
    // 得到可用百分比
    const int percent = qRound(available / total * 100);

    // 更新内容
    m_infoLabel->setText(QString("Home:\n%1\%").arg(percent));
}
```

现在主控件类已经实现了，回到插件的核心类，将主控件类添加到核心类中。

在 homemonitorplugin.h 中相应位置添加成员声明：

```
#include "informationwidget.h"

class HomeMonitorPlugin : public QObject, PluginsItemInterface
{
private:
    InformationWidget *m_pluginWidget;
};
```

然后在 homemonitorplugin.cpp 中添加成员的初始化代码，比如在 init 接口中初始化：

```
void HomeMonitorPlugin::init(PluginProxyInterface *proxyInter)
{
    m_proxyInter = proxyInter;

    m_pluginWidget = new InformationWidget;
}
```

1. 添加主控件到 dde-dock 面板中

在插件核心类的 init 方法中，获取到了 PluginProxyInterface 对象，调用此对象的 itemAdded 接口即可实现向 dde-dock 面板添加项目；第二个参数为 QString 类型，代表了本插件所提供的主控件的 ID，当一个插件提供多个主控件时，不同主控件之间要保证 ID 唯一。代码如下：

```
void HomeMonitorPlugin::init(PluginProxyInterface *proxyInter)
{
    m_proxyInter = proxyInter;

    m_pluginWidget = new InformationWidget;

    m_proxyInter->itemAdded(this, pluginName());
}
```

调用 itemAdded 之后，dde-dock 会在合适的时机调用插件的 itemWidget 接口以获取需要显示的控件。如果插件提供多个主控件到 dde-dock 上，那么插件核心类应该在 itemWidget 接口中分析参数

itemKey，并返回与之对应的控件对象，当插件只有一个可显示项目时，itemKey 可以忽略（但不建议忽略）。代码如下：

```
QWidget *HomeMonitorPlugin::itemWidget(const QString &itemKey)
{
    Q_UNUSED(itemKey);

    return m_pluginWidget;
}
```

再根据 7.2.2 节编译、安装、重新运行 dde-dock，就可以看到主控件在 dde-dock 面板上出现了，如图 7-1 所示。

图 7-1　主控件出现在 dde-dock 面板上的效果

2. 支持禁用插件

与插件禁用和启用相关的接口有如下 3 个：

- pluginIsAllowDisable；
- pluginIsDisable；
- pluginStateSwitched。

故而在插件的核心类头文件中增加这 3 个接口的声明：

```
bool pluginIsAllowDisable() override;
bool pluginIsDisable() override;
void pluginStateSwitched() override;
```

同时在插件的核心类实现类中增加这 3 个接口的定义：

```
bool HomeMonitorPlugin::pluginIsAllowDisable()
{
    // 告诉 dde-dock 本插件允许禁用
    return true;
}

bool HomeMonitorPlugin::pluginIsDisable()
{
    // 第 2 个参数"disabled"表示存储的键值对（所有配置都是以键值对的方式存储的）
    // 第 3 个参数表示默认值，即默认不禁用
    return m_proxyInter->getValue(this, "disabled", false).toBool();
}

void HomeMonitorPlugin::pluginStateSwitched()
```

```
{
    // 获取当前禁用状态的反值作为新的状态值
    const bool disabledNew = !pluginIsDisable();
    // 存储新的状态值
    m_proxyInter->saveValue(this, "disabled", disabledNew);

    // 根据新的禁用状态值处理主控件的加载和卸载
    if (disabledNew) {
        m_proxyInter->itemRemoved(this, pluginName());
    } else {
        m_proxyInter->itemAdded(this, pluginName());
    }
}
```

此时会引入一个新的问题，插件允许被禁用，在 dde-dock 启动时插件有可能处于禁用状态。因此在初始化插件时就不能直接将主控件添加到 dde-dock 中，而是应该判断当前是否是禁用状态，修改接口 init 的实现代码：

```
void HomeMonitorPlugin::init(PluginProxyInterface *proxyInter)
{
    m_proxyInter = proxyInter;

    m_pluginWidget = new InformationWidget;

    // 如果插件没有被禁用，则在初始化插件时才将主控件添加到面板上
    if (!pluginIsDisable()) {
        m_proxyInter->itemAdded(this, pluginName());
    }
}
```

重新编译、安装、重新运行 dde-dock，然后在 dde-dock 面板上右击，查看“插件”子菜单就会看到空白项，单击它将禁用插件，再次单击则启用插件。不过为什么是空白项呢？因为有一个接口还没有实现：pluginDisplayName。在相应文件中分别添加如下内容来解决这个问题，最终效果如图 7-2 所示。

```
// homemonitorplugin.h

const QString pluginDisplayName() const override;
// homemonitorplugin.cpp

const QString HomeMonitorPlugin::pluginDisplayName() const
{
    return QString("Home Monitor");
}
```

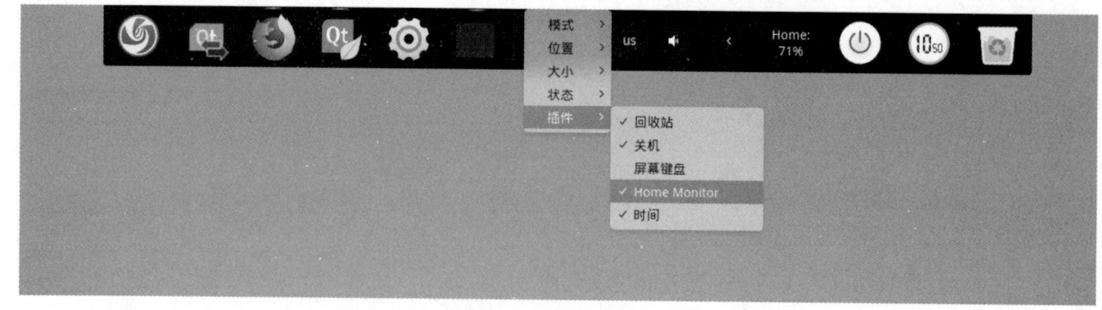

图 7-2　主控件在 dde-dock 面板上禁用插件

3. 支持“hover tip”鼠标跟踪显示

“hover tip”就是鼠标指针移动到插件主控件上并悬停一小段时间后弹出的一个提示框，可以用于显示一些状态信息等，当然具体用来显示什么内容则完全由插件开发者决定，要实现这个功能需要接口 itemTipsWidget。首先在插件核心类中添加一个文本控件作为 tip 控件：

```
// homemonitorplugin.h
private:
    InformationWidget *m_pluginWidget;
    QLabel *m_tipsWidget; // new
```

在 init 函数中初始化：

```
// homemonitorplugin.cpp
void HomeMonitorPlugin::init(PluginProxyInterface *proxyInter)
{
    m_proxyInter = proxyInter;

    m_pluginWidget = new InformationWidget;
    m_tipsWidget = new QLabel; // new

    // 如果插件没有被禁用，则在初始化插件时才将主控件添加到面板上
    if (!pluginIsDisable()) {
        m_proxyInter->itemAdded(this, pluginName());
    }
}
```

下面在插件核心类中实现接口 itemTipsWidget：

```
// homemonitorplugin.h
public:
    QWidget *itemTipsWidget(const QString &itemKey) override;
// homemonitorplugin.cpp

QWidget *HomeMonitorPlugin::itemTipsWidget(const QString &itemKey)
{
    Q_UNUSED(itemKey);
```

```
    // 设置 / 刷新 tips 中的信息
    double total = qRound(m_pluginWidget->stolrageInfo()->bytesTotal());
    total  /= qPow(1024, 3);
    do= qPow(1024, 3);
    m_tipsWidget->setText(QString("Total: %1GB\nAvailable: %2GB")
                          .arg(total)
                          .arg(available);

    return m_tipsWidget;
}
```

dde-dock 在发现鼠标指针悬停在插件的控件上时，就会调用这个接口获取相应的控件并将之显示出来，如图 7-3 所示。

图 7-3　主控件的鼠标指针悬停提示效果

4. applet 控件支持

tip 控件在鼠标指针移开之后就会消失，如果插件需要长时间显示一个窗体（即使鼠标指针移开也会保持显示状态）来实现一些提示或功能的话，就需要使用小应用 applet 控件。applet 控件在单击后显示，在单击控件以外的其他地方后消失。

applet 控件其实跟 tip 控件一样，都是普通的 Widget，但是可以在 applet 控件中显示交互性的内容，比如按钮、输入框等。

由于篇幅限制，这里对于 applet 控件就不介绍添加交互性的功能了，它只用来显示一些文字，所以依然使用 lable 控件。在插件核心类 homemonitorplugin 中添加一个文本控件作为 applet 控件：

```
//.h
private:
    InformationWidget *m_pluginWidget;
    QLabel *m_tipsWidget;
    QLabel *m_appletWidget; // new
```

在 init 函数中初始化：

```
// homemonitorplugin.cpp

void HomeMonitorPlugin::init(PluginProxyInterface *proxyInter)
{
    m_proxyInter = proxyInter;

    m_pluginWidget = new InformationWidget;
    m_tipsWidget = new QLabel;
    m_appletWidget = new QLabel; // new
```

```
    // 如果插件没有被禁用，则在初始化插件时才将主控件添加到面板上
    if (!pluginIsDisable()) {
        m_proxyInter->itemAdded(this, pluginName());
    }
}
```

接着实现 applet 相关的接口 itemPopupApplet：

```
// homemonitorplugin.h
public:
    QWidget *itemPopupApplet(const QString &itemKey) override;
// homemonitorplugin.cpp
QWidget *HomeMonitorPlugin::itemPopupApplet(const QString &itemKey){
    Q_UNUSED(itemKey);
    double total = qRound(m_pluginWidget->storageInfo()->bytesTotal()
                / qPow(1024, 3));
    double available = qRound(m_pluginWidget->storageInfo()->bytesAvailable()
                    / qPow(1024, 3));
    const QString &device = QString(m_pluginWidget->storageInfo()->device());
    const QString &displayName = m_pluginWidget->storageInfo()->displayName();
    const QString &name = m_pluginWidget->storageInfo()->name();
    const QString &fileType = QString(m_pluginWidget->storageInfo()
                        ->fileSystemType());
    const QString &rwText = m_pluginWidget->storageInfo()->isReadOnly()
                        ? "ReadOnly" : "ReadWrite";
    m_appletWidget->setText(QString("Total: %1GB\nAvailable: %2GB\n
                         Device:   %3\nVolume: %4\nLabel: %5\n
                         Format: %6\nAccess: %7")
                         .arg(total)
                                              .arg(available)
                                              .arg(device)
                                              .arg(displayName)
                                              .arg(name)
                                              .arg(fileType)
                                              .arg(rwText)
    );
    return m_appletWidget;
}
```

编译、安装、重新运行 dde-dock 之后单击主控件即可看到弹出的 applet 控件，如图 7-4 所示。

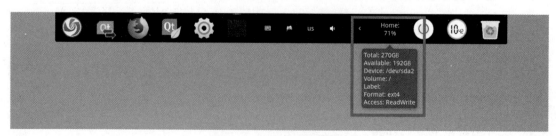

图 7-4　弹出 applet 控件效果

5. 支持右键菜单

增加右键菜单功能需要实现以下两个接口函数：itemContextMenu 和 invokedMenuItem。具体代码如下：

```
// homemonitorplugin.h
public:
    const QString itemContextMenu(const QString &itemKey) override;
    void invokedMenuItem(const QString &itemKey, const QString &menuId,
                         const bool checked) override;
// homemonitorplugin.cpp
const QString HomeMonitorPlugin::itemContextMenu(const QString &itemKey)
{
    Q_UNUSED(itemKey);

    QList<QVariant> items;
    items.reserve(2);

    QMap<QString, QVariant> refresh;
    refresh["itemId"] = "refresh";
    refresh["itemText"] = "Refresh";
    refresh["isActive"] = true;
    items.push_back(refresh);

    QMap<QString, QVariant> open;
    open["itemId"] = "open";
    open["itemText"] = "Open Gparted";
    open["isActive"] = true;
    items.push_back(open);

    QMap<QString, QVariant> menu;
    menu["items"] = items;
    menu["checkableMenu"] = false;
    menu["singleCheck"] = false;

    // 返回 JSON 格式的菜单数据
    return QJsonDocument::fromVariant(menu).toJson();
}

void HomeMonitorPlugin::invokedMenuItem(const QString &itemKey,
                                        const QString &menuId,
                                        const bool checked)
{
    Q_UNUSED(itemKey);

    // 根据上面接口设置的 Id 执行不同的操作
    if (menuId == "refresh") {
```

```
        m_pluginWidget->storageInfo()->refresh();
    } else if ("open") {
        QProcess::startDetached("gparted");
    }
}
```

编译、安装、重新运行 dde-dock 之后右击主控件即可看到图 7-5 所示的右键菜单弹出效果。

图 7-5　右键菜单弹出效果

至此，一个包含基本功能的插件就开发完成了。

7.3　dde-control-center 插件开发

控制中心支持一级模块插件以及二级菜单插件。在控制中心（dde-control-center）启动时，会遍历 /usr/lib/dde-control-center/modules 目录下的所有文件，并检测文件是否为动态库文件，如果是则尝试加载。加载动态库之后会检查数据库的元数据，元数据会保存到 JSON 文件中，控制中心通过元数据的值来进行版本控制。如果元数据检测通过，会判断动态库是否继承了控制中心提供的接口类并进行类型转换，还会通过对插件接口实现的判定来将插件插入指定位置。

7.3.1　dde-control-center 插件开发的准备工作

开发 dde-control-center 插件时，需要安装 dde-control-center-dev 开发包。开发包会提供包含所有需要继承接口的头文件，以及控制中心自定义控件的头文件。安装命令如下：

```
sudo apt-get install dde-control-center-dev
```

接口定义和自定义控件的头文件系统位置如下：

```
/usr/include/dde-control-center/interface/frameproxyinterface.h
/usr/include/dde-control-center/interface/moduleinterface.h
/usr/include/dde-control-center/interface/namespace.h
/usr/include/dde-control-center/widgets/*.h
```

7.3.2　dde-control-center 插件接口

开发 dde-control-center 插件主要通过 ModuleInterface 类的接口来实现，表 7-3 所示为该类的接口函数和说明。

表 7-3　ModuleInterface 类的接口函数和说明

接口函数	说明
preInitialize	会在模块初始化时被调用，用于模块在准备阶段进行资源的初始化（不允许进行高资源的操作）
initialize	初始化相应的模块，首次进入模块的时候会被调用一次（不允许进行高资源的操作），preInitialize 和 initialize 必须实现一个
name	返回模块名称，用于在 dde-control-center 内部管理时使用，必须实现
displayName	返回模块名称，用于显示，必须实现
icon	获取模块图标，必须实现
translationPath	获取多语言文件路径，用于搜索，必须实现
showPage	显示制定模块界面
moduleWidget	返回模块主窗口
contentPopped	用于退出制定窗口
active	当第一次单击以进入模块时，active 会被调用，如果是插件，重载的时候必须声明为 slots，否则无法加载，必须实现
deactive	当模块被销毁时，deactive 会被调用
load	当搜索到相关字段后，load 会被调用，一级模块插件必须实现，否则不支持搜索跳转
availPage	支持指定页面跳转，一级模块插件推荐实现，用于使用命令行进入指定界面
path	插件级别及二级菜单插件所属模块必须实现，可使用头文件中的宏作为返回值
follow	插件插入位置，可返回数字或者字符串，必须实现
enable	插件是否可用，默认为可用
setFrameProxy	无法重写，用于获取控制中心主窗体

ModuleInterface 类中有一个保护对象 m_frameProxy，调用 setFrameProxy 后该对象可以用于窗口控制，具体代码如下：

```
protected:
    FrameProxyInterface *m_frameProxy{nullptr};
```

7.3.3　构建 dde-control-center 插件

介绍完开发原理的相关内容之后，下面提供一个简单实例来帮助开发者了解 dde-control-center 的开发流程，这里只实现简单的窗口管理。

7.3.3.1　目录结构

该实例的文件目录结构如下：

```
domain-plugin
|——CMakeLists.txt
|——src
|——|——domainwidget.cpp
|——|——domainwidget.h
|——|——api.json
```

7.3.3.2 CMake 配置文件

CMakeLists.txt 文件是 cmake 命令要读取的配置文件，用于管理整个项目的依赖、源文件等，示例内容如下：

```
# 设置运行被配置所需的 CMake 最低版本
cmake_minimum_required(VERSION 3.7)

# 使用 set 命令设置一个变量
set(PLUGIN_NAME "Domain_Plugin")

# 设置项目名称
project(${PLUGIN_NAME})

# 启用 Qt MOC 的支持
set(CMAKE_AUTOMOC ON)
# 启用 qrc 资源文件的支持
set(CMAKE_AUTORCC ON)

# 指定所有源码文件
file(GLOB_RECURSE SRCS "*.h" "*.cpp")

# 指定要用到的库
find_package(Qt5Widgets REQUIRED)
find_package(DtkWidget REQUIRED)
find_package(DdeControlCenter REQUIRED)
find_package(PkgConfig REQUIRED)

pkg_check_modules(DFrameworkDBus REQUIRED dframeworkdbus)

file(GLOB TS_FILES "translations/*.ts")
qt5_create_translation(QM_FILES ${CMAKE_SOURCE_DIR} ${TS_FILES})
add_custom_target(translations ALL DEPENDS ${QM_FILES})

# 新增一个编译目标
# 这里使用命令 add_library 来表示本项目要生成一个库文件目标
add_library(${PLUGIN_NAME} SHARED ${SRCS} domain.qrc translations/
translations.qrc)

# 设置目标要使用的 include 目录，即头文件目录
# 变量 ${DtkWidget_INCLUDE_DIRS} 是在前面执行 find_package 命令时引入的
# 当出现编译失败，提示找不到某些库的头文件时，应该检查此处是否已将所有需要的头文件都包含了
target_include_directories(${PLUGIN_NAME} PUBLIC
    ${Qt5Widgets_INCLUDE_DIRS}
    ${DtkWidget_INCLUDE_DIRS}
```

```
    ${DdeControlCenter_INCLUDE_DIR}
    ${DFrameworkDBus_INCLUDE_DIRS}
)

# 设置目标要使用的链接库
# 变量 ${DtkWidget_LIBRARIES} 和 ${Qt5Widgets_LIBRARIES} 是在前面执行 find_package 命令时引入的
# 当出现运行时错误提示某些符号没有定义时，应该检查此处是否将所有要用的库都包含了
target_link_libraries(${PLUGIN_NAME} PRIVATE
    ${Qt5Widgets_LIBRARIES}
    ${DtkWidget_LIBRARIES}
    ${DdeControlCenter_LIBRARIES}
    ${DFrameworkDBus_LIBRARIES}
)

# 设置安装路径的前缀（默认为“/usr/local”）
set(CMAKE_INSTALL_PREFIX "/usr")

# 设置执行 make install 时哪个目标应该被安装到哪个位置
install(TARGETS ${PLUGIN_NAME} LIBRARY DESTINATION lib/dde-control-center/modules)

# 安装 .qm 文件
install(FILES ${QM_FILES} DESTINATION share/domain_plugin/translations)
```

7.3.3.3 元数据文件

api.json 文件是插件的元数据文件，文件中的 API 字段用来在控制中心中进行版本控制。由于 dde-control-center 插件插入逻辑做过较大改动，老版本的虚函数表和新版本的有差异，会导致旧版本的插件无法正确加载到控制中心中，所以添加了一个版本控制字段。代码如下：

```
{
    "api" : "1.0.0"
}
```

7.3.3.4 插件类实现

下面声明一个 DomainWidget 类，其继承自上述的 ModuleInterface 类。

```
#pragma once

// 命令空间定义
#include "interface/namespace.h"
// 接口类
#include "interface/moduleinterface.h"
```

```
#include <QObject>

class DomainWidget : public QObject, public DCC_NAMESPACE::ModuleInterface
{
    Q_OBJECT
    // 元数据绑定
    Q_PLUGIN_METADATA(IID ModuleInterface_iid FILE "api.json")
    // 声明实现的接口
    Q_INTERFACES(DCC_NAMESPACE::ModuleInterface)

public:
    DomainWidget();
    ~DomainWidget() override;

    // 预初始化函数，可不实现
    virtual void preInitialize(bool sync = false,
                               DCC_NAMESPACE::FrameProxyInterface::PushType =
                               DCC_NAMESPACE::FrameProxyInterface::PushType::
                               Normal) override;

    // 初始化函数，和预初始化函数必须实现其中一个
    virtual void initialize() override;

    // 返回插件名称，用于控制中心内部调用
    virtual const QString name() const override;

    // 返回插件名称，用于显示
    virtual const QString displayName() const override;

    // 返回插件图标，用于显示
    virtual QIcon icon() const override;

    // 返回插件翻译文件路径，用于搜索跳转
    virtual QString translationPath() const override;

    // 告知控制中心插件级别（一级模块还是二级菜单），必须实现
    virtual QString path() const override;

    // 告知控制中心插件插入位置，必须实现
    virtual QString follow() const override;

public Q_SLOTS:
    // active 函数声明
    virtual void active() override;
```

```
private:
    // 加载翻译文件
    QTranslator m_translator;
};
```

domainwidget.cpp 文件中的具体实现代码如下：

```
#include "domainwidget.h"
#include <QTranslator>

#include <widgets/contentwidget.h>

DomainWidget::DomainWidget()
{
    // 加载翻译文件
    m_translator.load(QLocale::system(),
                      QStringLiteral("dde-control-center-domain"),
                      QStringLiteral("_"),
                      QStringLiteral("/usr/share/domain_plugin/translations"));
    qApp->installTranslator(&m_translator);
}

DomainWidget::~DomainWidget()
{
    qApp->removeTranslator(&m_translator);
}

// 可不重写该函数
void DomainWidget::preInitialize(bool sync, DCC_NAMESPACE::
                                 FrameProxyInterface::PushType type)
{
    Q_UNUSED(sync)
    Q_UNUSED(type)
}

// 初始化函数，和预初始化函数必须实现其中一个
void DomainWidget::initialize()
{

}

void DomainWidget::active()
{
    // 每次单击插件模块的时候，会调用 active 函数
    // 可以使用 pushWidget 函数将窗口推送到控制中心中
```

```
    m_frameProxy->pushWidget(this, m_indexWidget,
                             dccV20::FrameProxyInterface::PushType::Normal);
}

// 插件名称，用于控制中心内部管理
const QString DomainWidget::name() const
{
    return "domain management";
}


// 用于显示的名称
const QString DomainWidget::displayName() const
{
    return tr("Domain Management");
}

// 插件图标
QIcon DomainWidget::icon() const
{
    return QIcon(":/icons/dcc_domain_32px.svg");
}

// 插件 .ts文件，用于搜索
QString DomainWidget::translationPath() const
{
    return QStringLiteral(":/translations/dde-control-center-domain_%1.ts");
}

// 控制中心插件级别（一级菜单还是二级菜单）
QString DomainWidget::path() const
{
    return DATETIME;          // 二级菜单，时间日期模块
    // return MAINWINDOW;     // 一级菜单，控制中心主导航窗口
}

QString DomainWidget::follow() const
{
    return "3";               // 在第 3 个
    // return KEYBOARD;       // 在键盘模块后
}
```

7.3.3.5 插件编译

首先在项目根目录新建 build 文件夹（在 .gitignore 中添加该文件夹，避免污染项目文件），然后编译，

生成的 .so 文件会在 build 目录中，具体代码如下：

```
cd domain-plugin

mkdir build

cd build

cmake ..

make -j16

## 手动复制，未安装翻译文件
sudo cp libdomainPlugin.so /usr/lib/dde-control-center/modules/

## 直接安装
## sudo make install
```

7.3.3.6 插件加载测试

重新启动控制中心：

```
killall dde-control-center
dde-control-center -s
```

当终端中出现 load plugin Name: domain management 域管理时，说明已经成功加载。加载成功后界面如图 7-6 所示。

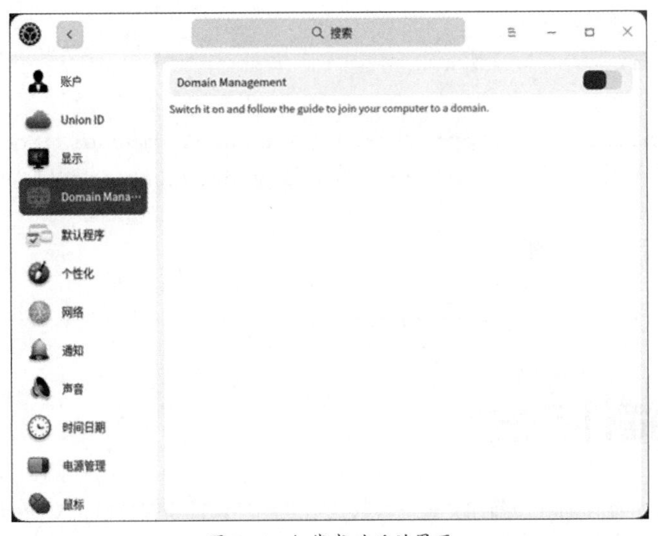

图 7-6 加载成功后的界面

7.3.4 插件加载原理

接下来介绍插件加载的原理。

7.3.4.1 一级菜单加载

控制中心加载一级菜单，其实是对 QList（表示链表的模板类）进行插入处理。控制中心中的 MainWindow 中有一个 QList<QPair<dccV20::ModuleInterface *,QString>> 对象（简称 modules），由于插件继承于 ModuleInterface，所以可以对插件进行类型转换，将 QObject 转换为 ModuleInterface *，再通过插件中实现的 path 和 follow 方法来控制插件插入的位置。插件的初始化由 MainWindow 控制，会判断什么时候调用初始化函数（preInitial 或 initial）。每次单击插件模块时，会调用插件的 active 函数，所以具体窗口的推入 / 弹出一般在 active 中实现。具体实现代码如下：

```
/**
* @brief dccV20::InsertPlugin::pushPlugin 加载一级菜单插件
* @param modules 一级菜单所有模块，将插件添加到其中
*/
void dccV20::InsertPlugin::pushPlugin(QList<QPair<dccV20::ModuleInterface *,
                                           QString>> &modules)
{
    // 具体实现部分不再重复
}
```

7.3.4.2 二级菜单加载

控制中心加载二级菜单，可以理解为往 QListView 中插入 item，二级菜单实际上是 listview，单击每个 item 的时候会发出相应信号，通知模块将旧窗口弹出，然后推入新的窗口。初始化函数在加载插件的时候直接调用了，每次单击 item 的时候要调用 active 函数。代码如下：

```
/**
* @brief dccV20::InsertPlugin::pushPlugin
* @param Model 二级菜单列表
* @param itemList
*/
void dccV20::InsertPlugin::pushPlugin(QStandardItemModel *Model,
                                      QList<dccV20::ListSubItem> &itemList)
{
    // 具体实现部分不再重复
}
```

7.4 dfm 插件开发

文件管理器（File Manager，简称文管）可有效帮助用户管理所有文件，文管拥有直观的界面，可以处理任何文件或文件夹。使用文管，可轻松复制、移动、重命名、删除、查找、分享、探索、压缩和整理任何存储设备中的所有文件。文管（dde-file-manager）支持以下扩展插件：

- 属性对话框插件（PropertyDialogExpandInfoInterface）；
- 视图插件（DFMViewPlugin）；

- 面包屑插件（DFMCrumbPlugin）;
- 文件控制器插件（DFMFileControllerPlugin）;
- 文件预览插件（DFMFilePreviewPlugin）。

插件根路径为：

```
/usr/lib/$ARCH/dde-file-manager/plugins
```

其中 $ARCH 为平台目录，如在 amd64 平台，$ARCH 为 x86_64-linux-gnu，即在 amd64 平台文管的插件根路径为：

```
/usr/lib/x86_64-linux-gnu/dde-file-manager/plugins
```

7.4.1　准备工作

安装 dde-file-manager 开发包，命令如下。

```
apt-get install libdde-file-manager-dev
```

7.4.2　属性对话框插件

属性对话框是文管显示文件属性的界面，包括标记、基本信息、打开方式、权限管理等，属性对话框如图 7-7 所示。属性对话框插件是对属性对话框中属性条目的扩展，按照文管的属性对话框插件接口，根据自身功能业务开发属性控件，并以动态库的形式将其发布并安装到指定文件夹下，即可在文管的属性对话框中显示定制的属性内容。插件安装路径为：

```
/usr/lib/$ARCH/dde-file-manager/plugins/view
```

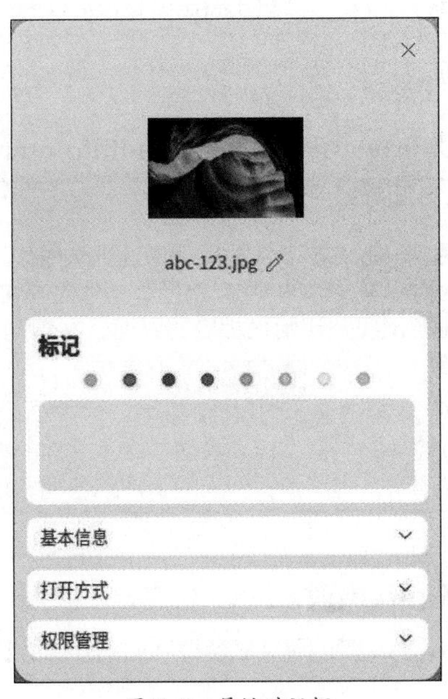

图 7-7　属性对话框

7.4.2.1 插件接口

插件类 PropertyDialogExpandInfoInterface 是文管加载属性对话框插件并创建属性控件的标准插件接口类，其定义如下:

```
class PropertyDialogExpandInfoInterface : public QObject
{
public:
    explicit PropertyDialogExpandInfoInterface(QObject *parent = nullptr)
        : QObject(parent) {}
    virtual ~PropertyDialogExpandInfoInterface() {}
    virtual QWidget* expandWidget(const QString& file) {
        Q_UNUSED(file)
        return new QWidget();
    }
    virtual QString expandWidgetTitle(const QString& file){
        return file;
    }
};

#define PropertyDialogExpandInfoInterface_iid
    "com.deepin.dde-file-manager.PropertyDialogExpandInfoInterface"
Q_DECLARE_INTERFACE(PropertyDialogExpandInfoInterface,
                    PropertyDialogExpandInfoInterface_iid)
```

插件标识为:

```
com.deepin.dde-file-manager.PropertyDialogExpandInfoInterface
```

插件类函数说明如表 7-4 所示。

表 7-4 插件类 PropertyDialogExpandInfoInterface 函数说明

名称	说明
expandWidget	必须实现，该函数需完成属性控件的创建并返回根界面对象的 QWidget 指针。传入参数 file 是文件的 URL 路径，插件需在接口中根据传入的文件路径和插件的功能业务创建并初始化相应的界面。文管则将返回的控件放入属性对话框的主界面中
expandWidgetTitle	必须实现，该函数需返回属性的标题，如“基本信息”“打开方式”“权限管理”，其是属性控件的名称。传入参数 file 是文件的 URL 路径，通常情况下接口返回固定名称即可，也可根据传入的文件路径动态地返回属性标题

7.4.2.2 示例：显示文件 Mime 类型

下面通过开发属性对话框插件，为文管的属性对话框添加文件的 Mime 类型，具体过程如下。

1. 创建工程

在 Qt Creator 中新建共享库工程，工程名为 dfmpoperty-mimetype。工程文件目录如下:

```
├── dfmpopertymimetype.cpp
├── dfmpoperty-mimetype_global.h
├── dfmpopertymimetype.h
└── dfmpoperty-mimetype.pro
```

2. 功能代码编写

在各个文件中添加如下代码。

■ **dfmpoperty-mimetype.pro**

添加 INCLUDEPATH += /usr/include/dde-file-manager，引入文管的开发头文件路径。

■ **dfmpopertymimetype.h**

（1）引入插件接口类 PropertyDialogExpandInfoInterface。添加引入头文件的代码：

```
#include <dde-file-manager-plugins/menuinterface.h>
```

（2）添加插件接口类的继承关系。修改 DfmPopertyMimetype 继承自属性对话框插件接口类：

```
PropertyDialogExpandInfoInterface
```

（3）添加 Qt Plugin 宏。在 DfmPopertyMimetype 类中添加宏：

```
Q_OBJECT
Q_PLUGIN_METADATA(IID PropertyDialogExpandInfoInterface_iid FILE)
Q_INTERFACES(PropertyDialogExpandInfoInterface)
```

（4）添加功能函数。修改构造函数，添加析构函数以及父类的接口 expandWidget、expandWidgetTitle。

该头文件代码如下：

```
#include "dfmpoperty-mimetype_global.h"

#include <dde-file-manager-plugins/menuinterface.h>

class DFMPOPERTYMIMETYPESHARED_EXPORT DfmPopertyMimetype :
        public PropertyDialogExpandInfoInterface
{
    Q_OBJECT
    Q_PLUGIN_METADATA(IID PropertyDialogExpandInfoInterface_iid)
    Q_INTERFACES(PropertyDialogExpandInfoInterface)
public:
    explicit DfmPopertyMimetype(QObject *parent = nullptr);
    ~DfmPopertyMimetype();
    virtual QWidget* expandWidget(const QString &file) Q_DECL_OVERRIDE;
    virtual QString expandWidgetTitle(const QString &file) Q_DECL_OVERRIDE;
};
```

■ **dfmpopertymimetype.cpp**

（1）实现构造函数和析构函数。

（2）实现 expandWidget。使用 QListWidget 作为属性对话框插件的主界面。通过 QMimeDatabase 获取文件的 Mime 类型，并将类型名添加到 QListWidget 中。

（3）实现 expandWidgetTitle。返回固定名称"Mime Types"。

该源文件代码如下：

```
#include "dfmpopertymimetype.h"

#include <QListWidget>
#include <QMimeDatabase>

DfmPopertyMimetype::DfmPopertyMimetype(QObject *parent) :
    PropertyDialogExpandInfoInterface(parent)
{
}

DfmPopertyMimetype::~DfmPopertyMimetype()
{
}

QWidget *DfmPopertyMimetype::expandWidget(const QString &file)
{
    QUrl url(file);
    QMimeDatabase db;
    auto type = db.mimeTypeForFile(url.path());

    auto listWid = new QListWidget;
    listWid->addItem(type.name());
    for (auto aliase : type.aliases())
        listWid->addItem(aliase);

    return listWid;
}

QString DfmPopertyMimetype::expandWidgetTitle(const QString &file)
{
    return tr("Mime Types");
}
```

3. 安装插件

编译完成后，将生成的二进制库文件放置到 dfm 插件的路径下，如 amd64 平台为 /usr/lib/x86_64-linux-gnu/dde-file-manager/plugins/view，然后重启系统。打开文管，选择文件，单击"属性"即可在弹出的属性对话框中查看到该文件的"Mime Types"属性，如图 7-8 所示。

图 7-8 查看文件的“Mime Types”属性

7.4.3 视图插件

视图插件用于文管显示操作文件的界面，文管根据所需浏览的项目的 URL 选取匹配的视图插件来展示和操作 URL 下的内容。如当打开计算机时，URL 为 computer:///，则使用计算机视图；若打开文件夹，URL 为 file:///，则使用文件视图。视图插件是对文管视图插件的扩展，通过开发并集成视图插件可使文管支持打开更多类型的 URL，并可通过增加自定义的 URL 类型与其匹配的视图插件实现在文管中加入自定义界面，满足定制需求。插件安装路径：

```
/usr/lib/$ARCH/dde-file-manager/plugins/views
```

图 7-9 中框选区域为文管视图区。

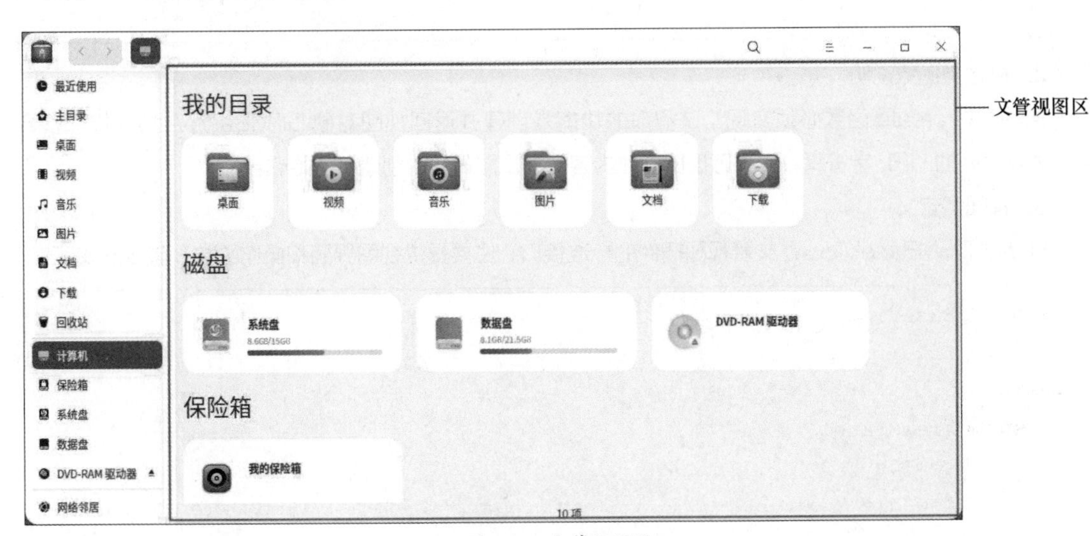

图 7-9 文管视图区

7.4.3.1 插件接口

编写视图插件需继承并实现两个接口类：用于插件加载的接口 DFMViewPlugin 和视图接口 DFMBaseView。

1. 插件类定义

插件类 DFMViewPlugin 是文管加载插件并创建视图对象 DFMBaseView 的标准插件接口，其定义如下：

```
#define DFMViewFactoryInterface_iid
    "com.deepin.filemanager.DFMViewFactoryInterface_iid"

class DFMBaseView;
class DFMViewPlugin : public QObject
{
    Q_OBJECT
public:
    explicit DFMViewPlugin(QObject *parent = 0);
    ~DFMViewPlugin();

    virtual DFMBaseView *create(const QString &key) = 0;
};
```

插件标识为：

```
com.deepin.filemanager.DFMViewFactoryInterface_iid
```

插件元数据为 JSON 格式的文件，在 Keys 数组中添加视图插件匹配的 URL 类型，如 http://。当文管打开的 URL 类型为 http 时，会使用该视图插件提供的视图界面。代码如下：

```
{
    "Keys" : ["http://"]
}
```

2. 插件类函数说明

插件类中 create 函数必须实现。该函数的功能是创建并返回视图对象 DFMBaseView，传入参数 key 为需打开的 URL 字符串，函数可根据参数内容处理视图对象的创建和初始化。

3. 视图类定义

视图类 DFMBaseView 是文管视图插件的标准接口，主要提供视图界面和操作函数。其定义如下：

```
class DFMBaseView
{
public:
    enum ViewState {
        ViewBusy,
        ViewIdle
    };
```

```
    DFMBaseView();
    virtual ~DFMBaseView();
    void deleteLater();
    virtual QWidget *widget() const = 0;
    virtual DUrl rootUrl() const = 0;
    virtual ViewState viewState() const;
    virtual bool setRootUrl(const DUrl &url) = 0;
    virtual QList<QAction*> toolBarActionList() const;
    virtual void refresh();
protected:
    void notifyUrlChanged();
    void notifyStateChanged();
    void requestCdTo(const DUrl &url);
    void notifySelectUrlChanged(const QList<DUrl> &urlList);
};
```

其中 ViewState 定义为当前视图的状态，文管界面根据该标识绘制状态信息。ViewBusy 表示正在加载数据，ViewIdle 表示空闲。

4. 视图类函数说明

视图类函数说明如表 7-5 所示。

表 7-5　视图类函数说明

名称	说明
deleteLater	该函数已实现，功能是释放对象自身。若对象同时继承自 QObject，则会使用 QObject::deleteLater，否则调用该函数就等同于 delete 操作
widget	必须实现。该函数需返回视图插件的界面对象，文管则将该界面对象放入视图区域。插件根据自身功能业务创建和初始化界面控件，并以 QWidget 类型返回根界面对象的指针
rootUrl	必须实现。该函数需返回当前视图界面访问的 URL
viewState	必须实现。该函数需返回当前视图界面的状态。通常若正在加载内容则返回 ViewBusy，否则返回 ViewIdle
setRootUrl	必须实现。该函数会设置当前需要加载的 URL，设置成功返回 true，设置失败返回 false。视图插件需在该函数中实现加载传入参数 URL 指向的内容，并刷新视图界面展示内容
toolBarActionList	必须实现。该函数需返回视图界面的动作项。文管将返回的动作项 QAction 放入标题栏，用于操作视图插件。插件需根据自身功能创建所需的 QAction 对象，并绑定其所要执行的动作。若视图插件无动作项可返回空
refresh	必须实现。该函数需实现视图界面的刷新，根据当前视图的 URL（rootUrl）重新加载内容并更新界面
notifyUrlChanged	该函数已实现，功能是发送当前 URL 改变的信号
notifyStateChanged	该函数已实现，功能是发送视图当前的状态改变的信号。插件在修改视图状态后需调用该函数
requestCdTo	该函数已实现，功能是切换视图的 URL
notifySelectUrlChanged	该函数已实现，功能是发送选中的 URL 发生改变的信号

7.4.3.2 示例：网页浏览视图

下面通过开发网页浏览的视图插件，使文管支持打开网页，来说明 dfm 插件的开发过程。

1. 创建工程

在 Qt Creator 中新建共享库工程，工程名为 dfmview-browser-plugin。新增视图类 DfmViewBrowser 和插件元数据文件 dfmview-browser-plugin.json，工程文件目录如下：

```
├── dfmviewbrowser.cpp
├── dfmviewbrowser.h
├── dfmviewbrowserplugin.cpp
├── dfmview-browser-plugin_global.h
├── dfmviewbrowserplugin.h
├── dfmview-browser-plugin.json
└── dfmview-browser-plugin.pro
```

2. 编写功能

对各个文件进行修改，使其实现整个功能，具体修改如下。

- **dfmview-browser-plugin.pro**

（1）添加 INCLUDEPATH += /usr/include/dde-file-manager，引入文管的开发头文件路径。

（2）添加 DISTFILES += dfmview-browser-plugin.json，引入插件元数据。

- **dfmview-browser-plugin.json**

网页浏览的视图插件支持打开网页，则插件的 URL 类型为 http 与 https。因此元数据文件的 Keys 数组中的值为 http:// 与 https://。文件内容如下：

```
{
    "Keys" : ["http://", "https://"]
}
```

- **dfmviewbrowserplugin.h**

（1）引入插件类 DFMViewPlugin。添加引入头文件的代码：

```
#include <dfmviewplugin.h>
```

（2）添加插件类的继承关系。修改 DfmViewBrowserPlugin 继承自视图插件的插件类 DFMViewPlugin，注意要添加命名空间 DFM_NAMESPACE。

（3）添加 Qt Plugin 宏。在 DfmViewBrowserPlugin 类中添加宏，增加插件元数据文件。代码如下：

```
Q_OBJECT
Q_PLUGIN_METADATA(IID DFMViewFactoryInterface_iid FILE
                  "dfmview-browser-plugin.json")
```

（4）添加功能函数。修改构造函数，添加父类中需通过插件实现的函数。代码如下：

```
#include "dfmview-browser-plugin_global.h"

#include <dfmviewplugin.h>
```

```
class DFMVIEWBROWSERPLUGINSHARED_EXPORT DfmViewBrowserPlugin :
    public DFM_NAMESPACE::DFMViewPlugin
{
    Q_OBJECT
    Q_PLUGIN_METADATA(IID DFMViewFactoryInterface_iid FILE
                      "dfmview-browser-plugin.json")
public:
    explicit DfmViewBrowserPlugin(QObject *parent = 0);

    virtual DFM_NAMESPACE::DFMBaseView *create(const QString &key) Q_DECL_OVERRIDE;
};
```

■ **dfmviewbrowserplugin.cpp**

（1）实现构造函数。

（2）实现 create 函数。创建一个视图对象 DfmViewBrowser 并返回。本示例插件中只有一个视图对象 DfmViewBrowser，在功能更加丰富的场景中可以根据 key 的内容创建不同的视图对象。代码如下：

```
#include "dfmviewbrowserplugin.h"
#include "dfmviewbrowser.h"

DfmViewBrowserPlugin::DfmViewBrowserPlugin(QObject *parent) :
DFM_NAMESPACE::DFMViewPlugin(parent)
{
}

DFM_NAMESPACE::DFMBaseView *DfmViewBrowserPlugin::create(const QString &key)
{
    Q_UNUSED(key)
    return new DfmViewBrowser;
}
```

■ **dfmviewbrowser.h**

（1）引入视图类 DFMBaseView。添加引入头文件的代码：

```
#include <dfmbaseview.h>
```

（2）添加插件类的继承关系。修改 DfmViewBrowser 多重继承自 QObject 与视图类 DFMBaseView（注意要添加命名空间 DFM_NAMESPACE），添加 Q_OBJECT。

（3）添加功能函数。修改构造函数，添加析构函数以及父类中需通过插件实现的函数。

（4）添加成员变量。使用 Qt 的网页浏览控件 QWebEngineView 显示视图插件的主界面，添加前置声明 class QWebEngineView;。增加成员变量：QWebEngineView 对象指针，当前 URL，当前状态。

具体实现代码如下：

```
#include <dfmbaseview.h>

class QWebEngineView;
class DfmViewBrowser : public QObject, public DFM_NAMESPACE::DFMBaseView
{
    Q_OBJECT
public:
    explicit DfmViewBrowser();
    ~DfmViewBrowser();

    virtual QWidget *widget() const Q_DECL_OVERRIDE;
    virtual DUrl rootUrl() const Q_DECL_OVERRIDE;
    virtual ViewState viewState() const Q_DECL_OVERRIDE;
    virtual bool setRootUrl(const DUrl &url) Q_DECL_OVERRIDE;
    virtual QList<QAction*> toolBarActionList() const Q_DECL_OVERRIDE;
    virtual void refresh() Q_DECL_OVERRIDE;
protected:
    QWebEngineView *m_view = nullptr;
    DUrl m_root;
    ViewState m_state = ViewIdle;
};
```

■ **dfmviewbrowser.cpp**

（1）实现构造函数。构造函数中创建 QWebEngineView 实例对象。

（2）实现析构函数。析构函数中释放 QWebEngineView 实例对象。

（3）实现 widget。返回 QWebEngineView 实例对象的指针 m_view。

（4）实现 rootUrl。返回当前的 URL 数据 m_root。

（5）实现 viewState。返回当前的状态 m_state。

（6）实现 setRootUrl。设置 URL，若传入 URL 无效，则返回 false。若 URL 有效，则调用 notifyUrlChanged 发送 URL 改变信号，再调用 refresh 加载内容。

（7）实现 toolBarActionList。为网页浏览视图提供刷新动作，创建 QAction 对象，设置文本为刷新，关联其 QAction::triggered 信号到调用 refresh 函数。即在文管标题栏上单击“刷新”按钮，视图界面就重新加载网页内容。

（8）实现 refresh。修改视图状态为 ViewBusy，发送状态改变信号。然后调用 QWebEngineView::load 接口加载网页数据，完成后修改状态为 ViewIdle 并再次发送状态改变信号。

具体实现代码如下：

```
#include "dfmviewbrowser.h"

#include <QWebEngineView>
#include <QAction>

DFM_USE_NAMESPACE
```

```
DfmViewBrowser::DfmViewBrowser() : DFMBaseView()
{
    m_view = new QWebEngineView;
}

DfmViewBrowser::~DfmViewBrowser()
{
    if (m_view) {
        delete m_view;
        m_view = nullptr;
    }
}

QWidget *DfmViewBrowser::widget() const
{
    return m_view;
}

DUrl DfmViewBrowser::rootUrl() const
{
    return m_root;
}

DFMBaseView::ViewState DfmViewBrowser::viewState() const
{
    return m_state;
}

bool DfmViewBrowser::setRootUrl(const DUrl &url)
{
    if (!url.isValid())
        return false;

    m_root = url;
    notifyUrlChanged();

    refresh();
    return true;
}

QList<QAction *> DfmViewBrowser::toolBarActionList() const
{
    auto refresh = new QAction("刷新", m_view);
```

```
    if (m_view) {
        m_view->connect(refresh, &QAction::triggered, m_view, [this](){
            const_cast<DfmViewBrowser *>(this)->refresh();
        });
    }
    return QList<QAction *>{refresh};
}

void DfmViewBrowser::refresh()
{
    m_state = ViewBusy;
    notifyStateChanged();

    m_view->load(m_root);

    m_state = ViewIdle;
    notifyStateChanged();
}
```

3. 安装插件

编译完成后，将生成的二进制库文件放置到 dfm 插件路径下，如 amd64 平台为 /usr/lib/x86_64-linux-gnu/dde-file-manager/plugins/views，然后重启系统。

打开文管，在地址栏输入一个网址，如 https://www.chinauos.com/，按 Enter 键，文管的视图区就能够加载出网页，如图 7-10 所示；单击标题栏上的“刷新”按钮，执行网页刷新动作。

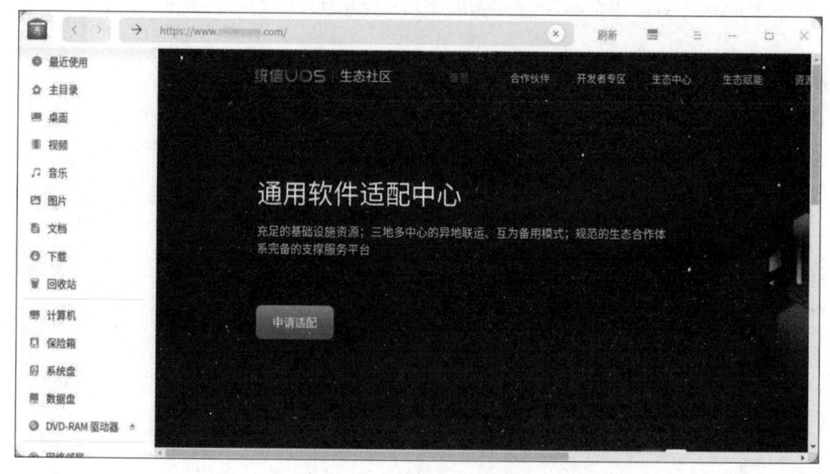

图 7-10　文管加载出网页

7.4.4 面包屑插件

面包屑插件是将文管地址栏中的 URL 分割成面包屑样式显示的控件，是对文管地址栏的一种扩展。如文件路径的 URL 为 file:///home/uos/Desktop，在文管地址栏中则被拆分成两块，一块显示家目录图标，一块显示“桌面”文本，如图 7-11 所示。面包屑插件可扩展文管地址栏中对不同 URL 类型的分块显示和交互操作。插件安装路径如下：

```
/usr/lib/$ARCH/dde-file-manager/plugins/crumbs
```

图 7-11　面包屑插件显示效果

7.4.4.1　插件接口

编写面包屑插件需继承并实现两个接口类：用于插件加载的接口类 DFMCrumbPlugin和面包屑接口类 DFMCrumbInterface。

1. 插件类定义

插件类 DFMCrumbPlugin 是文管加载插件并创建面包屑接口对象 DFMCrumbInterface 的标准插件接口，其定义如下：

```
#define DFMCrumbFactoryInterface_iid
    "com.deepin.filemanager.DFMCrumbFactoryInterface_iid"

class DFMCrumbInterface;
class DFMCrumbPlugin : public QObject
{
    Q_OBJECT
public:
    explicit DFMCrumbPlugin(QObject *parent = 0);
    ~DFMCrumbPlugin();

    virtual DFMCrumbInterface *create(const QString &key) = 0;
};
```

插件标识如下：

```
com.deepin.filemanager.DFMCrumbFactoryInterface_iid
```

2. 插件类函数说明

插件类中 create 函数必须实现，该函数的功能是创建并返回面包屑接口对象 DFMCrumbInterface，传入参数 key 为需打开的 URL 字符串，函数可根据参数内容处理面包屑接口对象的创建和初始化。

3. 面包屑接口类定义

面包屑数据类 CrumbData 定义如下：

```
class CrumbData
{
public:
    CrumbData(DUrl url = DUrl(), QString displayText = QString(),
              QString iconName = QString(), QString iconKey = "icon");
    operator QString() const;
    DUrl url = DUrl();
    QString iconName = QString();
    QString displayText = QString();
    QString iconKey = "icon";
};

class DFMCrumbBar;
class DFMCrumbInterfacePrivate;
class DFMCrumbInterface : public QObject
{
    Q_OBJECT
public:
    explicit DFMCrumbInterface(QObject *parent = 0);
    ~DFMCrumbInterface();
    enum ActionType {
        EscKeyPressed,
        ClearButtonPressed,
        AddressBarLostFocus
    };
    virtual void processAction(ActionType type);
    virtual void crumbUrlChangedBehavior(const DUrl url);
    virtual DFMCrumbBar* crumbBar() final;
    virtual void setCrumbBar(DFMCrumbBar *crumbBar) final;
    virtual bool supportedUrl(DUrl) = 0;
    virtual QList<CrumbData> seprateUrl(const DUrl &url);
    virtual void requestCompletionList(const DUrl &url);
    virtual void cancelCompletionListTransmission();
signals:
    void completionFound(const QStringList &completions);
    void completionListTransmissionCompleted();
private:
    QScopedPointer<DFMCrumbInterfacePrivate> d_ptr;
    Q_DECLARE_PRIVATE(DFMCrumbInterface)
};
```

CrumbData 是面包屑的数据类，对应地址栏上的每个分块，主要用于为界面绘制提供数据。CrumbData 成员变量说明如表 7-6 所示。

表 7-6　CrumbData 成员变量说明

变量名	类型	说明
url	DUrl	面包屑分块的 URL
iconName	QString	图标名，用于在分块上绘制图标
displayText	QString	显示文本，用于在分块上写文本
iconKey	QString	默认值为 icon，无须修改

ActionType 是 DFMCrumbInterface 中用于表示动作的枚举类型，ActicnType 枚举值说明如表 7-7 所示。

表 7-7　ActionType 枚举值说明

枚举值	说明
EscKeyPressed	按 Esc 键
ClearButtonPressed	按下地址栏中的清除按钮
AddressBarLostFocus	地址栏失去焦点

4. 面包屑接口类函数说明

面包屑接口类 DFMCrumbInterface 函数说明如表 7-8 所示。

表 7-8　面包屑接口类 DFMCrumbInterface 函数说明

名称	说明
processAction	该函数已实现，功能是处理地址栏中的动作事件。默认实现是隐藏地址编辑框
crumbUrlChangedBehavior	该函数已实现，功能是处理 URL 的改变。默认实现是隐藏地址编辑框，然后调用 DFMCrumbBar::updateCrumbs 更新面包屑
crumbBar	该函数已实现，子类不能再实现，功能是返回 DFMCrumbBar 对象指针
setCrumbBar	该函数已实现，子类不能再实现，功能是设置 DFMCrumbBar 对象指针
supportedUrl	必须实现。该函数会判断是否支持 URL，支持则返回 true，不支持则返回 false。插件需根据自身功能检查传入的 URL 是否能够被支持
seprateUrl	必须实现。该函数的功能是将 URL 分割成多块 CrumbData，并返回 CrumbData 列表。函数默认实现支持本地文件按目录分块，插件需根据自身功能重新实现 URL 的处理
requestCompletionList	该函数已实现，功能是以异步的方式获取 URL 的补全内容，用于给地址栏补齐提供数据。默认实现为补齐历史记录或其子目录（依赖文件控制器支持该 URL 类型），插件可根据自身功能实现补齐内容的获取与提供
cancelCompletionListTransmission	该函数已实现，功能是取消补齐数据的获取
completionFound	该函数为信号，无须实现。功能是发送找到补齐信息的信号
completionListTransmissionCompleted	该函数为信号，无须实现。功能是发送补齐信息获取完毕的信号

7.4.4.2 示例：网址面包屑插件

下面通过开发网址面包屑插件，使文管的地址栏显示官网认证信息，以此来对面包屑插件的开发进行说明。

1. 创建工程

在 Qt Creator 中新建共享库工程，工程名为 dfmcrumb-website-plugin。新增面包屑接口类 DFMWebCrumbController 和插件元数据文件 dfmcrumb-website-plugin.json，工程的文件目录如下：

```
├── dfmcrumbwebsiteplugin.cpp
├── dfmcrumb-website-plugin_global.h
├── dfmcrumbwebsiteplugin.h
├── dfmcrumb-website-plugin.json
├── dfmcrumb-website-plugin.pro
├── dfmwebcrumbcontroller.cpp
└── dfmwebcrumbcontroller.h
```

2. 编写功能

对各个文件进行修改，使其实现整个功能，具体修改如下。

■ **dfmcrumb-website-plugin.pro**

（1）添加 INCLUDEPATH += /usr/include/dde-file-manager，引入文管的开发头文件路径。

（2）添加 DISTFILES += dfmcrumb-website-plugin.json，引入插件元数据。

■ **dfmcrumb-website-plugin.json**

网址面包屑插件支持网页地址，则插件的 URL 类型为 http 与 https。因此元数据文件中的 Keys 数组中的值为 http:// 与 https://。

文件内容如下：

```
{
    "Keys" : ["http://", "https://"]
}
```

■ **dfmcrumbwebsiteplugin.h**

（1）引入插件类 DFMCrumbPlugin。添加引入头文件的代码：

```
#include <dfmcrumbplugin.h>
```

（2）添加插件类的继承关系。修改 DfmCrumbWebsitePlugin 继承自面包屑插件的插件类 DFMCrumbPlugin，注意要添加命名空间 DFM_NAMESPACE。

（3）添加 Qt Plugin 宏。在 DfmCrumbWebsitePlugin 类中添加宏，增加插件元数据文件。代码如下：

```
Q_OBJECT
Q_PLUGIN_METADATA(IID DFMCrumbFactoryInterface_iid FILE
                  "dfmcrumb-website-plugin.json")
```

（4）添加功能函数。修改构造函数，添加父类中需通过插件实现的函数。

代码如下：

```
#include "dfmcrumb-website-plugin_global.h"

#include <dfmcrumbplugin.h>

class DFMCRUMBWEBSITEPLUGINSHARED_EXPORT DfmCrumbWebsitePlugin :
    public DFM_NAMESPACE::DFMCrumbPlugin
{
    Q_OBJECT
    Q_PLUGIN_METADATA(IID DFMCrumbFactoryInterface_iid FILE
                      "dfmcrumb-website-plugin.json")
public:
    explicit DfmCrumbWebsitePlugin(QObject *parent = 0);

    virtual DFM_NAMESPACE::DFMCrumbInterface *create(const QString &key)
                            Q_DECL_OVERRIDE;
};
```

■ **dfmcrumbwebsiteplugin.cpp**

（1）实现构造函数。

（2）实现 create 函数。创建一个面包屑接口对象 DFMWebCrumbController 并返回。

本示例插件中只有一个面包屑接口对象 DFMWebCrumbController，在功能更加丰富的场景中可以根据 key 的内容创建不同的面包屑接口对象。代码如下：

```
#include "dfmcrumbwebsiteplugin.h"
#include "dfmwebcrumbcontroller.h"

DfmCrumbWebsitePlugin::DfmCrumbWebsitePlugin(QObject *parent) :
    DFM_NAMESPACE::DFMCrumbPlugin(parent)
{
}

DFM_NAMESPACE::DFMCrumbInterface *DfmCrumbWebsitePlugin::create(const QString &key)
{
    Q_UNUSED(key)
    return new DFMWebCrumbController;
}
```

■ **dfmwebcrumbcontroller.h**

（1）引入面包屑接口类 DFMCrumbInterface。添加引入头文件的代码：

```
#include <dfmcrumbinterface.h>
```

（2）添加继承关系。修改 DFMWebCrumbController 继承自面包屑接口类 DFMCrumbInterface，注意要添加命名空间 DFM_NAMESPACE。

（3）添加功能函数。修改构造函数，添加析构函数。实现 supportedUrl 和 seprateUrl 函数即可实现面包屑的核心功能。

代码如下：

```
#include <dfmcrumbinterface.h>

class DFMWebCrumbController : public DFM_NAMESPACE::DFMCrumbInterface
{
    Q_OBJECT
public:
    explicit DFMWebCrumbController(QObject *parent = 0);
    ~DFMWebCrumbController();

    virtual bool supportedUrl(DUrl) Q_DECL_OVERRIDE;
    virtual QList<DFM_NAMESPACE::CrumbData> seprateUrl(const DUrl &url)
                                Q_DECL_OVERRIDE;
};
```

■ **dfmwebcrumbcontroller.cpp**

（1）实现构造函数和析构函数。

（2）实现 supportedUrl。判断传入 URL 的 scheme 是否为 http、https 类型，是则返回 ture，不是则返回 false。

（3）实现 seprateUrl。判断传入 URL 是否有效，若无效则返回空链表。获取 URL 的 host 作为面包屑的第一块，若 host 已认证则设置为打钩的图标，若未认证则使用常规图标；URL 的完整地址作为面包屑的第二块。将两块 CrumbData 载入链表，并返回。

本示例中使用简单的映射表存储认证信息，作为测试只添加 www.chinauos.com 为已认证。

代码如下：

```
#include "dfmwebcrumbcontroller.h"

DFM_USE_NAMESPACE

DFMWebCrumbController::DFMWebCrumbController(QObject *parent) :
     DFM_NAMESPACE::DFMCrumbInterface(parent)
{
}

DFMWebCrumbController::~DFMWebCrumbController()
{
}

bool DFMWebCrumbController::supportedUrl(DUrl url)
{
    static const QString httpScheme = "http";
    static const QString httpsScheme = "https";
```

```
    auto scheme = url.scheme();
    return (scheme == httpScheme) || (scheme == httpsScheme);
}

QList<CrumbData> DFMWebCrumbController::seprateUrl(const DUrl &url)
{
    QList<CrumbData> ret;
    if (!url.isValid())
        return ret;
    static QMap<QString, QString> certification = {{QString("www.chinauos.com"),
                                                    QString("emblem-checked")}};

    auto host = url.host();
    if (certification.contains(url.host()))
        ret << CrumbData(DUrl("https://" + host), "", certification.value(host));
    else
        ret << CrumbData(DUrl("https://" + host), "", "text-html");
    ret << CrumbData(url, url.toString());
    return ret;
}
```

3. 安装插件

编译完成后，将生成的二进制库文件放置到 dfm 插件路径下，如 amd64 平台为 /usr/lib/x86_64-linux-gnu/dde-file-manager/plugins/crumbs，然后重启系统。

打开文管，在地址栏输入网址 https://www.chinauos.com/developMode，按 Enter 键，文管的地址栏出现了打钩图标和网址两个块，如图 7-12 所示（其中视图区为网页浏览视图插件），单击打钩图标则会跳转到首页；若输入的是其他域名的网址则没有打钩图标。

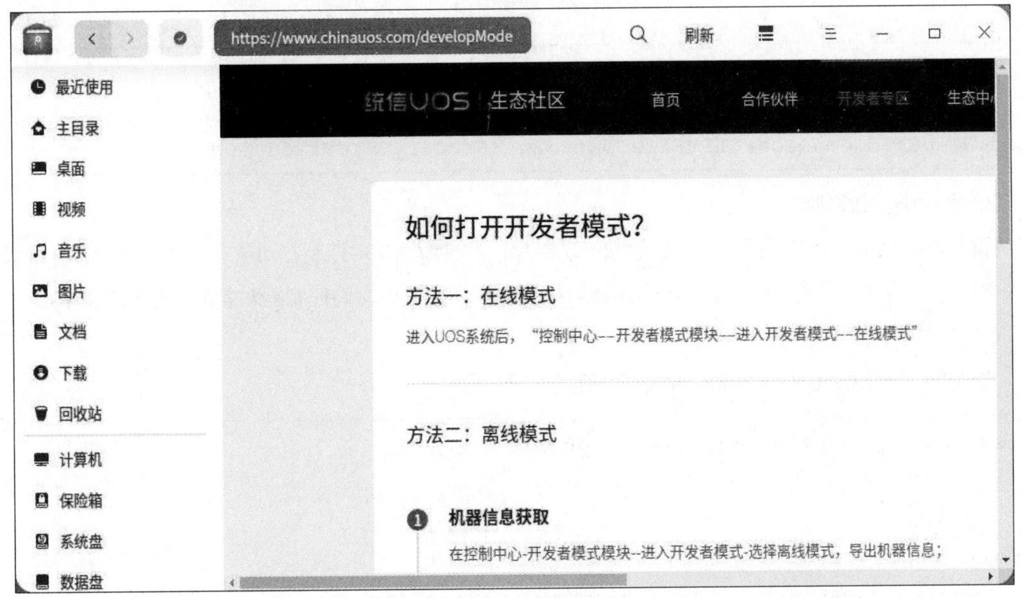

图 7-12　面包屑插件显示效果

7.4.5 文件控制器插件

文件控制器 DAbstractFileController 集成了对某一类型的文件的一系列操作 API，其往往需要 DAbstractFileInfo、DAbstractFileWatcher 等模块的支持，如标签文件的 TagController、TagFileInfo、TaggedFileWatcher。通过文件控制器可以实现以任意方式或规则来组织文件，这些文件可以是真实存在于存储设备中的文件、虚拟文件或经过特殊处理的文件（如保险箱的文件）。文件控制器插件可扩展文管可操作的文件类型、增加文件的组织方式、控制文件的操作等。文件控制器插件安装路径为：

```
/usr/lib/$ARCH/dde-file-manager/plugins/controllers
```

7.4.5.1 插件接口

编写文件控制器插件需继承并实现两个接口类：用于插件加载的接口 DFMFileControllerPlugin 和文件控制器类 DAbstractFileController。

1. 插件类定义

插件类 DFMFileControllerPlugin 是文管加载插件并创建文件控制器对象 DAbstractFileController 的标准插件接口，其定义如下：

```
#define DFMFileControllerFactoryInterface_iid
    "com.deepin.filemanager.DFMFileControllerFactoryInterface_iid"

class DFMFileControllerPlugin : public QObject
{
    Q_OBJECT
public:
    explicit DFMFileControllerPlugin(QObject *parent = 0);
    virtual DAbstractFileController *create(const QString &key) = 0;
};
```

插件标识为：

```
com.deepin.filemanager.DFMFileControllerFactoryInterface_iid
```

2. 插件类函数说明

插件类中 create 函数必须实现，该函数的功能是创建并返回文件控制器对象 DAbstractFileController，传入参数 key 为需打开的 URL 字符串，函数可根据参数内容处理文件控制器对象的创建和初始化。

3. 文件控制器类定义

文件控制器类 DAbstractFileController 定义如下：

```
class DAbstractFileController : public QObject
{
    Q_OBJECT
public:
    explicit DAbstractFileController(QObject *parent = 0);
```

```
virtual bool openFile(const QSharedPointer<DFMOpenFileEvent> &event) const;
virtual bool openFiles(const QSharedPointer<DFMOpenFilesEvent> &event) const;
virtual bool openFileByApp(const QSharedPointer<DFMOpenFileByAppEvent>
                           &event) const;
virtual bool openFilesByApp(const QSharedPointer<DFMOpenFilesByAppEvent>
                           &event) const;
virtual bool compressFiles(const QSharedPointer<DFMCompressEvent>
                           &event) const;
virtual bool decompressFile(const QSharedPointer<DFMDecompressEvent>
                           &event) const;
virtual bool decompressFileHere(const QSharedPointer<DFMDecompressEvent>
                               &event) const;
virtual bool writeFilesToClipboard
        (const QSharedPointer<DFMWriteUrlsToClipboardEvent> &event) const;
virtual bool renameFile(const QSharedPointer<DFMRenameEvent> &event) const;
virtual bool deleteFiles(const QSharedPointer<DFMDeleteEvent> &event) const;
virtual DUrlList moveToTrash(const QSharedPointer<DFMMoveToTrashEvent>
                            &event) const;
virtual DUrlList pasteFile(const QSharedPointer<DFMPasteEvent> &event) const;
virtual bool restoreFile(const QSharedPointer<DFMRestoreFromTrashEvent>
                        &event) const;
virtual bool mkdir(const QSharedPointer<DFMMkdirEvent> &event) const;
virtual bool touch(const QSharedPointer<DFMTouchFileEvent> &event) const;
virtual bool setPermissions(const QSharedPointer<DFMSetPermissionEvent>
                           &event) const;

virtual bool openFileLocation(const QSharedPointer<DFMOpenFileLocation>
                             &event) const;

virtual const QList<DAbstractFileInfoPointer> getChildren
        (const QSharedPointer<DFMGetChildrensEvent> &event) const;
virtual const DAbstractFileInfoPointer createFileInfo
        (const QSharedPointer<DFMCreateFileInfoEvent> &event) const;
virtual const DDirIteratorPointer createDirIterator
        (const QSharedPointer<DFMCreateDiriterator> &event) const;

virtual bool addToBookmark(const QSharedPointer<DFMAddToBookmarkEvent>
                          &event) const;
virtual bool removeBookmark(const QSharedPointer<DFMRemoveBookmarkEvent>
                           &event) const;

virtual bool createSymlink(const QSharedPointer<DFMCreateSymlinkEvent>
                          &event) const;
virtual bool shareFolder(const QSharedPointer<DFMFileShareEvent>
                        &event) const;
```

```
    virtual bool unShareFolder(const QSharedPointer<DFMCancelFileShareEvent>
                                &event) const;
    virtual bool openInTerminal(const QSharedPointer<DFMOpenInTerminalEvent>
                                &event) const;

    virtual bool setFileTags(const QSharedPointer<DFMSetFileTagsEvent>
                              &event) const;
    virtual bool removeTagsOfFile(const QSharedPointer<DFMRemoveTagsOfFileEvent>
                                   &event) const;
    virtual QList<QString> getTagsThroughFiles(
            const QSharedPointer<DFMGetTagsThroughFilesEvent> &event) const;

    virtual DAbstractFileWatcher *createFileWatcher(
            const QSharedPointer<DFMCreateFileWatcherEvent> &event) const;
    virtual DFM_NAMESPACE::DFileDevice *createFileDevice(
            const QSharedPointer<DFMUrlBaseEvent> &event) const;
    virtual DFM_NAMESPACE::DFileHandler *createFileHandler(
            const QSharedPointer<DFMUrlBaseEvent> &event) const;
    virtual DFM_NAMESPACE::DStorageInfo *createStorageInfo(
            const QSharedPointer<DFMUrlBaseEvent> &event) const;

    virtual bool setExtraProperties(const QSharedPointer<DFMSetFileExtraProperties>
          &event) const;
};
```

4. 文件控制器类接口说明

文件控制器类接口较多，在实际插件开发中根据插件的功能选择相关的接口实现即可，文件控制器类接口说明如表 7-9 所示。

表 7-9 文件控制器类接口说明

接口名称	说明
openFile	打开某个文件，成功返回 true，失败返回 false
openFiles	打开多个文件，成功返回 true，失败返回 false
openFileByApp	通过某一种应用打开某个文件，成功返回 true，失败返回 false
openFilesByApp	通过某一种应用打开多个文件，成功返回 true，失败返回 false
compressFiles	压缩文件，成功返回 true，失败返回 false
decompressFile	解压文件，成功返回 true，失败返回 false
decompressFileHere	解压某文件到当前目录下，成功返回 true，失败返回 false
writeFilesToClipboard	剪切文件，粘贴到剪贴板，成功返回 true，失败返回 false
renameFile	文件重命名，成功返回 true，失败返回 false
deleteFiles	删除一个或多个文件，成功返回 true，失败返回 false
moveToTrash	将文件移动到回收站中
pasteFile	粘贴或者剪切文件到目标 URL 中

续表

接口名称	说明
restoreFile	将回收站的文件恢复到原有位置，成功返回 true，失败返回 false
mkdir	创建文件夹，成功返回 true，失败返回 false
touch	创建文件，成功返回 true，失败返回 false
setPermissions	设置文件权限，成功返回 true，失败返回 false
openFileLocation	打开文件位置，成功返回 true，失败返回 false
getChildren	获取当前文件的子文件，返回指向 fileinfo 的指针
createFileInfo	根据 URL 创建并返回其 fileinfo 的指针
createDirIterator	经过过滤条件返回指向目录的迭代器指针
addToBookmark	将文件加入书签，成功返回 true，失败返回 false
removeBookmark	移除书签，成功返回 true，失败返回 false
createSymlink	根据 URL 创建链接文件，成功返回 true，失败返回 false
shareFolder	将此文件设置为共享文件，成功返回 true，失败返回 false
unShareFolder	取消文件的共享设置，成功返回 true，失败返回 false
openInTerminal	根据 URL 路径打开终端，成功返回 true，失败返回 false
setFileTags	设置文件标签，成功返回 true，失败返回 false
removeTagsOfFile	去除其文件标签信息，成功返回 true，失败返回 false
getTagsThroughFiles	根据文件 URL 返回其所有的标签信息
createFileWatcher	创建并返回一个 watcher 对象去监听文件变化
createFileDevice	根据 URL 创建并返回一个文件设备对象，提供基本的文件设备操作
createFileHandler	根据 URL 创建并返回一个文件句柄对象，提供基本的文件操作
createStorageInfo	根据 URL 创建并返回一个 storageinfo 对象，用来判断文件是否是本地文件和网络文件
setExtraProperties	设置额外的文件属性，成功返回 true，失败返回 false

7.4.5.2 示例：应用文件控制器

下面通过开发应用文件控制器插件，使文管支持打开 app:// 路径显示 /usr/share/applications 目录下的桌面应用说明。

1. 创建工程

在 Qt Creator 中新建共享库工程，工程名为 dfmcontroller-app-plugin。新增控制器类 DfmAppController 和插件元数据文件 dfmcontroller-app-plugin.json，工程的文件目录如下：

```
├── dfmappcontroller.cpp
├── dfmappcontroller.h
├── dfmcontrollerappplugin.cpp
├── dfmcontroller-app-plugin_global.h
├── dfmcontrollerappplugin.h
├── dfmcontroller-app-plugin.json
└── dfmcontroller-app-plugin.pro
```

2. 编写功能

对各个文件进行修改，使其实现整个功能，具体修改如下。

■ **dfmcontroller-app-plugin.pro**

（1）添加 INCLUDEPATH += /usr/include/dde-file-manager，引入文管的开发头文件路径。

（2）添加 DISTFILES += dfmcontroller-app-plugin.json，引入插件元数据。

■ **dfmcontroller-app-plugin.json**

应用文件控制器插件的 URL 类型为 app。因此元数据文件中的 Keys 数组中的值为 app://。

文件内容如下：

```
{
    "Keys" : ["app://"]
}
```

■ **dfmcontrollerappplugin.h**

（1）引入插件类 DFMFileControllerPlugin。添加引入头文件的代码：

```
#include <dfmfilecontrollerplugin.h>
```

（2）添加插件类的继承关系。修改 DfmControllerAppPlugin 继承自文件控制器插件的插件类 DFMFileControllerPlugin，注意要添加命名空间 DFM_NAMESPACE。

（3）添加 Qt Plugin 宏。在 DfmControllerAppPlugin 类中添加宏，增加插件元数据文件。代码如下：

```
Q_OBJECT
Q_PLUGIN_METADATA(IID DFMFileControllerFactoryInterface_iid FILE
                  "dfmcontroller-app-plugin.json")
```

（4）添加功能函数。修改构造函数，添加父类中需通过插件实现的函数。

代码如下：

```
#include "dfmcontroller-app-plugin_global.h"

#include <dfmfilecontrollerplugin.h>

class DFMCONTROLLERAPPPLUGINSHARED_EXPORT DfmControllerAppPlugin :
      public DFM_NAMESPACE::DFMFileControllerPlugin
{
    Q_OBJECT
    Q_PLUGIN_METADATA(IID DFMFileControllerFactoryInterface_iid FILE
                      "dfmcontroller-app-plugin.json")
public:
    explicit DfmControllerAppPlugin(QObject *parent = 0);
    virtual DAbstractFileController *create(const QString &key);
};
```

■ **dfmcontrollerappplugin.cpp**

（1）实现构造函数。

（2）实现 create 函数。创建应用文件控制器对象 DfmAppController 并返回。

本示例插件中只有一个文件控制器对象 DfmAppController，在功能更加丰富的场景中可以根据 key 的内容创建不同的文件控制器对象。

代码如下：

```
#include "dfmcontrollerappplugin.h"
#include "dfmappcontroller.h"

DfmControllerAppPlugin::DfmControllerAppPlugin(QObject *parent) :
    DFM_NAMESPACE::DFMFileControllerPlugin(parent)
{
}

DAbstractFileController *DfmControllerAppPlugin::create(const QString &key)
{
    Q_UNUSED(key)
    return new DfmAppController;
}
```

■ **dfmappcontroller.h**

（1）引入文件控制器 DAbstractFileController。添加引入头文件的代码：

```
#include <dabstractfilecontroller.h>
```

（2）添加继承关系。修改 DfmAppController 继承自文件控制器 DAbstractFileController。

（3）添加功能函数。修改构造函数，添加获取应用文件和创建文件对象的函数。

代码如下：

```
#include <dabstractfilecontroller.h>

class DfmAppController : public DAbstractFileController
{
    Q_OBJECT
public:
    explicit DfmAppController(QObject *parent = nullptr);
    const QList<DAbstractFileInfoPointer> getChildren(const
           QSharedPointer<DFMGetChildrensEvent> &event) const Q_DECL_OVERRIDE;
    const DAbstractFileInfoPointer createFileInfo(const
           QSharedPointer<DFMCreateFileInfoEvent> &event) const Q_DECL_OVERRIDE;
};
```

■ **dfmappcontroller.cpp**

（1）实现构造函数和析构函数。

（2）实现getChildren。判断传入事件中的URL的scheme是否为app，以及路径是否为根目录（/），任一条件不满足则返回空链表。若 URL 有效，遍历 /usr/share/applications 目录所有的 .desktop 文件，遍历结果依次创建文件对象并放入链表，函数返回文件表。

（3）实现 createFileInfo。使用传入事件的 URL 创建文件对象 DFileInfo 并返回。

代码如下：

```
#include "dfmappcontroller.h"
#include <dfmevent.h>
#include <dfileinfo.h>
#include <dfilewatcher.h>
#include <QFileInfo>

DfmAppController::DfmAppController(QObject *parent) :
    DAbstractFileController(parent)
{
}

const QList<DAbstractFileInfoPointer> DfmAppController::getChildren(
    const QSharedPointer<DFMGetChildrensEvent> &event) const
{
    QList<DAbstractFileInfoPointer> ret;

    if (event->url().scheme() != "app" || event->url().path() != "/") {
        return ret;
    }

    QDir dir("/usr/share/applications");
    for (const QFileInfo &info : dir.entryInfoList({QString("*.desktop")},
         QDir::Files)) {
        ret << DAbstractFileInfoPointer(new DFileInfo(info.absoluteFilePath()));
    }
    return ret;
}

const DAbstractFileInfoPointer DfmAppController::createFileInfo(
      const QSharedPointer<DFMCreateFileInfoEvent> &event) const
{
    return DAbstractFileInfoPointer(new DFileInfo(event->url()));
}
```

3. 安装插件

编译完成后，将生成的二进制库文件放置到 dfm 插件路径下，如 amd64 平台为 /usr/lib/x86_64-linux-gnu/dde-file-manager/plugins/controllers，然后重启系统。打开文管，在地址栏输入地址 app:///，按 Enter 键，文管视图界面则会展示出 /usr/share/applications 目录下所有的 .desktop 文件，如图 7-13 所示。

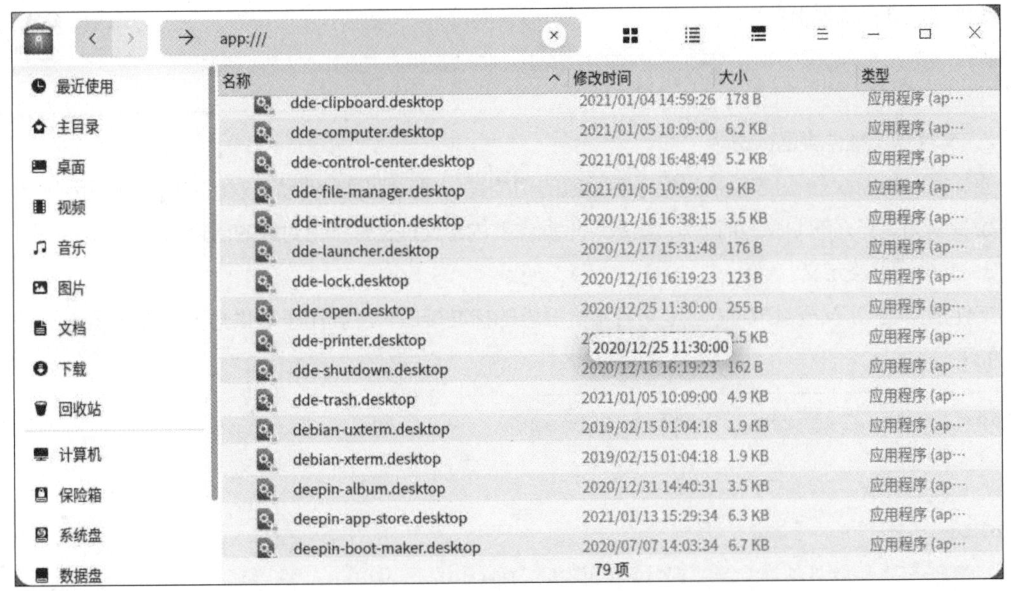

图 7-13　.desktop 文件显示效果

7.4.6　文件预览插件

文件预览插件用于实现文管预览文件的界面，文管根据所需浏览的文件类型选取匹配的预览插件来显示文件内容。文件预览插件是对文管预览插件的扩展，通过开发并集成文件预览插件可使文管支持预览更多类型的文件。该插件安装路径：

```
/usr/lib/$ARCH/dde-file-manager/plugins/previews
```

7.4.6.1　插件接口

编写文件预览插件需继承并实现两个接口类：用于插件加载的接口 DFMFilePreviewPlugin 和文件预览类 DFMFilePreview。

1. 插件类定义

DFMFilePreviewPlugin 是文管加载插件并创建文件预览对象 DFMFilePreview 的标准插件接口，其定义如下：

```
#define DFMFilePreviewFactoryInterface_iid
    "com.deepin.filemanager.DFMFilePreviewFactoryInterface_iid"

class DFMFilePreview;
class DFMFilePreviewPlugin : public QObject
{
    Q_OBJECT
public:
    explicit DFMFilePreviewPlugin(QObject *parent = 0);
    virtual DFMFilePreview *create(const QString &key) = 0;
};
```

文件预览插件标识为：

```
com.deepin.filemanager.DFMFilePreviewFactoryInterface_iid
```

2. 文件预览插件类函数说明

插件类中的 create 函数必须实现，该函数的功能是创建并返回文件预览对象 DFMFilePreview，传入参数 key 为需打开的 URL 字符串，函数可根据参数内容处理文件预览对象的创建和初始化。

3. 文件预览类定义

文件预览类 DFMFilePreview 是文管预览插件的标准接口，主要用于提供预览界面和操作函数。其定义如下：

```
class DFMFilePreview : public QObject
{
    Q_OBJECT
public:
    explicit DFMFilePreview(QObject *parent = 0);

    virtual void initialize(QWidget *window, QWidget *statusBar);
    virtual bool setFileUrl(const DUrl &url) = 0;
    virtual DUrl fileUrl() const = 0;
    virtual QWidget *contentWidget() const = 0;
    virtual QWidget *statusBarWidget() const;
    virtual Qt::Alignment statusBarWidgetAlignment() const;
    virtual QString title() const;
    virtual bool showStatusBarSeparator() const;
    virtual void DoneCurrent();
    virtual void play();
    virtual void pause();
    virtual void stop();
    virtual void copyFile() const;
signals:
    void titleChanged();
};
```

4. 文件预览类接口说明

文件预览类的接口及其说明如表 7-10 所示。

表 7-10　文件预览类的接口及其说明

接口名称	说明
initialize	必须实现。该函数用来初始化预览界面与状态栏，传入参数 window 为预览对话框，statusBar 为预览对话框中的状态栏
setFileUrl	必须实现。该函数会设置当前需要加载的文件的 URL，设置成功返回 true，失败返回 false
fileUrl	必须实现。该函数需返回当前预览界面访问的文件的 URL
contentWidget	必须实现。该函数需返回预览主界面

续表

接口名称	说明
statusBarWidget	该函数的功能是返回状态栏，默认返回空指针
statusBarWidgetAlignment	该函数的功能是返回当前状态栏的对齐方式，默认返回 Qt::AlignCenter
title	必须实现。该函数的功能是返回当前预览文件的标题
showStatusBarSeparator	该函数已实现，功能是返回状态栏分隔符是否展示的信息，返回 true 表示展示状态栏分隔符，返回 false 表示不展示状态栏分隔符
DoneCurrent	该函数用来释放多媒体预览的资源对象
play	该函数用来播放多媒体文件
pause	该函数用来暂停播放多媒体文件
stop	该函数用来停止播放多媒体文件
copyFile	该函数已实现，功能是复制文件的路径到剪贴板
titleChanged	该函数为标题改变的信号，插件在修改标题信息后需调用该函数

7.4.6.2　示例：图片预览

下面介绍开发图片文件的预览插件，使文管支持预览图片文件。

1．创建工程

在 Qt Creator 中新建共享库工程，工程名为 dfmpreview-image-plugin。新增预览类 DfmImagePreview 和插件元数据文件 dfmpreview-image-plugin.json，工程的文件目录如下：

```
├── dfmimagepreview.cpp
├── dfmimagepreview.h
├── dfmpreviewimageplugin.cpp
├── dfmpreview-image-plugin_global.h
├── dfmpreviewimageplugin.h
├── dfmpreview-image-plugin.json
└── dfmpreview-image-plugin.pro
```

2．编写功能

对各个文件进行修改，使其实现整个功能，具体修改如下。

■ **dfmpreview-image-plugin.pro**

（1）添加 INCLUDEPATH += /usr/include/dde-file-manager，引入文管的开发头文件路径。

（2）添加 DISTFILES += dfmpreview-image-plugin.json，引入插件元数据。

■ **dfmpreview-image-plugin.json**

图片预览支持的文件 MimeType 为 image 类型，因此元数据文件中的 Keys 数组中的值为 image/*。文件内容如下：

```
{
    "Keys" : ["image/*"]
}
```

■ **dfmpreviewimageplugin.h**

（1）引入插件类 DFMFilePreviewPlugin。添加引入头文件的代码：

```
#include <dfmfilepreviewplugin.h>
```

（2）添加插件类的继承关系。修改 ImagePreviewPlugin 继承自预览插件的插件类 DFMFilePreviewPlugin，注意要添加命名空间 DFM_NAMESPACE。

（3）添加 Qt Plugin 宏。在 DfmPreviewImagePlugin 类中添加宏，增加插件元数据文件。

```
Q_OBJECT
Q_PLUGIN_METADATA(IID DFMFilePreviewFactoryInterface_iid FILE
                  "dfmpreview-image-plugin.json")
```

（4）添加功能函数。修改构造函数，添加父类中需通过插件实现的函数。

代码如下：

```
#include "dfmpreview-image-plugin_global.h"

#include <dfmfilepreviewplugin.h>

class DFMPREVIEWIMAGEPLUGINSHARED_EXPORT DfmPreviewImagePlugin :
      public DFM_NAMESPACE::DFMFilePreviewPlugin
{
    Q_OBJECT
    Q_PLUGIN_METADATA(IID DFMFilePreviewFactoryInterface_iid FILE
                      "dfmpreview-image-plugin.json")
public:
    explicit DfmPreviewImagePlugin(QObject *parent = 0);
    virtual DFM_NAMESPACE::DFMFilePreview *create(const QString &key);
};
```

■ **dfmpreviewimageplugin.cpp**

（1）实现构造函数。

（2）实现 create 函数。创建一个文件预览对象 DfmImagePreview 并返回。

代码如下：

```
#include "dfmpreviewimageplugin.h"
#include "dfmimagepreview.h"

DfmPreviewImagePlugin::DfmPreviewImagePlugin(QObject *parent) :
    DFM_NAMESPACE::DFMFilePreviewPlugin(parent)
{
}

DFM_NAMESPACE::DFMFilePreview *DfmPreviewImagePlugin::create(const QString &key)
{
```

```
    Q_UNUSED(key)
    return new DfmImagePreview;
}
```

■ dfmimagepreview.h

（1）引入文件预览类 DFMFilePreview。添加引入头文件的代码：

```
#include <dfmfilepreview.h>
```

（2）添加文件预览类的继承关系。修改 DfmImagePreview 继承自预览插件的插件类 DFMFilePreview，注意要添加命名空间 DFM_NAMESPACE。

（3）添加功能函数。修改构造函数，添加析构函数和父类中需通过插件实现的函数。

（4）添加成员变量。使用 QLabel 作为主界面绘制图片和状态栏。增加成员变量：文件 URL、主界面、状态栏、标题。

代码如下：

```
#include <dfmfilepreview.h>

class QLabel;
class DfmImagePreview : public DFM_NAMESPACE::DFMFilePreview
{
    Q_OBJECT
public:
    explicit DfmImagePreview(QObject *parent = nullptr);
    ~DfmImagePreview();
    virtual void initialize(QWidget *window, QWidget *statusBar) Q_DECL_OVERRIDE;
    virtual bool setFileUrl(const DUrl &url) Q_DECL_OVERRIDE;
    virtual DUrl fileUrl() const Q_DECL_OVERRIDE;
    virtual QWidget *contentWidget() const Q_DECL_OVERRIDE;
    virtual QWidget *statusBarWidget() const Q_DECL_OVERRIDE;
    virtual QString title() const Q_DECL_OVERRIDE;
protected:
    DUrl m_url;
    QLabel *m_view = nullptr;
    QLabel *m_statusBar = nullptr;
    QString m_title;
};
```

■ dfmimagepreview.cpp

（1）实现析构函数。释放指向主界面与状态栏对象的指针。

（2）实现 initialize。创建主界面对象和状态栏对象，并初始化。

（3）实现 setFileUrl。设置文件 URL，若传入 URL 无效则返回 false。若有效则加载 URL 指向的图片文件，读取文件内容后将其设置到主界面（m_view）中，更新状态栏（m_statusBar）的内容为图片的大小，设置标题（m_title）为文件名并发送标题改变信号（titleChanged）。

（4）实现 fileUrl。返回当前文件的 URL（m_url）。

（5）实现 contentWidget。返回主界面对象 m_view。

（6）实现 statusBarWidget。返回状态栏对象 m_statusBar。

（7）实现 title。返回当前 title（m_title）。

代码如下：

```
#include "dfmimagepreview.h"

#include <dfileservices.h>

#include <QLabel>
#include <QImageReader>

DfmImagePreview::DfmImagePreview(QObject *parent) : DFMFilePreview(parent)
{
}

DfmImagePreview::~DfmImagePreview()
{
    if (m_view) {
        m_view->deleteLater();
        m_view = nullptr;
    }

    if (m_statusBar) {
        m_statusBar->deleteLater();
        m_statusBar = nullptr;
    }
}

void DfmImagePreview::initialize(QWidget *window, QWidget *statusBar)
{
    Q_UNUSED(window)
    Q_UNUSED(statusBar)

    if (!m_view)
        m_view = new QLabel;

    if (!m_statusBar) {
        m_statusBar = new QLabel;
    }
}

bool DfmImagePreview::setFileUrl(const DUrl &url)
```

```
{
    m_url = url;

    const DAbstractFileInfoPointer &info =
        DFileService::instance()->createFileInfo(nullptr, url);
    if (!info || !url.isLocalFile())
        return false;

    QImageReader reader(url.toLocalFile());
    QSize rsize = reader.size();
    QPixmap pixmap = QPixmap::fromImageReader(&reader);

    m_view->setPixmap(pixmap.scaled(800, 600));
    m_statusBar->setText(QString("%1x%2")
                         .arg(rsize.width()).arg(rsize.height()));
    m_title = url.fileName();
    emit titleChanged();

    return true;
}

DUrl DfmImagePreview::fileUrl() const
{
    return m_url;
}

QWidget *DfmImagePreview::contentWidget() const
{
    return m_view;
}

QWidget *DfmImagePreview::statusBarWidget() const
{
    return m_statusBar;
}

QString DfmImagePreview::title() const
{
    return m_title;
}
```

3. 安装插件

编译完成后，将生成的二进制库文件放置到 dfm 插件路径下，如 amd64 平台为 /usr/lib/x86_64-linux-gnu/dde-file-manager/plugins/previews，然后重启系统。打开文管，选中 JPG 格式的图片文件，按 Space 键，文管会弹出预览图片的界面，如图 7-14 所示。

图 7-14　预览图片的界面

7.5　PAM 插件

PAM（Pluggable Authentication Modules）插件是一个库系统，用于执行系统上应用的身份验证任务。该库提供了一个稳定的通用接口，特权授予程序（例如 login 和 su）可以执行标准的身份验证任务。

PAM 的主要特性是验证可动态配置。换句话说，系统管理员可以自由选择各个提供服务的程序如何进行用户验证。这些配置信息在 PAM 配置文件 /etc/pam.conf 下设置。另外，可以通过 /etc/pam.d/ 目录下的各个文件来配置，此目录的存在将会使 PAM 忽略 /etc/pam.conf。

7.5.1　PAM 工作流程

如上文提到的，PAM 是一个库系统，它会提供标准的接口并控制认证的流程，将认证逻辑处理交给 PAM 插件。

接下来以 sudo 发起认证为例，讲述 PAM 是如何工作的。在讲述之前，需要提供以下项。

（1）PAM 插件 pam_unix.so，其实现主要的认证逻辑。

（2）sudo 的 PAM 服务配置文件，其位于 /etc/pam.d/sudo 中，文件中指定了需要使用 pam_unix.so 这个插件。

sudo 认证流程如图 7-15 所示。用户调用 sudo 命令，sudo 命令会调用 PAM 系统提供的接口 pam_start，并指定使用位于 /etc/pam.d/ 路径下的 sudo 配置文件，PAM 系统读取此配置文件，并加载该配置文件中指定的 pam_unix.so 插件，随后 PAM 系统返回 pam_start 调用结果。若成功，sudo 会调用 PAM 系统提供的发起认证接口 pam_authenticate，调用该接口后 PAM 系统会调用 pam_unix.so 插件中的 pam_sm_authenticate 函数，该函数执行主要的认证逻辑，同时该函数会通过 PAM 系统从 sudo 获取用户输入的密码，pam_unix.so 获取密码之后会验证用户输入是否正确，并返回认证结果。

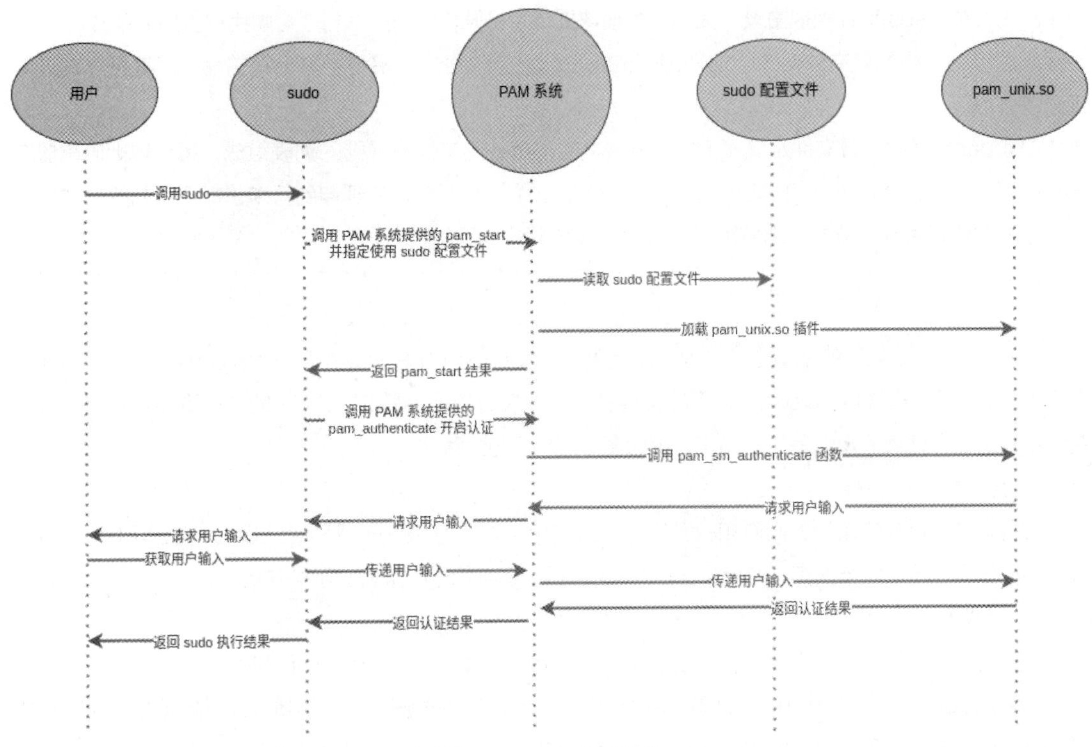

图 7-15　sudo 认证流程

基于 PAM 系统，认证配置是可修改的。也就是说 sudo 命令可以继续调用 sudo 配置文件，但 sudo 配置文件中不指定使用 pam_unix.so，而是用 pam_permit.so 等其他插件。当然如果 /etc/pam.d/ 路径下提供了其他的配置文件，如 common-auth，那么 sudo 命令也可以指定使用 common-auth 配置文件，而不是用 sudo 配置文件。这一切都是灵活的、可配置的。

7.5.2　PAM 配置文件介绍

根据 PAM 工作流程可知，调用 pam_start 时会指定一个配置文件，该配置文件通常位于 /etc/pam.d/ 路径下。配置文件定义了应用（例如 sudo）与执行实际验证任务的可插拔验证插件（例如 pam_unix.so）之间的链接。

PAM 将身份验证任务分为 4 个独立的管理组：account，账户管理；auth，身份验证管理；password，密码管理；session，会话管理。简而言之，这些组负责处理典型用户请求受限服务的不同方面，具体如下。

（1）account：提供账户验证服务类型。例如，用户密码是否已过期，该用户是否被允许访问所请求的服务。

（2）auth：验证用户并且设置用户证书，通常是通过一些用户必须满足的质询 - 响应请求来完成的。如果你声称你是某人，请输入他的密码。并非所有的验证都是这种类型，还存在硬件的验证方案（比如智能卡、生物识别设备），通过适配的模块可以无缝切换为更标准的身份验证方法。

（3）password：更新身份验证机制。通常此类服务与 auth 组的服务紧密耦合。一些身份验证机制很适合使用此功能进行更新。

（4）session：涵盖在提供服务之前和撤销服务之后应完成的工作。这些工作包括维护审计跟踪和安装用户主目录。session 组很重要，因为它为模块提供了打开和关闭挂钩，以影响用户可用的服务。

下面详细介绍配置文件格式，值得注意的是：配置文件格式介绍过于繁杂与枯燥。读者可先跳过此部分内容。

/etc/pam.conf 配置文件定义了 PAM 配置文件语法。此文件由规则的列表组成，每个规则通常放在一行，不过可能会通过行尾的 \<LF> 扩展为多行。注释以 # 开头，并延伸到行末。每个规则的格式是用空格分隔的令牌集合，由 5 个部分组成，其中前 3 个部分不区分大小写：

```
服务 类型 控制 模块路径 模块参数
```

/etc/pam.d/ 目录下的配置文件，除了没有服务（service）字段外，均与 /etc/pam.conf 相同。在这种情况下，服务类型即 /etc/pam.d/ 下的文件名，文件名必须是小写的。PAM 的一个重要特征是，针对特定的身份验证任务的规则是栈式的，以组合多个 PAM 的服务。

1. 服务

服务通常是响应应用的人们熟知的名称，login 和 su 是很好的例子。服务名「other」，适用默认规则，提及当前服务的行（如果没有，则使用「other」条目）将与给定的服务应用关联。

2. 类型

类型规则对应管理组，用于指定后面的模块要与哪个管理组关联。有效条目如下。

（1）account。这个模块执行非验证的账户管理。通常用来根据一天中的事件来进行检查，如限制或者许可访问、是否达到当前可用的系统资源（最大用户数）、root 用户是否允许在此终端登录等。

（2）auth。这个模块提供两个层面的用户验证。首先，它通过指示应用提示用户输入密码或其他标识，确定用户是他们声称的身份。其次，模块可以通过凭据授予属性来授予组成员身份或其他特权。

（3）password。这个模块对于更新与用户关联的身份验证令牌是必需的。通常，每种基于质询 - 响应的身份验证（auth）类型都有一个模块。

（4）session。此模块类型与在为用户提供服务之前 / 之后需要为用户完成的工作相关。这些事情包括记录用户进行某些数据交换时的打开 / 关闭、安装目录等信息。

如果一个 PAM 配置文件中的 type 值是上述 4 种类型之一，但在类型前以一个“-”字符开头，如“-auth”，PAM 库在找不到对应类型的模块而无法加载时，不会将错误写入系统日志。这对并非经常安装在系统中，且不需要正确进行登录会话的身份验证和授权的模块尤其有用。

3. 控制

控制表示如果模块无法成功完成其身份验证任务，则 PAM 会采取的行为。此控制字段有两种语法：简单的是具有一个简单的关键字，更复杂的是使用方括号标识的 value=action 的键值对。

对于简单语法，有效的控制值如下。

（1）required。这个模块的失败最终会导致 PAM-API 返回失败，但是在调用了栈内其他的模块（当前服务和类型）之后。

（2）requisite。类似于 required，但是，当模块返回失败时，控制权会直接返回给应用的上层 PAM 栈。返回值是一个与第一个 required 或 requisite 模块的失败相关的值，可用于防止用户获得通过不安全介质输入密码的机会。可以想象，这种行为可能会通知攻击者系统上的有效账户。应当权衡这种可能性与在敌对环境中公开敏感密码的重要性。

（3）sufficient。如果这样的模块成功了，并且先前没有 required 的模块失败，则 PAM 框架会立刻返回成功给应用或上级 PAM 栈，而无须再调用该栈中剩余的模块。失败的 sufficient 模块返回的失败将被忽略，并且 PAM 模块栈的处理将会不受影响继续进行。

（4）optional。在当前“服务 + 类型”关联的栈中仅有此模块时，这个模块的成功或失败才是重要的。

（5）include。包含由参数指定的配置文件中相同类型的所有行。

（6）substack。包含由参数指定的配置文件中相同类型的所有行。与 include 不同的是，子栈中的 done 和 die 动作的求值不会导致跳过整个模块栈的剩余部分，而只会跳过子栈。子栈内的跳转也不会导致求值跳出子栈，并且在父栈中完成跳转时，整个子栈会被视为同一个模块。

更复杂的语法有效的控制值如下：

```
[value1=action1 value2=action2 ...]
```

其中 valueN 定义了当前行定义的模块中函数被调用时的返回值。返回值可能是：success、openerr、symbolerr、serviceerr、systemerr、buferr、permdenied、autherr、credinsufficient、authinfounavail、userunknown、maxtries、newauthtokreqd、acctexpired、sessionerr、credunavail、credexpired、crederr、nomoduledata、converr、authtokerr、authtokrecovererr、authtoklockbusy、authtokdisableaging、tryagain、ignore、abort、authtokexpired、moduleunknown、baditem、convagain、incomplete 和 default。

default 表示未被提及的其他 valueN。说明：PAM 错误完整的列表在 /usr/include/security/_pam_types.h 中。

actionN 可以是 ignore、bad、die、ok、done、reset 和非负整数 *N*。

（1）ignore。当使用栈模块时，模块的返回状态将不会对应用获取的返回代码产生影响。

（2）bad。表明应将返回码视为指示模块故障的指示。如果此模块是栈中第一个发生故障的模块，则其状态值将用作整个栈的状态值。

（3）die。与 bad 相似，但是有立刻终止模块栈并且 PAM 立即返回到应用的副作用。

（4）ok。如果栈的先前状态导致返回 PAM_SUCCESS，则模块返回代码将覆盖此值。注意：如果堆栈的前一个状态持有某个指示模块故障的值，则该 ok 值将不会用于覆盖该值。

（5）done。与 ok 相似，但是有立刻终止模块栈并且 PAM 立即返回到应用的副作用。

（6）*N*（无符号整数）。相当于可以跳过堆栈中的后 *N* 个模块。注意，*N* 等于 0 是不允许的（在这种情况下，它等于 ok）。

（7）reset。清除模块栈状态的记录，然后从下一个栈的模块重新开始。

其中 4 个关键字（required、requisite、sufficient、optional）在 [...] 语法中有等效的表达式。4 个关键字和等效的表达式对应如下。

- required。

```
[success=ok new_authtok_reqd=ok ignore=ignore default=bad]
```

- requisite。

```
[success=ok new_authtok_reqd=ok ignore=ignore default=die]
```

- sufficient。

```
[success=done new_authtok_reqd=done default=ignore]
```

● optional。

```
[success=ok new_authtok_reqd=ok default=ignore]
```

4. 模块路径

模块路径是应用要使用的 PAM 的完整文件名（以 / 开头），或者相对于默认模块路径 /usr/lib/security/$ARCH（其中 $ARCH 表示机器架构）的路径。

5. 模块参数

模块参数是以空格分隔的参数列表，可用于修改给定 PAM 的特定行为，将为每个单独的模块记录此类参数。注意，如果希望在参数中包含空格，则应在该参数中使用方括号进行标识。代码如下：

```
squid auth required pam_mysql.so user=passwd_query passwd=mada \
       db=eminence [query=select user_name from internet_service \
       where user_name=%u and password=PASSWORD(%p) and \
        service=web_proxy]
```

配置文件中的任何行，如果格式不正确，通常会使身份验证过程失败。可通过调用 syslog 将相应的错误写入系统日志文件。通过 /etc/pam.d/ 目录的内容配置 libpam 比单个配置文件更灵活。

7.5.3 PAM 主要操作函数

PAM 提供了以下几个操作函数，用于与 PAM 系统及插件进行交互和控制。

（1）pam_start。创建 PAM 上下文并启动 PAM 事务。它是应用需要调用的第一个 PAM 函数。事务状态完全包含在此句柄标识的结构内，因此可以并行处理多个事务。但是不能对不同的事务使用相同的句柄，每个新的上下文都需要一个新的句柄。pam_start 函数需要指定 service_name 参数以及 pam_conversation 参数。其中 service_name 参数指定要应用的服务的名称，并将在新的上下文中存储为 PAM_SERVICE 项。该服务的策略将从文件 /etc/pam.d/service_name 中读取，或者如果该文件不存在，则从 /etc/pam.conf 中读取。pam_conversation 参数指向描述要使用的对话功能的结构 pam_conv，应用必须提供此功能，以便在加载的模块和应用之间进行直接通信。

（2）pam_end。终止 PAM 事务，并且它应是应用在 PAM 上下文中调用的最后一个函数。返回时，句柄 pamh 不再有效，与此相关的所有内存将无效。

（3）pam_authenticate。用于验证用户身份。要求用户根据身份验证服务提供身份验证令牌，通常是密码，也可以是指纹。

（4）pam_setcred。用于建立、维护和删除用户的凭据。在对用户进行身份验证之后以及在为用户打开会话之前，应调用它来设置凭据。会话关闭后，应删除凭据。

（5）pam_chauthtok。用于更改给定用户的身份验证令牌。

（6）pam_open_session。为先前成功通过身份验证的用户设置用户会话。稍后应通过调用 pam_close_session 终止会话。

（7）pam_close_session。用于指示已认证的会话已结束。该会话应已通过调用 pam_open_session 创建。

（8）pam_acct_mgmt。用于确定用户账户是否有效。它会检查身份验证令牌和账户是否到期并验证访问限制，通常在用户通过身份验证后调用。

7.5.4　PAM 标准接口介绍

PAM 提供了以下 6 个标准接口函数，可以在插件中按需实现接口。

（1）pam_sm_authenticate。它是 pam_authenticate 接口的服务模块的实现。使用 pam_authenticate 则会调用此函数。此函数执行验证用户身份的任务。

（2）pam_sm_setcred。它是 pam_setcred 接口的服务模块的实现。使用 pam_setcred 则会调用此函数。该函数执行针对相应授权方案更改用户凭据的任务。通常，身份验证模块可能会访问比其身份验证令牌更多的有关用户的信息。该函数用于使此类信息可供应用使用。仅在用户通过身份验证之后且在建立会话之前才调用它。

（3）pam_sm_chauthtok。它是 pam_chauthtok 接口的服务模块的实现。使用 pam_chauthtok 则会调用此函数。该函数用于（重新）设置用户的身份验证令牌。

（4）pam_sm_open_session。它用于开启会话。pam_sm_open_session 函数是 pam_open_session 接口的服务模块的实现。使用 pam_open_session 则会调用此函数。

（5）pam_sm_close_session。它是 pam_close_session 接口的服务模块的实现。使用 pam_close_session 则会调用此函数。该函数用于终止会话。

（6）pam_sm_acct_mgmt。它是 pam_acct_mgmt 接口的服务模块的实现。使用 pam_acct_mgmt 则会调用此函数。该函数执行确定此时是否允许用户访问权限的任务。应该理解的是，用户先前已经由身份验证模块验证过。该函数会检查其他事情，例如一天中的时间或日期、命令行、远程主机名等；还可以确定密码到期等内容，并响应用户在继续操作之前对密码进行更改。

7.5.5　实现一个 PAM 插件

接下来介绍如何编写一个 PAM 插件，该插件的功能是展示一段话，并与用户进行简单的交互，用户确认后正常结束该插件，否则返回错误。该插件实现 pam_sm_authenticate 接口函数与 pam_sm_setcred 接口函数。该 PAM 插件名为 pam_test.so，位于 /usr/lib/$ARCH/security/ 路径下。

（1）pam_sm_setcred 接口函数。

该接口用于更改凭据，保持默认设置返回 PAM_SUCCESS 即可。

```
PAM_EXTERN int pam_sm_setcred(pam_handle_t *pamh, int flags, int argc,
                              const char **argv) {
    return PAM_SUCCESS;
}
```

（2）pam_sm_authenticate 接口函数。

该接口用于用户身份验证，具体实现需要考虑场景和需求，后文（4）~（6）部分为该函数的简单实现。

```
PAM_EXTERN int pam_sm_authenticate(pam_handle_t *pamh, int flags, int argc,
                                   const char **argv)
```

（3）读取 PAM 参数。

PAM 配置文件中的配置会通过 PAM 系统传递给 argv，其类似于 main(int argc,const char** argv)。PAM 插件可从中解析出所传递的参数。

```
struct pam_paras {
    int debug;
};
int parse_argv(int argc,const char** argv,struct pam_paras* paras) {
    for (int i =0; argc-- > 0; ++argv) {
        if (!strcmp(*argv,"debug")) {
            paras->debug = 1;
        }
    }

    return 0;
}
```

（4）获取用户名。

使用 PAM 系统提供的 pam_get_user 函数可以从 pamh 结构中获取用户名。

```
const char* user;
ret = pam_get_user(pamh, &user, NULL);

if ( ret != PAM_SUCCESS || user == NULL) {
    DEBUG("get user from pam failed: %s", pam_strerror(pamh, ret));
    return PAM_USER_UNKNOWN;
}
```

（5）展示提示信息。

使用 PAM 系统提供的 pam_prompt 函数可以将 buf 信息传递给认证发起方，用于提示用户。

```
sprintf(buf, "Hello %s!", user);
ret = pam_prompt(pamh, PAM_TEXT_INFO, NULL, buf);

if ( ret != PAM_SUCCESS || user == NULL) {
    DEBUG("show prompt failed: %s", pam_strerror(pamh, ret));
    return PAM_ABORT;
}
```

（6）与用户进行交互。

获取用户输入，并确定是否需要继续。

```
char* rep = NULL;
sprintf(buf, "Please input 'Y' to continue, 'N' to exit: ");
ret = pam_prompt(pamh, PAM_PROMPT_ECHO_ON, &rep, buf);

if ( ret != PAM_SUCCESS || user == NULL) {
    return PAM_ABORT;
}

if ( !strcmp(rep, "Y") ) {
    return PAM_SUCCESS;
} else {
```

```
    return PAM_ABORT;
}
```

（7）插入 sudo 配置文件。

（8）该配置需要插入 pam_unix.so。

代码如下：

```
auth    requisite    pam_test.so    debug
```

运行结果如下。

```
uos@uos-PC:~$ sudo ls
Hello uos!
Please input 'Y' to continue, 'N' to exit: N
sudo: PAM 认证出错：严重错误 - 立即中止
uos@uos-PC:~$ sudo ls
Hello uos!
Please input 'Y' to continue, 'N' to exit: Y
[sudo] uos 的密码：
验证成功
```

7.6　浏览器插件开发

程序有自己运行的进程、方式等，浏览器插件对其有着辅助作用。

7.6.1　NPAPI 插件

NPAPI（Netscape Plugin Application Programming Interface，网景插件应用编程接口）是用于在浏览器中执行外部应用的通用接口，由一组单纯的 C 插件 API 组成，用动态库的形式进行注入，用规定的 API 进行通信，用字符串描述插件能力。浏览器会根据能力描述进行动态加载，并负责插件调用的流程和生命周期管理。而插件本身负责用户界面和相关功能的设计和实现。图 7-16 所示的 WPS 插件，可以看成一个在浏览器中运行的文字处理软件。

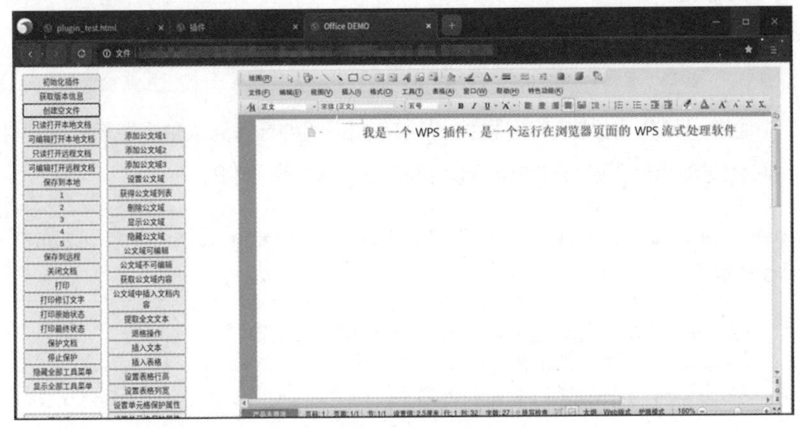

图 7-16　WPS 插件

7.6.2 插件安装

开发者开发的插件在 Linux 下表现为动态库，即 .so 文件，例如 flash 插件（libflashplayer.so）、WPS 插件（libbrowsergrapher.so）等。这些动态库有的是一个安装包，有的就是一个动态库，不管是自动安装还是手动复制安装，都需要保证这些动态库能够在默认的 plugins 路径下找到。默认路径可以是：

```
/usr/lib/mozilla/plugins/
```

或者：

```
$HOME/.mozilla/plugins
```

或者：

```
/usr/lib64/mozilla/plugins/
```

7.6.3 插件识别

当浏览器启动后，在默认的 plugins 路径下加载插件，读取插件的 MimeType 媒体类型属性，并将其保存在浏览器内部。在地址栏中输入 about:plugins 来查看所有当前识别出的插件的 MimeType 媒体类型属性，如图 7-17 所示。

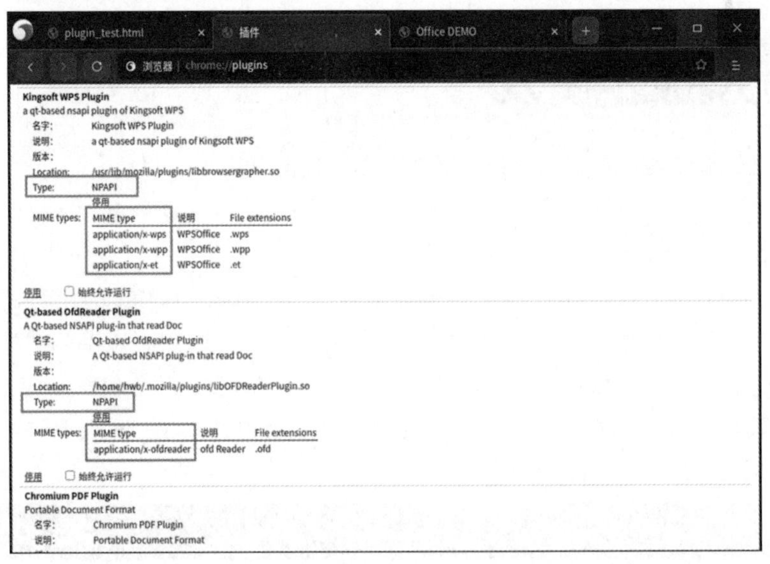

图 7-17　查看所有当前识别出的插件的 MimeType 媒体类型属性（图中为 MIME type）

在网页设计中通过 HTML 代码来使用插件，通常有如下两种标签元素供浏览器调用插件。

（1）使用 object 对象元素。该方式是推荐使用的方式，其代码如下：

```
<object type="application/np-plugin"aligin="left"width=640 height=480 id=
"npID"></object>
```

（2）使用 embed 嵌入元素。使用 embed 元素调用插件的代码如下：

```
<embed type="application/np-plugin"aligin="left"width=640 height=480 id=
"npID"></embed>
```

7.6.4 插件的生命周期

浏览器和插件的交互过程如图 7-18 所示。

（1）浏览器查找插件的动态库，并加载它。

（2）浏览器调用插件的 NP_Initialize 函数来交换彼此所需的 API 函数指针。

将浏览器侧的 NPNAPI 函数表 NPNetscapeFuncs 传递给插件进行绑定。

插件将自身所定义好的 NPP_API 函数填入 NPPluginFuncs，使得浏览器得到插件侧的函数指针。

（3）浏览器调用插件的 NP_GetValue 来得到插件的信息，如是否支持可写性等。

（4）浏览器在网页中发现插件所支持的 MimeType 时，调用插件的 NPP_New 函数来创建插件实例，处理事务。

（5）网页被关闭，浏览器则调用插件的 NPP_Destroy 函数来通知插件销毁对应的插件实例。

（6）当浏览器关闭时，浏览器则调用插件的 NPP_Shutdown 函数来回收资源，进而结束插件的生命周期。

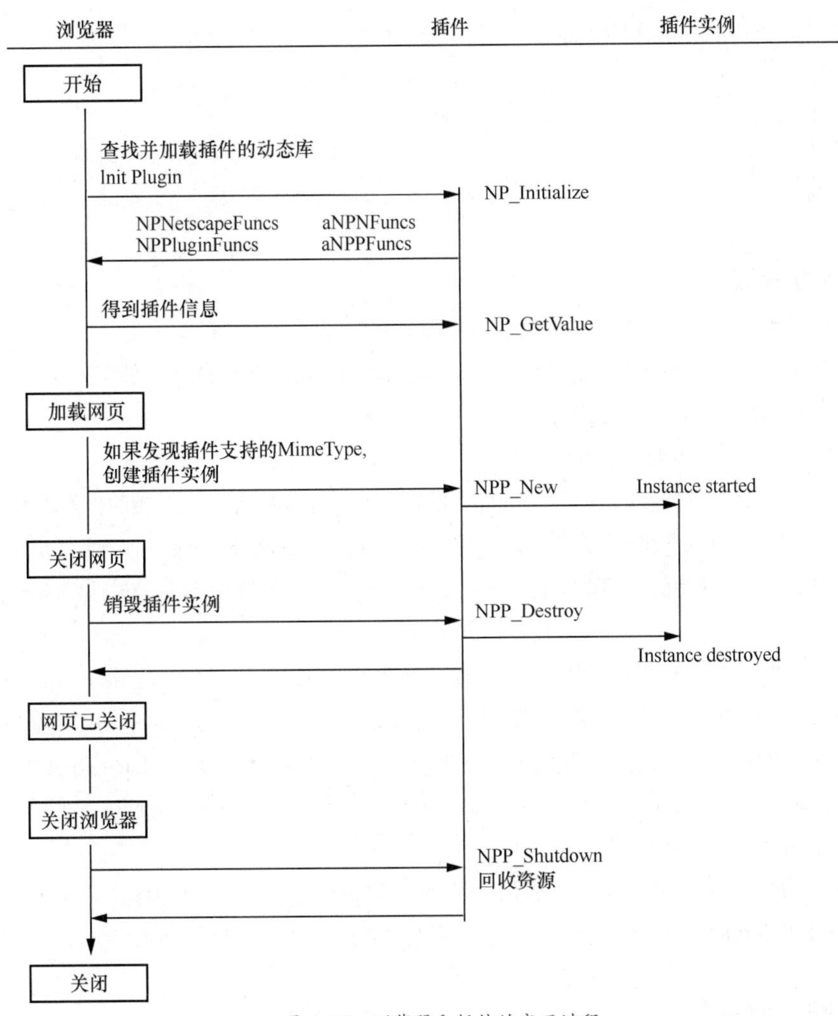

图 7-18 浏览器和插件的交互过程

7.6.5 NAAPI 的插件开发

下面对 NAAPI 的插件开发过程进行介绍。

7.6.5.1 规范插件

在开发之前，要规范插件，主要包括以下两个步骤。

（1）依据插件特性，确定好插件是有窗口类型插件还是无窗口类型插件。

（2）依据插件编程规范，实现特定接口功能。目前有一些开源的插件框架，如 FireBreath 等，开发者可以学习借鉴。

7.6.5.2 决定插件的 MimeType

因为浏览器识别插件依赖插件提供的 MimeType，开发者实现接口 NP_GetMIMEDescription 等同于给插件取名字。

7.6.5.3 下载 SDK 文件

下载 SDK 相关的文件，具体如下：

- npapi.h；
- npfunction.h；
- npruntime.h；
- nptype.h。

7.6.5.4 API 介绍

NPAPI 标准定义在一组包含了数据结构和接口函数的头文件中。在实际的开发中，需要将这些头文件加入工程，并对头文件定义的部分接口编写实现代码。用到的主要头文件有 4 个，即 npapi.h、npfunction.h、npruntime.h、nptype.h。

下面先简单介绍一下 3 类接口函数。

（1）前缀 NP_XXX。这类接口是 NPAPI 的插件库提供给浏览器的最上层的接口，一般为动态链接库的导出接口，主要有 NP_GetEntryPoints、NP_Initialize、NP_GetMIMEDescription、NP_GetValue、NP_Shutdown 等。不同平台的接口可能略有不同，但基本功能是一样的，都是通过接口来初始化、销毁以及认知此动态库。

（2）前缀 NPP_XXX。这类接口是 NP Plugin，是插件本身提供给浏览器调用的接口，主要被用来填充 NPPluginFuncs 的结构体，主要包括 NPP_New、NPP_Destroy、NPP_SetWindow、NPP_GetMIMEDescription、NPP_NewStream、NPP_DestroyStream、NPP_StreamAsFile、NPP_WriteReady、NPP_Write、NPP_Print、NPP_HandleEvent、NPP_URLNotify、NPP_GetValue、NPP_SetValue 等。

（3）前缀 NPN_XXX。这类接口一般为浏览器引擎提供给插件调用的接口，主要包括 NPN_GetURL、NPN_PostURL、NPN_GetValue、NPN_SetValue、NPN_Status 等。

7.6.5.5 插件程序编写

插件的表现形式就是动态链接库，所以首先应编写 .so 文件作为动态链接库供浏览器调用。注意，插件的名称应该以 np 开头，这是 NPAPI 标准的默认规则。

实现 NP_XXX npapi 的插件库提供给浏览器的最上层接口，一般为动态链接库的导出接口，如表 7-11 所示。

表 7-11　动态链接库的导出接口

名称	说明
NP_GetEntryPoints	浏览器取得插件结构体指针
NP_Initialize	插件初始化时，只调用一次，将浏览器结构体指针传递给插件
NP_GetMIMEDescription	返回插件的 MIME type 等描述
NP_GetValue	供浏览器查询插件的内部信息
NP_Shutdown	销毁插件，与 NP_Initialize 对应

npapi.h 文件中声明的 NPP 系列函数如表 7-12 所示。

表 7-12　npapi.h 文件中声明的 NPP 系列函数

名称	说明
NPP_Destroy	释放与插件关联的实例数据和资源。浏览器在删除插件实例时调用此函数，通常是因为用户已离开包含实例的页面、关闭窗口或退出浏览器
NPP_DestroyStream	通知插件将要删除流数据
NPP_GetValue	供浏览器查询插件的内部信息
NPP_HandleEvent	注册关心的事件，当事件发生时浏览器会通知插件
NPP_New	创建插件的实例
NPP_NewStream	通知插件实例出现了新的流数据
NPP_Print	请求嵌入式输出或全屏输出
NPP_SetValue	设置插件变量信息
NPP_SetWindow	当窗口创建、移动、改变大小或者销毁时通知插件
NPP_StreamAsFile	为流数据提供本地文件名
NPP_URLNotify	插件要求通知后，当对于某个 URL 的请求完成后，浏览器通知插件
NPP_Write	插件读取流数据
NPP_WriteReady	调用 NPP_Write 之前调用，确定插件可以接收多少字节的数据

接下来对 NPClass 中的函数进行实现，其支持 JavaScript 交互。插件提供浏览器查询内部信息接口，NPP_GetValue 函数中有对脚本对象的获取：

```
NPError NPP_GetValue(NPP instance, NPPVariable variable, void *value)
{
    NPObject *pluginInstance = NULL;
    NPError ret = NPERR_NO_ERROR;
    if(instance)
        pluginInstance = instance->pdata;
    switch(variable) {
    case NPPVpluginScriptableNPObject:
        // 如果我们没有创建任何插件实例，就创建它
        if (pluginInstance) {
```

```
            browser->retainobject(pluginInstance);
            *((NPObject **)value) = pluginInstance;
        }else{
            ret = NPERR_GENERIC_ERROR;
        }
    break;
    }
return ret;
}
```

从上面的代码可以看到 JavaScript 识别的对象是 NPObject 对象，这个结构的定义如下：

```
struct NPObject {
    NPClass *_class;
    uint32_t referenceCount;
    // 额外的空间可以通过NPObject 的类型分配
}
```

NPObject 何时被创建呢？应在当 NPPNew 要求建立插件实例时创建，同时，应该直接以 NPNCreateObject 来建立相对应的 NPObject，因为 NPObject 是由浏览器来主动分配或释放内存，所以 reference count 也会记录在 NPObject 中。以下为使用 NPN_CreateObject 来建立 NPObject 的范例：

```
NPError NPP_New(NPMIMEType pluginType, NPP instance, uint16_t mode,
                int16_t argc, char* argn[], char* argv[], NPSavedData* saved)
{
    if(!instance->pdata) {
        instance->pdata = browser->createobject(instance,
                                                &scriptablePluginClass);
    }
    return NPERR_NO_ERROR;
}
```

上面的例子中 scriptablePluginClass 为插件提供的 NPClass 的结构体定义如下：

```
struct NPClass
{
    uint32_t structVersion;
    NPAllocateFunctionPtr allocate;
    NPDeallocateFunctionPtr deallocate;
    NPInvalidateFunctionPtr invalidate;
    NPHasMethodFunctionPtr hasMethod;
    NPInvokeFunctionPtr invoke;
    NPInvokeDefaultFunctionPtr invokeDefault;
    NPHasPropertyFunctionPtr hasProperty;
    NPGetPropertyFunctionPtr getProperty;
```

```
    NPSetPropertyFunctionPtr setProperty;
    NPRemovePropertyFunctionPtr removeProperty;
    NPEnumerationFunctionPtr enumerate;
    NPConstructFunctionPtr construct;
};
```

JavaScript 调用插件的方法：浏览器首先会调用 NPP_GetValue(NPP instance,NPPVariable variable,void* value) 取得 NPObject 对象的地址，variable 参数为 NPPVpluginScriptableNPObject。在取得该对象后浏览器就可以调用插件提供的 NPClass 函数。主要的函数还有下面 3 个。

- hasMethod：询问插件是否支持某一 JavaScript 方法。
- hasProperty：询问插件是否具有某一属性。
- invoke：当插件支持某一方法时，浏览器将会调用该函数执行插件为 JavaScript 提供的这一方法。

JavaScript 调用插件流程如图 7-19 所示。

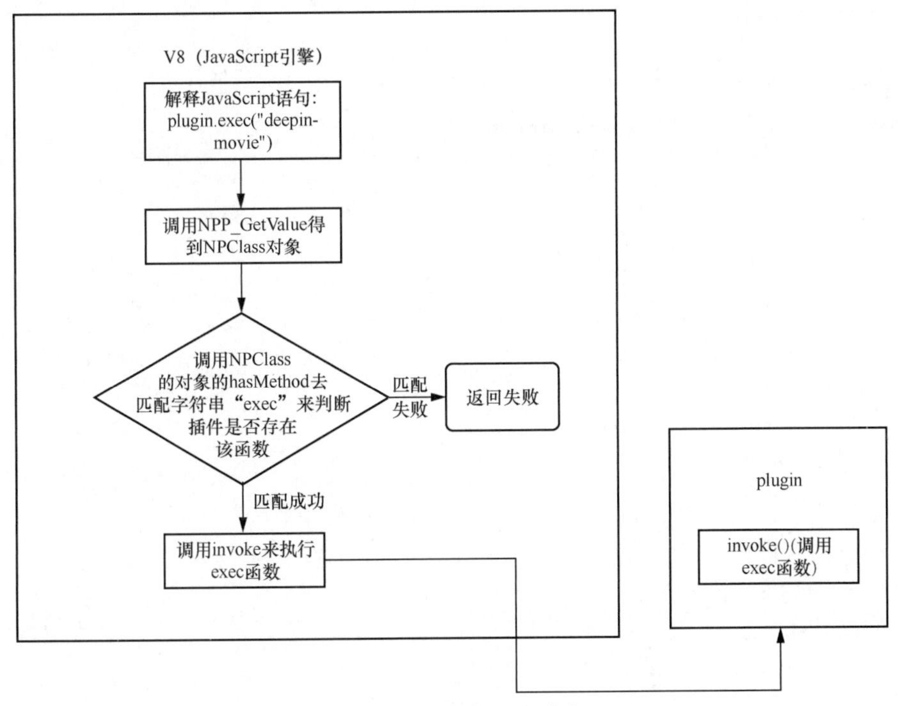

图 7-19　JavaScript 调用插件流程

7.6.5.6　插件测试

插件开发完毕后，需要将插件安装到操作系统特定的插件目录下。插件测试主要包括以下两个方面的测试。

1. 插件的展示测试

可以创建一个 HTML 的测试页面，有窗口类型的插件可以设置其分辨率属性。在浏览器中打开该测试页面即可通过 embed 加载 MIME type 为 "application/np-demo" 的插件。代码如下：

```
<html>
<head>
</head>
```

```
<body >
<embed width="1080" height="720" type="application/np-demo" id="pluginDemo">
</body>
</html>
```

2. 插件与 JavaScript 的交互测试

可以在 JavaScript 中使用 document.getElementsByTagName 函数或者 document.getElementById 函数来获取页面中已经存在的插件对象，还可以在 JavaScript 中使用 document.createElement("object")；来动态创建对象，并为该对象设置 type 属性。接着将创建的这个对象添加到页面中，这样就动态创建了一个插件对象，通过这个对象可以访问插件内部实现的接口。代码如下：

```
<script>
function run() {
var plugin = document.getElementById("pluginDemo");
plugin.exec("deepin-movie");
}
</script>
<button onclick='run()'>run</button>
```

第08章 服务开发

服务程序指长时间运行的可执行应用，一般在计算机启动时自动启动，可以暂停和重启，并且不显示任何用户界面。统信 UOS 的服务程序是由 systemd[Linux 的 init（初始化）程序]来集中管理的，在统信 UOS 上开发服务时，需要按照 systemd 的服务部署规则进行维护。本章主要介绍 systemd 以及 PolicyKit（管理策略和权限的框架）的服务配置方法。

8.1 systemd 服务开发

systemd 是一个 Linux 系统基础组件的集合，提供了一个系统的服务管理器，以 1 号进程运行并负责启动其他服务程序。主要功能或特点包括：

- 支持并行化任务；
- 采用 socket 与 D-Bus 的方式激活服务；
- 利用 Linux 的 cgroups 监视进程；
- 支持快照和系统恢复；
- 维护挂载点和自动挂载点；
- 各服务之间基于依赖关系进行紧密的启动运行控制；
- systemd 支持 SysV 和 LSB 初始脚本，可以替代 sysvinit；
- 日志进程、控制基础系统配置，维护登录用户列表以及系统账户、运行时目录和设置；
- 管理网络配置、网络时间同步、日志转发和名称解析。

8.1.1 systemd 系统架构

systemd 的优点是功能强大，使用方便；缺点是体系庞大，非常复杂，与操作系统的其他部分强耦合，不符合简单原则。systemd 系统架构如图 8-1 所示。

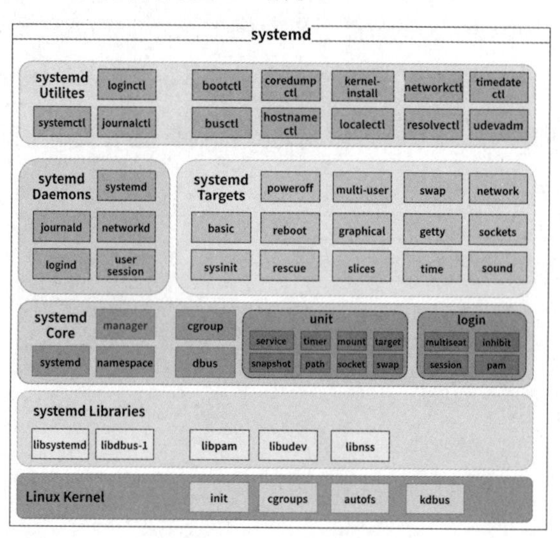

图 8-1 systemd 系统架构

8.1.2 unit 介绍

systemd 几乎可以管理系统所有的资源，不同的资源统称为 unit（单元），单元文件是 ini 风格的纯文本文件。systemd 封装了有关下列对象的信息：服务（service）、套接字（socket）、设备（device）、挂载点（mount）、自动挂载点（automount）、启动目标（target）、交换分区或交换文件（swap）、被监视的路径（path）、任务计划（timer）、资源控制组（slice）、一组外部创建的进程（scope），一共 11 种，具体介绍如下。

- service unit：系统服务。
- socket unit：进程间通信的 socket。
- device unit：硬件设备。

- mount unit：文件系统的挂载点。
- automount unit：自动挂载点。
- target unit：多个 unit 构成的一个组。
- swap unit：swap 文件。
- path unit：文件或路径。
- timer unit：定时器。
- slice unit：进程组。
- scope unit：不是由 systemd 启动的外部进程。

8.1.3　unit 管理

可以通过以下命令来查看系统的 unit 的状态，如列出正在运行的 unit：

```
$ systemctl list-units
```

列出所有 unit，包括没有找到配置文件的或者启动失败的：

```
$ systemctl list-units --all
```

列出所有没有运行的 unit：

```
$ systemctl list-units --all --state=inactive
```

列出所有加载失败的 unit：

```
$ systemctl list-units --failed
```

列出所有正在运行的、类型为 service 的 unit：

```
$ systemctl list-units --type=service:
```

对于一般用户来说，主要使用的 service unit，使用以下命令来维护。

立即启动服务 ssh.service：

```
$ sudo systemctl start ssh.service
```

立即停止服务 ssh.service：

```
$ sudo systemctl stop ssh.service
```

重启服务 ssh.service：

```
$ sudo systemctl restart ssh.service
```

杀死服务 ssh.service 的所有子进程：

```
$ sudo systemctl kill ssh.service
```

重新加载服务 ssh.service 的配置文件：

```
$ sudo systemctl reload ssh.service
```

重载所有修改过的配置文件：

```
$ sudo systemctl daemon-reload
```

显示某个 unit 的所有属性：

```
$ systemctl show ssh.service
```

显示某个 unit 的指定属性的值：

```
$ sudo systemctl show -p WatchdogUSec ssh.service
```

设置某个 unit 的指定属性：

```
$ sudo systemctl set-property ssh.service WatchdogUSec=5
```

8.1.4 unit 服务配置文件

一个 unit 服务配置文件主要包含 3 个区块：[Unit]、[Install]、[Service]。

[Unit] 区块通常是配置文件的第一个区块，用来定义 unit 的元数据，以及配置与其他 unit 的关系。它的主要字段如下。

- Description：简短描述。
- Documentation：文档地址。
- Requires：当前 unit 依赖的其他 unit，如果它们没有运行，当前 unit 会启动失败。
- Wants：与当前 unit 配合的其他 unit，如果它们没有运行，当前 unit 不会启动失败。
- BindsTo：与 Requires 类似，它指定的 unit 如果退出，会导致当前 unit 停止运行。
- Before：如果该字段指定的 unit 要启动，那么必须在当前 unit 之后启动。
- After：如果该字段指定的 unit 要启动，那么必须在当前 unit 之前启动。
- Conflicts：这里指定的 unit 不能与当前 unit 同时运行。
- Condition：当前 unit 运行必须满足的条件，否则不会运行。
- Assert：当前 unit 运行必须满足的条件，否则会报告启动失败。

[Install] 通常是配置文件的最后一个区块，用来定义如何启动，以及是否开机启动。它的主要字段如下。

- WantedBy：它的值是一个或多个 Target，当前 unit 激活（enable）时符号链接会放入 /etc/systemd/system 目录下面以 Target 名 + .wants 构成的子目录。
- RequiredBy：它的值是一个或多个 Target，当前 unit 激活时，符号链接会放入 /etc/systemd/system 目录下面以 Target 名 + .required 构成的子目录。
- Alias：当前 unit 可用于启动的别名。
- Also：当前 unit 激活时，会被同时激活的其他 unit。

[Service] 区块用来配置 Service，只有 Service 类型的 unit 才有这个区块。它的主要字段如下。

- Type：定义启动时的进程行为。它有以下几种值。
  - Type=simple：默认值，执行 ExecStart 指定的命令，启动主进程。
  - Type=forking：以 fork 方式从父进程创建子进程，创建后父进程会立即退出。

  - Type=oneshot：一次性进程，systemd 会等当前服务退出，再继续往下运行。
  - Type=dbus：当前服务通过 D-Bus 启动。
  - Type=notify：当前服务启动完毕，会通知 systemd，再继续往下运行。
  - Type=idle：只有其他任务执行完毕，当前服务才会运行。
- ExecStart：启动当前服务的命令。
- ExecStartPre：启动当前服务之前执行的命令。
- ExecStartPost：启动当前服务之后执行的命令。
- ExecReload：重启当前服务时执行的命令。
- ExecStop：停止当前服务时执行的命令。
- ExecStopPost：停止当前服务之后执行的命令。
- RestartSec：自动重启当前服务间隔的秒数。
- Restart：定义何种情况 systemd 会自动重启当前服务，可能的值包括 always（总是重启）、on-success、on-failure、on-abnormal、on-abort、on-watchdog 等。对于守护进程，推荐设为 on-failure。对于那些允许发生错误退出的服务，可以设为 on-abnormal。
  - no（默认值）：退出后不会重启。
  - on-success：只有正常退出（退出状态码为 0）时才会重启。
  - on-failure：非正常退出（退出状态码非 0）时，包括被信号终止和超时，才会重启。
  - on-abnormal：只有被信号终止和超时才会重启。
  - on-abort：只有在收到没有捕捉到的信号终止时才会重启。
  - on-watchdog：只有超时退出才会重启。
  - always：不管退出原因是什么，总是重启。
- TimeoutSec：定义 systemd 停止当前服务之前等待的秒数
- Environment：指定环境变量。

当用户要开发自己的服务程序时，就需要设置上面介绍的 unit 服务配置，编写对应的配置文件，利用上面字段的特性来定制服务配置。

8.1.5　实例

下面通过一些开发实例进行说明。

1. 简单服务

下面的单元文件创建了一个运行 /usr/sbin/foo-daemon 守护进程的服务。未设置 Type 类型等价于 Type=simple 默认设置。systemd 运行守护进程之后，即认为该单元已经启动成功。代码如下：

```
[Unit]
Description= 简单的 Foo 服务

[Service]
ExecStart=/usr/sbin/foo-daemon

[Install]
WantedBy=multi-user.target
```

注意，本例中的 /usr/sbin/foo-daemon 必须在启动后持续运行到服务被停止。如果该进程只是为了派生守护进程，那么应该使用 Type=forking。因为没有设置 ExecStop= 选项，所以在停止服务时，systemd 将会直接向该服务启动的所有进程发送 SIGTERM 信号。若超过指定时间依然存在未被杀死的进程，那么将会继续发送 SIGKILL 信号。

默认的 Type=simple 并不包含任何通知机制（例如通知“服务启动成功”）。要使用通知机制，应该将 Type 设为其他非默认值：Type=notify 可用于支持 systemd 通知协议的服务，Type=forking 可用于将自身切换到后台的服务，Type=dbus 可用于在完成初始化之后获得一个 D-Bus 名称的服务。

2. 一次性服务

Type=oneshot 用于那些只需要执行一次性动作而不需要持久运行的单元，例如文件系统检查或者清理临时文件。此类单元将会在启动后一直等待指定的动作完成，然后回到停止状态。下面是一个执行清理动作的单元：

```
[Unit]
Description= 清理老旧的 Foo 数据

[Service]
Type=oneshot
ExecStart=/usr/sbin/foo-cleanup

[Install]
WantedBy=multi-user.target
```

注意，在 /usr/sbin/foo-cleanup 运行结束前，该服务一直处于“启动中”（activating）状态，而一旦运行结束，该服务又立即变为“停止”（inactive）状态。也就是说，对于 Type=oneshot 类型的服务，不存在“活动”（active）状态。这意味着，如果再一次启动该服务，将会再一次执行该服务定义的动作。注意，在先后顺序上晚于该服务的单元，将会一直等到该服务变成“停止”状态后才会开始启动。

Type=oneshot 是唯一可以设置多个 ExecStart 指令的服务类型。多个 ExecStart 指令将按照它们出现的顺序依次执行，一旦遇到错误，就会立即停止，不再继续执行，同时该服务也将进入“失败”（failed）状态。

3. 可停止的一次性服务

有时候，单元需要运行一个程序以完成某项设置（启动），然后又需要再运行另一个程序以撤销先前的设置（停止），而在设置持续有效的时段中，该单元应该被视为处于“活动”状态，但实际上并无任何程序在持续运行。网络配置服务就是一个典型的例子。此外，只能启动一次（不可多次启动）的一次性服务也是一个例子。

可以通过设置 RemainAfterExit=yes 来满足这种需求。在这种情况下，systemd 将会在启动成功后将该单元视为处于“活动”状态（而不是“停止”状态）。RemainAfterExit=yes 虽然可以用于所有 Type 类型，但是在实践中主要用于 Type=oneshot 和 Type=simple 类型。对于 Type=oneshot 类型，systemd 会一直等到服务启动成功之后，才将该服务置于“活动”状态。所以，依赖于该服务的其他单元必须等待该服务启动成功之后才能启动。但是对于 Type=simple 类型，依赖于该服务的其他单元无须等待，将会和该服务并行启动。下面展示了一个简单的静态防火墙服务的例子：

```
[Unit]
Description= 简单的静态防火墙

[Service]
Type=oneshot
RemainAfterExit=yes
ExecStart=/usr/local/sbin/simple-firewall-start
ExecStop=/usr/local/sbin/simple-firewall-stop

[Install]
WantedBy=multi-user.target
```

因为服务启动成功后一直处于“活动”状态，所以再次执行 systemctl start 命令不会有任何效果。

4. 传统服务

多数传统的守护进程（服务）在启动时会转入后台运行。systemd 通过 Type=forking 来支持这种工作方式。对于这种类型的服务，如果最初启动的进程尚未退出，那么该单元将依然处于“启动中”状态。当最初的进程成功退出，并且至少有一个进程仍然在运行（并且 RemainAfterExit=no）时，该服务才会被视为处于“活动”状态。

对于单进程的传统服务，当最初的进程成功退出后，将会只剩一个进程仍然在持续运行，systemd 将会把这个唯一剩余的进程视为该服务的主进程。仅在这种情况下，才可以在 ExecReload、ExecStop 之类的选项中使用 $MAINPID 变量。

对于多进程的传统服务，当最初的进程成功退出后，将会剩余多个进程，它们在持续运行，因此，systemd 无法确定哪一个进程才是该服务的主进程。在这种情况下，不可以使用 $MAINPID 变量。然而，如果主进程会创建传统的 PID 文件，那么应该将 PIDFile 设为此 PID 文件的绝对路径，以帮助 systemd 从该 PID 文件中读取主进程的 PID，从而帮助它确定该服务的主进程。注意，守护进程必须在完成初始化之前写入 PID 文件，否则可能会导致 systemd 读取失败（读取时文件不存在）。

下面是一个单进程传统服务的示例：

```
[Unit]
Description= 一个单进程传统服务

[Service]
Type=forking
ExecStart=/usr/sbin/my-simple-daemon -d

[Install]
WantedBy=multi-user.target
```

5. D-Bus 服务

对于需要在 D-Bus 上注册名字的服务，应该使用 Type=dbus 并且设置相应的 BusName 值。该服务不可以派生任何子进程。一旦从 D-Bus 成功获取所需的名字，该服务即被视为初始化成功。下面是一个典型的 D-Bus 服务示例：

```
[Unit]
Description= 一个简单的 D-Bus 服务

[Service]
Type=dbus
BusName=org.example.simple-dbus-service
ExecStart=/usr/sbin/simple-dbus-service

[Install]
WantedBy=multi-user.target
```

对于基于 D-Bus 启动的服务来说，不可以包含“[Install]”部分，而是应该在对应的 D-Bus Service 文件中设置 SystemdService 选项，例如（/usr/share/dbus-1/system-services/org.example.simple-dbus-service.service）:

```
[D-BUS Service]
Name=org.example.simple-dbus-service
Exec=/usr/sbin/simple-dbus-service
User=root
SystemdService=simple-dbus-service.service
```

6. 初始化已完成的服务通知

Type=simple 类型的服务非常容易编写，但是无法向 systemd 及时通知“启动成功”的消息是一个重大缺陷。Type=notify 可以弥补该缺陷，它支持将“启动成功”的消息及时通知给 systemd。下面是一个典型的例子：

```
[Unit]
Description=Simple notifying service

[Service]
Type=notify
ExecStart=/usr/sbin/simple-notifying-service

[Install]
WantedBy=multi-user.target
```

注意，该守护进程必须支持 systemd 通知协议，否则 systemd 将会认为该服务一直处于“启动中”状态，并会在超时后将其杀死。

8.1.6 systemd 调试

为增加 systemd 的详细程度，systemd 将其日志写入内核日志缓冲区，增加内核日志缓冲区的大小，并防止内核丢弃消息，使用以下方式来获取某个服务程序的日志信息。

查看服务的运行状态：

```
$ systemctl status ssh.service
```

查看某个 unit 的日志:

```
$ sudo journalctl -u nginx.service
$ sudo journalctl -u nginx.service --since today
```

有些情形下，会因为某个服务导致系统无法正常启动，可以通过 grub cmdline 添加调试参数，获取 systemd 更详细的调试信息。

如果有可用的硬件串行控制台，可以通过以下命令引导 systemd 向其记录许多有用的调试信息:

```
systemd.log_level=debug systemd.log_target=console console=ttyS0,
115200 console=tty1
```

如果 init 进程启动失败，则上面的命令会很有用，但是如果靠后但很关键的启动服务（例如网络连接）中断，则可以使用以下命令配置日记记录以转发到控制台:

```
systemd.journald.forward_to_console=1 console=ttyS0,115200 console=tty1
```

8.2　PolicyKit 服务开发

PolicyKit 是用于应用开发的一个工具软件，是用于定义和处理非特权进程与特权进程通信的一种策略。PolicyKit 在系统层进行权限控制，通过定义和审核权限规则，实现不同进程间的通信。控制决策在统一的框架中，决定低优先级进程是否有权访问高优先级进程。和 sudo 不同，PolicyKit 并没有赋予进程完全的 root 权限，而是通过一个集中的策略系统进行更精细的授权。

PolicyKit 提供了授权 API，旨在供特权程序（mechanism）通过某种形式的 IPC 机制（例如 D-Bus 或 UNIX 管道）为非特权程序（Client）提供服务。在这种情况下，mechanism 特权程序通常会将客户端视为不受信任的客户端。对于来自客户端的每个请求，mechanism 特权程序需要确定该请求是否已被授权或是否应拒绝为该客户端提供服务。使用 PolicyKit API，mechanism 特权程序可以将该决定转移给受信任的一方: PolicyKit Authority 授权。除了充当授权机构之外，PolicyKit 还允许用户通过对管理用户或客户端所属会话的所有者进行身份验证来获得临时授权。这对于需要验证系统操作者是否真的是用户或管理用户的情况非常有用。

虽然 PolicyKit 在许多发行版中已经被 polkit 所取代（polkit 重写了系统组件，破坏了向后的兼容性），但 Debian Linux 从 Debian 7 wheezy 到 Debian 10 buster 都继续使用 PolicyKit。

8.2.1　PolicyKit 系统架构

PolicyKit 的系统架构由 Authority（作为系统消息总线上的服务实现）和每个用户会话的验证代理（Authentication Agent，由用户会话提供并启动，如 GNOME 或 KDE）组成。此外，PolicyKit 还支持一些扩展点，厂商或网站可以编写扩展来完全控制授权策略。PolicyKit 系统架构如图 8-2 所示。

方便起见，libpolkit-gobject-1 库（该库为特权进程提供应用接口来检测权限验证）使用 GObject 包装了 PolicyKit D-Bus API。但是，mechanism 也可以使用 D-Bus API 或 pkcheck（1）命令来检查授权 libpolkit-agent-1 库（该库为提供应用接口让用户输入口令认证）提供了本地身份验证系统的抽象，例如 pam（8），以及与 PolicyKit D-Bus 服务的设施注册和通信。PolicyKit 的扩展和授权后端是通过 libpolkit-backend-1 库实现的。

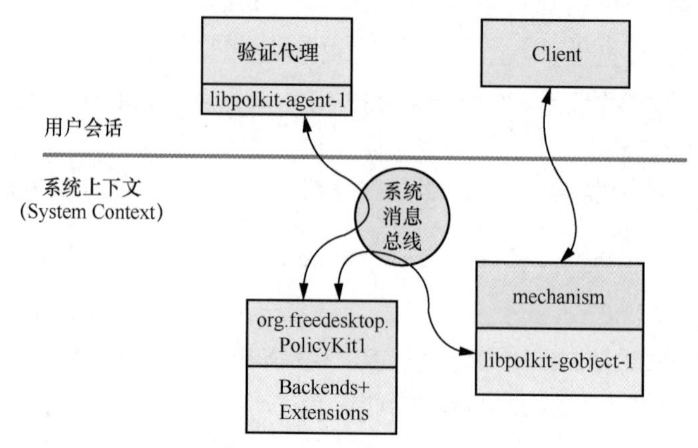

图 8-2　PolicyKit 系统架构

8.2.2 身份验证代理

polkit 的权限管理是基于用户或群组进行配置，而身份验证组件的作用就是让会话用户证明自己是某个用户或属于某个群组。身份验证代理用于证明会话的用户确实是用户（通过身份验证得知其为用户）或管理用户（通过身份验证得知其为管理员）。为了与用户会话的其余部分很好地集成（例如匹配外观和感觉），身份验证代理应该由用户使用的用户会话提供，身份验证代理如图 8-3 所示（如果系统配置没有 root 账户，它可能允许你选择正在进行身份验证的管理用户）。

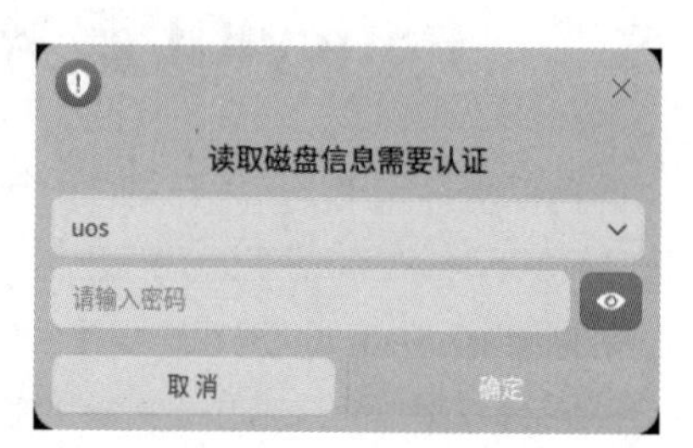

图 8-3　身份验证代理

8.2.3 声明操作

mechanism 需要声明一组“ACTIONS ”操作才能使用 PolicyKit。ACTIONS 对应于客户端可以请求 mechanism 执行的操作，并定义在 XML 文件中，mechanism 将其安装到 /usr/share/polkit-1/actions 目录中，扩展名为 .policy。XML 文件示例如下：

```
<?xml version="1.0" encoding="UTF-8"?>
<!DOCTYPE policyconfig PUBLIC "-//freedesktop//DTD PolicyKit Policy Configura
tion 1.0//EN"
"http://www.freedesktop.org/standards/PolicyKit/1.0/policyconfig.dtd">
<policyconfig>
  <vendor>UOS</vendor>
  <vendor_url>https://www.uniontech.com/</vendor_url>
  <action id="com.uos.sh">
    <icon_name>folder</icon_name>
    <message>Password is required to perform this operation</message>
    <defaults>
      <allow_any>no</allow_any>
```

```
      <allow_inactive>no</allow_inactive>
      <allow_active>auth_admin_keep</allow_active>
    </defaults>
    <message xml:lang="zh_CN">执行操作需要输入密码</message>
    <annotate key="org.freedesktop.policykit.exec.path">
      /usr/bin/dde-file-manager
    </annotate>
  </action>
</policyconfig>
```

XML 文件必须具有以下 DOCTYPE 声明：

```
<?xml version="1.0" encoding="UTF-8"?>
<!DOCTYPE policyconfig PUBLIC "-//freedesktop//DTD PolicyKit Policy Configura
tion 1.0//EN"
"http://www.freedesktop.org/standards/PolicyKit/1.0/policyconfig.dtd">
```

在 XML 文件中，需要用 policyconfig 阈值配置表元素，并且其只能存在一次。可在 policyconfig 内部使用的元素如下。

- vendor：在 XML 文件中提供操作（actions）的项目或供应商的名称。可选。
- vendor_url：在 XML 文件中提供操作的项目或供应商的 URL。可选。
- icon_name：在 XML 文件中提供动作的项目或供应商的图标。图标名称必须遵守 Freedesktop.org 图标命名规范。可选。
- action：声明一个操作。操作名称由 ID 属性指定，只能包含 a~z 等字符，如小写的 ASCII 字符、数字、句号和连字符。可以在 action 中使用的元素如下。
  - description：可供人阅读的操作说明，如“安装未签名的软件”。
  - message：当需要身份验证，要求用户提供凭证时，向用户显示的一种可读信息，例如“安装未签名的软件需要身份验证”。
- defaults：此元素用于为客户端指定隐式授权。可以在 defaults 中使用的元素如下。
  - allow_any：适用于任何客户的隐式授权。可选。
  - allow_inactive：适用于本地控制台上非活动会话中的客户端的隐式授权。可选。
  - allow_active：适用于本地控制台上活动会话中的客户端的隐式授权。可选。

    每个 allow_any、allow_inactive 和 allow_active 元素都可以包含以下 6 个可能的值：
    - ✧ no，未经授权；
    - ✧ yes，已授权；
    - ✧ auth_self，需要由客户端发起的会话的所有者进行身份验证；
    - ✧ auth_admin，需要管理用户进行身份验证；
    - ✧ authselfkeep，像 auth_self 一样，但授权会保留很短的时间；
    - ✧ authadminkeep，像 auth_admin 一样，但授权会保留很短的时间。
- annotate：用于用键值对注释操作。键是使用 key 属性指定的，值是使用 value 属性指定的。此元素可以出现 0 次或多次。请参阅下面的已知注释。

- org.freedesktop.policykit.exec.path 注释由 PolicyKit 附带的 pkexec 程序使用，有关的详细信息请参见 pkexec 手册页（man pkexec）。
- org.freedesktop.policykit.imply 注释（其值是包含用空格分隔的动作标识符列表的字符串）可以用来定义元动作。它的工作方式是，如果一个主体被授权使用这个动作，那么它也被授权使用该注释指定的任何动作。该注释的典型用法是在定义一个用户界面 Shell 时使用一个锁按钮，该按钮应该从不同的机制解锁多个操作。
- org.freedesktop.policykit.owner 注释可用于定义一组用户，他们可以查询客户端是否被授权执行该操作。如果没有指定这个注释，那么只有 root 用户可以查询以不同用户身份运行的客户端是否被授权执行某个操作。此注释的值是一个字符串，包含一个用空格分隔的 PolkitIdentity 条目列表，例如“unix-user:42 unix-user:colord”。此注释的典型用途是以系统用户而非 root 用户身份运行守护进程。

注意 对于本地化，description 和 message 元素可能会使用不同的 XML，lang 属性会多次出现。

8.2.4 polkitd

polkitd 是 PolicyKit 守护程序。polkitd 在系统消息总线上提供 org.freedesktop.PolicyKit1 D-Bus 服务。用户或管理员永远不需要启动此守护程序，因为只要应用调用该服务，它将由 dbus-daemon（1）自动启动。

8.2.5 pkcheck

pkcheck 用于检查进程是否被授权。

8.2.5.1 命令

pkcheck 用于检查由 --process 或 --system-bus-name 指定的进程是否被授权进行操作。

--detail 选项可以被使用 0 次或多次来传递行动的细节。如果通过了 --allow-user-interaction，pkcheck 就会在等待验证时阻塞。pkcheck 包括以下命令。

- pkcheck [--version] [--help]，查看版本和获取帮助。
- pkcheck [--list-temp]，调用 pkcheck --list-temp 列出当前会话的所有临时授权。
- pkcheck [--revoke-temp]，调用 pkcheck --revoke-temp 撤销当前会话的所有临时授权。
- pkcheck --action-id action { --process { pid | pid,pid-start-time } | --system-bus-name busname } [--allow-user-interaction] [--enable-internal-agent] [--detail key value ...]，该命令表示 PolicyKit D-Bus 接口的简单包装，详情请见 D-Bus 接口文档。

8.2.5.2 返回值

如果指定的进程被授权，则 pkcheck 退出，返回值为 0。如果授权结果包含任何详细信息，则使用环境样式报告将这些详细信息作为键值对输出到标准输出上。首先是键，然后是等号和值，最后是换行符，示例代码如下：

```
KEY1=VALUE1
KEY2=VALUE2
KEY3=VALUE3
...
```

8.2.6 pkaction

pkaction 用于获取有关已注册的 PolicyKit 操作的信息。

8.2.6.1 命令格式

pkaction 命令主要格式如下：

- pkaction [--version] [--help]；
- pkaction [--verbose]；
- pkaction --action-id action [--verbose]。

显示所有已注册的 action，代码如下：

```
uos@uos-pc: ~$pkaction
...
com.deepin.api.device.unblock-bluetooth-devices
com.deepin.api.locale-helper.manage-locale
com.deepin.controlcenter.addomain.config
com.deepin.controlcenter.addomain.cp
com.deepin.controlcenter.addomain.domainjoin-cli
com.deepin.controlcenter.addomain.service
com.deepin.controlcenter.develop
com.deepin.daemon.Grub2
...
```

加上 --action-ID 选项，查看当前 ID 有没有注册 PolicyKit 操作。

显示已经注册的 ID 如下：

```
uos@uos-PC:$ pkaction --action-id org.libvirt.api.storage-pool.format
org.libvirt.api.storage-pool.format
```

显示没有注册的 ID 如下：

```
uos@uos-PC:~$ pkaction --action-id com.deepin.daemon.Foo2
No action with action id com.deepin.daemon.Foo2
```

加上 --verbose 选项，会显示动作的详细信息。

```
uos@uos-PC:$ pkaction --action-id com.deepin.daemon.Grub2 --verbose
com.deepin.daemon.Grub2:
  description:       Change the grub2 configuration
  message:           Authentication is required to change the grub2 configuration
```

```
vendor:             LinuxDeepin
vendor_url:         https://www.deepin.com/
icon:
implicit any:       no
implicit inactive:  no
implicit active:    auth_admin_keep
```

8.2.6.2 返回值

pkaction 执行成功时，返回 0；否则返回非零值，并在标准错误上显示诊断消息。

相关 API 信息请参考官方文档。

查询授权可以参考 PolicyKit 手册中的示例代码。

第09章 调试与性能优化

在开发人员将编写的程序投入实际运行前，通常需要手动或用编译程序等方法进行测试，修正语法错误和逻辑错误的过程就是程序调试。程序编写完成后，通过编译器将源码编译为机器码，编译器还会进一步根据指令集的特点将代码尽可能优化，以得到更快的执行速度。但是，在很多情况下，编译器无法像开发人员一样掌握足够的信息以判断是否可以执行某种优化，因而编译器会很谨慎地做少量的优化，以确保程序的正确性。开发人员则需要手动采用更深入的优化策略，以获得更好的运行性能。本章将介绍通过 GDB（the GNU Project Debugger）对程序进行调试以及性能优化方法。

9.1 GDB 入门

GDB 是一款功能强大的开源调试器，本节将就 GDB 进行基本介绍。

9.1.1 何为 GDB

在 GDB 中可以看到当一个程序运行时，它内部正在发生什么，或者一个程序崩溃的时候在做什么。GDB 通过 4 种主要的方式来帮助开发人员捕捉错误（Bug）:

- 以特定的方式启动调试程序；
- 让程序在指定的条件下停止；
- 检查程序停止时发生了什么；
- 改变程序中的一些东西，这样可以尝试纠正 Bug 的影响，然后继续纠正另一个 Bug。

GDB 支持多种编程语言，包括 Ada、Assembly、C、C++、D、Fortran、Go、Objective-C、OpenCL、Modula-2、Pascal、Rust 等。

9.1.2 GDB 工作原理

GDB 的核心原理是内核的 ptrace 系统调用（父进程可以观察和控制子进程的运行过程），ptrace 可对进程内存中的数据进行观察和修改:

```
long ptrace(enum __ptrace_request request, pid_t pid, void *addr, void *data);
```

这个系统调用的主要作用就是允许进程查询和修改被观察进程的任意内存数据。其中 __ptrace_request 主要使用到的值为:

```
PTRACE_TRACEME
PTRACE_ATTACH
```

通过 GDB 启动进程时，会根据 PTRACE_TRACEME 来建立 GDB 和被调试子进程的直接关系，而当使用 GDB 的 attach 命令时，则会根据 PTRACE_ATTACH 来建立关系。

这里需要特别注意的是，ptrace 参数中的 pid 是指进程中的线程 ID，而不是被调试的进程 ID（process ID），对于一个多线程程序，需要多次调用 ptrace 来监控进程的所有线程。

9.1.3 调用和退出 GDB

一般在终端上执行 gdb 可进入 GDB 调试，执行 quit 或者按 Ctrl+D 会退出 GDB。GDB 的调试依赖 Debug 信息，Debug 信息可能在运行程序中，也可能单独在一个文件中。下面通过一个实例来说明，program.c 中的内容如下:

```
#include <stdio.h>

void main() {
        int invalid;
```

```
        invalid = *(int*)NULL;
        printf("invalid is: %d", invalid);

        return;
}
```

执行 gcc -g program.c -o program，生成带符号表的可执行文件 program。运行 program，因为 invalid = *(int*)NULL 赋空值，发生段错误，产生 core 文件，这需要系统打开核心转储（core dump）。常用的启动 GDB 调试的方法是，指定一个要调试的程序，program 为要调试的程序名，具体如下：

```
gdb program
[root@localhost~]# gdb program
Copyright (C) 2018 Free Software Foundation, Inc.
License GPLv3+: GNU GPL version 3 or later <http://gnu.org/licenses/gpl.html>
This is free software: you are free to change and redistribute it.
There is NO WARRANTY, to the extent permitted by law.
Type "show copying" and "show warranty" for details.
This GDB was configured as "x86_64-redhat-linux-gnu".
Type "show configuration" for configuration details.
For bug reporting instructions, please see:
<http://www.gnu.org/software/gdb/bugs/>.
Find the GDB manual and other documentation resources online at:
    <http://www.gnu.org/software/gdb/documentation/>.

For help, type "help".
Type "apropos word" to search for commands related to "word"...
Reading symbols from program...done.
(gdb)
```

GDB 后面还可以跟可执行文件 core（应用发生 core dump 时产生），这种方式常用于调试现场或嵌入式设备收集回的 core 文件。代码如下：

```
gdb program program.core
[root@localhost~]# gdb -q program core.program.3045
Reading symbols from program...done.
[New LWP 3045]
Core was generated by './program'.
Program terminated with signal SIGSEGV, Segmentation fault.
#0  main () at program.c:6
6               invalid = *(int*)NULL;
Missing separate debuginfos, use: yum debuginfo-install glibc-2.28-127.el8.x86_64
(gdb)
```

如果需要调试一个正在运行的程序，可以用下面两种方式的任意一种，其中 1234 是进程 ID：

```
gdb program 1234
gdb -p 1234
```

如果调试的程序自身有一些参数，需要使用 --args，例如调试 ls -a：

```
gdb --args ls -a
```

9.1.3.1 选择文件

GDB 中常用选项的用法及其功能如表 9-1 所示。

表 9-1 GDB 中常用选项的用法及其功能

选项	用法	功能
-s	-s file	从指定的文件读取符号表
-e	-e file	指定文件为调试的可执行程序
-se	-se file	从文件读取符号表信息，并将其作为可执行程序
-x	-x file	从文件执行调试的命令
-d	-d directory	添加 directory 到 GDB 寻找源码的路径和脚本文件

GDB 调试需要带 Debug 调试信息的符号表和可执行的程序，但是在很多 Linux 的发行版中，软件的Debug调试信息以单独包的形式发布，需要通过 -s -e 指定读取符号表的位置。以program文件为例，我们用 objcopy 命令摘取 program 的 debug 符号表到 program.debug，用 strip 命令去掉 program 中的 debug 符号表。这样 program 就没有 debug 符号表，可以用 file 查看。代码如下：

```
[root@localhost~]# objcopy --only-keep-debug program program.debug
[root@localhost~]# strip -g program
[root@localhost~]# gdb -e program -s program.debug
Copyright (C) 2018 Free Software Foundation, Inc.
License GPLv3+: GNU GPL version 3 or later <http://gnu.org/licenses/gpl.html>
This is free software: you are free to change and redistribute it.
There is NO WARRANTY, to the extent permitted by law.
Type "show copying" and "show warranty" for details.
This GDB was configured as "x86_64-redhat-linux-gnu".
Type "show configuration" for configuration details.
For bug reporting instructions, please see:
<http://www.gnu.org/software/gdb/bugs/>.
Find the GDB manual and other documentation resources online at:
    <http://www.gnu.org/software/gdb/documentation/>.

For help, type "help".
Type "apropos word" to search for commands related to "word"...
Reading symbols from program.debug...done.
(gdb)
```

可以看出 GDB 从 program.debug 读取了 debug 符号表。

9.1.3.2 调试模式

GDB 支持多种调试模式，通过 gdb --help 可以看到它们，下面列举一些常用的模式。

- -q：静默模式，不会输出 GDB 的介绍和版权信息。
- -batch：批量处理模式，和 -x 配合使用。

- -tui：启动时激活文本用户界面。

下面着重介绍 -tui 模式下的一些绑定键。

- C-x 1：显示一个窗口，源码和汇编代码。
- C-x 2：显示两个窗口，默认是源码。
- C-x o：更改激活的窗口。

在终端输入 gdb -tui -q ./a.out，会显示两个窗口，上面的是源码窗口，下面的是 GDB 窗口，效果如下：

```
┌──program.c──────────────────────────────────────────────────┐
│ 3     void main() {                                          │
│ 4             int invalid;                                   │
│ 5                                                            │
│ 6             invalid = *(int*)NULL;                         │
│ 7             printf("invalid is: %d", invalid);             │
│ 8                                                            │
│ 9             return;                                        │
│ 10    }                                                      │
│ 11                                                           │
│ 12                                                           │
│ 13                                                           │
│ 14                                                           │
│ 15                                                           │
│ 16                                                           │
│ 17                                                           │
│ 18                                                           │
└──────────────────────────────────────────────────────────────┘
exec No process In:                                L??   PC: ??
Reading symbols from program.debug...done.
(gdb)
```

输入 Ctrl+X，再输入 2，进入激活汇编代码窗口，效果如下：

```
┌──program.c──────────────────────────────────────────────────┐
│ 3     void main() {                                          │
│ 4             int invalid;                                   │
│ 5                                                            │
│ 6             invalid = *(int*)NULL;                         │
│ 7             printf("invalid is: %d", invalid);             │
│ 8                                                            │
└──────────────────────────────────────────────────────────────┘
│ 0x400596 <main>         push   %rbp                          │
│ 0x400597 <main+1>       mov    %rsp,%rbp                     │
│ 0x40059a <main+4>       sub    $0x10,%rsp                    │
│ 0x40059e <main+8>       mov    $0x0,%eax                     │
│ 0x4005a3 <main+13>      mov    (%rax),%eax                   │
│ 0x4005a5 <main+15>      mov    %eax,-0x4(%rbp)               │
└──────────────────────────────────────────────────────────────┘
exec No process In:                                L??   PC: ??
(gdb)
```

9.1.3.3 Shell 模式

如果在调试会话期间需要偶尔执行 Shell 命令，那么不需要离开或挂起 GDB，只需使用 Shell 命令即可：

```
shell command-string
!command-string
[root@localhost~]# gdb -q program
Reading symbols from program...(no debugging symbols found)...done.
(gdb) !ls
core.program.3045  program  program.c  program.debug
(gdb) shell date
2021 年 04 月 26 日 星期一 02:21:46 EDT
(gdb)
```

同时 Shell 也支持管道，如 | p invalid |grep 0x0 会过滤 p 中包含 0x 的部分。

9.1.4 GDB 基本命令

除了上面介绍的 GDB 启动调试的方式，GDB 也支持通过交互式的 Shell 进行调试，这里介绍调试中常用的一些命令。

9.1.4.1 获取用法

通过单独执行 help 子命令，GDB 会显示 help 的基本用法。执行 help 命令后可以了解具体的命令用法，具体如下：

```
(gdb) help
List of classes of commands:

aliases -- Aliases of other commands.
breakpoints -- Making program stop at certain points.
data -- Examining data.
files -- Specifying and examining files.
internals -- Maintenance commands.
obscure -- Obscure features.
running -- Running the program.
stack -- Examining the stack.
status -- Status inquiries.
support -- Support facilities.
tracepoints -- Tracing of program execution without stopping the program.
user-defined -- User-defined commands.

Type "help" followed by a class name for a list of commands in that class.
Type "help all" for the list of all commands.
Type "help" followed by command name for full documentation.
Type "apropos word" to search for commands related to "word".
Type "apropos -v word" for full documentation of commands related to "word".
Command name abbreviations are allowed if unambiguous.
```

9.1.4.2 指定调试的程序

通过直接运行 GDB 和使用程序名即可实现指是调试的程序：

```
(gdb) file program
```

指定 program 为要调试的程序，并从 program 中读取符号表。如果文件找不到，会对 $PATH 环境变量进行搜索，以找到匹配的可执行文件。

如果调试的程序有参数，set args 可指定运行时参数，使用 show args 可以查看设置好的运行参数。

```
(gdb) set args arg1 arg2
```

使用 file 指定被调试的可执行程序路径后，就可以使用 run 命令来启动可执行程序了。

```
(gdb) run
```

9.1.4.3 停止点

在调试程序时，如果需要停下来，就需要设置停止点。停止点包括断点、观察点、捕捉点。

1．设置断点

在启动程序之前，最好先设置一下程序断点，这会用到 break 命令。break（该命令可简写为 b）是 GDB 中常用的命令之一，配合 print 可以对程序的运行状态进行观察。可以用 help break 查看 break 的基本用法，结果如下：

```
break [PROBE_MODIFIER] [LOCATION] [thread THREADNUM] [if CONDITION]
```

用 break 命令设置断点，一般有以下几种设置断点的方法。

（1）在进入指定函数时停住。C++ 中可以使用 class::function（类名 : 函数名）或 function(type,type) 格式来指定函数名。

```
(gdb) break <function>
```

（2）在指定行号处停住。

```
(gdb) break <linenum>
```

（3）在当前行号的前面或后面的 offset 行处停住。offset 为自然数。

```
(gdb) break +offset
(gdb) break -offset
```

（4）在源文件 filename 的 linenum 行处停住。

```
(gdb) break filename:linenum
```

（5）在源文件 filename 的 function 函数的入口处停住。

```
(gdb) break filename:function
```

（6）在程序运行的内存地址处停住。

```
(gdb) break *address
```

（7）break 命令没有参数时，表示在下一条指令处停住。

```
(gdb) break
```

（8）在条件成立时停住，condition 表示条件。比如在循环体中，可以设置 break if i=100，表示当 i 为 100 时停住程序。

```
(gdb) break ... if <condition>
```

查看断点时，可使用 info 命令（注意，n 表示断点号）：

```
(gdb) info breakpoints [n]
(gdb) info break [n]
```

下面通过修改 program.c 的内容来说明用法，程序如下：

```
#include <stdio.h>

void main() {
        int i = 0;

        for (; i < 200; i++)
                ;
        return;
}
```

这是一个简单的 for 循环，在 i=100 时，让它停下：

```
(gdb) b if i=100
Breakpoint 2 at 0x40053a: file program.c, line 4.
(gdb) r
Starting program: /root/program

Breakpoint 2, main () at program.c:4
(gdb) info b
Num     Type           Disp Enb Address            What
2       breakpoint     keep y   0x000000000040053a in main at program.c:4
        stop only if i=100
        breakpoint already hit 1 time
(gdb) p i
$1 = 100
(gdb)
```

2. 设置观察点

观察点一般用来观察某个表达式（变量也是一种表达式）的值是否有变化，如果有变化，马上停住程序。

有下面几种设置观察点的方法。

（1）为表达式（变量）expr 设置一个观察点。如果表达式的值有变化，马上停住程序。

```
watch <expr>
```

（2）当表达式（变量）expr 被读时，停住程序。

```
rwatch <expr>
```

（3）当表达式（变量）的值被读或被写时，停住程序。

```
awatch <expr>
```

列出当前设置的所有观察点。

```
info watchpoints
```

用于查看内存中的变量值是否发生变化，修改程序，代码如下:

```
#include <stdio.h>

void main() {
        int i = 0;
        int value;

        for (; i < 200; i++)
                ;
        value = 80;
        printf("write 80 done!");

        return;
}
(gdb) b program.c:5
(gdb) r
Starting program: /root/program

Breakpoint 1, main () at program.c:7
(gdb) watch value
Hardware watchpoint 2: value
(gdb) c
Continuing.

Hardware watchpoint 2: value

Old value = 0
New value = 80
main () at program.c:10
(gdb)
```

当 value 的值发生改变时，程序会自动停住。

3. 设置捕捉点

可设置捕捉点来捕捉程序运行时的一些事件，如：载入共享库（动态链接库）或是 C++ 的异常。设置捕捉点的格式为：

```
catch <event>
```

表 9-2 介绍了程序运行时的一些事件与描述。

表 9-2　程序运行时的一些事件与描述

事件	描述
throw	C++ 异常的抛出
rethrow	C++ 异常的重新抛出
catch	C++ 异常的重新捕获
exec	系统调用 exec
fork	调用系统调用 fork
vfork	调用系统调用 vfork
signal [signal… | 'all']	信号的传递
tcatch	设置只允许停留一次的捕捉点。在第一次捕获事件之后，捕捉点将自动删除

以 fork 为例，demo_fork.c 程序内容如下：

```
#include <stdio.h>
#include <stdlib.h>
#include <sys/types.h>
#include <unistd.h>

int main(void) {
        pid_t pid;

         pid = fork();
        if (pid == 0)
            printf("i am child\n");
        else if (pid > 0)
            printf("i am parent\n");
        else
            exit(1);
        return 0;
  }
```

在 GDB 中，捕捉 fork 动作的方式如下：

```
Reading symbols from demo_fork...done.
(gdb) catch fork
Catchpoint 1 (fork)
```

```
(gdb) r
Starting program: /root/demo_fork

Catchpoint 1 (forked process 19258), 0x00007ffff7ada06c in fork () from /
lib64/libc.so.6
(gdb) bt
#0  0x00007ffff7ada06c in fork () from /lib64/libc.so.6
#1  0x0000000000400623 in main () at demo_fork.c:9
(gdb)
```

捕捉到 fork 动作后，会暂停程序。

4. 停止点维护

上面介绍了如何设置程序的停止点，GDB 中的停止点也属于上述的 3 类。在 GDB 中，如果已定义好的停止点没有用了，可以使用 delete、clear、disable、enable 这几个命令来进行维护。使用示例如下。

（1）清除所有的已定义的停止点。

```
clear
```

（2）清除所有设置在函数上的停止点。

```
clear <function>
clear <filename:function>
```

（3）清除所有设置在指定行上的停止点。

```
clear <linenum>
clear <filename:linenum>
```

（4）删除指定的断点，breakpoints 为断点号。

```
delete [breakpoints] [range...]
```

如果不指定断点号，则表示删除所有的断点。range 表示断点号的范围（如 3-7），其简写命令为 d。

（5）比删除更好的一种方法是禁用停止点，GDB 不会删除禁用的停止点，当还需要时，启用即可，就好像回收站一样。

```
disable [breakpoints] [range...]
```

breakpoints 为停止点号。如果什么都不指定，表示禁用所有的停止点。disable 命令的简写是 dis。

（6）启用所指定的停止点，breakpoints 为停止点号，用法如下。

```
enable [breakpoints] [range...]
```

（7）启用所指定的停止点一次，当程序停止后，该停止点马上被 GDB 自动禁用。

```
enable [breakpoints] once range...
```

（8）启用所指定的停止点一次，当程序停止后，该停止点马上被 GDB 自动删除。

```
enable [breakpoints] delete range...
```

默认情况下，使用 list 命令可查看当前运行的代码，当然也可以手动确定需要查看的源码文件和行号。

9.1.4.4 恢复程序运行和调试

下面介绍恢复程序运行和调试的方法。

1. 调试

当程序被停住时，可以用 continue 命令恢复程序的运行，直到程序结束或下一个断点到来。命令格式如下：

```
continue [ignore-count]
c [ignore-count]
fg [ignore-count]
```

continue、c、fg 这 3 条命令都是一样的意思，表示恢复程序运行，直到程序结束或下一个断点到来。ignore-count 表示忽略其后的断点次数。

也可以使用 step 或 next 命令单步跟踪程序。

step 表示继续运行程序，直到控制到达不同的源码行，然后停止它并将控制返回 GDB。命令格式如下：

```
step
```

step 表示单步跟踪，如果有函数调用，会进入该函数。进入函数的前提是，此函数被编译有 debug 信息。它很像 VC ++ 等工具中的 step in，后面可以加 count 也可以不加。不加 count 表示一条条地执行；加 count 表示执行后面的 count 条指令，然后停住。命令格式如下：

```
step count
```

继续运行到当前（最内层）堆栈帧中的下一个源码行。这类似于 step，但是出现在代码行中的函数调用不会停止执行。代码如下：

```
next <count>
```

打开 step-mode 模式，这样在进行单步跟踪时，程序不会因为没有 Debug 信息而不停住。这个模式有利于用来查看机器码。代码如下：

```
set step-mode
set step-mode on
```

关闭 step-mode 模式：

```
set step-mode off
```

运行程序，直到当前函数完成返回，并输出函数返回时的堆栈地址、返回值及参数值等信息：

```
finish
```

单步执行，但是不会执行循环体：

```
until, u
```

通过机器指令单步执行 display/i $pc，这通常很有用。这会使 GDB 在每次程序停止时自动显示要执行的下一条指令：

```
stepi, si
nexti, ni
```

下面通过一个实例继续说明程序的调试。loop.c 文件内容如下：

```
 1 #include <stdio.h>
 2 #include <unistd.h>
 3
 4 int caculate(int speed, int time)
 5 {
 6         return speed * time * 60;
 7 }
 8
 9 void main() {
10         int i = 0;
11         int distance;
12         int hour = 3;
13         int speed = 60;
14
15         distance = caculate(hour, speed);
16         for (; i < 200; i++) {
17                 usleep(1);
18                 distance++;
19         }
20
21         printf("distance is %d\n", distance);
22         return;
23 }
```

对代码进行调试：

```
[root@localhost~]# gdb -q loop
Reading symbols from loop...done.
(gdb) b loop.c:12
Breakpoint 1 at 0x4005fb: file loop.c, line 12.
(gdb) r
Starting program: /root/loop
Missing separate debuginfos, use: yum debuginfo-install glibc-2.28-127.el8.x86_64

Breakpoint 1, main () at loop.c:12
```

```
12              int hour = 3;
(gdb) n
13              int speed = 60;
(gdb)
15              distance = caculate(hour, speed);
(gdb) s
caculate (speed=3, time=60) at loop.c:6
6               return speed * time * 60;
(gdb)
7       }
(gdb)
main () at loop.c:16
16              for (; i < 200; i++) {
(gdb) n
17                      usleep(1);
(gdb)
18                      distance++;
(gdb)
16              for (; i < 200; i++) {
(gdb)
17                      usleep(1);
(gdb)
18                      distance++;
(gdb) u
16              for (; i < 200; i++) {
(gdb)
21              printf("distance is %d\n", distance);
(gdb)
distance is 11000
22              return;
(gdb)
```

断点设置在 12 行，然后输入 n（即 next），进行调试。按 Enter 键执行上次的命令，即 n。如果想跳过这个循环体的循环，可以输入 u。在调试 15 行时，s（即 step）单步调试 caculate (hour,speed) 函数，输入 n 调试 for 循环体，想要退出这个循环体，可以输入 u。

2. 信号

信号（signal）是一种软中断，也是一种处理异步事件的方法。一般来说，操作系统都支持许多信号，尤其是 UNIX，比较重要的应用一般都会处理信号。UNIX 定义了许多信号，比如 SIGINT 表示中断字符信号，也就是按 Ctrl+C 对应的信号；SIGBUS 表示硬件故障的信号；SIGCHLD 表示子进程状态改变信号；SIGKILL 表示终止程序运行的信号。信号量编程是 UNIX 下非常重要的一种技术。

GDB 有能力在调试程序的时候处理任何一种信号，可以告诉 GDB 需要处理哪一种信号；可以要求 GDB 收到指定的信号时，马上停住正在运行的程序来进行调试；可以用 GDB 的 handle 命令来实现这一功能。

```
handle <signal> <keywords...>
```

可以在 GDB 中定义一种信号处理。信号可以以 SIG 开头或不以 SIG 开头，可以定义一个要处理信号的范围（如：SIGIO-SIGKILL，表示处理从 SIGIO 信号到 SIGKILL 的信号，其中包括 SIGIO、SIGIOT、SIGKILL 这 3 种信号），也可以使用关键字 all 来标明要处理所有的信号。一旦被调试的程序接收到信号，运行程序后程序马上会被 GDB 停住，以供调试。信号处理关键字及含义如表 9-3 所示。

表 9-3　信号处理关键字及含义

关键字	含义
nostop	当被调试的程序收到信号时，GDB 不会停住程序的运行，但会输出消息告诉你收到这种信号
stop	当被调试的程序收到信号时，GDB 会停住程序
print	当被调试的程序收到信号时，GDB 会显示信息
noprint	当被调试的程序收到信号时，GDB 不会告诉你收到信号的信息
pass noignore	当被调试的程序收到信号时，GDB 不处理信号。这表示 GDB 会把这个信号交给被调试程序处理
nopass ignore	当被调试的程序收到信号时，GDB 不会让被调试程序来处理这个信号

可以用以下命令查看有哪些信号在被 GDB 检测：

```
info signals
```

3. 查看栈信息

当程序被停住时，需要做的第一件事就是查看程序是在哪里停住的。程序调用了一个函数，函数的地址、函数参数、函数内的局部变量都会被压入“栈”（stack）。可以用 GDB 命令来查看当前栈中的信息。

下面是一些查看函数调用栈信息的 GDB 命令：

```
backtrace
bt
```

输出当前的函数调用栈的所有信息。结果如下：

```
(gdb) bt
#0  caculate (speed=3, time=60) at loop.c:6
#1  0x0000000000400618 in main () at loop.c:15
```

从上面可以看出函数调用栈信息 main()--> func()：

```
backtrace <n>
bt <n>
```

其中 *n* 表示正整数，表示只输出栈顶上 *n* 层的栈信息。

```
backtrace <-n>
bt <-n>
```

其中 -*n* 表示负整数，表示只输出栈底下 *n* 层的栈信息。

如果要查看某一层的信息，需要切换当前的栈。一般来说，程序停止时，顶层的栈就是当前栈，如果要查看栈下面层的详细信息，首先要做的是切换当前栈。

```
frame <n>
f <n>
```

n 是一个从 0 开始的整数，是栈中的层编号。比如：frame 0，表示栈顶；frame 1，表示栈的第二层。

up 表示向栈的上面移动 *n* 层，可以不输出 *n*，表示向上移动一层。

```
up <n>
```

down 表示向栈的下面移动 *n* 层，可以不输入 *n*，表示向下移动一层。

```
down <n>
```

上面的命令都会输出移动到的栈层的信息。如果不想让其输出信息，可以使用这 3 条命令：

```
select-frame <n>    # 对应于 frame 命令
up-silently <n>     # 对应于 up 命令
down-silently <n>   # 对应于 down 命令
```

查看当前栈层的信息，可以用以下 GDB 命令，会输出这些信息：栈的层编号、当前的函数名、函数参数值、函数所在文件及行号、函数执行到的语句。

```
frame
f
```

如需要输出更为详细的当前栈层的信息，可以用如下命令：

```
info frame
info f
```

使用上述命令会输出更为详细的当前栈层的信息，只不过，大多数都是运行时的地址。比如：函数地址、调用函数的地址、被调用函数的地址、目前的函数是由什么样的程序设计语言写成的、函数参数地址及值、局部变量的地址等。代码如下：

```
(gdb) info f
Stack level 0, frame at 0xbffff5d4:
eip = 0x804845d in func (tst.c:6); saved eip 0x8048524
called by frame at 0xbffff60c
source language c.
Arglist at 0xbffff5d4, args: n=250
Locals at 0xbffff5d4, Previous frame's sp is 0x0
Saved registers:
ebp at 0xbffff5d4, eip at 0xbffff5d8
```

输出当前函数的参数名及其值。

```
info args
```

输出当前函数中所有局部变量及其值。

```
info locals
```

输出当前函数中的异常处理信息。

```
info catch
```

4. 显示源码

GDB 可以输出所调试程序的源码，当然，在程序编译时一定要加上 -g 的参数，把源码信息编译到执行文件中。不然就无法看到源码。当程序停下来以后，GDB 会报告程序停在了文件的第几行上。你可以用 list 命令来输出程序的源码。下面来看一看查看源码的 GDB 命令。

显示程序第 linenum 行的前后的源码。

```
list <linenum>
```

显示函数名为 function 的函数的源码。

```
list <function>
```

显示当前行后面的源码。

```
list
```

显示当前行前面的源码。

```
list-
```

一般是输出当前行的前 5 行和后 5 行，如果显示函数是前 2 行后 8 行，默认是 10 行，当然，也可以定制显示的范围。使用下面的命令可以设置一次显示源码的行数。

```
set listsize <count>
```

设置一次显示源码的行数。

```
show listsize
```

list 命令还有下面的用法。

显示从 first 行到 last 行之间的源码。

```
list <first>, <last>
```

显示从当前行到 last 行之间的源码。

```
list , <last>
```

显示后面的源码。

```
list +
```

5. 源码的地址

可以使用 info line 命令来查看源码在内存中的地址。info line 后面可以跟“行号”“函数名”“文件名 : 行号”“文件名 : 函数名”，这个命令会输出所指定的源码在运行时的内存地址，如：

```
(gdb) info line tst.c:func
Line 5 of "tst.c" starts at address 0x8048456 <func+6> and ends at 0x804845
d <func+13>.
```

还有一个命令（disassemble）可以用来查看源程序当前运行时的机器码，这个命令会把目前内存中的指令 dump 出来。下面的示例表示查看函数 func 的汇编代码。

```
(gdb) disassemble func
Dump of assembler code for function func:
0x8048450 <func>: push %ebp
0x8048451 <func+1>: mov %esp,%ebp
0x8048453 <func+3>: sub $0x18,%esp
0x8048456 <func+6>: movl $0x0,0xfffffffc(%ebp)
0x804845d <func+13>: movl $0x1,0xfffffff8(%ebp)
0x8048464 <func+20>: mov 0xfffffff8(%ebp),%eax
0x8048467 <func+23>: cmp 0x8(%ebp),%eax
0x804846a <func+26>: jle 0x8048470 <func+32>
0x804846c <func+28>: jmp 0x8048480 <func+48>
0x804846e <func+30>: mov %esi,%esi
0x8048470 <func+32>: mov 0xfffffff8(%ebp),%eax
0x8048473 <func+35>: add %eax,0xfffffffc(%ebp)
0x8048476 <func+38>: incl 0xfffffff8(%ebp)
0x8048479 <func+41>: jmp 0x8048464 <func+20>
0x804847b <func+43>: nop
0x804847c <func+44>: lea 0x0(%esi,1),%esi
0x8048480 <func+48>: mov 0xfffffffc(%ebp),%edx
0x8048483 <func+51>: mov %edx,%eax
0x8048485 <func+53>: jmp 0x8048487 <func+55>
0x8048487 <func+55>: mov %ebp,%esp
0x8048489 <func+57>: pop %ebp
0x804848a <func+58>: ret
End of assembler dump.
```

6. 查看内存数据

当程序运行到断点处时，可以使用 print 命令（或者 p）输出变量或表达式的值，print 命令的格式是：

```
print <expr>
print /<f> <expr>
```

expr 是表达式；<f> 是输出格式，比如，要把表达式按十六进制的格式输出，就是 /x。

■ **表达式**

print 和许多 GDB 的命令一样，可以接收表达式，GDB 会根据当前程序运行的数据来计算表达式，既然是表达式，那么可以是当前程序运行中的常量、变量、函数等内容。可惜的是 GDB 不能使用你在程序中所定义的宏。表达式的语法应该是当前所调试语言的语法，此处的例子都是关于 C/C++ 的。在表达式中，有几种 GDB 所支持的操作符，它们可以用在任何一种语言中。

- @：一个和数组有关的操作符。
- :: ：指定一个在文件或是函数中的变量。
- {} ：表示一个指向内存地址的类型为 type 的对象。

■ **数组**

有时候，需要查看一段连续的内存空间的值，比如数组的一段，或是动态分配的数据的大小。可以使用 GDB 的 @ 操作符，@ 的左边是第一个内存地址的值，@ 的右边则是你想查看内存的长度。例如，程序中有这样的语句：

```
int *array = (int *) malloc (len * sizeof (int));
```

于是，在 GDB 调试过程中，可以通过如下命令显示出这个动态数组的取值：

```
p *array@len
```

@ 的左边是数组的首地址的值，也就是变量 array 指向的内容，@ 的右边则是数据的长度，其保存在变量 len 中，输出结果如下：

```
(gdb) p *array@4
$3 = {1, 2, 3, 4}
```

如果是静态数组，直接用“print 数组名”，就可以显示数组中所有数据的内容了。

如果局部变量和全局变量发生冲突（也就是重名），一般情况下是局部变量生效，会隐藏全局变量。也就是说，当一个全局变量和一个函数中的局部变量重名时，如果当前停止点在函数中，用 print 显示出的变量的值会是函数中的局部变量的值。如果此时想查看全局变量的值，可以使用 :: 操作符。

```
file::variable
function::variable
```

可以通过这种形式指定想查看的变量是哪个文件中的或是哪个函数中的。例如，查看文件 f2.c 中的全局变量 x 的值：

```
(gdb) p 'f2.c'::x
```

当然，:: 操作符会和 C++ 中的操作符发生冲突。GDB 能自动识别 :: 是否为 C++ 的操作符，所以不必担心在调试 C++ 程序时会出现异常。

指定一个在文件或是函数中的变量。如下示例代码表示一个指向内存地址的类型为 type 的对象。

```
{<type>} <addr>
```

■ **输出格式**

一般来说，GDB 会根据变量的类型输出变量的值，也可以自定义 GDB 的输出格式。例如，想输出一个十六进制的整数，或是以二进制方式来查看整型变量中位的情况，可以使用 GDB 的数据显示格式。

- x：按十六进制格式显示变量。
- d：按十进制格式显示变量。
- u：按十六进制格式显示无符号整型变量。
- o：按八进制格式显示变量。
- t：按二进制格式显示变量。
- a：按十六进制格式显示地址。
- c：按字符格式显示变量。
- f：按浮点数格式显示变量。

下面通过例子来说明。

```
(gdb) p i
$21 = 101

(gdb) p/a i
$22 = 0x65

(gdb) p/c i
$23 = 101 'e'

(gdb) p/f i
$24 = 1.41531145e-43

(gdb) p/x i
$25 = 0x65

(gdb) p/t i
$26 = 1100101
```

7. 查看内存

可以使用 examine（简写是 x）命令来查看内存地址中的值。x 命令的语法如下：

```
x/<n/f/u> <addr>
```

n、f、u 是可选的参数。其中，n 是一个正整数，表示显示内存的长度，也就是说从当前地址向后显示几个地址的内容。f 表示显示的格式，参见上面的介绍。如果地址所指的是字符串，那么格式可以是 s，如果地址是指令地址，那么格式可以是 i。u 表示从当前地址往后请求的字节数，如果不指定的话，GDB 默认是 4 字节。u 参数可以用下面的字符来代替，b 表示单字节，h 表示双字节，w 表示 4 字节，g 表示 8 字节。当我们指定了字节长度后，GDB 会从指定的内存地址开始读写指定字节，并把其当作一个值取出来，因此 u 表示一个内存地址。

n、f、u 这 3 个参数也可以一起使用。例如：x/3uh 0x54320 表示从内存地址 0x54320 读取内容，

h 表示以 2 字节为一个单位，3 表示 3 个单位，u 表示按十六进制显示。

例如显示指针 p 的内容，内容长度为 4 个单位，其中数组的内容为 int array[] = {1,2,3,4}，代码如下：

```
(gdb) x/4u p
0x7fffffffe2b0: 1        2        3        4
```

8. 自动显示

可以设置一些自动显示的变量，当程序停住时，或是在单步跟踪时，这些变量会自动显示。相关的 GDB 命令是 display，相关代码如下。

```
display <expr>
display/<fmt> <expr>
display/<fmt> <addr>
```

其中 expr 是一个表达式，fmt 表示显示的格式，addr 表示内存地址，当用 display 设定好一个或多个表达式后，只要程序被停下来，GDB 就会自动显示所设置的这些表达式的值。

display 同样支持格式 i 和 s，一种非常有用的命令是：

```
display/i $pc
```

$pc 是 GDB 的环境变量，表示指令的地址；/i 则表示输出格式为机器指令，也就是汇编代码。当程序停下后，就会出现源码和机器指令相对应的情形，这是一个很有意思的功能。

下面是一些和 display 相关的 GDB 命令。

（1）删除自动显示，dnums 意为所设置好的自动显式的编号。如果要同时删除几个，编号可以用空格分隔，如果要删除一个范围内的编号，可以用减号表示（如 2-5）：

```
undisplay <dnums...>
delete display <dnums...>
```

（2）disable 和 enable 不删除自动显示的设置，而只是让其失效和恢复。

```
disable display <dnums...>
enable display <dnums...>
```

（3）查看 display 设置的自动显示的信息。GDB 会输出一张表格，报告当前调试中设置了多少自动显示设置，其中包括设置的编号、表达式、是否 enable。

```
info display
```

9.1.4.5　设置显示选项

GDB 中关于显示的选项比较多，这里只列举常用的选项。

打开地址输出，当程序显示函数信息时，GDB 会显示出函数的参数地址，系统默认为打开显示状态，如：

```
set print address on
(gdb) f
```

```
#0 set_quotes (lq=0x34c78 "<<", rq=0x34c88 ">>")
at input.c:530
530 if (lquote != def_lquote)
set print address off
```

关闭函数的参数地址显示，如：

```
(gdb) set print addr off
(gdb) f
#0 set_quotes (lq="<<", rq=">>") at input.c:530
530 if (lquote != def_lquote)

set print null-stop <on/off>
```

如果打开了这个选项，那么当显示字符串时，遇到结束符则停止显示。这个选项默认为 off。

```
set print pretty on
```

如果打开 print pretty 这个选项，那么当 GDB 显示结构体时会比较漂亮。如：

```
$1 = {
next = 0x0,
flags = {
sweet = 1,
sour = 1
},
meat = 0x54 "Pork"
}
set print pretty off
```

关闭 print pretty 这个选项，GDB 显示结构体时会有如下显示：

```
$1 = {next = 0x0, flags = {sweet = 1, sour = 1}, meat = 0x54 "Pork"}

set print sevenbit-strings <on/off>
```

设置字符是否按 \nnn 的格式显示，如果打开，则字符串或字符数据按 \nnn 显示，如 \065。

查看字符显示是否打开的命令如下。

```
show print sevenbit-strings
```

设置显示结构体时，要考虑是否显式其内的联合体数据。代码如下：

```
set print union <on/off>
```

例如有以下数据结构：

```
typedef enum {Tree, Bug} Species;
typedef enum {Big_tree, Acorn, Seedling} Tree_forms;
typedef enum {Caterpillar, Cocoon, Butterfly}
```

```
Bug_forms;

struct thing {
Species it;
union {
Tree_forms tree;
Bug_forms bug;
} form;
};

struct thing foo = {Tree, {Acorn}};
```

当打开这个开关时，执行 p foo 命令后，会有如下显示：

```
$1 = {it = Tree, form = {tree = Acorn, bug = Cocoon}}
```

当关闭这个开关时，执行 p foo 命令后，会有如下显示：

```
$1 = {it = Tree, form = {...}}
```

9.1.4.6 查看寄存器

查看寄存器（除了浮点寄存器）的情况。

```
info registers
```

查看所有寄存器（包括浮点寄存器）的情况。

```
info all-registers
```

查看所指定的寄存器的情况。

```
info registers <regname ...>
```

寄存器中放置了程序运行时的数据，比如程序当前运行的指令地址（ip），程序当前的堆栈地址（sp）等。同样可以使用 print 命令来查看寄存器的情况，只需要在寄存器名字前加一个 $ 符号就可以了，如：p $eip。

9.1.5 GDB 调试脚本

GDB 启动时，它会在当前用户的主目录中寻找一个名为 .gdbinit 的文件；如果该文件存在，则 GDB 就执行该文件中的所有命令。通常该文件用于简单配置命令，如设置所需的默认汇编程序格式，或用于显示输入和输出数据的默认基数（十进制或十六进制）。它还可以读取宏编码语言内容，从而允许实现更强大的自定义功能。该语言遵循如下基本格式：

```
define <command>

end
document <command>
<help text>
```

end 在实际工程中，可能需要对程序进行较为复杂的调试工作，这时候手动输入并执行各种调试命令会效率低下，并且难以重复执行，无法满足对调试效率的需求。这时候通过使用调试脚本的功能，能够自动对程序进行调试，可极大地提高调试的效率。

GDB 调试脚本的基本用法如下：

```
gdb --command=automate-debug.gs --batch --args a.out
```

以 .gdbinit 的例子来说，可以把调试过程中用到的命令写入脚本。

```
set height 0



break loop.c:15
run
print distance

quit
```

最终运行结果如下：

```
[root@localhost~]# gdb --command=automate-debug.gs --batch --args loop
Breakpoint 1 at 0x400609: file loop.c, line 15.

Breakpoint 1, main () at loop.c:15
warning: Source file is more recent than executable.
15              distance = caculate(hour, speed);
$1 = 0
A debugging session is active.

        Inferior 1 [process 7726] will be killed.

Quit anyway? (y or n) [answered Y; input not from terminal]
```

9.1.6 GDB 多线程调试

当需要调试多线程程序时，可使用 GDB 提供的一系列相关的命令。

- thread thread-id：实现不同线程之间的切换。
- info threads：查询存在的线程。
- thread apply [thread-id-list] [all] args：在一系列线程上执行命令。
- set print thread-events：控制输出线程启动或结束时的信息。
- set scheduler-locking off|on|step：在使用 step 或是 continue 进行调试的时候，其他可能的线程也会并行执行。如何才能只让被调试的线程执行呢？使用该命令工具可以达到这种效果。
  - off：不锁定任何线程，也就是所有的线程都执行，这是默认值。
  - on：只有当前被调试的线程能够执行。

➢ step：阻止其他线程在当前线程单步调试时抢占当前线程。只有当使用 next、continue、util 以及 finish 的时候，其他线程才会获得重新执行的机会。

以下是一段示例代码：

```
#include <iostream>
#include <pthread.h>
#include <iostream>

void* threadPrintHello(void* arg)
{
    while(1) {
        sleep(5);
        std::cout << "hello" << std::endl;
    }
}

void* threadPrintWorld(void* arg)
{
    while(1) {
        sleep(5);
        std::cout << "world" << std::endl;
    }
}

int main( int argc , char* argv[])
{
    pthread_t pid_hello , pid_world;

    int ret = 0;

    ret = pthread_create(&pid_hello , NULL , threadPrintHello , NULL);

    if( ret != 0 ) {
        std::cout << "Create threadHello error" << std::endl;
        return -1;
    }

    ret = pthread_create(&pid_world , NULL , threadPrintWorld , NULL);

    if( ret != 0 ) {
        std::cout << "Create threadWorld error" << std::endl;
        return -1;
    }

    while(1) {
```

```
        sleep(10);
        std::cout << "In main thread"  << std::endl;
    }

    pthread_join(pid_hello , NULL);
    pthread_join(pid_world , NULL);

    return 0;
}
```

1. 线程创建提醒

在 GNU/Linux 上，如果 GDB 检测到一个新的线程，会给出如下通知信息。

```
[New Thread 0x7ffff708b700 (LWP 20567)]
[New Thread 0x7ffff688a700 (LWP 20568)]
```

2. 查询已经存在的线程

使用 info threads 可以看到程序中所有线程的信息。

```
(gdb) info threads
  3 Thread 0x7ffff688a700 (LWP 20568)  0x00007ffff70be8e0 in sigprocmask ()
from /lib64/libc.so.6
  2 Thread 0x7ffff708b700 (LWP 20567)  0x00007ffff7138a3d in nanosleep ()
from /lib64/libc.so.6
* 1 Thread 0x7ffff7fe5720 (LWP 20564)  main (argc=1, argv=0x7fffffffe628)
at multithreads.cpp:39
```

该信息主要包括 GDB 分配的线程 ID（例如 1、2、3），操作系统分配的线程 ID（例如 20568），线程的名字以及线程相关的调用栈信息。

3. 切换线程

使用 thread threadno 可以切换到指定的线程，threadno 就是上面 GDB 分配的线程 ID。

```
(gdb) thread 2
[Switching to thread 2 (Thread 0x7ffff708b700 (LWP 20567))]#0  0x00007ffff7138a
3d in nanosleep () from /lib64/libc.so.6
```

4. 锁定线程

默认情况下 GDB 不锁定任何线程。代码如下：

```
(gdb) thread 2
[Switching to thread 2 (Thread 0x7ffff708b700 (LWP 20567))]#0
threadPrintHello (arg=0x0) at multithreads.cpp:10
10              std::cout << "hello" << std::endl;
(gdb) n
helloworld

In main thread
```

```
7           while(1)
(gdb) n
9                   sleep(5);
(gdb) n
world
In main thread
10                  std::cout << "hello" << std::endl;
```

当切换到线程 2，使用 next 命令的时候，会发现输出的结果中包含其他线程的输出信息。此时可以使用 set scheduler-locking on 命令来锁定只有当前的线程能够执行。

```
(gdb) thread 2
[Switching to thread 2 (Thread 0x7ffff708b700 (LWP 20567))]#0
threadPrintHello (arg=0x0) at multithreads.cpp:10
10                  std::cout << "hello" << std::endl;
(gdb) set scheduler-locking on
(gdb) n
hello
7           while(1)
(gdb) n
9                   sleep(5);
(gdb) n
10                  std::cout << "hello" << std::endl;
(gdb) n
hello
7           while(1)
(gdb) n
9                   sleep(5);
(gdb) n
10                  std::cout << "hello" << std::endl;
```

可以发现锁定线程之后，使用 next 不会有其他线程的输出结果。

5. 执行命令

使用 thread apply 来让一个或多个线程执行指定的命令。例如让所有的线程输出调用栈信息。代码如下:

```
(gdb) thread apply all bt

Thread 3 (Thread 0x7ffff688a700 (LWP 20568)):
#0  0x00007ffff7138a3d in nanosleep () from /lib64/libc.so.6
#1  0x00007ffff71388b0 in sleep () from /lib64/libc.so.6
#2  0x000000000040091e in threadPrintWorld (arg=0x0) at multithreads.cpp:18
#3  0x00007ffff74279d1 in start_thread () from /lib64/libpthread.so.0
#4  0x00007ffff71748fd in clone () from /lib64/libc.so.6

Thread 2 (Thread 0x7ffff708b700 (LWP 20567)):
```

```
#0  threadPrintHello (arg=0x0) at multithreads.cpp:10
#1  0x00007ffff74279d1 in start_thread () from /lib64/libpthread.so.0
#2  0x00007ffff71748fd in clone () from /lib64/libc.so.6

Thread 1 (Thread 0x7ffff7fe5720 (LWP 20564)):
#0  0x00007ffff7138a3d in nanosleep () from /lib64/libc.so.6
#1  0x00007ffff71388b0 in sleep () from /lib64/libc.so.6
#2  0x00000000004009ea in main (argc=1, argv=0x7fffffffe628) at multithreads.
cpp:47
```

9.1.7 GDB 多进程调试

GDB 进行多进程调试主要有以下几种方法：follow-fork-mode 方法、attach 子进程方法和 GDB wrapper 方法。这里主要介绍前 2 种方法。示例程序代码如下：

```
 1 #include <stdio.h>
 2 #include <stdlib.h>
 3 #include <sys/types.h>
 4 #include <unistd.h>
 5
 6 int main(void) {
 7         pid_t pid;
 8
 9         pid = fork();
10         if (pid < 0) {
11                 printf("fork failed\n");
12                 exit(-1);
13         }
14         else if (pid == 0) {
15                 printf("i am child\n");
16                 sleep(6000);
17         }
18         else {
19                 printf("i am parent\n");
20                 sleep(6000);
21         }
22
23         return 0;
24 }
```

在介绍调试子进程之前，先介绍 follow-fork-mode 的用法：

```
set follow-fork-mode parent|child
```

parent 表示 fork 之后继续调试父进程，子进程不受影响。child 表示 fork 之后调试子进程，父进程不受影响。

如果需要调试子进程，那么 GDB 启动之后，执行以下命令：

```
(gdb) set follow-fork-mode child
```

然后在子进程处设置断点。此外还有 detach-on-fork 参数，指示 GDB 在 fork 之后是否断开（detach）某个进程的调试，或者都交由 GDB 控制，detach-on-fork 用法如下：

```
set detach-on-fork on|off
```

其中，on 表示断开调试 follow-fork-mode 指定的进程；off 表示 GDB 将控制父进程和子进程。follow-fork-mode 指定的进程将被调试，另一个进程处于暂停（suspended）状态。这样设置以后，可同时调试两个进程，即 gdb 跟主进程，子进程阻塞（block）在 fork 位置。

GDB 将每个被调试程序的运行状态的记录结构称为一个 inferior。一般情况下 inferior 会对应一个进程，当然嵌入式平台可能有不同情况。GDB 会为它们分配 inferior ID。执行下面的命令会显示 GDB 调试的所有 inferior 信息。

```
info inferiors
```

使用 detach 分开指定的 inferior，允许其正常运行。

```
detach inferior ID
```

下面用两种方法对示例程序进行调试。

9.1.7.1 follow-fork-mode 方法

follow-fork-mode 是一个 gdb 命令，其目的是告诉 GDB 在目标应用调用 fork 之后接着调试子进程或父进程，设置断点，并且设置 detach-on-fork 为关闭来终止 fork 之后子进程的运行（默认情况下 follow-fork-mode 都是从父进程开始的）。代码如下：

```
(gdb) b fork
fork      fork@plt
(gdb) b demo_fork.c:9
Breakpoint 1 at 0x40066e: file demo_fork.c, line 9.
(gdb) set detach-on-fork off
(gdb) r
Starting program: /root/demo_fork

Breakpoint 1, main () at demo_fork.c:9
9           pid = fork();
```

当有一个新的子进程通过 fork 被创建出来时，GDB 会提示 [New inferior 2（process 11618）]。通过 info inferiors 列出当前被 GDB 调试的进程，其中 * 表示当前所在的进程。

```
(gdb) n
[New inferior 2 (process 11618)]
Reading symbols from /root/demo_fork...done.
10              if (pid < 0) {
```

```
Missing separate debuginfos, use: yum debuginfo-install glibc-2.28-127.el8.x86_64
(gdb) info inferiors
  Num  Description       Executable
* 1    process 11579     /root/demo_fork
  2    process 11618     /root/demo_fork
```

进程相关的信息主要包括 inferior ID（GDB 用来标识的进程 ID），操作系统标识的进程 ID 以及可执行程序的名字。可通过 inferior ID 切换到指定的进程来运行：

```
(gdb) inferior 2
[Switching to inferior 2 [process 11618] (/root/demo_fork)]
[Switching to thread 2.1 (process 11618)]
#0  0x00007ffff7ada06c in fork () from /lib64/libc.so.6
(gdb) info inferiors
  Num  Description       Executable
  1    process 11579     /root/demo_fork
* 2    process 11618     /root/demo_fork
```

也可以通过 detach inferiors ID 命令来分离指定的进程，执行完命令会显示如下内容：

```
(gdb) detach inferiors 2
Detaching from program: /root/demo_fork, process 11618
[Inferior 2 (process 11618) detached]
(gdb) i am child
(gdb) info inferiors
  Num  Description       Executable
  1    process 11579     /root/demo_fork
* 2    <null>            /root/demo_fork
(gdb)
```

此时切换到主进程中继续运行，由于子进程异常终止，父进程收到异常信号之后就退出程序。

```
(gdb) inferior 1
[Switching to inferior 1 [process 6945] (/data/home/chainyang/small_
program/multiprocess)]
[Switching to thread 1 (process 6945)]
#0  main () at multiprocess.cpp:18
18          if (pid < 0)
(gdb) c
Continuing.

Program exited normally.
Segmentation fault
```

9.1.7.2 attach 子进程方法

GDB 可以通过 attach 子进程方法对正在运行的程序进行调度，它允许开发人员中断程序并查看其状态，之后还能让这个程序正常地继续运行。示例代码如下：

```
 1 #include <stdio.h>
 2 #include <stdlib.h>
 3 #include <sys/types.h>
 4 #include <unistd.h>
 5
 6 int main(void) {
 7         pid_t pid;
 8         int invalid;
 9
10         pid = fork();
11         if (pid < 0) {
12                 printf("fork failed\n");
13                 exit(-1);
14         }
15         else if (pid == 0) {
16                 printf("i am child\n");
17                 sleep(60);
18                 invalid = *(int *)NULL;
19         }
20         else {
21                 printf("i am parent\n");
22                 sleep(6000);
23         }
24
25         return 0;
26 }
```

查看到子程序的进程 ID 为 13634。

```
[root@localhost~]# gcc -g demo_fork.c -o demo_fork
[root@localhost~]# ps -elf |grep demo
0 S root     13633  2460  0  80   0 -  1083 hrtime 06:13 pts/1
00:00:00 ./demo_fork
1 S root     13634 13633  0  80   0 -  1083 hrtime 06:13 pts/1
00:00:00 ./demo_fork
0 S root     13636 11384  0  80   0 -  3081 -      06:13 pts/2
00:00:00 grep --color=auto demo
```

然后（gdb）attach 到该子进程，通过 stop 中止当前的进程，并且设置断点。

```
[root@localhost~]# gdb
Copyright (C) 2018 Free Software Foundation, Inc.
License GPLv3+: GNU GPL version 3 or later <http://gnu.org/licenses/gpl.html>
This is free software: you are free to change and redistribute it.
```

```
There is NO WARRANTY, to the extent permitted by law.
Type "show copying" and "show warranty" for details.
This GDB was configured as "x86_64-redhat-linux-gnu".
Type "show configuration" for configuration details.
For bug reporting instructions, please see:
<http://www.gnu.org/software/gdb/bugs/>.
Find the GDB manual and other documentation resources online at:
    <http://www.gnu.org/software/gdb/documentation/>.

For help, type "help".
Type "apropos word" to search for commands related to "word".
(gdb) attach 13634
Attaching to process 13634
Reading symbols from /root/demo_fork...done.
\Reading symbols from /lib64/libc.so.6...(no debugging symbols
found)...done.
Reading symbols from /lib64/ld-linux-x86-64.so.2...(no debugging symbols
found)...done.
0x00007f48f0245f98 in nanosleep () from /lib64/libc.so.6
(gdb) b demo_fork.c:18
Breakpoint 1 at 0x4006aa: file demo_fork.c, line 18.
(gdb) stop
(gdb) c
Continuing.

Breakpoint 1, main () at demo_fork.c:18
18                    invalid = *(int *)NULL;
(gdb) p invalid
$1 = 0
(gdb) p pid
$2 = 0
```

9.2 Qt Creator 中的调试和调优

调试和调优是软件开发过程中必不可少的环节，本节就 Qt Creator 中的调试和调优进行介绍。

9.2.1 代码调试

9.2.1.1 断点调试

在 Qt Creator 中有一个很便利的调试方式：断点调试。开发者可以通过它轻易地看到某个部分的调试结果。

1. 设置断点

在编写完代码之后，如果想要了解程序的流程，或者快速定位故障，可以在对应的代码处设置断点，直接单击代码所在行数字旁边的空白处即可，如图 9-1 所示。

```
1  #include "widget.h"
2  #include <QCoreApplication>
3  #include <QDateTime>
4
5  int main(int argc, char *argv[])
6  {
7      QCoreApplication a(argc, argv);
8
9      QString text = "Hello, World!";
10     QDateTime dt = QDateTime::currentDateTime();
11
12     return a.exec();
13 }
14
```

图 9-1　设置断点

2. 启动调试

在设置完断点之后，就可以启动调试了，有如下 3 种方式：

（1）单击菜单栏上的“调试”→“开始调试”→“Start debugging of ‘Debugger’”，如图 9-2 所示；

（2）按快捷键 F5；

（3）单击左侧导航栏底部的绿色三角形“调试”按钮，如图 9-3 所示。

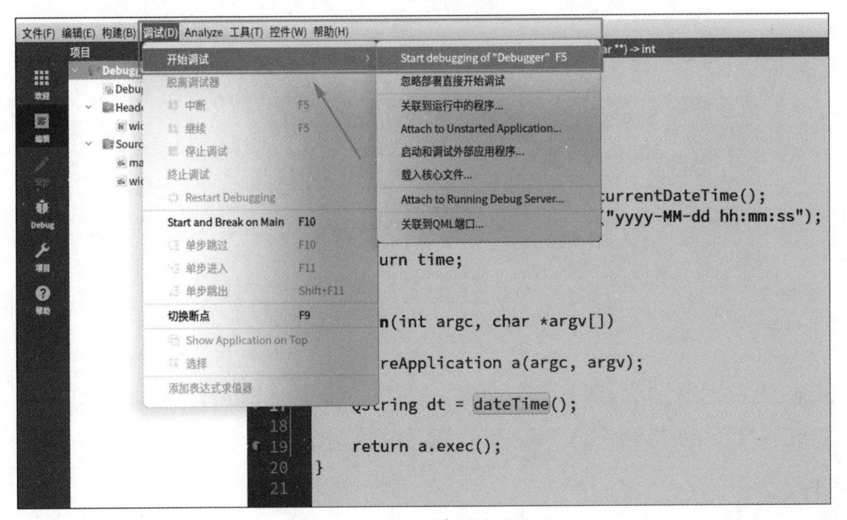

图 9-2　通过菜单栏启动调试

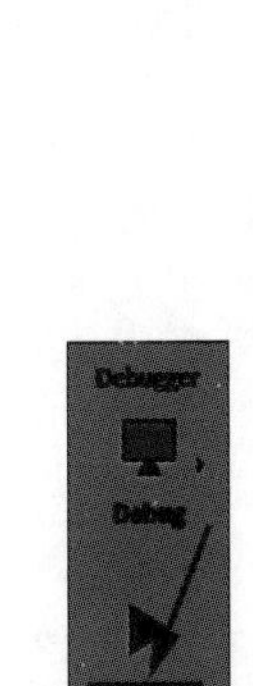

图 9-3　通过导航栏启动调试

3. 开始调试

在调试启动后，程序会停留在第一个断点处，并在红色圆圈里添加一个黄色箭头，如图 9-4 所示。

```
1  #include "widget.h"
2  #include <QCoreApplication>
3  #include <QDateTime>
4
5  QString dateTime()
6  {
7      QDateTime dt = QDateTime::currentDateTime();
8      QString time = dt.toString("yyyy-MM-dd hh:mm:ss");
9
10     return time;
11 }
12
13 int main(int argc, char *argv[])
14 {
15     QCoreApplication a(argc, argv);
16
17     QString dt = dateTime();
18
19     return a.exec();
20 }
21
```

图 9-4　断点停留

若想进入当前行所调用的函数，可以使用快捷键 F11，效果如图 9-5 所示。

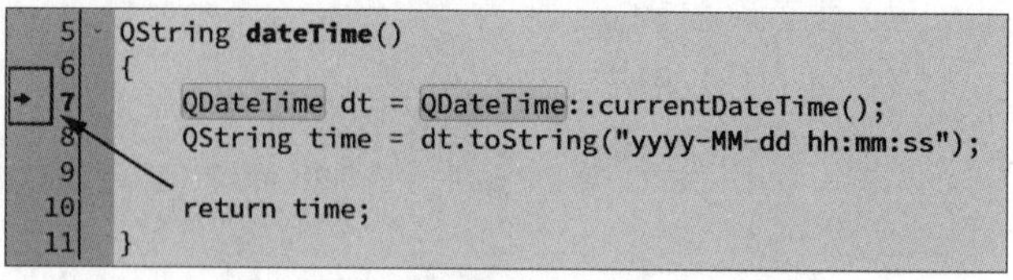

5 QString dateTime()
6 {
7 QDateTime dt = QDateTime::currentDateTime();
8 QString time = dt.toString("yyyy-MM-dd hh:mm:ss");
9
10 return time;
11 }

图 9-5　进入当前行所调用的函数

如果要继续查看下一行信息，可以使用快捷键 F10，效果如图 9-6 所示。

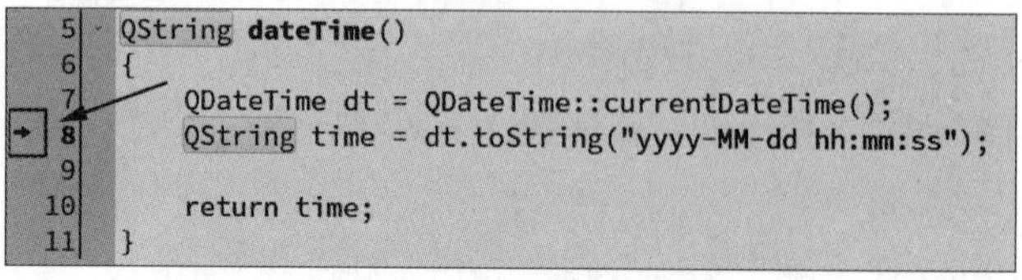

5 QString dateTime()
6 {
7 QDateTime dt = QDateTime::currentDateTime();
8 QString time = dt.toString("yyyy-MM-dd hh:mm:ss");
9
10 return time;
11 }

图 9-6　继续查看下一行信息

如果想直接跳转到下一个断点位置，可以使用快捷键 F5，效果如图 9-7 所示。

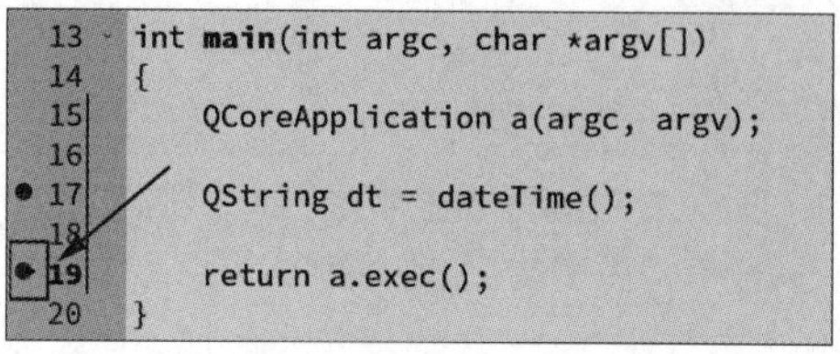

13 int main(int argc, char *argv[])
14 {
15 QCoreApplication a(argc, argv);
16
17 QString dt = dateTime();
18
19 return a.exec();
20 }

图 9-7　直接跳转到下一个断点位置

4. 停止调试

调试过程中，如果想要停止并退出，可以单击菜单栏中的“调试”，然后选择“停止调试”，如图 9-8 所示；或者单击底部调试窗口中红色的“停止调试”按钮，如图 9-9 所示。

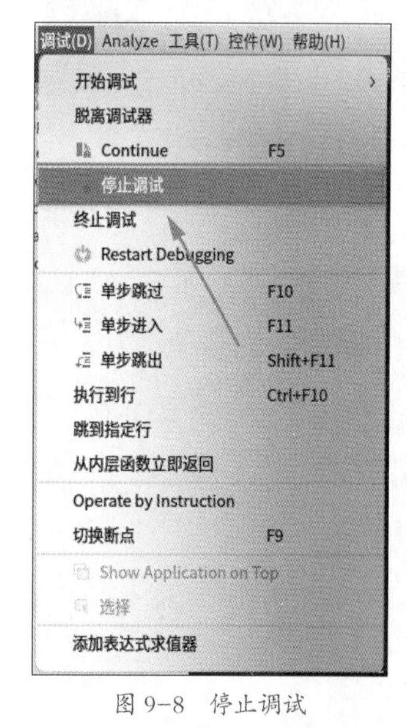

调试(D) Analyze 工具(T) 控件(W) 帮助(H)
开始调试
脱离调试器
Continue F5
停止调试
终止调试
Restart Debugging
单步跳过 F10
单步进入 F11
单步跳出 Shift+F11
执行到行 Ctrl+F10
跳到指定行
从内层函数立即返回
Operate by Instruction
切换断点 F9
Show Application on Top
选择
添加表达式求值器

图 9-8　停止调试

Debugger
GDB for "Debugger"
Stop Debugger
级别
函数
文件
行号
1
main
main.cpp
19
0x4022eb

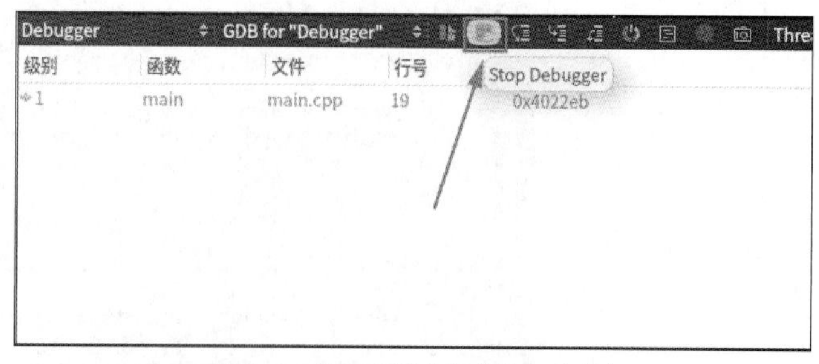

图 9-9　停止调试（红色按钮方式）

5. 局部变量和表达式

在启动调试后，Qt Creator 右侧会自动显示“局部变量”和“表达式”界面，其中会实时显示变量和它对应的值，如图 9-10 所示。

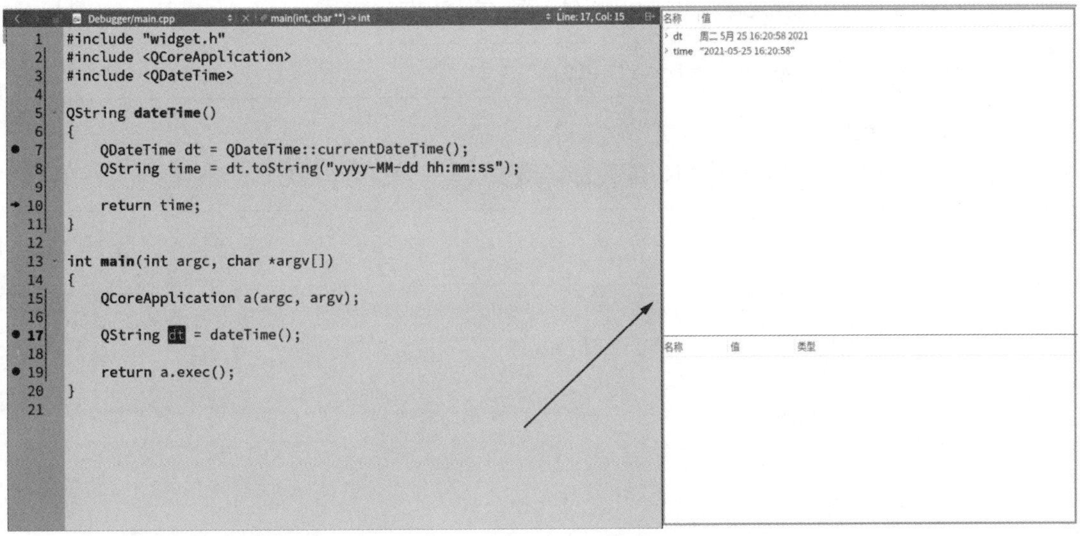

图 9-10　实时显示变量和它对应的值

如果要对表达式求值，可以鼠标选中变量并右击，再单击“添加表达式求值器”，这时“表达式”界面中就会显示对应的变量和值，如图 9-11 所示。

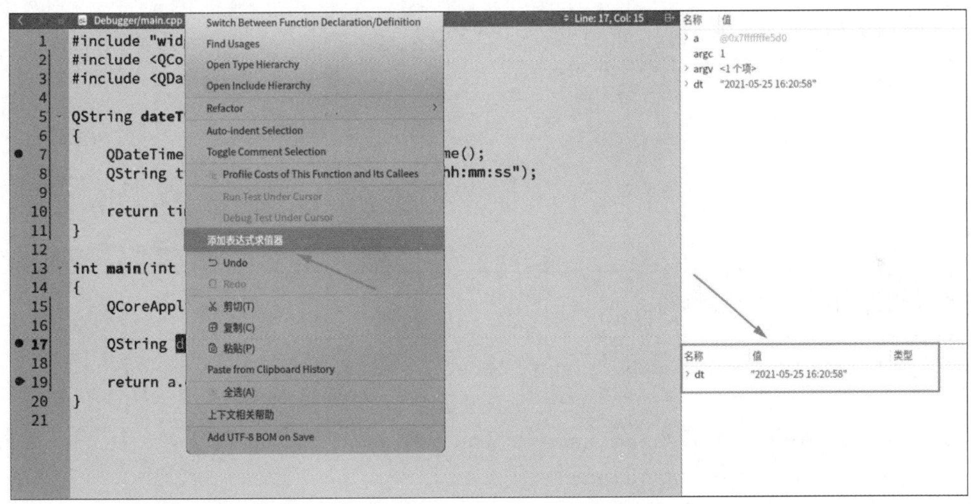

图 9-11　“表达式”界面中显示对应的变量和值

9.2.1.2　控制台输出

除了断点调试之外，还可以直接将一些变量输出到控制台中，这可以通过 qDebug 函数来完成。

1. 基本用法

和 C++ 语言的 cout 输出用法类似，qDebug 也可以在重定向操作符 << 后加上变量或者值，以进行控制台输出：

```
qDebug() << "Hello, World!";
qDebug() << "Date:" << QDate::currentDate();
qDebug() << "Types:" << QChar('x') << QRect(0, 10, 50, 40);
```

2. 格式化输出

如果用惯了 C 语言中的格式化输出，也可以像下面这样输出信息：

```
qDebug("Person: %s %d", "Waleon", 18);
```

3. 输出自定义类型

Qt 提供了对大多数标准类型的支持，若要支持自定义类型，可使用以下方式：

```
class Person
{
public:
    Person(const QString &name, int age)
    {
        m_name = name;
        m_age = age;
    }

    ~Person()
    {
    }

    QString name() const { return m_name; }
    int age() const { return m_age; }

private:
    QString m_name;
    int m_age;
};
```

需要重载左移操作符（流操作符）：

```
QDebug operator<<(QDebug dbg, const Person &message)
{
    dbg << "name:" << message.name() << ","
        << "age:" << message.age();

    return dbg;
}
```

最后，创建 Person 实例，并用 qDebug 进行输出：

```
int main(int argc, char *argv[])
{
    Person p("Waleon", 18);
    qDebug() << "person:" << p;

    return 0;
}
```

还可以使用 qWarning、qCritical、qFatal 这些函数，其用法和 qDebug 的类似。

9.2.2 性能调优

使用 Qt Creator 编译大工程程序时，速度会比较慢，很多人对此有误解，认为基于 Qt 开发的程序编译比其他框架的慢。这种看法是有问题的，因为 Qt Creator 只是一个 IDE，并不是编译器，编译快慢与它无关，要看具体使用的是什么编译器和编程方法。

那么，有哪些方式可以进行性能调优、提高编译速度呢？下面将进行具体介绍。

9.2.2.1 启用多核编译

可以启用多核编译来提高编译速度，充分利用机器的性能来优化编译。在使用某些构建工具时，已经默认启用了多核编译，无须每次单独设置。倘若没有设置，可以手动设置一下，但在此之前，建议先查看计算机的 CPU 核心数和线程数，假如是 8 核 16 线程，设置 16 即可。

1. 全局设置

全局设置是很方便的方式，只需要在 Qt Creator 中设置一次，即可适用于所有在后台使用 make 的构建系统。打开“工具”菜单，单击最后的选项，然后单击“Kits”，再单击“构建套件（Kit）”选项卡，在“Environment”处的文本框中输入“MAKEFLAGS=-j16”，如图 9-12 所示。

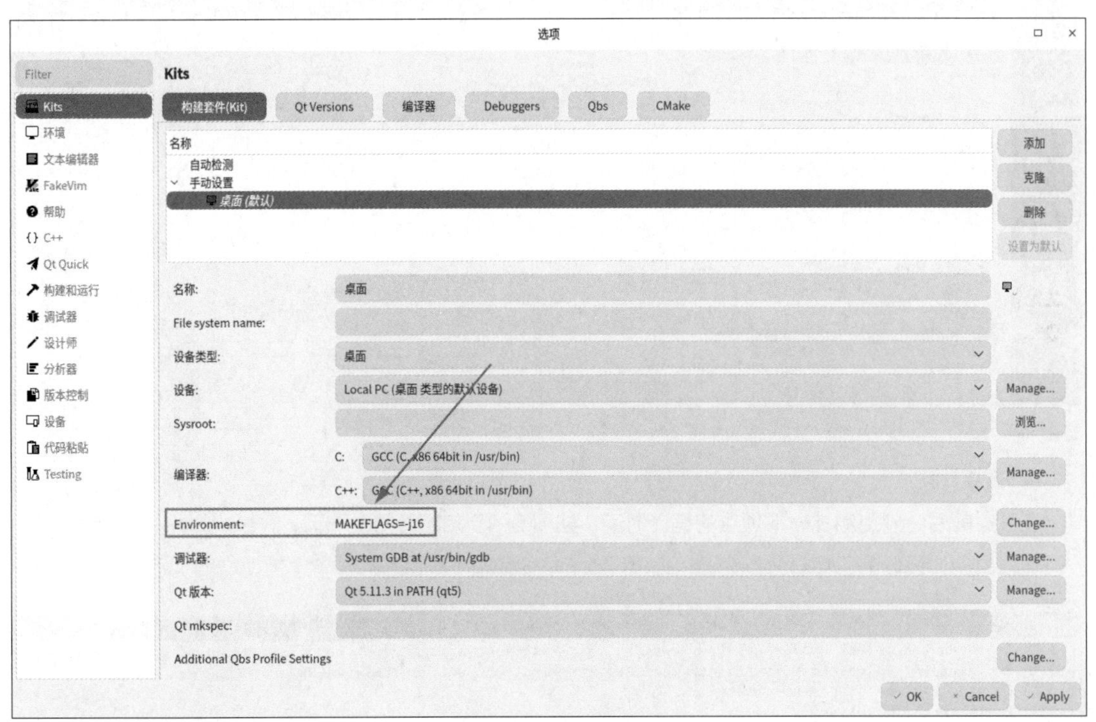

图 9-12　全局设置方式

2. qmake 设置

如果只想设置应用于某个特定项目，选择 Qt Creator 中的“项目”，然后在“构建步骤”下的“Make”中单击“详情”按钮，在“Parallel jobs”处设置并行工作线程的个数。可以看到，Qt Creator 已经默认设置了 16（具体数值因配置而异），如图 9-13 所示。

此外，也可以在“Make arguments”右侧的编辑框中输入“-j16”，效果是一样的。

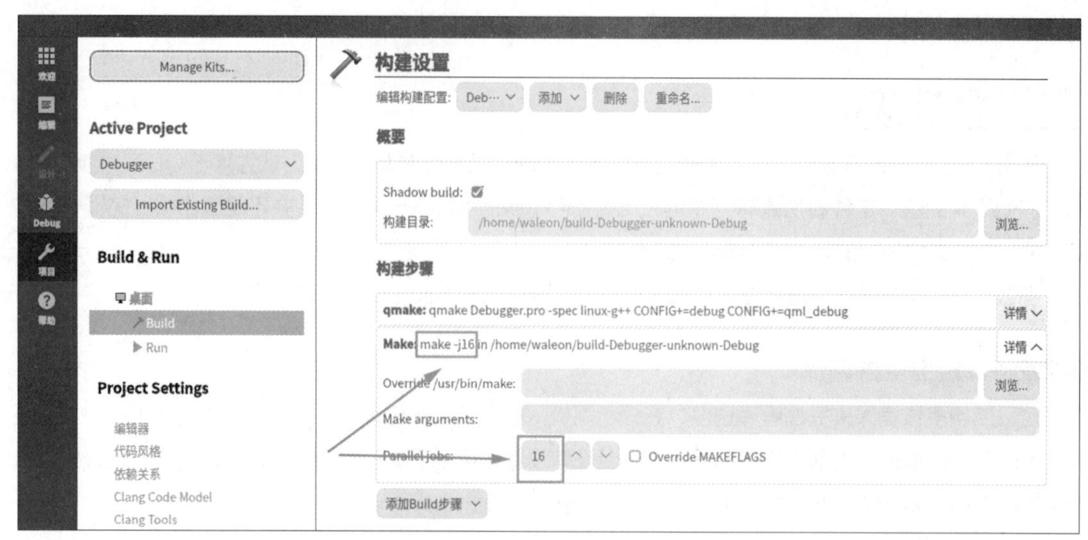

图 9-13 qmake 设置方式

3. CMake 设置

CMake 的设置和 qmake 的类似，只不过 CMake 的设置在“Tool arguments”处，如图 9-14 所示。

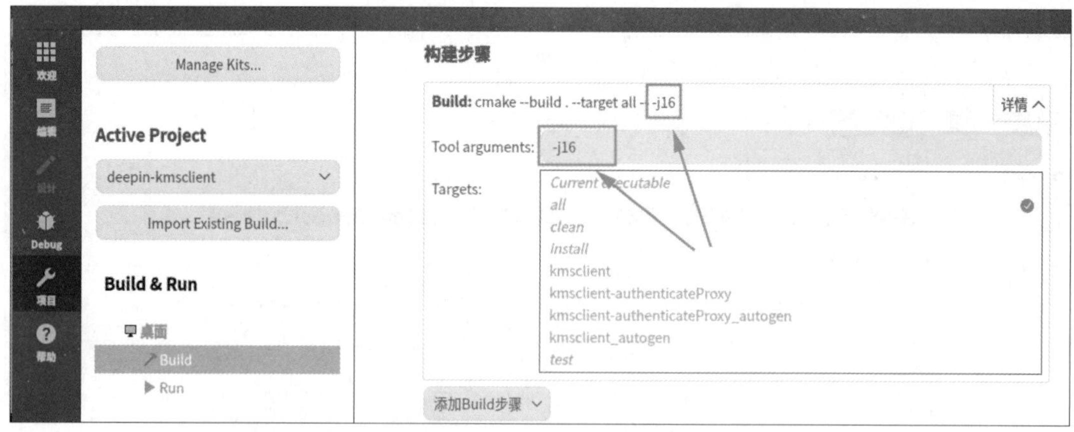

图 9-14 CMake 设置方式

4. 效果比对

在设置前后，分别测试一下项目的编译时间，如图 9-15 和图 9-16 所示。

可以看到，设置前后耗时分别为 01:35 和 00:19，效率提升了很多。

```
编译输出
[ 93%] Building CXX object kms/CMakeFiles/kmsclient.dir/kmsclient_autogen/mocs_compilation.cpp.o
[ 94%] Building CXX object kms/CMakeFiles/kmsclient.dir/kmsclient_autogen/EWIEGA46WW/qrc_resources.cpp.o
[ 95%] Linking CXX executable kmsclient
[ 95%] Built target kmsclient
[ 96%] Automatic MOC for target kmsclient-authenticateProxy
[ 96%] Built target kmsclient-authenticateProxy_autogen
Scanning dependencies of target kmsclient-authenticateProxy
[ 97%] Building CXX object authenticateProxy/CMakeFiles/kmsclient-authenticateProxy.dir/CmdLauncher.cpp.o
[ 98%] Building CXX object authenticateProxy/CMakeFiles/kmsclient-authenticateProxy.dir/main.cpp.o
[ 99%] Building CXX object authenticateProxy/CMakeFiles/kmsclient-authenticateProxy.dir/kmsclient-authenticateProx
[100%] Linking CXX executable kmsclient-authenticateProxy
[100%] Built target kmsclient-authenticateProxy
11:41:58: 进程"/usr/bin/cmake"正常退出。
11:41:58: Elapsed time: 01:35.
```

图 9-15 设置前

```
编译输出
[ 93%] Building CXX object kms/CMakeFiles/kmsclient.dir/src/AppLauncher.cpp.o
[ 93%] Building CXX object kms/CMakeFiles/kmsclient.dir/src/AuthCenter.cpp.o
[ 94%] Building CXX object kms/CMakeFiles/kmsclient.dir/src/hardInfo/Encryptor.cpp.o
[ 95%] Building CXX object kms/CMakeFiles/kmsclient.dir/src/hardInfo/SystemDevice.cpp.o
[ 96%] Building CXX object kms/CMakeFiles/kmsclient.dir/src/hardInfo/SystemInfo.cpp.o
[ 97%] Building CXX object kms/CMakeFiles/kmsclient.dir/src/main.cpp.o
[ 98%] Building CXX object kms/CMakeFiles/kmsclient.dir/kmsclient_autogen/
mocs_compilation.cpp.o
[ 99%] Building CXX object kms/CMakeFiles/kmsclient.dir/kmsclient_autogen/EWIEGA46WW/
qrc_resources.cpp.o
[100%] Linking CXX executable kmsclient
[100%] Built target kmsclient
11:44:57: 进程"/usr/bin/cmake"正常退出。
11:44:57: Elapsed time: 00:19.
```

图 9-16 设置后

9.2.2.2 使用 ccache 编译器缓存

ccache（compiler cache）是一种编译器缓存，会高速缓存编译生成的信息，并在编译的特定部分使用高速缓存的信息，比如头文件，这样就能节省通常使用 cpp 解析这些信息所需要的时间。

1. 安装 ccache

要安装 ccache，需执行以下命令：

```
$ sudo apt install ccache
```

安装完成之后，需要进行简单配置。

2. qmake 设置

打开 .pro 文件，添加以下配置，ccache 就可以工作了：

```
QMAKE_CXX = ccache $$QMAKE_CXX
```

但从 Qt 5.9 开始，有一种更简单的方式：

```
load(ccache)
```

3. CMake 设置

使用以下配置，将 ccache 作为编译命令和链接命令的启动器：

```
find_program(CCACHE_FOUND ccache)
if(CCACHE_FOUND)
    set_property(GLOBAL PROPERTY RULE_LAUNCH_COMPILE ccache)
    set_property(GLOBAL PROPERTY RULE_LAUNCH_LINK ccache)
endif(CCACHE_FOUND)
```

4. 效果比对

在设置前后，测试项目的编译时间，分别如图 9-17 和图 9-18 所示。

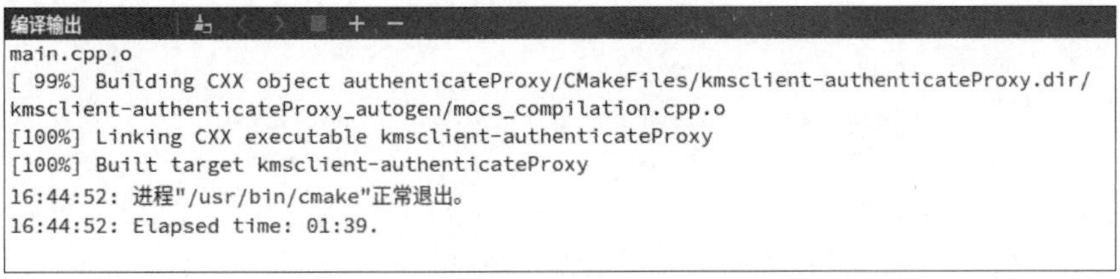

```
编译输出
main.cpp.o
[ 99%] Building CXX object authenticateProxy/CMakeFiles/kmsclient-authenticateProxy.dir/
kmsclient-authenticateProxy_autogen/mocs_compilation.cpp.o
[100%] Linking CXX executable kmsclient-authenticateProxy
[100%] Built target kmsclient-authenticateProxy
16:44:52: 进程"/usr/bin/cmake"正常退出。
16:44:52: Elapsed time: 01:39.
```

图 9-17 设置前

```
编译输出
main.cpp.o
[ 99%] Building CXX object authenticateProxy/CMakeFiles/kmsclient-authenticateProxy.dir/
kmsclient-authenticateProxy_autogen/mocs_compilation.cpp.o
[100%] Linking CXX executable kmsclient-authenticateProxy
[100%] Built target kmsclient-authenticateProxy
16:53:28: 进程"/usr/bin/cmake"正常退出。
16:53:28: Elapsed time: 00:05.
```

图 9-18 设置后

可以看到，设置前耗时 01:39，设置后只要 00:05，效率大大提升。

9.3 使用 perf 进行性能分析

perf 是 Linux 性能分析工具，Linux 的性能计数器是一个新的基于内核的子系统，它为所有的性能分析提供了框架。perf 功能强大，包括硬件（CPU/PMU、性能监视单元）功能和软件功能（软件计数器、跟踪点）。它包含在 Linux 内核的 tools / perf 下，并且经常更新和增强。

性能计数器是 CPU 硬件寄存器，用于对硬件事件进行计数，例如执行的指令，遭受的高速缓存未命中或分支的错误预测。它们构成了对应用进行性能分析以跟踪动态控制流并识别热点的基础。perf 在特定于硬件的功能上提供了丰富的通用抽象。它还提供每个任务、每个 CPU 和每个工作负载的计数器，以及这些计数器之上的采样和源码事件注释。

跟踪点是放置在代码中逻辑位置处的检测点，例如用于系统调用、TCP / IP 事件、文件系统操作等。不使用时，这些点的开销可忽略不计，并且可以通过 perf 命令收集包括时间戳在内的信息和堆栈痕迹。perf 还可以使用 kprobes 和 uprobes 框架动态创建跟踪点，以进行内核和用户空间的动态跟踪。

9.3.1 用法

perf 提供了丰富的命令集，用于收集和分析性能以及跟踪数据。在终端执行 perf，得到的结果如下：

```
#perf

usage: perf [--version] [--help] [OPTIONS] COMMAND [ARGS]

The most commonly used perf commands are:
   annotate        Read perf.data (created by perf record) and display
                   annotated code
   archive         Create archive with object files with build-ids found in
                   perf.data file
   bench           General framework for benchmark suites
   buildid-cache   Manage build-id cache.
   buildid-list    List the buildids in a perf.data file
   c2c             Shared Data C2C/HITM Analyzer.
```

```
    config           Get and set variables in a configuration file.
    data             Data file related processing
    diff             Read perf.data files and display the differential profile
    evlist           List the event names in a perf.data file
    ftrace           simple wrapper for kernel's ftrace functionality
    inject           Filter to augment the events stream with additional information
    kallsyms         Searches running kernel for symbols
    kmem             Tool to trace/measure kernel memory properties
    kvm              Tool to trace/measure kvm guest os
    list             List all symbolic event types
    lock             Analyze lock events
    mem              Profile memory accesses
    record           Run a command and record its profile into perf.data
    report           Read perf.data (created by perf record) and display the profile
    sched            Tool to trace/measure scheduler properties (latencies)
    script           Read perf.data (created by perf record) and display
                     trace output
    stat             Run a command and gather performance counter statistics
    test             Runs sanity tests.
    timechart        Tool to visualize total system behavior during a workload
    top              System profiling tool.
    probe            Define new dynamic tracepoints
    trace            strace inspired tool

 See 'perf help COMMAND' for more information on a specific command.
```

perf 共有 22 种子命令，常用的是以下 5 种。

- perf list：查看当前软硬件环境支持的性能事件。
- perf stat：分析指定程序的性能概况。
- perf top：实时显示系统 / 进程的性能统计信息。
- perf record：记录一段时间内系统 / 进程的性能事件。
- perf report：读取 perf record 生成的 perf.data 文件，并显示分析数据。

某些命令需要内核中的特殊支持，可能不可用。要获得每种命令的选项列表，只需输入命令名，后接 -h 并按 Enter 键。除了每种子命令的单独帮助内容之外，内核源码中的 tools / perf / Documentation 下也有文档。

9.3.2 事件类型

perf 支持多种类型的事件测量，它和底层内核接口可以测量不同源的事件。使用 perf list 可列出它支持的所有事件。perf 支持的事件如表 9-4 所示。

表 9-4 perf 支持的事件

事件	说明
Hardware Events	CPU 性能监控计数器
Software Events	基于内核计数器的底层事件，例如 CPU 迁移、轻微故障、重要故障等
Kernel Tracepoint Events	这是静态的内核级指令点，它们被硬编码在内核中值得关注的逻辑位置
User Statically-Defined Tracing（USDT）	用户级程序和应用的静态跟踪点
Dynamic Tracing	可以对软件进行动态插装，在任何位置创建事件。对于内核软件，它使用 kprobes 框架。对于用户级软件，它使用 uprobes
Timed Profiling	可以使用 perf record-fhz 以任意频率收集快照。这通常用于 CPU 使用情况分析，并通过创建自定义定时中断事件来工作

9.3.3 示例

关于 perf 的资料有很多，本节不赘述。本节将介绍从 uniontechos-server-20-1020e-arm64 系统中收集的 perf 事件的一些示例。

9.3.3.1 热图（ heat map）

由于 perf 可以记录事件的高分辨率时间戳（μs），因此可以从跟踪数据中派生一些延迟测量。

■ **磁盘事件获取**

磁盘事件获取通过一个实例来说明。假定测试机是一个虚拟机，基本无负载，为了演示 I/O 跟踪点，在 sleep 120 休眠秒的时候，系统有一个下载文件的进程在运行。使用 perf record 获取磁盘 block_rq_issue 和 block_rq_complete 两个跟踪点，然后使用 perf script 命令将捕获文件转储到数据文本文件 out.blockio 中。代码如下：

```
# perf record -e block:block_rq_issue -e block:block_rq_complete -a sleep 120
[ perf record: Woken up 217 times to write data ]
[ perf record: Captured and wrote 54.507 MB perf.data (~2381448 samples) ]
# perf script > out.blockio
# more out.blockio
    tar 16072 [001] 2199495.030133: block:block_rq_issue: 202,16 R 0 ()
        21997888 + 8 [tar]
swapper 0 [000] 2199495.030286: block:block_rq_complete: 202,16 R ()
        21997888 + 8 [0]
    tar 16072 [001] 2199495.030327: block:block_rq_issue: 202,16 R 0 ()
        21997896 + 8 [tar]
swapper 0 [000] 2199495.030512: block:block_rq_complete: 202,16 R ()
        21997896 + 8 [0]
[...]
```

■ **生成磁盘访问延迟热图**

使用 awk（一种强大的文本分析工具）根据设备 ID 和偏移量将 block_rq_issue（I/O 发起时事件）时间戳与 block_rq_complete（I/O 完成事件）关联，以便使用时间戳计算延迟。请根据 Linux 内核版本调整字段编号，该内核版本是 4.19.90。下面的 trace2heatmap.pl 程序分为两列：时间戳和等待时间。时间戳如下。

```
$ awk '{ gsub(/:/, "") } $5~ /issue/ { ts[$6, $10] = $4 }
    $5~ /complete/ { if (l = ts[$6, $9]) { printf "%.f %.f\n", $4 * 1000000,\
    ($4 - l) * 1000000; ts[$6, $10] = 0 } }' out.blockio > out.lat_us
$ ./trace2heatmap.pl --unitstime=us --unitslabel=us --grid out.lat_us \
    > out.lat.svg
$ ./trace2heatmap.pl --unitstime=us --unitslabel=us --grid --maxlat=15000 \
--title="Latency Heat Map: 15ms max" out.lat_us > out.latzoom.svg
```

等待时间如图 9-19 所示。

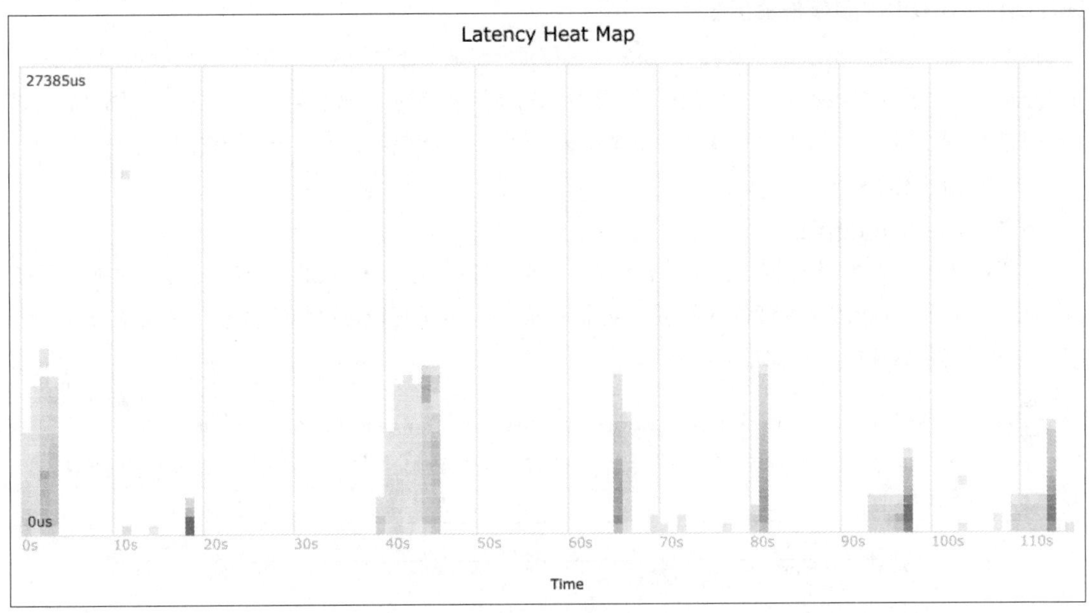

图 9-19　等待时间

■ **生成磁盘 I/O 偏移热图**

使用 block_rq_complete（I/O 完成事件）跟踪点的扇区偏移字段生成磁盘 I/O 偏移，可以基于偏移量分布的范围，使用它来快速识别随机磁盘 I/O 顺序，从图 9-20 中可以看到在 120s 内基本上是以 I/O 顺序读写。代码如下：

```
$ awk '{ gsub(/:/, "") } $5~ /complete/ { print $4 * 1000000, ($9 * 512) / \
      (1024 * 1024) }' out.blockio > out.offset
$ ./trace2heatmap.pl --unitstime=us --unitslat=Mbytes out.offset \
    --title="Offset Heat Map" > out.offset.svg
```

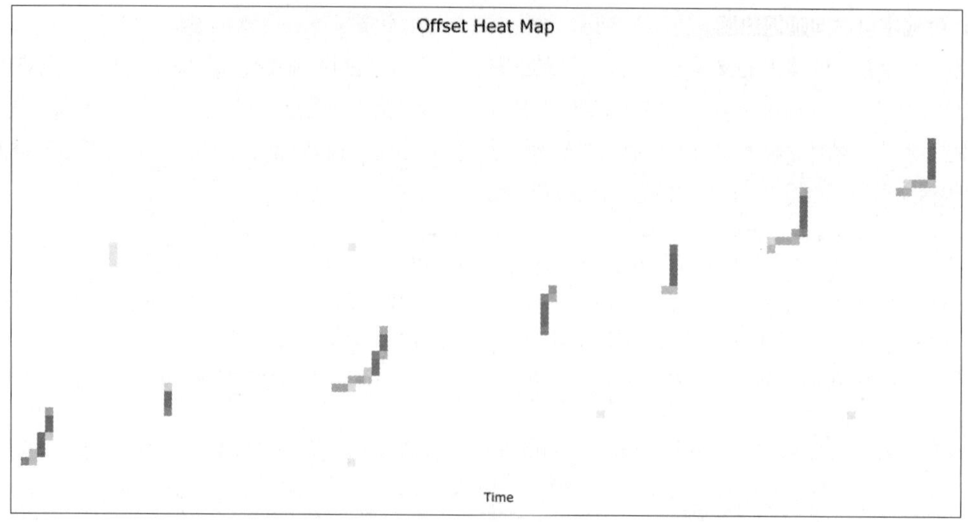

图 9-20 磁盘 I/O 偏移热图

9.3.3.2 cache 缓存性能分析

cache 缓存性能分析以 sysbench mutex（线程互斥测试）作为用例，在执行 sysbench mutex 测试用例时，两个系统的 cache 缓存性能不同，B 系统的是 A 系统的 2 倍，通过 perf 分析，是因为消耗时间最多的 for 循环指令不在同一个 cacheline 最小缓存单位。下面使用 perf 工具分析在同一个与不在同一个 cacheline 的性能差异。

■ **不在同一个 cacheline**

在 B 系统中不加修改地编译 sysbench 程序，然后执行 sysbench mutex、获取 cache 事件，并解析 cache-misses（cache 失效的次数）、cache-references（cache 命中的次数），分别如图 9-21、图 9-22、图 9-23 所示。代码如下：

```
# perf record -e cache-misses,cache-references ./src/sysbench mutex\
     --thread=12 --mutex-num=1024 --mutex-locks=10000 --mutex-loops=10000 run
# perf report
```

```
[root@localhost ~]# sysbench mutex --threads=12 --mutex-num=1024 --mutex-locks=10000 --mutex-loops=10000 run
sysbench 1.1.0 (using bundled LuaJIT 2.1.0-beta3)

Running the test with following options:
Number of threads: 12
Initializing random number generator from current time


Initializing worker threads...

Threads started!


Throughput:
    events/s (eps):                      151.6520
    time elapsed:                        0.0791s
    total number of events:              12

Latency (ms):
         min:                                   78.95
         avg:                                   79.00
         max:                                   79.05
         95th percentile:                       78.60
         sum:                                  947.97

Threads fairness:
    events (avg/stddev):           1.0000/0.00
    execution time (avg/stddev):   0.0790/0.00
```

图 9-21 执行 sysbench mutex

```
Available samples
839 cache-misses
3K cache-references
```

图 9-22　获取 cache 事件

```
Samples: 3K of event 'cache-references', 4000 Hz, Event count (approx.): 1207692476
mutex_execute_event  /home/verify_sysbench/sysbench-master/src/sysbench [Percent: local period]
Percent         ck_pr_barrier();

              pthread_mutex_lock(&thread_locks[current_lock].mutex);
            mov     w22, #0x130                    // #304
              current_lock = sb_rand_uniform(0, mutex_num - 1);
        20:   ldr     w1, [x20, #8]
            mov     w0, #0x0                       // #0
            sub     w1, w1, #0x1
          →bl      sb_rand_uniform
              for (i = 0; i < mutex_req->nloops; i++)
            ldr     w2, [x19, #20]
          ↓cbz     w2, 4c
            mov     w3, #0x0                       // #0
            ldr     w4, [x19, #20]
            add     w3  w3
            cmp     w4, w3
          ↑b.hi    3c
              pthread_mutex_lock(&thread_locks[current_lock].mutex);
  0.03  4c:   umull   x21, w0, w22
  0.03        ldr     x0, [x20, #16]
            add     x0, x0, x21
          →bl      pthread_mutex_lock@plt
```

图 9-23　解析 cache-misses 和 cache-references

■ **在同一个 cacheline**

在 A 系统中编译 sysbench 程序，向影响性能的函数文件中添加 -falign-labels=16，然后执行 sysbench mutex、获取 cache 事件，并解析 cache-misses、cache-references，分别如图 9-24、图 9-25、图 9-26 所示。代码如下：

```
# perf record -e cache-misses,cache-references ./src/sysbench mutex\
    --thread=12 --mutex-num=1024 --mutex-locks=10000 --mutex-loops=10000 run
# perf report
```

```
[root@localhost ~]# sysbench mutex --threads=12 --mutex-num=1024 --mutex-locks=10000 --mutex-loops=10000 run
sysbench 1.1.0 (using bundled LuaJIT 2.1.0-beta3)

Running the test with following options:
Number of threads: 12
Initializing random number generator from current time


Initializing worker threads...

Threads started!


Throughput:
    events/s (eps):                  291.7316
    time elapsed:                    0.0411s
    total number of events:          12

Latency (ms):
         min:                                    40.81
         avg:                                    40.94
         max:                                    41.07
         95th percentile:                        41.10
         sum:                                   491.28

Threads fairness:
    events (avg/stddev):           1.0000/0.00
    execution time (avg/stddev):   0.0409/0.00
```

图 9-24　执行 sysbench mutex

```
Available samples
400 cache-misses
2K cache-references
```

图 9-25　获取 cache 事件

```
Samples: 2K of event 'cache-references', 4000 Hz, Event count (approx.): 1206837412
mutex_execute_event  /home/verify_sysbench/sysbench-master/src/sysbench [Percent: local period]
Percent│        stp    x21, x22, [sp, #32]
       │
       │          for (i = 0; i < mutex_req->nloops; i++)
       │            ck_pr_barrier();
       │
       │          pthread_mutex_lock(&thread_locks[current_lock].mutex);
       │        mov    w22, #0x130                   // #304
       │          current_lock = sb_rand_uniform(0, mutex_num - 1);
       │20:     ldr    w1, [x20, #8]
       │        mov    w0, #0x0                      // #0
       │        sub    w1, w1, #0x1
       │      →bl     sb_rand_uniform
       │          for (i = 0; i < mutex_req->nloops; i++)
       │        ldr    w2, [x19, #20]
       │      ↓cbz    w2, 50
       │        mov    w3, #0x0                      // #0
       │        nop
 99.02 │40:     ldr    w4, [x19, #20]
       │        add    w3, w3, #0x1
  0.82 │        cmp    w4, w3
       │      ↑b.hi   40
       │          pthread_mutex_lock(&thread_locks[current_lock].mutex);
  0.10 │50:     umull  x21, w0, w22
  0.06 │        ldr    x0, [x20, #16]
       │        add    x0, x0, x21
       │      →bl     pthread_mutex_lock@plt
```

图 9-26　解析 cache-misses 和 cache-references

■ **比对差异**

修改前每秒约处理 150 个事件，修改后每秒约处理 290 个事件，为什么修改前 cache-references 大于修改后的？相同的代码，为什么 B 系统的 cache-references 是 A 系统的 1.5 倍？根据 perf 抓取的数据分析，cache-references 的约 99% 花费在 ldr w4,[x19，#20]。在分析 cache 时首先想到的是 cacheline。先分析指令 cache，A 系统和 B 系统使用的是相同物理硬件且指令 cacheline 都是 64 字节。将影响性能的 for 循环指令通过表格来对比分析，修改前，0x3c 16 字节对齐对应的 cacheline，如表 9-5 所示。

表 9-5　修改前的 cacheline

指令 cacheline 二进制形式	指令地址二进制形式	指令地址十六进制形式
00 xxxxxx	00111100	3c
01 xxxxxx	01000000	40
01 xxxxxx	01000100	44
01 xxxxxx	01001000	48

修改后，0x40 16 字节对齐对应的 cacheline，如表 9-6 所示。

表 9-6　修改后的 cacheline

指令 cacheline 二进制形式	指令地址二进制形式	指令地址十六进制形式
01 xxxxxx	01000000	40
01 xxxxxx	01000100	44
01 xxxxxx	01001000	48
01 xxxxxx	01010010	52

在 ARM 系统上 1 条指令是 4 字节，4 条指令是 16 字节，这 4 条指令代表代码中的 for 循环，在本例中消耗时间最多。从上面的分析可知，如果将 for 循环的 4 条指令放入同一个 cacheline 单元，性能会提升一倍，所以，使用 GCC 编译参数 -falign-labels=16，使其 for 循环的 4 条指令放入同一个 cacheline 单元。

9.3.3.3　CPU 性能分析与火焰图

perf 可以用于对进程的函数调用进行统计分析。perf 主要通过 record 命令来记录程序中函数实际的执行情况。假设我们想对示例 flamegraph 火焰图程序性能进行分析，需要执行如下操作。flamegraph.c 示例源码如下：

```
#include <stdio.h>
#include <unistd.h>

#define MAX_LOOP_1  3000
#define MAX_LOOP_3  1000

static void loop1()
{
    int i = 0;
    while (i < MAX_LOOP_1) {
        printf("loop1 i = %d.\n", i);
        i++;
    }
}

static void loop2()
{
    printf("this is loop2.\n");
}

static void loop3()
{
    int i = 0;
    while (i < MAX_LOOP_3) {
        printf("loop3 i = %d.\n", i);
        i++;
    }
}

int main()
{
    sleep(10);
    loop1();
    loop2();
    loop3();

    return 0;

}
```

编译：

```
gcc -g -o flamegraph flamegraph.c
```

后台执行 flamegraph：

```
./flamegraph  &
```

收集运行数据：

```
perf record -F 997 -p 'pidof flamegraph' -g -- sleep 40
```

使用 pidof 命令（用于检索指定的命令，返回相应的进程 ID）查找需要监控的进程 pid，使用 perf record 命令来记录程序的函数使用情况。

在使用 perf record 时，通过 -p 参数指定被监控的进程 pid；-g 参数表示记录调用栈；通过 -F 参数指定采样频率，一般来说，采样频率越大，获得的数据越精确，但相应的系统性能的消耗也更大。在设置采样频率时，为了避免和程序自己设定的循环周期同步，导致采样不准确，可以将其设置为质数或者不常用的数值。sleep 参数表示记录的时间长度，单位为 s。数据收集完毕后，可以通过 perf report 命令解析 perf record 命令收集到的数据。

执行：

```
perf report  --stdio
```

其中 --stdio 选项表示展开输出到控制台，实例结果如下：

```
[root@localhost perf]# perf report --stdio
# To display the perf.data header info, please use --header/--header-only options.
#
# Total Lost Samples: 0
#
# Samples: 38  of event 'cycles:ppp'
# Event count (approx.): 12851241
#
# Children      Self  Command     Shared Object      Symbol
# ........  ........  ..........  .................  ............................
#
   100.00%     0.00%  flamegraph  flamegraph        [.] _start
            |
            ---_start
               __libc_start_main
               main
               |
               |--63.85%--loop1
                          |        printf
                          |        vfprintf
                          |        |
                          |         --62.13%--_IO_file_xsputn
                          |                   _IO_do_write
                          |                   0xffff763d1f80
                          |                   _IO_file_write
                          |                   write
                          |                   |
```

```
            --36.15%--loop3
                    printf
                    vfprintf
                    _IO_file_xsputn
                    |
                    |--33.76%--_IO_do_write
                    |          0xffff763d1f80
                    |          _IO_file_write
                    |          write
```

perf 对函数调用的统计实际上是根据采样时刻 CPU 中正在执行的函数地址来判断具体是哪一个函数在执行的。查看上述结果可以看到，对于 flamegraph 火焰图进程中，Symbol 的名称已经显示出来了，因为在编译的时候添加了 -g 选项，所以 flamegraph 中已经包含了调试信息，如果 flamegraph 中未包含调试信息，则不会显示符号名称而是显示函数地址。

对于新手来说，在命令行中查看数据还是较为不便。为此布伦丹・格雷格（Brendan Gregg）专门开发了将 perf 数据转化为可视化图像的工具 FlameGraph。FlameGraph 需要单独下载。

使用 FlameGraph 将 perf 数据转化为图像的步骤如下。

（1）使用 perf script 工具将数据解析为文本：

```
perf script > out.perf
```

（2）对输出进行折叠处理：

```
./FlameGraph-master/stackcollapse-perf.pl out.perf > out.folded
```

（3）生成火焰图，生成的火焰图如图 9-27 所示。

```
./FlameGraph-master/flamegraph.pl out.folded > out.svg
```

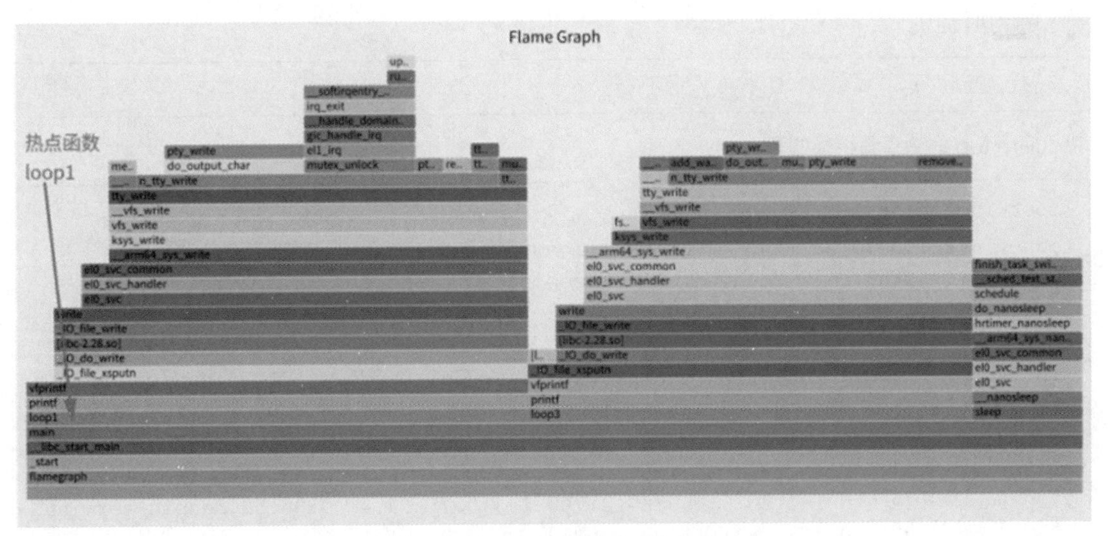

图 9-27　FlameGraph 生成的火焰图

生成的图片 out.svg 可以使用浏览器或图片查看器打开，推荐使用浏览器打开，可以通过鼠标单击获取更多信息。对于火焰图来说，x 轴代表被统计到的调用测试，一般来说，x 方向色块越宽，表示该函数实际上对 CPU 的占用越多。图 9-27 中箭头所示的函数是需要重点分析的。

9.3.3.4 CPU 性能分析与实时热点函数

在服务器运行过程中 CPU 占用率过高，perf 长时间获取火焰图会有概率引起进程重启，重启之后进程不能复现的场景，可以使用 perf top 命令来查看实时的热点函数排序。perf top 主要用于实时分析各个函数在某个性能事件上的热度，能够快速定位热点函数，包括应用函数、内核函数，甚至能够定位到热点指令。默认的性能事件为 cpu cycles。

使用方法通过示例程序 hotpoint.c 说明，其中在函数 loop 中有一个 while 循环。

```
static void loop()
{
    while (1);
}

static void loop1()
{
    loop();
}

int main(int argc, char *argv[])
{
    loop1();
    return 0;
}
```

编译 hotpoint.c：

```
gcc -g -o hotpoint hotpoint.c
```

后台执行：

```
./hotpoint &
```

使用 top 命令查看结果如下：

```
[root@localhost perf]# top
top - 14:22:09 up 23 min,  2 users,  load average: 0.40, 0.10, 0.03
Tasks: 181 total,   2 running, 168 sleeping,   0 stopped,  11 zombie
%Cpu(s): 50.5 us,  0.2 sy,  0.0 ni, 49.3 id,  0.0 wa,  0.0 hi,  0.0 si,  0.0 s
t
MiB Mem :    996.4 total,    152.1 free,    625.9 used,    218.4 buff/cache
MiB Swap:   2151.9 total,   1352.1 free,    799.9 used.     85.3 avail Mem
  PID USER    PR  NI    VIRT    RES    SHR S  %CPU  %MEM     TIME+ COMMAND
 3043 root    20   0    2304    896    448 R 100.0   0.1   0:23.01 hotpoint
 2790 root    20   0 1431232  45056  21760 S   0.7   4.4   0:06.59 deepin-terminal
 2750 root    20   0 1637184  11392   9152 S   0.3   1.1   0:00.24 dde-file-manage
```

hotpoint 进程 CPU 占用率过高，使用 perf top 命令查看所有 CPU 的热点函数：

```
perf top -agv -F 1000

Samples: 49K of event 'cycles:ppp', 1000 Hz, Event count (approx.):
         39547977784 lost: 0/0
 Children  Self    Shared Object              Symbol
   97.92%  97.90%  /root/perf/hotpoint        0x5d4           d [.] loop
   12.33%  0.00%   /usr/lib64/libc-2.28.so    0xfffd10273ec0  B [.]__libc_start_main
   12.23%  0.00%   /root/perf/hotpoint        0x400514        d [.] _start
   12.23%  0.00%   /root/perf/hotpoint        0x400604        d [.] main
```

可以看到 hotpoint 进程中函数 loop 的 CPU 占用率过高。按向下方向键使 hotpoint 行高亮显示，然后按 Enter 键，就可以看到热点函数的调用关系，如图 9-28 所示。

```
Samples: 22K of event 'cycles:ppp', 1000 Hz, Event count (approx.): 32364393081 lost: 0/0
  Children      Self  Shared Object                    Symbol
-   97.69%    97.68%  /root/perf/hotpoint              0x5d4              d [.] loop
     97.68% _start
        __libc_start_main
        main
        loop
+   15.95%     0.00%  /usr/lib64/libc-2.28.so          0xfffd5f543ec0     d [.] __libc_start_main
+   15.88%     0.00%  /root/perf/hotpoint              0x400514           d [.] _start
+   15.88%     0.00%  /root/perf/hotpoint              0x400604           d [.] main
+    0.29%     0.01%  /usr/bin/perf                    0xaaaadd1153dc0    d [.] dso__load_sym
     0.27%     0.09%  /usr/bin/perf                    0xaaaadd111e17c    d [.] hist_entry__cmp
```

图 9-28　热点函数的调用关系

使用 --asm-raw 选项（perf top -agv -F 1000）可以进一步看到代码行和指令，如图 9-29 所示。命令参数可通过命令 perf top --help 进行查看，这里 -a 指所有 CPU，-g 表示打开 call-graph，-v 表示展示更多信息，-F 表示频率。

```
Samples: 74K of event 'cycles:ppp', 750 Hz, Event count (approx.): 47303252840
loop  /root/perf/hotpoint [Percent: local period]
Percent│
       │  /root/perf/hotpoint:      文件格式 elf64-littleaarch64
       │
       │
       │  Disassembly of section .text:
       │
       │  00000000004005d4 <loop>:
       │  loop():
       │
       │  static void loop()
       │  {
       │          while (1);
100.00 │    14000000 b           4005d4 <loop>
```

图 9-29　查看代码行和指令

在上述过程中可以添加 -p pid 选项，只观察某个进程的 CPU 实时热点函数：

```
perf top -agv -p 4169 -F 1000
```

具体情况如图 9-30 所示。

```
Samples: 15K of event 'cycles:ppp', 750 Hz, Event count (approx.): 34134758073 lost: 0/0
  Children      Self  Shared Object             Symbol
-  100.00%   100.00%  /root/perf/hotpoint       0x5d4              d [.] loop
     100.00% _start
        __libc_start_main
        main
        loop
+   14.70%     0.00%  /root/perf/hotpoint       0x400514           d [.] _start
+   14.70%     0.00%  /usr/lib64/libc-2.28.so   0xfffd5f543ec0     d [.] __libc_start_main
+   14.70%     0.00%  /root/perf/hotpoint       0x400604           d [.] main
     0.00%     0.00%  /proc/kcore               0x8091764          k [k] __softirqentry_text_start
```

图 9-30　观察某个进程的 CPU 实时热点函数

9.3.3.5　实时热点函数与火焰图的区别

使用实时热点函数能快速看到热点函数的实时信息，对于定位 CPU 占用率忽高忽低的问题场景，实时热点函数不能持久保存；火焰图会收集一段时间内的进程信息，使用它能看到一段时间内的热点函数信息，它收集的进程信息可以持久保存。火焰图信息的显示比较直观，收集时间段不易控制，偶尔会引起进程重启。

9.4　使用 gperftools 进行性能分析

gperftools（google-perftools）是谷歌公司（以下简称谷歌）开发的非常实用的工具集，主要包括：内存分配器 TCMalloc，基于 TCMalloc 的堆内存检测和内存泄漏（memory leak）分析工具 heap profiler、heap checker，基于 TCMalloc 实现的程序 CPU 性能监测工具 CPU profiler。

9.4.1　编译安装 gperftools

如果是 64 位操作系统，强烈建议在尝试配置或安装 gperftools 之前安装 libunwind，libunwind 版本太新或太旧都不好，官方推荐版本下载路径为 http://download.savannah.gnu.org/releases/libunwind/libunwind-0.99-beta.tar.gz。编译安装配置如下：

```
./configure
make
sudo make install
```

编译时，如果出现下面的报错信息，请在代码“./include/dwarf.h”中添加“#include <pthread.h>”。

```
./include/dwarf.h:318:5: error: unknown type name 'pthread_mutex_t'
    pthread_mutex_t lock;
    ^~~~~~~~~~~~~~~
```

也可从 https://github.com/gperftools/gperftools 获取 gperftools 源码，然后进行编译安装：

```
git clone https://github.com/gperftools/gperftools.git

cd gperftools
./autogen.sh
./configure
make -j32
sudo make install
```

9.4.2 TCMalloc

TCMalloc（Thread-Caching Malloc，线程缓存的动态内存分配）是一个内存分配器，用来管理堆内存，主要影响 malloc（分配）和 free（释放），用于降低频繁分配、释放内存造成的性能损耗，并且可以有效地控制内存碎片。glibc 中的内存分配器是 ptmalloc2，TCMalloc 号称比它快。例如，在 2.8GHz 的 P4（对于小对象）上执行一次 malloc/free，ptmalloc2 需要大约 300ns，而 TCMalloc 只需大约 50ns。

TCMalloc 还可以减少多线程程序的锁争用。对于小对象，几乎没有争用。对于大型对象，TCMalloc 尝试使用细粒度（grained）和高效的自旋锁（spinlock）。ptmalloc2 通过使用 per-thread arenas 来减少锁争用，但是 ptmalloc2 使用 per-thread arenas 时存在一个大问题：在 ptmalloc2 中，内存永远不能从一个 arenas 移动到另一个 arenas，这可能会导致大量的空间被浪费。例如，在一个应用中，第一阶段将为其 URL 规范化数据结构分配约 300MB 的内存。当第一阶段完成时，第二阶段将在相同的地址空间中开始。如果为第二阶段分配的 arenas 与第一阶段使用的 arenas 不同，那么这个阶段就不会再使用第一阶段之后剩下的任何内存，并且会在地址空间中再增加 300MB 的内存。类似的内存爆炸问题在其他应用中也被注意到了。

TCMalloc 的另一个好处有关小对象的空间效率表示。例如，分配 *N* 个 8 字节的对象，大约要使用 8*N* × 1.01 字节的空间。也就是说，空间开销为 1%。ptmalloc2 为每个对象使用一个 4 字节的头，将大小舍入为 8 字节的整数倍，最终使用 16*N* 字节。TCMalloc 还包括 heap checker（堆检查器）和 heap profiler（堆分析器）。

9.4.3 heap checker

谷歌使用的堆检查器（heap checker）用于检测 C++ 程序中的内存泄漏。使用它的过程分为 3 个部分：将库链接到应用，运行代码，分析输出。

由于 heap checker 是 TCMalloc 的一部分，所以检测的方式有两种：第一种需要把 TCMalloc 库编译进工程；第二种不需要将其编译进工程，只需要在运行时通过 LD_PRELOAD 命令加载 TCMalloc 库。官方推荐使用第一种方式，第二种方式存在安全问题。这里只介绍第一种方式。

建议在"whole program"（整个程序）模式下使用堆检查器的方式。在这种模式下，堆检查器在 main 开始执行之前跟踪内存分配，并在程序退出时再次检查。如果发现任何内存（在程序退出时未由仍处于活动状态的对象指向的内存）泄漏，它将中止程序（通过 exit(1)）并输出一条消息，描述如何进行跟踪内存泄漏（使用 pprof）。当 heap checker 处于活动状态时，它会记录每种分配的堆栈跟踪。这不仅会降低程序的运行速度，还会导致使用的内存显著增加。

具体检查过程结合示例代码来进行描述。示例代码如下（文件名为 test.c）：

```
1 #include <stdlib.h>
2
3 void f()
4 {
5     for (int i = 0;i < 1024 ;i++)
6     {
7         char * p = (char*)malloc(1024 * i);
8         free(p);
```

```
 9     }
10     char * p = (char*)malloc(1024);
11     //free(p);
12 }
13
14 int main()
15 {
16     f();
17     return 0;
18 }
```

（1）这段代码的第 10 行在堆上申请了空间，但是没有释放。为了包含更多调试信息，我们使用 -g 方式编译该文件，另外编译的时候还需要把 TCMalloc 库链接进来，它是实现 gperftools 内存问题分析方案的基础：

```
uos@uos-PC:~/Desktop$ gcc test.c -o test  -ltcmalloc  -g
```

（2）设置环境变量，指定 pprof 位置：

```
export PPROF_PATH=/usr/local/bin/pprof
```

可以使用 pprof 工具来查看配置文件的输出（后面会用到）。

（3）调用的时候，将环境变量 HEAPCHECK 定义为要执行的堆检查的类型，例如，我们要对“/home/uos/Desktop/test”程序进行堆检查，直接按如下方式执行命令：

```
env HEAPCHECK=normal /home/uos/Desktop/test
```

不需要其他操作。

注意 由于 heap checker 在内部使用 heap-profiling 框架，因此不可能同时运行 heap checker 和 heap profiler。这里，“HEAPCHECK=normal”表示堆检查的种类，除了 normal 之外，还可以是其他值。

- minimal：在初始化中尽可能晚地开始，这意味着可以在初始化例程中泄漏一些内存（比如在 main 之前运行），而不会触发泄露消息。如果你经常（有目的地）在一次性全局初始化程序中泄露数据，minimal 模式对你来说是有用的。否则，对于更严格的模式，你应该避免它。
- normal：跟踪活动对象，并报告程序退出时无法通过活动对象访问的任何数据泄露。顾名思义，它是谷歌常使用的模式，适合于日常堆检查的使用。
- strict：类似于 normal，但有一些额外的检查，可确保全局析构函数中不会丢失内存。特别是，如果有一个在程序运行期间分配内存的全局变量，然后在全局析构函数中 forgets 内存（比如，通过将指向它的指针设置为 NULL）而没有释放它，那么在 strict 模式下会提示泄露消息，而在 normal 模式下则不会。
- draconian：希望对内存进行非常精确的管理并希望堆检查器帮助实施的人适合使用“draconian”。在 draconian 模式下，堆检查器根本不进行 live object 检查，因此除非在程序退出之前释放了所有已分配的内存，否则它会报告泄漏。但是，可以使用 IgnoreObject 函数在每个对象的基础上重新启用活动性检查。

此外，还有其他的模式，请参考官方文档的描述。示例如下：

```
1 uos@uos-PC:~/Desktop$ env HEAPCHECK=normal /home/uos/Desktop/test
2 WARNING: Perftools heap leak checker is active -- Performance may suffer
3 Have memory regions w/o callers: might report false leaks
4 Leak check _main_ detected leaks of 1024 bytes in 1 objects
5 The 1 largest leaks:
6 Using local file /home/uos/Desktop/test.
7 Leak of 1024 bytes in 1 objects allocated from:
8         @ 40117a f
9         @ 40118f main
10        @ 7fe2f97c609b __libc_start_main
11        @ 40107a _start
12
13
14 If the preceding stack traces are not enough to find the leaks,
try running THIS shell command:

15 pprof /home/uos/Desktop/test "/tmp/test.8181._main_-end.heap" --inuse_ob
jects --lines --heapcheck  --edgefraction=1e-10 --nodefraction=1e-10 --gv
16
17 If you are still puzzled about why the leaks are there, try rerunning th
is program with HEAP_CHECK_TEST_POINTER_ALIGNMENT=1 and/or with HEAP_CHECK_
MAX_POINTER_OFFSET=-1
18 If the leak report occurs in a small fraction of runs, try running with
TCMALLOC_MAX_FREE_QUEUE_SIZE of few hundred MB or with TCMALLOC_RECLAIM_MEM
ORY=false, it might help find leaks
19 Exiting with error code (instead of crashing) because of whole-
program memory leaks
```

第 7 行“Leak of 1024 bytes in 1 objects allocated from:”说明程序有 1 块 1024 字节的空间泄漏。并且后面几行（@ 开头的）展示了泄漏处的调用堆栈。但是这种信息展现方式并没有直接指出问题产生的行数。我们可以使用第 15 行的提示命令“pprof……--gv”，调用可视化工具（注意：调用可视化工具之前，请先执行 sudo apt install graphviz 和 sudo apt install gv 命令进行安装），效果如图 9-31 所示。

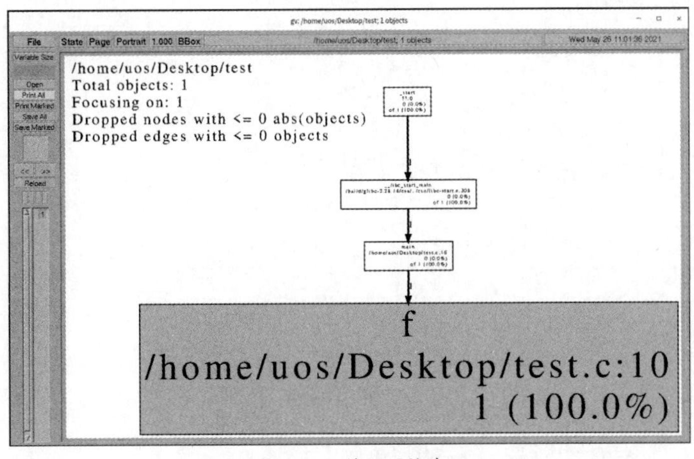

图 9-31　堆泄漏检查

这样，我们就可以知道第 10 行代码申请的空间存在内存泄漏。

关于 heap checker 的使用方法，这里只是通过一个简单的 C 程序进行了描述，其他详细信息可以参考源码中的“/docs/heap_checker.html”文件。

9.4.4 heap profiler

这是谷歌使用的堆分析器，用于探索 C++ 程序如何管理内存。这个工具可以用于了解在任何时候程序堆中的内容，找出内存泄漏的位置，以及找到内存进行大量分配的地方。

使用它的过程有 3 个部分：将库链接到一个应用中，运行代码，分析输出。分析系统记录所有的分配和释放。它对每个分配点的各种信息进行跟踪。一个分配点被定义为调用 malloc、calloc、realloc 或 new 时的活动堆栈跟踪。

同样，heap profiler 也是 TCMalloc 的一部分，所以使用它的时候，仍然需要链接 TCMalloc 库，方法与前面介绍的一样，这里不赘述。

具体检查过程我们结合示例代码来进行描述，示例代码如下（文件名为 test.cc）:

```
#include <iostream>
#include <unistd.h>
#include <stdlib.h>

int* test_new(unsigned int size)
{
    return new int[size];
}

int* test_malloc(unsigned int size)
{
    return (int*)malloc(size);
}

int main()
{
    int index = 10;
    int* array[index];
    int* p[index];
    unsigned int size = 1024 * 1024;
    for (int i = 0; i < index; ++i) {
        sleep(1);
        array[i] = test_new(10 * size);

        int* b = new int[2 * size];
    }

    for (int i = 0; i < index; ++i) {
        sleep(1);
        p[i] = test_malloc(10 * size);
        int* a = new int[2 * size];
```

```
    }

    for (int i = 0; i < index; ++i) {
          delete[] array[i];
          free(p[i]);
    }
}
```

接下来编译代码，编译的时候仍然需要链接 TCMalloc 库：

```
g++ test.cpp -ltcmalloc -g -o main
```

如果在程序中打开了 heap-profiling（这里打开它的一种方法就是设置 HEAPPROFILE 环境变量），则该程序会定期将配置文件写入文件系统，调用程序的命令为：

```
env HEAPPROFILE=<prefix> <BinaryFile>
```

其中 prefix 是运行代码时提供的文件名前缀（例如，通过 HEAPPROFILE 环境变量）。注意：如果提供的 prefix 不带路径，则配置文件将被写入程序的工作目录。配置文件的顺序将设置为如下形式：

```
<prefix> .0000.heap
<prefix> .0001.heap
<prefix> .0002.heap
...
```

具体过程如下：

```
uos@uos-PC:~/Desktop/test$ g++ test.cpp -ltcmalloc -g -o main
uos@uos-PC:~/Desktop/test$ls
main  test.cpp
uos@uos-PC:~/Desktop/test$ env HEAPPROFILE=./test ./main
Starting tracking the heap
Starting tracking the heap
Dumping heap profile to ./test.0001.heap (136 MB currently in use)
Dumping heap profile to ./test.0002.heap (240 MB currently in use)
Dumping heap profile to ./test.0003.heap (376 MB currently in use)
Dumping heap profile to ./test.0004.heap (480 MB currently in use)
Dumping heap profile to ./test.0005.heap (588 MB currently in use)
Dumping heap profile to ./test.0006.heap (Exiting, 160 MB in use)
uos@uos-PC:~/Desktop/test$ ls
main  test.0001.heap  test.0002.heap  test.0003.heap  test.0004.
heap  test.0005.heap  test.0006.heap  test.cpp
uos@uos-PC:~/Desktop/test$
```

可以看到，这里生成了几个 .heap 文件，并且可知道程序退出时还有 160MB 的内存没有释放（test.0006.heap），我们也可以将配置文件输出并传递给 pprof 工具（用于分析 CPU 配置文件的工具）来查看配置文件的输出，例如：

```
pprof --gv ./main ./test.0004.heap
```

以有向图的形式显示配置文件信息，如图 9-32 所示，从中可以看出：

- main 函数占用了 128.0MB 的实时内存（即它直接分配了 128.0MB 内存，还没有被释放），占总实时内存的 21.8%，此外它直接或间接占用（它调用的函数占有的）的实时内存一共是 588.0MB，占总实时内存的 100.0%，输出边上的标签很好地说明了它调用的函数分配内存的数量；
- test_new 函数占用实时内存 400.0MB，占总实时内存的 68.0%；
- test_malloc 函数占用实时内存 60.0MB，占总实时内存的 10.2%。

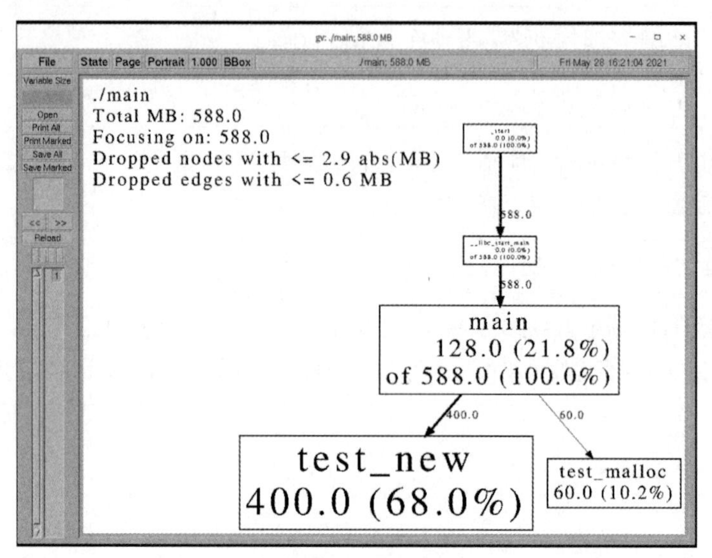

图 9-32 以有向图形式显示配置文件信息

pprof 输出也可以采用文字输出的方式，将 --gv 参数换成 --text 即可：

```
uos@uos-PC:~/Desktop/test$ pprof --text ./main ./test.0005.heap
Using local file ./main.
Using local file ./test.0005.heap.
Total: 588.0 MB
   400.0  68.0%  68.0%    400.0  68.0% test_new
   128.0  21.8%  89.8%    588.0 100.0% main
    60.0  10.2% 100.0%     60.0  10.2% test_malloc
     0.0   0.0% 100.0%    588.0 100.0% __libc_start_main
     0.0   0.0% 100.0%    588.0 100.0% _start
```

在输出的数据中，第 1 列表示直接内存使用量（以 MB 为单位）；第 4 列是函数直接占用或间接占用的内存；第 2 列和第 5 列是第 1 列和第 4 列数据的百分比表现形式；第 3 列是第 2 列的累加和（即第 3 列中的第 k 个条目是第 2 列中前 k 个条目的总和）。

pprof 更多的用法，可参考官方文档。

还有一种打开 heap-profiling 的方式，即直接在代码里面指定，上面的代码可做如下修改：

```
#include <iostream>
#include <unistd.h>
#include <stdlib.h>
#include <gperftools/heap-profiler.h>
```

```
int* test_new(unsigned int size)
{
    return new int[size];
}
int* test_malloc(unsigned int size)
{
    return (int*)malloc(size);
}

int main()
{
    HeapProfilerStart("./");
    int index = 10;
    int* array[index];
    int* p[index];
    unsigned int size = 1024 * 1024;
    for (int i = 0; i < index; ++i) {
        sleep(1);
        array[i] = test_new(10 * size);

        int* b = new int[2 * size];
    }

    for (int i = 0; i < index; ++i) {
        sleep(1);
        p[i] = test_malloc(10 * size);
        int* a = new int[2 * size];
    }

    for (int i = 0; i < index; ++i) {
           delete[] array[i];
free(p[i]);
    }
    HeapProfilerStop();
}
```

将要分析的代码放在 HeapProfilerStart 和 HeapProfilerStop 调用内容中间（不要忘记了头文件：这些函数在“gperftools/heap-profiler.h”中声明）。这样，在编译代码前后，不需要设置环境变量，编译完成后即可生成配置文件，如果 HeapProfilerStart 参数指定了配置文件的“prefix”信息，编译代码前后，就不需要设置环境变量，编译完成后即可生成配置文件。操作示例如下：

```
uos@uos-PC:~/Desktop/test$ g++ test.cpp -ltcmalloc -g -o main
uos@uos-PC:~/Desktop/test$ ./main
Starting tracking the heap
Dumping heap profile to ./test.0001.heap (136 MB currently in use)
Dumping heap profile to ./test.0002.heap (240 MB currently in use)
Dumping heap profile to ./test.0003.heap (376 MB currently in use)
```

```
Dumping heap profile to ./test.0004.heap (480 MB currently in use)
Dumping heap profile to ./test.0005.heap (588 MB currently in use)
```

更多调用函数信息及有用信息，可以参考官方文档。

9.4.5 CPU profiler

CPU profiler 是谷歌使用的 CPU 分析器。使用它的过程有 3 个部分：将库链接到一个应用中，运行代码，分析输出。要将 CPU profiler 安装到可执行文件中，需要在编译的时候添加链接“-lprofiler”，或者在运行可执行文件之前设置环境变量：

```
env LD_PRELOAD="/usr/lib/libprofiler.so" <binary>
```

这样操作并不会打开 CPU profiling 功能，它只是插入代码。因此开发时将“-lprofiler”链接到二进制文件中是可行的，当然任何用户可以通过设置环境变量来打开 CPU profiling 功能。这里只介绍链接的操作过程。

有以下几种方法可以实际打开一个可执行文件的 CPU profiling 功能。

（1）将环境变量 CPUPROFILE 定义为要分析的文件名。例如有一个与 libprofiler 链接的 /bin/ls 可执行程序，可以执行：

```
env CPUPROFILE=ls.prof /bin/ls
```

（2）除了定义环境变量 CPUPROFILE 之外，还可以定义 CPUPROFILESIGNAL。这允许通过指定的信号来控制 profiling。该信号在程序正常使用时必须是未使用的，它就像一个开关，由信号触发，默认是关闭的。例如，有一个 /bin/chrome 的可执行程序，它已经与 libprofiler 链接，可以执行：

```
env CPUPROFILE=chrome.prof CPUPROFILESIGNAL=12 /bin/chrome &
```

然后，可以触发 profiling。

```
killall -12 chrome
```

一段时间后，可以停止 profiling：

```
killall -12 chrome
```

在代码中，在调用 ProfilerStart 和 ProfilerStop 时，将想要分析的代码放在括号里（这些函数在 <gperftools/profiler.h> 中声明）。ProfilerStart 函数将接收 profile-filename 作为参数（跟前面描述的过程一样）。示例代码如下：

```
// test.cpp
#include <cstdio>
#include <pthread.h>
#include <gperftools/profiler.h>

void *addition(void *_arg)
{
    long int  sum = 0;
    for(int i = 0; i < 1024*1024*100; i++)
```

```
    {
        sum += 1;
    }

    return NULL;
}

void *subtraction(void *_arg)
{
    long int sum = 1024*1024*100;
    for(int i = 0; i < 1024*1024*100; i++)
    {
        sum -= 1;
    }

    return NULL;
}

void *add_sub(void *_arg)
{
    addition(NULL);
    subtraction(NULL);

    return NULL;
}

int main(int argc, char *argv[])
{
    //ProfilerStart("./main.prof");
    void *retval;
    pthread_t tidAdd = 0, tidSub = 0, tid = 0;

    pthread_create(&tidAdd, NULL,addition, NULL);
    pthread_create(&tidSub, NULL,subtraction,NULL);
    pthread_create(&tid, NULL, add_sub,NULL);
    pthread_join(tidAdd, NULL);
    pthread_join(tidSub, NULL);
    pthread_join(tid, NULL);

    //ProfilerStop();

    return 0;
}
```

具体操作过程如下：

```
uos@uos-PC:~/Desktop/test$ ls
test.cpp
```

```
uos@uos-PC:~/Desktop/test$ g++ test.cpp -ltcmalloc -lprofiler  -lpthread -g -o main
uos@uos-PC:~/Desktop/test$ ls
main  test.cpp
uos@uos-PC:~/Desktop/test$ env CPUPROFILE=main.prof ./main
PROFILE: interrupts/evictions/bytes = 57/24/1336
uos@uos-PC:~/Desktop/test$ ls
main  main.prof  test.cpp
uos@uos-PC:~/Desktop/test$ pprof --text ./main ./main.prof
Using local file ./main.
Using local file ./main.prof.
Total: 57 samples
      30  52.6%  52.6%       30  52.6% subtraction
      27  47.4% 100.0%       27  47.4% addition
       0   0.0% 100.0%       27  47.4% add_sub
       0   0.0% 100.0%       57 100.0% clone
       0   0.0% 100.0%       57 100.0% start_thread
```

以有向图的形式显示配置文件信息：

```
pprof --gv ./main ./main.prof
```

效果如图 9-33 所示。

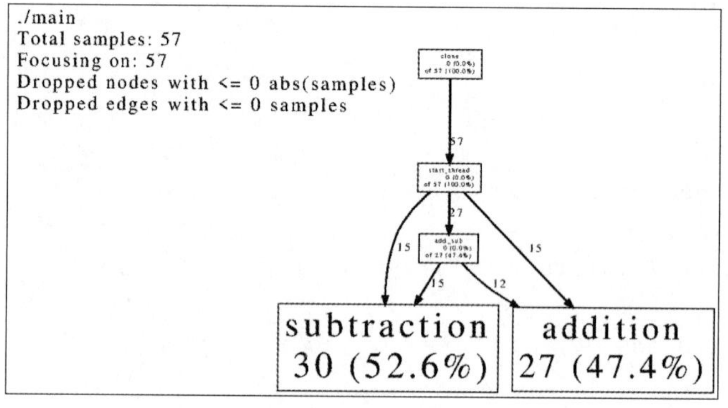

图 9-33　CPU 分析

这里同样可以不通过“env CPUPROFILE=main.prof ./main”打开堆分析，只需将示例代码中“ProfilerStart”和“ProfilerStop”的注释去掉，然后在编译程序后直接运行可行性程序即可生成 main.prof 文件。

9.5　使用 gprof 进行性能分析

gprof 就是指 gnu profiler，可以使用它来确定程序的哪些部分占用了大部分运行时间，以及程序运行时函数之间的调用关系。在本书中，将提供给 gprof 进行分析的程序称为 profiling 程序，生成的分析数据为 profile 数据。profile 数据可以显示程序的哪些部分的运行速度比预期的要慢，并且可能需要重写以加快程序运行速度。它还可以分析哪些函数的调用频率高于或低于预期情况，这可以帮助开发人员发现原本未被注意到的错误。

由于 profiling 程序在实际运行期间会收集 profile 数据，因此它可以用于过大或过于复杂而无法通过读取源码进行分析的程序。但是，程序的运行方式将影响收集到的 profile 数据，如果在分析程序时不使用程序的某些功能，则不会为该功能生成任何 profile 数据。

使用 gprof 有以下几个步骤。

（1）必须在启用 profile 的情况下编译和链接程序。

（2）必须运行程序以生成 profile 数据文件。

（3）必须运行 gprof 以分析 profile 数据。

从 profile 数据中可以获得几种形式的输出，主要是以下两种形式。

（1）平面分析（Flat profile）。平面分析会显示程序中每个函数花费了多少时间，以及这个函数被调用了多少次。如果只是想知道哪些函数消耗了大部分时间，它会简明扼要地说明。

（2）调用图（Call graph）。在调用图中显示：对于每个函数，哪些函数调用它，该函数调用了哪些函数，以及它们之间的调用次数。在调用图中还会估计每个函数的子程序（子函数）花费了多少时间。可以根据这些信息来尝试修改耗时的函数调用。

下面会详细地解释这些内容。

9.5.1　编译 profiling 程序

为程序生成 profile 数据的第一步是启用 profiling 程序，编译并链接需要用于分析的源文件，请指定 -pg 运行编译器时的选项。

为了编译链接程序来进行分析，除了使用常用的选项，只需加上 -pg，代码如下：

```
gcc -Wall -g mytest.c sort.c -o mytest -pg
```

注意　-pg 选项必须是编译选项以及链接选项的一部分，如果不是，在运行 gprof 时，将收到如下错误消息：

```
gmon.out: No such file or directory
```

9.5.2　运行 profiling 程序

一旦程序被编译并用于分析，就必须运行它以生成 gprof 需要的信息。只需像往常一样运行程序，使用正常的参数、文件名等，以产生与往常相同的输出。但是，由于收集和写入 profile 数据需要花费时间，它的运行速度会比正常情况慢一些。代码如下：

```
$ls
mytest  mytest.c  sort.c  sort.h

$./mytest
sorted numbers:
1, 9, 10, 11, 12, 15, 18, 23, 27, 77, 100, 101, 909

$ls
gmon.out  mytest  mytest.c  sort.c  sort.h
```

运行程序的方式（提供的参数和输入）可能会对 profile 数据显示的内容产生巨大影响。profile 数据将描述为使用的特定输入激活的程序部分。例如，如果给程序的第一条命令是执行退出，则 profile 数据将显示初始化和清理中使用的时间，而不会显示其他内容。程序会在退出前将配置文件数据写入名为 gmon.out 的文件。如果已经有一个名为 gmon.out 的文件，它的内容将被覆盖。目前没有办法告诉程序以不同的名称写入 profile 文件数据，但如果担心它可能会被覆盖，可以稍后重命名该文件。

为正确写入 gmon.out 文件，程序必须正常退出：通过从 main 返回或通过调用 exit。调用低级函数 _exit，或由于未处理的信号而导致异常终止，都不会写入 profile 数据。gmon.out 文件在程序退出时写入程序的当前工作目录。这意味着如果程序调用 chdir，则 gmon.out 文件将保留在程序 chdir 所在的最后一个目录中，如果没有权限在此目录中写入，则不会写入该文件，并且将收到错误消息。

9.5.3 运行 gprof

生成 profile 数据文件 gmon.out 后，可以运行 gprof 来解释其中的信息。gprof 程序会在标准输出上输出平面分析和调用图。通常，将 gprof 的输出重定向到带有“>”的文件中，可以像如下这样运行 gprof：

```
$gprof ./mytest gmon.out > analysis.txt

$ls
analysis.txt  gmon.out  mytest  mytest.c  sort.c  sort.h
```

gprof 命令原型如下：

```
gprof options [executable-file [profile-data-files...]] [> outfile]
```

方括号内的参数为可选参数，这些参数的顺序无关紧要。

如果省略可执行文件名，则使用文件 a.out。如果未提供分析数据文件名，则使用文件 gmon.out。如果有任何文件的格式不正确，或者配置文件、数据文件不属于可执行文件，则会输出错误消息。通过在可执行文件名后输入它们的名称，可以给出多个分析的数据文件，然后将所有数据文件中的统计信息汇总在一起。

9.5.4 gprof 输出样式

gprof 可以产生几种不同的输出样式，其中比较重要的有如下两种。

- 平面分析：显示每个函数直接执行所花费的时间。
- 调用图：显示哪些函数调用了哪些函数，以及每个函数在其子函数调用被包括在内时使用了多少时间。

9.5.4.1 平面分析

平面分析显示了程序实现各项功能花费的时间总量。注意：如果一个函数没有被编译来用于分析，并且没有执行足够长的时间来显示在程序计数器直方图上，那么它与从未调用过的函数将无法区分。以下是一个小程序的平面分析文件的一部分：

```
Flat profile:

Each sample counts as 0.01 seconds.
  %   cumulative   self              self     total
time   seconds   seconds    calls  ns/call  ns/call  name
56.95      2.62     2.62  16777215   156.13   272.79  quicksort
42.55      4.58     1.96 590387112     3.31     3.31  swap
  0.87      4.62     0.04                             main
  0.00      4.62     0.00        1     0.00     0.00  estrdup
  0.00      4.62     0.00        1     0.00     0.00  setprogname
```

在列标题之前，会出现一条语句，指示每个样本计入的时间，这个采样周期估计了每个时间数的误差幅度，比采样周期值稍大的时间数是不可靠的。在此示例中，每个样本计为 0.01s，表明采样率为 100Hz。如“cumulative seconds”字段所示，程序的总运行时间为 4.62s。由于每个样本的计数时间为 0.01s，这意味着在运行期间仅采集了 4.62 × 100 = 462 个样本。由于采集了 462 个样本，因此这些值被视为特别可靠。列表中的其余函数（“self seconds”字段为“0.00”的函数）根本没有出现在直方图样本中。然而，调用图表明它们被调用，因此它们被列出，按“调用”字段降序排列。显然，执行这些函数花费了一些时间，但是直方图样本的缺乏阻止了确定每个函数花费多少时间。平面分析字段如表 9-7 所示。

表 9-7 平面分析字段

字段	说明
% time	程序在函数中花费的总时间的百分比
cumulative seconds	计算机执行函数所花费的累计总秒数，加上此表中此函数之上的所有函数所花费的时间
self seconds	函数单独占用的秒数。平面分析文件列表首先按此编号排序
calls	函数被调用的总次数。如果函数从未被调用，或者它被调用的次数无法确定（可能是因为函数不是在启用分析的情况下编译的），则调用字段为空
self ns/call	如果函数被分析，则表示每次调用在此函数中花费的平均毫秒数。否则，对于此功能，此字段为空
total ns/call	在函数及其每次调用的后代中花费的平均毫秒数（如果此函数已被分析）。否则，对于此功能，此字段为空。这是平面分析文件中唯一使用的调用图分析的字段
name	函数的名称。在 self seconds 和 calls 字段排序后，平面分析配置文件按此字段的字母顺序排序

9.5.4.2 调用图

调用图中显示了每个函数和它的子函数花费了多少时间。从这类信息中可以发现，虽然它们本身可能没有使用太多时间，但确实调用了耗时很长的其他函数。

接下来介绍一个小程序的调用示例，来自 gprof，与 9.5.4.1 中的 Flat profile 示例有相同的运行结果。

```
Call graph (explanation follows)


granularity: each sample hit covers 2 byte(s) for 0.22% of 4.62 seconds

index % time    self  children          called              name
                                                         <spontaneous>
[1]     100.0    0.04     4.58                              main [1]
                 2.62     1.96  16777215/16777215       quicksort [2]
                 0.00     0.00       1/1              setprogname [5]
-----------------------------------------------
                                279620818               quicksort [2]
                 2.62     1.96  16777215/16777215           main [1]
[2]      99.1    2.62     1.96  16777215+279620818      quicksort [2]
                 1.96     0.00  590387112/590387112         swap [3]
                                279620818               quicksort [2]
-----------------------------------------------
                 1.96     0.00  590387112/590387112     quicksort [2]
[3]      42.4    1.96     0.00  590387112                   swap [3]
-----------------------------------------------
                 0.00     0.00       1/1              setprogname [5]
[4]       0.0    0.00     0.00      1                    estrdup [4]
-----------------------------------------------
                 0.00     0.00       1/1                    main [1]
[5]       0.0    0.00     0.00      1                 setprogname [5]
                 0.00     0.00       1/1                 estrdup [4]
-----------------------------------------------
```

此表描述了程序的调用树，并按照每个函数及其子函数中花费的总时间的顺序进行排序。表中的每个条目都由几行组成。左边的索引号列出了当前的函数。它上面的行列出了调用这个函数的函数，它下面的行列出了这个函数所调用的函数。

gprof 调用图是按块组织，并用虚线分开的，每个块处理一个函数，显示了该函数的调用者以及调用频率。块还显示了函数自身用的总时间（self），以及被调用的子函数和在这些子函数调用中所用的时间（children）。块是按照累积的（self+children）时间排序的。首先显示的是那些本身或其后代占用大部分运行时间的函数。main 函数通常是最多的。通过第 2 块（quicksort 函数）来对格式进行解释。以方括号开始、索引数字在最左端的行是当前函数，该行上面的一行是一些调用的 quicksort 函数，在本例中就是 main 和 quicksort 函数。调用图还包含函数调用频率的信息。可以看到，main 函数调用的 quicksort 函数 16777215 次，quicksort 对它自己进行了 279620818 次递归调用。下面的一行代码是 quicksort 函数所调用的子函数。可以看到，quicksort 对自己进行了递归调用，而且调用了 swap。

函数调用计数的格式表示为一对数字，即“来自该函数的调用次数 / 总的调用次数”。在本例中，quicksort 调用 swap 的次数为 590387112/590387112，这意味着总共有 590387112 次调用，其中 590387112 次调用都来自 quicksort。调用图数据包括函数调用次数和所有调用所需的总时间。看一下第 3 个块，它处理 swap 函数，可以看到此函数需要 1.96s，占总运行时间的 42.4%，全部调用都来自 quicksort，而且平均每次调用 quicksort 都导致 quicksort 调用 swap 约 35（590387112/16777215）次。

主行中的字段及说明如表 9-8 所示。

表 9-8 主行中的字段及说明

字段	说明
index	每个元素的唯一编号；索引按数字排序；索引输出在每个函数的名称旁边，因此查找函数在表中的位置更容易
% time	在函数及其子函数花费的“总”时间的百分比。注意：由于不同的视角，选项排除了部分功能等，这些数字加起来不会是 100%
self	在函数中花费的总时间
children	由函数的子函数传递到此函数的总时间
called	函数被调用的次数；如果函数递归调用自身，则数字包括非递归调用和“+”号后面的递归调用的次数
name	当前函数名，序号跟随在其后

9.6 使用 Valgrind 与 Sanitizers 进行内存分析

本节主要对 Valgrind 与 Sanitizers 两种常用的内存分析工具进行介绍。

9.6.1 Valgrind

Valgrind 是一套 Linux 下开放源码的仿真调试工具框架。该框架已经涵盖了许多工具，诸如函数调用检测、线程检测、堆栈使用检测以及内存分析等工具，并且它可以详细描述程序的运行过程，也可以使用 Valgrind 构建新工具。Valgrind 支持的平台如表 9-9 所示。

表 9-9 Valgrind 支持的平台

操作系统	x86	AMD64	ARM	ARM64	MIPS32	MIPS64
Linux	是	是	是	是	是	是
Darwin	是	是	否	否	否	否
Android	是	是	是	否	是	否

本节只介绍 Valgrind 的内存分析工具 Memcheck 的使用，值得一提的是，Qt Creator 已经集成了 Valgrind 内存分析工具。

9.6.1.1 Valgrind 原理

Valgrind 是一个工具集，包括 Memcheck、Cachegrind、Callgrind 等多个工具。其中，Memcheck 实现了仿真的 CPU，被分析的程序被这个仿真 CPU 解释运行，从而有机会在所有的内存读写指令发生的时候，分析地址的合法性和读操作的合法性。

1. 地址合法性判别

Memcheck 维护了一张合法地址表（Valid-address（A）bits），当前所有可以合法读写（已分配）的地址在其中有对应的表项。当要读写内存中某个字节时，首先要检查这个字节对应的（A）bit。如果该（A）bit 显示该位置是无效位置，Memcheck 报告读写错误。

2. 读合法性判别

Memcheck 中的合法值表（Valid-value（V）bits）对于进程的整个地址空间中的每一个字节，都有与之对应的 8 个字节；对于 CPU 的每个寄存器，也有一个与之对应的字节向量。这些字节负责记录该字节或者寄存器值是否具有有效的、已初始化的值。这样当内存中的某个字节被加载到真实的 CPU 中时，该字节对应的（V）bits 也会被加载到虚拟的 CPU 环境中。一旦寄存器中的值被用来产生内存地址，或者该值能够影响程序输出，则 Memcheck 会检查对应的（V）bits，如果该值尚未初始化，则会报告使用未初始化内存错误。

基于 Memcheck 的工作原理可知，使用 Memcheck 会严重消耗机器资源。在时间上，由于程序需要被虚拟 CPU 解释，将导致程序运行时间是正常的 1/30~1/20。在空间上，由于 Memcheck 维护了两个内存表，程序运行占用的内存是正常的 2~3 倍。

9.6.1.2 Valgrind 安装

Valgrind 的安装有两种途径，分别是通过仓库安装和通过源码安装，两种安装的过程如下。

1. 通过仓库安装

可以使用 apt 从系统配置的仓库进行安装，命令如下：

```
sudo apt install valgrind
```

2. 通过源码安装

可以通过源码安装 Valgrind，方法和通过源码安装其他软件的类似，主要步骤为下载源码、编译源码、安装编译的二进制文件，具体命令如下（以 3.17.0 版本为例）：

```
wget https://sourceware.org/pub/valgrind/valgrind-3.17.0.tar.bz2
tar -xvf valgrind-3.17.0.tar.bz2
cd valgrind-3.17.0/
mkdir build && cd build
../configure && make -j12 && make install
```

9.6.1.3 Valgrind 命令行应用

1. Valgrind 命令介绍

Valgrind 的命令规则如下：

```
valgrind [valgrind-options] your-prog [your-prog-options]
```

Valgrind 常用命令参数及说明如表 9-10 所示。

表 9-10 Valgrind 常用命令参数及说明

参数	说明
-h -help	显示帮助信息
--tool=toolname	常用的参数，运行 Valgrind 中名为 toolname 的工具，默认为 memcheck
-v --version	显示 Valgrind 内核的版本，每个工具都有各自的版本
--time-stamp=no|yes	增加时间戳到 LOG 信息
--log-fd=fd	输出 LOG 到描述符文件 [2=stderr]
--log-file=filepath	将输出的信息写入 filename 的文件
--log-socket=ipaddr:port	输出 LOG 到 socket 指定的 IP 地址和端口
--leak-check=no|summary|full	要求对内存泄漏给出详细信息

如果要检测 ls 程序的内存泄漏情况，则可使用如下命令：

```
valgrind --tool=memcheck --leak-check=full ls -l
```

根据命令规则可以简单理解上述命令，--tool=memcheck 指定使用的内存分析工具，ls -l 为需要被分析的程序及程序参数。可以省略 --tool 选项，直接使用如下命令：

```
valgrind --leak-check=full ls -l
```

2. 简单分析

接下来介绍一个简单的应用。该应用通过 new 操作符申请一个 char 类型的内存，然后退出应用。显而易见，pName 指针变量在应用中没有被手动释放（delete）。下面编译该代码，并用 Valgrind 进行分析。

```
int main(int argc, char *argv[])
{
    char *pName = new char;
    return 0;
}
```

（1）编译二进制文件：将上述代码写入文件 main.cpp，然后执行如下命令进行编译。

```
g++ -Wall main.cpp -g -o test
```

（2）运行 Valgrind 检测：在同级目录下执行如下命令启动检测。

```
valgrind --tool=memcheck --leak-check=full ./test
```

（3）分析检测结果

根据步骤（2）进行操作后，终端输出内容如图 9-34 所示。

```
==31390== Memcheck, a memory error detector
==31390== Copyright (C) 2002-2017, and GNU GPL'd, by Julian Seward et al.
==31390== Using Valgrind-3.17.0 and LibVEX; rerun with -h for copyright info
==31390== Command: ./main
==31390==
==31390==
==31390== HEAP SUMMARY:
==31390==     in use at exit: 1 bytes in 1 blocks
==31390==   total heap usage: 2 allocs, 1 frees, 72,705 bytes allocated
==31390==
==31390== 1 bytes in 1 blocks are definitely lost in loss record 1 of 1
==31390==    at 0x4836F0B: operator new(unsigned long) (vg_replace_malloc.c:417)
==31390==    by 0x40113A: main (main.cpp:3)
==31390==
==31390== LEAK SUMMARY:
==31390==    definitely lost: 1 bytes in 1 blocks
==31390==    indirectly lost: 0 bytes in 0 blocks
==31390==      possibly lost: 0 bytes in 0 blocks
==31390==    still reachable: 0 bytes in 0 blocks
==31390==         suppressed: 0 bytes in 0 blocks
==31390==
==31390== For lists of detected and suppressed errors, rerun with: -s
==31390== ERROR SUMMARY: 1 errors from 1 contexts (suppressed: 0 from 0)
```

图 9-34 终端输出内容

3. 报告分析

在正式分析结果前，先了解一下结果的输出格式，输出的所有行均采用以下格式：

```
== Process ID== 来自 Valgrind 的一些消息
```

其中 Process ID 为进程 ID，后面的是 Valgrind 输出的日志，这种格式的输出很容易将程序本身的输出与 Valgrind 输出区分开。在图 9-34 中，由双实线将整个输出内容分为 4 个区域，由上到下分别为：软件概述、堆栈概要、泄漏概要、错误概要。

需要着重关注的是泄漏概要，它详细报告了各类错误的汇总信息，具体内容如下。

（1）definitely lost：确认丢失。程序中存在内存泄漏，应尽快修复。当程序结束时如果一块动态分配的内存没有被释放，且通过程序内的指针变量均无法访问这块内存，则会报这类错误。

（2）indirectly lost：间接丢失。当使用了含有指针成员的类或结构时可能会报这类错误。这类错误无须直接修复，它们总是与 definitely lost 一起出现，只需修复 definitely lost。

（3）possibly lost：可能丢失。大多数情况下应视为与 definitely lost 一样需要尽快修复，除非你的程序让一个指针指向一块动态分配的内存（但不是这块内存的起始地址），然后通过运算得到这块内存的起始地址，再释放它。当程序结束时如果一块动态分配的内存没有被释放，且通过程序内的指针变量均无法访问这块内存的起始地址，但可以访问其中的某一部分数据，则会报这类错误。

（4）still reachable：可以访问，未丢失但也未释放。如果程序是正常结束的，那么它可能不会造成程序崩溃，但长时间运行有可能耗尽系统资源，因此建议修复它。如果程序是崩溃（如访问非法的地址而崩溃）而非正常结束的，则应当暂时忽略它，先修复导致程序崩溃的错误，然后重新检测。

（5）suppressed：已被解决。出现了内存泄漏但系统自动处理了，可以无视这类错误。

分析错误一般由下到上，通过图 9-34 中的错误概要可以看出共检测出一个错误；再看泄漏概要，发现确认丢失有一个；再看堆栈概要，发现具体错误为 main.cpp 的第 3 行。

对于有错误的检测结果，我们已经知道其大概模样，那什么样的检测结果可以让我们放心交付产品？修正上述错误的代码，通过 delete 操作符在程序退出前释放申请的内存，再次进行编译检测，检测输出结果如图 9-35 所示。

在图 9-35 中，可以看到错误概要描述为没有错误，泄漏概要的描述为所有堆均已释放，如果我们的产品代码的检测结果如图 9-35 所示，就可以大胆地交付使用，至少不会出现内存泄漏事故。

```
==16321== Memcheck, a memory error detector
==16321== Copyright (C) 2002-2017, and GNU GPL'd, by Julian Seward et al.
==16321== Using Valgrind-3.17.0 and LibVEX; rerun with -h for copyright info
==16321== Command: ./main
==16321==
==16321==
==16321== HEAP SUMMARY:
==16321==     in use at exit: 0 bytes in 0 blocks
==16321==   total heap usage: 2 allocs, 2 frees, 72,705 bytes allocated
==16321==
==16321== All heap blocks were freed -- no leaks are possible
==16321==
==16321== For lists of detected and suppressed errors, rerun with: -s
==16321== ERROR SUMMARY: 0 errors from 0 contexts (suppressed: 0 from 0)
```

图 9-35 再次编译检测的输出结果

4. 检测报告输出重定向

Valgrind 默认的检测报告输出到文件描述符 2（stderr，标准错误输出），同时还支持输出到指定的文件描述符、指定的文件名，还可以发送到指定的网络套接字，设置如下。

（1）输出到指定的文件描述符：--log-fd=fd。

（2）输出到指定的文件名：--log-file=filename。

（3）输出到指定的网络套接字：--log-socket=192.168.0.1:1500。

输出到网络套接字时需要注意该网络套接字已被监听，如果没有被监听，则内容将重定向到 stderr。Valgrind 提供了一个简单的监听器程序 valgrind-listener，该程序在指定端口上进行连接，默认监听的端口为 1500，可通过参数修改监听的端口号（可通过 valgrind-listener -h 了解详细信息）。

5. Valgrind 在 Qt Creator 中应用

前文已提及，Qt Creator 已经集成了 Valgrind，接下来将介绍如何在 Qt Creator 中使用 Valgrind 进行内存分析。

创建一个 Qt 项目，在 main 函数中编写内存泄漏的代码，然后参照图 9-36 所示的操作进行检测，代码及检测结果如图 9-37 所示。

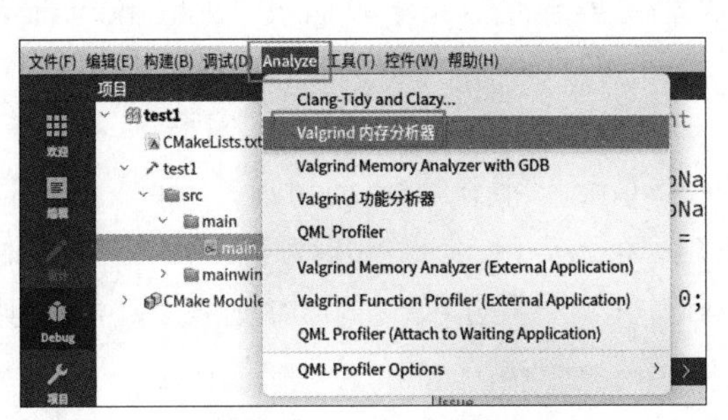

图 9-36 Valgrind 内存分析

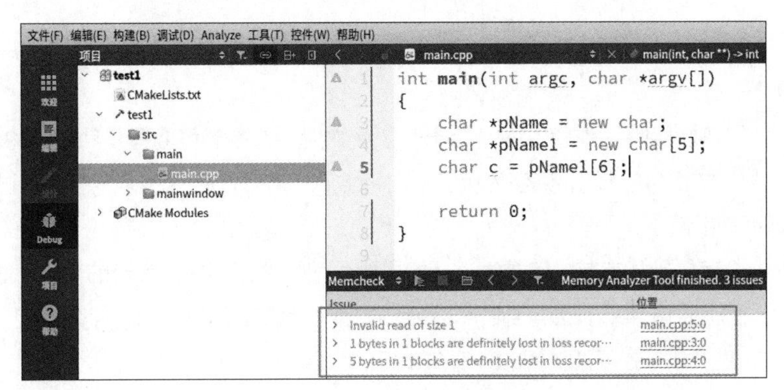

图 9-37 代码及检测结果

在图 9-37 中可以看到通过 new 操作符申请了两个内存，它们均没有在程序退出前释放，另外还非法访问了内存，可以看出检测报告如实报告了 3 个错误。

需要注意的是，使用 Qt Creator 分析的输出结果和使用命令行分析的输出结果不一致，使用 Qt Creator 分析的输出结果更加直观，直接说明了问题原因及对应的代码行数，单击代码行数将直接跳转至对应的代码片段。

9.6.2 Sanitizers

内存泄漏是指程序中分配的内存由于某种原因未释放或无法释放，造成系统内存资源的浪费，导致程序运行速度减慢甚至程序崩溃等严重后果。开发人员进行程序开发的过程难免会遇到内存泄漏的问题，这就需要开发人员在写代码时严格要求自己，当然也需要通过工具来进行内存分析检测，确保代码的健壮性。

下面介绍一种使用方便、功能强大且运行速度较快的内存检测工具，即 GCC 自带的内存检测工具 Sanitizers。Sanitizers 是谷歌设计的开源工具集，包括 AddressSanitizer、MemorySanitizer、ThreadSanitizer、LeakSanitizer、UndefinedBehaviorSanitizer。GCC 从 4.8 版本开始支持 AddressSanitizer、MemorySanitizer、ThreadSanitizer，从 4.9 版本开始支持 LeakSanitizer 和 UndefinedBehaviorSanitizer。

Sanitizers 可以在检测到内存泄漏的第一时间立刻终止进程，并且它可以深入检测（随应用进程一起编译）。Valgrind 会极大地降低程序运行速度，而 Sanitizers 大约只降低 1/2，运行速度比较高。

9.6.2.1 AddressSanitizer 工具

AddressSanitizer 的功能主要包括 3 个，即插桩（instrumentation）、内存映射（memory mapping）、动态运行库。

1. 插桩

在程序自身代码使用的内存（main application memory，mem）的两端插入一块区域 RedZone，将 RedZone 区域的影子内存（shadow memory）设置为不可写。程序运行时除了分配代码自身的内存，还要额外分配两端的 RedZone 内存，并将这两端的内存加锁，设为不能访问状态，这样可以有效防止缓冲区溢出。例如：

```
| RedZone1 | Mem1 | RedZone2 | Mem2 | RedZone3 | Mem3 | RedZone4 |
| :------: | :--: | :------: | :--: | :------: | :--: | :------: |
```

2. 内存映射

mem 中的 8 字节映射到影子内存中是 1 字节。影子内存中 1 字节可能有 9 种不同的值：8 字节都能访问，则值为 0；8 字节都不能访问，则值为负值；前 k 字节能访问，后面 8-k 字节不能访问，则值为 k。不同的数字表示不同的错误。

malloc 分配的内存总是 8 字节的倍数大小，如果要分配的缓存不是 8 字节的倍数大小，则尾部的 8 字节状态不同。比如分配 13 字节，会得到两个 8 字节。前 1 字节全是可访问，那么 k=0，后一个只有前 5 字节是可访问的，后 3 字节是不能访问的，那么 k=5。

3. 动态运行库

动态运行库的作用就是将 malloc/free 函数进行替换，并且它提供了输出错误报告的功能。malloc 在分配内存时会额外分配 RedZone 区域的内存，RedZone 区域对应的影子内存加锁，主要的内存区域对应的影子内存不加锁。free 函数将所有分配的内存区域进行加锁，并将内存块放入隔离队列（保证在一定的时间内不会再被 malloc 函数分配）。

GCC 从 4.8 版本开始，AddressSanitizer 成为 GCC 的一部分，但不支持符号信息，无法显示出问题的函数和行数。从 4.9 版本开始，GCC 支持 AddressSanitizer 的所有功能，建议使用 GCC 4.9。

AddressSanitizer 可以检测如下内存问题。

- Use after free：释放后使用。
- Heap buffer overflow：堆缓冲区溢出。
- Stack buffer overflow：栈缓冲区溢出。
- Global buffer overflow：全局缓冲区溢出。
- Use after return：返回后使用。
- Use after scope：作用域后使用。
- Initialization order bugs：初始化顺序错误。
- Memory leaks：内存泄漏。

下面为使用选项。

- -fsanitize=address：选项编译和链接程序。
- -fno-omit-frame-pointer：编译检测到内存错误时输出函数调用栈。

以 CMake 环境配置为例，在 CMakeLists.txt 中添加：

```
cmake_minimum_required(VERSION 3.7)
project(Sanitizer)
set(CMAKE_CXX_FLAGS "-g -fsanitize=address -fno-omit-frame-pointer")
add_executable(${PROJECT_NAME} "main.cpp")
```

如果是 qmake 环境配置，在 .pro 文件中添加：

```
QMAKE_CXXFLAGS+="-g -fsanitize=address -fno-omit-frame-pointer"
```

（1）heap-use-after-free 指访问堆上已经被释放的内存。代码如下：

```
1. int main(int argc, char *argv[]) {
2.     char *array = new char[5];
3.     delete []array;
4.     printf("%s\n", array);
5.     return 0;
6. }
```

运行结果如图 9-38 所示。第一部分（ERROR）指出错误类型是 heap-use-after-free；第二部分（READ）指出线程名 thread T0，操作为 READ，发生的位置是 main.cpp:13:5。该 heap 块之前已经在 main.cpp:12:5 处被释放了，该 heap 块在 main.cpp:11:19 处分配；第三部分（SUMMARY）前面输出概要说明。

```
=================================================================
==18375==ERROR: AddressSanitizer: heap-use-after-free on address 0x602000000210 at pc 0x00000044403e bp 0x7fff0585c420 sp 0x7fff0585bb98
READ of size 2 at 0x602000000210 thread T0
    #0 0x44403d in printf_common(void*, char const*, __va_list_tag*) (/home/yaphetshl/Desktop/build-Sanitizer-unknown-Debug/Sanitizer+0x44403d)
    #1 0x443290 in __interceptor_vprintf (/home/yaphetshl/Desktop/build-Sanitizer-unknown-Debug/Sanitizer+0x443290)
    #2 0x445d5b in __interceptor_printf (/home/yaphetshl/Desktop/build-Sanitizer-unknown-Debug/Sanitizer+0x445d5b)
    #3 0x4f82c5 in main /home/yaphetshl/Desktop/Sanitizer/main.cpp:13:5
    #4 0x7fd72cdd909a in __libc_start_main (/lib/x86_64-linux-gnu/libc.so.6+0x2409a)
    #5 0x41e2d9 in _start (/home/yaphetshl/Desktop/build-Sanitizer-unknown-Debug/Sanitizer+0x41e2d9)

0x602000000210 is located 0 bytes inside of 5-byte region [0x602000000210,0x602000000215)
freed by thread T0 here:
    #0 0x4f6122 in operator delete[](void*) (/home/yaphetshl/Desktop/build-Sanitizer-unknown-Debug/Sanitizer+0x4f6122)
    #1 0x4f82b3 in main /home/yaphetshl/Desktop/Sanitizer/main.cpp:12:5
    #2 0x7fd72cdd909a in __libc_start_main (/lib/x86_64-linux-gnu/libc.so.6+0x2409a)

previously allocated by thread T0 here:
    #0 0x4f54f2 in operator new[](unsigned long) (/home/yaphetshl/Desktop/build-Sanitizer-unknown-Debug/Sanitizer+0x4f54f2)
    #1 0x4f8294 in main /home/yaphetshl/Desktop/Sanitizer/main.cpp:11:19
    #2 0x7fd72cdd909a in __libc_start_main (/lib/x86_64-linux-gnu/libc.so.6+0x2409a)

SUMMARY: AddressSanitizer: heap-use-after-free (/home/yaphetshl/Desktop/build-Sanitizer-unknown-Debug/Sanitizer+0x44403d) in printf_common(void*, char const*, __va_list_tag*)
```

图 9-38 运行结果

（2）detected memory leaks（内存泄漏）指申请内存后未释放，代码如下：

```
1. int main(int argc, char *argv[]) {
2.     char *array = new char[5];
3.     return 0;
4. }
```

运行结果如图 9-39 所示。错误类型是 detected memory leaks，array 对象在程序退出时未释放，有 5 字节被泄漏。

```
=================================================================
==30130==ERROR: LeakSanitizer: detected memory leaks

Direct leak of 5 byte(s) in 1 object(s) allocated from:
    #0 0x4f54f2 in operator new[](unsigned long) (/home/yaphetshl/Desktop/build-Sanitizer-unknown-Debug/Sanitizer+0x4f54f2)
    #1 0x4f8294 in main /home/yaphetshl/Desktop/github/Sanitizer/main.cpp:11:19
    #2 0x7ff17a89409a in __libc_start_main (/lib/x86_64-linux-gnu/libc.so.6+0x2409a)

SUMMARY: AddressSanitizer: 5 byte(s) leaked in 1 allocation(s).
```

图 9-39 检测内存泄漏

（3）heap-buffer-overflow 指堆缓冲区溢出，代码如下：

```
1. int main(int argc, char *argv[]) {
2.     char *ret = new char[4];
3.     qDebug() << ret[9];
4.     return 0;
5. }
```

运行结果如图 9-40 所示。错误类型是 heap-buffer-overflow，发生的位置是 main.cpp:13:17。

```
=================================================================
==15516==ERROR: AddressSanitizer: heap-buffer-overflow on address 0x602000000219 at pc 0x0000004f8452 bp 0x7fffe0370550 sp 0x7fffe0370548
READ of size 1 at 0x602000000219 thread T0
    #0 0x4f8451 in main /home/yaphetshl/Desktop/Sanitizer/main.cpp:13:17
    #1 0x7f22a98ba09a in __libc_start_main (/lib/x86_64-linux-gnu/libc.so.6+0x2409a)
    #2 0x41e319 in _start (/home/yaphetshl/Desktop/build-Sanitizer-unknown-Debug/Sanitizer+0x41e319)

0x602000000219 is located 5 bytes to the right of 4-byte region [0x602000000210,0x602000000214)
allocated by thread T0 here:
    #0 0x4f5532 in operator new[](unsigned long) (/home/yaphetshl/Desktop/build-Sanitizer-unknown-Debug/Sanitizer+0x4f5532)
    #1 0x4f83c3 in main /home/yaphetshl/Desktop/Sanitizer/main.cpp:11:17
    #2 0x7f22a98ba09a in __libc_start_main (/lib/x86_64-linux-gnu/libc.so.6+0x2409a)

SUMMARY: AddressSanitizer: heap-buffer-overflow /home/yaphetshl/Desktop/Sanitizer/main.cpp:13:17 in main
```

图 9-40 缓冲区溢出

9.6.2.2 MemorySanitizer 工具

MemorySanitizer（简称 MSan）是 C/C++ 程序中未初始化内存读取的检测器。当堆栈或堆分配的内存在写入之前被读取时，会出现未初始化的值。MSan 检测这样的值影响程序运行的情况。它跟踪位字段中未初始化的位。它将允许复制未初始化的内存，以及简单的逻辑和算术运算。通常，MSan 会静默地跟踪内存中未初始化数据的传播，并根据未初始化的值在运行（或未运行）代码分支时报告警告信息。

下面为使用方法和运行例子。

- -fsanitize=memory -fPIE - pie：编译和链接程序。
- -fno-omit-frame-pointer：编译检测到内存错误时输出函数调用栈。

如果是 CMake 环境配置，在 CMakeLists.txt 中添加：

```
cmake_minimum_required(VERSION 3.7)
project(Sanitizer)
set(CMAKE_CXX_FLAGS "-g -fsanitize=memory -fPIE -pie -fno-omit-frame-pointer")
add_executable(${PROJECT_NAME} "main.cpp")
```

如果是 qmake 环境配置，在 .pro 文件中添加：

```
QMAKE_CXXFLAGS+="-g -fsanitize=memory -fPIE -pie -fno-omit-frame-pointer"
```

示例代码如下：

```
1. int main(int argc, char *argv[]) {
2.     char *a = new char[10];
3.     a[5] = '2';
4.     if (a[0] == '2')
5.         printf("saniter\n");
6.     return 0;
7. }
```

运行结果如图 9-41 所示。错误类型为 use-of-uninitialized-value，表示使用未初始化的值，产生原因是变量申请内存后未赋初始化值，发生的位置为 main.cpp:13:9。

```
==21172==WARNING: MemorySanitizer: use-of-uninitialized-value
    #0 0x555b990cc044 in main /home/yaphetshl/Desktop/Sanitizer/main.cpp:13:9
    #1 0x7f2e82c8a09a in __libc_start_main (/lib/x86_64-linux-gnu/libc.so.6+0x2409a)
    #2 0x555b99053279 in _start (/home/yaphetshl/Desktop/build-Sanitizer-unknown-Debug/Sanitizer+0x20279)

SUMMARY: MemorySanitizer: use-of-uninitialized-value /home/yaphetshl/Desktop/Sanitizer/main.cpp:13:9 in main
```

图 9-41　MSan 内存检测结果

9.6.2.3 ThreadSanitizer 工具

ThreadSanitizer（简称 TSan）是一种检测数据争用（data race）的工具。它由编译器指令插入模块和运行时库组成。TSan 会使代码运行效率降低为原来的 1/20~1/2，内存使用率增加 5 ~ 10 倍。

下面为使用方法和运行例子。

- -fsanitize=thread：编译和链接程序。
- -fno-omit-frame-pointer：编译检测到内存错误时输出函数调用栈。

如果是 CMake 环境配置，在 CMakeLists.txt 中添加：

```
cmake_minimum_required(VERSION 3.7)
project(Sanitizer)
set(CMAKE_CXX_FLAGS "-g -fsanitize=thread -fno-omit-frame-pointer")
add_executable(${PROJECT_NAME} "main.cpp")
```

如果是 qmake 环境配置，在 .pro 文件中添加：

```
QMAKE_CXXFLAGS+="-g -fsanitize=thread -fno-omit-frame-pointer"
```

示例代码如下：

```
1. int Global = 0;
2. void *Thread1(void *x) {
3.   Global++;
4.   return NULL;
5. }
6. void *Thread2(void *x) {
7.   Global--;
8.   return NULL;
9. }
10. int main() {
11.   pthread_t t[2];
12.   pthread_create(&t[0], NULL, Thread1, NULL);
13.   pthread_create(&t[1], NULL, Thread2, NULL);
14.   pthread_join(t[0], NULL);
15.   pthread_join(t[1], NULL);
16. }
```

运行结果如图 9-42 所示。错误类型为 data race，产生原因是两个线程同时修改全局变量 Global 的值，导致数据发生争用，线程 thread T2 发生的位置为 main.cpp:18:9，线程 thread T1 发生的位置为 main.cpp:13:9。

```
==================
WARNING: ThreadSanitizer: data race (pid=21615)
  Write of size 4 at 0x000000f8f608 by thread T2:
    #0 Thread2(void*) /home/yaphetshl/Desktop/Sanitizer/main.cpp:18:9 (Sanitizer+0x4b0b16)

  Previous write of size 4 at 0x000000f8f608 by thread T1:
    #0 Thread1(void*) /home/yaphetshl/Desktop/Sanitizer/main.cpp:13:9 (Sanitizer+0x4b0ab6)

  Location is global 'Global' of size 4 at 0x000000f8f608 (Sanitizer+0x000000f8f608)

  Thread T2 (tid=21618, running) created by main thread at:
    #0 pthread_create <null> (Sanitizer+0x426785)
    #1 main /home/yaphetshl/Desktop/Sanitizer/main.cpp:25:3 (Sanitizer+0x4b0b8e)

  Thread T1 (tid=21617, finished) created by main thread at:
    #0 pthread_create <null> (Sanitizer+0x426785)
    #1 main /home/yaphetshl/Desktop/Sanitizer/main.cpp:24:3 (Sanitizer+0x4b0b73)

SUMMARY: ThreadSanitizer: data race /home/yaphetshl/Desktop/Sanitizer/main.cpp:18:9 in Thread2(void*)
```

图 9-42　TSan 检测结果

9.6.2.4　LeakSanitizer 工具

LeakSanitizer（简称 LSan）是一个运行时内存泄漏检测器。LSan 几乎不增加任何性能开销，直到进程的最后，这时有一个额外的泄漏检测阶段。在独立模式下，可使用 -fsanitize=leak 链接程序。大部分情况下会将 LSan 与 AddressSanitizer 结合使用来检测内存错误和内存泄漏。

9.6.2.5 UndefinedBehaviorSanitizer 工具

UndefinedBehaviorSanitizer（简称 UBSan）是一种快速的未定义行为检测器。UBSan 在编译时修改程序，以捕获程序运行期间的各种未定义行为。例如：使用未对齐指针或空指针；有符号整数溢出；浮点数类型之间的转换，目标溢出。

下面为使用方法和运行例子。

- -fsanitize=undefined：编译和链接程序。
- -fno-omit-frame-pointer：编译检测到内存错误时输出函数调用栈。

如果是 CMake 环境配置，在 CMakeLists.txt 中添加：

```
cmake_minimum_required(VERSION 3.7)
project(Sanitizer)
set(CMAKE_CXX_FLAGS "-g -fsanitize=undefined -fno-omit-frame-pointer")
add_executable(${PROJECT_NAME} "main.cpp")
```

如果是 qmake 环境配置，在 .pro 文件中添加：

```
QMAKE_CXXFLAGS+="-g -fsanitize=undefined -fno-omit-frame-pointer"
```

示例代码如下：

```
int main(int argc, char **argv) {
    int k = 0x7fffffff;
    k += argc;
    return 0;
}
```

运行结果如图 9-43 所示。错误类型是有符号整数溢出（signed integer overflow），2147483647 + 1 会导致超出 int 数据范围。

```
/home/yaphetshl/Desktop/github/Sanitizer/main.cpp:12:5: runtime error: signed integer overflow: 2147483647 + 1 cannot be represented in type 'int'
SUMMARY: UndefinedBehaviorSanitizer: undefined-behavior /home/yaphetshl/Desktop/github/Sanitizer/main.cpp:12:5 in
```

图 9-43 UBSan 检测结果

9.6.2.6 Sanitizers 操作系统兼容性

Sanitizers 适用于 x86、ARM、MIPS（所有体系结构的 32 位和 64 位版本），支持的操作系统有 Linux、Darwin（OS X 和 iOS Simulator）、Android，如表 9-11 所示。

表 9-11 Sanitizers 支持的操作系统

操作系统	x86	x86-64	ARM	ARM64	MIPS	MIPS64
Linux	是	是	是	是	否	否
OS X	是	是	否	否	否	否
iOS Simulator	是	是	否	否	否	否
Android	是	是	是	是	否	否

9.6.2.7 注意事项

为尽可能排除内存泄漏、访问越界、堆栈溢出等错误，可以使用 AddressSanitizer、LSan、UBSan 这 3 种工具同时进行检查。建议在每次提交代码之前，开启此 3 项检查，这样可以排除大部分常见错误。CMake 环境具体配置如下。

```
set(CMAKE_CXX_FLAGS "-fsanitize=undefined,address,leak -fno-omit-frame-pointer")
```

另外需注意以下几点。

（1）由于线程检测工具 TSan 和其他工具组合使用会冲突，建议在新增线程或者线程中可能出现 data race 的情况下使用。例如：出现多线程的线程安全问题，可以用此工具进行检测。

（2）Sanitizers 在 Debug 模式下能够定位到错误代码行数（第三方库还是定位为地址，除非提供源码）。

（3）在正常的项目开发中，会有大量的日志信息输出到应用输出里，这样会加大查找错误信息的难度，因此建议将 Sanitizers 错误信息输出到日志里，代码可以通过添加以下语句来实现。

```
#include <sanitizer/asan_interface.h>
__sanitizer_set_report_path("asan.log");
```

这样在指定的目录中会生成一个 asan.log.pid（进程号）的文件。

（4）可以使用宏开关进行控制，控制在代码编译的时候是否开启内存检查，CMake 环境具体配置如下。

```
set(CMAKE_SANITIZER "${CMAKE_SANITIZER_ARG}")
if(CMAKE_SANITIZER STREQUAL "CMAKE_SANITIZER_ARG_ON")
set(CMAKE_C_FLAGS "${CMAKE_C_FLAGS} -fsanitize=undefined,address,
    leak -fno-omit-frame-pointer")
set(CMAKE_CXX_FLAGS "${CMAKE_CXX_FLAGS} -fsanitize=undefined,address,
    leak -fno-omit-frame-pointer")
endif()
```

编译的时候添加如下参数：

```
cmake -DCMAKE_SANITIZER_ARG="CMAKE_SANITIZER_ARG_ON"
```

- 第 3 篇　发布与部署 -

第10章

包格式

软件的包格式是一种压缩文档格式，其中包含文件以及额外的、可以在软件包中找到的元数据。本章主要介绍 Debian 软件包、RPM 软件包以及依赖处理。

10.1　Debian 软件包

Debian（采用 Linux 内核的操作系统）不只提供一个纯粹的 Linux 操作系统，而且附带了超过 51000 个软件包，这些预先编译好的软件被打包成一种良好的格式。

10.1.1　Debian 软件包概述

包是允许通过包管理系统分发应用或库的文件集合。Debian 软件包（也称 deb 软件包）分为两种：二进制包和源包。

1. 二进制包

二进制包中包含可执行文件、配置文件、手册、信息页、版权信息和其他文档。通常以 .deb 为文件扩展名。.deb 文件使用的文件名格式为：

```
<name>_<VersionNumber>-<DebianRevisonNumber>_<DebianArchitecture>.deb
```

例如：

```
sl_5.02-1_amd64.deb
```

Debian 包的 ar 存档格式由 3 个文件组成。

（1）debian-binary：这是一个文本文件，它指示 .deb 文件包格式版本。在统信 UOS 系统上，它是 2.0 版本。

（2）control.tar.xz：该存档文件包含所有可用的元信息，例如包的名称和版本号，以及在（取消）安装之前、期间或之后运行的一些脚本。一些元信息允许包管理工具确定是否可以安装或卸载它，例如根据机器上已有的包列表，以及发送的文件是否已在本地修改来确定。

（3）data.tar.xz、data.tar.bz2、data.tar.gz：该存档文件包含要从包中提取的所有文件；这是存储可执行文件、库、文档等的地方。包可能会使用不同的压缩格式，例如为 xz、bzip2 或 gzip。

使用 ar 命令来查看包。其中，命令 ar -t 可以显示 .deb 文件中所包含的文件，示例如下，其中 apt download 表示先下载 sl 包。

```
$ apt download sl
$ ar -t sl_5.02-1_amd64.deb
debian-binary
control.tar.xz
data.tar.xz
```

命令 ar -x 可以取出 .deb 文件中包含的文件：

```
$ ar -x sl_5.02-1_amd64.deb
$ ls
control.tar.xz  data.tar.xz  debian-binary  sl_5.02-1_amd64.deb
```

查看从包中取出的文件内容：

```
$ cat debian-binary
2.0
```

```
$ tar xvf data.tar.xz
./
./usr/
./usr/games/
./usr/games/sl
...省略
./usr/share/man/man6/
./usr/share/man/man6/LS.6.gz
./usr/share/man/man6/sl.6.gz
$ tar xvf control.tar.xz
./
./control
./md5sums
```

2. 源包

源包通常由 3 个文件组成：.dsc 文件、.orig.tar.gz 文件和 .debian.tar.xz 文件（或 .diff.gz 文件）。它们允许 .deb 文件从程序的源码文件创建二进制包，这些文件是用编程语言编写的。在统信 UOS 中可以使用 dpkg-source-x ab-c.dsc，加上 ab.orig.tar.gz 和 a_b-c.debian.tar.xz 得到源码目录 a-b。

.dsc 文件使用的文件名格式为：

```
<name>__<VersionNumber>-<DebianRevisonNumber>.dsc
```

示例如下：

```
sl_5.02-1.dsc
```

查看一个 .dsc 文件的内容，先修改源：

```
$ sudo vi /etc/apt/sources.list
```

修改后保存并退出：

```
deb [by-hash=force] https://professional-packages.chinauos.com/desktop-professional eagle main contrib non-free
deb-src [by-hash=force] https://professional-packages.chinauos.com/desktop-professional eagle main contrib non-free
```

更新下载源后，获取 .dsc 文件，再查看该文件，代码如下：

```
$ apt source sl
$ cat sl_5.02-1.dsc
-----BEGIN PGP SIGNED MESSAGE-----
Hash: SHA512

Format: 3.0 (quilt)
Source: sl
```

```
Binary: sl
Architecture: any
Version: 5.02-1
Maintainer: Markus Frosch <lazyfrosch@debian.org>
Uploaders: Hiroyuki Yamamoto <yama1066@gmail.com>
Homepage: https://github.com/mtoyoda/sl
Standards-Version: 4.3.0
Vcs-Browser: https://salsa.debian.org/debian/sl
Vcs-Git: https://salsa.debian.org/debian/sl.git
Build-Depends: debhelper (>= 9), libncurses5-dev
Package-List:
sl deb games optional arch=any
Checksums-Sha1:
8ea1ed978ed6738d6c510eceb329cb43616afb91 5353 sl_5.02.orig.tar.gz
3f3a9abc45e998bfd8755613a59ba2aea519794e 13932 sl_5.02-1.debian.tar.xz
Checksums-Sha256:
1e5996757f879c81f202a18ad8e982195cf51c41727d3fea4af01fdcbbb5563a 5353
      sl_5.02.orig.tar.gz
f25d8583951456d4889e72587856924d341652dcd1725e374a98971a1fdf8b55 13932
      sl_5.02-1.debian.tar.xz
Files:
5d5fe203eb19598821647ba8db5dde6c 5353 sl_5.02.orig.tar.gz
cfb5916b5603e419dd20aeadbbd89b33 13932 sl_5.02-1.debian.tar.xz

-----BEGIN PGP SIGNATURE-----


iQEzBAEBCgAdFiEE51PRnEwqQtexjRSC8mFdmquYe24FAlxVh1IACgkQ8mFdmquY
e27nTAgAgZalgHJRzQrTqVIK5OcdCFaAClwG87WDrX4KCxrvkb+UB6qpXmhWhQ+N
U815eqSsYXiSBPLROYXqv+UkdT1tYxglH2kFhIGcccjE0kvW+Lno5SQl026IE5nf
LMKJ2nlq4t+7N67G3s6mWYJMiZkb1U3AJ2IqUEQxqr946WDJAJ2Y8QGxJWjfgNzm
ax1Inx87v/S9DrRvsawwEd/031erDCjfE7YuMkkrZNwnMHVObUE1SvwO0gBwDXqQ
Z4nTvN6v1S/UXTkPNMGA2OXO6TU9KSJZeppLAVE5EspIGrV2z0pm3+iL4ZoG7DxI
7lioSqCFgHl3+25hPquQnbA7cpzkYg==
=S29n
-----END PGP SIGNATURE-----
```

10.1.2 统信 UOS 系统安装 deb 软件包

10.1.2.1 使用 dpkg 安装 deb 软件包

dpkg 是处理统信 UOS 上 deb 软件包的基本命令。dpkg 可以安装、卸载、配置 deb 软件包，也可以查看 deb 软件包的信息。dpkg 还有其他功能，更加详细的功能说明可以查看 dpkg 的帮助手册。下面介绍一些比较常用的 dpkg 命令。

在安装或者卸载 deb 软件包时，需要有 root 权限才可以进行。命令 dpkg -i PackageName.deb 用于安装一个 deb 软件包，示例如下：

```
# dpkg -i sl_5.02-1_amd64.deb
正在选中未选择的软件包 sl。
(正在读取数据库 ... 系统当前共安装有 274707 个文件和目录。)
准备解压 sl_5.02-1_amd64.deb  ...
正在解压 sl (5.02-1) ...
正在设置 sl (5.02-1) ...
正在处理用于 man-db (2.8.5-2) 的触发器 ...
```

命令 dpkg -r PackageName 用于卸载 deb 软件包（保留配置文件），示例如下：

```
# dpkg -r sl
(正在读取数据库 ... 系统当前共安装有 274729 个文件和目录。)
正在卸载 sl (5.02-1) ...
正在处理用于 man-db (2.8.5-2) 的触发器 ...
```

命令 dpkg --unpack PackageName.deb 用于解压 deb 软件包的内容，示例如下：

```
# dpkg --unpack sl_5.02-1_amd64.deb
(正在读取数据库 ... 系统当前共安装有 274707 个文件和目录。)
准备解压 sl_5.02-1_amd64.deb  ...
正在解压 sl (5.02-1) ...
正在处理用于 man-db (2.8.5-2) 的触发器 ...
```

命令 dpkg --configure PackageName 用于配置 deb 软件包，示例如下：

```
# dpkg --configure sl
正在设置 sl (5.02-1) ...
```

查询 deb 软件包信息时只需要普通用户权限。

命令 dpkg -l PackageName 用于显示安装 deb 软件包的版本，示例如下：

```
$ dpkg -l sl
期望状态=未知(u)/安装(i)/删除(r)/清除(p)/保持(h)
| 状态=未安装(n)/已安装(i)/仅存配置(c)/仅解压缩(U)/配置失败(F)/不完全安装(H)/
触发器等待(W)/触发器未决(T)
|/ 错误?=(无)/须重装(R) (状态，错误：大写=故障)
||/ 名称            版本           体系结构        描述
+++-==============-===========================-
============================== =========
ii  sl              5.02-
1       amd64          Correct you if you type 'sl' by mistake
```

命令 dpkg -L PackageName 用于显示 deb 软件包在系统中安装了哪些文件，示例如下：

```
$ dpkg -L sl
/.
/usr
```

```
/usr/games
/usr/games/sl
...
/usr/share/man/man6
/usr/share/man/man6/LS.6.gz
/usr/share/man/man6/sl.6.gz
```

命令 dpkg -c PackageName.deb 用于显示 deb 软件包里面的内容，示例如下：

```
$ dpkg -c sl_5.02-1_amd64.deb
drwxr-xr-x root/root         0 2019-02-02 19:57 ./
drwxr-xr-x root/root         0 2019-02-02 19:57 ./usr/
drwxr-xr-x root/root         0 2019-02-02 19:57 ./usr/games/
-rwxr-xr-x root/root     26568 2019-02-02 19:57 ./usr/games/sl
...
drwxr-xr-x root/root         0 2019-02-02 19:57 ./usr/share/man/man6/
-rw-r--r-- root/root       511 2019-02-02 19:57 ./usr/share/man/man6/LS.6.gz
-rw-r--r-- root/root       523 2019-02-02 19:57 ./usr/share/man/man6/sl.6.gz
```

命令 dpkg -S FileName 用于根据文件寻找 deb 软件包，示例如下：

```
$ dpkg -S /usr/games/sl
sl: /usr/games/sl
```

命令 dpkg -s PackageName 用于显示已经安装 deb 软件包的详细信息，示例如下：

```
$ dpkg -s sl
Package: sl
Status: install ok installed
Priority: optional
Section: games
Installed-Size: 59
Maintainer: Markus Frosch <lazyfrosch@debian.org>
Architecture: amd64
Version: 5.02-1
Depends: libc6 (>= 2.2.5), libncurses6 (>= 6), libtinfo6 (>= 6)
Description: Correct you if you type 'sl' by mistake
 Sl is a program that can display animations aimed to correct you
 if you type 'sl' by mistake.
 SL stands for Steam Locomotive.
Homepage: https://github.com/mtoyoda/sl
```

10.1.2.2 使用 APT 安装 deb 软件包

1. APT 概述

dpkg 只会安装或者分析当前安装的 deb 软件包，dpkg 也只知道当前系统安装了哪些 deb 软件包。

当这个 deb 软件包出现依赖不满足的情况时，dpkg 不会自动下载并安装缺少的依赖包，最后就会导致 deb 软件包安装失败。因此需要使用 APT(Advanced Packaging Tool)来处理 deb 软件包的依赖关系。APT 是 Linux 下一款强大的包管理工具，它可以自动下载、安装、卸载、查询、配置 deb 软件包，简化了 UNIX 系统上管理软件的过程，很多 Linux 发行版都使用了 APT，例如 Debian、Ubuntu、深度操作系统等。

2. APT 软件源

APT 之所以可以自动下载、安装 deb 软件包以及依赖包，是因为软件源的仓库中存在大量软件包，在统信 UOS 系统上，软件源文件是 /etc/apt/sources.list，apt 会查看该文件并获取 deb 软件包源列表以及源码包列表。查看统信 UOS 系统上的软件源的命令如下：

```
$ cat /etc/apt/sources.list
## Generated by deepin-installer
deb [by-hash=force] https://professional-packages.chinauos.com/desktop-
professional eagle main contrib non-free
#deb-src [by-hash=force] https://professional-packages.chinauos.com/
desktop-professional eagle main contrib non-free
```

下面对软件源的一些字段做解释。

- deb：存档包含二进制包（.deb），即安装的 deb 软件包。
- deb-src：源包，即 .dsc、.orig.tar.gz 和 .debian.tar.xz（或 .diff.gz）文件。
- eagle：统信 UOS 的发行代号，例如 Debian 的发行代号 buster。
- main：遵循 DFSG（Debian 自由软件指导方针）的所有自由软件。
- contrib：遵循 DFSG，但如果没有一些非自由元素就无法运行，这些元素可能是非自由的文件也可能是非自由的软件包。
- non-free：各种不遵循 DFSG 的非自由软件。

APT 除了会读取 /etc/apt/sources.list 文件中的源，还会读取 /etc/apt/sources.list.d 目录下的所有 *.list 文件中的源，因此可以在这个目录下添加自己需要的源。在统信 UOS 系统上添加 Debian buster 的源命令如下：

```
$ sudo vi /etc/apt/sources.list.d/debian-buster.list
$ cat /etc/apt/sources.list.d/debian-buster.list
deb http://mirrors.163.com/debian/ buster main contrib non-free
```

3. APT 管理软件包

APT 是一个十分强大的包管理工具，下面介绍一些在统信 UOS 系统上常用的命令，更加详细的功能可以查看 APT 的帮助手册。

- 更新软件包列表

当开始使用 APT 时，需要通过软件源更新包列表，请在 root 权限下执行如下命令：

```
# apt update
```

- 安装软件包

安装 deb 软件包以及依赖包，请在 root 权限下执行命令，其中安装 deb 软件包的命令如下：

```
# apt install PackageName1 PackageName2 ..
```

示例如下:

```
# apt install apache2
```

重新安装已经安装的 deb 软件包的命令为:

```
# apt reinstall PackageName1 PackageName2 ...
```

示例如下:

```
# apt reinstall apache2
```

- 卸载软件包

卸载 deb 软件包以及依赖包，请在 root 权限下执行命令，其中删除 deb 软件包以及依赖包，但保留配置文件的命令如下:

```
# apt remove PackageName1 PackageName2 ...
```

示例如下:

```
# apt remove apache2
```

删除 deb 软件包以及依赖包，同时删除配置文件，命令如下:

```
# apt purge PackageName1 PackageName2 ...
```

示例如下:

```
# apt purge apache2
```

自动识别系统上不再需要的 deb 软件包，然后进行删除，命令如下:

```
# apt autoremove
```

- 升级软件包

如果需要更新当前系统安装的软件包，请在 root 权限下执行以下命令:

```
# apt upgrade
```

- 查询软件包

查看当前系统需要升级的包（在执行 apt update 后），请在普通用户权限下执行以下命令:

```
$ apt list --upgradable
```

查看当前系统以及安装的 deb 软件包，使用如下命令:

```
$ apt list
```

根据 deb 软件包名称或者缩写内容搜索需要的 deb 软件包，使用如下命令:

```
$ apt search PackageName
```

示例如下：

```
$ apt search deepin-music
deepin-music/未知,now 6.0.2-1 amd64 [已安装]
  Music software for UOS

deepin-music-dbgsym/未知 6.0.2-1 amd64
  debug symbols for deepin-music
```

查看 deb 软件包的版本、安装状态以及来源，使用如下命令：

```
$ apt policy PackageName
```

示例如下：

```
$ apt policy deepin-music
deepin-music:
  已安装：6.0.2-1
  候选：6.0.2-1
  版本列表：
*** 6.0.2-1 500
      500 https://professional-packages.chinauos.com/desktop-
professional eagle/main amd64 Packages
      100 /usr/lib/dpkg-db/status
    6.0.0.11-1 500
      500 https://professional-store-packages.chinauos.com/appstore eagle/
appstore amd64 Packages
```

查看 deb 软件包的依赖，使用如下命令：

```
$ apt depends PackageName
```

示例如下：

```
$ apt depends sl
sl
  依赖 : libc6 (>= 2.2.5)
  依赖 : libncurses6 (>= 6)
  依赖 : libtinfo6 (>= 6)
```

查看 deb 软件包的反向依赖，使用如下命令：

```
$ apt rdepends PackageName
```

示例如下：

```
$ apt rdepends dde-desktop
dde-desktop
```

```
Reverse Depends:
  依赖 : dde-desktop-dbgsym (= 5.2.11-1)
  依赖 : dde
```

查看 deb 软件包的详细信息，使用如下命令：

```
$ apt show PackageName
```

示例如下：

```
$ apt show sl
```

查看 deb 软件源码包信息，使用如下命令：

```
$ apt showsrc sl
```

示例如下：

```
$ apt showsrc sl
```

下载 deb 软件包，使用如下命令：

```
$ apt download PackageName
```

示例如下：

```
$ apt download sl
```

当然 apt 命令还有以下使用方式，具体内容读者可以自己实践。

```
$ apt -h
$ apt moo
$ aptitude moo
$ aptitude -v moo
$ aptitude -vv moo
$ aptitude -vvv moo
$ aptitude -vvvv moo
$ aptitude -vvvvv moo
$ aptitude -vvvvvvv moo
```

10.1.3　构建 deb 软件包

介绍完如何使用 deb 软件包之后，来了解如何在统信 UOS 系统上编译、构建 deb 软件包。

10.1.3.1　环境准备

在打包前，在 root 权限下先安装一些必要的 deb 打包程序：

```
# apt install devscripts dh-make build-essential debhelper quilt
```

添加下面的内容到 ~ /.bashrc 文件中：

```
DEBEMAIL="your.email.address@example.org"
DEBFULLNAME="Firstname Lastname"
export DEBEMAIL DEBFULLNAME
```

示例如下：

```
$ cat >>~/.bashrc <<EOF
DEBEMAIL="uos@uniontech.com"
DEBFULLNAME="uos"
export DEBEMAIL DEBFULLNAME
EOF
$ source~/.bashrc
```

10.1.3.2 通过源包构建 deb 软件包

前面讲解了源包的内容，现在介绍在普通用户权限下通过源包直接构建 deb 软件包。下面来看一个例子，首先修改源。

```
$ sudo vi /etc/apt/sources.list
```

修改代码如下，然后保存并退出。

```
deb [by-hash=force] https://professional-packages.chinauos.com/desktop-
professional eagle main contrib non-free
deb-src [by-hash=force] https://professional-packages.chinauos.com/desktop-
professional eagle main contrib non-free
```

获取 wget 的源包。

```
$ apt source wget
$ ls
wget-1.20.1.3  wget_1.20.1.3-1+eagle.debian.tar.xz  wget_1.20.1.3-1+eagle.
dsc wget_1.20.1.3.orig.tar.xz
```

进入源码目录准备开始编译。

```
$ cd wget-1.20.1.3
```

安装 wget 源码的编译依赖。

```
$ sudo apt build-dep
```

通过源码构建 deb 软件包。

```
$ dpkg-buildpackage -us -uc
```

返回上一级目录查看编译出来的 deb 软件包。

```
$ cd ../
$ ls -l
```

```
drwxr-xr-x 17 uos uos    4096 7月  7 19:50 wget-1.20.1.3
-rw-r--r--  1 uos uos    6729 7月  7 19:51 wget_1.20.1.3-1+eagle_amd64.buildinfo
-rw-r--r--  1 uos uos    2437 7月  7 19:51 wget_1.20.1.3-1+eagle_amd64.changes
-rw-r--r--  1 uos uos  895524 7月  7 19:51 wget_1.20.1.3-1+eagle_amd64.deb
-rw-r--r--  1 uos uos   62652 7月  7 19:50 wget_1.20.1.3-1+eagle.debian.tar.xz
-rw-r--r--  1 uos uos    1086 7月  7 19:50 wget_1.20.1.3-1+eagle.dsc
-rw-r--r--  1 uos uos 2253612 3月 18 15:49 wget_1.20.1.3.orig.tar.xz
-rw-r--r--  1 uos uos  557380 7月  7 19:51 wget-dbgsym_1.20.1.3-1+eagle_amd64.deb
-rw-r--r--  1 uos uos  142444 7月  7 19:51 wget-udeb_1.20.1.3-1+eagle_amd64.udeb
```

下面对 ls 命令中的文件进行解释。

- wget_1.20.1.3.orig.tar.xz：原始的源码 tarball（tar 包），它的内容与上游 tarball 的相同，仅被重命名以符合 Debian 的标准。
- wget_1.20.1.3-1+eagle.dsc：Debian 源码包的元数据文件，从 debian/control 文件生成的源码概要，可被 dpkg-source 程序解包。
- wget_1.20.1.3-1+eagle.debian.tar.xz：压缩的 tar 归档包含 debian 目录内容。其他对于源码的修改都由 quilt 补丁存储于 debian/patches 中。

这 3 个文件就是源包，使用 dpkg-source -x wget_1.20.1.3-1+eagle.dsc 就会得到构建的源码目录 wget-1.20.1.3。

- wget_1.20.1.3-1+eagle_amd64.changes：描述了当前修订版本软件包中的全部变更，它被 Debian FTP 仓库维护程序用于安装二进制包和源码包。它是从 changelog 和 .dsc 文件生成的。
- wget_1.20.1.3-1+eagle_amd64.buildinfo：dpkg-genbuildinfo 生成的元数据文件。元数据文件记录了源包构建 deb 软件包的信息。
- wget_1.20.1.3-1+eagle_amd64.deb、wget-udeb_1.20.1.3-1+eagle_amd64.udeb：构建出来的 deb 软件包，可以使用 dpkg 或 APT 来安装。
- wget-dbgsym_1.20.1.3-1+eagle_amd64.deb：这种带 dbgsym 的包是 Debian 的调试符号二进制软件包。

10.1.3.3 通过上游源码构建 deb 软件包

创建 Debian 控制文件可以使用 dh_make 的 --createorig 标志创建原始上游压缩包。同时 dh_make 还能生成其他用于构建 deb 软件包所需的控制文件，下面介绍具体过程。

1. 生成 Debian 格式的源码 tarball

首先生成 Debian 格式的 tarball 源码，具体命令如下：

```
$ mkdir -pv work/hello-uos-1.0/src
$ cat work/hello-uos-1.0/src/hello-uos.c
#include <stdio.h>
int main()
{
        printf("Hello, UOS!\n");
```

```
        return 0;
}

$ cat  work/hello-uos-1.0/Makefile
prefix = /usr

all: src/hello-uos

src/hello-uos: src/hello-uos.c
$(CC) $(CPPFLAGS) $(CFLAGS) $(LDFLAGS) -o $@ $^

install: src/hello-uos
install -D src/hello-uos \
                $(DESTDIR)$(prefix)/bin/hello-uos

clean:
-rm -f src/hello-uos

distclean: clean

uninstall:
-rm -f $(DESTDIR)$(prefix)/bin/hello-uos

.PHONY: all install clean distclean uninstall

$ cd work/hello-uos-1.0/
$ tree
.
├── Makefile
└── src
    └── hello-uos.c

1 directory, 2 files
```

使用 dh_make 生成 Debian 格式的上游源码 tarball 以及 debian 目录。

```
$ dh_make --createorig -s
Maintainer Name     : unknown
Email-Address       : uos@uos-PC
Date                : Wed, 07 Jul 2021 21:03:03 +0800
Package Name        : hello-uos
Version             : 1.0
License             : blank
Package Type        : single
Are the details correct? [Y/n/q]
Done. Please edit the files in the debian/ subdirectory now.
```

查看 debian 目录。

```
$ ls -l debian/
-rw-r--r-- 1 uos uos   177 7月   7 21:03 changelog
-rw-r--r-- 1 uos uos     3 7月   7 21:03 compat
-rw-r--r-- 1 uos uos   486 7月   7 21:03 control
-rw-r--r-- 1 uos uos  1670 7月   7 21:03 copyright
-rw-r--r-- 1 uos uos   137 7月   7 21:03 hello-uos.cron.d.ex
-rw-r--r-- 1 uos uos   537 7月   7 21:03 hello-uos.doc-base.EX
-rw-r--r-- 1 uos uos    28 7月   7 21:03 hello-uos-docs.docs
-rw-r--r-- 1 uos uos  1628 7月   7 21:03 manpage.1.ex
-rw-r--r-- 1 uos uos  4642 7月   7 21:03 manpage.sgml.ex
-rw-r--r-- 1 uos uos 11003 7月   7 21:03 manpage.xml.ex
-rw-r--r-- 1 uos uos   132 7月   7 21:03 menu.ex
-rw-r--r-- 1 uos uos   960 7月   7 21:03 postinst.ex
-rw-r--r-- 1 uos uos   933 7月   7 21:03 postrm.ex
-rw-r--r-- 1 uos uos   693 7月   7 21:03 preinst.ex
-rw-r--r-- 1 uos uos   880 7月   7 21:03 prerm.ex
-rw-r--r-- 1 uos uos   169 7月   7 21:03 README.Debian
-rw-r--r-- 1 uos uos   254 7月   7 21:03 README.source
-rwxr-xr-x 1 uos uos   677 7月   7 21:03 rules
drwxr-xr-x 2 uos uos  4096 7月   7 21:03 source
-rw-r--r-- 1 uos uos  1167 7月   7 21:03 watch.ex
```

返回上级目录查看 Debian 格式的源码 tarball。

```
$ cd ../
$ ls
hello-uos-1.0  hello-uos_1.0.orig.tar.xz
```

2. debian 目录介绍

（1）control：这个文件包含了源码包的元信息数据和二进制软件包的元信息数据。代码如下：

```
$ cat debian/control
 1 Source: hello-uos
 2 Section: unknown
 3 Priority: optional
 4 Maintainer: unknown <uos@uos-PC>
 5 Build-Depends: debhelper (>= 11)
 6 Standards-Version: 4.1.3
 7 Homepage: <insert the upstream URL, if relevant>
 8 #Vcs-Browser: https://salsa.debian.org/debian/hello-uos
 9 #Vcs-Git: https://salsa.debian.org/debian/hello-uos.git
10
11 Package: hello-uos
12 Architecture: any
13 Depends: ${shlibs:Depends}, ${misc:Depends}
14 Description: <insert up to 60 chars description>
15 <insert long description, indented with spaces>
```

注意：这里的行号是作者添加的。

第 1~9 行为源码包的控制信息，第 11~15 行为二进制软件包的控制信息，按行解释如下。

- 第 1 行（Source）：源码包的名称。
- 第 2 行（Section）：源码包的用途类别。例如，admin 为供系统管理员使用的程序，devel 为开发工具，doc 为文档，libs 为库，mail 为电子邮件阅读器或邮件系统守护程序，net 为网络应用或网络服务守护进程。
- 第 3 行（Priority）：用户安装此软件包的优先级，optional 优先级适用于与优先级为 required、important 或 standard 的软件包不冲突的新软件包，安装软件包的优先级如表 10-1 所示。

表 10-1 安装软件包的优先级

优先级	说明
required	系统正常运行所必需的包。删除一个 required 包可能会导致系统完全损坏
important	重要的程序，包括那些可以在任何类 UNIX 系统上找到的程序
standard	提供了一个相当小但不受限制的字符模式系统的软件包。如果用户不选择其他内容，这将是默认安装的内容。不包括许多大型应用
optional	这是大多数存档的默认优先级。除非一个软件包默认安装在标准 Debian 系统上，否则它的优先级应该是 optional

- 第 4 行（Maintainer）：包括维护者的姓名和电子邮箱地址。
- 第 5 行（Build-Depends）：编译依赖，Build-Depends 项列出了编译需要的软件包。
- 第 6 行（Standards-Version）：Debian Policy Manual 标准版本号。
- 第 7 行（Homepage）：放置上游项目首页的 URL。
- 第 8 ~ 9 行（Vcs-Browser、Vcs-Git）：在 Debian 代码仓库的地址（可不写）。
- 第 11 行（Package）：二进制软件包的名称。通常情况下与源码包相同，但不是必须如此。
- 第 12 行（Architecture）：二进制软件包的体系结构，这个值常常是表 10-2 中的一个。

表 10-2 二进制软件包的体系结构

结构	说明
any	一般包含编译型语言编写的程序生成的二进制软件包，依赖于具体的体系结构
all	一般包含文本、图像或解释型语言生成的二进制软件包，独立于体系结构

- 第 13 行（Depends）：安装依赖，此软件包仅当它依赖的软件包均已安装后才可以安装，如表 10-3 所示。

表 10-3 软件包安装依赖

依赖	说明
${shlibs:Depends}	dh_shlibdeps 会为二进制软件包计算共享库依赖关系。它会为每个二进制软件包生成一份 ELF（Executable and Linkable Format，可执行与可链接格式）文件和共享库列表。这个列表用于替换 ${shlibs:Depends}
${misc:Depends}	一些 debhelper 命令可能会使生成的软件包需要依赖于某些其他的软件包。这些命令将会为每一个二进制软件包生成一个列表。这些列表将用于替换 ${misc:Depends}

- 第 14 行（Description）：对 deb 软件包的简述。绝大多数人使用的屏幕是 80 列宽，所以描述不应超过 60 个字符。
- 第 15 行：长描述开始的地方。这应当是一段更详细地描述软件包的内容。每行的第一个格应当留空。描述中不应存在空行，如果必须使用空行，则在行中仅放置一个“.”（半角句号）来近似处理。同时，长描述后也不应有超过一行的空白内容。

现在重新修改 control 文件并输出：

```
$ cat debian/control
Source: hello-uos
Section: games
Priority: optional
Maintainer: uos <uos@uniontech.com>
Build-Depends: debhelper (>= 11)
Standards-Version: 4.1.3
Homepage: https://www.uniontech.com/

Package: hello-uos
Architecture: any
Depends: ${shlibs:Depends}, ${misc:Depends}
Description: my first deb
 This package will print hello uos.
 .
 This my first deb package.
```

（2）changelog：这是一个必要的文件，文件记录了 Debian 软件包的历史信息并在其第一行定义了上游软件包的版本和 Debian 修订版本。所有改变的内容应当以明确、正式而简明的语言风格进行记录。输出如下：

```
$ cat debian/changelog
1 hello-uos (1.0-1) unstable; urgency=medium
2
3 * Initial release (Closes: #nnnn)  <nnnn is the bug number of your ITP>
4
5 -- uos <uos@uniontech.com>  Wed, 07 Jul 2021 21:03:03 +0800
```

注意：这里的行号是作者添加的。

- 第 1 行：从左到右为软件包名、版本号、发行版和紧急程度。软件包名必须与实际的源码包名相同，发行版应该是 unstable。除非有特殊原因，否则紧急程度默认设置为 medium（中等）。
- 第 3 行：记录了本次打包修改的内容。
- 第 5 行：从左到右为打包的维护者，维护者的电子邮箱地址，打包的日期。

现在重新修改 changlog 文件并输出：

```
$ cat debian/changelog
hello-uos (1.0-1) unstable; urgency=medium
```

```
  * This is my first deb package.

 -- uos <uos@uniontech.com>  Wed, 07 Jul 2021 21:03:03 +0800
```

（3）rules：这个文件事实上是另一个 Makefile，但不同于上游源码中的。和 debian 目录中的其他文件不同，这个文件被标记为可执行。代码如下：

```
$ cat debian/rules
 1 #!/usr/bin/make -f
 2 # See debhelper(7) (uncomment to enable)
 3 # output every command that modifies files on the build system.
 4 #export DH_VERBOSE = 1
 5 # see FEATURE AREAS in dpkg-buildflags(1)
 6 #export DEB_BUILD_MAINT_OPTIONS = hardening=+all
 7 # see ENVIRONMENT in dpkg-buildflags(1)
 8 # package maintainers to append CFLAGS
 9 #export DEB_CFLAGS_MAINT_APPEND  = -Wall -pedantic
10 # package maintainers to append LDFLAGS
11 #export DEB_LDFLAGS_MAINT_APPEND = -Wl,--as-needed
12
13
14 %:
15    dh $@
16
17
18  # dh_make generated override targets
19  # This is example for Cmake
20  #override_dh_auto_configure:
21  # dh_auto_configure -- #    -DCMAKE_LIBRARY_PATH=$(DEB_HOST_MULTIARCH)
```

注意：这里的行号是作者添加的。

- 第 1 行：这个文件应使用 /usr/bin/make 处理。
- 第 2~4 行：设置 export DH_VERBOSE = 1 会输出构建系统中每一条会修改文件内容的命令。它同时会在某些构建系统中启用详细输出构建日志的选项。
- 第 5~11 行：设置各个编译参数（如 CFLAGS、CXXFLAGS、FFLAGS、CPPFLAGS 和 LDFLAGS）。
- 第 14~15 行：这里的 dh 命令是作为一个序列化工具，在合适的时候调用所有所需的 dh_* 命令。具体的 dh 命令及其说明可以查看 debhelper 的 man 手册页以及文档，表 10-4 中展示常用的几个。

表 10-4 dh 常用命令及其说明

命令	说明
dh_auto_clean	通常在 Makefile 存在且有 distclean 的 target 时执行 make distclean
dh_auto_configure	在 ./configure 存在时通常执行 ./configure --prefix=/usr --sysconfdir=/etc --localstatedir=/var ...
dh_auto_build	通常执行 Makefile 中的第一个 target，例如 make
dh_auto_test	通常在 Makefile 存在且有 test 的 target 时执行 make test
dh_auto_install	通常在 Makefile 存在且有 install 的 target 时执行 make install DESTDIR=/path/to/package_version-revision/debian/package

- 第 18 ~ 21 行：添加合适的 override_dh_* 目标（target）并编写对应的规则，可以实现对 debian/rules 脚本的灵活定制。

这个例子中的源码只有一个 Makefile，所以修改 debian/rules：

```
$ cat debian/rules
#!/usr/bin/make -f
#export DH_VERBOSE = 1

%:
	dh $@
```

（4）copyright：这个文件包含上游软件的版权以及许可证信息，对于常见的自由软件许可证，如 GNU GPL-2、GNU GPL-3、LGPL-2、LGPL-2.1、LGPL-3、Apache-2.0、CC0-1.0、MPL-2.0 许可证，你可以直接将其指向所有统信 UOS 系统都有的 /usr/share/common-licenses/ 目录下的文件。否则，许可证则必须包含完整的许可证文本。修改后的 copyright 文件如下：

```
$ cat debian/copyright
Format: https://www.debian.org/doc/packaging-manuals/copyright-format/1.0/
Upstream-Name: hello-uos
Source: https://www.uniontech.com/

Files: *
Copyright: 2021 uos <uos@uniontech.com>
License: GPL-2+

Files: debian/*
Copyright: 2021 uos <uos@uniontech.com>
License: GPL-2+

License: GPL-2+
 This package is free software; you can redistribute it and/or modify
 it under the terms of the GNU General Public License as published by
 the Free Software Foundation; either version 2 of the License, or
 (at your option) any later version.
 .
 This package is distributed in the hope that it will be useful,
```

```
but WITHOUT ANY WARRANTY; without even the implied warranty of
MERCHANTABILITY or FITNESS FOR A PARTICULAR PURPOSE.  See the
GNU General Public License for more details.
.
You should have received a copy of the GNU General Public License
along with this program. If not, see <https://www.gnu.org/licenses/>
.
On Debian systems, the complete text of the GNU General
Public License version 2 can be found in "/usr/share/common-licenses/GPL-2".
```

（5）debian 目录下的其他文件。

- README.Debian：记录了 Debian 版本与原始版本间的差异，如果没有需要写的可以删除。
- README.source：记录了源包改变的信息，如果没有需要写的可以删除。
- compat：文件定义了 debhelper 的兼容级别。
- hello-uos.cron.d.ex：如果软件包需要有计划进行的操作以保证正常工作，可以使用这个文件来达成。如果没有需求，可以删除该文件。
- hello-uos.doc-base.EX：如果软件包在 man 手册页和 info 信息文档外还有其他文档，你应该使用该文件注册它们。如果没有，可以删除该文件。
- hello-uos-docs.docs：指定了使用 dh_installdocs 安装到临时目录中的文档文件名。如果没有，可以删除该文件。
- manpage.*：如果程序有 man 手册页，则需要自己编写。如果没有可以删除。
- watch.ex：记录获取源码的上游信息，如果没有，可以删除该文件。
- source/format：写明了此源码包的格式，如表 10-5 所示。

表 10-5　源码包的格式

格式	说明
3.0（native）	Debian 本土软件
3.0（quilt）	其他软件

- preinst.ex：deb 软件包解压前运行的脚本，为正在被升级的包停止相关服务，直到升级或安装完成。成功后运行 postinst 脚本。
- postinst.ex: deb 软件包安装完成后运行的脚本。软件包安装或升级完成后，postinst 脚本执行命令，启动或重启相应的服务。
- prerm.ex：卸载 deb 软件包前运行的脚本，停止 deb 软件包的相关进程。
- postrm：卸载 deb 软件包后运行的脚本，修改、删除或者添加文件等。

了解了 debian 目录下的文件后，执行如下代码可进行查看。

```
$ ls -l debian/
-rw-r--r-- 1 uos uos  140 7月   8 14:02 changelog
-rw-r--r-- 1 uos uos    3 7月   7 21:03 compat
-rw-r--r-- 1 uos uos  358 7月   8 14:01 control
-rw-r--r-- 1 uos uos 1055 7月   8 14:14 copyright
-rwxr-xr-x 1 uos uos   54 7月   8 13:58 rules
drwxr-xr-x 2 uos uos 4096 7月   7 21:03 source
```

3. 在统信 UOS 系统中编译构建 deb 软件包

下面介绍 deb 软件包的 3 种构建方法，首先将改好的 work 目录复制出 3 个目录。

```
$ cp -r work/ work-2
$ cp -r work/ work-3
$ cp -r work/ work-4
```

第 1 种构建方法为使用 dpkg-buildpackage，该工具为构建软件包的核心工具。

具体流程如下：

（1）清理源码树（debian/rules clean）；

（2）构建源码包（dpkg-source -b）；

（3）构建程序（debian/rules build）；

（4）制作 .dsc 文件；

（5）用 dpkg-genchanges 命令制作 .changes 文件。

实现以上流程只需要使用下面的命令：

```
$ dpkg-buildpackage -us -uc
```

下面在 work 目录的源码中进行实践操作，具体代码如下：

```
$ cd work/hello-uos-1.0/
$ dpkg-buildpackage -us -uc
dpkg-buildpackage: info: source package hello-uos
dpkg-buildpackage: info: source version 1.0-1
dpkg-buildpackage: info: source distribution unstable
dpkg-buildpackage: info: source changed by uos <uos@uniontech.com>
dpkg-buildpackage: info: host architecture amd64
dpkg-source --before-build .
fakeroot debian/rules clean
dh clean
   dh_auto_clean
      make -j8 distclean
make[1]: 进入目录"/home/uos/src/work/hello-uos-1.0"
rm -f src/hello-uos
make[1]: 离开目录"/home/uos/src/work/hello-uos-1.0"
   dh_clean
 dpkg-source -b .
dpkg-source: info: using source format '3.0 (quilt)'
dpkg-source: info: building hello-uos using existing ./hello-uos_1.0.orig.
tar.xz
dpkg-source: info: building hello-uos in hello-uos_1.0-1.debian.tar.xz
dpkg-source: info: building hello-uos in hello-uos_1.0-1.dsc
 debian/rules build
dh build
   dh_update_autotools_config
```

```
   dh_autoreconf
   dh_auto_configure
   dh_auto_build
      make -j8 "INSTALL=install --strip-program=true"
make[1]: 进入目录 "/home/uos/src/work/hello-uos-1.0"
cc -Wdate-time -D_FORTIFY_SOURCE=2 -g -O2 -fdebug-prefix-map=/home/uos/src/
work/hello-uos-1.0=. -fstack-protector-strong -Wformat -Werror=format-
security -Wl,-z,relro -o src/hello-uos src/hello-uos.c
make[1]: 离开目录 "/home/uos/src/work/hello-uos-1.0"
   dh_auto_test
   create-stamp debian/debhelper-build-stamp
 fakeroot debian/rules binary
dh binary
   dh_testroot
   dh_prep
   dh_auto_install
      make -j8 install DESTDIR=/home/uos/src/work/hello-uos-1.0/debian/
hello-uos AM_UPDATE_INFO_DIR=no "INSTALL=install --strip-program=true"
make[1]: 进入目录 "/home/uos/src/work/hello-uos-1.0"
install -D src/hello-uos \
              /home/uos/src/work/hello-uos-1.0/debian/hello-uos/usr/bin/
hello-uos
make[1]: 离开目录 "/home/uos/src/work/hello-uos-1.0"
   dh_installdocs
   dh_installchangelogs
   dh_perl
   dh_link
   dh_strip_nondeterminism
   dh_compress
   dh_fixperms
   dh_missing
   dh_strip
   dh_makeshlibs
   dh_shlibdeps
   dh_installdeb
   dh_gencontrol
   dh_md5sums
   dh_builddeb
dpkg-deb: 正在 '../hello-uos-dbgsym_1.0-1_amd64.deb' 中构建软件包 'hello-uos-
dbgsym'
dpkg-deb: 正在 '../hello-uos_1.0-1_amd64.deb' 中构建软件包 'hello-uos'
dpkg-genbuildinfo
dpkg-genchanges -sa >../hello-uos_1.0-1_amd64.changes
dpkg-genchanges: info: including full source code in upload
dpkg-source --after-build .
dpkg-buildpackage: info: full upload (original source is included)
```

然后返回上一级目录查看生成的文件，代码如下：

```
$ cd ../
$ ls -l
drwxr-xr-x 4 uos uos 4096 7月   8 15:56 hello-uos-1.0
-rw-r--r-- 1 uos uos 5158 7月   8 15:50 hello-uos_1.0-1_amd64.buildinfo
-rw-r--r-- 1 uos uos 1958 7月   8 15:50 hello-uos_1.0-1_amd64.changes
-rw-r--r-- 1 uos uos 3176 7月   8 15:50 hello-uos_1.0-1_amd64.deb
-rw-r--r-- 1 uos uos 1176 7月   8 15:50 hello-uos_1.0-1.debian.tar.xz
-rw-r--r-- 1 uos uos  796 7月   8 15:50 hello-uos_1.0-1.dsc
-rw-r--r-- 1 uos uos 1508 7月   8 15:49 hello-uos_1.0.orig.tar.xz
-rw-r--r-- 1 uos uos 3776 7月   8 15:50 hello-uos-dbgsym_1.0-1_amd64.deb
```

现在来安装生成的 deb 软件包，然后运行源码中的二进制文件，代码如下：

```
$ sudo dpkg -i hello-uos_1.0-1_amd64.deb
$ hello-uos
Hello, UOS!
```

第 2 种方法为使用 debuild 命令构建，命令原理解释如下：

```
debuild = dpkg-buildpackage + lintian （在干净的环境变量下构建）
```

debuild 命令会执行 lintian 命令，以在 Debian 软件包构建结束之后进行静态检查。lintian 命令需要在 ~/.devscripts 文件中配置。代码如下：

```
$ cat  ~/.devscripts
DEBUILD_DPKG_BUILDPACKAGE_OPTS="-i -I -us -uc"
DEBUILD_LINTIAN_OPTS="-i -I --show-overrides"
```

在 work-2 目录中实践操作：

```
$ cd work-2/hello-uos-1.0/
$ debuild
```

第 3 种方法为使用 pbuilder 软件包进行构建，命令原理解释如下：

```
pbuilder = Debian chroot 环境核心工具
```

对于使用净室（chroot）编译环境来验证编译依赖而言，pbuilder 软件包是非常有用的。它确保了软件包在不同架构上的发行版环境中的自动编译器中能干净地编译。首先需安装 pbuilder，在终端中输入并执行 sudo apt install pbuilder 命令，在终端出现的方框中填写源 http://mirrors.ustc.edu.cn/deepin/。下面以 deepin 社区版的软件源为例，来编译 work-3 目录中的 hello-uos。首先配置 pbuilder 的环境：

```
$ sudo ln -s /usr/share/debootstrap/scripts/buster
/usr/share/debootstrap/scripts/apricot
$ sudo vi /usr/sbin/debootstrap
```

找到代码 FORCE_KEYRING=1，将其屏蔽，然后使用下面的命令来构建 chroot 系统。代码如下：

```
$sudo pbuilder create --mirror "http://mirrors.ustc.edu.cn/deepin
/" --distribution "apricot" --basetgz /var/cache/pbuilder/deepin.
tgz --debootstrapopts --no-check-gpg
```

下面对参数进行解释。

- --mirror: 指定构建仓库地址。
- --distribution: 指定发行代号。
- --basetgz: 指定构建 base 路径及文件名。
- --debootstrapopts: 给 debootstrap 添加额外的命令行选项。
- --no-check-gpg: 不检查 gpg 签名。

生成 .dsc 文件，然后编译源码。代码如下：

```
$ cd work-3/hello-uos-1.0/
$ dpkg-source -b .
$ cd ../
$ sudo pbuilder --build  --logfile log.txt --basetgz /var/cache/pbuilder/
deepin.tgz --allow-untrusted --hookdir /var/cache/pbuilder/hooks
--use-network yes --aptcache "" --buildresult . hello-uos_1.0-1.dsc
```

下面对上述 .dsc 文件中的参数进行解释。

- --logfile：指定日志文件名及路径。
- --basetgz：使用已构建完成的 base 压缩包。
- --allow-untrusted：允许未信任和未签名的仓库。
- --hookdir：指定 hooks 脚本目录。
- --use-network：指定是否使用网络。
- --aptcache：apt 下载指定 cache 路径。
- --buildresult：构建结果路径，“.”表示在当前路径下。

查看生成的文件，并安装测试生成的 deb 软件包：

```
$ ls -l
drwxr-xr-x 4 uos uos  4096 7月  8 15:56 hello-uos-1.0
-rw-r--r-- 1 uos uos  5106 7月  8 17:01 hello-uos_1.0-1_amd64.buildinfo
-rw-r--r-- 1 uos uos  1958 7月  8 17:01 hello-uos_1.0-1_amd64.changes
-rw-r--r-- 1 uos uos  3176 7月  8 17:01 hello-uos_1.0-1_amd64.deb
-rw-r--r-- 1 uos uos  1176 7月  8 17:01 hello-uos_1.0-1.debian.tar.xz
-rw-r--r-- 1 uos uos   796 7月  8 17:01 hello-uos_1.0-1.dsc
-rw-r--r-- 1 uos uos  1540 7月  8 16:23 hello-uos_1.0.orig.tar.xz
-rw-r--r-- 1 uos uos  3776 7月  8 17:01 hello-uos-dbgsym_1.0-1_amd64.deb
-rw-r--r-- 1 uos uos 21978 7月  8 17:01 log.tx
```

4. 更新 deb 软件包

假设现在这个软件包有内容更新，可以通过打补丁（patch）的方式对 deb 软件包进行更新。进入之前创建的 work-4 目录，新增代码：

```
$ cd work-4/hello-uos-1.0/
$ dpkg-source -b .
```

修改如下：

```
$ cat src/hello-uos.c
#include <stdio.h>
int main()
{
        printf("Hello, UOS!\n");
        printf("Hello, my-patch!\n");
        return 0;
}
```

生成修改的 patch：

```
$ dpkg-source --commit
dpkg-source: info: local changes detected, the modified files are:
hello-uos-1.0/src/hello-uos.c
Enter the desired patch name: my-add.patch
```

此时可以编辑 my-add.patch 文件，同时 debian 目录下会生成 patches 目录，记录了 patch 的信息。代码如下：

```
$ ls -l debian/patches
my-add.patch series
```

可使用 dch -i 命令生成新的版本号。

```
$ dch -i
$ cat debian/changelog
hello-uos (1.0-2) unstable; urgency=medium

  * add my-add.patch

-- uos <uos@uniontech.com>  Thu, 08 Jul 2021 17:36:31 +0800
```

使用 dpkg-buildpackage -us -uc 进行编译打包。

```
$ dpkg-buildpackage -us -uc
```

再次安装测试生成的包并观察效果。

```
$ sudo dpkg -i hello-uos_1.0-2_amd64.deb
$ hello-uos
Hello, UOS!
Hello, my-patch!
```

10.2 RPM

RPM 最初是 Red-Hat Package Manager（红帽包管理器）的缩写，现在是 RPM Package Manager（RPM 软件包管理器）的缩写，RPM 是一个免费、开源的软件包管理系统。最初 RPM 是为在红帽 Linux 发行版中使用而创建的，功能比较好用，很多 Linux 发行版都使用了 RPM 作为系统软件包管理器，例如 Fedora、CentOS、openSUSE、openEuler 等。

RPM 系统提供了管理应用所需的几乎所有功能，包括安装、更新和删除软件包，查询软件包的信息，以及编译、构建 RPM 软件包。

RPM 软件包分为两种：大多数的 RPM 软件包是二进制 RPM 包，以特殊的二进制格式打包，这些软件包中包括要安装的程序文件和在安装过程中由 RPM 使用的一些元信息，二进制 RPM 包的扩展名通常是 .rpm；另一种是源码 RPM（简称 SRPM）包，这些软件包中包含构建二进制 RPM 包的源码和构建的描述文件 .spec，SRPM 包通常带有文件扩展名 .src.rpm。RPM 软件包是以文件形式提供的，通常使用以下格式的文件名。

- <name>-<version>-<release>.<architecture>.rpm：用于二进制 RPM 包。
- <name>-<version>-<release>.src.rpm：用于 SRPM 包。

例如在软件包 wget-1.20.3-3.uel20.x86_64.rpm 的名称中，<name> 是 wget，<version> 是 1.20.3，<release> 是 3.uel20，<architecture> 是 x86_64。

10.2.1 RPM 软件管理命令

RPM 的主要命令是 rpm。rpm 命令主要用来查询软件包信息，安装、卸载或更新软件包，验证软件包等。更多其他功能可以在 RPM 的帮助手册中查看。

10.2.1.1 查询

rpm 命令常用的功能是查询。查询的时候，所有的参数之前都需要加上 -q 选项，用 rpm 查询时可以查询系统已安装软件包的 RPM 数据库，也可以查询未安装的 RPM 软件包的信息，查询未安装软件包的信息时，需要额外加一个选项 -p。查询时 rpm 命令使用的主要选项如表 10-6 所示。

表 10-6 查询时 rpm 命令使用的主要选项

选项	说明
-q	查询软件包是否安装
-qa	查询所有安装的软件包
-ql	列出软件包包含的文件列表
-qf FILE	查询 FILE（FILE 必须用完整路径指定）所属的软件包
-qi	列出软件的详细信息
-qc	列出软件的配置文件
-qR	列出与软件有关的依赖信息
-q --scripts	列出软件含有的安装时或卸载时执行的命令片段

命令 rpm -qa 可以用于查询系统中所有安装的软件包：

```
$ rpm -qa
lvm2-2.03.09-5.up1.uel20.x86_64
glib-networking-2.62.4-1.uel20.x86_64
python-setuptools-44.1.1-1.uel20.noarch
mariadb-connector-c-3.0.6-7.uel20.x86_64
...省略
fros-1.1-18.uel20.noarch
libssh-help-0.9.4-3.uel20.noarch
qt-settings-29.1-3.uel20.noarch
```

命令 rpm -qi wget 用于输出软件包相关信息：

```
$ rpm -qi wget
Name        : wget
Version     : 1.20.3
Release     : 3.uel20
Architecture: x86_64
Install Date: Mon Mar  8 01:00:58 2021
Group       : Unspecified
Size        : 2995426
License     : GPLv3+
Signature   : RSA/SHA1, Mon Mar  1 19:04:43 2021, Key ID 9055a64e8df595ed
Source RPM  : wget-1.20.3-3.uel20.src.rpm
Build Date  : Mon Mar  1 19:03:36 2021
Build Host  : build01
Packager    : https://www.chinauos.com/
Vendor      : https://www.chinauos.com/
URL         : http://www.gnu.org/software/wget/
Summary     : A package for retrieving files using HTTP, HTTPS, FTP and FTPS
the most widely-used Internet protocols.
Description :
GNU Wget is a free software package for retrieving files using HTTP, HTTPS,
FTP and FTPS the most widely-used Internet protocols. It is a non-
interactive
commandline tool, so it may easily be called from scripts, cron jobs,
terminals
without X-Windows support, etc.
```

选项 -qf 只有在指定完整文件名及其完整路径时才有效：

```
$ rpm -qf /bin/wget /bin/bash
wget-1.20.3-3.uel20.x86_64
bash-5.0-15.up1.uel20.x86_64
```

下面的命令会列出未安装的软件包 wget-1.20.3-3.uel20.x86_64.rpm 中包含的所有文件：

```
$ rpm -qpl wget-1.20.3-3.uel20.x86_64.rpm
/etc/wgetrc
/usr/bin/wget
/usr/share/doc/wget
... 省略
/usr/share/locale/zh_CN/LC_MESSAGES/wget.mo
/usr/share/locale/zh_TW/LC_MESSAGES/wget.mo
```

10.2.1.2 安装

需要注意，安装 RPM 软件需要系统管理员权限。通常使用 rpm 命令安装软件非常简单。安装时 rpm 命令主要选项如表 10-7 所示。

表 10-7 安装时 rpm 命令主要选项

选项	说明
-i	安装软件包
-iv	安装软件包并在安装过程中显示详细信息
-ivh	安装软件包并在安装过程中显示详细信息和安装进度

安装软件包示例如下。

```
$ rpm -ivh ./screen-4.8.0-2.uel20.x86_64.rpm
Verifying...                          ################################# [100%]
Preparing...                          ################################# [100%]
      package screen-1:4.8.0-2.uel20.x86_64 is already installed
```

10.2.1.3 升级

和安装 RPM 软件一样，升级 RPM 软件也需要系统管理员权限。升级时 rpm 命令主要选项如表 10-8 所示。

表 10-8 升级时 rpm 命令主要选项

选项	说明
-Uvh	升级软件包，若软件未安装，则直接安装
-Fvh	升级软件包，若软件未安装，不会直接安装

升级软件包示例如下：

```
$ rpm -Uvh screen-4.8.0-3.uel20.x86_64.rpm
Verifying...                          ################################# [100%]
Preparing...                          ################################# [100%]
      package screen-1:4.8.0-3.uel20.x86_64 is already installed
```

10.2.1.4 卸载

和安装 RPM 软件一样，卸载 RPM 软件也需要系统管理员权限。卸载软件包时，需要注意软件包之间的依赖性。卸载时 rpm 命令主要选项如表 10-9 所示。

表 10-9　卸载时 rpm 命令主要选项

选项	说明
-evh	卸载软件包并在卸载过程中显示详细信息和安装进度
-evh -nodeps	卸载软件包时，不检查软件包之间的依赖性

卸载软件包示例如下：

```
$ rpm -evh screen
Preparing...                          ################################# [100%]
Cleaning up / removing...
   1:screen-1:4.8.0-2.uel20           ################################# [100%]
```

10.2.2　DNF 包管理器

DNF(Dandified YUM)包管理器是 Linux 系统下新一代的 RPM 软件包自动管理工具，可以在安装、升级或移除软件包时自动处理软件依赖关系。DNF 是 YUM（Yellow Dog Updater，Modified）的新一代版本，与 YUM 命令行大致保持兼容。DNF 包管理器克服了 YUM 包管理器的一些瓶颈，改善了包括用户体验、内存占用、依赖分析、运行速度等多方面的内容。

10.2.2.1　DNF 配置文件

要使用 DNF 包管理器，先要对其进行配置，DNF 的主要配置文件是 /etc/dnf/dnf.conf，该文件包含两部分内容：main 部分保存着 DNF 的全局设置，repository 部分保存着软件源的设置，可以有一个或多个 repository。

另外，在 /etc/yum.repos.d 目录中保存着一个或多个 repo 源相关文件，它们也可以定义不同的 repository。

1. 配置 main 部分

/etc/dnf/dnf.conf 文件包含的 main 部分的配置示例如下：

```
[main]
gpgcheck=1
installonly_limit=3
clean_requirements_on_remove=True
best=True
skip_if_unavailable=False
```

DNF 包管理器主要参数如表 10-10 所示。

表 10-10　DNF 包管理器主要参数

参数	说明
gpgcheck	可选值为 1 和 0，设置是否进行 gpg 校验。默认值为 1，表示需要进行校验
installonly_limit	设置可以同时安装，“installonlypkgs”指令表示安装的包的数量。默认值为 3，不建议降低此值

续表

参数	说明
clean_requirements_on_remove	删除在执行 dnf remove 期间不再使用的依赖项，如果软件包是通过 DNF 安装的，而不是通过显式用户请求安装的，则只能通过 clean_requirements_on_remove 删除软件包，即它是作为依赖项引入的。默认值为 True
best	升级包时，总是尝试安装其最高版本，如果最高版本无法安装，则提示无法安装的原因并停止安装。默认值为 True
skip_if_unavailable	DNF 运行时，如果仓库不可用，禁用此仓库，默认值为 False

2. 配置 repository 部分

repository 部分允许用户定义定制化的软件源仓库，各个仓库的名称不能相同，否则会引起冲突。配置 repository 部分有两种方式，一种是直接配置 /etc/dnf/dnf.conf 文件中的 repository 部分，另一种是配置 /etc/yum.repos.d 目录下的 .repo 文件。

（1）直接配置 /etc/dnf/dnf.conf 文件中的 repository 部分。下面是“[repository] 部分”的一个配置示例:

```
[repository]
name=repository_name
baseurl=repository_url
```

DNF 包管理器配置参数如表 10-11 所示。

表 10-11　DNF 包管理器配置参数

参数	说明
name=repository_name	软件仓库（repository）描述的字符串
baseurl=repository_url	软件仓库（repository）的地址。例如，HTTP 的网络位置为 http://path/to/repo，本地位置为 file:///path/to/local/repo

（2）配置 /etc/yum.repos.d 目录下的 .repo 文件。系统一般会提供默认的 repo 源供用户在线使用，各 repo 源含义可参考不同发行版的使用文档。此处以服务器欧拉版使用 root 权限添加额外的 openEuler 软件源仓库为例，创建 /etc/yum.repos.d/openEuler.repo 文件，写入如下内容即可。

```
[openEuler2103]
name=openEuler2103
baseurl=https://repo.openeuler.org/openEuler-21.03/OS/$basearch/
enabled=1
gpgcheck=1
gpgkey=https://repo.openeuler.org/openEuler-21.03/OS/$basearch/RPM-GPG-KEY-
openEuler
```

其中，enabled 表示是否启用该软件源仓库，可选值为 1 和 0。默认值为 1，表示启用该软件源仓库。gpgkey 是验证签名用的公钥。

10.2.2.2　管理 DNF 软件源

1. 添加软件源仓库

要定义一个新的软件源仓库，可以在 /etc/dnf/dnf.conf 文件中添加 repository 部分，或者在 /

etc/yum.repos.d 目录下添加 .repo 文件进行说明。建议使用添加 .repo 文件的方式，每个软件源都有自己对应的 .repo 文件，具体方法参考 DNF 配置文件介绍内容。还可以通过命令完成，参考命令如下：

```
dnf config-manager --add-repo repository_url
```

例如：

```
$ dnf config-manager --add-repo https://repo.openeuler.org/openEuler-20.03-
LTS-SP1/OS/x86_64/
Adding repo from: https://repo.openeuler.org/openEuler-20.03-LTS-SP1/OS/x86_64/
```

查看通过命令添加的 .repo 文件：

```
$ cat /etc/yum.repos.d/repo.openeuler.org_openEuler-20.03-LTS-SP1_OS_
x86_64_.repo
[repo.openeuler.org_openEuler-20.03-LTS-SP1_OS_x86_64_]
name=created by dnf config-manager from https://repo.openeuler.org/
openEuler-20.03-LTS-SP1/OS/x86_64/
baseurl=https://repo.openeuler.org/openEuler-20.03-LTS-SP1/OS/x86_64/
enabled=1
```

2. 创建本地软件源仓库

如果要建立一个本地软件源仓库，请按照下列步骤操作。

（1）安装 createrepo 软件包。在 root 权限下执行如下命令：

```
$ dnf install createrepo
```

（2）将需要的 RPM 软件包复制到一个目录下，如 /mnt/local_repo/Packages。

（3）创建软件源，执行以下命令：

```
$ createrepo /mnt/local_repo
```

（4）通过命令或添加 .repo 文件的方式添加仓库，例如：

```
$ dnf config-manager --add-repo file:///mnt/local_repo
```

3. 启用软件源

要启用软件源，请在 root 权限下执行如下命令，其中 repository 为新增 .repo 文件中的 repo ID（可通过 dnf repolist 查询）：

```
$ dnf config-manager --set-enable repository
```

4. 禁用软件源

要禁用软件源，请在 root 权限下执行如下命令：

```
$ dnf config-manager --set-disable repository
```

10.2.2.3 通过 DNF 管理软件包

使用 dnf 命令能够方便地进行查询、安装、卸载软件包等操作。

1. 查询软件包

可以使用 RPM 包名称、缩写或者描述搜索需要的 RPM 包，使用命令如下:

```
dnf search term
```

示例如下:

```
$   dnf search httpd
====== Name Exactly Matched: wget ======
wget.x86_64 : A package for retrieving files using HTTP, HTTPS, FTP and FTPS
the most widely-used Internet protocols.
====== Name & Summary Matched: wget ======
texlive-zwgetfdate-doc.noarch : Documentation for zwgetfdate
wget-help.x86_64 : help package for wget
====== Name Matched: wget ======
texlive-zwgetfdate.noarch : Get package or file date
```

要列出系统中所有已安装的以及可用的 RPM 包信息，应使用如下命令:

```
$ dnf list all
```

示例如下:

```
$dnf list wget
Available Packages
wget.x86_64            1.20.3-3.uel20        Local
```

要显示一个或者多个 RPM 包信息，应使用如下命令:

```
$ dnf info package_name...
```

示例如下:

```
$ dnf info wget
Installed Packages
Name          : wget
Version       : 1.20.3
Release       : 3.uel20
Architecture : x86_64
Size          : 2.9 M
Source        : wget-1.20.3-3.uel20.src.rpm
Repository    : @System
From repo     : anaconda
Summary       : A package for retrieving files using HTTP, HTTPS, FTP and
                FTPS the most widely-used Internet protocols.
URL           : http://www.gnu.org/software/wget/
```

```
License       : GPLv3+
Description   : GNU Wget is a free software package for retrieving files
                using HTTP, HTTPS,
              : FTP and FTPS the most widely-used Internet protocols. It is
                a non-interactive
              : commandline tool, so it may easily be called from scripts,
                cron jobs, terminals
              : without X-Windows support, etc.
```

2. 下载软件包

可以使用dnf命令下载软件包，请在root权限下执行如下命令：

```
$ dnf download package_name
```

如果需要同时下载未安装的依赖，则应加上--resolve，使用命令如下：

```
$ dnf download --resolve package_name
```

示例如下：

```
$ dnf download --resolve wget
```

3. 安装软件包

要安装软件包及其所有未安装的依赖，请在root权限下执行如下命令：

```
$ dnf install package_name
```

示例如下：

```
$ dnf install wget
```

4. 卸载软件包

要卸载软件包以及相关的依赖软件包，请在root权限下执行如下命令：

```
$ dnf remove package_name...
```

示例如下：

```
$ dnf remove wget
```

5. 更新软件包

使用dnf命令可以检查当前系统中是否有软件包需要更新。你可以通过dnf命令列出需要更新的软件包，并可以选择一次性全部更新或者只对指定包进行更新。如果需要显示当前系统可用的更新内容，应使用如下命令：

```
$ dnf check-update
```

示例如下：

```
$ dnf check-update
NetworkManager.x86_64             1:1.26.2-5.up1.uel20          update
```

```
NetworkManager-config-server.noarch   1:1.26.2-5.up1.uel20        update
NetworkManager-help.noarch            1:1.26.2-5.up1.uel20        update
NetworkManager-libnm.x86_64           1:1.26.2-5.up1.uel20        update
...
```

如果需要升级单个软件包，请在 root 权限下执行如下命令：

```
$ dnf update package_name
```

例如升级 RPM 软件包，示例如下：

```
$ dnf update NetworkManager
Dependencies resolved.
===========================================================================
===========================================================================
Package          Architecture              Version   Repository   Size
===========================================================================
===========================================================================
Upgrading:
NetworkManager             x86_64   1:1.26.2-5.up1.uel20     update   2.0 M
NetworkManager-libnm       x86_64   1:1.26.2-5.up1.uel20     update   1.6 M

Transaction Summary
===========================================================================
===========================================================================
Upgrade  2 Packages

Total download size: 3.7 M
Is this ok [y/N]: y
```

当然，如果要更新所有的包和它们的依赖，请在 root 权限下执行如下命令：

```
$ dnf update
```

10.2.3 构建 RPM 包

介绍了 RPM 的基础用法后，来了解如何编译构建 RPM 软件包。

10.2.3.1 环境准备

在构建 RPM 软件包时，不要以 root 用户执行打包操作，这样十分危险，容易在安装过程中破坏系统。在打包前，需要先安装一些必要的 RPM 打包程序：

```
$ dnf install gcc rpm-build rpm-
devel rpmlint make python bash coreutils diffutils patch rpmdevtools
```

构建 RPM 包时不要以 root 用户打包，此处以新用户“rpmdev”举例，创建此用户，设置好密码并以该用户登录：

```
$ useradd rpmdev
$ passwd rpmdev
```

然后，就可以通过这个临时用户执行打包操作了。一旦以 rpmdev 用户登录，便可以使用以下命令在用户的家目录（/home）下创建标准的打包工作目录结构：

```
$ rpmdev-setuptree
```

rpmdev-setuptree 程序将创建 ~ /rpmbuild 目录，以及一系列预设的子目录（如 SPECS 和 BUILD），会将它们作为打包目录。另外，还会创建 ~ /.rpmmacros 文件，它用于设置各种选项。

表 10-12 是 RPM 打包工作区的目录布局。

表 10-12　RPM 打包工作区的目录布局

目录	说明
BUILD	编译构建时的工作目录，在这里解压源码、打补丁，执行构建操作
RPMS	存放构建好的结果，封装在 RPM 中，按体系结构区分，例如子目录 x86_64 和 noarch
SOURCES	归档源码仓库的文件，包含源码压缩包、补丁及配置文件等
SPECS	存放 .spec 文件
SRPMS	存放构建生成的 SRPM 包

一般情况，应该把源码包，比如由开发人员发布的以 .tar.gz 结尾的文件，放入 ~ /rpmbuild/SOURCES 目录。以创建“Hello World”RPM 软件包为例，从项目网站上将源码 tarball 下载至 ~ /rpmbuild/SOURCES 目录中：

```
$ cd~/rpmbuild/SOURCES
$ wget http://ftp.gnu.org/gnu/hello/hello-2.10.tar.gz
```

10.2.3.2 创建 spec 文件

通常 RPM 包通过 .spec 文件进行配置。在 ~ /rpmbuild/SPECS 目录中创建模板文件 hello.spec：

```
$ cd~/rpmbuild/SPECS
$ rpmdev-newspec hello
```

需要对模板文件 hello.spec 文件中的字段稍做修改。在本例中，此次修改后文件如下：

```
Name:           hello
Version:        2.10
Release:        1%{?dist}
Summary:        The "Hello World" program from GNU

License:        GPLv3+
URL:            https://www.gnu.org/software/hello
Source0:        http://ftp.gnu.org/gnu/%{name}/%{name}-%{version}.tar.gz

BuildRequires: gettext
```

```
Requires(post): info
Requires(preun): info

%description
The "Hello World" program, done with all bells and whistles of a proper FOSS
project, including configuration, build, internationalization, help files, etc.

%prep
%autosetup

%build
%configure
%make_build

%install
%make_install
%find_lang %{name}
rm -f %{buildroot}/%{_infodir}/dir

%files -f %{name}.lang
%{_mandir}/man1/hello.1.*
%{_infodir}/hello.info.*
%{_bindir}/hello

%doc AUTHORS ChangeLog NEWS README THANKS TODO
%license COPYING

%changelog
* Wed Apr 28 2021 rpmdev <rpmdev@gmail.org> - 2.10-1
- nitial version of the package
```

.spec 文件中常用的符号及标签如下，注意：%{name}、%{version} 和 %{release} 代表 Name、Version 和 Release 这 3 个标签。只要更改标签对应的值，宏就会使用新的值。

- #：以 # 开头的行是注释，但需要注意在注释宏（以 % 开头）时，在宏之前需要额外加一个 %，因为 .spec 文件在被运行时，宏会在分析注释前首先被展开，展会后的宏可能是多行，所以应在注释宏时额外加一个转义符号 %，这样宏展开后就只有一行。例如，在注释 %configure 时，写成 #%%configure 才是正确的。
- Name：软件包名，一般与 .spec 文件名一致。
- Version：软件的上游版本号。如果包含非数字字符，可能需要将它们包含在 Release 标签中。如果上游采用日期作为版本号，请考虑以 yy.mm[dd]（例如 2008-05-01 可变为 8.05）格式作为版本号。
- Release：发行编号。初始值一般为 1%{?dist}。每次制作新包时，请递增该数字。当上游发布新版本时，请修改 Version 标签值并重置 Release 值为 1%{?dist}。
- Summary：一行简短的软件包介绍。

- Group：过去用于分类软件包。目前，该标签已被丢弃，默认不会添加。添加该标签也不会有任何影响。
- License：授权协议，必须是开源许可证。请不要使用旧的 Copyright 标签。协议采用标准缩写（如“GPLv2+”）并且描述明确（如“GPLv2+”表示 GPL 2 及后续版本，而不是“GPL”或“GPLv2”这种不准确的写法）。如果一个软件采用多个协议，可以使用“and”和“or”（例如“GPLv2 and BSD”）来描述。
- URL：该软件包的项目主页。注意：源码包的 URL 请使用 Source0 指定。
- Source0：软件源码包的 URL。Source 与 Source0 相同。强烈建议提供完整 URL，文件名用于查找 SOURCES 目录。如果可能，建议使用 %{name} 和 %{version} 替换 URL 中的名称 / 版本，这样更新时就会自动对应。如果有多个源码包，请用 Source1、Source2 等依次列出。
- Patch0：源码的补丁名称。如果你需要在源码包解压后对一些代码做修改，你应该修改代码制作 .patch 文件，然后将其放在 ~/rpmbuild/SOURCES 目录下。如果有多个补丁文件，请用 Patch1、Patch2 等依次列出。
- BuildArch：如果要打包的文件不依赖任何架构（例如 Shell 脚本、据文件），请使用“BuildArch: noarch”。打包出的 RPM 架构会变成“noarch”。
- BuildRoot：在 %install 阶段（%build 阶段后）文件需要安装至此位置。只有比较旧的系统还需要此标签。默认情况下，其目录为“%{_topdir}/BUILDROOT/”。
- BuildRequires：编译软件包所需的依赖包列表，以逗号分隔。此标签可以多次指定。编译依赖不会自动判断，所以需要列出编译所需的所有依赖包。常见的软件包可省略，例如 GCC。如果有必要，可以指定需要的最低版本（例如：“ocaml >= 3.08”）。
- Requires：安装软件包时所需的依赖包列表，以逗号分隔。请注意，BuildRequires 标签是编译所需的依赖，而 Requires 标签是安装 / 运行程序所需的依赖。大多数情况下，rpmbuild 会自动探测依赖，所以可能不需要 Requires 标签。然而，对于未自动探测到的依赖就需要手动标明。
- %description：程序的详细 / 多行描述，每行必须小于等于 80 个字符。空行表示开始新段落。
- %prep：源码准备阶段，重点完成的工作是如果将原始的源码包打上补丁，则准备编译前的环境。一般仅包含“%autosetup”。
- %build：源码编译阶段，在此阶段程序应该包含源码编译的过程，例如执行 configure 和 make。
- %install：编译安装阶段，包含安装阶段执行的命令。命令将文件从 %{_builddir} 目录安装至 %{buildroot} 目录。
- %check：包含测试阶段执行的命令。此阶段在 %install 之后执行，通常包含 make test 或 make check 命令。此阶段要与 %build 分开，以便在需要时忽略测试。
- %files：需要被打包 / 安装的文件列表，是最终打包到 RPM 包中的文件列表。
- %changelog：不同版本之间发生的变更记录。
- ExcludeArch：排除某些架构。如果该软件不能在某些架构上正常编译或工作，通过该标签列出。
- ExclusiveArch：列出软件包独占的架构。
- %pre：RPM 软件包在真实系统安装之前执行的代码片段。
- %post：RPM 软件包在真实系统安装之后执行的代码片段。
- %preun：RPM 软件包在真实系统卸载之前执行的代码片段。
- %postun：RPM 软件包在真实系统卸载之后执行的代码片段。

10.2.3.3 进行编译

有了 .spec 文件，就可以尝试执行以下命令，以构建源码、二进制包和包含调试信息的软件包：

```
$ rpmbuild -ba hello.spec
```

如果执行命令后，提示错误，按错误提示修改 .spec 文件后重新执行 rpmbuild 命令。经过这一步，系统会按照 .spec 文件中描述的步骤生成最终的 RPM 二进制包和 SRPM 包。

当执行此命令时，rpmbuild 会自动读取 .spec 文件并按照表 10-13 列出的步骤完成构建。每个宏的作用阶段、目录及具体操作如表 10-13 所示，以 % 开头的语句为 RPM 打包格式的预定义宏。

表 10-13 宏的作用阶段、目录及具体操作

阶段	读取的目录	写入的目录	具体操作
%prep	%_sourcedir	%_builddir	读取位于 %_sourcedir 目录的源码和补丁。之后，解压源码至 %_builddir 的子目录并应用所有补丁
%build	%_builddir	%_builddir	编译位于构建目录 %_builddir 下的文件。通过执行类似“./configure && make”的命令来实现
%install	%_builddir	%_buildrootdir	读取位于构建目录 %_builddir 下的文件并将其安装至 %_buildrootdir 目录。这些文件就是用户安装 RPM 后最终得到的文件。注意：最终安装目录不是构建目录。通过执行类似“make install”的命令来实现
%check	%_builddir	%_builddir	检查软件是否正常运行。通过执行类似“make test”的命令来实现。很多软件包都不需要此步骤
bin	%_buildrootdir	%_rpmdir	读取位于最终安装目录 %_buildrootdir 下的文件，以便最终在 %_rpmdir 目录下创建 RPM 包。在该目录下，不同架构的 RPM 包会分别保存至不同子目录，noarch 目录保存适用于所有架构的 RPM 包。这些 RPM 文件就是用户最终安装的 RPM 包
src	%_sourcedir	%_srcrpmdir	创建 SRPM 包（以 .src.rpm 作为扩展名），并保存至 %_srcrpmdir 目录。SRPM 包通常用于审核和升级软件包

在 rpmbuild 打包过程中，每个宏代码都有对应的目录及用途，如表 10-14 所示。

表 10-14 宏代码对应的目录及用途

宏代码	名称	默认目录	用途
%_specdir	.spec 文件目录	~/rpmbuild/SPECS	保存 RPM 包配置文件（.spec 文件）
%_sourcedir	源码目录	~/rpmbuild/SOURCES	保存源码包（如 .tar 包）和所有补丁
%_builddir	构建目录	~/rpmbuild/BUILD	源码包被解压至此，并在该目录的子目录中完成编译
%_buildrootdir	最终安装目录	~/rpmbuild/BUILDROOT	保存 %install 阶段安装的文件
%_rpmdir	标准 RPM 包目录	~/rpmbuild/RPMS	生成 / 保存二进制 RPM 包
%_srcrpmdir	源码 RPM 包目录	~/rpmbuild/SRPMS	生成 / 保存 SRPM 包

表 10-14 只是一个模板，在实际构建过程中，需要根据实际情况修改里面的内容。更多的具体信息可以参考 RPM 官方打包指南。

10.3 依赖分析与处理

10.3.1 软件包的依赖概述

假如在统信 UOS 系统上安装一个 A 软件包时，A 软件包需要安装 B 软件包才可以正常工作，那么这个 B 软件包就是 A 软件包的安装依赖。或者在统信 UOS 系统上编译一个 C 软件包时，C 软件包需要安装 D 软件包才可以编译，那么这个 D 软件包就是 C 软件包的编译依赖。

10.3.2 统信 UOS 系统上软件依赖分析方法及原理

在统信 UOS 系统上手动安装系统默认安装以外的 deb 软件包，可能会出现一些依赖报错，导致安装的 deb 软件包无法安装成功。

例如下面这个例子：

```
$ apt download apt-rdepends
获取 :1 https://professional-packages.chinauos.com/desktop-professional
eagle/main amd64 apt-rdepends all 1.3.0-6 [14.6 kB]
已下载 14.6 kB，耗时 0 秒 (97.4 kB/s)

$ sudo dpkg -i apt-rdepends_1.3.0-6_all.deb
正在选中未选择的软件包 apt-rdepends。
(正在读取数据库 ... 系统当前共安装有 192322 个文件和目录。)
准备解压 apt-rdepends_1.3.0-6_all.deb  ...
正在解压 apt-rdepends (1.3.0-6) ...
dpkg: 依赖关系问题使得 apt-rdepends 的配置工作不能继续:
 apt-rdepends 依赖于 libapt-pkg-perl (>= 0.1.11); 然而:
  未安装软件包 libapt-pkg-perl。

dpkg: 处理软件包 apt-rdepends (--install) 时出错:
 依赖关系问题 - 仍未被配置
正在处理用于 man-db (2.8.5-2) 的触发器 ...
在处理时有错误发生:
 apt-rdepends
```

根据报错信息可以知道，apt-rdepends 软件包还依赖于 libapt-pkg-perl。只有 libapt-pkg-perl 软件包安装成功后，apt-rdepends 软件包才能安装成功。

在统信 UOS 系统上，关于二进制软件包的信息中有一个 Depends 字段，这个字段记录了二进制软件包的安装依赖信息。使用下面的命令查看 apt-rdepends 软件包的信息：

```
dpkg -I apt-rdepends_1.3.0-6_all.deb
```

示例如下：

```
$ dpkg -I apt-rdepends_1.3.0-6_all.deb
 新格式的 Debian 软件包，格式版本 2.0。
 大小 14628 字节：主控包 =791 字节。
     606 字节，    15 行      control
     489 字节，     7 行      md5sums
 Package: apt-rdepends
 Version: 1.3.0-6
 Architecture: all
 Maintainer: Debian QA Group <packages@qa.debian.org>
 Installed-Size: 40
 Depends: libapt-pkg-perl (>= 0.1.11), perl:any
 Suggests: springgraph | graphviz
 Section: utils
 Priority: optional
 Homepage: http://www.sfllaw.ca/programs
 Description: recursively lists package dependencies
  This utility can recursively list package dependencies, either forwards
  or in reverse. It also lists forward build-dependencies. The output
  format closely resembles that of 'apt-cache depends'. As well, it can
  generate .dot graphs, much like apt-cache in dotty mode.
```

下面介绍关于依赖的一些关键词及其解释，如表 10-15 所示。

表 10-15　依赖关键词及其解释

关键词	解释
Depends	此项中的软件包为程序的依赖包，只有这些软件包均已安装后才可以安装，否则无法安装
Recommends	此项中的软件包不是严格意义上必须安装才可以保证程序运行，只是 apt-get 或者 aptitude 会自动安装推荐的软件包
Suggests	此项中的软件包可以和本程序更好地协同工作，但不是必须的。apt-get 或者 aptitude 也不会自动安装
Pre-Depends	此项中的依赖强于 Depends 项。软件包仅在预依赖的软件包已经安装并且正确配置后才可以正常安装
Conflicts	仅当所有冲突的软件包都已经删除后此软件包才可以安装
Breaks	此软件包安装后列出的软件包将会受到损坏
Provides	某些类型的软件包会定义有多个备用的虚拟名称
Replaces	当用户的程序要替换其他软件包的某些文件，或是完全地替换另一个软件包（与 Conflicts 一起使用）。列出的软件包中的某些文件会被用户的软件包中的文件所覆盖

由此可以知道，apt-rdepends 软件包安装上需要：libapt-pkg-perl (>= 0.1.11)，perl:any 这两个软件包。其中 perl 软件包在统信 UOS 系统上已经默认安装，所以安装 apt-rdepends 软件包时候需要先安装 libapt-pkg-perl 软件包才可以安装成功。示例如下：

```
$ apt download libapt-pkg-perl
获取 :1 https://professional-packages.chinauos.com/desktop-professional
eagle/main
```

```
 amd64 libapt-pkg-perl amd64 0.1.34+b1 [71.2 kB]
已下载 71.2 kB，耗时 0 秒 (292 kB/s)
$ sudo dpkg -i libapt-pkg-perl_0.1.34+b1_amd64.deb
正在选中未选择的软件包 libapt-pkg-perl。
(正在读取数据库 ... 系统当前共安装有 192330 个文件和目录。)
准备解压 libapt-pkg-perl_0.1.34+b1_amd64.deb  ...
正在解压 libapt-pkg-perl (0.1.34+b1) ...
正在设置 libapt-pkg-perl (0.1.34+b1) ...
正在处理用于 man-db (2.8.5-2) 的触发器 ...


$ sudo dpkg -i apt-rdepends_1.3.0-6_all.deb
准备解压 apt-rdepends_1.3.0-6_all.deb  ...
正在解压 apt-rdepends (1.3.0-6) 并覆盖 (1.3.0-6) ...
正在设置 apt-rdepends (1.3.0-6) ...
正在处理用于 man-db (2.8.5-2) 的触发器 ...
```

除了查看软件包的信息，知道软件包的依赖以外，在统信 UOS 系统上还可以直接使用命令的方式来查看软件包的依赖关系。

查看软件包的安装依赖命令如下：

```
apt depends PackageName
```

示例如下：

```
$ apt depends apt-rdepends
apt-rdepends
  依赖: libapt-pkg-perl (>= 0.1.11)
  依赖: <perl:any>
    perl:i386
    perl
 |建议: <springgraph>
    signing-party
  建议: graphviz
    graphviz:i386
```

查看软件包的被其他软件包依赖命令如下：

```
apt rdepends PackageName
```

示例如下：

```
$ apt rdepends libapt-pkg-perl
    依赖: libapt-pkg-perl-dbgsym (= 0.1.34)
    依赖: lintian
    依赖: libdebian-source-perl
    依赖: libconfig-model-dpkg-perl
```

```
    依赖: apt-src (>= 0.1.6)
    依赖: fai-client
    依赖: dh-make-perl
    依赖: debtree
    依赖: apt-show-versions (>= 0.1.21)
    依赖: apt-build (>= 0.1.11)
    依赖: apt-rdepends (>= 0.1.11)
    依赖: apt-file
    依赖: apt-dater-hosts
```

10.3.3 统信 UOS 系统使用过程中如何处理依赖

假如现在处于一个无网络环境，但是需要在统信 UOS 系统上安装一个 apache2 的软件包。根据上面所讲，在有网络的机器上先下载 apache2 软件包，然后分析 apache2 的软件包的安装依赖。

示例如下:

```
$ apt download apache2
$ dpkg -I apache2_2.4.40.1-1+dde_amd64.deb
  新格式的 Debian 软件包，格式版本 2.0。
  大小 185848 字节：主控包 =12848 字节。
      6531 字节，  156 行      conffiles
      1081 字节，   23 行      control
      1918 字节，   27 行      md5sums
     10609 字节，  380 行   *  postinst             #!/bin/bash
      3632 字节，  131 行   *  postrm               #!/bin/sh
     10818 字节，  211 行   *  preinst              #!/bin/bash
       666 字节，   18 行   *  prerm                #!/bin/sh
Package: apache2
Version: 2.4.40.1-1+dde
Architecture: amd64
Maintainer: Debian Apache Maintainers <debian-apache@lists.debian.org>
Installed-Size: 536
Pre-Depends: dpkg (>= 1.17.14)
Depends: apache2-bin (= 2.4.40.1-1+dde), apache2-data (= 2.4.40.1-1+dde),
apache2-utils (= 2.4.40.1-1+dde), lsb-base, mime-support, perl:any, procps
Recommends: ssl-cert
Suggests: apache2-doc, apache2-suexec-pristine | apache2-suexec-custom,
www-browser
Conflicts: apache2.2-bin, apache2.2-common
Breaks: libapache2-mod-proxy-uwsgi (<< 2.4.33)
Replaces: apache2.2-bin, apache2.2-common, libapache2-mod-proxy-uwsgi
(<< 2.4.33)
Provides: httpd, httpd-cgi
Section: httpd
```

```
Priority: optional
Homepage: https://httpd.apache.org/
Description: Apache HTTP Server
  The Apache HTTP Server Project's goal is to build a secure, efficient and
  extensible HTTP server as standards-compliant open source software.
  The result has long been the number one web server on the Internet.
  .
  Installing this package results in a full installation, including the
  configuration files, init scripts and support scripts.
```

由此可以知道，apache2 软件包安装上需要：apache2-bin (= 2.4.40.1-1+dde)，apache2-data (= 2.4.40.1-1+dde)，apache2-utils (= 2.4.40.1-1+dde)，lsb-base，mime-support, perl:any，procps 这些软件包。其中 lsb-base，mime-support，perl:any，procps 在统信 UOS 系统上已经默认安装，所有需要下载 apache2-bin、apche2-data 和 apache2-utils 这 3 个软件包。

那安装了这 3 个软件包是否就可以安装成功 apache2 呢？其实，需要下载 apache2 软件包以及这 3 个软件包并安装。

示例如下：

```
$ apt download apache2 apache2-bin apache2-data apache2-utils
$ sudo dpkg -i apache2*.deb
正在选中未选择的软件包 apache2。
(正在读取数据库 ... 系统当前共安装有 192360 个文件和目录。)
准备解压 apache2_2.4.40.1-1+dde_amd64.deb  ...
正在解压 apache2 (2.4.40.1-1+dde) ...
正在选中未选择的软件包 apache2-bin。
准备解压 apache2-bin_2.4.40.1-1+dde_amd64.deb  ...
正在解压 apache2-bin (2.4.40.1-1+dde) ...
正在选中未选择的软件包 apache2-data。
准备解压 apache2-data_2.4.40.1-1+dde_all.deb  ...
正在解压 apache2-data (2.4.40.1-1+dde) ...
正在选中未选择的软件包 apache2-utils。
准备解压 apache2-utils_2.4.40.1-1+dde_amd64.deb  ...
正在解压 apache2-utils (2.4.40.1-1+dde) ...
dpkg: 依赖关系问题使得 apache2-bin 的配置工作不能继续:
 apache2-bin 依赖于 libapr1 (>= 1.6.2)；然而:
  未安装软件包 libapr1。
 apache2-bin 依赖于 libaprutil1 (>= 1.6.0)；然而:
  未安装软件包 libaprutil1。
 apache2-bin 依赖于 libaprutil1-dbd-sqlite3 | libaprutil1-dbd-
mysql | libaprutil1-dbd-odbc | libaprutil1-dbd-pgsql | libaprutil1-dbd-freetds;
然而:
  未安装软件包 libaprutil1-dbd-sqlite3。
  未安装软件包 libaprutil1-dbd-mysql。
  未安装软件包 libaprutil1-dbd-odbc。
```

```
  未安装软件包 libaprutil1-dbd-pgsql。
  未安装软件包 libaprutil1-dbd-freetds。
 apache2-bin 依赖于 libaprutil1-ldap；然而：
  未安装软件包 libaprutil1-ldap。

dpkg: 处理软件包 apache2-bin (--install) 时出错：
 依赖关系问题 - 仍未被配置
正在设置 apache2-data (2.4.40.1-1+dde) ...
dpkg: 依赖关系问题使得 apache2-utils 的配置工作不能继续：
 apache2-utils 依赖于 libapr1 (>= 1.4.8-2~)；然而：
  未安装软件包 libapr1。
 apache2-utils 依赖于 libaprutil1 (>= 1.5.0)；然而：
  未安装软件包 libaprutil1。

dpkg: 处理软件包 apache2-utils (--install) 时出错：
 依赖关系问题 - 仍未被配置
dpkg: 依赖关系问题使得 apache2 的配置工作不能继续：
 apache2 依赖于 apache2-bin (= 2.4.40.1-1+dde)；然而：
  软件包 apache2-bin 尚未配置。
 apache2 依赖于 apache2-utils (= 2.4.40.1-1+dde)；然而：
  软件包 apache2-utils 尚未配置。

dpkg: 处理软件包 apache2 (--install) 时出错：
 依赖关系问题 - 仍未被配置
正在处理用于 systemd (241.15-1+dde) 的触发器 ...
正在处理用于 man-db (2.8.5-2) 的触发器 ...
在处理时有错误发生：
 apache2-bin
 apache2-utils
 apache2
```

查看出错信息可以发现，是 apache2 软件包的依赖包 apache2-bin 安装失败，apache2-bin 依赖 libapr1 软件包。那再次安装 libapr1 软件包是否还会出现依赖问题，如果再次出现问题，安装 libapr1 的依赖包会不会还依赖另一个软件包？这样就会出现一个 A 包依赖一个 B 包，B 包又依赖一个 C 包，C 包又依赖一个 D 包，这样可能就会一直循环依赖下去。如果一个包一个包去查看信息分析依赖，虽然最后可以解决依赖问题，但是会浪费大量的时间。因此需要使用统信 UOS 系统上自带的 apt 包管理工具，apt 工具可以自动处理软件包的依赖关系。

示例如下：

```
$ sudo apt install apache2
正在读取软件包列表 ... 完成
正在分析软件包的依赖关系树
正在读取状态信息 ... 完成
下列软件包是自动安装的并且现在不需要了：
```

```
  fbterm imageworsener libheif1 liblqr-1-0 libmaxminddb0
libqtermwidget5-0 libsmi2ldbl libutempter0
  libutf8proc2 libwireshark-data libwireshark11 libwiretap8 libwscodecs2
libwsutil9 libx86-1
  qtermwidget5-data squashfs-tools x11-apps x11-session-utils xbitmaps
xinit
使用 'sudo apt autoremove' 来卸载它（它们）。
将会同时安装下列软件:
  apache2-bin apache2-data apache2-utils libapr1 libaprutil1
libaprutil1-dbd-sqlite3 libaprutil1-ldap
建议安装:
  apache2-doc apache2-suexec-pristine | apache2-suexec-custom
下列【新】软件包将被安装:
  apache2 apache2-bin apache2-data apache2-utils libapr1 libaprutil1
libaprutil1-dbd-sqlite3
  libaprutil1-ldap
升级了 0 个软件包，新安装了 8 个软件包，要卸载 0 个软件包，有 31 个软件包未被升级。
需要下载 1,985 kB 的归档。
解压缩后会消耗 7,362 kB 的额外空间。
您希望继续执行吗？ [Y/n]
```

由此可以知道，只需要将 apache2，apache2-bin，apache2-data，apache2-utils，libapr1，libaprutil1，libaprutil1-dbd-sqlite3, libaprutil1-ldap 这些软件包下载下来，然后传输到无网络的机器上进行安装即可。

示例如下：

```
$ apt download apache2 apache2-bin apache2-data apache2-
utils libapr1 libaprutil1 libaprutil1-dbd-sqlite3 libaprutil1-ldap
### 将下载好的目录放到一个 deb 目录中
$ cd deb/
$ sudo dpkg -i *.deb
（正在读取数据库 ... 系统当前共安装有 193028 个文件和目录。）
准备解压 apache2_2.4.40.1-1+dde_amd64.deb  ...
正在解压 apache2 (2.4.40.1-1+dde) 并覆盖 (2.4.40.1-1+dde) ...
准备解压 apache2-bin_2.4.40.1-1+dde_amd64.deb  ...
正在解压 apache2-bin (2.4.40.1-1+dde) 并覆盖 (2.4.40.1-1+dde) ...
准备解压 apache2-data_2.4.40.1-1+dde_all.deb  ...
正在解压 apache2-data (2.4.40.1-1+dde) 并覆盖 (2.4.40.1-1+dde) ...
准备解压 apache2-utils_2.4.40.1-1+dde_amd64.deb  ...
正在解压 apache2-utils (2.4.40.1-1+dde) 并覆盖 (2.4.40.1-1+dde) ...
正在选中未选择的软件包 libapr1:amd64。
准备解压 libapr1_1.6.5.1-1+rebuild_amd64.deb  ...
正在解压 libapr1:amd64 (1.6.5.1-1+rebuild) ...
正在选中未选择的软件包 libaprutil1:amd64。
```

```
准备解压 libaprutil1_1.6.1-4_amd64.deb  ...
正在解压 libaprutil1:amd64 (1.6.1-4) ...
正在选中未选择的软件包 libaprutil1-dbd-sqlite3:amd64。
准备解压 libaprutil1-dbd-sqlite3_1.6.1-4_amd64.deb  ...
正在解压 libaprutil1-dbd-sqlite3:amd64 (1.6.1-4) ...
正在选中未选择的软件包 libaprutil1-ldap:amd64。
准备解压 libaprutil1-ldap_1.6.1-4_amd64.deb  ...
正在解压 libaprutil1-ldap:amd64 (1.6.1-4) ...
正在设置 apache2-data (2.4.40.1-1+dde) ...
正在设置 libapr1:amd64 (1.6.5.1-1+rebuild) ...
正在设置 libaprutil1:amd64 (1.6.1-4) ...
正在设置 libaprutil1-dbd-sqlite3:amd64 (1.6.1-4) ...
正在设置 libaprutil1-ldap:amd64 (1.6.1-4) ...
正在设置 apache2-bin (2.4.40.1-1+dde) ...
正在设置 apache2-utils (2.4.40.1-1+dde) ...
正在设置 apache2 (2.4.40.1-1+dde) ...
Enabling module mpm_event.
Enabling module authz_core.
Enabling module authz_host.
Enabling module authn_core.
Enabling module auth_basic.
Enabling module access_compat.
Enabling module authn_file.
Enabling module authz_user.
Enabling module alias.
Enabling module dir.
Enabling module autoindex.
Enabling module env.
Enabling module mime.
Enabling module negotiation.
Enabling module setenvif.
Enabling module filter.
Enabling module deflate.
Enabling module status.
Enabling module reqtimeout.
Enabling conf charset.
Enabling conf localized-error-pages.
Enabling conf other-vhosts-access-log.
Enabling conf security.
Enabling conf serve-cgi-bin.
Enabling site 000-default.
Created symlink /etc/systemd/system/multi-user.target.wants/
apache2.service → /lib/systemd/system/apache2.service.
Created symlink /etc/systemd/system/multi-user.target.wants/apache-
```

```
htcacheclean.service → /lib/systemd/system/apache-htcacheclean.service.
insserv: warning: current start runlevel(s) (empty) of script 'apache-
htcacheclean' overrides LSB defaults (2 3 4 5).
insserv: warning: current stop runlevel(s) (0 1 2 3 4 5 6) of script
'apache-htcacheclean' overrides LSB defaults (0 1 6).
正在处理用于 systemd (241.15-1+dde) 的触发器 ...
正在处理用于 man-db (2.8.5-2) 的触发器 ...
正在处理用于 libc-bin (2.28.14-1+dde) 的触发器 ...
```

由此可见，在无网络的环境上，可以先在有网络的环境上使用 apt 工具下载需要安装的软件包以及软件包的依赖包，然后传输到无网络的机器上进行安装。当然，如果是在有网络的情况下，可以直接使用 apt 工具安装，命令如下：

```
apt install PackageName1 PackageName2 ...
```

示例如下：

```
$ sudo apt install apache2
```

10.3.4 统信 UOS 开发过程中常见的依赖问题

在开发过程中比较常见的问题就是开发环境的问题，在编译程序时，可能因为缺少某个头文件或者动态库导致编译失败。如果开发的项目在统信 UOS 软件包仓库中不存在，那么就需要找到对应的头文件和动态库属于哪个 deb 软件包，然后使用 apt 进行安装。如果开发的项目在统信 UOS 软件包仓库存在，则使用下面的命令来自动下载安装源码的编译依赖。

命令如下：

```
apt build-dep SourceNmae
```

示例如下：

```
$ sudo apt build-dep sl
正在读取软件包列表 ... 完成
正在读取软件包列表 ... 完成
正在分析软件包的依赖关系树
正在读取状态信息 ... 完成
下列【新】软件包将被安装：
  build-essential g++ g++-8 libncurses-dev libncurses5-dev libstdc++-8-dev
升级了 0 个软件包，新安装了 6 个软件包，要卸载 0 个软件包，有 47 个软件包未被升级。
需要下载 11.6 MB 的归档。
解压缩后会消耗 47.0 MB 的额外空间。
您希望继续执行吗？ [Y/n]
```

另一个常见的问题就是开发环境中需要低版本或者高版本的某个 deb 软件包，这个时候请使用 dpkg 安装，或者使用 apt 指定版本号安装，同时需要注意不要破坏系统的基础依赖包。

apt 指定版本号安装命令如下：

```
apt install PackageName=version
```

apt 指定版本号安装示例如下：

```
apt install sl=5.02-1
```

dpkg 安装示例如下：

```
$ sudo dpkg -i apt-rdepends_1.2.0-6_all.deb
dpkg: 警告：即将把 apt-rdepends 从 1.3.0-6 降级到 1.2.0-6
(正在读取数据库 ... 系统当前共安装有 193979 个文件和目录。)
准备解压 apt-rdepends_1.2.0-6_all.deb  ...
正在解压 apt-rdepends (1.2.0-6) 并覆盖 (1.3.0-6) ...
正在设置 apt-rdepends (1.2.0-6) ...
正在处理用于 man-db (2.8.5-2) 的触发器 ...
```

第11章 上架部署

上架部署就是将项目相关的场地、设备、人员、软件等都准备好，并投入运营的过程。

11.1 应用规范

在上架之前，要遵循不同应用商店的打包规范。

11.1.1 目录结构

在 Linux 操作系统中，目录是树状的分层结构。例如，统信 UOS 根目录结构如下：

```
uos@uos-PC:/$ ls
bin data etc lib lib64 lost+found mnt proc root sbin sys usr
boot dev home lib32 libx32 media opt recovery run srv tmp var
```

根目录的主要目录及其用途的简要介绍如下。

- /bin 目录：存放系统所有用户都可以使用的基本命令（如 cp、mv 等）文件。
- /sbin 目录：存放系统管理员用户使用的命令（如 poweroff、reboot 等）文件。
- /dev 目录：存放系统设备文件，在 Linux 系统下，通过 /dev 目录以文件的方式访问设备文件，如 /dev/tty0、/dev/ttyS0 等。
- /etc 目录：存放系统和应用的配置文件，如系统 lightdm 的配置文件目录 /etc/lightdm/、应用 samba 的配置文件目录 /etc/samba/ 等。
- /lib 目录：存放共享库、核模块文件以及固件文件，如 GCC 共享库。
- /home 目录：存放用户数据及配置文件，通常在 /home 目录下是用户名命令的子目录，如 /home/uos。
- /root 目录：管理员 root 的目录，目录存放 root 用户数据及其配置文件。
- /usr 目录：存放共享、只读的命令或数据，如标准头文件、字典、手册目录。
- /var 目录：存放临时文件目录，主要为日志文件、缓存文件。
- /proc 目录：proc 文件系统挂载目录，目录文件存放系统运行状态内容。
- /mnt 目录：系统临时挂载目录，用于临时挂载 U 盘、硬盘。
- /tmp 目录：临时文件暂存目录，该目录对所有用户开放。
- /opt 目录：存放用户额外安装的软件数据，UOS 系统商店应用亦安装在此目录中。

11.1.2 权限规范

除 /tmp 目录之外，其他目录均不允许 777（可读、可写、可执行）的权限。除目录 /sys、/proc、/dev 之外，其他目录不允许存在 777 权限的文件。/etc/shadow 文件及密钥等文件的权限应为 0400（只可读）。

11.2 签名

在计算机安全体系中，如何保证运行的代码可信一直是系统安全研究的基础问题之一。计算机设备由早期无权限的 DOS 操作系统，到实现各种权限控制的 Windows/Linux 操作系统，再到基于 TPM（Trusted Platform Module，可信赖平台模块）芯片实现硬件层面的完整保护的 iOS/Android 等系统，其可信认证方式覆盖范围越来越广，朝着硬件、系统、网络、应用等多层次结合的可信认证方向发展。

在操作系统中，运行的应用软件或者传输的数据无法确认其来源、安全性和完整性，存在恶意代码注入或者数据被篡改的风险。因此在软件发行、运行或者数据传输不受控制时，系统安全会因盗版、静默安装、病毒入侵、数据破坏等而受到严重威胁。

统信 UOS 为了应对上述威胁，设计实现了应用签名验证系统。该签名验证系统规定了应用必须使用授权的数字证书签名后方可安装，未签名或签名验证失败的应用将被拒绝安装或运行。同时统信 UOS 中应用商店内的应用会在签名上架前进行审查、确认来源以及安全扫描，保障应用安全、可靠和来源可溯。破坏用户操作系统信息安全的恶意应用，将无法通过签名验证系统校验，从而会被阻止安装或运行。应用签名验证系统具有以下特点。

- 保证应用软件安全、可靠和完整。
- 阻止不可信软件运行，降低数据泄露、环境破坏等安全隐患出现的概率。
- 开发者应用软件签名标识，提供给应用商店来审核上架。

11.2.1 签名机制

签名是指在传输数据上附加可信数据。数据接收者可以通过签名鉴别数据来源可靠性及数据内容完整性。通常签名机制会使用私钥签名数据，通过数字证书内的公钥验证签名。统信 UOS 中使用的应用签名验证系统是根据非对称密码体制和数字证书来设计实现的。

11.2.1.1 非对称密码体制

非对称密码体制主要分为 3 个部分：公钥、私钥和加密算法。其中公、私钥也称为非对称密钥加密，比较常用的加密算法有 RSA 体系和国密体系。公钥是公开给数据接收者的，所有人都可以使用。而私钥则必须严格保管，以确保安全。

非对称密码体制广泛应用在数字签名技术中。签名的基本过程是，数据发送方使用私钥对数据进行加密处理，完成对数据的签名；数据接收方使用公钥验证签名信息，保障数据的完整性。公钥和私钥统称为密钥，公、私钥是唯一对应的，实际上密钥就是一串字符串或者数字。

统信 UOS 签名过程并不是直接对原始数据进行加密，而是通过 SHA256 等哈希函数算法提取原始数据的摘要，再使用私钥加密得到签名数据。

11.2.1.2 数字证书

网络世界中的数字证书类似于人在社会中持有的身份证等证件，是用来证明身份的数据。数字证书受电子签名法保护，具备防篡改、抗抵赖的特性，也就是说数字证书必须由国家许可的第三方数字认证中心（CA）授权，这样才具有法律效力。常使用的证书格式为 X.509 标准。

通常数字证书指的就是公钥，因为数字证书在颁发时会将公钥储存在其中。数字证书是数据单元签名后附加的签署结果，以证明签署人的身份和签名信息的来源。数字证书是数字签名的基础，且广泛应用于数字签名的场景中。数字证书主要包含以下内容。

- Version：证书版本号。
- Issuer：证书签发者信息。
- Subject：证书持有者信息。
- Validity：证书有效期。

- Subject Public Key Info：公钥。
- Signature Algorithm：加密算法。

个人向 CA 申请一份数字证书，那么这份数字证书中包含个人的公钥信息和身份信息，同时数字证书通过 CA 的私钥进行签名，可以防止数字证书的内容被篡改。数字证书中存放了申请者的信息和公钥，以及申请者信息摘要被签名后的数据。如果数字证书被篡改，当对数字证书身份进行验证的时候，证书的摘要数据与使用 CA 公钥对签名数据解密后得到的摘要数据不相等，则说明这份数字证书不可信。数字证书签发流程如图 11-1 所示。

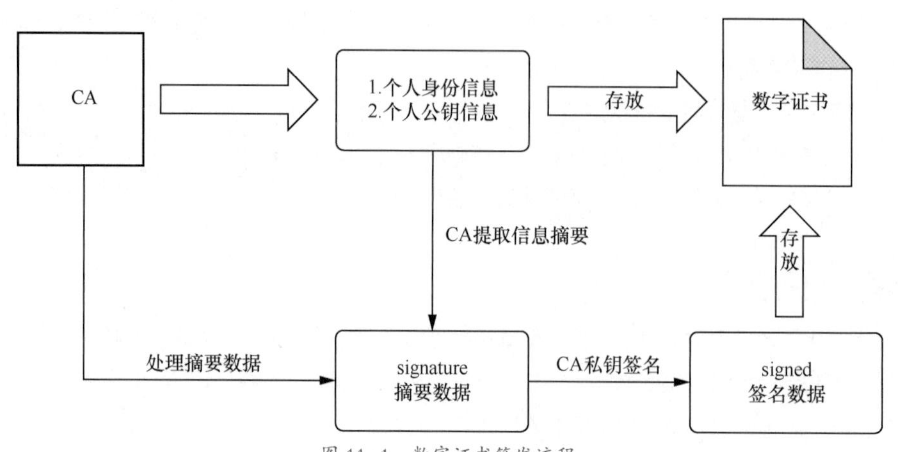

图 11-1　数字证书签发流程

如何对证书的身份进行验证？解决办法是采用数字签名技术中的证书链验证方案。

1. 证书链

在对签名数据进行验证的过程中，需要对数字证书进行验证，验证证书实际上就是检查证书是否可信。可通过一系列的证书信任链条来检查数字证书是否由可信机构签发，这里将证书链结构分为 3 个部分。

- CA-root：根证书，最高级别签发者（Issuer），即国家许可的第三方数字 CA，用于认证中间证书身份的合法性。
- Intermediates：中间证书组，用于认证公钥持有者证书的身份，这一部分可以包含很多层级的中间证书，都是属于 Intermediate CA。
- End-user：个人或者企业（终端用户）使用的数字证书，为了防止被篡改需要用上面两个部分的证书链进行验证。

对于数字证书的证书链进行验证的代码如下：

```
$ End-user certificates --> Intermediates --> CA-root
```

CA 的证书链结构是树状的，如图 11-2 所示。每个根证书下可以包含多个中间证书，每个中间证书都可以颁发证书给用户，最终颁发给用户的包含公钥的证书则被称为 End-user certificates。

2. 证书链的验证

用户证书对证书数据（TBSCertificates）提取摘要得到摘要数据（digest），根据签发者信息查找到中间证书，并使用中间证书的公钥（Owner's public-key）对 End-user 的签名数据进行解密，最终将得到的解密数据与摘要数据进行比较，如果数据一致则认证用户证书由可信赖的二级 CA 颁发。同样，再根据中间证书的签发者信息找到根证书，使用根证书的公钥对中间证书的加密数据进行解密，再将其和中间证书的摘要数据进行比较，认证成功之后则说明用户证书通过证书链验证。图 11-3 所示为证书链验证流程。

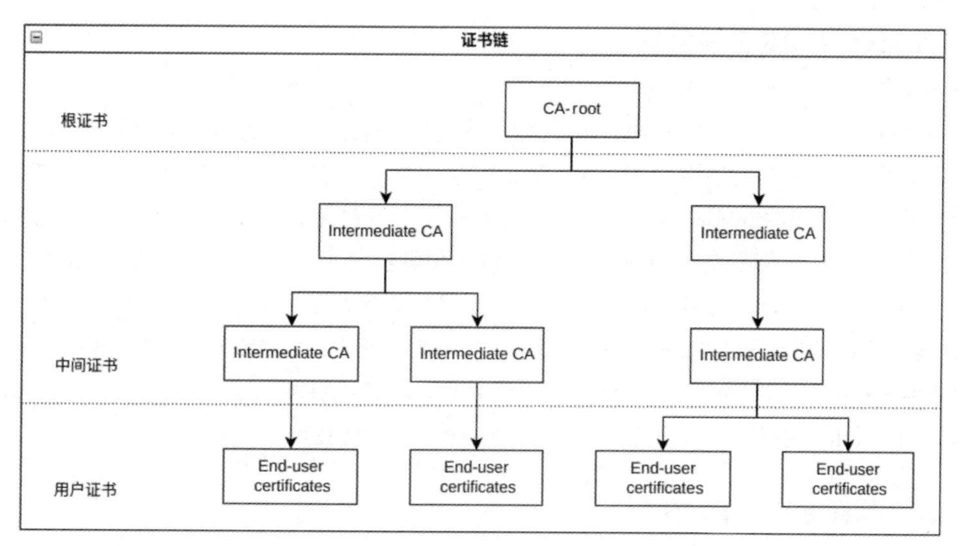

图 11-2　证书链结构

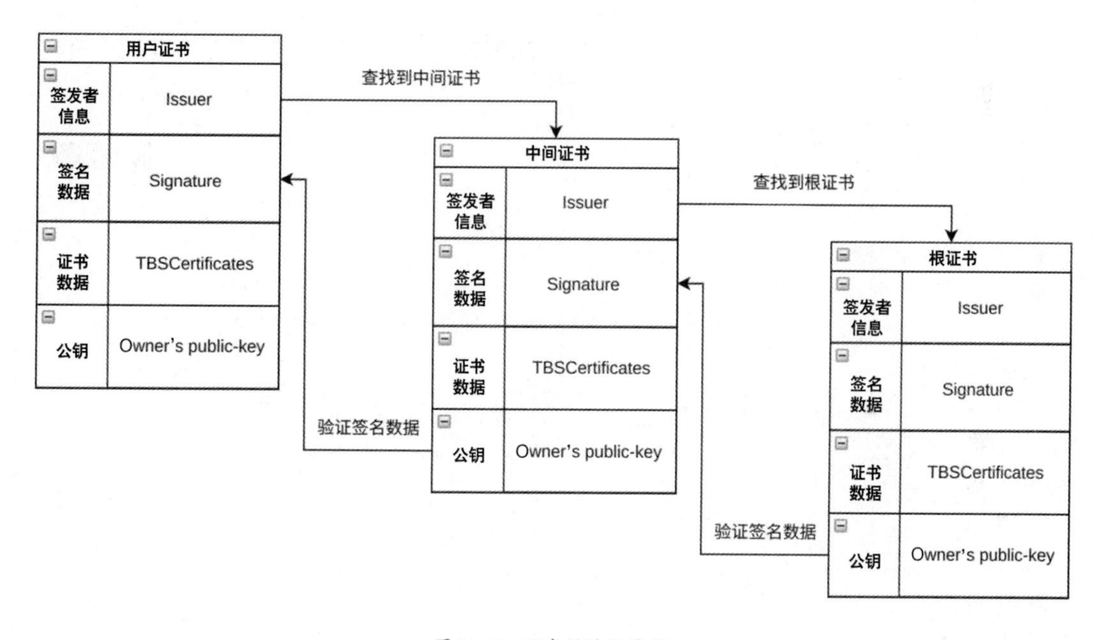

图 11-3　证书链验证流程

实际上证书的验证就是通过证书链追溯到可信赖 CA 的“根”，一般来说，CA-root 不会直接颁发证书给用户，而是授权给多个二级 CA 即通俗表述的中间证书；同样，二级 CA 也可以授权给多个三级 CA，最终的用户证书则是由这些可信机构所颁发。目前市面上的 CA 根证书都内置在浏览器或者操作系统中。

11.2.2　统信 UOS 应用签名

为了保护用户系统的安全以及软件开发者的权益，在非开发者的统信 UOS 中，所有第三方软件都需要进行统信 UOS 签名并上架应用商店，再提供给用户使用。此流程可避免具有风险的软件直接在系统中运行，破坏用户计算机环境或窃取用户数据。

11.2.2.1 统信 UOS 证书类型

统信 UOS 中支持的数字证书大概分为以下 4 种。

- 开发者证书：个人和企业使用的证书，个人或者企业签名后的软件上传到商店平台审核并上架。
- 商店证书：上架商店的软件需要使用商店证书进行签名，所有机器上都可以下载、运行软件。
- 内网证书：特殊内网环境使用的软件签名的证书，只能在包含内网根证书的机器上运行软件。
- 调试证书：开发者调试软件使用的证书，与机器码绑定，签名后的软件只能在签名的机器上运行。

使用统信 UOS 的软件开发者使用开发者证书为自己开发的软件进行签名，并在签名的机器上进行软件测试。签名对象可以是运行的二进制文件（ELF）或者整个 DEB 包。对单个 ELF 文件进行签名后，可以直接在系统中运行软件；对开发的 DEB 包进行签名后，则使用软件包安装器安装软件，统信 UOS 会自动检查 DEB 包的签名数据。DEB 包的格式需要参考第 10 章的内容。

11.2.2.2 软件签名验证介绍

开发者使用从应用商店下载的证书工具，申请统信 UOS 官方授权的调试证书，应用商店证书工具如图 11-4 所示。

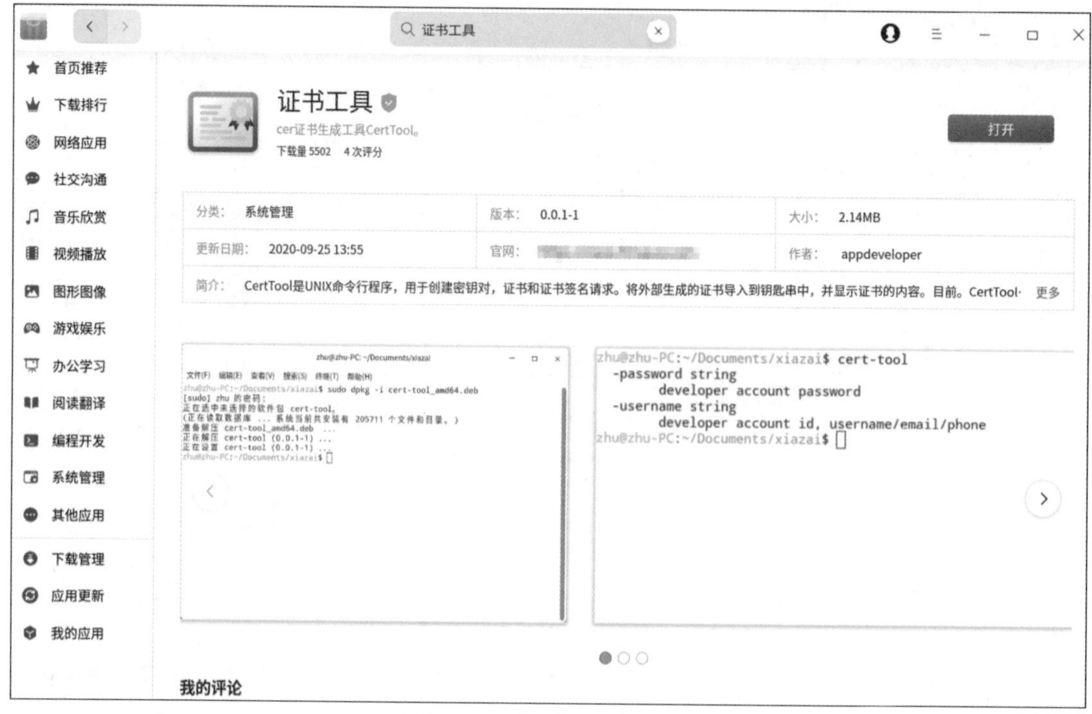

图 11-4 应用商店证书工具

在终端中输入 cert-tool 命令，并按照提示输入在统信 UOS 官网注册的用户账号和密码，命令如下：

```
$ cert-tool -password "qazwsxedc123" -username "husjfree"
```

在 develop-cert-data_v1.0.0.deb 软件包安装成功之后，会存放统信 UOS 官方授权的调试证书和私钥。

- 证书路径：/usr/share/ca-certificates/deepin/private。
- 证书路径中的文件：调试证书 -priv.crt，调试证书的私钥 -priv.key。

软件开发者在获取到调试证书后，要对自己开发的二进制文件或者 DEB 包使用签名工具进行签名，然后就可以在系统中运行或者是安装签名后的 DEB 包。当在统信 UOS 中运行未签名的 ELF 文件或者安装未签名的 DEB 包时，会有如下错误提示。

- 未签名的二进制文件在系统中运行报错，如图 11-5 所示。

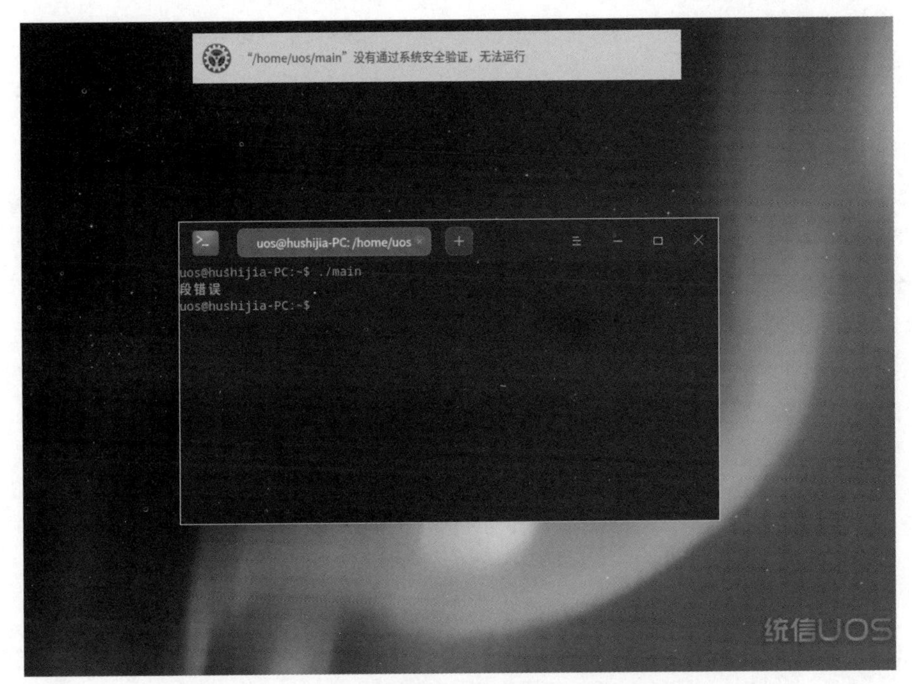

图 11-5　未签名的二进制文件运行报错

- 未签名的 DEB 包在系统中安装报错，如图 11-6 所示。

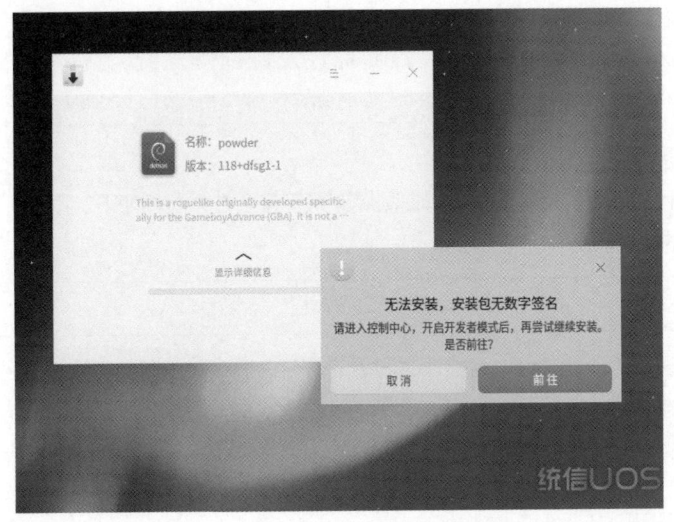

图 11-6　未签名的 DEB 包安装报错

在签名机制的介绍中，开发者接收到由统信 UOS 签发的包含公钥的数字证书和私钥，然后对开发的软件包进行签名。签名后的软件包在系统中安装时，统信 UOS 会验证签名软件包内的签名数据，以及签名数据内的数字证书有效期，还会验证证书链校验，当都通过之后才可正常安装并运行软件。和其他操作系统一致，统信 UOS 官方的根证书内置于操作系统中。

11.2.3 签名工具的使用

统信 UOS 自带对 ELF 文件和 DEB 包签名与验证的工具，并支持时间戳签名（Time-Stamp Authority，也称时间戳授权）。如果数字证书过期，会导致签名应用在系统内签名验证不能通过。时间戳签名可以担保当前证书签名有效，证明签名数据发生在证书有效期内。

前面介绍了如何申请调试证书和私钥，开发者使用签名工具对 ELF 文件和 DEB 包进行签名时，需要使用申请的数字证书和私钥。

11.2.3.1 ELF 文件的签名验证

下面以 /tmp/main 为例，介绍 ELF 签名和验证工具的使用，所介绍的工具都可以添加 -h 或者 --help 选项查看帮助信息。

1. ELF 文件的签名

统信 UOS 内置 /usr/bin/deepin-elf-sign，它是对单个 ELF 文件签名和验证的工具。使用该工具对 ELF 文件签名和验证，确保签名成功，然后在系统中运行签名后的 ELF 文件。签名包括两种类型，下面分别进行介绍。

（1）带时间戳的签名。

```
$ deepin-elf-sign -f main -c \
        /usr/share/ca-certificates/deepin/private/priv.crt -k \
        /usr/share/ca-certificates/deepin/private/priv.key
```

调试证书不能进行多证书签名和替换签名。ELF 签名工具默认自带时间戳签名，时间戳的签名会从时间戳认证中心申请。

（2）不带时间戳的签名。

```
$ deepin-elf-sign -f main -c \
        /usr/share/ca-certificates/deepin/private/priv.crt -k \
        /usr/share/ca-certificates/deepin/private/priv.key -no-timestamp
```

2. ELF 文件的验证

对 ELF 文件进行验证可防止病毒攻击，提高操作系统安全性，具体如下。

（1）ELF 文件的签名验证。

```
$ deepin-elf-sign -f main
```

对于带时间戳签名的 ELF 文件，会验证时间戳的签名信息；对于不带时间戳签名的 ELF 文件，则会验证数字证书的有效期。

（2）ELF 文件的签名验证，并输出数字证书信息。

```
$ deepin-elf-sign -f main -d
```

添加 -d 选项可以输出签名所使用的证书信息。

11.2.3.2 DEB 包的签名验证

下面以 /tmp/test_amd64.deb 为例，介绍 deb 签名和验证工具的使用，对于所介绍的工具都可以添

加 -h 或者 --help 选项查看帮助信息。

1. DEB 包的签名

统信 UOS 内置 /usr/bin/deepin-deb-sign，它是对单个 deb 软件包签名的工具，仅仅对 deb 软件包的数据进行签名，deb 软件包内部的 ELF 文件不会被签名，主要包括以下两种签名。

（1）带时间戳的签名。

```
$ deepin-deb-sign -f test_amd64.deb -c \
        /usr/share/ca-certificates/deepin/private/priv.crt -k \
        /usr/share/ca-certificates/deepin/private/priv.key
```

（2）不带时间戳的签名。

```
$ deepin-deb-sign -f test_amd64.deb -c \
        /usr/share/ca-certificates/deepin/private/priv.crt -k \
        /usr/share/ca-certificates/deepin/private/priv.key -no-timestamp
```

2. deb 软件包的完整签名

统信 UOS 内置 /usr/bin/deepin-elf-sign-deb，它是对单个 deb 软件包完整签名的工具，即对 deb 软件包内所有 ELF 文件和 deb 软件包签名，同样可以分为带时间戳的签名和不带时间戳的签名，具体如下。

（1）带时间戳的完整签名。

```
$ deepin-elf-sign-deb test_amd64.deb
```

DEB 包的完整签名会对 DEB 包内的所有 ELF 文件进行签名，如果存在一个 ELF 文件签名失败，则整个 DEB 包的签名都将失败。

（2）不带时间戳的完整签名。

```
$ deepin-elf-sign-deb test_amd64.deb -no-tsa
```

3. DEB 包的验证

统信 UOS 内置 /usr/bin/deepin-deb-verify，它是对单个 DEB 包签名数据验证的工具，在使用软件包安装器安装 DEB 包之前，可以使用命令行工具来验证 deb 软件包的签名是否成功，具体如下。

（1）对 DEB 包进行签名验证，不会验证 DEB 包内的 ELF 文件。

```
$ deepin-deb-verify signed_test_amd64.deb
```

（2）对 DEB 包进行签名验证，同时输出数字证书信息。

```
$ deepin-deb-verify signed_test_amd64.deb -d
```

使用 -d 选项可以输出签名 DEB 包内所有的数字证书。

11.3　上架

上架就是开发人员在开发应用并打包后，将其上传到应用商店的过程。每个平台对于上传应用的要求不尽相同，应严格按照各平台的要求进行上传。

11.3.1 应用商店介绍

统信 UOS 的应用商店服务采用 B/S（Browser/Server，浏览器 / 服务器）模式架构的商店后台和 C/S（Client/Server，客户端 / 服务器）模式架构的商店客户端，为开发者提供应用分发渠道，解决应用使用问题。应用商店在应用安全性及兼容性层面，提供适配服务、包格式检测、包签名等机制保障应用安全运行。应用商店如图 11-7 所示。它还面向用户提供应用搜索、安装、更新、卸载应用以及应用评分等服务，面向开发者提供开发者身份认证、应用的打包上架、应用的生命周期管理等开发、运营、营销“赋能”功能。

图 11-7 应用商店

可以在应用商店顶部输入框中手动 / 通过语音输入关键词进行全局搜索，这可方便用户快速找到需要的应用，如图 11-8 所示。

图 11-8 应用商店搜索

在应用列表中单击“安装”按钮，或者在应用的详情页中单击“安装”/“更新”按钮，可以完成下载并安装 / 更新应用，如图 11-9 所示。

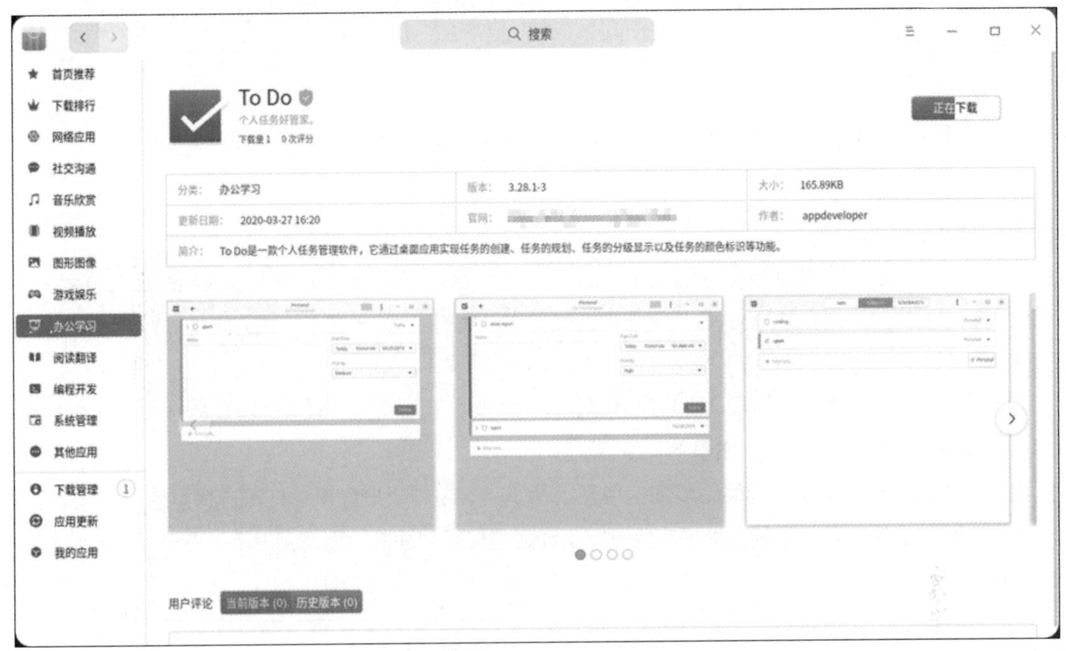

图 11-9　安装 / 更新应用

应用商店支持对不常用的应用进行手动卸载，如图 11-10 所示。

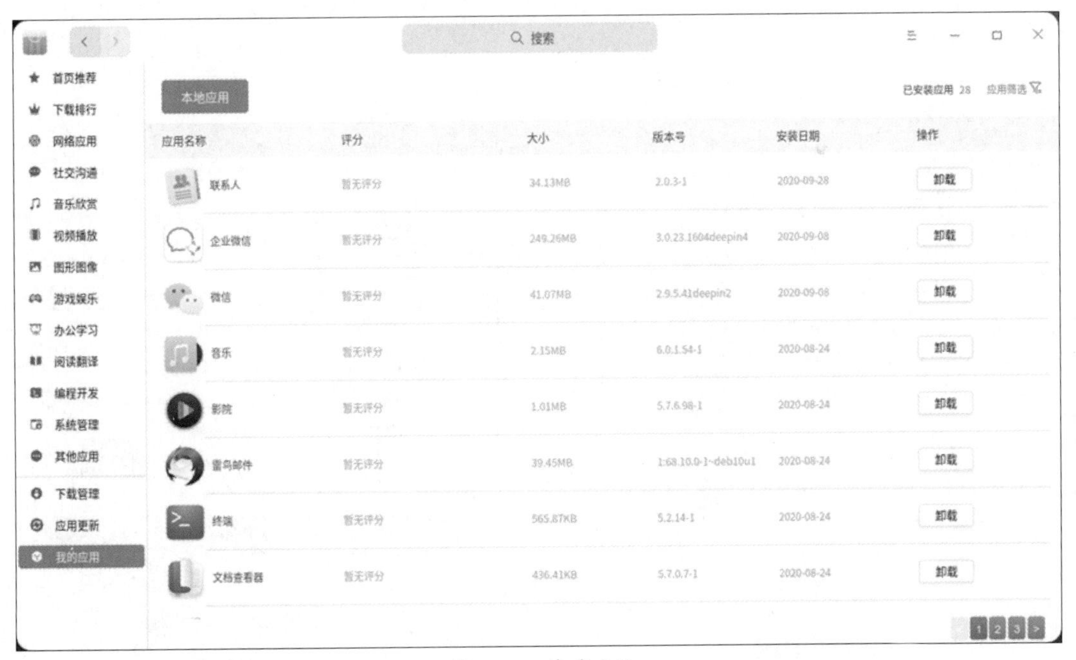

图 11-10　卸载应用

11.3.2　准备工作

在上架之前，需要准备好开发者认证、软件包和图标，具体如下。

1. 开发者认证

应用商店提供应用创建、上架、下架、更新等功能，支持开发者应用分发及维护管理。创建应用的前提是申请统信 UOS 账号及进行开发者实名认证。具体操作请参考官网文档中心（doc.chinauos.com）的“开发者实名认证”文档。

2. 软件包和图标

上架前准备打包好的软件包，需符合打包规范要求，并准备 SVG 格式的应用图标。

11.3.3 创建应用

实名认证后，在浏览器地址栏中输入 store.chinauos.com 并按 Enter 键登录应用商店开发者后台。在左侧导航栏选择“应用服务”，并在应用管理区域单击“我的应用”，进入“我的应用”界面，单击“新增应用”。

弹出“创建应用”界面，需要填写应用名称、应用分类、默认语言、联系邮箱及官方网站，并上传软件包，完成后，单击“下一步”，如图 11-11 所示。

进入“创建本地化信息”界面，填写信息及上传图片，在“管理翻译”处可选择要使用的语言。勾选“使用默认封面图”后，系统会根据应用图标自动生成应用封面图。填写完成后，单击“下一步”，如图 11-12 所示。

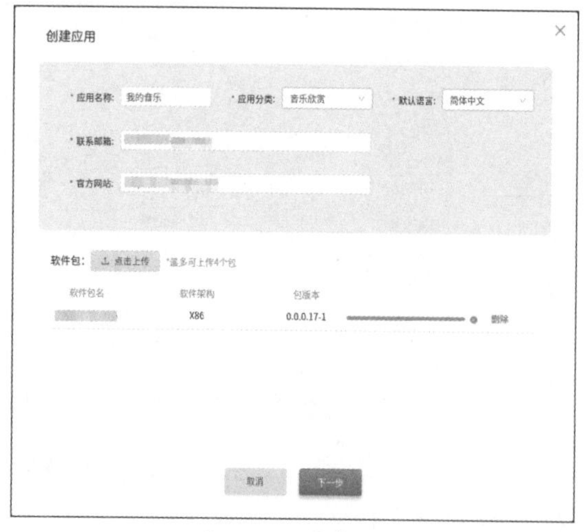

图 11-11 创建应用

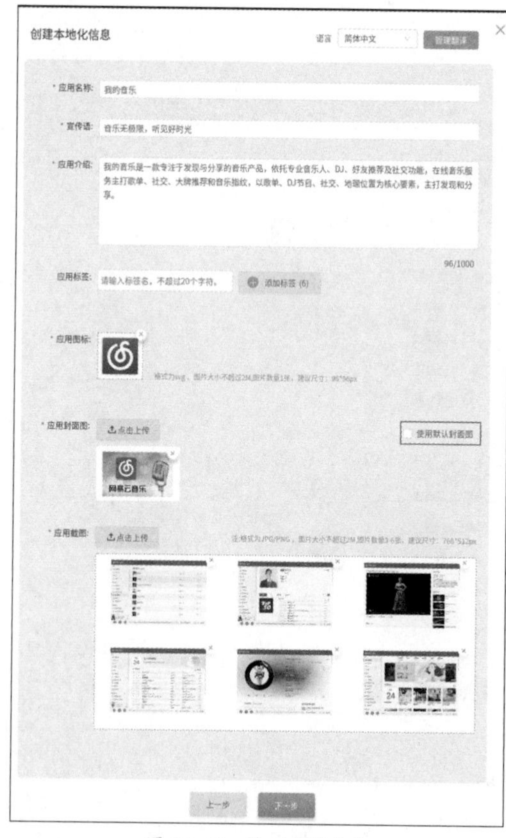

图 11-12 输入应用信息

进入“编辑上架信息”界面，根据实际需求设置应用的上架分发范围，兼容版本选择可运行应用的最低统信 UOS 版本，设置完成后单击“完成”按钮，如图 11-13 所示。

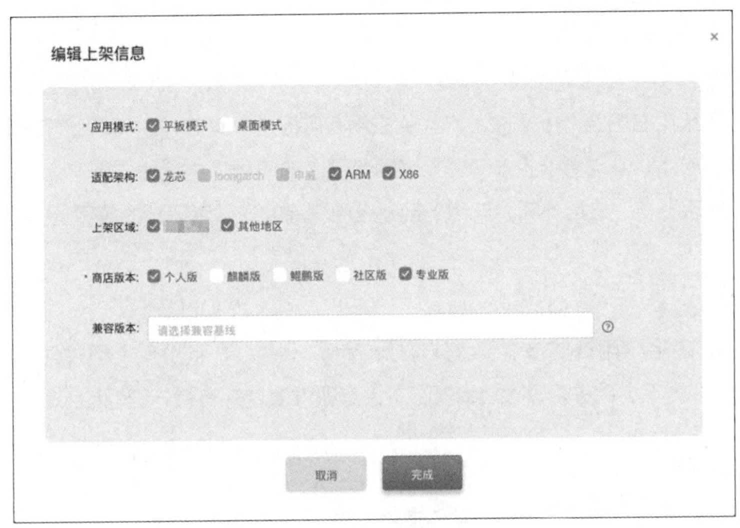

图 11-13　编辑上架信息

11.3.4 上架

在“我的应用”界面，单击创建的应用记录，进入“应用详情”界面，如图 11-14 所示。可以再次检查所有的信息，如果需要修改，单击“编辑”按钮进行修改，确认后单击“提交审核”。

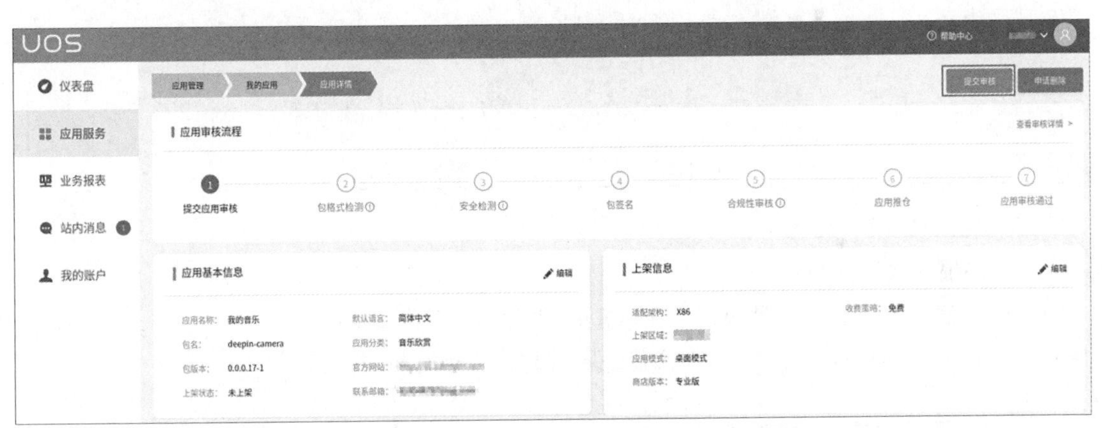

图 11-14　“应用详情”界面

在“应用详情”界面，可以查看审核结果及进度。

（1）通过。审核通过后，该应用自动上架到应用商店客户端，可以在“我的应用”界面查看详细信息。可根据实际需求修改应用信息或软件包内容，并在“应用本地化信息”界面中填写更新日志。确认后，单击“提交审核”。

（2）拒绝。审核失败后，可以单击“查看审核详情”查看原因。根据失败原因，返回到“应用详情”界面修改应用信息。确认后，再次单击“提交审核”，等待发布审核。

11.4　内网分发

本节将详细介绍私有化商店企业部署流程，也就是内网分发过程。

11.4.1 私有化应用商店

私有化应用商店服务主要由两个部分组成：私有化商店客户端、私有化商店后台。商店客户端采用 C/S 架构，商店后台采用 B/S 架构。统信 UOS 的应用商店提供一套应用创建、上下架流程，确保企业员工只使用企业分发的应用，并能方便企业对其局域网范围内的应用集中管理与统一分发。私有化应用商店提供从应用创建、应用发布、应用更新、应用下架到应用删除的一整套闭环的应用全生命周期管理服务。

11.4.2 部署流程

统信 UOS 的私有化应用商店支持数据持久化存储，更新单个或多个组件时，只需更新对应的 Docker 容器镜像，数据不会丢失，极大地降低了平台部署难度，并支持一键轻松部署。

11.4.2.1 准备工作

在应用上架前，需要检查硬件和软件，具体要求如表 11-1 所示。

表 11-1 上架前检查具体要求

内容	要求
服务器	统信 V20 服务器企业版本
企业证书	商业企业证书或测试企业证书
系统仓库	包含应用安装时所需的依赖
V20-deploy-xx.run	符合服务器架构的部署包
data.run	公网应用包和应用信息
定制桌面操作系统	预装企业证书的操作系统，预装定制的应用商店客户端，预装最新的签名验证服务器
激活码	服务器操作系统激活码，桌面操作系统激活码

上架前还应注意以下几点。

（1）确保服务器已经激活。

（2）关闭防火墙，服务器在默认情况下 iptables 是没有配置规则的。

（3）将对应的部署包和数据包均复制到目标服务器上，并添加可执行权限。

11.4.2.2 解压部署包和数据包

1. 解压部署包

要解压部署包，直接在部署包路径下执行 ./v20deployxx.run 即可。需要注意，在解压部署包时，会自动检测服务器上是否安装了 Docker 容器。Docker 是一个开源的应用容器引擎，可用于让开发者打包应用以及依赖包到可移植的镜像中。如果已经安装了 Docker，则会直接进入解压环境；如果没有安装 Docker，则脚本会自动安装 Docker。安装完 Docker，会出现图 11-15 所示的提示信息。

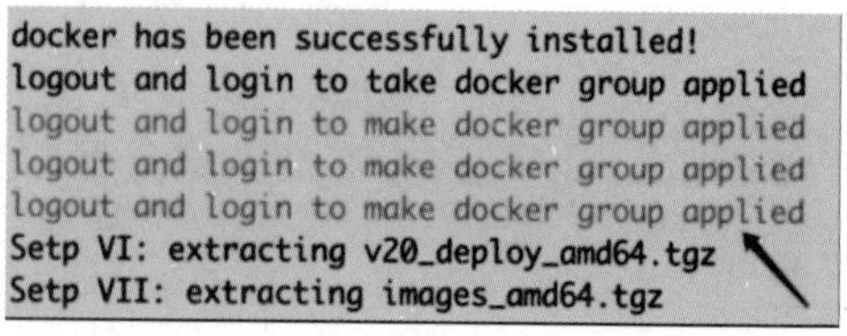

```
docker has been successfully installed!
logout and login to take docker group applied
logout and login to make docker group applied
logout and login to make docker group applied
logout and login to make docker group applied
Setp VI: extracting v20_deploy_amd64.tgz
Setp VII: extracting images_amd64.tgz
```

图 11-15 安装完 Docker 出现的提示信息

此时会提示必须重新登录服务器来使 Docker 权限和服务生效。

2. 检查 docker swarm 集群模式

在终端执行 docker node ls 命令，会出现图 11-16 所示的信息，AVAILABILITY 为 Active，则说明

已经进入 swarm 集群模式。

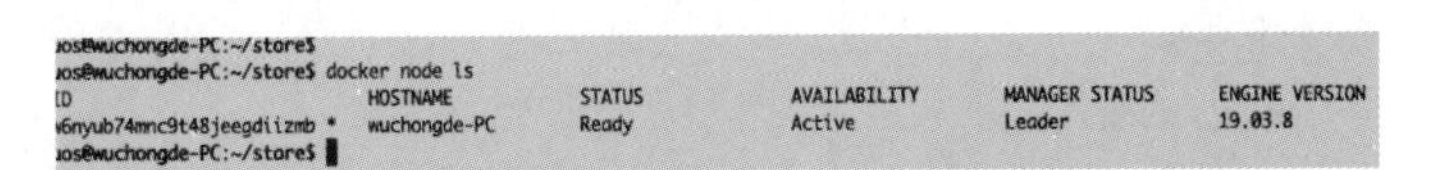

图 11-16　已进入 swarm 集群模式

开启 docker swarm 的方式如下：

（1）单网卡模式：在服务器终端执行 docker swarm init 即可。

（2）多网卡模式：需手动指定 ip=x.x.x.x，在服务器终端执行命令。

```
docker swarm init ==advertise=addr=1.2.3.4
```

3. 解压数据包

要解压数据包，在服务器终端执行 ./data.run 即可。解压完后应检查生成文件是否完整，完整的目录文件必须包含 images 目录、blob 目录和 v20-deploy 目录，如图 11-17 所示，如有缺失请重新解压。

```
os@uos-PC:~/Desktop/MS1.7$ ls -la
总用量 31169384
rwxr-xr-x  5 uos uos        4096 11月 23 10:44 .
rwxr-xr-x  5 uos uos        4096 11月 24 16:57 ..
rwxr-xr-x  2 uos uos      684032 10月 14 11:44 blob
rwxr-xr-x  1 uos uos 30413517731 11月 23 09:34 data.run
rwxr-xr-x  2 uos uos        4096 11月 20 16:33 images
rwxr-xr-x  1 uos uos    27380844 11月 20 16:35 intranet-appstore-tools-installer.deb
rwxr-xr-x 12 uos uos        4096 11月 26 11:06 v20-deploy
rwxr-xr-x  1 uos uos  1475833102 11月 23 09:29 v20_deploy_arm64.run
```

图 11-17　解压数据包

4. 申请授权文件

进入图 11-17 中的 v20-deploy 路径下，执行 intranet-cli install --generate_csr 生成申请授权文件 trial.dat，生成的文件路径会在图 11-18 所示位置输出。

```
Installation will start after 3 seconds
install 2020-09-21 14:03:17.456197305 +0800 CST m=+3.164257217

debug_mode=0
[Info]trial. This may take 1 ~ 10 minutes, depending on the machine performance.
please wait ......
debug_mode=0
generate trial credential
directory /home/uos/.intranet/trial created
generating...
2020/09/21 14:03:28 Get MAC Address: [f4:b5:20:21:9d:60 02:42:82:36:d6:63 02:42:8

real    0m11.020s
user    0m11.018s
sys     0m0.016s
trial credential has been created:
/home/uos/.intranet/trial/
trial.dat
trial.key
trial.pem
tril credential file:
/home/uos/.intranet/trial/trial.dat
[Warn]Important!!! Now Please Backup directory '/home/uos/.intranet/trial'!!!
Read manual carefully to learn how to exchange activation code!!!
Read manual carefully to learn how to exchange activation code!!!
Read manual carefully to learn how to exchange activation code!!!
will exit in 10 seconds.
uos@wuchongde-PC:~/store/v20-deploy$
```

图 11-18　生成申请授权文件

将生成的 trial.dat 文件交给相应的接口人，接口人处理后会返回对应的授权 authorization.dat 文件，然后将授权文件放在服务器上和 trial.dat 同级目录下即可。

5. 修改配置文件

配置文件 app.ini 解压路径为 data.run 对应的 v20-deploy/ 的路径。

（1）添加 authorization.dat 到配置文件中，必须填写绝对路径：

```
; [MUST][ 授权文件 ]
; 由统信签发的授权文件路径
activation_dat= /xxx/xxx/xxx
```

（2）证书类型，目前有两种证书，即测试中间证书和商业中间证书，如下：

```
; [MUST] 使用测试中间证书或商业中间证书
; 1: 使用测试中间证书，脚本将复制 scripts/certs/testing 下的测试中间证书
; 2: 使用商业中间证书，脚本将复制 scripts/certs/prod 下的生产环境中间证书
certificate_mode=1
;certificate_type=RSA
```

其中 certificate_mode（值为 1、2）字段是证书类型；certificate_type=RSA 字段是签名算法，默认配置 RSA 算法，且该字段是注释掉的。当选择测试中间证书，即 certificate_mode=1 时，测试中间证书有且只有 RSA 算法；当选择商业中间证书，即 certificate_mode=2 时，默认是 SM2 算法，如需要修改算法，可将; certificate_type=RSA 前面的注释符（；）去掉。

（3）仓库模式，选择默认模式即可。

（4）域名修改，默认情况下已经配置好域名，不建议修改。

（5）超管密码，默认会生成一个 root 超级管理员账户，root 管理的密码配置字段为 ldap_user1_password，代码如下：

```
; [MUST] 仓库模式
; 可选仓库模式为 1 或 2
; 1: （默认）默认部署模式，将安装预置的应用（需准备好 data.run 压缩包）
; 2: 可选空仓模式，该模式下，清空应用数据库并安装无应用的 apt 仓库，客户端商店首页显示无
应用的提示页
repo_mode=2

[server_domains]
; [MUST] 域名配置
; 域名随意定制，但需要保持二级域名一致，否则会出现跨域问题!!!
; 开发者后台域名
domain_developer=demo-developer.chinauos.com
; [MUST] 云存储服务
domain_storage=demo-storage.chinauos.com
; [MUST] 商店 API 域名
domain_dstore=demo-dstore.chinauos.com
; [MUST] 内网商店应用仓库域名
domain_repo=demo-repo.chinauos.com

[ldap]
; [MUST]LADP 域配置
; LDAP 组织名，最少 3 个字符，最多 16 个字符，以字母开头且只能是 a-z 或 A-Z
ldap_organization=Uos
; [MUST]LDAP 域名称，至少由 3 段组成，且只能是 a-z 或 A-Z
ldap_domain=demo.appstore.chinauos.com
```

```
; [IGNORE] 由 ldap_domain 转换而来
ldap_base_dn=
; [SHOULD]ldap 管理员密码
ldap_admin_password=
; [IGNORE]ldap 默认超管账户
ldap_user1_name=root
; [MUST] 超管密码
ldap_user1_password=xxx
```

（6）验签模式。验签模式有两种：一种是免开发者模式，上传应用时只需要校验内网商店证书，不需要校验开发者证书；另一种是生产者模式，上传应用时既要校验内网商店证书，也要校验开发者证书。默认为免开发者模式，建议不修改。

（7）硬件签名模式。硬件签名模式也有两种：一种是在线签名模式，上传应用时应用必须未经过商店签名（未经过内网商店签名，也未经过公网商店签名）；另一种是可选离线签名模式，上传应用时应用必须已经经过内网商店签名（未经过公网商店签名）。默认模式为可选离线签名模式。代码如下：

```
[signature_verify]
; [MUST] 验签模式
; 可选的验签模式为 2 或 3
; 2: （默认）免开发者模式，上传应用时，只校验内网商店证书，不校验开发者证书
; 3: 生产者模式，上传应用时，既校验内网商店证书，也校验开发者证书
signature_verify_mode=2
; [IGNORE] 内网商店中间证书路径，该项不需要填写，但必须选择 certificate_mode
appstore_intermediate_crt=
; [IGNORE] 开发者中间证书路径，该项不需要填写，但必须选择 certificate_mode
developer_intermediate_crt=

[hardware_sign]
; [MUST] 硬件签名模式
; 可选硬件签名模式有 1 或 2
; 1: 在线签名模式，上传应用时，应用必须未经过商店签名（未经过内网商店签名，也未经过公网
商店签名）
; 任何经过商店签名的应用 ，上传时都将提示错误信息
; 2: （默认）可选离线签名模式，上传应用时，应用必须已经经过内网商店签名（未经过公网商店签
名）
; 任何未经过内网商店签名的应用，上传时都将提示错误信息
hardware_sign_mode=2
; [CASE]PIN 码，模式选 1，该项必填
ukey_pin=88888888
; [IGNORE] 容器
ukey_container=
; [IGNORE] 内网商店证书 (ukey 证书）
appstore_crt=
; [IGNORE]ukey 设备序号，部署脚本自动探测
ukey_device=
ukey_usbid=
```

> 注意　如果有实体服务器且能插入 ukey，则可选择在线签名模式，选择在线签名模式必须填写 ukey_pin 的值。没有实体服务器或者不能插入 ukey 时，则选择可选离线签名模式。

11.4.2.3 安装部署

1. 安装部署

在解压目录下直接执行 ./intranet-cli install，然后等待输出日志，当输出内容最后一行出现“Congratulations! Deepin App Store is running ~ ”时，表示安装完成，如图 11-19 所示。

```
2020/09/23 15:20:37 [success] #972 ; '奇安信终端安全管理系统' ; version=9
2020/09/23 15:20:37 [success] #975 ; 'WPS Office 2019 社区版' ; version=9
2020/09/23 15:20:37 [success] #982 ; '立思辰驱动' ; version=8
2020/09/23 15:20:37 [success] #984 ; '理光打印' ; version=8
2020/09/23 15:20:37 [success] #985 ; '360万能播放器' ; version=9
2020/09/23 15:20:37 [success] #985 ; '360万能播放器' ; version=19
2020/09/23 15:20:37 [success] #986 ; '联想驱动G331DN' ; version=8
2020/09/23 15:20:38 [success] #987 ; '联想驱动SPX321DN' ; version=8
2020/09/23 15:20:38 [success] #988 ; '360安全浏览器' ; version=9
2020/09/23 15:20:38 [success] #989 ; '联想驱动LJ2310N (B/P) LJ2320DN (B/P) ' ; versi
2020/09/23 15:20:38 [success] #990 ; '360终端安全防护系统' ; version=9
Congratulations! Deepin App Store is running~
```

图 11-19　日志输出

2. 激活签名服务

在服务器终端执行 ./intranet-cli hardware_sign，完成后日志输出“service hardware_sign restart successfully”，则表示签名服务激活成功，如图 11-20 所示。

```
uos@uos-PC: ~/Desktop/hs1.7/v20-deploy$ ./intranet-cli hardware_sign
service hardware_sign restart successfully
```

图 11-20　激活签名服务

3. minio 服务后台配置

（1）检查 9001 端口是否打开，如没有打开，则输入 docker service update -q --publish-add"9001:9000"intranet-f_minio1 命令即可，结果如图 11-21 所示。

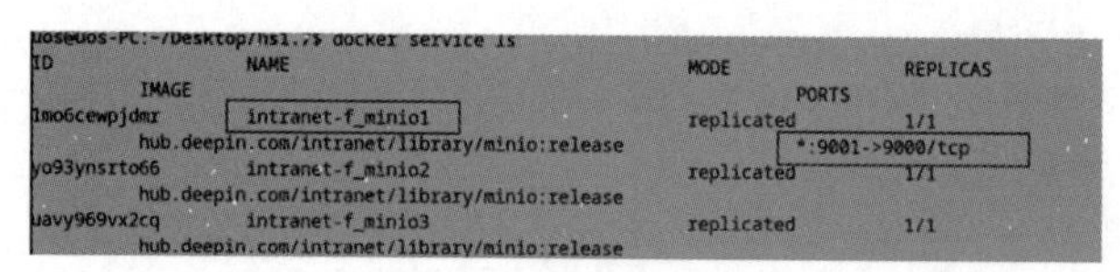

图 11-21　检查 9001 端口

（2）查看是否存在 blob 目录，如果没有，则需要创建 blob 目录，执行命令 ./bin/mc mb appstore/blob 即可，如图 11-22 所示。

```
uos@uos-PC: ~/Desktop/hs1.7/v20-deploy$ ./bin/mc ls appstore
uos@uos-PC: ~/Desktop/hs1.7/v20-deploy$
uos@uos-PC: ~/Desktop/hs1.7/v20-deploy$ ./bin/mc mb appstore/blob
Bucket created successfully 'appstore/blob'.
uos@uos-PC: ~/Desktop/hs1.7/v20-deploy$ ./bin/mc ls appstore
[2020-12-25 15:09:04 CST]        0B blob/
uos@uos-PC: ~/Desktop/hs1.7/v20-deploy$
```

图 11-22　创建 blob 目录

minio 的服务器 IP 地址为 9001，可进行登录，账号密码可通过在 v20-deploy 目录下执行 grep minio app.ini 命令查到，如图 11-23 所示。

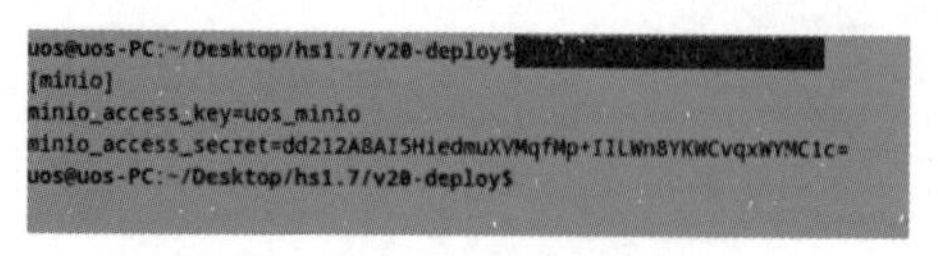

图 11-23　查找账号密码

11.4.3 其他

在内网分发时，除了上述内容之外，还需要注意如下问题。

（1）检查所有的私有化应用商店服务是否正常，在服务器终端执行 docker service ls | grep intranet-，如果某个服务第 4 列为 0/1，表示服务没有正常运行，如图 11-24 所示。

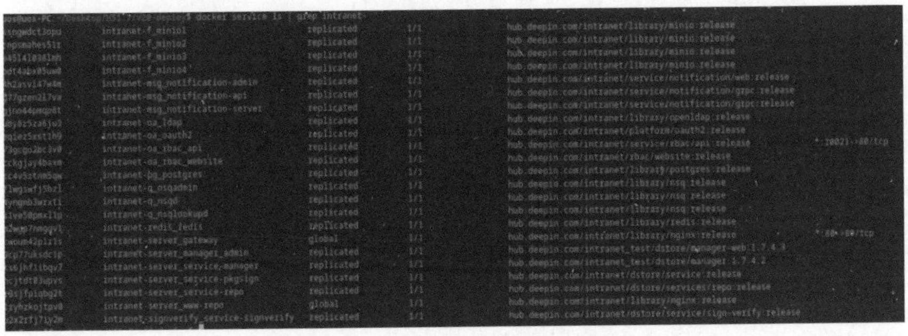

图 11-24　检查私有化应用商店服务

（2）检查每个容器的状态是否都是 up，在服务器终端执行 docker ps | grep intranet，若状态均为 up，则服务运行正常，如图 11-25 所示。

图 11-25　检查容器状态

（3）在进行安装时会对服务器的操作系统、架构、内存、磁盘、80 端口进行检查，如果检查失败则会中断自动部署，如图 11-26 所示。

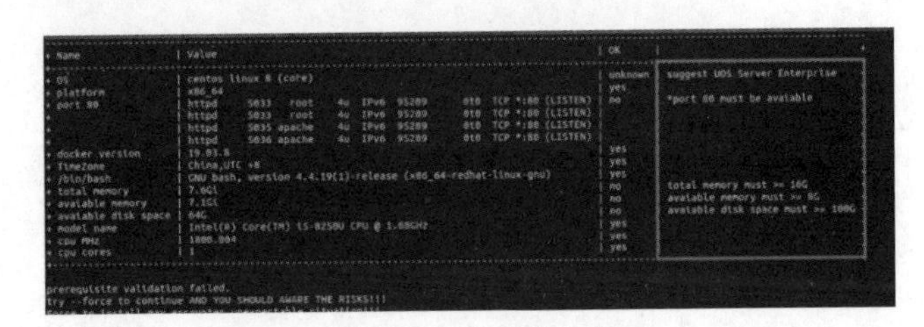

图 11-26　服务器检查

其中带有号的检查要求针对部署环境，如果不满足则必须要解决；不带号的检查要求如果不满足可强制安装部署（./intranet-cli install --force），但可能会出现不可预测的结果。

（4）更新授权文件，切换到授权文件目录下，删除旧的授权文件，然后申请新的授权文件，最后在终端执行 ./intranet-cli renewal 即可完成授权文件更新。

（5）日志采集，在 v20-deploy 目录下执行 ./intranet-cli save_log，会提示日志的保存路径。

（6）商店卸载，在 v20-deploy 目录下执行 ./intranet-cli uninstall，可执行多次，删除 v20-deploy 目录，最后检查 docker ps | grep intranet，如果没有匹配说明已经卸载干净。

- 第 4 篇　桌面应用开发实战 -

第 12 章 经典应用案例

本章将通过一些 DTK 经典应用案例，来对统信 UOS 的应用开发进行介绍，涵盖初级、中级、高级 3 个阶段的应用，主要涉及简易文本编辑器、计算器、相册、邮箱客户端、影院、音乐播放器 6 个案例。

12.1 初级：简易文本编辑器

首先介绍简易文本编辑器应用 uos-editor 的实战开发。

12.1.1 简述

简易文本编辑器 uos-editor 主界面如图 12-1 所示，主要分 4 个显示区域，从上至下、从左至右分别是标题栏、行号栏、文本显示 / 编辑框、底部栏。

- 标题栏显示内容：应用 logo 图片、文件标签项、主菜单、最小化 / 最大化 / 关闭按钮。
- 行号栏、文本显示 / 编辑框显示内容：分别为文本行号、文本内容。
- 底部栏显示内容：光标所在行位置、光标所在列位置、字符数。

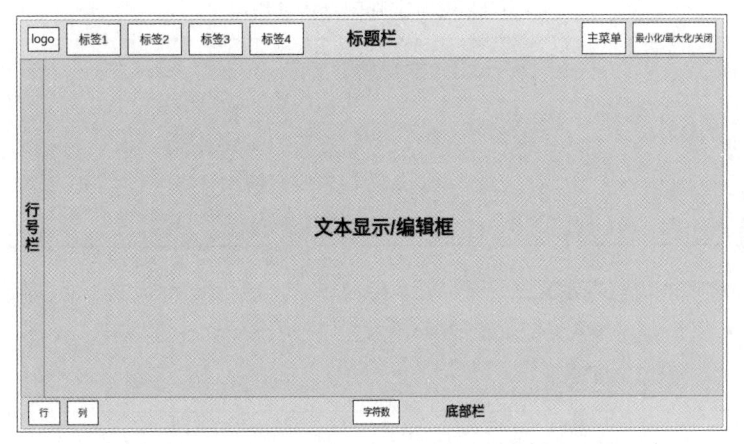

图 12-1 简易文本编辑器 uos-editor 主界面

12.1.2 应用主要功能

简易文本编辑器 uos-editor 的功能及说明如表 12-1 所示。

表 12-1 uos-editor 的功能及说明

功能	说明
主菜单“打开文件”	从文件管理器里选择打开文件
主菜单“保存文件”	保存当前标签文件
主菜单“新建标签页”	在标题栏上新建一个标签
主菜单“设置”	弹出设置页面
文本显示 / 编辑框	文本字符的显示和编辑
行号显示	左侧行号栏显示行号，根据文本内容添加 / 删减来实时更新行号
底部栏光标行和列显示	根据光标位置变化更新显示光标所在行和列的位置
底部栏字符数显示	显示字符数，根据文件内容添加 / 删减来实时更新内容
查找窗口	实现文本查找功能
文本框右键菜单“查找”	弹出查找窗口
警告窗口	关闭未保存的标签项时弹出警告窗口
保存提示窗口	保存文件时弹出“已保存”提示窗口

接下来将介绍如何使用 DTK 开发框架里的 DTK 类和相关接口来实现应用的部分模块功能，在实现各模块功能时将列出该功能模块所用到的 DTK 类及相关接口，并会说明类的功能及接口的功能。

12.1.3 “关于”界面

应用主菜单的“About”菜单项用于调出应用的“关于”界面，包含应用的 logo 图片、版本号、开发方 logo 图片、官网网址、鸣谢以及应用描述等信息，开发者可以根据实际需求修改和定制相关信息。

12.1.3.1 “关于”界面的修改定制

在应用的入口 main 函数里通过 UosEditorApplication 类的对象可以对应用的“关于”界面进行定制化设置，定制化设置项说明如表 12-2 所示。

表 12-2 定制化设置项说明

接口名称	说明
setProductIcon	设置应用 logo 图片
setProductName	设置应用产品名称
setApplicationVersion	设置应用版本号
setApplicationDescription	设置应用描述

UosEditorApplication 是自定义类，该类继承自 DTK 的 DApplication 类，而 DApplication 类则继承自 QApplication，UosEditorApplication 的使用方式和 QApplication 的区别不大。

main.cpp 文件主要代码如下：

```
int main(int argc, char *argv[])
{
    UosEditorApplication app(argc, argv);
    app.setAttribute(Qt::AA_UseHighDpiPixmaps);
    // 设置组织名称
    app.setOrganizationName("uos");
    // 设置应用名称
    app.setApplicationName("uos-editor");
    // 设置应用版本号
    app.setApplicationVersion("1.0");
    // 设置应用 logo 图片
    app.setProductIcon(QIcon(":/images/uos-editor-logo.svg"));
    // 设置应用产品名称
    app.setProductName("UOS Editor");
    // 设置应用描述
    app.setApplicationDescription("UOS Editor is a simple text editing tool
software.");

    ...
    ...
}
```

代码运行后，“关于”界面的呈现如图 12-2 所示。

图 12-2　“关于”界面的呈现

12.1.3.2　色调主题记忆设置

DTK 开发框架集成丰富的类及接口，通过 DTK 类对象或者调用相关的接口可直接对应用做特殊属性设置。例如，每个 DTK 应用主菜单里都有浅色和深色两个色调主题的选择设置，为了让应用每次启动时都能保持显示上一次关闭前的色调主题，需要在代码里做主题记忆设置。利用 DTK 中的 DApplicationSettings 类对象即可实现主题记忆设置。main.cpp 文件主要代码如下：

```
#include <DApplicationSettings>
int main(int argc, char *argv[])
{
    ...
    //应用色调主题记忆设置
    DApplicationSettings saveTheme;
    ...
}
```

12.1.3.3　自动生成 .log 日志文件设置

DTK 中的 DLogManager 类封装有应用 .log 日志文件的生成及日志信息的输出对应的接口，调用该类对应的接口可设置应用自动生成 .log 日志文件，并记录、保存应用里 qInfo 接口函数输出的日志信息。其中 main.cpp 文件代码如下：

```
#include <DLog>
DCORE_USE_NAMESPACE
DWIDGET_USE_NAMESPACE

int main(int argc, char *argv[])
```

```
{
    ...
    // 应用生成 .log 日志文件设置
    DLogManager::registerConsoleAppender();
    DLogManager::registerFileAppender();
    ...
}
```

添加以上代码后，编译并运行应用，应用将会在系统对应目录下自动生成 .log 日志文件，日志文件所在路径为 ~/.cache/uos/uos-editor/uos-editor.log。

日志文件的生成路径取决于应用的 UosEditorApplication 类对象属性的设置，如路径 uos 对应 app.setOrganizationName("uos") 的设置，路径 uos-editor 则对应 app.setApplicationName("uos-editor") 的设置。

12.1.3.4 应用单例模式设置

DTK 中的 DGuiApplicationHelper 类对应用的进程实例有监听信号的封装，可调用该类的对应接口和监听绑定对应信号来实现应用单进程实例模式（单例模式）的设置，实现系统里只允许开启一个应用。其中 main.cpp 文件代码如下：

```
#include <DGuiApplicationHelper>

int main(int argc, char *argv[])
{
    ...
    // 应用单例模式设置，只允许开启一个应用
    DGuiApplicationHelper::instance()->setSingleInstanceInterval(-1);
    if (!DGuiApplicationHelper::instance()->setSingleInstance(
                app.applicationName(),
                DGuiApplicationHelper::UserScope)) {
        return 0;
    }
    ...
}
```

自定义一个 UosEditorMainwindow 类作为应用主窗口类，该类继承自 DTK 的 DMainWindow 类。因为 DMainWindow 类继承自 QMainWindow 类，所以 UosEditorMainwindow 类拥有 QMainWindow 类所有的功能特性。DMainWindow 类在 QMainWindow 类的基础上额外封装了一些特殊功能属性的接口，与 QMainWindow 类相比，功能特性更加丰富。

在 UosEditorApplication 类的构造函数中添加绑定 DGuiApplicationHelper 类的 newProcessInstance 信号，当应用进程实例运行时会触发该信号，在该信号槽函数里做应用主窗口单例逻辑处理。当判断出应用进程实例还未被创建时，则创建一个应用进程实例；当判断出应用进程实例已被创建时，则激活已创建的应用进程对应的应用主窗口即可。其中 uoseditorapplication.h 文件代码如下：

```
#include <DApplication>
#include <DApplicationHelper>
#include <DWidgetUtil>
#include "../widgets/uoseditormainwindow.h"
DWIDGET_USE_NAMESPACE

class UosEditorApplication : public DApplication
{
    Q_OBJECT
public:
    explicit UosEditorApplication(int &argc, char **argv);
    void activateWindow();

public slots:
    //单例模式处理
    void slotNewProcessInstance(qint64 pid, const QStringList &arguments);

protected:
    QScopedPointer<UosEditorMainwindow> m_qspMainWindow {nullptr};
};

#endif // UOSEDITORAPPLICATION_H
uoseditorapplication.cpp:
#include "uoseditorapplication.h"

UosEditorApplication::UosEditorApplication(int &argc, char **argv)
    : DApplication(argc, argv)
{
    //绑定监听启动进程实例信号
    connect(DApplicationHelper::instance(),
            &DGuiApplicationHelper::newProcessInstance,
            this, &UosEditorApplication::slotNewProcessInstance);
}

void UosEditorApplication::activateWindow()
{
    if (m_qspMainWindow.get() == nullptr) {
        m_qspMainWindow.reset(new UosEditorMainwindow);
        m_qspMainWindow->
            setMinimumSize(QSize(DEFAULT_WINDOWS_WIDTH,
                                 DEFAULT_WINDOWS_HEIGHT));
        Dtk::Widget::moveToCenter(m_qspMainWindow.get());
        m_qspMainWindow->show();
    } else {
        m_qspMainWindow->setWindowState(Qt::WindowActive);
```

```
        m_qspMainWindow->activateWindow();
    }
}

void UosEditorApplication::slotNewProcessInstance(qint64 pid, const QStringList
                                                   &arguments)
{
    Q_UNUSED(pid);
    Q_UNUSED(arguments);

    activateWindow();
}
```

12.1.4 主业务视图

根据上文介绍，自定义 UosEditorMainwindow 类作为应用的主窗口类，与常规 Qt 应用相同，通过 setCentralWidget 接口即可对主窗口添加功能业务内容。开发人员可根据实际业务功能需求对视图内容做布局设计并进行添加。该实例是要实现一个多 Tab 标签的文本编辑器，通过选择不同的文件标签控制主业务视图显示对应的文件文本内容。此处用 DStackedWidget 类（继承自 QStackedWidget）堆视图部件展示主业务视图内容。其中 uoseditormainwindow.h 头文件代码如下：

```
#include <DMainWindow>
#include <DStackedWidget>
#include <QVBoxLayout>
#include <DPushButton>
DWIDGET_USE_NAMESPACE

class UosEditorMainwindow : public DMainWindow
{
    Q_OBJECT
public:
    explicit UosEditorMainwindow(QWidget *parent = nullptr);

private:
    void initUi();
    void initMainView();
    void openFile(QString &strFilePath);

    QWidget        *m_pCentralWidget {nullptr};
    DStackedWidget *m_pStackeWidget  {nullptr};
    QVBoxLayout    *m_pCentralLayout {nullptr};
};
uoseditormainwindow.cpp
UosEditorMainwindow::UosEditorMainwindow(QWidget *parent)
```

```
    : DMainWindow (parent)
{
    initUi();
}

void UosEditorMainwindow::initUi()
{
    initMainView();
}

void UosEditorMainwindow::initMainView()
{
    m_pCentralWidget = new QWidget(this);
    m_pCentralLayout = new QVBoxLayout(m_pCentralWidget);
    m_pStackeWidget  = new DStackedWidget();

    m_pStackeWidget->insertWidget(0, new DPushButton(tr(" 应用主业务视图 ")));
    m_pCentralLayout->addWidget(m_pStackeWidget);
    setCentralWidget(m_pCentralWidget);
}
```

应用添加主业务视图窗口的效果如图 12-3 所示。

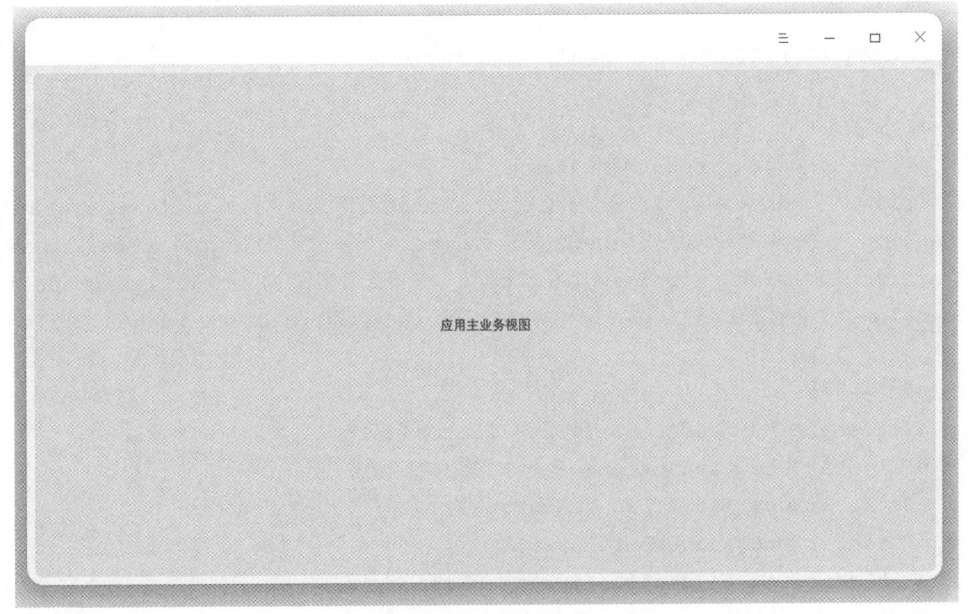

图 12-3　应用添加主业务视图窗口的效果

12.1.5　标题栏

应用主界面的最上方是应用的标题栏，下面将实现在标题栏里添加本应用所需的 logo 图片、文件标签、主菜单。

12.1.5.1 主菜单添加菜单项

这里会用到两个 DTK 类，介绍如下。

- DTitlebar 类：主窗口标题栏控件。
- DMenu 类：菜单控件。

DTK 控件类 DTitlebar 对 DTK 应用的标题栏操作及标题栏属性设置有封装接口，通过 UosEditorMainwindow 类对象接口 titlebar 可获得 DTitlebar 类对象，可通过该类对象相应的接口向标题栏嵌入应用的 logo 图片以及各种功能部件。如通过 setMenu(QMenu *menu) 接口可向标题栏主菜单中嵌入新建的菜单。

新建一个 DMenu DTK 菜单控件，给菜单控件添加“打开文件”“保存文件”“新建标签页”“设置”4 个菜单项，调用 DTK DTitlebar 类的 setMenu(QMenu *menu) 接口把菜单嵌入标题栏中的主菜单，同时绑定新增菜单项的单击信号。uoseditormainwindow.cpp 文件实现代码如下：

```
#include <DTitlebar>
#include <DMenu>

void UosEditorMainwindow::initTitlebar()
{
    /* 在标题栏设置 logo 图片、添加菜单、添加标签页控件 */
    titlebar()->setIcon(QIcon(":/images/uos-editor-logo.svg"));
    initTitlebarMenu();
}

void UosEditorMainwindow::initTitlebarMenu()
{
    //创建菜单项
    m_pTitlebarMenu = new DMenu(this);
    QAction *pOpenFileAction(new QAction(tr("打开文件"),m_pTitlebarMenu));
    QAction *pSaveFileAction(new QAction(tr("保存文件"),m_pTitlebarMenu));
    QAction *pNewTabAction(new QAction(tr("新建标签页"),m_pTitlebarMenu));
    QAction *pSettingAction(new QAction(tr("设置"),m_pTitlebarMenu));

    //添加菜单项
    m_pTitlebarMenu->addAction(pOpenFileAction);
    m_pTitlebarMenu->addAction(pSaveFileAction);
    m_pTitlebarMenu->addAction(pNewTabAction);
    m_pTitlebarMenu->addSeparator();
    m_pTitlebarMenu->addAction(pSettingAction);
    titlebar()->setMenu(m_pTitlebarMenu);

    //绑定连接菜单项单击信号
    connect(pOpenFileAction, &QAction::triggered, this,
            &UosEditorMainwindow::slotOpenFile);
    connect(pSaveFileAction, &QAction::triggered, this,
```

```
            &UosEditorMainwindow::slotSaveFile);
    connect(pNewTabAction,   &QAction::triggered, this,
            &UosEditorMainwindow::slotNewTab);
    connect(pSettingAction,  &QAction::triggered, this,
            &UosEditorMainwindow::slotSetting);
}
```

标题栏添加 logo 图片及主菜单添加菜单项后的效果如图 12-4 所示。

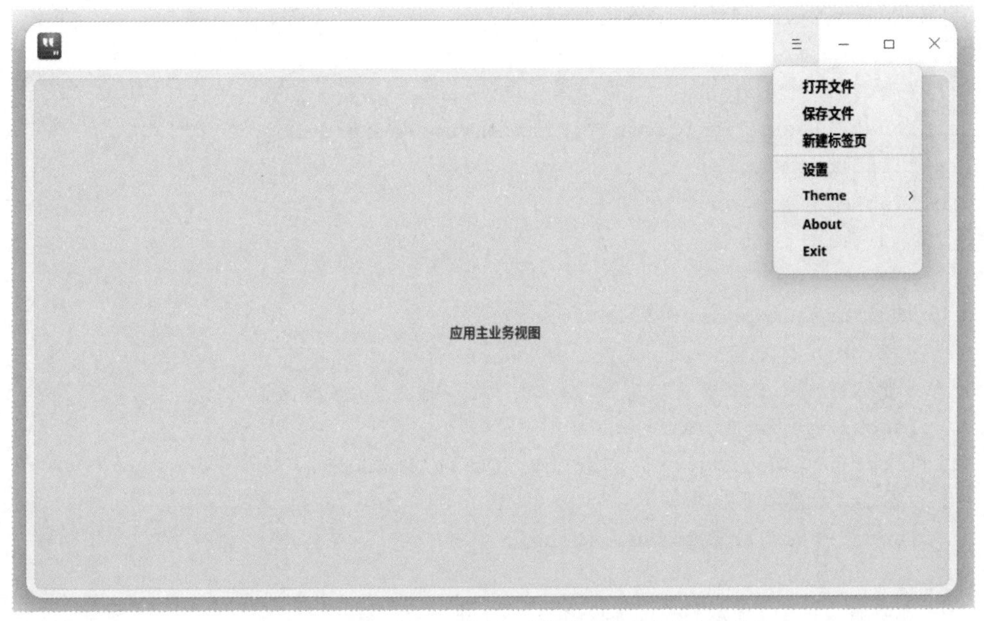

图 12-4　标题栏添加 logo 图片及主菜单添加菜单项后的效果

12.1.5.2　Tab 标签控件

这里用到的 DTK 类为 DTabBar，主要用于 Tab 标签控件。DTabBar 类是 DTK 框架里封装的 Tab 标签控件类，该控件封装了丰富的接口和信号供开发者使用，可用该控件开发多 Tab 标签页相关的功能业务，该控件也是本应用的一个重要功能业务控件。本应用中的 DTabBar 控件的接口和信号如表 12-3 所示。

表 12-3　本应用中的 DTabBar 控件的接口和信号

接口和信号	说明
void setTabsClosable(bool)	设置 Tab 标签项可关闭
int count()const	Tab 标签总数
int insertTab(int,const QString)	插入一个 Tab 标签
void removeTab(int)	移除一个 Tab 标签
tabAddRequested	添加 Tab 标签请求信号
tabCloseRequested(int)	关闭 Tab 标签请求信号

新建一个自定义类 TabBar，公有继承 DTK DTabBar 控件类，在 UosEditorMainwindow 主窗口类初始化标题栏时创建 TabBar 类对象，调用标题栏控件 DTitlebar 的 addWidget 接口将 TabBar 类对

象嵌入标题栏，并同时绑定相关功能业务信号。

在 TabBar 类里实现以下 3 个虚函数，实现每个 Tab 标签项的长度都一样，并且控制单个 Tab 标签项的长度为 110~160px。这 3 个虚函数分别是：

- QSize tabSizeHint(int index) const；
- QSize minimumTabSizeHint(int index) const；
- QSize maximumTabSizeHint(int index) const。

包含这 3 个虚函数的 uoseditormainwindow.cpp 文件代码如下：

```
void UosEditorMainwindow::initTitlebar()
{
    /* 在标题栏设置 logo 图片、添加菜单、添加 TabBar 标签项控件 */
    titlebar()->setIcon(QIcon(":/images/uos-editor-logo.svg"));
    initTitlebarMenu();
    initTabBar();
}

void UosEditorMainwindow::initTabBar()
{
    // 创建 DTabBar DTK 标签项控件，放入标题栏，靠标题栏左侧对齐
    m_pTabbar = new TabBar;
    titlebar()->addWidget(m_pTabbar, Qt::AlignLeft);
    // 设置 Tab 标签项可关闭
    m_pTabbar->setTabsClosable(true);

    /* 绑定 Tab 标签项添加和关闭信号 */
    connect(m_pTabbar, &TabBar::tabAddRequested, this,
            &UosEditorMainwindow::slotTabAddRequested);
    connect(m_pTabbar, &TabBar::tabCloseRequested, this,
            &UosEditorMainwindow::slotTabCloseRequested);
}

void UosEditorMainwindow::slotTabAddRequested()
{
    /* 此处添加 Tab 标签项的简单逻辑仅是做 demo 演示处理 */
    int iTabCount = m_pTabbar->count() + 1;
    m_pTabbar->insertTab(iTabCount,tr("* 未命名文档 %1").arg(iTabCount));
}

void UosEditorMainwindow::slotTabCloseRequested(int index)
{
    /* 此处添加 Tab 标签项的简单逻辑仅是做 demo 演示处理 */
    m_pTabbar->removeTab(index);
}
```

tabbar.h 文件代码如下：

```
#include <DTabBar>
DWIDGET_USE_NAMESPACE

class TabBar : public DTabBar
{
    Q_OBJECT
public:
    explicit TabBar(QWidget *parent = nullptr);
    ~TabBar();
    ...
protected:
    QSize tabSizeHint(int index) const;
    QSize minimumTabSizeHint(int index) const;
    QSize maximumTabSizeHint(int index) const;
    ...
};
```

tabbar.cpp 文件代码如下：

```
/* 实现每个 Tab 标签项的长度都一样，
并且控制单个 Tab 标签项的长度为 110~160px
*/
QSize TabBar::tabSizeHint(int index) const
{
    if (index >= 0) {
        int iTotalWidth = this->width();

        int iAveargeWidth = 160;
        iAveargeWidth = iTotalWidth / DTabBar::count();
        if (iAveargeWidth >= 160) {
            iAveargeWidth = 160;
        } else if (iAveargeWidth <= 110) {
            iAveargeWidth = 110;
        }

        return QSize(iAveargeWidth, 40);
    }

    return DTabBar::tabSizeHint(index);
}

QSize TabBar::minimumTabSizeHint(int index) const
{
    Q_UNUSED(index);
    return QSize(110, 40);
```

```
}

QSize TabBar::maximumTabSizeHint(int index) const
{
    Q_UNUSED(index);
    return QSize(160, 40);
}
```

标题栏嵌入 DTabBar 控件后，单击控件上的“+”按钮，将会添加一个 Tab 标签项，显示效果如图 12-5 所示。

图 12-5　标签项显示效果

12.1.6　文本显示 / 编辑框及行号栏

12.1.6.1　文本显示 / 编辑框

这里用到的 DTK 类为 DPlainTextEdit。DPlainTextEdit 是文本编辑框类，用于创建自定义 TextEdit 类。TextEdit 类是核心控件，用于文本的显示、编辑、复制、粘贴等常规的文本操作。

要实现一个多 Tab 标签项的文本编辑器，首先创建自定义 EditWrapper 类，公有继承 QWidget 类。一个 Tab 标签项对应一个主业务视图窗口，EditWrapper 类将作为本应用的主业务视图窗口类。根据 12.1.4 节所述，主业务视图窗口类将内嵌文本显示 / 编辑框窗口、左侧行号栏窗口以及底部栏窗口。

当单击标题栏 DTabBar 控件上的“+”按钮时，新创建一个标签项，同时创建一个 EditWrapper 主业务视图窗口类对象，调用 DStackedWidget 类的 addWidget(QWidget *w) 接口将主业务视图窗口放入堆视图控件，调用 DStackedWidget 类的 setCurrentWidget(QWidget *w) 接口让 DStackedWidget

视图控件展示新加入的主业务视图窗口（EditWrapper 类对象），同时将新添加的 Tab 标签项与主业务视图窗口做一对一绑定。代码片段如下：

```
/* 此代码的简单逻辑仅是做 demo 演示处理 */

/*-- editwrapper.cpp --*/
void EditWrapper::initUi()
{
    /* 文本显示 / 编辑框窗口嵌入主业务视图窗口 */
    QHBoxLayout *pHBoxLayout = new QHBoxLayout;
    pHBoxLayout->setContentsMargins(0, 0, 0, 0);
    pHBoxLayout->setSpacing(0);

    m_pTextEdit = new TextEdit(this);
    m_pTextEdit->setWrapper(this);
    pHBoxLayout->addWidget(m_pTextEdit);

    QVBoxLayout *pMainLayout = new QVBoxLayout;
    pMainLayout->setContentsMargins(0, 0, 0, 0);
    pMainLayout->setSpacing(0);
    pMainLayout->addLayout(pHBoxLayout);
    setLayout(pMainLayout);
}

/*-- uoseditormainwindow.cpp --*/
void UosEditorMainwindow::openFile(QString &filePath)
{
    /* 新建一个 Tab 标签项 */
    QString strFilePath = filePath;
    if (strFilePath.isEmpty()) {
        QString strFilePath = QString("blank_file_%1").
        arg(DateTime::currentDateTime().toString("yyyy-MM-dd_hh-mm-ss-zzz"));
        m_pTabbar->addBlankTab(strFilePath);
    } else {
        m_pTabbar->addFileTab(strFilePath);
    }

    /* 新建一个主业务视图窗口 */
    EditWrapper *pEditWrapper = createEditorWrapper(strFilePath);
    showEditorWrapper(pEditWrapper);
}

EditWrapper *UosEditorMainwindow::createEditorWrapper(QString &strFilePath)
{
    /* 创建主业务视图窗口 */
```

```
    EditWrapper *pEditWrapper = new EditWrapper(this);
    m_wrappers.insert(strFilePath, pEditWrapper);

    return pEditWrapper;
}

void UosEditorMainwindow::showEditorWrapper(EditWrapper *pEditWrapper)
{
    /* 将主业务视图放入堆视图控件并展示 */
    m_pStackeWidget->addWidget(pEditWrapper);
    m_pStackeWidget->setCurrentWidget(pEditWrapper);
}

/*-- tabbar.cpp --*/
void TabBar::addBlankTab(QString &strFilePath)
{
    /* 新添加一个 Tab 标签项 */
    int iIndex = currentIndex() + 1;
    DTabBar::insertTab(iIndex, tr("未命名文档 %1").arg(m_tabBlankPaths.
                        count() + 1));
    m_tabBlankPaths.insert(iIndex, strFilePath);
    DTabBar::setCurrentIndex(iIndex);
}
```

文本显示/编辑框窗口嵌入主业务视图窗口后的效果如图 12-6 所示。

图 12-6　嵌入主业务视图窗口后的效果

12.1.6.2　行号栏

在简易文本编辑器主业务视图窗口里，行号栏窗口是重要的组成部分，主要用于显示文本显示 / 编辑框文本内容对应的行号。

对于行号栏的实现，首先要创建自定义类 LineNumberArea，公有继承 QWidget，作为文本行号数字绘制的载体并进行显示。然后创建自定义类 LeftAreaTextEdit，公有继承 QWidget，作为文本编辑器行号栏业务窗口，将 LineNumberArea 行号数字绘制显示的载体嵌入行号栏窗口，把行号栏窗口嵌入主业务视图窗口的左侧，即可完成简易文本编辑器行号栏的添加。行号数字绘制原理及实现代码如下：

```
/*-- linenumberarea.cpp --*/
LineNumberArea::LineNumberArea(LeftAreaTextEdit *leftAreaWidget)
{
    /* 行号栏窗口类 LeftAreaTextEdit 作为构造函数参数传入 */
    m_leftAreaWidget = leftAreaWidget;
    setContentsMargins(0, 0, 0, 0);
}

/* 当文本显示 / 编辑框中的光标位置发生变化时，会触发本类的 update 函数，本类 paintEvent
函数将被调用 */
/* 会触发行号栏窗口类 LeftAreaTextEdit 的 lineNumberAreaPaintEvent 接口  */
void LineNumberArea::paintEvent(QPaintEvent *e)
{
    m_leftAreaWidget->lineNumberAreaPaintEvent(e);
}

/*-- textedit.cpp --*/
LeftAreaTextEdit::LeftAreaTextEdit(TextEdit *textEdit)
    : m_pTextEdit(textEdit)
{
    /* 将行号数字绘制载体嵌入行号栏窗口 */
    QHBoxLayout *pHLayout = new QHBoxLayout(this);
    m_pLineNumberArea = new LineNumberArea(this);

    m_pLineNumberArea->setContentsMargins(0, 0, 0, 0);
    m_pLineNumberArea->setFixedWidth(25);
    pHLayout->addWidget(m_pLineNumberArea);
    pHLayout->setContentsMargins(0, 0, 0, 0);
    pHLayout->setSpacing(0);
    this->setLayout(pHLayout);
}

void LeftAreaTextEdit::lineNumberAreaPaintEvent(QPaintEvent *event)
```

```
{
    /* 在文本编辑框类 TextEdit 中绘制 */
    m_pTextEdit->lineNumberAreaPaintEvent(event);
}

/*-- leftareatextedit.cpp --*/
void TextEdit::initUi()
{
    m_pLeftAreaWidget = new LeftAreaTextEdit(this);
}

void TextEdit::initConnect()
{
    /* 绑定监听文本显示 / 编辑框中光标位置变化的信号 */
    connect(this, &DPlainTextEdit::cursorPositionChanged, this,
            &TextEdit::slotCursorPositionChanged);
}

LeftAreaTextEdit *TextEdit::getLeftAreaWidget()
{
    return m_pLeftAreaWidget;
}

void TextEdit::slotCursorPositionChanged()
{
    QTextCursor cursor = textCursor();
    if (m_wrapper) { }

    /* 文本显示 / 编辑框中的光标位置变化，则触发行号数字绘制载体绘制行号数字 */
    m_pLeftAreaWidget->m_pLineNumberArea->update();
}

void TextEdit::setWrapper(EditWrapper *pEitWrapper)
{
    m_wrapper = pEitWrapper;
}

void TextEdit::lineNumberAreaPaintEvent(QPaintEvent *event)
{
    /* 绘制的载体是 LineNumberArea 类 */
    QPainter painter(m_pLeftAreaWidget->m_pLineNumberArea);
    /* 根据应用色调主题设置行号栏背景色及行号数字颜色 */
    QColor lineNumAreaBackgdColor;
```

```
if (DApplicationHelper::instance()->themeType() ==
    DApplicationHelper::ColorType::LightType) {
    lineNumAreaBackgdColor = palette().brightText().color();
    lineNumAreaBackgdColor.setAlphaF(0.06);

    m_lineNumbersColor = QColor(QString(TEXTLINE_LIGHT_COLOR));
    m_lineNumbersColor.setAlphaF(0.2);
} else if (DApplicationHelper::instance()->themeType() ==
           DApplicationHelper::ColorType::DarkType) {
    lineNumAreaBackgdColor = palette().brightText().color();
    lineNumAreaBackgdColor.setAlphaF(0.03);

    m_lineNumbersColor = QColor(QString(TEXTLINE_DARK_COLOR));
    m_lineNumbersColor.setAlphaF(0.3);
}
painter.fillRect(event->rect(), lineNumAreaBackgdColor);

/* 获取文本显示 / 编辑框可视范围内第一行位置属于当前整篇文本文档内容的第几行 */
int blockNumber = getFirstVisibleBlockId();
QTextBlock block = document()->findBlockByNumber(blockNumber);

/* 计算出文本显示 / 编辑框可视范围内一共有几行 */
int top = this->viewport()->geometry().top() + verticalScrollBar()->value();
int bottom = top + static_cast<int>(document()->documentLayout()->
             blockBoundingRect(block).height());

Utils::setFontSize(painter, document()->defaultFont().pointSize() - 2);
QPoint endPoint;

if (verticalScrollBar()->maximum() > 0) {
    endPoint = QPointF(0, height() + height() / verticalScrollBar()->
               maximum() * verticalScrollBar()->value()).toPoint();
}

QTextCursor cur = cursorForPosition(endPoint);
QTextBlock endBlock = cur.block();
int nPageLine = endBlock.blockNumber();
int nStartLine = block.blockNumber();

if (verticalScrollBar()->maximum() == 0) {
    nPageLine = blockCount() - 1;
}

cur = textCursor();
```

```
    for (int i = nStartLine; i <= nPageLine; i++) {
        if (i + 1 == m_markStartLine) {
            painter.setPen(m_regionMarkerColor);
        } else {
            painter.setPen(m_lineNumbersColor);
        }

        m_fontLineNumberArea.setPointSize(font().pointSize() - 1);
        painter.setFont(m_fontLineNumberArea);

        cur.setPosition(block.position(), QTextCursor::MoveAnchor);

        if (block.isVisible()) {
            /* 绘制行号数字 */
            painter.drawText(0, cursorRect(cur).y(),
                             m_pLeftAreaWidget->m_pLineNumberArea->width(),
                             cursorRect(cur).height() - static_cast<int>
                             (document()->documentMargin()),
                             Qt::AlignVCenter | Qt::AlignHCenter,
                             QString::number(block.blockNumber() + 1));
        }

        block = block.next();
        top = bottom/* + document()->documentMargin()*/;
        bottom = top + static_cast<int>(document()->documentLayout()->
                 blockBoundingRect(block).height());
    }
}

/* 获取文本显示/编辑框可视范围内第一行位置属于当前整篇文本文档内容的第几行 */
int TextEdit::getFirstVisibleBlockId() const
{
    QTextCursor cur = QTextCursor(this->document());
    if (cur.isNull()) {
        return 0;
    }
    cur.movePosition(QTextCursor::Start);

    QPoint startPoint;
    QTextBlock startBlock, endBlock;

    if (verticalScrollBar()->maximum() > height()) {
        startPoint = QPointF(0, height() / verticalScrollBar()->maximum() *
                     verticalScrollBar()->value()).toPoint();
```

```
    } else if (verticalScrollBar()->maximum() > 0 && verticalScrollBar()-
            >maximum() <= height()) {

        startPoint = QPointF(0, verticalScrollBar()->value() /
                    verticalScrollBar()->maximum()).toPoint();
    }

    cur = cursorForPosition(startPoint);
    startBlock = document()->findBlock(cur.position());
    cur.movePosition(QTextCursor::EndOfBlock, QTextCursor::KeepAnchor);
    if (startBlock.text() != cur.selection().toPlainText()) {
        return startBlock.blockNumber() + 1;
    }

    return startBlock.blockNumber();
}

/*-- editwrapper.cpp --*/
EditWrapper::EditWrapper(QWidget *parent) : QWidget(parent)
{
    initUi();
}

void EditWrapper::initUi()
{
    /* 文本显示/编辑框窗口和行号栏窗口嵌入主业务视图窗口 */
    QHBoxLayout *pHBoxLayout = new QHBoxLayout;
    pHBoxLayout->setContentsMargins(0, 0, 0, 0);
    pHBoxLayout->setSpacing(0);

    m_pTextEdit = new TextEdit(this);
    m_pTextEdit->setWrapper(this);
    m_pLeftAreaTextEdit = m_pTextEdit->getLeftAreaWidget();
    pHBoxLayout->addWidget(m_pLeftAreaTextEdit, 1);
    pHBoxLayout->addWidget(m_pTextEdit, 35);

    QVBoxLayout *pMainLayout = new QVBoxLayout;
    pMainLayout->setContentsMargins(0, 0, 0, 0);
    pMainLayout->setSpacing(0);
    pMainLayout->addLayout(pHBoxLayout);
    setLayout(pMainLayout);
}
```

应用主业务视图窗口添加行号栏窗口后的效果如图 12-7 所示。

图 12-7　添加行号栏窗口后的效果

12.1.7　底部栏

底部栏居于应用主界面的最底部，主要用于显示文本显示 / 编辑框中光标当前所在的行列位置，以及当前文本显示 / 编辑框中文本的字符数。本节用到的两个 DTK 类的介绍如下。

- DLabel 类：文本 / 图片载体控件；
- DFontSizeManager 类：字体管理类。

创建自定义 BottomBar 窗口类，公有继承 QWidget 类，作为简易文本编辑器底部栏窗口，底部栏窗口布局内嵌两个 DLabel 类对象，用于显示光标的行列位置及字符数。将 BottomBar 底部栏窗口嵌入主业务视图窗口，文本编辑框类 TextEdit 中绑定光标位置变化信号 DPlainTextEdit::cursorPositionChanged，在该信号槽函数里完成获取当前光标行列位置的操作，调用底部栏窗口 BottomBar 类的自定义接口 updatePosition(int row,int column) 做更新显示光标行列位置数值的操作。文本编辑框类 TextEdit 中绑定文本内容变化信号 DPlainTextEdit::textChanged，在该信号槽函数里做获取当前文本框字符数的操作，调用底部栏窗口 BottomBar 类的自定义接口 updateWordCount(int charactorCount) 做更新显示字符数的操作。以下代码片段给出了主要功能实现说明，bottombar.h 文件代码如下：

```
/*-- bottombar.h --*/
#include <DLabel>
#include <DFontSizeManager>
class BottomBar : public QWidget
{
    Q_OBJECT
public:
    explicit BottomBar(QWidget *parent = nullptr);
    void updatePosition(int row, int column);
```

```
    void updateWordCount(int charactorCount);

private:
    void initUi();

    DLabel *m_pPositionLabel  {nullptr};          /* 显示光标行位置 */
    DLabel *m_pCharCountLabel {nullptr};          /* 显示光标列位置 */
    QString m_strRow          {QString(tr(" 行 "))};
    QString m_strColumn       {QString(tr(" 列 "))};
    QString m_strCharCount    {QString(tr(" 字符数 %1"))};
};
```

bottombar.cpp 文件代码如下：

```
BottomBar::BottomBar(QWidget *parent) : QWidget(parent)
{
    initUi();
}

void BottomBar::initUi()
{
    /* 底部栏嵌入光标位置显示载体、字符数载体 */
    QHBoxLayout *pHBoxLayout = new QHBoxLayout(this);
    pHBoxLayout->setContentsMargins(29, 1, 10, 0);
    m_pPositionLabel  = new DLabel;
    m_pPositionLabel->setText(QString("%1 %2  %3 %4").arg(m_strRow, "1",
                              m_strColumn, "1"));
    m_pCharCountLabel = new DLabel;
    m_pCharCountLabel->setText(m_strCharCount.arg("0"));

    pHBoxLayout->addWidget(m_pPositionLabel);
    pHBoxLayout->addStretch();
    pHBoxLayout->addWidget(m_pCharCountLabel);
    pHBoxLayout->addStretch();
    setFixedHeight(32);

    /* 设置控件文本字体大小、DTK 专属接口设置方式，如此设置，控件的字体大小才能跟随系统
       字体的变更而变更 */
    DFontSizeManager::instance()->bind(m_pPositionLabel,
                                       DFontSizeManager::T8);
    DFontSizeManager::instance()->bind(m_pCharCountLabel,
                                       DFontSizeManager::T8);
}

/* 设置更新光标所在的行列数值 */
```

```
void BottomBar::updatePosition(int row, int column)
{
    m_pPositionLabel->setText(QString("%1 %2  %3 %4").arg(m_strRow,
                                                     QString::number(row),
                                                     m_strColumn,
                                                     QString::number(column)));
}

/* 设置更新字符数 */
void BottomBar::updateWordCount(int charactorCount)
{
    m_pCharCountLabel->setText(m_strCharCount.arg(QString::number(charactor
                               Count -1)));
}
```

textedit.cpp 文件主要代码如下：

```
void TextEdit::slotCursorPositionChanged()
{
    /* 获取当前光标所在的行列位置，并设置更新行列数值的显示内容 */
    QTextCursor cursor = textCursor();
    if (m_pWrapper) {
        m_pWrapper->bottomBar()->updatePosition(cursor.blockNumber() + 1,
                                                cursor.columnNumber() + 1);
    }

    /* 文本显示 / 编辑框中的光标位置变化，则触发行号数字绘制载体绘制行号数字 */
    m_pLeftAreaWidget->m_pLineNumberArea->update();
}

void TextEdit::slotTextChanged()
{
    if (m_pWrapper) {
        m_pWrapper->updateBottomBarWordCnt(getCharacterCount());
    }
}

/* 获取应用主业务视图窗口类对象 */
void TextEdit::setWrapper(EditWrapper *pEitWrapper)
{
    m_pWrapper = pEitWrapper;
}

/* 获取当前文本显示 / 编辑框文本字符数 */
int TextEdit::getCharacterCount() const
```

```
{
    return document()->characterCount();
}
```

editwrapper.h 文件主要代码如下：

```
class EditWrapper : public QWidget
{
    Q_OBJECT
public:
    explicit EditWrapper(QWidget *parent = nullptr);
    BottomBar *bottomBar();

private:
    ...
    BottomBar *m_pBottomBar {nullptr};
};
```

editwrapper.cpp 文件主要代码如下：

```
void EditWrapper::initUi()
{
    /* 文本显示/编辑框窗口和行号栏窗口嵌入主业务视图窗口 */
    QHBoxLayout *pHBoxLayout = new QHBoxLayout;
    pHBoxLayout->setContentsMargins(0, 0, 0, 0);
    pHBoxLayout->setSpacing(0);

    m_pTextEdit = new TextEdit(this);
    m_pTextEdit->setWrapper(this);
    m_pLeftAreaTextEdit = m_pTextEdit->getLeftAreaWidget();
    pHBoxLayout->addWidget(m_pLeftAreaTextEdit);
    pHBoxLayout->addWidget(m_pTextEdit);

    QVBoxLayout *pMainLayout = new QVBoxLayout;
    pMainLayout->setContentsMargins(0, 0, 0, 0);
    pMainLayout->setSpacing(0);
    pMainLayout->addLayout(pHBoxLayout);
    /* 底部栏窗口嵌入主业务视图窗口 */
    pMainLayout->addWidget(m_pBottomBar = new BottomBar(this));
    setLayout(pMainLayout);
}

BottomBar *EditWrapper::bottomBar()
{
    return m_pBottomBar;
}
```

应用主业务视图添加底部栏后的效果如图 12-8 所示。

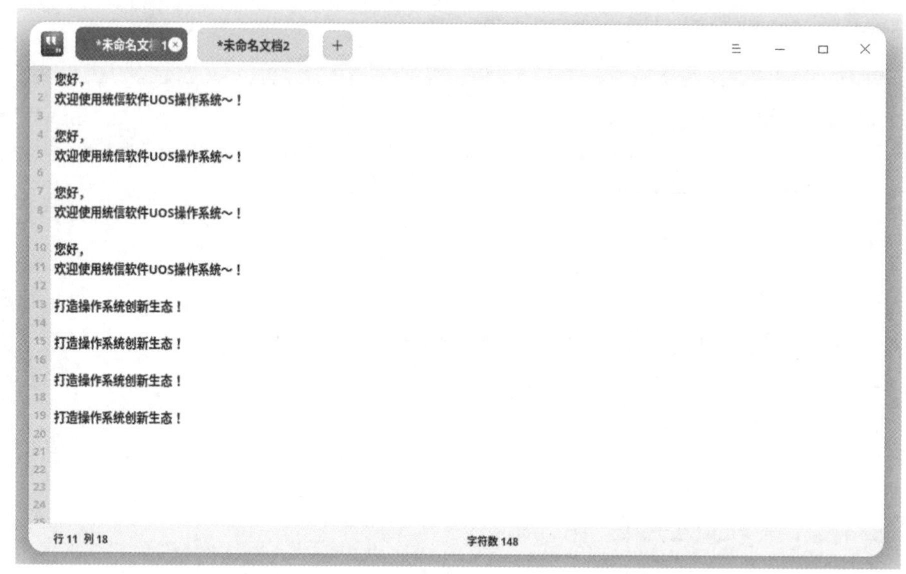

图 12-8　应用主业务视图添加底部栏后的效果

12.2　初级：计算器

计算器是一款非常实用、功能强大的工具软件，本节将介绍统信 UOS 中计算器开发的主要过程。

12.2.1　简述

本应用的计算器是一款面向普通用户的简单、易用的计算器，具有全新设计的界面，同时提供了标准模式、科学模式和程序员模式。作为系统内置的本地计算器，应用基于 Qt 开发并遵循 DTK 应用整体的设计规范，以保证视觉上和用户交互上的体验一致。计算器的设计效果如图 12-9 所示。

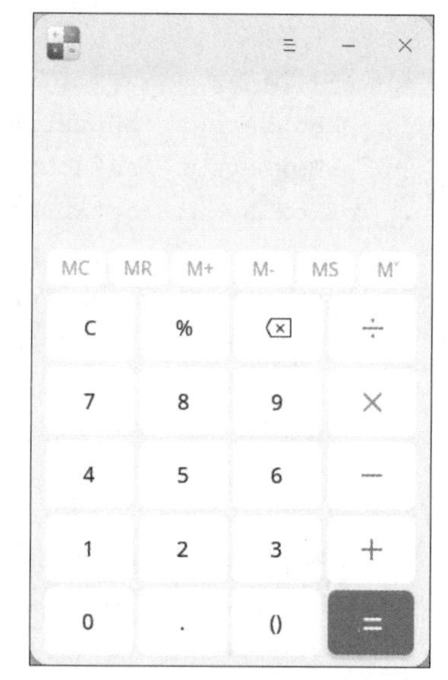

图 12-9　计算器的设计效果

12.2.2　应用主要功能

计算器应用主要的功能如表 12-4 所示。

表 12-4　计算器应用主要的功能

功能	说明
标准模式	标准模式计算器，支持基本的四则运算
科学模式	科学模式计算器，支持复杂的科学运算，如三角函数、指数运算、对数运算等
程序员模式	程序员模式计算器，支持 4 种计算机常用数制的运算
历史记录功能	记录历史运算表达式及结果
数字内存功能	存储单一数字或运算结果

以下将以标准模式为例，介绍如何基于 DTK 开发框架实现应用的部分模块功能，并节选部分代码进行展示。本节所有涉及运算过程的内容，均依赖第三方 SpeedCrunch 的开放源码。

12.2.3 应用入口

应用的入口为 main 函数，函数中主要实现的内容有：

- 初始化应用对象 DApplication，通过该对象可以对应用的显示名称、“关于”界面等进行设置；
- 自动生成日志文件；
- 对主窗口进行初始化。

下面分别展示上述各内容对应的代码。

12.2.3.1 初始化应用对象 DApplication

DApplication 相关代码如下：

```
int main(int argc, char *argv[])
{
    DApplication app(argc, argv);
    // 设置应用属性，打开高 DPI 支持
    app.setAttribute(Qt::AA_UseHighDpiPixmaps);
    // 设置组织名称
    app.setOrganizationName("uos");
    // 设置应用名称
    app.setApplicationName("uos-calculator");
    // 设置应用版本号
    app.setApplicationVersion("1.0");
    // 设置应用 logo 图片
    app.setProductIcon(QIcon(":/images/uos-calculator-logo.svg"));
    // 设置应用产品名称
    app.setProductName("UOS Calculator");
    // 设置应用描述
    app.setApplicationDescription("Calculator is an easy to use desktop
                                  calculator.");

    ...
    // 设置应用的主题及主题记忆
    DApplicationSettings savetheme(&app);
    ...
}
```

12.2.3.2 自动生成日志文件

计算机中自动生成日志文件的 DTK 代码如下：

```
int main(int argc, char *argv[])
{
```

```
    ...
    using namespace Dtk::Core;
    Dtk::Core::DLogManager::registerConsoleAppender();
    Dtk::Core::DLogManager::registerFileAppender();
    ...
}
```

12.2.3.3 对主窗口进行初始化

计算器应用设计为固定大小的窗口，需要关闭最大化按钮的显示，将打开应用时显示的窗口放在屏幕中间，代码如下：

```
int main(int argc, char *argv[])
{
    ...
    MainWindow window;
    //关闭最大化按钮
    window.setWindowFlag(Qt::WindowMaximizeButtonHint, false);
    //DTK 提供的接口，将窗口移至屏幕中间
    Dtk::Widget::moveToCenter(&window);
    ...
}
```

12.2.4 应用主窗口内容添加

计算器的 3 种主要模式的主界面基本结构相似，主要分 3 个显示区域，从上至下分别是标题栏、表达式区、数字键盘 / 内存区。以标准模式为例，如图 12-10 所示，各区域的功能介绍如下。

- 标题栏：包括应用 logo 图片、应用主菜单、应用最小化 / 关闭按钮。
- 表达式区：包括历史记录列表、用户可以调整光标位置的输入栏，以及程序员模式下特有的进制转换列表。
- 数字键盘 / 内存区：包括提供用户通过单击输入的数字键盘、数字内存界面。

下面介绍主窗口各区域初始化相关示例代码。

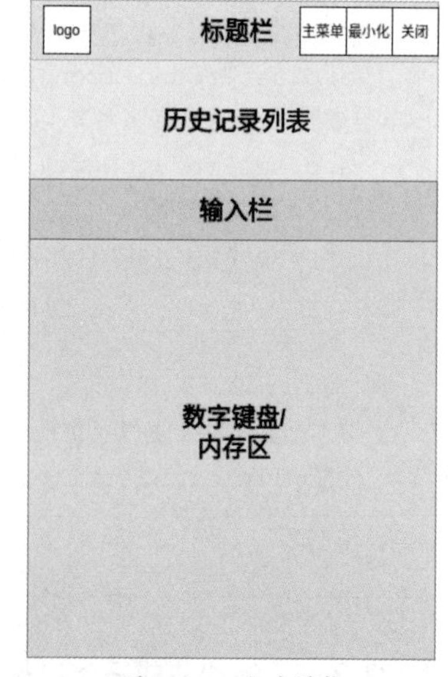

图 12-10 标准模式

12.2.4.1 主窗口及标题栏初始化

主窗口使用自定义的窗口类 MainWindow，其继承 DTK 的窗口类 DMainWindow，用以搭载应用所需要的各种控件。标题栏置于应用顶部，搭载应用的 logo 图片、主菜单及按钮，类型为 DTitlebar。在 DMainWindow 中可以直接通过 titlebar 函数获取指针对象。标题栏的主菜单中，默认带有“主题”“帮助”“关于”“退出”选项，开发人员可以根据需要在此基础上增加自定义菜单。本应用使

用 DMenu 作为自定义菜单类型，增加一个二级菜单以选择不同模式，构造函数如下：

```
MainWindow::MainWindow(QWidget *parent)
    : DMainWindow(parent)
{
    m_modeMenu = new DMenu(this);
    // 设置标题栏 logo 图片
    titlebar()->setIcon(QIcon(":/images/uos-calculator-logo.svg"));
    // 设置标题栏自定义菜单
    titlebar()->setMenu(m_modeMenu);

    // 菜单项
    m_simpleAction = new QAction(tr("Standard"), this);
    m_scAction = new QAction(tr("Scientific"), this);
    m_programmerAction = new QAction(tr("Programmer"), this);

    // 实现菜单项的互斥
    m_pActionGroup = new QActionGroup(this);
    m_pActionGroup->addAction(m_simpleAction);
    m_pActionGroup->addAction(m_scAction);
    m_pActionGroup->addAction(m_programmerAction);
    m_simpleAction->setCheckable(true);
    m_scAction->setCheckable(true);
    m_programmerAction->setCheckable(true);

    // "模式" 二级菜单
    m_childMenu = new DMenu(tr("Mode"), this);
    m_childMenu->addAction(m_simpleAction);
    m_childMenu->addAction(m_scAction);
    m_childMenu->addAction(m_programmerAction);
    // 将二级菜单加入自定义菜单
    m_modeMenu->addMenu(m_childMenu);

    initModule();
    // 初始化时先根据当前主题设置标题栏
    initTheme();

    // 标题栏颜色随主题变化
    connect(DGuiApplicationHelper::instance(),
            DGuiApplicationHelper::themeTypeChanged,
            this, &MainWindow::initTheme);
}
```

除设置“模式”菜单外，计算器还需要对标题栏设置颜色，通过获取调色板可以自定义标题栏的背景色，实现函数如下：

```
void MainWindow::initTheme()
{
    DPalette titlePa = titlebar()->palette();
    // 判断当前系统主题，设置标题栏的背景色，颜色可自定义
    if (1 == DGuiApplicationHelper::instance()->themeType()) {
        titlePa.setColor(DPalette::Light, QColor(240, 240, 240));
        titlePa.setColor(DPalette::Dark, QColor(240, 240, 240));
        titlePa.setColor(DPalette::Base, QColor(240, 240, 240));
    } else {
        QColor normalbackground = QColor(0, 0, 0);
        normalbackground.setAlphaF(0.1);
        titlePa.setColor(DPalette::Light, normalbackground);
        titlePa.setColor(DPalette::Dark, normalbackground);
        titlePa.setColor(DPalette::Base, normalbackground);
    }
    titlebar()->setPalette(titlePa);
}
```

主窗口显示效果如图 12-11 所示。

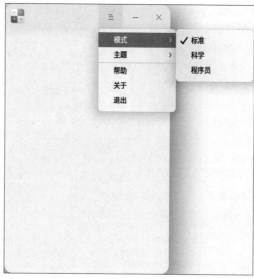

图 12-11　主窗口显示效果

12.2.4.2　模式界面初始化及切换

计算器的 3 种模式，分别使用 3 个界面类，并使用栈布局 QStackedLayout 排列在主界面中。前文代码中所示的 initModule 函数，用于初始化计算器的模式界面，而主菜单中的“模式”选项负责实现被单击后切换对应界面，部分代码如下：

```
void MainWindow::initModule()
{
    // 栈布局及 centralWidget 的初始化
```

```
    m_mainLayout = new QStackedLayout();
    QWidget *centralWidget = new QWidget(this);
    centralWidget->setLayout(m_mainLayout);
    setCentralWidget(centralWidget);
    m_mainLayout->setContentsMargins(0, 0, 0, 0);

    // 初始化模式界面
    m_basicModule = new BasicModule(this);

    // 放入布局
    m_mainLayout->addWidget(m_basicModule);

    // 模式切换信号
    connect(m_simpleAction, &QAction::triggered, this,
            &MainWindow::switchToBasicMode);

    // 本示例中，初始化默认为标准模式
    m_simpleAction->setChecked(true);
    switchToBasicMode();
}

// 以标准模式为例
void MainWindow::switchToBasicMode()
{
    m_mainLayout->setCurrentWidget(m_basicModule);
    setFixedSize(STANDARD_SIZE);
}
```

模式的主界面类为 BasicModule，继承 Dwidget 类，搭载标准模式下主要的功能控件，从上至下的布局依次为历史记录列表、输入栏、数字键盘 / 内存区，其中标准数字键盘和内存界面放置在 QStackedWidget 上。该类的主要功能为用户界面的初始化及输入事件的分发筛选。

12.2.4.3　表达式区

计算器表达式区的界面类为 ExpressionBar，继承 DWidget 类，搭载历史记录列表及输入栏，用于集中处理表达式输入、计算事件。类的构造函数中，仍然以对象的初始化及界面布局的设置为主，主要代码如下：

```
ExpressionBar::ExpressionBar(DWidget *parent)
    : DWidget(parent)
{
    // 历史记录列表初始化
    m_listView = new SimpleListView(0, this);
    m_listDelegate = new SimpleListDelegate(0, this);
    m_listModel = new SimpleListModel(0, this);
```

```
    // 设置 View 对应的模型和代理
    m_listView->setModel(m_listModel);
    m_listView->setItemDelegate(m_listDelegate);

    // 输入栏初始化
    m_inputEdit = new InputEdit(this);
    m_inputEdit->setFixedHeight(55);
    m_inputEdit->setAlignment(Qt::AlignRight);

    m_evaluator = Evaluator::instance(); // 计算器的求值器

    // 省略布局相关代码
    ...
}
```

在 ExpressionBar 类中需要集中处理一些输入事件，包含数字、运算符以及等于符号等响应事件，这样能够尽量将界面与功能代码分开处理。主要的输入事件槽函数接口如表 12-5 所示。

表 12-5　主要的输入事件槽函数接口

接口	说明
void enterNumberEvent(const QString &text)	输入数字
void enterSymbolEvent(const QString &text)	输入运算符
void enterBackspaceEvent	输入退格等
void enterClearEvent	清空输入
void enterEqualEvent	输入等于符号，求值

常用的输入数字实现代码示例如下：

```
void ExpressionBar::enterNumberEvent(const QString &text)
{
    /* 当直接在计算结果后进行输入时，直接替换结果 */
    if (m_isResult) {
        m_inputEdit->clear();
        m_isResult = false;
    }

    // 当有选中的部分时，替换选中的部分
    replaceSelection(m_inputEdit->text());
    m_inputEdit->insert(text);


    ...
}
```

计算器在输入等于符号后会进行运算得出结果，完成运算过程的同时将结果格式化地显示在输入栏中，并将上一次运算的表达式推送到历史记录列表，部分实现代码如下：

```
/* 触发等于符号事件后，计算器会计算出结果并生成历史记录，同时将结果显示在输入栏中 */
void ExpressionBar::enterEqualEvent()
{
    if (m_inputEdit->text().isEmpty())
        return;

    // 将输入栏中的数字放入求值器求取运算结果
    const QString expression = formatExpression(m_inputEdit->text());
    m_evaluator->setExpression(expression);
    Quantity ans = m_evaluator->evalUpdateAns();

    if (m_evaluator->error().isEmpty()) {
        // 格式化输出
        const QString result = DMath::format(ans, Quantity::Format::General() +
                                Quantity::Format::Precision(STANDPREC));
        // 更新历史记录列表
        QString formatResult = Utils::formatThousandsSeparators(result);
        m_listModel->updataList(m_inputEdit->text() + " = " + formatResult,
                                m_hisRevision);
        m_inputEdit->setAnswer(formatResult, ans);
        m_hisRevision = -1;
    } else {
        m_listModel->updataList(m_inputEdit->text() + " = " + tr("Expression
error"), m_hisRevision);
    }

    m_listView->scrollToBottom();
    m_isResult = true;
}
```

12.2.4.4　历史记录功能

历史记录功能是指计算器具有记录用户历史运算表达式的功能，并能将其显示在历史记录列表中。历史记录列表使用模型视图架构，将传统的 M-V 模型分为 3 个部分：模型、视图和委托（代理）。模型使用自定义类型 SimpleListModel，继承 Qt 原生的模型类 QAbstractListModel，主要处理其底层维护的数据。视图使用自定义类 SimpleListView，继承 DTK 的 DListView 类型，主要处理界面交互，比如单击事件。

在构造函数中主要是对 listview 的模式进行设置，包含滚动、选中等属性，交互则以重写父类的交互事件虚函数为主，下面以单击事件实现代码进行举例说明：

```
// 鼠标单击
void SimpleListView::mousePressEvent(QMouseEvent *event)
{
    // 父类的鼠标单击事件
    DListView::mousePressEvent(event);
```

```
    // 刷新列表
    static_cast<SimpleListModel *>(model())->refrushModel();

    if (event->buttons() & Qt::LeftButton) {
        if (indexAt(event->pos()).isValid()) {
            m_presspoint = event->pos();
            // 调用代理的绘制相关函数，为 press 状态
            static_cast<SimpleListDelegate *>(itemDelegate(indexAt(
                        m_presspoint)))->paintback(indexAt(m_presspoint), 2);
            // 发送选中事件
            emit obtainingHistoricalSimple(indexAt(event->pos()));
        }
    }
}
```

历史记录的代理类使用自定义类型SimpleListDelegate，继承Qt的原生代理类型QStyledItemDelegate，主要用于绘制渲染列表项及数据，下面展示如何根据主题色绘制单击事件的效果：

```
// 设置绘制的背景相关属性：normal、press
void SimpleListDelegate::paintback(const QModelIndex &index, int state)
{
    m_row = index.row();
    m_state = state;
}

// 绘制函数
void SimpleListDelegate::paint(QPainter *painter, const QStyleOptionViewItem &option,
                              const QModelIndex &index) const
{
    const QString expression = index.data(SimpleListModel::ExpressionRole).
toString();
    // 设置左、右边距
    QRect rect(option.rect);
    rect.setRight(option.widget->width() - 30);
    rect.setLeft(15);

    painter->setRenderHints(QPainter::Antialiasing | QPainter::TextAntialiasing |
                            QPainter::SmoothPixmapTransform);

    // 鼠标单击后设置 press 状态，设制背景色
    if (2 == m_state && m_row == index.row()) {
        QRectF resultRect(rect.right() - resultWidth, rect.y() + 5,
                          resultWidth + 4, rect.height() - 10);
        QPainterPath path;
        path.addRoundedRect(resultRect, 4, 4);
```

```
        QBrush brush(Dtk::Gui::DGuiApplicationHelper::instance()- >
                    applicationPalette().highlight().color());
        painter->fillPath(path, brush);
        // 单击后，文字显示为白色
        painter->setPen(Qt::white);
    }

    // 省略文字绘制部分
    ...
}
```

绘制完成后，在表达式区中写入历史记录并单击的效果如图 12-12 所示。

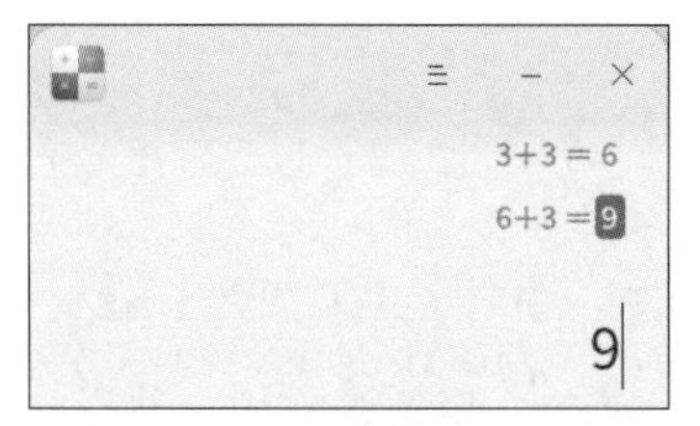

图 12-12　表达式区中写入历史记录并单击的效果

12.2.4.5　数字键盘

标准模式下的数字键盘包括两个界面类，分别是内存键盘和数字键盘，其中内存键盘类主要用于装载内存相关的各种按键和集中分发单击事件。内存键盘界面中初始化的按键类 MemoryButton 是计算器中主要的按键类 TextButton 的子类，TextButton 则继承 DTK 的按键类 DpushButton，主要重写了交互事件及绘制事件。

下面以 TextButton 为例，展示根据系统主题颜色和活动用色绘制按键效果的主要实现代码：

```
// 重写绘制事件，节选与 hover 相关的代码，其他状态可自定义
void TextButton::paintEvent(QPaintEvent *e)
{
    Q_UNUSED(e);
    QRectF rect = this->rect();
    QRectF inside(rect.left() + 1, rect.top() + 1, rect.width() - 2, rect.
                height() - 2);
    QPainter painter(this);
    painter.setRenderHints(QPainter::Antialiasing | QPainter::HighQualityAn
                        tialiasing);// 反锯齿
    painter.setFont(m_font);
    QRectF textRect = painter.fontMetrics().boundingRect(0, 0, int(rect.width()),
                                                int(rect.height()),
                                                Qt::AlignCenter,
                                                this->text());
    QColor actcolor = Dtk::Gui::DGuiApplicationHelper::instance()->
                    applicationPalette().highlight().color();// 活动用色

    QColor text; // 字体颜色
    QColor hoverFrame, hoverShadow, hoverbrush; //hover 状态的按键边框、阴影和底色
    hoverShadow = actcolor;
    hoverShadow.setAlphaF(0.1);
```

```
    hoverFrame = actcolor;
    hoverFrame.setAlphaF(0.2);

    //根据深浅色主题设置对应颜色
    if (1 == DGuiApplicationHelper::instance()->themeType()) {
        hoverbrush = QColor("#FFFFFF");
        text = QColor("#303030");
    } else {
        hoverbrush = QColor(60, 60, 60);
        if (m_isHover)
            text = Qt::white;
        else
            text = QColor(224, 224, 224);
    }

    painter.setPen(Qt::NoPen);
    if (m_isHover) { //hover 状态
        painter.setPen(hoverFrame);
        painter.setBrush(hoverbrush);
        painter.drawRoundedRect(inside, 8, 8); // 圆角半径的单位为像素

        painter.setPen(text);
        painter.drawText(textRect, this->text());
        m_effect->setColor(hoverShadow);
        this->setGraphicsEffect(m_effect);
    }

    ...
}
```

绘制的按键悬停效果如图 12-13 所示。

键盘界面类的主要功能相似，标准模式下的数字键盘类为 BasicKeypad，内容不赘述，与内存界面同时放置在栈类型的界面上，键盘界面全部初始化完成后，标准模式计算器的基本界面如图 12-14 所示。

图 12-13　绘制的按键悬停效果

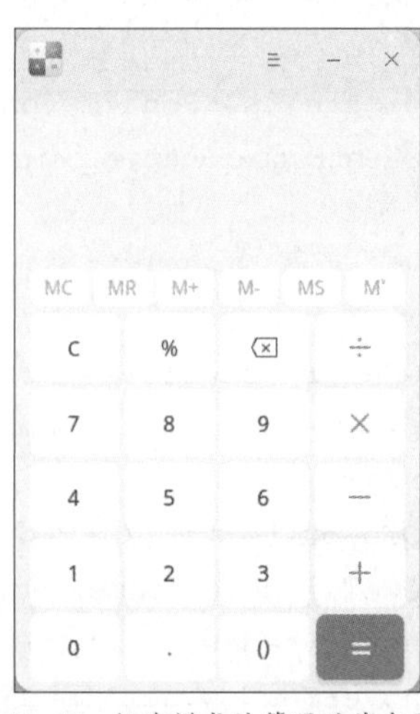

图 12-14　标准模式计算器的基本界面

12.3 中级：相册

通过相册应用可以浏览图片，本节将介绍其主要开发过程。

12.3.1 简述

统信 UOS 集成了大量的常用软件，其中自有多媒体应用基本都是基于 DTK 框架开发的。本节将介绍如何使用 DTK 框架开发一个简易版的相册。本应用从 DTK 出发，结合相册的开发逻辑，最终实现图片的加载和展示。

12.3.2 图片加载

项目的创建、DTK 的引用等内容前文已有详细描述，这里就不赘述。为了支持查看多种图片格式，可采用 FreeImage 或者 OpenCV 等开源库来加载和处理图片。FreeImage 是一款免费的、开源的、跨平台（Windows、Linux 和 macOS）的、支持 20 多种图片类型（如 BMP、JPEG、GIF、PNG、TIFF 等）的图片处理库。OpenCV 是更加强大的开源库，有兴趣的读者可搜索资料学习。如果对图片格式要求不多，可只用 QImage 和 QPixmap 加载图片。

相册应用暂时采用 FreeImage 类来进行图片的加载和处理，对 FreeImage 进行简单的封装，能更加适应相册应用的业务需求。部分接口函数代码如下：

```
/**
* @brief CreatNewImage
* @param[out]          res
* @param[in]           width
* @param[in]           height
* @param[in]           depth
* @param[in]           type
* @return bool
* @author DJH
* 创建可以自定义深度和颜色空间的图片
*/
UNIONIMAGESHARED_EXPORT bool creatNewImage(QImage &res, int width = 0, int
height = 0, int depth = 0, SupportType type = UNKNOWNTYPE);

/**
* @brief LoadImageFromFile
* @param[in]           path
* @param[out]          res
* @param[out]          errorMsg
* @return bool
* @author DJH
* 从文件载入图片
* 载入成功返回 true，图片数据返回到 res
```

```
* 载入失败返回 false，如果有需要可以读取 errorMsg 返回错误信息
* 载入动态图片时只会返回动态图片的第一帧，如果需要用动图请使用 UUnionMovieImage
*/
UNIONIMAGESHARED_EXPORT bool loadStaticImageFromFile(const QString &path,
       QImage &res, QString &errorMsg, const QString &format_bar = "");

/**
* @brief detectImageFormat
* @param path
* @return QString
* 返回图片的帧格式
*/
UNIONIMAGESHARED_EXPORT QString detectImageFormat(const QString &path);

/**
* @brief isNoneQImage
* @param[in]           qi
* @return bool
* @author DJH
* 判断是否为空图
*/
UNIONIMAGESHARED_EXPORT bool isNoneQImage(const QImage &qi);

/**
* @brief rotateImage
* @param[in]           angel
* @param[out]          image
* @return bool
* @author DJH
* 在内存中旋转图片
*/
UNIONIMAGESHARED_EXPORT bool rotateImage(int angel, QImage &image);
```

本应用采用 QImage 和 QPixmap 控件来加载图片，这种操作比较简单、方便。

12.3.3 缩略图展示

主界面创建好后，通过 DListView 列表视图控件来展示图片的缩略图。缩略图展示模块采用模型视图代理（Model View Delegate，MVD）模式，图片数据保存在 QStandardItemModel 类中，通过代理绘制图片。定义每张缩略图的结构体参数。

View 类主要负责展示所有缩略图，提供对外的图片路径获得接口。其中 View 视图部分主要实现代码如下：

```
//*************view.h****************
class view: public DListView
```

```
{
    Q_OBJECT
public:
    struct ItemInfo {
        QString name = "";
        QString path = "";
        int width = 0;
        int height = 0;
        QPixmap image = QPixmap();

        friend bool operator== (const ItemInfo &left, const ItemInfo &right)
        {

            if (left.image == right.image)
                return true;
            return false;
        }
    };
    explicit view(QWidget *parent = nullptr);
    ~view() override;

    void modifyAllPic(ItemInfo &info);
    void cutPixmap(ItemInfo &iteminfo);
    void calgridItemsWidth();

    QStandardItemModel *m_model = nullptr;
    delegate *m_delegate = nullptr;
    QList<ItemInfo> m_allItemInfo;
    int m_iBaseHeight = 100;
    int rowSizeHint = 0;
    QList<ItemInfo> m_allItemLeft;
};


//****************view.cpp**************
view::view(QWidget *parent)
{
    m_model = new QStandardItemModel(this);

    m_delegate = new delegate();
    setItemDelegate(m_delegate);
    setModel(m_model);

    m_iBaseHeight = BASE_HEIGHT;
```

```
    setResizeMode(QListView::Adjust);
    setViewMode(QListView::IconMode);
    setSpacing(ITEM_SPACING);
    ...
}
```

在视图中设置好模型和代理，并配置成 IconMode 显示模式。启动时，本应用默认加载给定路径下的图片，将每张图片的相关信息保存在 ItemInfo 结构体中，然后将其统一保存在缓存 m_allItemInfo 中。所有图片处理完成后，将数据写入模型。代码如下：

```
// 加载文件
QString dirpath = "/home/uos/view/";
QDir dir(dirpath);
if (dir.exists()) {
    QStringList filters;
    filters << "*.jpg" ;
    QList<QFileInfo>files = dir.entryInfoList(filters);
    for (int i = 0; i < files.count(); i++) {
        ItemInfo item;
        item.name = files[i].fileName();
        item.path = dirpath + files[i].fileName();
        QString path = dirpath + files[i].fileName();
        QPixmap file(path);
        item.image = file;
        item.width = m_iBaseHeight;
        item.height = m_iBaseHeight;
        m_allItemInfo << item;
    }
}
// 将缓存中的数据写入模型
m_model->clear();
for (int i = 0; i < m_allItemInfo.length(); i++) {
    QVariantList datas;
    QStandardItem *item = new QStandardItem;
    datas.append(QVariant(m_allItemInfo[i].name));
    datas.append(QVariant(m_allItemInfo[i].path));
    datas.append(QVariant(m_allItemInfo[i].width));
    datas.append(QVariant(m_allItemInfo[i].height));
    datas.append(QVariant(m_allItemInfo[i].image));
    item->setData(QVariant(QSize(m_allItemInfo[i].width,
                  m_allItemInfo[i].width)),
                  Qt::UserRole + 5);

    item->setData(QVariant(datas), Qt::DisplayRole);
    m_model->appendRow(item);
}
```

当模型改变时，会自动进行绘制。代理中与绘制相关的函数的主要代码如下：

```
// 绘制
void delegate::paint(QPainter *painter, const QStyleOptionViewItem &option,
                     const QModelIndex &index) const
{
    painter->save();
    const ItemData data = itemData(index);

    painter->setRenderHints(QPainter::HighQualityAntialiasing |
                            QPainter::SmoothPixmapTransform |
                            QPainter::Antialiasing);
    QRect backgroundRect = option.rect;
    QPainterPath bp1;
    bp1.addRoundedRect(backgroundRect, 8, 8);
    painter->setClipPath(bp1);
    painter->drawPixmap(backgroundRect, data.image);
    painter->restore();
}
// 为每张图片绘制区域大小
QSize delegate::sizeHint(const QStyleOptionViewItem &option,
                         const QModelIndex &index) const
{
    bool bl = false;
    bl = index.isValid();
    if (bl) {
        return index.model()->data(index, Qt::UserRole + 5).toSize();
    } else
        return QSize(0, 0);
}
// 拆分 data
delegate::ItemData delegate::itemData(const QModelIndex &index) const
{
    QVariantList datas = index.model()->data(index, Qt::DisplayRole).toList();
    ItemData data;
    if (datas.length() >= 1) {
        data.name = datas[0].toString();
    }
    if (datas.length() >= 2) {
        data.path =  datas[1].toString();
    }
    if (datas.length() >= 3) {
        data.width = datas[2].toInt();
    }
    if (datas.length() >= 4) {
```

```
        data.height = datas[3].toInt();
    }
    if (datas.length() >= 5) {
        data.image = datas[4].value<QPixmap>();
    }
    return data;
}
```

最终缩略图效果如图 12-15 所示。

图 12-15 最终缩略图效果

12.3.4 大图展示

介绍完缩略图的展示，接下来介绍展示选中的大图。为达到较好的显示效果，大图采用 QGraphicsView 来绘制、展示。类 ImageView 继承自 QGraphicsView 类，里面包含对大图进行处理的相关接口，如旋转、放大接口等。部分代码如下：

```
class ImageView : public QGraphicsView
{
    Q_OBJECT
public:
    enum RendererType { Native, OpenGL };
    ImageView(QWidget *parent = nullptr);
    ~ImageView() override;
    ...
    void setImage(const QString &path);
    void setRenderer(RendererType type = Native);
    void setScaleValue(qreal v);
    const QImage image();

    QPoint mapToImage(const QPoint &p) const;
```

```
    QRect mapToImage(const QRect &r) const;
    QRect visibleImageRect() const;
    bool isWholeImageVisible() const;
    ...
private:
    bool m_isFitImage = false;
    bool m_isFitWindow = false;
    QColor m_backgroundColor;
    RendererType m_renderer;
    QString m_path;
    QString m_loadingIconPath;
    QThreadPool *m_pool;
    GraphicsMovieItem *m_movieItem = nullptr;
    GraphicsPixmapItem *m_pixmapItem = nullptr;

    ImageRotateThreadControler *m_rotateControler;
};
```

双击或单击打开缩略图来展示大图，将图片路径传进来进行绘制，主要实现代码如下：

```
void ImageView::setImage(const QString &path)
{
    if (path.isEmpty()) {
        return;
    }
    m_path = path;
    QString strfixL = QFileInfo(path).suffix().toLower();
    QGraphicsScene *s = scene();
    QFileInfo fi(path);
    if (m_pixmapItem != nullptr) {
        delete m_pixmapItem;
        m_pixmapItem = nullptr;
    }
    s->clear();
    resetTransform();
    m_movieItem = new GraphicsMovieItem(path, strfixL);
    m_movieItem->start();
    setSceneRect(m_movieItem->boundingRect());
    s->addItem(m_movieItem);
}
```

最终可以展示大图，如图 12-16 所示。

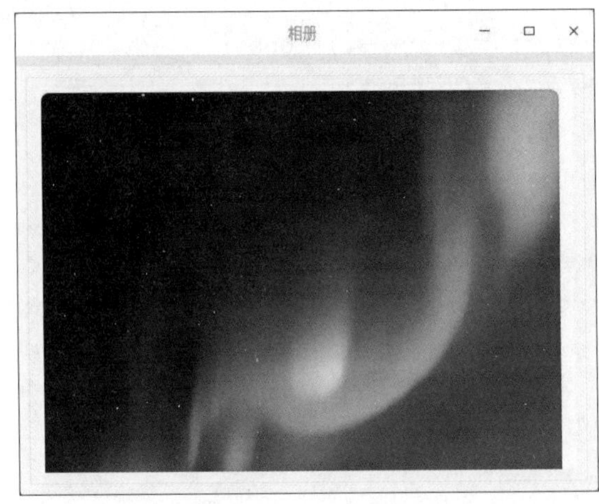

图 12-16 大图展示效果

此外，可以在大图界面添加工具栏，实现图片切换、旋转、放大、缩小等功能，这里不再展开叙述。对于相册的图片，可提取图片文件相关信息保存到数据库中，通过不同数据（拍摄时间、拍摄地点、文件大小、导入时间等）来区分，真正实现相册对图片的分类以及展示。

12.4 中级：邮箱客户端

邮箱客户端通常指使用邮局协议（Post Office Protocol，POP）、简单邮件传送协议（Simple Mail Transfer Protocol，SMTP）和交互式邮件存取协议（Internet Mail Access Protocol，IMAP）等收发电子邮件的软件。

12.4.1 简述

邮箱客户端支持常见的 POP、SMTP 和 IMAP，在配置完邮箱客户端相关信息后就可以方便地收发、管理邮件。

12.4.2 邮件引擎

邮箱客户端使用第三方库 LibSylph 来实现对邮件的操作。LibSylph 拥有非常多有用的邮件相关接口，除了收发邮件还可以进行邮件的解码和解析，客户端在此基础上进行了优化、封装，使得该库健壮性更高，接口更丰富，也更接近 C++ 风格。以下整理了封装后的常用方法。

使用 POP 获取邮件主要接口如下：

```
int pop_receive_message(UosPrefsAccount *ac);
int pop_connect(UosPrefsAccount *ac, int *ercode, gchar **errorchar);
```

使用 IMAP 获取邮件主要接口如下：

```
void imap_download_item(UosFolderItem *item, gint *newdownload);
void imap_download(UosFolder *folder, gint *newdownload, gint *newindexdownload);
gint inc_remote_account_mail(UosFolderItem *item, UosPrefsAccount *account);
```

使用 SMTP 发送邮件主要接口如下：

```
gint send_message(const gchar *file, UosPrefsAccount *ac_prefs, GSList *to_list,
                  gchar **errorchar, guint times);
```

邮件解析主要接口如下：

```
typedef struct _HtmlAndPlainText HtmlAndPlainText;
struct _HtmlAndPlainText {
    gchar *htmltext;
    gchar *plaintext;
};

typedef struct _HtmlTextAndAttachs HtmlTextAndAttachs;
struct _HtmlTextAndAttachs {
    gchar *htmltext;
    gchar *plaintext;
    gchar *calendar;
    GSList*attach_list;
};

void htmlandplaintext_destroy(HtmlAndPlainText *htaa);
HtmlAndPlainText *htmlandplaintext_create();
void htmltextandattachs_destroy(HtmlTextAndAttachs *htaa);
HtmlTextAndAttachs *htmltextandattachs_create();

gchar *getGcharPlainText(UosMimeInfo *mimeinfo, const gchar *file);
HtmlTextAndAttachs *getGcharHtmlTextAndAttachs(UosMimeInfo *mimeinfo,
                                               const gchar *file);
```

以上接口在向服务器获取邮件的同时会对数据进行缓存，例如接收邮件列表，在和服务器同步后会将最新的邮件列表保存在数据目录下的 .sylpheed_cache 文件内。该文件可视为与服务器内容一致，之后客户端可以根据需要更新数据库和缓存，总体时序如图 12-17 所示。

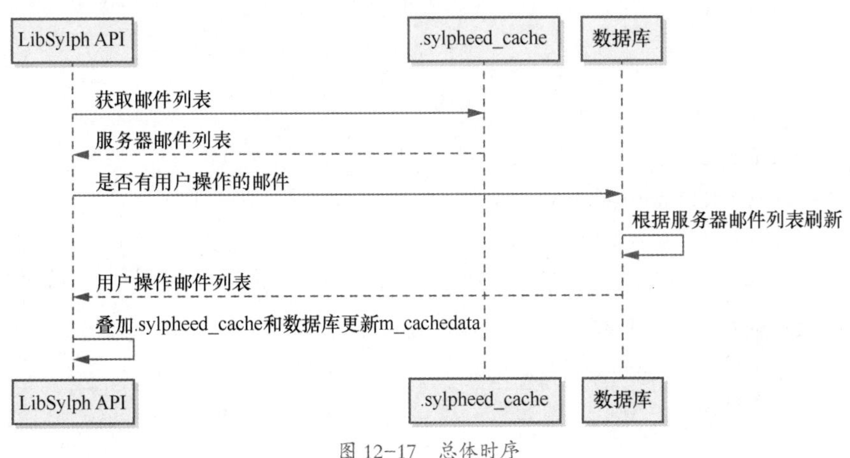

图 12-17　总体时序

12.4.3 数据结构

通过接口获取的信息会使用一些结构体进行保存，由于篇幅有限，以下列出它们的部分内容，分别代表账户服务器信息、邮件类型、邮件文件夹和邮件。应用中主要的数据结构定义如下：

```
struct UosPrefsAccount {
    char *account_name;
    char *deepin_account;
    char *deepin_id;
    char *name;
    char *address;

    char *recv_server;
    char *smtp_server;
    char *nntp_server;

    ...
};
struct UosMimeInfo {
    char *encoding;
    char *content_type;
    char *charset;
    char *name;
    char *boundary;

    ...
};
struct UosFolder {
    char *name;
    char *path;

...
};
struct UosFolderItem {
    SpecialFolderItemType stype;

    gchar *name;
    gchar *path;

    ...
}
```

12.4.4 实例

以下代码实现基于 Qt 的简单邮箱应用，它在线程中通过 IMAP 接口去获取邮件，并把获取到的邮件通过 Qt 信号转发。

```
class ImapDownLoadThread : public QThread
{
    Q_OBJECT
public:
    ImapDownLoadThread();

    void setData(const QString &uid, long sin);

protected:
    void run() Q_DECL_OVERRIDE;

signals:
    void result(long, bool, QString, int, int);

private:
    QString m_uid;
    long m_sin = 0;
};

void ImapDownLoadThread::setData(const QString &uid, long sin)
{
    m_uid = uid;
    m_sin = sin;
}

void ImapDownLoadThread::run()
{
    QByteArray uid_ba = m_uid.toLocal8Bit();
    gchar *guid = g_strdup(uid_ba.data());
    // 通过邮件的参数查找邮件文件夹
    UosFolderItem *item = uos_folder_find_item_from_identifier(guid);
    g_free(guid);
    if (!item) {
        //G_Error_FindMailError 是错误宏定义，表示查找邮件出错
        emit result(m_sin, false, m_uid, G_Error_FindMailError, 0);
        return;
    }
```

```
    // 进行一些安全性判断
    if (!item->folder || !item->folder->account ||
        item->folder->account->needexit) {
        emit result(m_sin, false, m_uid, G_Error_NeedExit, 0);
        return;
    }

    QMutexLocker mutex(static_cast<QMutex *>(item->folder->mutex));
    int newdownloadnum = 0;
    imap_download_item(item, &newdownloadnum);
    emit result(m_sin, true, m_uid, G_Error_OK, newdownloadnum);
}
```

12.5 高级：影院

影院应用可进行视频播放，本节将介绍影院相关的开发过程。

12.5.1 简述

影院应用是基于 MPV 的播放引擎，有两种实现方式：第一种是通过获取 framebuffer 进行绘制来实现，第二种是通过绑定 handle 来实现。目前主流播放器主要通过第二种方式进行实现。MPV 是一个基于 mplayer 和 mplayer2 的开源极简全能播放器，支持各种视频格式、音频解码、特效字幕，不仅支持本地播放，还支持网络播放。MPV 具有多系统平台支持、命令行、自定义、GPU 解码、脚本支持等特点，MPV 底层是通过 FFmpeg（FFmpeg 是一套可以用来记录、转换数字音频、视频数据，并能将其转化为流的开源计算机程序）实现的。

12.5.2 播放引擎介绍

播放引擎结构如图 12-18 所示。播放引擎的类结构如图 12-19 所示。

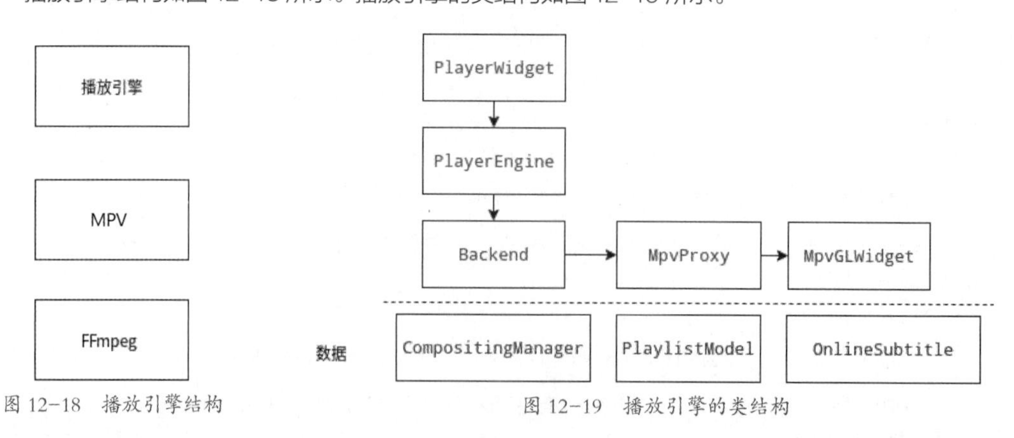

图 12-18　播放引擎结构　　图 12-19　播放引擎的类结构

播放引擎的类结构中，PlayerWidget 类是程序调用的入口，里面包含播放引擎编码和渲染等流程。对播放引擎的操作详见 12.5.3 节；CompositingManager 类为配置文件类，包含显卡参数和架构平台参数，当前播放引擎会自动识别；PlaylistModel 类为播放列表类，对播放的文件列表进行管理；OnlineSubtitle 类为在线字幕类，对在线字幕进行管理。

12.5.3 播放引擎接口函数

下面对播放引擎的主要接口函数进行介绍：

```
PlayWidget 类:
    // 获取播放引擎
    PlayerEngine& engine();
    // 播放函数
    void play(const QUrl& url);
PlayerEngine 类:
    // 添加播放文件
    bool addPlayFile(const QUrl &url);
    QList<QUrl> addPlayDir(const QDir &dir); // 返回有效 urls
    // 返回仅包含接受的有效项目的列表
    QList<QUrl> addPlayFiles(const QList<QUrl> &urls);
    // 获取影片信息
    const struct MovieInfo &movieInfo();
    // 播放速度
    void setPlaySpeed(double times);
    // 载入字幕
    void loadOnlineSubtitle(const QUrl &url);
    bool loadSubtitle(const QFileInfo &fi);
    // 播放
    void play();
    // 暂停
    void pauseResume();
    // 停止
    void stop();
    // 上一部
    void prev();
    // 下一部
    void next();
    // 指定播放影片
    void playSelected(int id); // id 在播放列表索引中
    void playByName(const QUrl &url);
    // 清空播放列表
    void clearPlaylist();
    // 跳转到指定位置
    void seekForward(int secs);
    void seekBackward(int secs);
    void seekAbsolute(int pos);
    // 音量调节
```

```
    void volumeUp();
    void volumeDown();
    void changeVolume(int val);
    //静音
    void toggleMute();
```

12.5.4 实例

下面对播放器的调用过程进行介绍。首先创建 Window 类，里面包含播放引擎和播放状态按钮，主要实现代码如下：

```
#include <player_widget.h>
#include <player_engine.h>
#include <compositing_manager.h>
#include <QtWidgets>

class Window: public QWidget {
    Q_OBJECT
public:
    Window() {

        auto l = new QVBoxLayout(this);
        player = new dmr::PlayerWidget;
        l->addWidget(player);

        QObject::connect(&player->engine(), &dmr::PlayerEngine::stateChanged,
                        [=]() {
            qDebug() << "----------------new state: " << player->engine().state();
        });
        player->engine().changeVolume(120);

        auto h = new QHBoxLayout(this);

        auto play = new QPushButton("Play");
        connect(play, &QPushButton::clicked, &player->engine(),
                &dmr::PlayerEngine::play);
        h->addWidget(play);

        auto pause = new QPushButton("Pause");
        connect(pause, &QPushButton::clicked, &player->engine(),
                &dmr::PlayerEngine::pauseResume);
        h->addWidget(pause);

        auto stop = new QPushButton("stop");
```

```
        connect(stop, &QPushButton::clicked, &player->engine(),
                &dmr::PlayerEngine::stop);
        h->addWidget(stop);

        auto forward = new QPushButton("forward");
        connect(forward, &QPushButton::clicked, [=]() {
                player->engine().seekForward(60);
        });
        h->addWidget(forward);

        auto volumeUp = new QPushButton("volUp");
        connect(volumeUp, &QPushButton::clicked, &player->engine(),
                &dmr::PlayerEngine::volumeUp);
        h->addWidget(volumeUp);

        auto volumeDown = new QPushButton("volDown");
        connect(volumeDown, &QPushButton::clicked, &player->engine(),
                &dmr::PlayerEngine::volumeDown);
        h->addWidget(volumeDown);

        auto keep = new QPushButton("KeepOpen");
        connect(keep, &QPushButton::clicked, &player->engine(), [this]() {
            this->player->engine().setBackendProperty("keep-open", "yes");
        });
        this->player->engine().setBackendProperty("pause-on-start", "true");
        h->addWidget(keep);

        l->addLayout(h);
        setLayout(l);

    }

    void play(const QUrl& url) {
        QTimer::singleShot(1000, [ = ]() {
            if (player->engine().isPlayableFile(url))
                player->play(url);
        });
    }

private:
    dmr::PlayerWidget *player {nullptr};
};
```

对创建的播放器窗口进行调用，实现音视频的播放，主要实现代码如下：

```
#include <testwindow.h>
#include "movie_configuration.h"

using namespace dmr;



int main(int argc, char *argv[])
{
    //dmr::CompositingManager::detectOpenGLEarly();
    QApplication app(argc, argv);
    MovieConfiguration::get().init();

    // MPV 设置打印日志相关配置
    setlocale(LC_NUMERIC, "C");
    dmr::Backend::setDebugLevel(dmr::Backend::DebugLevel::Debug);

    auto mw = new Window;
    mw->resize(400, 300);
    mw->show();

    if (argc == 2)
        mw->play(QString::fromUtf8(argv[1]));
    app.exec();

    delete mw;
    return 0;
}
```

音视频播放效果如图 12-20 所示。

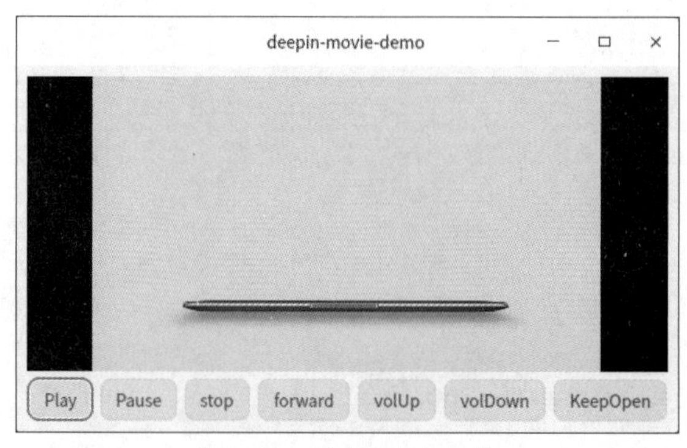

图 12-20　音视频播放效果

12.6 高级：音乐播放器

12.6.1 简述

音乐播放器是基于 Qt 和 VLC（Video Lan Client）实现的，将 VLC 的 C 接口封装成 C++ 接口，可实现多种音频格式的播放，以及均衡器的设置。作为音频解码器的可视化操作界面，音乐播放器不仅界面美观，而且操作简单，能给用户带来完美的音乐享受。

VLC 是一个开源的、跨平台的视频播放器，支持许多音视频传输 / 封装 / 编码格式，可播放大多数多媒体文件、DVD、音频 CD、VCD 等。从程序结构来看，VLC 的可扩展性是相当优秀的。VLC 绝大部分用高效的 C 代码来编写（包含少量的 C++ 代码和汇编代码），但是实现了完全动态的模块化。所有功能包括程序框架本身都是模块，可以在运行时载入，这使得 VLC 可以轻易地扩展多种功能并且容易维护。

把 VLC 嵌入应用有以下 4 种途径：直接调用 VLC 进程，调用 VLC 的 plugin for Mozilla，调用 VLC 的 ActiveX 插件，调用 libVLC 接口。

本节主要介绍 libVLC 接口函数的调用。

12.6.2 音乐引擎介绍

调用 libVLC 的接口实现基本的初始化，封装的播放器中调用 libVLC 接口函数完成播放、暂停等操作，同时获取播放状态以及底层错误信息。以下便是音乐播放器主要的 libVLC 模块。

- libvlc_instance_t：VLC 插件实例，包含 VLC 各项处理操作。
- libvlc_equalizer_t：均衡器，通过它可以对音乐播放器中的均衡器进行设置。
- libvlc_media_t：可播放音频的信息，包含音频的基本信息，比如专辑、作者等信息。
- libvlc_media_player_t：VLC 的播放对象，里面包含许多播放调用的函数，比如播放、暂停等方面的函数。其中可以通过该类对 VLC 的配置属性进行设置，举例如下。
  - config_PutInt((vlc_object_t *)(m_vlcMediaPlayer),"video",0)：屏蔽视频功能，让 VLC 只支持音频功能。
  - config_PutInt((vlc_object_t *)(m_vlcMediaPlayer),"audio",0)：屏蔽音频功能。
- libvlc_event_manager_t：VLC 插件的事件管理对象，包括事件处理机制（回调函数）、事件订阅管理。
- libvlc_log_t：提供访问 libVLC 消息日志的方法，仅用于高级用户或调试。

12.6.3 音乐播放接口

下面对音乐播放器的主要接口函数进行介绍：

```
CMediaPlayer 类:
     // 音频长度
    int64_t length() const;
    // 当前进度
    int64_t time() const;
```

```
    // 声音
    int volume() const;
    // 静音
    bool mute() const;
    // 状态
    MediaEnums::State state() const;
    // 处理错误
    static QString errmsg();
    static void showErrmsg();
    static void clearerr();
public slots:
    // 设置时间进度
    void setTime(qint64 time);
    // 播放歌曲
    void play(const QString &location, bool localFile = true);
    // 暂停播放
    void pause();
    // 恢复播放
    void resume();
    // 停止播放
    void stop();
    // 设置音量
    void setVolume(const int &volume);
    // 设置静音
    void setMute(const bool &mute);
    // 设置均衡器
    void setEqualizer(int curIndex, QList<int> indexbaud);
    // 启用均衡器设置
    void setEqualizerEnable(bool enable);
    // 设置均衡器前置放大器
    void setEqualizerPreamplifier(int val);
    // 设置均衡器波形特点
    void setEqualizerbauds(int index, int val);
    // 设置均衡器当前模式
    void setEqualizerCurMode(int curIndex);
signals:
    // 倒退
    void backward();
    // 缓冲
    void buffering(float buffer);
    // 缓冲
    void buffering(int buffer);
    // 结束
    void end();
    // 错误
    void error();
```

```
    //前进
    void forward();
    //播放时长变化
    void lengthChanged(int length);
    //媒体变化
    void mediaChanged();
    //不重要
    void nothingSpecial();
    //打开
    void opening();
    //暂停按钮改变
    void pausableChanged(bool pausable);
    //暂停
    void paused();
    //播放中
    void playing();
    //播放进度变化
    void positionChanged(float position);
    //搜索变化
    void seekableChanged(bool seekable);
    //快照
    void snapshotTaken(const QString &filename);
    //停止
    void stopped();
    //时间变化
    void timeChanged(qint64 time);
    //标题改变
    void titleChanged(int title);
    //输出
    void vout(int count);
    //状态改变
    void stateChanged(MediaEnums::State vlc);
```

12.6.4 实例

下面对音乐播放器的调用进行介绍。首先创建 CPlayerWidget 类主界面，里面包含音乐播放器对象、基础控件、均衡器界面等。

```
#include "playerwidget.h"

#include <QPushButton>
#include <QHBoxLayout>
#include <QDebug>
#include <QFileDialog>

CPlayerWidget::CPlayerWidget()
```

```
{
    auto vLayout = new QVBoxLayout(this);

    setLayout(vLayout);

    horizontalSlider = new QSlider(Qt::Horizontal, this);
    horizontalSlider->setMinimum(0);
    horizontalSlider->setMaximum(100);
    horizontalSlider->setValue(0);

    auto actLayout = new QHBoxLayout(this);

    vLayout->addWidget(horizontalSlider);
    vLayout->addLayout(actLayout);

    m_btPlay = new QPushButton("Play", this);
    m_btStop = new QPushButton("Stop", this);
    m_btPause = new QPushButton("Pause", this);
    m_btResume = new QPushButton("Resume", this);
    m_btEqualizer = new QPushButton("Equalizer", this);
    m_volumeSlider = new QSlider(Qt::Horizontal, this);
    m_volumeSlider->setRange(0, 100);
    m_volumeSlider->setFixedWidth(150);
    m_volumeSlider->setValue(m_player.volume());

    actLayout->addWidget(m_btPlay);
    actLayout->addWidget(m_btStop);
    actLayout->addWidget(m_btPause);
    actLayout->addWidget(m_btResume);
    actLayout->addWidget(m_btEqualizer);
    actLayout->addWidget(m_volumeSlider);

    connect(m_btPlay, &QPushButton::clicked, this, [ = ](bool) {
        QString fileName = QFileDialog::getOpenFileName(this, tr("Open File"),
                                                        "",
                                                        tr("audio (*.mp3 *.ape
                                                        *.wav *.flac)"));

        if (!fileName.isEmpty())
            m_player.play(fileName);
    });

    connect(m_btStop, &QPushButton::clicked, this, [ = ](bool) {
        m_player.stop();
    });

    connect(m_btPause, &QPushButton::clicked, this, [ = ](bool) {
        m_player.pause();
```

```
    });

    connect(m_btResume, &QPushButton::clicked, this, [ = ](bool) {
        m_player.resume();
    });
    connect(m_btEqualizer, &QPushButton::clicked, this,
            &CPlayerWidget::btEqualizerClicked);

    connect(&m_player, &CMediaPlayer::timeChanged, this, [ = ](qint64 time) {
        qDebug() << "----volume--" << m_player.volume();
        setPlayerTime((double)time / m_player.length() * 100);
    });

    connect(&m_player, &CMediaPlayer::end, this, [ = ]() {
        setPlayerTime(0);
    });

    connect(&m_player, &CMediaPlayer::stopped, this, [ = ]() {
        setPlayerTime(0);
    });

    connect(horizontalSlider, &QSlider::valueChanged, this, [ = ](int value) {
        m_player.setTime(value / 100.0 * m_player.length());
    });

    connect(m_volumeSlider, &QSlider::valueChanged, this, [ = ](int value) {
        m_player.setVolume(value);
    });

    equalizerWidget = new EqualizerWidget(this);
    equalizerWidget->setWindowTitle(tr("Equalizer"));

    connect(equalizerWidget, &EqualizerWidget::changeEqualizerType,
            &m_player, &CMediaPlayer::setEqualizerCurMode);
}

void CPlayerWidget::setPlayerTime(int time)
{
    horizontalSlider->blockSignals(true);
    horizontalSlider->setValue(time);
    horizontalSlider->blockSignals(false);
}

void CPlayerWidget::btEqualizerClicked(bool clicked)
{
    if (equalizerWidget != nullptr)
        equalizerWidget->exec();
}
```

对创建的音乐播放器主界面进行调用，实现音乐文件的播放、均衡器的设置。

```
#include <QApplication>
#include <QMainWindow>
#include <QDesktopWidget>

#include "mediaplayer.h"
#include "playerwidget.h"

int main(int argc, char *argv[])
{
    QApplication a(argc, argv);

    CPlayerWidget w;
    w.show();

    auto centerPos = a.desktop()->screenGeometry().center();
    w.move(centerPos.x() - w.width() / 2, centerPos.y() - w.height() / 2);

    return a.exec();
}
```

主界面效果如图 12-21 所示。

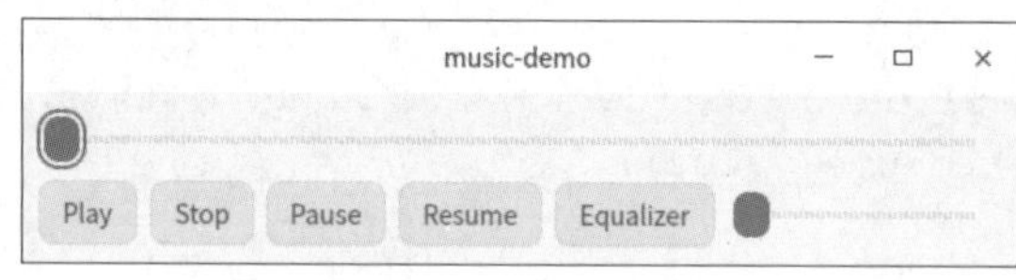

图 12-21　主界面效果

均衡器界面效果如图 12-22 所示。

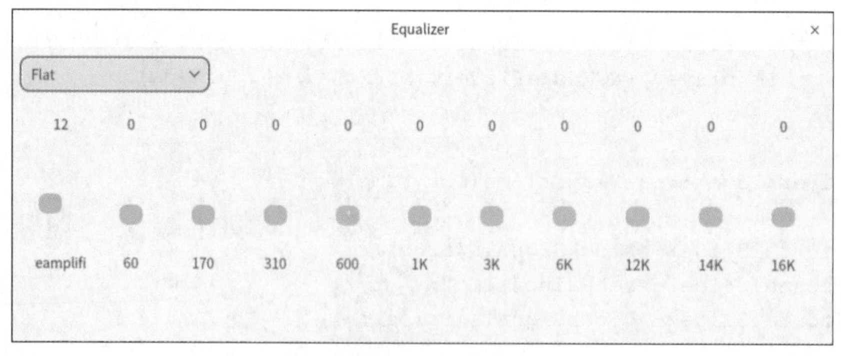

图 12-22　均衡器界面效果

第13章 系统接口案例

本章会通过定时任务、设备访问、通知接口、托盘图标等系统接口案例，进一步介绍接口的使用。

13.1 定时任务

定时任务就是让操作系统在某一指定的时间内实现某个功能，本节将介绍定时任务的具体实现过程。

13.1.1 cron 简述

统信 UOS 的 cron 定时任务框架是基于 crond 服务管理的，crond 是一个用于执行周期命令的守护进程。cron 定时任务框架如图 13-1 所示。其中，crond 服务用于每分钟从配置文件中刷新定时任务，crontab 用于更新定时任务配置文件。

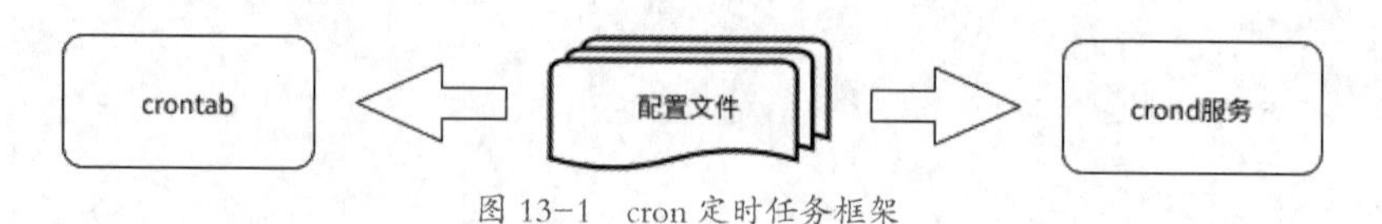

图 13-1 cron 定时任务框架

cron 的时间格式如图 13-2 所示。

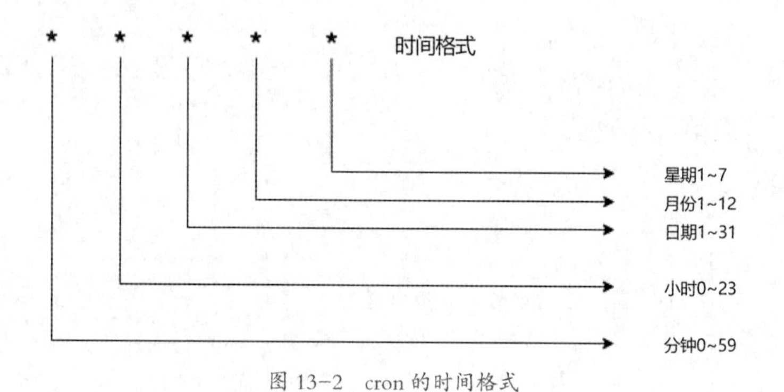

图 13-2 cron 的时间格式

cron 会通过以下路径查找 crontab。

- /etc/crontab.：系统任务时间表。
- /etc/cron.d：不同用户的任务时间表。
- /var/spool/cron：通过 crontab 命令创建的任务时间表。

用户可使用如下命令编辑本用户的定时任务。

```
crontab -e
```

或者可以由超级权限用户使用如下命令编辑其他用户的定时任务。

```
crontab -u uos -e
```

13.1.2 systemd 简述

systemd 是 Linux 系统基础组件的集合，启动进程号为 1，负责启动和管理其他应用。systemd 可用于进行用户调度和系统调度。

统信 UOS 可以使用 systemd 提供的定时器。如需要执行 cron 任务时，系统未处于运行的状态，会导致 cron 运行失败；而采用 systemd 的方式则不会。systemd 定时器依赖于 systemd 服务，策略调度都是通过 systemd 执行的。执行 systemd 的定时器任务，最少需要 timer unit 和 service unit 两个服务单元。其中，service unit 用于执行服务配置任务，timer unit 用于执行定时器任务。

13.1.2.1 service unit

这是一个以 .service 为后缀的单元文件，封装了一个被 systemd 监控的进程或任务，按照要编写的服务文件存放于相关目录后，调度任务并不会马上被执行，需要通过调度命令设置启动和开机执行。通常情况下配置文件的存放路径如下。

- /lib/systemd/system：系统默认的单元文件。
- /etc/systemd/system：用户安装的软件的单元文件。
- /usr/lib/systemd/system：用户自己定义的单元文件。

下面对系统调度主要命令进行一一介绍。

设置立即启动。

```
systemctl start xxx.service
```

设置重新启动。

```
systemctl restart xxx.service
```

设置开启自启。

```
systemctl enable xxx.service
```

下面对用户调度主要命令进行一一介绍。

设置立即启动。

```
systemctl --user start xxx.service
```

设置重新启动。

```
systemctl --user restart xxx.service
```

设置开启自启。

```
systemctl --user enable xxx.service
```

service unit 是严格按照格式要求组织起来的服务配置单元文件，此处仅仅给出一个简单的创建服务的实例。

首先创建 bash 脚本。

```
$ vim schedule-test.sh
#!/bin/bash
echo "uos is a linux operation system"
```

然后编写 test.service 文件。

```
$ vim /usr/lib/systemd/system/test.service
[Unit]
```

```
Description=Test echo
[Service]
Type=simple
ExecStart=/xxx/schedule-test.sh
[Install]
WantedBy=default.target
```

13.1.2.2 timer unit

这是一个以 .timer 为后缀的单元文件，封装了一个被 systemd 时间调度的进程。以下编写一个定时器的实例，通过 vim 命令编写 test.timer 即可。

```
$ vim /usr/lib/systemd/system/test.timer
[Unit]
Description=schedule test echo
[Timer]
Persistent=true
OnBootSec=600
OnUnitActiveSec=24h
Unit=test.service
```

如此就完成了简单的时间调度配置。

13.2 设备访问

所谓设备访问，就是指通过编写程序对设备信息进行读取或者写入，本节将主要介绍摄像头、扬声器和麦克风等设备的信息读取。

13.2.1 摄像头

摄像头是一种视频输入设备，被广泛运用于视频会议、远程医疗及实时监控等方面，本节将介绍摄像头设备信息的读取。

13.2.1.1 V4L2

V4L2（Video for Linux 2）是 Linux 上视频设备访问的标准接口。在 Linux 系统上，摄像头通常是字符设备，文件路径为 /dev/video*，需要使用 ioctl 来操作。使用 V4L2 时需要用到 libv4l，在统信 UOS 中可以通过 sudo apt install libv4l-dev 命令来安装 libiv4l。常用的 V4L2 接口如表 13-1 所示。

表 13-1　常用的 V4L2 接口

接口	功能	参数
VIDIOC_QUERYCAP	查询设备功能	struct v4l2_capability*
VIDIOC_ENUM_FMT	枚举设备支持的图像格式	struct v4l2_fmtdesc*
VIDIOC_G_FMT	获取设备当前采用的图像格式	struct v4l2_format*

续表

接口	功能	参数
VIDIOC_S_FMT	设置设备采用的图像格式	struct v4l2_format*
VIDIOC_G_CROP	获取设备采用的图像裁剪范围	struct v4l2_crop*
VIDIOC_S_CROP	设置设备的图像裁剪范围	struct v4l2_crop*
VIDIOC_G_PARM	获取视频流参数	struct v4l2_streamparm*
VIDIOC_S_PARM	设置视频流参数	struct v4l2_streamparm*
VIDIOC_REQBUFS	申请缓冲	struct v4l2_requestbuffers*
VIDIOC_QUERYBUF	获取申请到的缓冲	struct v4l2_buffer*
VIDIOC_QBUF	将缓冲加入采集队列	struct v4l2_buffer*
VIDIOC_DQBUF	将缓冲从采集队列中取出	struct v4l2_buffer*
VIDIOC_STREAMON	开始采集视频数据	enum v4l2buftype*
VIDIOC_STREAMOFF	停止采集视频数据	enum v4l2buftype*

下面是查询摄像头参数并输出的示例代码：

```
#include <stdio.h>
#include <stdlib.h>
#include <string.h>
#include <errno.h>
#include <stdint.h>
#include <stdbool.h>

#include <unistd.h>
#include <fcntl.h>
#include <sys/ioctl.h>
#include <sys/mman.h>
#include <linux/videodev2.h> // libv4l-dev

#define VIDEO_DEV "/dev/video0"

int main()
{
    // 打开设备文件
    int fd = open(VIDEO_DEV, O_RDWR);
    if(fd < 0)
    {
        fprintf(stderr, "open %s failed: %s\n", VIDEO_DEV, strerror(errno));
        return EXIT_FAILURE;
    }

    // 查询设备功能
    struct v4l2_capability videoCap;
    if(ioctl(fd, VIDIOC_QUERYCAP, &videoCap) < 0)
```

```
{
    close(fd);
    fprintf(stderr, "ioctl VIDIOC_QUERYCAP failed: %s\n", strerror(errno));
    return EXIT_FAILURE;
}

// 判断是不是摄像头，并输出相关参数
if(videoCap.capabilities & V4L2_CAP_VIDEO_CAPTURE)
{
    printf("Card: %s\n", videoCap.card);        // name of the card
    printf("Driver: %s\n", videoCap.driver);    // name of the driver module
    printf("Bus: %s\n", videoCap.bus_info);     // name of the bus

    uint8_t v1 = (videoCap.version & 0xff0000) >> 16;
    uint8_t v2 = (videoCap.version & 0xff00) >> 8;
    uint8_t v3 = (videoCap.version & 0xff);
    printf("Version: %u.%u.%u\n", v1, v2, v3);  // KERNEL_VERSION
}
else
{
    close(fd);
    fprintf(stderr, "%s is not a camera\n", VIDEO_DEV);
    return EXIT_FAILURE;
}

// 获取设备当前采用的图像格式
struct v4l2_format format;
format.type = V4L2_BUF_TYPE_VIDEO_CAPTURE;
if(ioctl(fd, VIDIOC_G_FMT, &format) < 0)
{
    close(fd);
    fprintf(stderr, "ioctl VIDIOC_G_FMT failed: %s\n", strerror(errno));
    return EXIT_FAILURE;
}

// 输出当前分辨率
printf("Size: %ux%u\n", format.fmt.pix.width, format.fmt.pix.height);

// 查询帧率并输出
struct v4l2_streamparm streamParm;
streamParm.type = V4L2_BUF_TYPE_VIDEO_CAPTURE;
if(ioctl(fd, VIDIOC_G_PARM, &streamParm) < 0)
{
    close(fd);
```

```
        fprintf(stderr, "ioctl VIDIOC_G_PARM failed: %s\n", strerror(errno));
        return EXIT_FAILURE;
    }
    uint32_t denominator = streamParm.parm.capture.timeperframe.denominator;
    uint32_t numerator = streamParm.parm.capture.timeperframe.numerator;
    printf("FPS: %u\n", denominator / numerator);

    // 枚举设备支持的图像格式并输出
    printf("Formats:\n");
    struct v4l2_fmtdesc fmtDesc;
    fmtDesc.type = V4L2_BUF_TYPE_VIDEO_CAPTURE;
    fmtDesc.index = 0;
    while(ioctl(fd, VIDIOC_ENUM_FMT, &fmtDesc) != -1)
    {
        if(fmtDesc.pixelformat == format.fmt.pix.pixelformat)
        {
            printf("\t*%u.%s\n", fmtDesc.index+1, fmtDesc.description);
        }
        else
        {
            printf("\t %u.%s\n", fmtDesc.index+1, fmtDesc.description);
        }
        fmtDesc.index++;
    }

    return EXIT_SUCCESS;
}
```

运行结果如下：

```
Card: XiaoMi USB 2.0 Webcam: XiaoMi U
Driver: uvcvideo
Bus: usb-0000:00:14.0-5
Version: 4.19.90
Size: 1280x720
FPS: 30
Formats:
         1.YUYV 4:2:2
        *2.Motion-JPEG
```

可以看到，这个摄像头支持 YUYV 4:2:2 和 Motion-JPEG（Motion Joint Photographic Experts Group，运动联合图像专家组）两种图像格式，并且在默认状态下采用 Motion-JPEG 格式，分辨率为 1280x720 像素，帧率为 30 FPS（Frames Per Second，每秒传输帧数）。YUYV 4:2:2 和 Motion-JPEG 是两种非常常用的图像有损压缩格式。对于不同的图像格式数据需要采取不同的方式进行解析，在了解如何采集数据之前，先要了解如何解析数据。

13.2.1.2 YUV 颜色空间

YUV 颜色空间是一种非常常用的颜色表示方式，其中 Y 表示亮度，U（也可以表示为 Cr）表示红色分量，V（也可以表示为 Cb）表示蓝色分量。取值范围映射到 0 ~ 255 时 YUV 和 RGB（指 Red、Green、Blue，即红、绿、蓝）的换算方法为：

```
Y = 0.257 * R + 0.504 * G + 0.098 * B + 16
U = -0.148 * R - 0.291 * G + 0.439 * B + 128
V = 0.439 * R - 0.368 * G - 0.071 * B + 128

R =  1.164 * (Y - 16) + 1.596 * (V - 128)
B =  1.164 * (Y - 16) + 2.018 * (U - 128)
G =  1.164 * (Y - 16) - 0.391 * (U - 128) - 0.813 * (V - 128)
```

YUYV 4:2:2 是基于 YUV 颜色空间的一种非常常用的图像有损压缩格式。它让连续的两个像素共用一组颜色分量（UV）。人眼对亮度的差异相较于对颜色的差异更为敏感。例如有如下一小段 YUYV 4:2:2 格式的像素数据：

```
Y   U   Y   V
f0  4a  ef  b6
dc  6c  dd  b2
```

其表示的像素点数据如下：

- 第 1 个像素点为 Y（f0）U（4a）V（b6）；
- 第 2 个像素点为 Y（ef）U（4a）V（b6）；
- 第 3 个像素点为 Y（dc）U（6c）V（b2）；
- 第 4 个像素点为 Y（dd）U（6c）V（b2）。

13.2.1.3 读取并保存一帧图

可移植像素图格式（Portable Pixmap Format，PPM）是一种使用起来很方便的图文件格式，它的结构为：

```
PPM 类型标识
图像宽度 图像高度 颜色的最大值
R G B R G B R G B R G B R G B R G B ...
```

PPM 类型标识及图像类型、数据表示格式如表 13-2 所示。

表 13-2 PPM 类型标识及图像类型、数据表示格式

PPM 类型标识	图像类型	数据表示格式
P1	二值图像	文本格式
P2	灰度图像	文本格式
P3	彩色图像	文本格式
P4	二值图像	二进制格式
P5	灰度图像	二进制格式
P6	彩色图像	二进制格式

为了能够读取摄像头上的数据，需要申请缓存：

```
// 申请缓存
struct v4l2_requestbuffers request;
request.type = V4L2_BUF_TYPE_VIDEO_CAPTURE;
request.memory = V4L2_MEMORY_MMAP;
request.count = count; // 申请的缓冲帧个数
ioctl(fd, VIDIOC_REQBUFS, &request);

// 获取申请到的缓存
struct v4l2_buffer buffer;
buffer.type = V4L2_BUF_TYPE_VIDEO_CAPTURE;
buffer.memory = V4L2_MEMORY_MMAP;
buffer.index = index; // 指定获取哪一个缓冲帧
ioctl(fd, VIDIOC_QUERYBUF, &buffer);
```

为了能够读取缓存中的数据，需要通过 mmap 对其进行映射：

```
void* bufPtr = mmap(NULL, buffer.length, PROT_READ|PROT_WRITE, MAP_SHARED,
                    fd, buffer.m.offset);
```

然后将缓冲加入采集队列：

```
ioctl(fd, VIDIOC_QBUF, buffer);
```

需要通过 select 或者 poll 来判断是否采集完成：

```
struct pollfd fds[1];
fds[0].fd = fd;
fds[0].events = POLLIN | POLLPRI;
poll(fds, 1, -1); // 阻塞至数据可读
```

等待 poll 返回后，采用 VIDIOC_QBUF 将缓存从采集队列中取出，然后在 bufPtr 缓冲区中即可读取到像素数据。

以下是一个完整的示例，表示从摄像头上读取一帧图像并保存为 PPM 图像：

```
#include <stdio.h>
#include <stdlib.h>
#include <string.h>
#include <errno.h>
#include <stdint.h>
#include <stdbool.h>

#include <unistd.h>
#include <fcntl.h>
#include <sys/ioctl.h>
#include <sys/mman.h>
#include <sys/poll.h>
```

```
#include <linux/videodev2.h> // libv4l-dev


#define VIDEO_DEV "/dev/video0"

int main()
{
    // 打开设备文件
    int fd = open(VIDEO_DEV, O_RDWR);
    if(fd < 0)
    {
        fprintf(stderr, "open %s failed: %s\n", VIDEO_DEV, strerror(errno));
        return EXIT_FAILURE;
    }

    // 查询设备功能
    struct v4l2_capability videoCap;
    if(ioctl(fd, VIDIOC_QUERYCAP, &videoCap) < 0)
    {
        close(fd);
        fprintf(stderr, "ioctl VIDIOC_QUERYCAP failed: %s\n", strerror(errno));
        return EXIT_FAILURE;
    }
    printf("%s\n", videoCap.card);

    // 判断是否是摄像头
    if(videoCap.capabilities & V4L2_CAP_VIDEO_CAPTURE != V4L2_CAP_VIDEO_CAPTURE)
    {
        fprintf(stderr, "%s doesn't support video recording\n", VIDEO_DEV);
        close(fd);
        return EXIT_FAILURE;
    }

    // 读取支持的格式，判断是否支持 YUYV 4:2:2
    bool supportYUYV = false;
    struct v4l2_fmtdesc fmtdesc;
    fmtdesc.index=0;
    fmtdesc.type=V4L2_BUF_TYPE_VIDEO_CAPTURE;
    printf("Support format:\n");
    while(ioctl(fd, VIDIOC_ENUM_FMT, &fmtdesc) != -1)
    {
        printf("\t%d.%s\n",fmtdesc.index+1,fmtdesc.description);
        fmtdesc.index++;
        if(fmtdesc.pixelformat == V4L2_PIX_FMT_YUYV)
```

```
        {
            supportYUYV = true;
        }
    }

    if(supportYUYV == false)
    {
        fprintf(stderr, "YUYV 4:2:2 not supported\n");
        close(fd);
        return EXIT_FAILURE;
    }

    // 设置帧格式为 YUYV 4:2:2
    struct v4l2_format videoFormat;
    videoFormat.type = V4L2_BUF_TYPE_VIDEO_CAPTURE;
    videoFormat.fmt.pix.pixelformat = V4L2_PIX_FMT_YUYV;
    if(ioctl(fd, VIDIOC_S_FMT, &videoFormat) < 0)
    {
        fprintf(stderr, "ioctl VIDIOC_S_FMT failed: %s\n", strerror(errno));
        close(fd);
        return EXIT_FAILURE;
    }

    // 申请缓冲
    struct v4l2_requestbuffers request;
    request.count = 1; // 一帧缓冲
    request.type = V4L2_BUF_TYPE_VIDEO_CAPTURE;
    request.memory = V4L2_MEMORY_MMAP;
    if(ioctl(fd, VIDIOC_REQBUFS, &request) < 0)
    {
        fprintf(stderr, "ioctl VIDIOC_REQBUFS failed: %s\n", strerror(errno));
        close(fd);
        return EXIT_FAILURE;
    }

    // 获取缓冲
    struct v4l2_buffer buffer;
    memset(&buffer, 0, sizeof(buffer));
    buffer.type = V4L2_BUF_TYPE_VIDEO_CAPTURE;
    buffer.memory = V4L2_MEMORY_MMAP;
    buffer.index = 0;
    if(ioctl(fd, VIDIOC_QUERYBUF, &buffer) < 0)
    {
        fprintf(stderr, "ioctl VIDIOC_QUERYBUF failed: %s\n", strerror(errno));
```

```
        close(fd);
        return EXIT_FAILURE;
    }
    void* bufPtr = mmap(NULL, buffer.length, PROT_READ|PROT_WRITE, MAP_SHARED,
                        fd, buffer.m.offset);
    if(bufPtr == NULL)
    {
        fprintf(stderr, "mmap failed: %s\n", strerror(errno));
        close(fd);
        return EXIT_FAILURE;
    }

    // 将缓冲加入采集队列
    if(ioctl(fd, VIDIOC_QBUF, &buffer) < 0)
    {
        fprintf(stderr, "ioctl VIDIOC_QBUF failed: %s\n", strerror(errno));
        close(fd);
        return EXIT_FAILURE;
    }

    // 开始采集
    enum v4l2_buf_type bufType = V4L2_BUF_TYPE_VIDEO_CAPTURE;
    if(ioctl(fd, VIDIOC_STREAMON, &bufType) < 0)
    {
        fprintf(stderr, "ioctl VIDIOC_STREAMON failed: %s\n", strerror(errno));
        close(fd);
        return EXIT_FAILURE;
    }

    // 等待采集完成
    struct pollfd fds[1];
    fds[0].fd = fd;
    fds[0].events = POLLIN | POLLPRI;
    poll(fds, 1, -1); // 阻塞至数据可读

    // 取出一帧缓存
    if(ioctl(fd, VIDIOC_DQBUF, &buffer) < 0)
    {
        fprintf(stderr, "ioctl VIDIOC_DQBUF failed: %s\n", strerror(errno));
        close(fd);
        return EXIT_FAILURE;
    }

    // 创建一个 PPM 文件
```

```
    FILE* ppmFptr = fopen("output.ppm", "wb");
    if(ppmFptr == NULL)
    {
        fprintf(stderr, "%s\n", strerror(errno));
        close(fd);
        return EXIT_FAILURE;
    }

    // 写入 PPM header
    fprintf(ppmFptr, "P3\n%d %d\n255\n", videoFormat.fmt.pix.width,
            videoFormat.fmt.pix.height);

    // 读取像素数据，写入 PPM 文件
    for(size_t i = 0; i+3 < buffer.length; i+=4)
    {
        uint8_t Y1 = ((uint8_t*)bufPtr)[i];
        uint8_t U = ((uint8_t*)bufPtr)[i+1];
        uint8_t Y2 = ((uint8_t*)bufPtr)[i+2];
        uint8_t V = ((uint8_t*)bufPtr)[i+3];

        uint8_t B =  1.164 * (Y1 - 16) +  2.018 * (U - 128);
        uint8_t G =  1.164 * (Y1 - 16) -  0.391 * (U - 128) - 0.813 * (V - 128);
        uint8_t R =  1.164 * (Y1 - 16) +  1.596 * (V - 128);
        fprintf(ppmFptr, "%u %u %u ", R, G, B);

        B =  1.164 * (Y2 - 16) +  2.018 * (U - 128);
        G =  1.164 * (Y2 - 16) -  0.391 * (U - 128) - 0.813 * (V - 128);
        R =  1.164 * (Y2 - 16) +  1.596 * (V - 128);
        fprintf(ppmFptr, "%u %u %u ", R, G, B);
    }

    // 停止采集
    ioctl(fd, VIDIOC_STREAMOFF, &bufType);

    close(fd);
    fclose(ppmFptr);
    return EXIT_SUCCESS;
}
```

13.2.1.4　使用 libjpeg 进行解码

大部分笔记本计算机内置的摄像头性能较差，比如某一机器的摄像头分辨率在 1280x720 以下，YUYV 4:2:2 格式最高只支持 10FPS，有明显的卡顿和割裂感。Motion-JPEG 格式的像素压缩率更高，传输效率也更高，是大部分廉价摄像头和采集卡的默认格式。为了解析 Motion-JPEG 数据，可以使用

libjpeg 库，在统信 UOS 中使用 sudo apt install libjpeg-dev 命令来安装它。

libjpeg 的使用方法非常简单，下面是用它来解压 Motion-JPEG 数据的完整示例：

```
/* 解压 Motion-JPEG 数据，转换成 RGB 格式 */
void v4l2_jpegToRGB(const void* jpeg, size_t inSize, void** rgb, size_t* outSize)
{
    // 创建解压结构
    struct jpeg_decompress_struct cinfo;
    struct jpeg_error_mgr jerr;
    cinfo.err=jpeg_std_error(&jerr);
    jpeg_create_decompress(&cinfo);

    // 输入 Motion-JPEG 数据
    jpeg_mem_src(&cinfo, (const unsigned char*)(jpeg), inSize);

    // 解析 header
    jpeg_read_header(&cinfo, false);
    jpeg_calc_output_dimensions(&cinfo);

    // 给 RGB 数据分配空间
    size_t rowSize = cinfo.output_components * cinfo.output_width;
    *outSize = rowSize * cinfo.output_height;
    *rgb = malloc(*outSize);

    // 行缓冲
    JSAMPARRAY buffer = cinfo.mem->alloc_sarray((j_common_ptr)(&cinfo),
                                              JPOOL_IMAGE, rowSize, 1);

    // 开始解压
    jpeg_start_decompress(&cinfo);

    for(void* ptr = *rgb; cinfo.output_scanline < cinfo.output_height;
        ptr += rowSize)
    {
        // 逐行解析
        jpeg_read_scanlines(&cinfo, buffer, 1);
        memcpy(ptr, buffer[0], rowSize);
    }

    // 结束
    jpeg_finish_decompress(&cinfo);
    jpeg_destroy_decompress(&cinfo);
}
```

13.2.1.5　连续读取并显示

在前文所述的读取一帧图像并保存的示例中，仅创建了一个缓存。当采集队列中的缓存均已填充数据后，采集会阻塞。因此在连续读取时，通常会创建多个缓存进行流水线式的采集。将已经填充了数据的缓存从采集队列中取出后再放入队列，即可重复使用，因此只需要分配固定数量的缓存。以下是连续读取的伪代码：

```
// 向采集队列中放入 3 帧缓存
struct v4l2_buffer buffer[3];
for(uint32_t i = 0; i < 3; i++)
    ioctl(fd, VIDIOC_QBUF, &(buffer[i]))

// 开始采集
enum v4l2_buf_type bufType = V4L2_BUF_TYPE_VIDEO_CAPTURE;
ioctl(fd, VIDIOC_STREAMON, &bufType);

uint32_t index = 0; // 队首缓存的索引需要自己进行计算
while(1)
{
    // 等待有数据可用（即队首缓存已填充数据）
    poll();

    // 取出缓存
    ioctl(fd, VIDIOC_DQBUF, &(buffer[i]));

    // TODO: 获取数据进行操作，此时队列中的其他缓存可以进行图像采集

    // 重新放入队列
    ioctl(fd, VIDIOC_QBUF, &(buffer[i]));

    // 计算索引
    index = (index + 1) % 3;
}
```

下面是连续读取并显示的完整代码示例：

```
#include <stdint.h>
#include <stdlib.h>
#include <stdbool.h>
#include <errno.h>
#include <string.h>
#include <unistd.h>
#include <fcntl.h>
#include <SDL2/SDL.h>
#include <sys/mman.h>
#include <jpeglib.h>
```

```
#include <stdlib.h>
#include <poll.h>
#include <sys/ioctl.h>
#include <linux/videodev2.h>

#ifndef DEBUG
    #define V4L2_LOG(...)
#else
    #define V4L2_LOG(...) printf(__VA_ARGS__)
#endif

/* 判断设备是否支持指定的像素格式 */
bool v4l2_testPixFormat(int fd, uint32_t fmt);

/* 设置设备的像素格式 */
bool v4l2_setFormat(int fd, uint32_t fmt);

/* 获取像素格式 */
bool v4l2_getFormat(int fd, uint32_t* fmt);

/* 设置像素格式 */
bool v4l2_setPixFormat(int fd, uint32_t fmt);

/* 获取分辨率 */
bool v4l2_getSize(int fd, uint32_t* width, uint32_t* height);

/* 设置分辨率 */
bool v4l2_setSize(int fd, uint32_t width, uint32_t height);

/* 设置采集范围 */
bool v4l2_setArea(int fd, int x, int y, int width, int height);

/* 获取帧率 */
bool v4l2_getFPS(int fd, uint32_t* fps);

/* 设置帧率 */
bool v4l2_setFPS(int fd, uint32_t fps);

/* 申请指定数量的帧缓冲 */
bool v4l2_requestBuffer(int fd, uint32_t count);

/* 获取帧缓冲 */
bool v4l2_getBuffer(int fd, uint32_t index, struct v4l2_buffer* buffer);
```

```
/* 映射缓冲数据指针 */
bool v4l2_mapBuffer(int fd, struct v4l2_buffer* buffer, void** ptr);

/* 取消映射缓冲数据指针 */
bool v4l2_unmapBuffer(int fd, struct v4l2_buffer* buffer, void* ptr);

/* 将帧缓冲加入采集队列 */
bool v4l2_pushQueue(int fd, struct v4l2_buffer* buffer);

/* 从采集队列中取出一帧 */
bool v4l2_popQueue(int fd, struct v4l2_buffer* buffer);

/* 开始采集 */
bool v4l2_start(int fd);

/* 停止采集 */
bool v4l2_stop(int fd);

/* 等待采集队列中有数据可读 */
bool v4l2_wait(int fd);

/* 解压 JPEG 数据，转换成 RGB 格式 */
bool v4l2_jpegToRGB(const void* jpeg, size_t inSize, void** rgb, size_
t* outSize);

/* 摄像头设备文件的路径 */
#define VIDEO_DEV "/dev/video0"

/* 缓存的数量 */
#define BUFFER_COUNT 3

int main()
{
    /* 打开设备 */
    int fd = open(VIDEO_DEV, O_RDWR);
    if(fd < 0)
    {
        fprintf(stderr, "open %s failed: %s\n", VIDEO_DEV, strerror(errno));
        return EXIT_FAILURE;
    }

    /* 设置像素格式 */
    if(!v4l2_testPixFormat(fd, V4L2_PIX_FMT_MJPEG))
    {
```

```
        fprintf(stderr, "Motion-JPEG is unsupported\n");
        return EXIT_FAILURE;
    }
    v4l2_setPixFormat(fd, V4L2_PIX_FMT_MJPEG);

    /* 设置分辨率 */
    uint32_t w, h;
    v4l2_setSize(fd, 1280, 720);
    v4l2_getSize(fd, &w, &h);
    printf("size: %u x %u\n", w, h);

    /* 读取帧率 */
    uint32_t fps;
    v4l2_getFPS(fd, &fps);
    printf("FPS: %u\n", fps);

    /* 申请缓存 */
    v4l2_requestBuffer(fd, BUFFER_COUNT);

    /* 获取缓冲数据指针 */
    struct v4l2_buffer buffer[BUFFER_COUNT];
    void* bufPtr[BUFFER_COUNT];
    for(uint32_t i = 0; i < BUFFER_COUNT; i++)
    {
        v4l2_getBuffer(fd, i, &(buffer[i]));
        v4l2_mapBuffer(fd, &(buffer[i]), &(bufPtr[i]));
    }

    // 创建窗口
    SDL_Window* window = SDL_CreateWindow(
        "Camera",
        SDL_WINDOWPOS_UNDEFINED,
        SDL_WINDOWPOS_UNDEFINED,
        w, h, SDL_WINDOW_SHOWN);

    // 创建渲染器
    SDL_Renderer* renderer = SDL_CreateRenderer(
        window,
        -1,
        SDL_RENDERER_ACCELERATED | SDL_RENDERER_TARGETTEXTURE);

    // 创建纹理
    SDL_Texture* texture = SDL_CreateTexture(
        renderer,
```

```
        SDL_PIXELFORMAT_RGB24,
        SDL_TEXTUREACCESS_STREAMING,
        w, h
    );

    // 将缓冲加入采集队列
    for(uint32_t i = 0; i < BUFFER_COUNT; i++)
        v4l2_pushQueue(fd, &(buffer[i]));

    // 开始采集
    v4l2_start(fd);

    // 矩形范围
    SDL_Rect rect = {0, 0, w, h};

    // 事件
    SDL_Event event;
    uint32_t index = 0;
    bool running = true;
    while(running)
    {
        // 处理事件
        while(SDL_PollEvent(&event) > 0)
        {
            if(event.type == SDL_QUIT)
            {
                running = false;
            }
        }

        // 等待采集完成
        if(!v4l2_wait(fd))
            continue;

        // 取出一帧缓存
        v4l2_popQueue(fd, &(buffer[index]));

        // 将 JPEG 格式转为 RGB 格式
        void* rgb = NULL;
        size_t outSize = 0;
        v4l2_jpegToRGB(bufPtr[index], buffer[index].bytesused, &rgb, &outSize);

        // 显示
        if(SDL_UpdateTexture(texture, NULL, rgb, w * 3) < 0)
```

```
        {
            SDL_Log("SDL_UpdateTexture failed: %s\n", SDL_GetError());
        }
        free(rgb);
        SDL_RenderCopy(renderer, texture, NULL, NULL);
        SDL_RenderPresent(renderer);

        // 将缓存再次加入采集队列
        v4l2_pushQueue(fd, &(buffer[index]));
        index = (index + 1) % BUFFER_COUNT;
    }

    // 停止采集
    v4l2_stop(fd);

    // 释放资源
    SDL_DestroyTexture(texture);
    SDL_DestroyWindow(window);
    SDL_DestroyRenderer(renderer);

    for(uint32_t i; i < BUFFER_COUNT; i++)
    {
        v4l2_unmapBuffer(fd, &(buffer[i]), bufPtr[i]);
    }
    close(fd);

    SDL_Quit();
    return EXIT_SUCCESS;
}

/* 判断设备是否支持指定的图像格式 */
bool v4l2_testPixFormat(int fd, uint32_t fmt)
{
    struct v4l2_fmtdesc fmtdesc;
    fmtdesc.type=V4L2_BUF_TYPE_VIDEO_CAPTURE;
    fmtdesc.index=0;

    V4L2_LOG("Support formats:\n");
    while(ioctl(fd, VIDIOC_ENUM_FMT, &fmtdesc) != -1)
    {
        if(fmtdesc.pixelformat == fmt)
        {
            V4L2_LOG("\t->%d.%s\n",fmtdesc.index+1,fmtdesc.description);
            return true;
```

```
        }
        V4L2_LOG("\t  %d.%s\n",fmtdesc.index+1,fmtdesc.description);

        fmtdesc.index++;
    }

    return false;
}

/* 设置像素格式 */
bool v4l2_setPixFormat(int fd, uint32_t fmt)
{
    struct v4l2_format videoFormat;
    videoFormat.type = V4L2_BUF_TYPE_VIDEO_CAPTURE;
    videoFormat.fmt.pix.pixelformat = fmt;

    if(ioctl(fd, VIDIOC_S_FMT, &videoFormat) < 0)
    {
        V4L2_LOG("ioctl VIDIOC_S_FMT failed: %s\n", strerror(errno));
        return false;
    }

    return true;
}

/* 获取像素格式 */
bool v4l2_getPixFormat(int fd, uint32_t* fmt)
{
    struct v4l2_format videoFormat;
    videoFormat.type = V4L2_BUF_TYPE_VIDEO_CAPTURE;

    if(ioctl(fd, VIDIOC_G_FMT, &videoFormat) < 0)
    {
        V4L2_LOG("ioctl VIDIOC_S_FMT failed: %s\n", strerror(errno));
        return false;
    }

    *fmt = videoFormat.fmt.pix.pixelformat;
    return true;
}

/* 获取分辨率 */
bool v4l2_getSize(int fd, uint32_t* width, uint32_t* height)
{
```

```
    struct v4l2_format videoFormat;
    videoFormat.type = V4L2_BUF_TYPE_VIDEO_CAPTURE;

    if(ioctl(fd, VIDIOC_G_FMT, &videoFormat) < 0)
    {
        V4L2_LOG("ioctl VIDIOC_S_FMT failed: %s\n", strerror(errno));
        return false;
    }

    *width = videoFormat.fmt.pix.width;
    *height = videoFormat.fmt.pix.height;
    return true;
}

/* 设置分辨率 */
bool v4l2_setSize(int fd, uint32_t width, uint32_t height)
{
    struct v4l2_format videoFormat;
    videoFormat.type = V4L2_BUF_TYPE_VIDEO_CAPTURE;
    videoFormat.fmt.pix.width = width;
    videoFormat.fmt.pix.height = height;

    if(ioctl(fd, VIDIOC_S_FMT, &videoFormat) < 0)
    {
        V4L2_LOG("ioctl VIDIOC_S_FMT failed: %s\n", strerror(errno));
        return false;
    }

    return true;
}

/* 设置采集范围 */
bool v4l2_setArea(int fd, int x, int y, int width, int height)
{
    struct v4l2_crop crop;
    crop.type = V4L2_BUF_TYPE_VIDEO_CAPTURE;
    crop.c.left = x;
    crop.c.top = y;
    crop.c.width = width;
    crop.c.height = height;

    if(ioctl(fd, VIDIOC_S_CROP, &crop) < 0)
    {
        V4L2_LOG("ioctl VIDIOC_S_CROP failed: %s\n", strerror(errno));
```

```
        return false;
    }

    return true;
}

/* 获取采集范围 */
bool v4l2_getArea(int fd, int* x, int* y, int* width, int* height)
{
    struct v4l2_crop crop;
    crop.type = V4L2_BUF_TYPE_VIDEO_CAPTURE;

    if(ioctl(fd, VIDIOC_S_CROP, &crop) < 0)
    {
        V4L2_LOG("ioctl VIDIOC_S_CROP failed: %s\n", strerror(errno));
        return false;
    }

    *x = crop.c.left;
    *y = crop.c.top;
    *width = crop.c.width;
    *height = crop.c.height;
    return true;
}

/* 获取帧率 */
bool v4l2_getFPS(int fd, uint32_t* fps)
{
    struct v4l2_streamparm streamParm;
    streamParm.type = V4L2_BUF_TYPE_VIDEO_CAPTURE;
    if(ioctl(fd, VIDIOC_G_PARM, &streamParm) < 0)
    {
        fprintf(stderr, "ioctl VIDIOC_G_PARM failed: %s\n", strerror(errno));
        return false;
    }

    *fps = streamParm.parm.capture.timeperframe.denominator / streamParm.
           parm.capture.timeperframe.numerator;
    return true;
}

/* 设置帧率 */
bool v4l2_setFPS(int fd, uint32_t fps)
{
```

```
    struct v4l2_streamparm streamParm;
    streamParm.type = V4L2_BUF_TYPE_VIDEO_CAPTURE;
    streamParm.parm.capture.timeperframe.denominator = fps;
    streamParm.parm.capture.timeperframe.numerator = 1;
    if(ioctl(fd, VIDIOC_S_PARM, &streamParm) < 0)
    {
        fprintf(stderr, "ioctl VIDIOC_S_PARM failed: %s\n", strerror(errno));
        return false;
    }

    return true;
}

/* 申请指定数量的帧缓冲 */
bool v4l2_requestBuffer(int fd, uint32_t count)
{
    struct v4l2_requestbuffers request;
    request.type = V4L2_BUF_TYPE_VIDEO_CAPTURE;
    request.memory = V4L2_MEMORY_MMAP;
    request.count = count;

    if(!ioctl(fd, VIDIOC_REQBUFS, &request) < 0)
    {
        V4L2_LOG("ioctl VIDIOC_REQBUFS failed: %s\n", strerror(errno));
        return false;
    }

    return true;
}

/* 获取帧缓冲的位置 */
bool v4l2_getBuffer(int fd, uint32_t index, struct v4l2_buffer* buffer)
{
    memset(buffer, 0, sizeof(*buffer));
    buffer->type = V4L2_BUF_TYPE_VIDEO_CAPTURE;
    buffer->memory = V4L2_MEMORY_MMAP;
    buffer->index = index;

    if(ioctl(fd, VIDIOC_QUERYBUF, buffer) < 0)
    {
        V4L2_LOG("ioctl VIDIOC_QUERYBUF failed: %s\n", strerror(errno));
        return false;
    }
```

```
    return true;
}

/* 映射缓冲数据指针 */
bool v4l2_mapBuffer(int fd, struct v4l2_buffer* buffer, void** ptr)
{
    *ptr = mmap(NULL, buffer->length, PROT_READ|PROT_WRITE, MAP_SHARED, fd,
                buffer->m.offset);
    if(*ptr == NULL)
    {
        V4L2_LOG("mmap failed: %s\n", strerror(errno));
        return false;
    }

    return true;
}

/* 取消映射缓冲数据指针 */
bool v4l2_unmapBuffer(int fd, struct v4l2_buffer* buffer, void* ptr)
{
    if(munmap(ptr, buffer->length) < 0)
    {
        V4L2_LOG("munmap failed: %s\n", strerror(errno));
        return false;
    }

    return true;
}

/* 将缓冲加入采集队列 */
bool v4l2_pushQueue(int fd, struct v4l2_buffer* buffer)
{
    if(ioctl(fd, VIDIOC_QBUF, buffer) < 0)
    {
        V4L2_LOG("ioctl VIDIOC_QBUF failed: %s\n", strerror(errno));
        return false;
    }

    return true;
}

/* 从采集队列中取出一帧 */
bool v4l2_popQueue(int fd, struct v4l2_buffer* buffer)
{
```

```
    if(ioctl(fd, VIDIOC_DQBUF, buffer) < 0)
    {
        V4L2_LOG("ioctl VIDIOC_QBUF failed: %s\n", strerror(errno));
        return false;
    }

    return true;
}

/* 开始采集 */
bool v4l2_start(int fd)
{
    enum v4l2_buf_type bufType = V4L2_BUF_TYPE_VIDEO_CAPTURE;
    if(ioctl(fd, VIDIOC_STREAMON, &bufType) < 0)
    {
        fprintf(stderr, "ioctl VIDIOC_STREAMON failed: %s\n", strerror(errno));
        return false;
    }

    return true;
}

/* 停止采集 */
bool v4l2_stop(int fd)
{
    enum v4l2_buf_type bufType = V4L2_BUF_TYPE_VIDEO_CAPTURE;
    if(ioctl(fd, VIDIOC_STREAMOFF, &bufType) < 0)
    {
        fprintf(stderr, "ioctl VIDIOC_STREAMOFF failed: %s\n", strerror(errno));
        return false;
    }

    return true;
}

/* 等待采集队列中有数据可读 */
bool v4l2_wait(int fd)
{
    struct pollfd fds[1];
    fds[0].fd = fd;
    fds[0].events = POLLIN | POLLPRI;
    return poll(fds, 1, -1) > 0;
}
```

```
/* 解压 JPEG 数据，转换成 RGB 格式 */
bool v4l2_jpegToRGB(const void* jpeg, size_t inSize, void** rgb, size_t* outSize)
{
    // 创建解压结构
    struct jpeg_decompress_struct cinfo;
    struct jpeg_error_mgr jerr;
    cinfo.err=jpeg_std_error(&jerr);
    jpeg_create_decompress(&cinfo);

    // 输入 JPEG 数据
    jpeg_mem_src(&cinfo, (const unsigned char*)(jpeg), inSize);

    // 解析 header
    jpeg_read_header(&cinfo, false);
    jpeg_calc_output_dimensions(&cinfo);

    // 给 RGB 数据分配空间
    size_t rowSize = cinfo.output_components * cinfo.output_width;
    *outSize = rowSize * cinfo.output_height;
    *rgb = malloc(*outSize);

    // 行缓冲
    JSAMPARRAY buffer = cinfo.mem->alloc_sarray((j_common_ptr)(&cinfo),
                                                  JPOOL_IMAGE, rowSize, 1);

    // 逐行解压
    jpeg_start_decompress(&cinfo);
    for(void* ptr = *rgb; cinfo.output_scanline < cinfo.output_height;
        ptr += rowSize)
    {
        jpeg_read_scanlines(&cinfo, buffer, 1);
        memcpy(ptr, buffer[0], rowSize);
    }

    // 结束
    jpeg_finish_decompress(&cinfo);
    jpeg_destroy_decompress(&cinfo);

    return true;
}
```

这个示例使用 SDL2 来创建窗口和进行显示，在统信UOS上可以使用命令 sudo apt install libsdl2-dev 来安装它，编译命令为：

```
$ gcc main.c -lSDL2 -ljpeg
```

13.2.2 扬声器和麦克风

计算机用扬声器和麦克风播放和输入声音，下面介绍统信 UOS 中访问这两种设备的编程实现。

13.2.2.1 简述

Linux 的音频框架如图 13-3 所示。图 13-3 中各层的功能、特性略有不同，但是接口大同小异，只需了解其中一种即可。

音频驱动框架只提供基本的音频设备访问控制功能，不支持音频混合的功能，即一个进程占用了扬声器，则其他进程就无法使用扬声器。应用开发框架通常不提供设备的管理功能接口，即只能通过扬声器播放声音，而不能调节扬声器的音量。音频代理服务则提供了相对全面的接口，本节采用 PulseAudio 的接口进行示例开发。

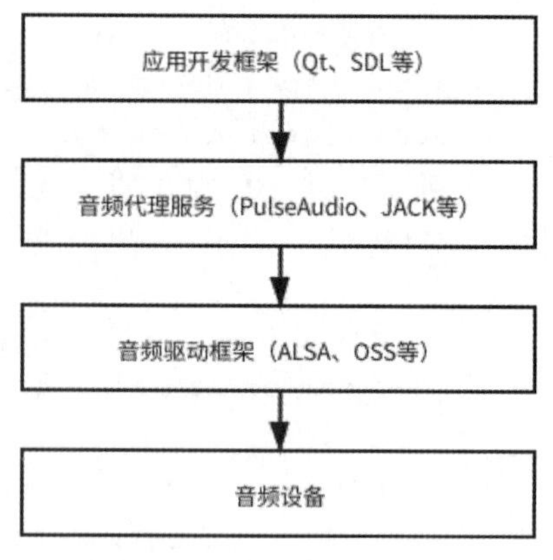

图 13-3 Linux 的音频框架

13.2.2.2 PulseAudio 声音服务器相关术语

在介绍通过编程实现访问扬声器和麦克风之前，先介绍 PulseAudio 声音服务器相关术语。

- Card：声卡，这里指的是 PulseAudio 声音服务器上的数据结构，而不是硬件。
- Profile：配置。
- Sink：输出节点。
- Sink Input：输出节点的数据流，例如音乐播放器正在播放的音乐数据流。
- Source：输入节点。
- Source Output：从输入节点输出的数据流，例如录音记事本正在记录的声音数据流。
- Port：端口，例如扬声器、耳机、麦克风等。
- Client：客户进程，例如音乐播放器。

PulseAudio 是在 C/S 架构下运行的，当一个进程连接到 PulseAudio 声音服务器后，便被当作 Client。Profile 模式用于对声卡进行配置，例如有哪些 Sink 和 Source，以及它们对应哪些端口等。Sink 会将收到的多个 Sink Input 进行混合然后发送给输出端口。类似地，Source 会将从端口获得的数据复制多份，分发给各个 Source Output。声卡、音乐播放器及网络电话的关系如图 13-4 所示。

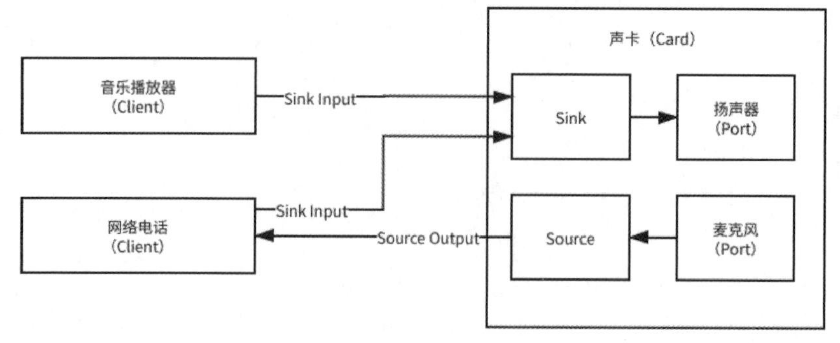

图 13-4 声卡、音乐播放器及网络电话的关系

13.2.2.3 PulseAudio Client 程序的基本结构

首先创建一个 PulseAudio Client 程序，只需要通过 libpulse（跨平台音频服务 PulseAudio 的库文

件）和 PulseAudio 声音服务器建立连接即可，在统信 UOS 上可以通过 sudo apt install libpulse-dev 命令来安装 libpulse。libpulse 和 PulseAudio 声音服务器的交互接口都是异步的，为此需要创建主循环（mainloop）。

创建主循环可以使用 pa_mainloop_new 或者 pa_threaded_mainloop_new 来实现：

```
/* 创建主循环 */
pa_mainloop* pa_mainloop_new(void);

/* 释放主循环 */
void pa_mainloop_free(pa_mainloop* m);

/* 在新的线程中创建主循环 */
pa_threaded_mainloop* pa_threaded_mainloop_new(void);

/* 释放有线程的主循环 */
void pa_threaded_mainloop_free(pa_threaded_mainloop* m);
```

上面两种创建方式的区别在于后者会创建一个新的线程，并在该线程中创建主循环，例如当开发有图形界面的音乐播放器时，就不应该在 GUI 绘制线程中创建主循环。创建主循环之后需要手动启动它：

```
/* 运行主循环 */
int pa_mainloop_run(pa_mainloop* m, int* retval);

/* 启动有线程的主循环 */
int pa_threaded_mainloop_start(pa_threaded_mainloop* m);

/* 停止有线程的主循环 */
void pa_threaded_mainloop_stop(pa_threaded_mainloop* m);
```

为了能统一操作 pa_mainloop 和 pa_threaded_mainloop 的接口，抽象出了 pa_mainloop_api 这一中间结构：

```
/* 获取操作主循环的 API */
pa_mainloop_api* pa_mainloop_get_api(pa_mainloop* m);

/* 获取操作有线程的主循环的 API */
pa_mainloop_api* pa_threaded_mainloop_get_api(pa_threaded_mainloop* m);
```

在使用 pa_threaded_mainloop 时，需要注意在主线程中调用任何相关接口时都应该使用 pa_threaded_mainloop_lock 和 pa_threaded_mainloop_unlock 来避免线程竞争：

```
/* 加锁 */
void pa_threaded_mainloop_lock(pa_threaded_mainloop* m);

/* 解锁 */
void pa_threaded_mainloop_unlock(pa_threaded_mainloop* m);
```

没有正确加锁的典型表现是概率性（可能性）的进程崩溃。使用 pa_context_new 来创建上下文：

```
/* 创建上下文 */
pa_context* pa_context_new(pa_mainloop_api* mapi, const char* name);
```

使用 pa_context_unref 来释放上下文：

```
/* 释放上下文 */
void pa_context_unref(pa_context *c);
```

通过 pa_context_connect 与 PulseAudio 声音服务器建立连接：

```
int pa_context_connect(pa_context* c, const char* server, pa_context_flags_t flags,
                       const pa_spawn_api* api);
```

如前文所述，libpulse 和 PulseAudio 声音服务器的交互接口都是异步的，pa_context_connect 也不例外。因此，需要通过 pa_context_set_state_callback 设置上下文状态变化的回调函数，并在回调函数中使用 pa_context_get_state 获取上下文的当前状态来判断连接是否建立完成：

```
/* 上下文通知回调函数类型 */
typedef void (*pa_context_notify_cb_t)(pa_context* c, void* userdata);

/* 设置上下文状态变化的回调函数 */
void pa_context_set_state_callback(pa_context* c, pa_context_notify_cb_t cb,
                                   void* userdata);

/* 获取上下文的当前状态 */
pa_context_state_t pa_context_get_state(pa_context* c);
```

基于上述内容，PulseAudio Client 程序主要代码如下：

```
#include <stdio.h>
#include <stdlib.h>
#include <pulse/pulseaudio.h>

/* 上下文状态变化的回调函数 */
void onContextStateChanged(pa_context* c, void* userdata);

int main()
{
    /* 创建主循环 */
    pa_mainloop* m = pa_mainloop_new();

    /* 获取操作主循环的 API */
    pa_mainloop_api* mapi = pa_mainloop_get_api(m);

    /* 创建上下文 */
```

```
    pa_context* c = pa_context_new(mapi, "demo");

    /* 设置上下文状态变化的回调函数 */
    pa_context_set_state_callback(c, onContextStateChanged, (void*)(mapi));

    /* 与 PulseAudio 声音服务器建立连接 */
    pa_context_connect(c, NULL, PA_CONTEXT_NOFLAGS, NULL);

    /* 运行主循环 */
    int retval;
    pa_mainloop_run(m, &retval);

    /* 释放资源 */
    pa_context_unref(c);
    pa_mainloop_free(m);

    return retval;
}

/* 上下文状态变化的回调函数 */
void onContextStateChanged(pa_context* c, void* userdata)
{
    pa_mainloop_api* mapi = (pa_mainloop_api*)(userdata);
    pa_context_state_t state = pa_context_get_state(c);
    switch(state)
    {
    case PA_CONTEXT_READY:
        printf("connected\n");

        // TODO: 在这里进行下一步的操作

        mapi->quit(mapi, EXIT_SUCCESS); // 退出主循环
        break;

    case PA_CONTEXT_FAILED:
        printf("failed to connect\n");
        mapi->quit(mapi, EXIT_FAILURE); // 退出主循环
    }
}
```

使用 GCC 来编译：

```
$ gcc main.c $(pkg-config --cflags libpulse --libs libpulse)
```

13.2.2.4 获取设备信息

获取声卡信息可以使用以下接口函数来实现：

```
/* 获取到声卡信息时的回调函数 */
typedef void (*pa_card_info_cb_t) (pa_context* c, const pa_card_info* info,
                                   int eol, void* userdata);

/* 获取指定 index 声卡的信息 */
pa_operation* pa_context_get_card_info_by_index(pa_context* c, uint32_t idx,
                                                pa_card_info_cb_t cb,
                                                void* userdata);

/* 获取指定 name 声卡的信息 */
pa_operation* pa_context_get_card_info_by_name(pa_context* c, const char* name,
                                               pa_card_info_cb_t cb,
                                               void* userdata);

/* 获取全部声卡的信息 */
pa_operation* pa_context_get_card_info_list(pa_context* c, pa_card_info_cb_t cb,
                                            void* userdata);
```

其中，使用 pa_context_get_card_info_list 获取全部声卡的信息时，回调函数会被多次触发，每次获取一个声卡的信息。当回调函数的 eol（End Of List，即列表末尾）参数为非 0 值时，表示获取完毕，此次回调函数的 info 参数会是 NULL。

获取 Sink 和 Source 信息的接口和声卡的基本一致，只需要分别将上述接口中的“card”替换为“sink”和“source”即可。示例代码如下：

```
#include <stdio.h>
#include <stdlib.h>
#include <pulse/pulseaudio.h>

/* 上下文状态变化的回调函数 */
void onContextStateChanged(pa_context* c, void* userdata);

/* 获取声卡信息的回调函数 */
void onGetCardInfo(pa_context* c, const pa_card_info* i, int eol,
                   void* userdata);

/* 获取 Sink 信息的回调函数 */
void onGetSinkInfo(pa_context* c, const pa_sink_info* info, int eol,
                   void* userdata);

/* 获取 Source 信息的回调函数 */
void onGetSourceInfo(pa_context* c, const pa_source_info* info, int eol,
                     void* userdata);

/* 输出 Sink 或 Source 的信息 */
```

```
#define printSinkSourceInfo(info) do {\
    printf("\tname : %s\n", info->name);

    if(info->card != PA_INVALID_INDEX)
        printf("\tcard : %d\n", info->card);

    if(info->active_port != NULL)
        printf("\tactive port : %s\n", info->active_port->name);

    if(info->mute)
        printf("\tmuted : yes\n");
    else
        printf("\tmuted : no\n");

    printf("\t volume : ");
    for(uint8_t i = 0; i < info->volume.channels; i++)
    {
        printf("%s %.02f%%    ",
               pa_channel_position_to_pretty_string(info->channel_map.map[0]),
               (float)(info->volume.values[0]) / info->base_volume * 100);
    }
    printf("\n");
}while(0)


int main()
{
    /* 创建主循环 */
    pa_mainloop* m = pa_mainloop_new();

    /* 获取操作主循环的 API */
    pa_mainloop_api* mapi = pa_mainloop_get_api(m);

    /* 创建上下文 */
    pa_context* c = pa_context_new(mapi, "demo");

    /* 设置上下文状态变化的回调函数 */
    pa_context_set_state_callback(c, onContextStateChanged, (void*)(mapi));

    /* 与 PulseAudio 声音服务器建立连接 */
    pa_context_connect(c, NULL, PA_CONTEXT_NOFLAGS, NULL);

    /* 运行主循环 */
    int retval;
```

```
    pa_mainloop_run(m, &retval);

    /* 释放资源 */
    pa_context_unref(c);
    pa_mainloop_free(m);

    return retval;
}

/* 上下文状态变化的回调函数 */
void onContextStateChanged(pa_context* c, void* userdata)
{
    pa_mainloop_api* mapi = (pa_mainloop_api*)(userdata);
    pa_context_state_t state = pa_context_get_state(c);
    switch(state)
    {
    case PA_CONTEXT_READY:
        // NOTE: 业务逻辑的入口点

        // 获取声卡信息
        pa_context_get_card_info_list(c, onGetCardInfo, userdata);

        break;

    case PA_CONTEXT_FAILED:
        printf("failed to connect\n");
        mapi->quit(mapi, EXIT_FAILURE); // 退出主循环
        return;

    default:
        break;
    }
}

/* 获取声卡信息的回调函数 */
void onGetCardInfo(pa_context* c, const pa_card_info* info, int eol,
                   void* userdata)
{
    pa_mainloop_api* mapi = (pa_mainloop_api*)(userdata);

    if(eol != 0)
    {
        // 声卡信息获取完毕，获取 Sink 信息
        pa_context_get_sink_info_list(c, onGetSinkInfo, userdata);
```

```
        return;
    }

    printf("card index : %d\n", info->index);
    printf("\tname : %s\n", info->name);
    printf("\tprots:\n");
    for(uint32_t i = 0; i < info->n_ports; i++)
    {
        printf("\t\t%s\n", info->ports[i]->name);
    }
}

/* 获取 Sink 信息的回调函数 */
void onGetSinkInfo(pa_context* c, const pa_sink_info* info, int eol,
                   void* userdata)
{
    pa_mainloop_api* mapi = (pa_mainloop_api*)(userdata);

    if(eol != 0)
    {
        // Sink 信息获取完毕，获取 Source 信息
        pa_context_get_source_info_list(c, onGetSourceInfo, userdata);
        return;
    }

    printf("sink index : %d\n", info->index);
    printSinkSourceInfo(info);
}

/* 获取 Source 信息的回调函数 */
void onGetSourceInfo(pa_context* c, const pa_source_info* info, int eol,
                     void* userdata)
{
    pa_mainloop_api* mapi = (pa_mainloop_api*)(userdata);

    if(eol != 0)
    {
        // Source 信息获取完毕，退出主循环
        mapi->quit(mapi, EXIT_SUCCESS);
        return;
    }

    printf("source index : %d\n", info->index);
    printSinkSourceInfo(info);
}
```

以上代码存在多层回调函数嵌套，可读性较差，其执行顺序依次为：onContextStateChanged、onGetCardInfo、onGetSinkInfo 和 onGetSourceInfo。

13.2.2.5 设置节点属性

设置 Sink 输入源的属性可以用到以下接口函数：

```
/* 通用的回调函数 */
typedef void (*pa_context_success_cb_t) (pa_context* c, int success,
                                          void* userdata);

/* 通过 index 设置端口 */
pa_operation* pa_context_set_sink_port_by_index(pa_context* c, uint32_t idx,
    const char* port, pa_context_success_cb_t cb, void* userdata);

/* 通过 index 设置音量 */
pa_operation* pa_context_set_sink_volume_by_index(pa_context* c, uint32_t idx,
    const pa_cvolume* volume, pa_context_success_cb_t cb, void* userdata);

/* 通过 index 设置是否静音 */
pa_operation* pa_context_set_sink_mute_by_index(pa_context* c, uint32_t idx,
    int mute, pa_context_success_cb_t cb, void* userdata);

/* 通过 name 设置端口 */
pa_operation* pa_context_set_sink_port_by_name(pa_context* c, const char* name,
    const char* port, pa_context_success_cb_t cb, void* userdata);

/* 通过 name 设置音量 */
pa_operation* pa_context_set_sink_volume_by_name(pa_context* c, const char* name,
    const pa_cvolume* volume, pa_context_success_cb_t cb, void* userdata);

/* 通过 name 设置是否静音 */
pa_operation* pa_context_set_sink_mute_by_name(pa_context* c, const char* name,
    int mute, pa_context_success_cb_t cb, void* userdata);
```

注意 要设置 Source 的接口和 Sink 的基本一致，只需要把上述接口中的“sink”改为“source”即可。

下面是一个将 Default Sink 默认输入源的音量设为“100%”的示例程序：

```
#include <stdio.h>
#include <stdlib.h>
#include <pulse/pulseaudio.h>

/* 上下文状态变化的回调函数 */
void onContextStateChanged(pa_context* c, void* userdata);
```

```
/* 获取到 Server 信息时的回调函数 */
void onGetServerInfo(pa_context* c, const pa_server_info* info, void* userdata);

/* 获取到 Sink 信息时的回调函数 */
void onGetSinkInfo(pa_context* c, const pa_sink_info* info, int eol,
                   void* userdata);

int main()
{
    /* 创建主循环 */
    pa_mainloop* m = pa_mainloop_new();

    /* 获取操作主循环的 API */
    pa_mainloop_api* mapi = pa_mainloop_get_api(m);

    /* 创建上下文 */
    pa_context* c = pa_context_new(mapi, "demo");

    /* 设置上下文状态变化的回调函数 */
    pa_context_set_state_callback(c, onContextStateChanged, (void*)(mapi));

    /* 与 PulseAudio 声音服务器建立连接 */
    pa_context_connect(c, NULL, PA_CONTEXT_NOFLAGS, NULL);

    /* 运行主循环 */
    int retval;
    pa_mainloop_run(m, &retval);

    /* 释放资源 */
    pa_context_unref(c);
    pa_mainloop_free(m);

    return retval;
}

/* 上下文状态变化的回调函数 */
void onContextStateChanged(pa_context* c, void* userdata)
{
    pa_mainloop_api* mapi = (pa_mainloop_api*)(userdata);
    pa_context_state_t state = pa_context_get_state(c);
    switch(state)
    {
    case PA_CONTEXT_READY:
        // NOTE: 业务逻辑的入口点
```

```
        // 获取 Server 信息，找到 Default Source
        pa_context_get_server_info(c, onGetServerInfo, userdata);

        break;

    case PA_CONTEXT_FAILED:
        printf("failed to connect\n");
        mapi->quit(mapi, EXIT_FAILURE); // 退出主循环
        return;
    }
}

/* 获取到 Server 信息时的回调函数 */
void onGetServerInfo(pa_context* c, const pa_server_info* info, void* userdata)
{
    // 获取 Default Sink 的信息
    pa_context_get_sink_info_by_name(c, info->default_sink_name,
                                     onGetSinkInfo, userdata);
}

/* 获取到 Sink 信息时的回调函数 */
void onGetSinkInfo(pa_context* c, const pa_sink_info* info, int eol,
                   void* userdata)
{
    if(eol != 0)
    {
        // Sink 信息获取完毕，退出主循环
        pa_mainloop_api* mapi = (pa_mainloop_api*)(userdata);
        mapi->quit(mapi, EXIT_SUCCESS);
        return;
    }

    // 将 Default Sink 的音量设为“100%”
    pa_cvolume volume;
    pa_cvolume_init(&volume);
    pa_cvolume_set(&volume, info->channel_map.channels, info->base_volume);
    pa_context_set_sink_volume_by_index(c, info->index, &volume, NULL, NULL);

    // 消除 Default Sink 的静音状态
    pa_context_set_sink_mute_by_index(c, info->index, 0, NULL, NULL);
}
```

13.2.2.6 播放和录音

播放需要以下基本流程：

（1）创建一个 Sink Input；

（2）将 Sink Input 绑定到 Sink 上；

（3）向 Sink Input 写入音频数据；

（4）等待播放完毕。

录音需要以下基本流程：

（1）创建一个 Source Output；

（2）将 Source Output 绑定到 Source 上；

（3）从 Source Output 读取音频数据。

Sink Input 和 Source Output 使用相同的接口 pa_stream_new 进行创建。绑定到 Sink 上就是 Sink Input 函数，绑定到 Source 上则是 Source Output 函数。示例代码如下：

```
// 创建采样规格
pa_sample_spec sampleSpec;
sampleSpec.rate = 44100;                // 采样频率
sampleSpec.format = PA_SAMPLE_S16LE;    // 数据格式
sampleSpec.channels = 2;                // 声道数量

// 创建声道映射
pa_channel_map channelMap;
pa_channel_map_init_stereo(&channelMap); // 初始化为左右声道

// 创建 stream
pa_stream* stream = pa_stream_new(context, "demo-stream", &sampleSpec,
                                  &channelMap);
```

绑定到 Sink 和 Source 上的接口函数分别为：

```
/* 将 stream 绑定到 Sink 上 */
int pa_stream_connect_playback(pa_stream* s, const char* dev,
                               const pa_buffer_attr* attr, pa_stream_flags_t flags,
                               const pa_cvolume* volume, pa_stream* sync_stream);

/* 将 stream 绑定到 Source 上 */
int pa_stream_connect_record(pa_stream* s, const char* dev,
                             const pa_buffer_attr* attr, pa_stream_flags_t flags);
```

其中参数 dev 是 Sink 或 Source 的名字，如果设为 NULL 则绑定到 Default Sink（默认输入源）或 Default Source（默认输出）上。需要通过设置回调函数的方式进行音频数据的读写，代码如下：

```
/* stream 操作请求的回调函数 */
typedef void (*pa_stream_request_cb_t)(pa_stream* p, size_t nbytes,
                                       void* userdata);
```

```
/* 设置 Sink Input 可写时的回调函数 */
void pa_stream_set_write_callback(pa_stream* p, pa_stream_request_cb_t cb,
                                  void* userdata);

/* 设置 Source Output 可读时的回调函数 */
void pa_stream_set_read_callback(pa_stream* p, pa_stream_request_cb_t cb,
                                 void* userdata);
```

下面是录音和播放的完整示例代码（这个示例没有音频编解码功能，因此只能播放自己录制的音频）：

```
#include <stdio.h>
#include <stdlib.h>
#include <errno.h>
#include <string.h>
#include <stdbool.h>
#include <pulse/pulseaudio.h>

#ifdef DEBUG
    #define LOG(...) printf(__VA_ARGS__)
#else
    #define LOG(...)
#endif

typedef enum Method
{
    METHOD_PLAY,
    METHOD_RECORD
}Method;

typedef struct UserData
{
    pa_context* context;
    pa_stream* stream;
    pa_mainloop_api* api;
    FILE* fp;
    Method method;
}UserData;

static void mainloop_quit(UserData* userdata, int ret);
static void context_state_callback(pa_context* context, void* userdata) ;
static void stream_write_callback(pa_stream* stream, size_t length,
                                  void* userdata);
static void stream_read_callback(pa_stream* stream, size_t length,
                                 void* userdata);
```

```
static void stream_drain_complete(pa_stream* stream, int success,
                                  void* userdata);
static void context_drain_complete(pa_context* c, void* userdata);

int main(int argc, char* argv[])
{
    // 参数检查
    if(argc != 3)
    {
        printf("pademo [play|record] <sound-file>\n");
        return EXIT_FAILURE;
    }

    // 创建主循环
    pa_mainloop* mainloop = pa_mainloop_new();

    if(mainloop == NULL)
    {
        fprintf(stderr, "pa_threaded_mainloop_new failed.\n");
        return EXIT_FAILURE;
    }

    // 获取 API
    pa_mainloop_api* api = pa_mainloop_get_api(mainloop);
    if(api == NULL)
    {
        pa_mainloop_free(mainloop);
        fprintf(stderr, "pa_threaded_mainloop_get_api failed.\n");
        return EXIT_FAILURE;
    }

    // 创建上下文
    pa_context* context = pa_context_new(api, "demo");
    if(context == NULL)
    {
        pa_mainloop_free(mainloop);
        fprintf(stderr, "pa_context_new failed.\n");
        return EXIT_FAILURE;
    }

    UserData data;
    if(strcmp(argv[1],"play") == 0)
    {
        data.fp = fopen(argv[2], "rb");
```

```
        data.method = METHOD_PLAY;
    }
    else if(strcmp(argv[1], "record") == 0)
    {
        data.fp = fopen(argv[2], "wb");
        data.method = METHOD_RECORD;
    }
    else
    {
        fprintf(stderr, "Unknown method %s\n", argv[1]);
        // 释放
        pa_context_unref(context);
        pa_mainloop_free(mainloop);
        return EXIT_FAILURE;
    }

    // 设置状态变化的回调函数,这是主入口
    data.context = context;
    data.api = api;
    pa_context_set_state_callback(context, context_state_callback,
                                  (void*)(&data));

    // 开始建立连接
    if(pa_context_connect(context, NULL, PA_CONTEXT_NOFAIL, NULL) < 0)
    {
        pa_context_unref(context);
        pa_mainloop_free(mainloop);
        fprintf(stderr, "pa_context_connect failed.\n");
        return EXIT_FAILURE;
    }

    // 运行主循环
    int ret = pa_mainloop_run(mainloop, NULL);

    // 退出
    pa_context_unref(context);
    pa_mainloop_free(mainloop);
    return ret;
}

// 退出主循环
static void mainloop_quit(UserData* userdata, int ret)
{
    LOG("mainloop_quit\n");
```

```
    userdata->api->quit(userdata->api, ret);
}

// 状态变化的回调函数
static void context_state_callback(pa_context* context, void* userdata)
{
    UserData* data = (UserData*)(userdata);
    pa_context_state_t state = pa_context_get_state(context);
    switch (state)
    {
    case PA_CONTEXT_READY: // 上下文就绪
    {
        LOG("PA_CONTEXT_READY\n");

        // 创建 spec
        pa_sample_spec sampleSpec;
        sampleSpec.rate = 44100;
        sampleSpec.format = PA_SAMPLE_S16LE;
        sampleSpec.channels = 2;

        // 创建 channel map
        pa_channel_map channelMap;
        pa_channel_map_init_stereo(&channelMap);

        // 创建 stream
        pa_stream* stream = pa_stream_new(context, "demo-stream",
                                          &sampleSpec, &channelMap);
        data->stream = stream;

        if(data->method == METHOD_PLAY) // 播放
        {
            pa_stream_connect_playback(stream, NULL, NULL,
                                       PA_STREAM_NOFLAGS, NULL, NULL);
            pa_stream_set_write_callback(stream, stream_write_callback,
                                         userdata);
        }
        else if(data->method == METHOD_RECORD) // 录音
        {
            pa_stream_connect_record(stream, NULL, NULL, PA_STREAM_NOFLAGS);
            pa_stream_set_read_callback(stream, stream_read_callback, userdata);
        }
        break;
    }
```

```
    case PA_CONTEXT_TERMINATED: // 结束
        LOG("PA_CONTEXT_TERMINATED\n");
        mainloop_quit(data, EXIT_SUCCESS);
        break;

    default:
        LOG("context state %d\n", state);
    }
}

// 播放的回调
static void stream_write_callback(pa_stream* stream, size_t length,
                                  void* userdata)
{
    UserData* data = (UserData*)(userdata);
    void* buffer;
    while(true)
    {
        // 给 buffer 分配空间，不需要手动释放
        pa_stream_begin_write(stream, &buffer, &length);

        // 读取文件，写入 stream
        length = fread(buffer, 1, length, data->fp);
        // 会自动释放 buffer
        pa_stream_write(stream, buffer, length, NULL, 0, PA_SEEK_RELATIVE);
        LOG("play %zu bytes\n", length);

        // 文件读取完毕
        if(feof(data->fp))
        {
            pa_stream_cancel_write(stream);
            pa_stream_set_write_callback(stream, NULL, NULL); // 清除回调
            // 设置播放完毕时的回调
            pa_operation* o = pa_stream_drain(stream, stream_drain_complete,
                                              data);
            if(o == NULL)
            {
                mainloop_quit(data, EXIT_FAILURE);
            }
            pa_operation_unref(o);
            break;
        }
    }
}

// 录音的回调
```

```
static void stream_read_callback(pa_stream* stream, size_t length, void* userdata)
{
    UserData* data = (UserData*)(userdata);
    const void *buffer;
    while(pa_stream_readable_size(stream) > 0)
    {
        pa_stream_peek(stream, &buffer, &length);
        if(buffer == NULL || length <= 0)
        {
            continue;
        }

        fwrite(buffer, length, 1, data->fp);
        fflush(data->fp);
        LOG("record %zu bytes\n", length);
        pa_stream_drop(stream);
    }
}

// 播放完毕的回调
static void stream_drain_complete(pa_stream* stream, int success, void* userdata)
{
    (void)(success);
    LOG("stream_drain_complete\n");
    UserData* data = (UserData*)(userdata);

    // 释放 stream
    pa_stream_disconnect(stream);
    pa_stream_unref(stream);
    data->stream = NULL;

    // 设置上下文结束的回调
    pa_operation* o = pa_context_drain(data->context, context_drain_complete,
                                        NULL);
    if (o == NULL)
    {
        pa_context_disconnect(data->context);
    }
    else
    {
        pa_operation_unref(o);
    }
}
```

```
// 上下文结束的回调
static void context_drain_complete(pa_context* context, void* userdata)
{
    (void)(userdata);
    LOG("context_drain_complete\n");
    pa_context_disconnect(context);
}
```

13.2.3 网络

统信 UOS 的网络服务是由 NetworkManager（网络管理器）来进行集中管理的，在对统信 UOS 上的网络进行开发时，应按照 NetworkManager 提供的 D-Bus 属性和方法进行后续的开发和管理。NetworkManager 是 Linux 与其他类 UNIX 操作系统对网络模块进行统筹管理的项目，通过 NetworkManager 这个项目去管理其他开源网络项目，可以实现网络的创建和连接。NetworkManager 的主要功能、特点如下：

- 支持同时管理多个网络；
- 采用 socket 与 D-Bus 总线的方式传递网络连接信息；
- 快速创建和管理网络连接；
- 采用同一个项目统一管理多个其他网络项目；
- 提供多个工具用于管理网络；
- 优化交互逻辑。

13.2.3.1 模块交互

NetworkManager 可与 PolicyKit 模块、ethtool 模块、wpa_supplicant 模块、dhclient 模块、VPN 模块等进行交互。

1. 与 PolicyKit 模块交互

PolicyKit 是管理策略和权限的模块。由于 NetworkManager 在进行网络连接等操作时，需要使用特权特性，因此 NetworkManager 必须是特权级进程。普通用户如需进行诸如重新加载网络配置等操作，需要权限验证。

具体对应于 PolicKit 的 .policy 文件，即“/usr/share/polkit-1/actions/org.freedesktop.NetworkManager.policy”，此文件记录了 NetworkManager 在进行特权级操作时所需要进行权限认证的一些场景。另外对于某些操作，NetworkManager 不希望用户进行额外的权限认证。这部分信息被存储在“/usr/share/polkit-1/rules.d/60-network-manager.rules”中，从 rules 规则文件可以看出，当用户进行 action.id 为 org.freedesktop.NetworkManager.settings.modify.system 的操作时，例如创建新的网络连接或尝试连接已有网络时，当用户所属组为 sudo 和 netdev 时，默认权限认证通过，不需要额外操作，rules 规则文件内容如下：

```
aris@aris-PC:~$ cat /usr/share/polkit-1/rules.d/60-network-manager.rules
polkit.addRule(function(action, subject) {
  if (action.id == "org.freedesktop.NetworkManager.settings.modify.system" &&
      subject.local && subject.active &&(subject.isInGroup ("sudo") ||
      subject.isInGroup ("netdev"))) {
```

```
    return polkit.Result.YES;
  }
});
```

2. 与 ethtool 模块交互

ethtool 模块用于从驱动中获取网卡的相关信息等，例如获取网卡的 MAC 地址（Medium Access Control Address，介质访问控制地址），或者尝试进行有线连接。示例代码如下：

```
// 尝试获取 MAC 地址
#define HWADDR_LEN_MAX 20

int main(){
  int fd = socket (PF_INET, SOCK_DGRAM | SOCK_CLOEXEC, 0);
      struct {
          struct ethtool_perm_addr e;
          guint8 _extra_data[HWADDR_LEN_MAX + 1];
      } info;
  memset (&info, 0, sizeof (info));
  info.e.cmd = ETHTOOL_GPERMADDR;
  info.e.size = HWADDR_LEN_MAX;
  struct ifreq ifr = {
      .ifr_data = (gpointer)info.e,
      .ifr_name = "wlp61s0",
      };
  int err = ioctl (fd, SIOCETHTOOL, &ifr);
}
// 尝试设置有线端口属性
int main(){
      struct ethtool_wolinfo data = { };
      data.cmd = ETHTOOL_SWOL;
      data.wolopts = 0;
      data.wolopts |= WAKE_PHY;
  struct ifreq ifr = {
      .ifr_data = (gpointer)data,
      .ifr_name = "enp60s0",
      };
  int err = ioctl (fd, SIOCETHTOOL, &ifr);
}
```

3. 与 wpa_supplicant 模块交互

wpa_supplicant 模块是一个连接和配置 Wi-Fi 的工具，主要包含 wpa_supplicant 与 wpa_cli 两个程序，支持 Wi-Fi 保护接入（Wi-Fi Protected Access，WPA）和 WPA2（IEEE 802.11i/RSN）。Supplicant 是在客户端中使用的 IEEE 802.1X/WPA 组件，它使用 WPA 身份验证器实现密钥协商，并控制漫游和 IEEE 802.11 认证 / 关联的无线局域网（Wireless Local Area Network，WLAN）驱动程序。NetworkManager 与 wpa_supplicant 的交互主要通过 D-Bus 服务进行。示例代码如下：

```
// 扫描
int main(){
  // 创建 D-Bus 对象
  GDBusProxy *   proxy;
  proxy = g_object_new (G_TYPE_DBUS_PROXY,
                        "g-bus-type", G_BUS_TYPE_SYSTEM,
                        "g-flags", G_DBUS_PROXY_FLAGS_NONE,
                        "g-name", WPAS_DBUS_SERVICE,
                        "g-object-path", "/fi/w1/wpa_supplicant1/Interfaces/1",
                        "g-interface-name", WPAS_DBUS_IFACE_INTERFACE,
                        NULL);
  // 设置 ApScan 选项
  // ApScan 为 0，通知 wpa_supplicant，让驱动去进行扫描、连接和选择
  // ApScan 为 1，通知 wpa_supplicant，初始化扫描和 AP 的选择
  // ApScan 为 2，通知 wpa_supplicant，对 NDIS 驱动提供支持，用于连接隐藏 Wi-Fi 和优化漫游
  g_dbus_proxy_call (proxy,
                     DBUS_INTERFACE_PROPERTIES ".Set",
                     g_variant_new ("(ssv)",
                                    WPAS_DBUS_IFACE_INTERFACE,
                                    "ApScan",
                                    g_variant_new_uint32 (nm_supplicant_
                                    config_get_ap_scan(priv->assoc_data->cfg))),
                     G_DBUS_CALL_FLAGS_NONE,
                     -1,
                     priv->assoc_data->cancellable,
                     (GAsyncReadyCallback) assoc_set_ap_scan_cb,
                     self);
}
// 扫描后，通过回调进行认证连接
static void
assoc_set_ap_scan_cb (GDBusProxy *proxy, GAsyncResult *result, gpointer use
r_data){
  // priv->assoc_data->cfg 包含所有的配置信息，包括认证方式、密码等
      g_dbus_proxy_call (proxy,
                         "AddNetwork",
                         g_variant_new ("(@a{sv})", nm_supplicant_config_to_
                         variant (priv->assoc_data->cfg)),
                         G_DBUS_CALL_FLAGS_NONE,
                         -1,
                         NULL,
                         (GAsyncReadyCallback) assoc_add_network_cb,
                         add_network_data);
}
// 扫描结束后，选择 bssid 的路径网络进行连接
static void
assoc_call_select_network (NMSupplicantInterface *self)
{
```

```
    NMSupplicantInterfacePrivate *priv = NM_SUPPLICANT_INTERFACE_GET_
                                         PRIVATE (self);

    g_dbus_proxy_call (priv->iface_proxy,
                       "SelectNetwork",
                       g_variant_new ("(o)", priv->net_path),
                       G_DBUS_CALL_FLAGS_NONE,
                       -1,
                       priv->assoc_data->cancellable,
                       (GAsyncReadyCallback) assoc_select_network_cb,
                       self);
}

// 驱动扫描触发
int main(){
  // 创建nl_msg信息
  struct nl_msg *msg;
  msg = nlmsg_alloc();
  genlmsg_put(msg, 0, 0, nl80211_id,
              0, flags, NL80211_CMD_TRIGGER_SCAN, 0);

  // 开始添加扫描信道
  struct nlattr *freqs;
  freqs = nla_nest_start(msg, NL80211_ATTR_SCAN_FREQUENCIES);
  int err = nla_put_u32(msg, i + 1, 2437);

  // 添加扫描ssid
  struct nlattr *ssids;
  nla_put(msg, 1, len,"TEST_SSID");

  // 发送扫描指令
  err = send_and_recv_msgs(drv, msg, NULL, NULL);
}
```

4. 与dhclient模块交互

dhclient模块主要用于获取用户的IP地址信息，使用动态主机配置协议（Dynamic Host Configuration Protocol，DHCP）动态地配置网络接口的网络参数。NetworkManager通过直接调用可执行程序的方式，保存网络配置信息。通过在“/var/lib/NetworkManager/”目录下原先已经存在的网卡设备的IP地址信息，生成一个配置文件，存储在dhclient的默认保存位置“/etc/dhcp/dhclient.conf”中，具体命令如下：

```
/sbin/dhclient -d -q -sf /usr/lib/NetworkManager/nm-dhcp-helper -pf /run/
dhclient-wlp61s0.pid -lf /var/lib/NetworkManager/dhclient-d8c77a72-d8db-
4c14-9057-86a78903500e-wlp61s0.lease -cf /var/lib/NetworkManager/dhclient-
wlp61s0.conf wlp61s0
```

5. 与VPN模块交互

VPN，即Virtual Private Network，一般指虚拟专用网络。NetworkManager规范了VPN的调用

接口参数，通过规范化的参数启动 VPN 可执行程序。其支持的 VPN 如下。

- networkmanager-openconnect for OpenConnect，用于开放、互联的 networkmanager-openconnect。
- networkmanager-openvpn for OpenVPN，用于开放 VPN 的 networkmanager-openvpn。
- networkmanager-pptp for PPTP Client，用于 PPTP（Point-to-Point Tunneling Protocol，点到点隧道协议）客户端的 networkmanager-pptp。
- networkmanager-vpnc for Vpnc，用于 VPNC（Virtual Private Networks Center，虚拟专用网络中心）的 networkmanager-vpnc。
- networkmanager-strongswan for strongSwan，用于 strongSwan 项目的 networkmanager-strongswan。
- networkmanager-fortisslvpn，用于支持 Fortinet SSLVPN 的 networkmanager 插件。
- networkmanager-iodine，基于 iodine 的 networkmanager 插件，iodine 是一个 DNS 隧道工具。
- networkmanager-libreswan，用于支持配置基于 IKEv1 的 IPsec 虚拟专用网络连接。
- networkmanager-l2tp，用于支持 l2tp（Layer 2 Tunneling Protocol，第二层隧道协议）的 networkmanager 插件。
- networkmanager-ssh，用于支持 SSH（Secure Shell，安全外壳协议）VPN 的 networkmanager 插件。
- networkmanager-sstp，用于支持 SSTP（Secure Socket Tunneling Protocol，安全套接字隧道协议）的 networkmanager 插件。

13.2.3.2 配置文件应用和说明

NetworkManager 可以通过调整配置文件的方式实现控制网络，配置文件包括当前加载的插件、输出的日志信息。配置文件默认保存在“/etc/NetworkManager/NetworkManager.conf”中。各层级的配置项及说明如下。

[main]层级配置项及说明如表 13-3 所示。

表 13-3 [main] 层级配置项及说明

配置项	说明
plugins	需要加载的插件，常用的插件
dhcp	保存 NetworkManager 应该使用的 DHCP 通信可执行程序，允许值为 dhclient 或 dhcpcd
no-auto-default	需要创建默认连接的配置信息，可以为网卡接口名或 MAC 地址
dns	用于控制 DNS 解析协议，默认通过控制“/etc/resolv.conf”来控制 DNS 的解析

[keyfile]层级配置项及说明如表 13-4 所示。

表 13-4 [keyfile] 层级配置项及说明

配置项	说明
hostname	配置 hostname 的路径，默认是“/etc/hostname”
path	连接配置的保存路径，默认是“/etc/NetworkManager/system-connections”

[logging]层级配置项及说明如表 13-5 所示。

表 13-5 [logging]层级配置项及说明

配置项	说明
level	输出日志的等级，默认为 INFO
domains	输出日志的域模块，包含 PLATFORM、RFKILL、ETHER、WI-FI 等
backend	后台日志的输出，可使用的值：syslog 或 journal

[connection]层级配置项及说明如表 13-6 所示。

表 13-6 [connection]层级配置项及说明

配置项	说明
802-1x.auth-timeout	802.1x 认证的超时时间
wifi.powersave	Wi-Fi 模块是否进入节能模式，默认为忽略
connection.auth-retries	连接尝试次数

[connectivity]层级配置项及说明如表 13-7 所示。

表 13-7 [connectivity] 层级配置项及说明

配置项	说明
enabled	是否开启侦测网络可用
uri	用于 curl 检测网络状态的 uri
response	返回信息，默认是“NetworkManager is online”

13.2.3.3 连接选项说明

NetworkManager 使用配置文件保存连接信息，当再次激活时采用保存的配置信息尝试建立网络连接。各层级的配置项及说明如下。

[connection]层级配置项及说明如表 13-8 所示。

表 13-8 [connection]层级配置项及说明

配置项	说明
auth-retries	尝试认证的次数，默认为 3 次
autoconnect	当连接可用时，是否尝试自动连接
id	连接标识 ID
interface-name	连接绑定的网卡接口名
master	master 设备
timestamp	上次连接被激活的时间戳
type	连接类型，包括 802-3-ethernet、802-11-wireless、vpn 等
uuid	连接 UUID
zone	连接的信任等级，包括 Home、Work、Public

[802-1x]层级配置项及说明如表 13-9 所示。

表 13-9　[802-1x] 层级配置项及说明

配置项	说明
auth-timeout	802.1x 认证超时时间
ca-cert	CA 证书
ca-cert-password	CA 证书密钥
eap	EAP 认证类型，包括 leap、md5、tls、peap、ttls、pwd、fast
identity	EAP 认证身份
password	EAP 认证密码
password-flags	密码保存类型，0 为永不保存，1 为保存在注册的 Agent 中，2 为保存在配置文件中
phase2-auth	第二阶段的认证方式，包括 pap、chap、mschap、mschapv2

[ipv4]层级配置项及说明如表 13-10 所示。

表 13-10　[ipv4]层级配置项及说明

配置项	说明
address-data	ipv4 数组
dhcp-timeout	DHCP 认证超时时间
gateway	网关
routes	路由

[802-3-ethernet]层级配置项及说明如表 13-11 所示。

表 13-11　[802-3-ethernet]层级配置项及说明

配置项	说明
mac-address	匹配 MAC 地址信息
mac-address-blacklist	MAC 绑定黑名单
mtu	最大传输单元
wake-on-lan	网络唤醒配置，包括 WAKEPHY 物理接口、WAKEUCAST 单播、WAKEMCAST 多播等
wake-on-lan-password	密码

[802-11-wireless]层级配置项及说明如表 13-12 所示。

表 13-12　[802-11-wireless]层级配置项及说明

配置项	说明
band	设置 802.11 的连接频道频率，a 值表示 5GHz，bg 值表示 2.4GHz
bssid	指定网络连接到指定的 bssid 数组
channel	指定网络连接到指定的信道数组
hidden	是否为隐藏网络
mac-address-blacklist	设备 MAC 黑名单
mode	网络连接模式，包括 infrastructure、mesh、adhoc、ap
seen-bssids	根据 ssid 侦测到的 bssid 数组
ssid	无线网络连接的名字

[802-11-wireless-security]层级配置项及说明如表 13-13 所示。

表 13-13　[802-11-wireless-security]层级配置项及说明

配置项	说明
key-mgmt	密码的管理方式，包括 none、ieee8021x、wpa-psk、wpa-eap 等
pairwise	无线加密防署，ccmp、tkip
psk	wpa-psk 的密钥
psk-flags	声明如何保存 psk 密钥

13.2.3.4　工具介绍

下面对 NetworkManager 中常用的工具进行简单介绍。

（1）nmcli：NetworkManager 的命令行工具。使用示例如下：

```
nmcli --ask device wifi connect "$SSID"
```

（2）nmtui：NetworkManager 的图形化工具。

（3）nm-online：即时检测网络状态工具。

13.2.4　蓝牙

蓝牙技术是一种基于低成本的，为固定、移动设备建立通信环境的近距离无线连接技术。Linux 内核中已经支持蓝牙技术。

13.2.4.1　简述

Linux 的蓝牙框架如图 13-5 所示。蓝牙框架大致分为 Host（主机）和 Module（模块）两部分。Host 部分表示为软件协议形式，开源项目 BlueZ 用于管理 Linux 上的蓝牙功能，BlueZ 正是基于 Host 端的 SDP（Session Description Protocol，会话描述协议）和 L2CAP 等协议实现的。Module 部分则大部分为驱动和硬件的 Firmware 固件交互。对于桌面开发，仅需关注 Host 部分。BlueZ 提供了开发蓝牙功能的全面接口，这里选择采用 BlueZ 的接口进行示例开发。

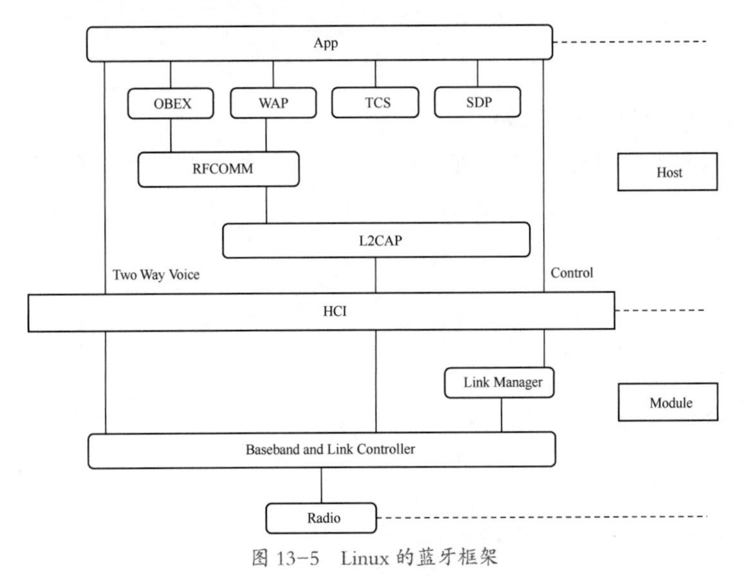

图 13-5　Linux 的蓝牙框架

13.2.4.2 蓝牙的术语

在应用蓝牙之前，先介绍相关术语。

- Adapter：适配器，数码产品适用蓝牙设备的接口转换器。
- Pair：配对，蓝牙设备互联的互认证过程。
- Trust：受信，蓝牙配对成功后成为受信设备。
- PinCode：Pin 码，用于校验连接的信息。
- Profile：特性，每种特性对应某些特定功能。
- ACL：全称是 Asynchronous Connectionless Link，异步无连接链路，蓝牙系统中定义的两种数据链路之一。
- SCO：全称是 Synchronas Connection-Oriented Link，同步的面向连接的链路，支持对时延敏感的信息，如语音信息。

蓝牙是基于 C/S 架构运行的，当两个设备建立连接后，就产生了主从设备的关系。连接成功后，一个设备成为主设备（Master Device），而另外一个设备则成为从设备（Slave Device）。

蓝牙分为经典蓝牙（Basic Rate / Enhanced Data Rate，BR/EDR）和低能耗蓝牙（Bluetooth Low Energy，BLE）。经典蓝牙和低能耗蓝牙的连接流程分别如图 13-6 和图 13-7 所示。

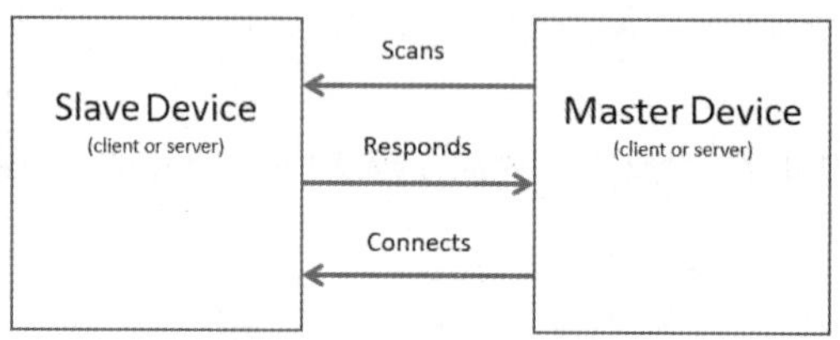

图 13-6　经典蓝牙的连接流程

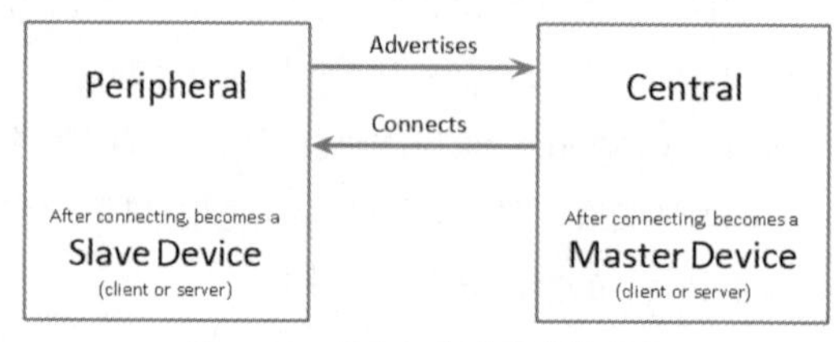

图 13-7　低能耗蓝牙的连接流程

13.2.4.3 BlueZ Adapter 信息

BlueZ 上层协议本质上是与主机控制接口 HCI 模块进行通信，根据从 HCI 返回的信息，进行响应的操作，以 Adapter 适配器与 HCI 的交互为例，代码如下：

```
// 监听 HCI
int main () {
    // 初始化 HCI
    union {
        struct sockaddr common;
        struct sockaddr_hci hci;
    } addr;
    // socket 的 bluetooth 协议栈
```

```
    addr.hci.hci_family = AF_BLUETOOTH;
    addr.hci.hci_dev = HCI_DEV_NONE;
    addr.hci.hci_channel = HCI_CHANNEL_CONTROL;

    // 指定 PF_BLUETOOTH 的族和 BTPROTO_HCI 类型的传输协议
    int fd;
    fd = socket(PF_BLUETOOTH, SOCK_RAW | SOCK_CLOEXEC | SOCK_NONBLOCK,
                BTPROTO_HCI);
    // socket 绑定
    if (bind(fd, &addr.common, sizeof(addr.hci)) < 0) {
        close(fd);
        return NULL;
    }

    // 创建一个 loop，并使之开始监听
    GMainLoop *event_loop = g_main_loop_new(NULL, FALSE);
    g_main_loop_run(event_loop);

    // 将 socket 绑定到 channel，并设置 buff 缓存
    GIOChannel *channel = g_io_channel_unix_new(fd);
    g_io_channel_set_encoding(channel, NULL, NULL);
    g_io_channel_set_buffered(channel, FALSE);

    // 添加监听，callback 函数为感兴趣的回调函数，callback_data 为传入的数据，
destory 函数为发生异常时的回调函数
    guint id =  g_io_add_watch_full(channel, 0, G_IO_IN | G_IO_ERR | G_IO_NVAL,
                                    callback, callback_data, destory);
}
```

运行如上代码就能成功监听从 HCI 返回的时间信息了。例如，想要获取当前所有适配器的信息，可以运行如下：

```
// 定义消息结构体
struct mgmt_hdr {
    uint16_t opcode;
    uint16_t index;
    uint16_t len;
} __packed;

// 定义协议信息
#define MGMT_OP_READ_INDEX_LIST          0x0003

#define MGMT_INDEX_NONE                  0xFFFF

#define MGMT_HDR_SIZE     6
```

```
// 获取适配器信息
int main() {
    // 传入 HCI 的信息，当前为获取适配器信息
    struct mgmt_hdr *hdr;
    hdr->opcode = htobs(MGMT_OP_READ_INDEX_LIST);
    hdr->index = htobs(MGMT_INDEX_NONE);
    hdr->len = 0;

    // iov
    struct iovec iov;
    ssize_t ret;
    iov.iov_base = (void*) hdr;
    iov.iov_len = MGMT_HDR_SIZE;

    // 写入 fd 信息，fd 为之前所获取的信息
    do {
        ret = writev(fd, iov, iovcnt);
    } while (ret < 0 && errno == EINTR);

    if (ret < 0)
        return -errno;

    return ret;
}
```

13.2.4.4 扫描设备

对于蓝牙协议来说，可以通过下发 HCI Inquiry 查询来搜寻附近的蓝牙设备。代码如下：

```
// 定义扫描结构体
struct mgmt_cp_start_discovery {
    uint8_t type;
} __packed;

// 扫描协议定义
#define MGMT_OP_START_DISCOVERY         0x0023

#define MGMT_HDR_SIZE    6

#define BDADDR_BREDR     0x00  (define in /usr/include/bluetooth/bluetooth.h)

#define SCAN_TYPE_BREDR (1 << BDADDR_BREDR)

#define SCAN_TYPE_LE ((1 << BDADDR_LE_PUBLIC) | (1 << BDADDR_LE_RANDOM))
```

```
int main() {
    // 传入 HCI 的信息，当前为扫描信息
    // index 为蓝牙适配器编号，如 uint16_t 0
    struct mgmt_hdr *hdr;
    hdr->opcode = htobs(MGMT_OP_START_DISCOVERY);
    hdr->index = htobs(index);
    hdr->len = htobs(struct mgmt_cp_start_discovery);

    // 构造 buf
    uint16_t len = sizeof(struct mgmt_cp_start_discovery) + MGMT_HDR_SIZE;
    void *buf = malloc(len);

    struct mgmt_cp_start_discovery cp = {
        .type = SCAN_TYPE_BREDR （经典蓝牙） or SCAN_TYPE_LE （低能耗蓝牙）
    }

    // 保存指令信息
    buf = (void*) hdr;
    memcpy(buf + MGMT_HDR_SIZE, &cp, sizeof(struct mgmt_cp_start_discovery));

    // iov
    struct iovec iov;
    ssize_t ret;
    iov.iov_base = buf;
    iov.iov_len = len;

    // 写入 fd 信息，fd 为之前所获取的信息
    do {
        ret = writev(fd, iov, iovcnt);
    } while (ret < 0 && errno == EINTR);

    if (ret < 0)
        return -errno;

    return ret;
}
```

设备扫描成功后，可通过注册回调函数处理返回的设备信息，回调函数为：

```
// 设备发现 op code
#define MGMT_EV_DEVICE_FOUND        0x0012

// 定义返回设备的结构体
struct mgmt_ev_device_found {
```

```
    struct mgmt_addr_info addr;    // 地址数据
    int8_t rssi;                   // 信号强度指示
    uint32_t flags;                // 设备状态 flag
    uint16_t eir_len;              // eir 长度
    uint8_t eir[0];  // eir 数据，其中保存了 tx_power vendir 和 UUID 等信息
} __packed;

// 设备发现后的回调
static void device_found_callback(uint16_t index, uint16_t length,
                                  const void *param, void *user_data)
{
    // 保存了连接的数据，其中 addr 数据需要解码才能转化成通常可读取的数据
    const struct mgmt_ev_device_found *ev = param;

    // 解码数据
    ba2str(&ev->addr.bdaddr, addr);
}

// 地址数据解码
int ba2str(const bdaddr_t *ba, char *str)
{
    return sprintf(str, "%2.2X:%2.2X:%2.2X:%2.2X:%2.2X:%2.2X",
                   ba->b[5], ba->b[4], ba->b[3], ba->b[2], ba->b[1], ba->b[0]);
}
```

13.2.4.5 连接设备

对于当前未受信任的设备，不能直接发起连接蓝牙设备，而要先进行配对。配对通过 PinCode 的方式进行。首先将本机的信息通过 HCI 传到对端进行校验。

```
// 定义配对数据结构体
struct mgmt_cp_pair_device {
    struct mgmt_addr_info addr;
    uint8_t io_cap;
} __packed;

// 定义配对协议码
#define MGMT_OP_PAIR_DEVICE         0x0019

#define BDADDR_BREDR          0x00

int main () {
    // 传入 HCI 的信息，当前为配对信息
```

```
    // index 为蓝牙适配器编号，如 uint16_t 0
    struct mgmt_hdr *hdr;
    hdr->opcode = htobs(MGMT_OP_PAIR_DEVICE);
    hdr->index = htobs(index);
    hdr->len = htobs(struct mgmt_cp_pair_device);

    // 数据
    struct mgmt_cp_pair_device cp;
    cp.addr.type = BDADDR_BREDR;                            // 设备类型
    // io_cap 定义了配对的方式
    // IO_CAPABILITY_KEYBOARDDISPLAY 展示键盘输入
    // IO_CAPABILITY_DISPLAYONLY 只展示
    // IO_CAPABILITY_DISPLAYYESNO 展示 Yes 或者 No
    // IO_CAPABILITY_KEYBOARDONLY 只允许键盘输入
    // IO_CAPABILITY_NOINPUTNOOUTPUT 无输入和输出能力
    cp.io_cap = IO_CAPABILITY_NOINPUTNOOUTPUT;

    // 构造 buf
    uint16_t len = sizeof(struct mgmt_cp_pair_device) + MGMT_HDR_SIZE;
    void *buf = malloc(len);

    // 保存指令信息
    buf = (void*) hdr;
    memcpy(buf + MGMT_HDR_SIZE, &cp, sizeof(struct mgmt_cp_pair_device));

     // iov
    struct iovec iov;
    ssize_t ret;
    iov.iov_base = buf;
    iov.iov_len = len;

    // 写入 fd 信息，fd 为之前所获取的信息
    do {
        ret = writev(fd, iov, iovcnt);
    } while (ret < 0 && errno == EINTR);

    if (ret < 0)
        return -errno;

    return ret;
}
```

当完成上述的代码操作后，如果允许进行配对，则注册函数 MGMT_EV_PIN_CODE_REQUEST，回调函数 pin_code_request_callback 被激活。

```
// 定义 PinCode 返回的结构体
struct mgmt_ev_pin_code_request {
    struct mgmt_addr_info addr;        // 地址数据
    uint8_t secure;                    // PinCode
} __packed;

// 定义配对协议码
#define MGMT_EV_PIN_CODE_REQUEST     0x000E

static void pin_code_request_callback(uint16_t index, uint16_t length,
                                      const void *param, void *user_data)
{
    // 获取配对信息
    const struct mgmt_ev_pin_code_request *ev = param;

    // 在本机对 PinCode 进行处理，如弹出 PinCode 让用户进行确定，获取返回的 PinCode 信息
}
```

获取 PinCode 信息后，回传给对端设备进行配对，等待认证结果。

```
// 定义 PinCode 回复结构体
struct mgmt_cp_pin_code_reply {
    struct mgmt_addr_info addr;
    uint8_t pin_len;
    uint8_t pin_code[16];
} __packed;

// 定义回复配对协议码
#define MGMT_OP_PIN_CODE_REPLY        0x0016

int main() {
    // 传入 HCI 的信息，当前为回复配对信息
    // index 为蓝牙适配器编号，如 uint16_t 0
    struct mgmt_hdr *hdr;
    hdr->opcode = htobs(MGMT_OP_PIN_CODE_REPLY);
    hdr->index = htobs(index);
    hdr->len = htobs(struct mgmt_cp_pin_code_reply);

    // 设备的标识
    struct mgmt_cp_pin_code_reply cp;
    bacpy(&cp.addr.bdaddr, bdaddr);
    cp.addr.type = BDADDR_BREDR;
    // 复制 PinCode 信息
    cp.pin_len = pin_len;
```

```
    memcpy(cp.pin_code, pin, pin_len);

    // 构造 buf
    uint16_t len = sizeof(struct mgmt_cp_pin_code_reply) + MGMT_HDR_SIZE;
    void *buf = malloc(len);

    // 保存指令信息
    buf = (void*) hdr;
    memcpy(buf + MGMT_HDR_SIZE, &cp, sizeof(struct mgmt_cp_pin_code_reply));

     // iov
    struct iovec iov;
    ssize_t ret;
    iov.iov_base = buf;
    iov.iov_len = len;

    // 写入 fd 信息，fd 为之前所获取的信息
    do {
        ret = writev(fd, iov, iovcnt);
    } while (ret < 0 && errno == EINTR);

    if (ret < 0)
        return -errno;

    return ret;
}
```

如果配对成功，则可以继续进行连接操作。事实上并没有专门的连接操作，当前的协议情况是，尝试连接 Profile 模式，指定单个 Profile 模式，或者尝试连接所有 Profile 模式。如有 Profile 连接建立成功，则认为当前连接成功。

Profile 的连接大同小异，接下来仅以输入为例。

```
// 输入支持 HID 协议
#define L2CAP_PSM_HIDP_CTRL     0x11

int main () {
    // 查看链路设置方式，分为 BT_IO_L2CAP、BT_IO_RFCOMM、BT_IO_SCO
    // 对于输入来说，采用的是 BT_IO_L2CAP 的方式
    int sock = sock = socket(PF_BLUETOOTH, SOCK_SEQPACKET, BTPROTO_L2CAP);

    // 添加 loop 监听
    io = g_io_channel_unix_new(sock);
    g_io_channel_set_close_on_unref(io, TRUE);
    g_io_channel_set_flags(io, G_IO_FLAG_NONBLOCK, NULL);
```

```
    struct sockaddr_l2 addr;
    addr.l2_family = AF_BLUETOOTH;
    bacpy(&addr.l2_bdaddr, dst);    // dst 地址
    // HID 信息
    addr.l2_psm = htobs(L2CAP_PSM_HIDP_CTRL);
    // 目标类型，为经典蓝牙或者低能耗蓝牙
    addr.l2_bdaddr_type = dst_type;
    // 与远端建立连接
    err = connect(sock, (struct sockaddr *) &addr, sizeof(addr));
    if (err < 0 && !(errno == EAGAIN || errno == EINPROGRESS))
        return -errno;

    return 0;
}
```

13.3 通知接口

DDE 桌面通知是严格按照 freedesktop（Linux 和其他类 UNIX 上的 X 窗口系统的桌面环境之间的互操作性和基础技术共享的项目）通知标准而实现的一个桌面通知应用。兼容所有遵循 freedesktop 通知标准的应用。freedesktop 主要有二种通知方式。

- 通知气泡：通知气泡也就是弹窗模式，会直接弹出一个界面，显示在桌面上，如图 13-8 所示。

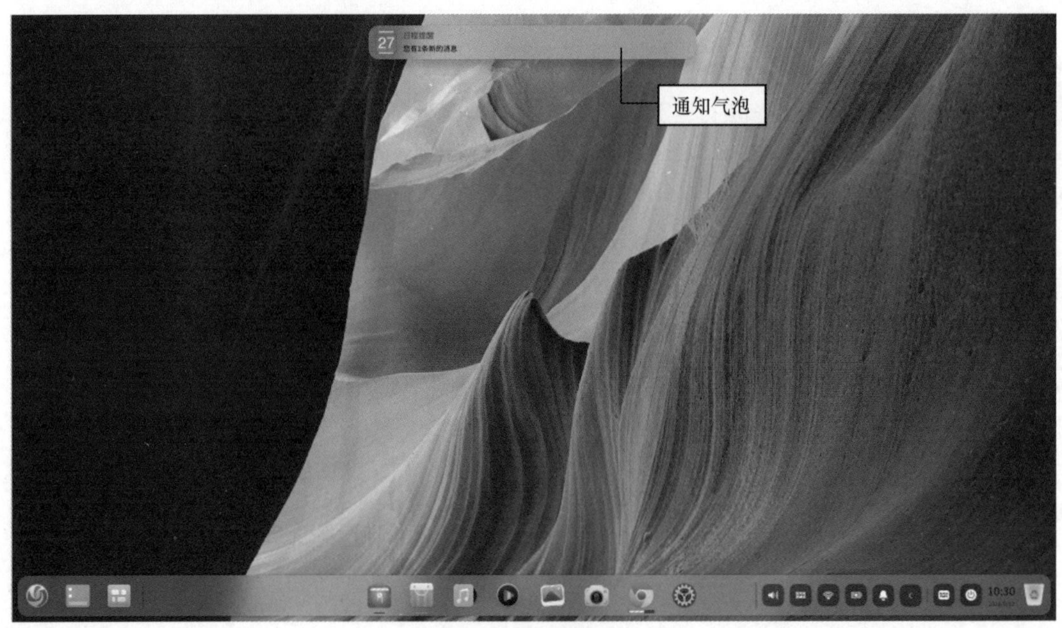

图 13-8　通知气泡

- 通知中心：可根据自己的需求设置，设置好后可看到通知栏信息，如图 13-9 所示。

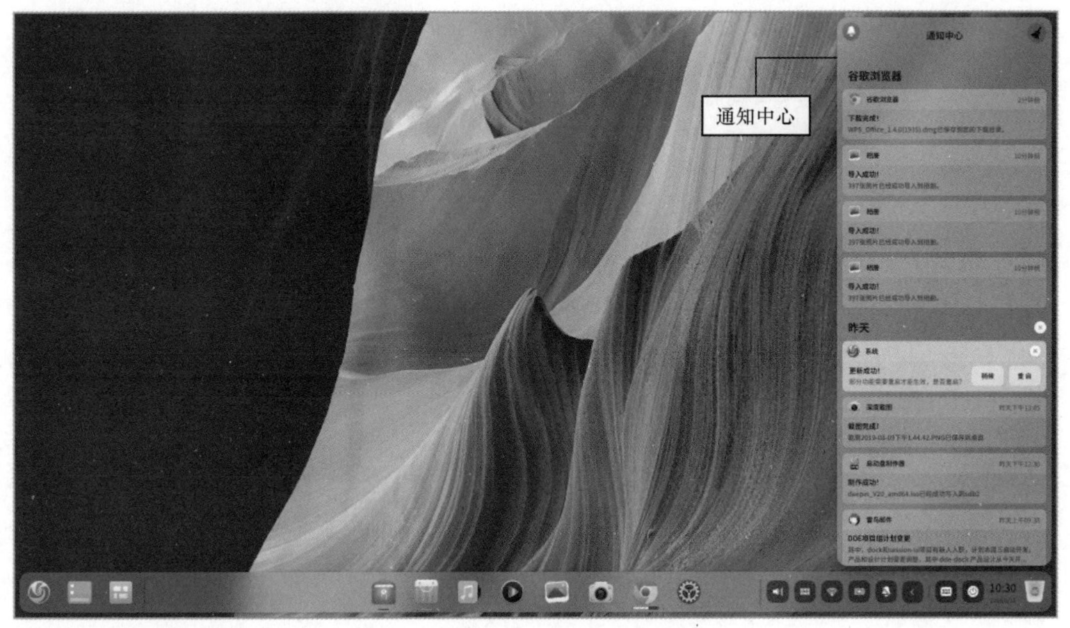

图 13-9　通知中心

发送系统通知的方式有 3 种，下面一一进行介绍。

1. 通过 notify-send 命令发送通知

notify-send 是按照 freedesktop notification 标准开发的发送系统通知的命令。使用方法如下：

```
notify-send【OPTIONS】【Summary】【Body】
```

命令行选项说明如下。

- -u：设置通知等级，有低、正常、紧急 3 种等级。
- -t：设置通知气泡驻留时间，单位为 ms。
- -i：设置通知上显示的图标（图标路径）。
- -c：指定通知类型（参考 freedesktop 通知标准）。
- -h：提示信息（参考 freedesktop 通知标准）。

范例：

```
notify-send -u low -t 5000 -i /home/uos/icon.svg -c notify -h string:category:test "标题" "消息主体"
```

2. 通过 DDE 提供的 D-BUS 接口发送通知

D-BUS 接口的相关内容介绍如下。

- D-BUS 名称：com.deepin.dde.Notification。
- D-BUS 路径：/com/deepin/dde/Notification。
- 接口名称：com.deepin.dde.Notification。

主要方法有 GetCapabilities、Notify、CloseNotification、GetServerInfomation。

D-BUS 信号有以下两个。

（1）NotificationClosed：通知被关闭时将会发出该 D-BUS 信号。

（2）ActionInvoked：用户根据通知执行一些全局“调用”操作后会发出该 D-BUS 信号。

接下来介绍 D-BUS 接口的两个使用示例。

（1）在 qmake 构建的项目中添加如下配置。

```
QT += dbus
CONFIG += c++11 link_pkgconfig
PKGCONFIG += dframeworkdbus
```

（2）在需要发送系统通知的地方包含头文件。其中头文件 example.h 中的代码如下。

```
#ifndef EXAMPLE_H
#define EXAMPLE_H

#include <com_deepin_dde_notification.h>

using Notification = com::deepin::dde::Notification;

class Example : public QObject
{
    Q_OBJECT
public:
    explicit Example(QObject *parent = nullptr);
    ~Example();

    void sendNotification1();
    void sendNotification2();
private:
    Notification *m_notification;
};

#endif
```

源文件 example.cpp 的代码如下。

```
#include "example.h"

Example::Example(QObject *parent)
{

}

Example::~Example()
{

}
// 示例一：使用 libdframeworkdbus 库通过 D-BUS 发送通知
void Example::sendNotification1()
{
    // 发送通知的名称
    QString appName = "example";
```

```
    // 发送通知的 ID（如果此 ID 在数据库中已存在则会被重新分配）
    int notificationId = 0;
    // 通知弹窗显示的图标
    QString appIcon = "example";
    // 通知概要
    QString summary = "example notification";
    // 通知内容
    QString body = "example example example example";
    // 通知弹窗上显示按钮的名称，可显示多个按钮
    // 第一个值默认为 default，代表单击弹窗窗体会执行的操作
    // 第一个和第二个值会以按钮的形式显示到弹窗上，之后的参数会以折叠菜单的形式显示
    QStringList actions << "default" << "open" << "close";
    //hints 参数规则
    //map_key: "x-deepin-action-" + "action"
    //map_value: 字符串数组，第一个参数会解析为系统命令
    // 后续参数会被解析为传递给系统命令的参数
    QString map_key = "x-deepin-action-";
    QStringList map_value << "/usr/bin/dde-file-manager"
                          << "--open-home";
    QVariantMap hints;
    m_hints.insert(map_key, QVariant(map_value););
    // 消息弹窗驻留时间为 0，代表常驻；为 -1，代表默认时间（5s）；为其他数值，代表驻留多
少毫秒
    int timeout = 5000;
    notificationId = m_notification->Notify(appName, notificationId,
                                            appIcon,
                                            summary,
                                            body,
                                            actions,
                                            hints,
                                            timeout);
}
// 示例二：使用 QDBusInterface 通过 D-BUS 发送通知
void Example::sendNotification2()
{
    QDBusInterface interface("com.deepin.dde.Notification",
                             "/com/deepin/dde/Notification",
                             "com.deepin.dde.Notification",
                             QDBusConnection::sessionBus());
    // 发送通知的名称
    QString appName = "example";
    // 发送通知的 ID（如果此 ID 在数据库中已存在则会被重新分配）
    int notificationId = 0;
    // 通知弹窗显示的图标
    QString appIcon = "example";
    // 通知概要
    QString summary = "example notification";
```

```
    // 通知内容
    QString body = "example example example example";
    // 通知弹窗上显示按钮的名称
    QStringList actions << "default" << "open" << "close";
    //hints 参数规则
    //map_key: 为 "x-deepin-action-" + "action"
    //map_value: 为字符串数组，第一个参数会解析为系统命令
    // 后续参数会被解析为传递给系统命令的参数
    QString map_key = "x-deepin-action-";
    QStringList map_value << "/usr/bin/dde-file-manager"
                          << "--open-home";
    QVariantMap hints;
    hints.insert(map_key, QVariant(map_value););
    // 消息弹窗驻留时间为 0，代表常驻；为 -1，代表默认时间（5s）；为其他数值，代表驻留多少毫秒
    int timeout = 5000;
    interface.call("Notify",
                   appName,
                   notificationId,
                   appIcon,
                   summary,
                   body,
                   actions,
                   hints,
                   timeout);
}
```

3. 通过 DTK 提供的消息通知类发送消息

（1）在 qmake 中添加如下配置。

```
QT += dtkwidget
```

（2）在需要发送通知的地方包含对应的头文件。

```
#include <DNotifySender>
```

并添加 Dtk::Core 的命名空间，也可直接使用宏 DCORE_USE_NAMESPACE。

发送通知的完整代码如下：

```
#include <DNotifySender>

DCORE_USE_NAMESPACE

int main(int argc, char *argv[])
{
    Q_UNUSED(argc);
    Q_UNUSED(argv);

    QStringList actions;
```

```
    actions << "open" << " 打开 ";

    QVariantMap hints;
    hints["x-deepin-action-open"] = QString("/usr/bin/dde-file-manager,
                                    --open-home");
    DUtil::DNotifySender("title")
        .appName("my app")
        .appIcon("dde-file-manager")
        .appBody("open home directory")
        .actions(actions)
        .hints(hints)
        .timeOut(5000)
        .call();
}
```

运行后，将在桌面发送一条通知，通知会出现一个打开选项，单击后打开文件管理器的主目录。

13.4　托盘图标

系统托盘是系统桌面上的一个特殊区域，通常位于桌面的底部，用户可以通过托盘上的图标随时控制或访问正在运行的程序，当程序进入后台运行后还能实时查看程序的通知、消息并对程序进行其他设置或控制等，例如 QQ、MSSql 等。在 Windows 系统里，系统托盘常指任务栏的状态区域；在 GNOME（完全由自由软件组成的桌面环境）里，常指布告栏区域；在 KDE（K Desktop Environment，K 桌面环境）里，指系统托盘。本节主要介绍使用 Qt 的 QSystemTrayIcon 类在系统托盘中生成应用的图标。

13.4.1　QSystemTrayIcon 类

在使用 QSystemTrayIcon 类进行系统托盘图标开发前，先要简单了解 QSystemTrayIcon 提供了什么。

1. 公共类型

托盘图标可能会要求系统托盘向用户显示通知消息。系统托盘会协调通知消息，以确保它们具有一致的外观，并避免一次显示多条通知消息。以下信号将被触发，其中，reason 为信号触发的原因。

```
void activated(QSystemTrayIcon::ActivationReason reason)
```

枚举 QSystemTrayIcon::ActivationReason 的取值项及说明如表 13-14 所示。

表 13-14　枚举 QSystemTrayIcon::ActivationReason 的取值项及说明

取值项	值	说明
QSystemTrayIcon::Unknown	0	未知原因
QSystemTrayIcon::Context	1	系统托盘的上下文菜单请求
QSystemTrayIcon::DoubleClick	2	双击系统托盘
QSystemTrayIcon::Trigger	3	单击系统托盘
QSystemTrayIcon::MiddleClick	4	用鼠标中键单击系统托盘

2. 公共函数

QSystemTrayIcon 类的公共函数及说明如表 13-15 所示。

表 13-15 QSystemTrayIcon 类的公共函数及说明

函数名称	说明
QMenu * contextMenuconst()	返回系统托盘的当前上下文菜单
void setContextMenu（QMenu * menu）	设置指定菜单为系统托盘的上下文菜单
QIcon icon()const	返回托盘图标
void setIcon（const QIcon & icon）	设置托盘显示的图标
QString toolTip()const	返回鼠标指针悬浮在图标之上时显示的提示内容
void setToolTip（const QString & tip）	设置鼠标指针悬浮在图标之上时显示的提示内容
QRect geometry()const	返回托盘图标区域
bool isVisible()const	设置托盘图标是否可见

3. 公共静态函数

QSystemTrayIcon 类的公共静态函数及说明如表 13-16 所示。

表 13-16 QSystemTrayIcon 类的公共静态函数及说明

函数名称	说明
static bool isSystemTrayAvailable	如果系统托盘可用，则返回 true；否则返回 false，如果系统托盘当前是不可用的，在以后变为可用时，若 QSystemTrayIcon 设置为可见，它就会自动在系统托盘中显示出图标
static bool supportsMessages	如果系统托盘支持气球消息，则返回 true；否则返回 false

4. 信号

信号名称及说明如表 13-17 所示。

表 13-17 信号名称及说明

信号名称	说明
void activated(QSystemTrayIcon::ActivationReason reason)	当用户激活系统托盘图标时，这个信号被发射。reason 指定激活的原因，QSystemTrayIcon::ActivationReason 列举了各种原因
messageClicked	当通过 showMessage 方法显示出的信息被用户单击时，此信号被发出

5. 槽函数

QSystemTrayIcon 类的槽函数及说明如表 13-18 所示。

表 13-18 QSystemTrayIcon 类的槽函数及说明

函数名称	说明
void setVisible（bool visible）	设置系统托盘是否可见，设置为 true 或调用 show 使系统托盘可见；设置为 false 或调用 hide 进行隐藏
void show	显示系统托盘
void hide	隐藏系统托盘

续表

函数名称	说明
void showMessage（const QString &title, const QString &msg, const QIcon &icon, int msecs = 10000）	显示气球消息，使用所给出的标题、消息、图标和指定的时间，标题和消息必须是纯文本字符串，消息可以被用户单击，当用户单击时发出 messageClicked 信号
void QSystemTrayIcon::showMessage（const QString &title, const QString &message, QSystemTrayIcon::MessageIcon icon = QSystemTrayIcon::Information, int millisecondsTimeoutHint = 10000）	使用给定的参数显示气球消息，QSystemTrayIcon::MessageIcon 的枚举介绍见表 13-19

枚举 QSystemTrayIcon::MessageIcon 的取值项及说明如表 13-19 所示。

表 13-19　枚举 QSystemTrayIcon::MessageIcon 的取值项及说明

取值项	值	说明
QSystemTrayIcon::NoIcon	0	无图标显示
QSystemTrayIcon::Information	1	信息图标显示
QSystemTrayIcon::Warning	2	普通的警告图标显示
QSystemTrayIcon::Critical	3	严重的警告图标显示

13.4.2　实例

了解了 QSystemTrayIcon 类提供的类型、函数、信号和槽函数之后，我们就可以根据这些功能来开发自己的托盘图标程序，现在以一个模拟微信的托盘图标的例子来说明如何操作。在程序的主界面头文件中使用 include 包含对 QSystemTrayIcon 以及其他类的引用。

其中 mainwindow.h 文件主要代码如下：

```
#include <QMainWindow>
#include <QSystemTrayIcon>
#include <QMenu>
#include <QAction>
#include <QCloseEvent>
#include <QTimer>

namespace Ui {
class MainWindow;
}

class MainWindow : public QMainWindow
{
    Q_OBJECT

public:
    explicit MainWindow(QWidget *parent = nullptr);
    ~MainWindow();

protected slots:
```

```
    void onTrayActivated(QSystemTrayIcon::ActivationReason reason);
    void showWindow();

protected:
    void initMenuItem();
    void closeEvent(QCloseEvent *event) override;

private:
    Ui::MainWindow *ui;
    bool m_iconType = true;
    bool m_canClose = false;
    QSystemTrayIcon *m_sysTrayIcon = nullptr;
    QMenu *m_sysTrayMenu = nullptr;
    QAction *m_settings = nullptr;
    QAction *m_feedback = nullptr;
    QAction *m_help = nullptr;
    QAction *m_about = nullptr;
    QAction *m_exit = nullptr;
    QTimer *m_iconTimer = nullptr;
};
```

mainwindow.cpp 文件主要代码如下:

```
#include "mainwindow.h"
#include "ui_mainwindow.h"

#include <QDebug>

MainWindow::MainWindow(QWidget *parent) :
    QMainWindow(parent),
    ui(new Ui::MainWindow)
{
    ui->setupUi(this);
    // 创建托盘图标和托盘上下文菜单
    m_sysTrayIcon = new QSystemTrayIcon(this);
    m_sysTrayMenu = new QMenu(this);

    // 创建菜单项
    initMenuItem();

    // 设置托盘上下文菜单
    m_sysTrayIcon->setContextMenu(m_sysTrayMenu);

    // 设置托盘图标
    m_sysTrayIcon->setIcon(QIcon("://icons/weixin.svg"));
    m_sysTrayIcon->show();

    // 连接托盘图标激活信号
    connect(m_sysTrayIcon, &QSystemTrayIcon::activated, this,
            &MainWindow::onTrayActivated);
```

```
    // 当有消息发送过来时，设置 m_iconTimer->start，图标闪烁以进行提示
    m_iconTimer = new QTimer(this);
    m_iconTimer->setInterval(500);
    m_iconTimer->setSingleShot(false);

    // 定时设置图标，图标将闪烁
    connect(m_iconTimer, &QTimer::timeout, this, [ = ]{
        if (!m_iconType)
            m_sysTrayIcon->setIcon(QIcon("://icons/weixin.svg"));
        else
            m_sysTrayIcon->setIcon(QIcon("://icons/weixin_empty.png"));
        m_iconType = !m_iconType;
    });
}

MainWindow::~MainWindow()
{
    delete ui;
    // 退出时隐藏图标并释放托盘
    m_sysTrayIcon->hide();
    m_sysTrayIcon->deleteLater();
}

void MainWindow::onTrayActivated(QSystemTrayIcon::ActivationReason reason)
{
    switch (reason) {
    // 未知操作
    case QSystemTrayIcon::ActivationReason::Unknown :
        break;
    // 上下文菜单项
    case QSystemTrayIcon::ActivationReason::Context :
        break;
    // 单击图标时显示主界面
    case QSystemTrayIcon::ActivationReason::DoubleClick :
    case QSystemTrayIcon::ActivationReason::Trigger :
        showWindow();
        break;
    // 单击鼠标中键
    case QSystemTrayIcon::ActivationReason::MiddleClick :
        break;
    }
}

void MainWindow::showWindow()
{
    showNormal();
    raise();
    activateWindow();
}
```

```
// 创建菜单项
void MainWindow::initMenuItem()
{
    m_settings = new QAction(QIcon("://icons/settings.png"),
                             QString::fromLocal8Bit(" 设置 "), this);
    m_feedback = new QAction(QIcon("://icons/feedback.png"),
                             QString::fromLocal8Bit(" 意见反馈 "), this);
    m_help = new QAction(QIcon("://icons/help.png"),
                         QString::fromLocal8Bit(" 帮助 "), this);
    m_about = new QAction(QIcon("://icons/about.png"),
                          QString::fromLocal8Bit(" 关于微信 "), this);
    m_exit = new QAction(QIcon("://icons/exit.png"),
                         QString::fromLocal8Bit(" 退出 "), this);

    m_sysTrayMenu->addAction(m_settings);
    m_sysTrayMenu->addAction(m_feedback);
    m_sysTrayMenu->addAction(m_help);
    m_sysTrayMenu->addAction(m_about);
    m_sysTrayMenu->addAction(m_exit);

    // 单击“退出”时正常关闭程序，其他菜单项的处理相同
    connect(m_exit, &QAction::triggered, this, [ = ]{
        m_canClose = true;
        close();
    });
}

void MainWindow::closeEvent(QCloseEvent *event)
{
    // 只有单击上下文菜单中的“退出”选项才能正常退出，否则会直接隐藏界面
    if (!m_canClose) {
        hide();
        event->ignore();
        return;
    }

    QMainWindow::closeEvent(event);
}
```

托盘效果如图 13-10 所示。

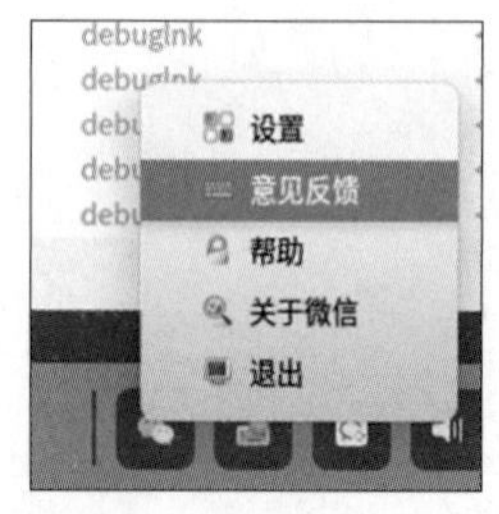

图 13-10　托盘效果

- 第 5 篇　常见问题 -

第 14 章

内核与驱动

驱动属于内核的一部分，也是内核的一个组件。不包含驱动的内核也叫作内核。驱动更像内核的扩展组件，用来帮助内核实现硬件的连接和操控。内核提供统一的驱动操作接口供用户层使用，驱动就是在这层统一的接口下实现硬件操控的中间层。

14.1 内核编译

内核编译就是利用编译器从内核源码产生目标程序的过程。

14.1.1 编译 x86/ARM 内核

在编译 x86/ARM 内核之前，首先要进行以下操作。

（1）安装依赖包。命令如下：

```
$ sudo apt install libncurses5-dev libncursesw5-dev libssl-dev
bison flex dpkg-dev fakeroot
```

（2）内核配置。x86 的桌面和服务器配置文件分别是 x86_desktop_defconfig、x86_server_defconfig，ARM 的桌面和服务器配置文件分别是 armdesktop_defconfig、armserver_defconfig。在内核源码根目录执行 make xxx_defconfig，例如 make x86_desktop_defconfig。执行命令后，会在内核源码根目录下生成 .config 文件，执行 make menuconfig 会出现图形配置界面，更改配置后可以将其保存到 .config 文件中。

（3）配置内核版本和 SALT 值。为防止调试内核覆盖原来的内核，可以用修改 SALT 的方式修改包名。SALT 是一个分布式远程配置管理系统，能够维护预定义状态的远程节点，用于在远程节点上执行命令和查询数据，开发它的目的是为远程执行提供好的解决方案，并使远程执行变得更快、更简单等。修改 .config 的 CONFIG_BUILD_SALT 项，通常可以在其后面加上字符。内核版本 .version 文件每次编译会自增，也可以手动修改它。同版本的不同 SALT 值的内核在系统中可并存，不同版本的同 SALT 值的内核会被覆盖。

（4）内核编译打包。编译命令 make bindeb-pkg -j4，其中 j4 为并行编译进程数，根据本机核数配置。编译完成后，会生成 image、header、libc-dev 和 dbg 这 4 个包。

14.1.2 交叉编译龙芯内核

交叉编译龙芯内核的具体过程如下。

（1）安装交叉编译工具链。龙芯 3A4000 的交叉编译工具是 mips-loongson-gcc7.3-2019.06-29-linux-gnu。

（2）安装依赖包。命令如下：

```
$ sudo apt install -y libncurses5-dev libssl-dev flex bison  build-essential
```

（3）配置 .config 文件。执行命令 make menuconfig。

（4）编译内核。执行命令 make bindeb-pkg -j $(nproc)，其中 nproc 为并行编译进程数。编译完成后，会生成 image、header、libc-dev 和 dbg 这 4 个包。

14.2 GPIO

GPIO 即 General Purpose Input/Output，意为通用输入输出。下面以龙芯 GPIO 为例进行说明，

龙芯 GPIO 相关代码位于 drivers/gpio/gpio-loongson.c 中。

14.2.1 数据结构

GPIO 相关代码中的数据结构如下：

```
struct loongson_gpio_chip {
    struct gpio_chip     chip;     //GPIO 芯片信息
    spinlock_t           lock;     // 自旋锁
    void __iomem         *base;    //GPIO 基地址
    int conf_offset;     // 输出使能寄存器偏移量
    int out_offset;      //GPIO 输出寄存器偏移量
    int in_offset;       //GPIO 输入寄存器偏移量
};
```

14.2.2 驱动初始化流程

驱动模块加载完后，调用 loongson_gpio_setup 函数注册驱动。loongson_gpio_probe 函数调用 platform_get_resource、ioremap 等一系列函数从结构体 pdev 中获取 GPIO 的类型、基地址、输出使能寄存器偏移量等信息，并调用函数 loongson_gpio_init 完成初始化。初始化完成后，会创建相应的设备节点。

14.2.3 示例

下面以龙芯 3A4000 为例，说明如何直接操作 GPIO。龙芯 3A4000 除了 CPU 可以引出 GPIO，7A1000 桥片也可以引出 GPIO。龙芯 3A4000 一共有 3 种 GPIO，分别如下。

- loongson-gpio：从龙芯 CPU 引出的 GPIO。
- ls7a-gpio：从龙芯 7A1000 桥片引出的 GPIO。
- ls7a-dc-gpio：从龙芯 7A DC 控制器引出的 GPIO。

进入 /sys/class/gpio/ 目录后，可以通过以下命令看到其下的文件。

```
root@uos-PC:/home/uos# ls /sys/class/gpio/
export    gpiochip0  gpiochip16  gpiochip73  unexport
```

可以看到有 gpiochip0、gpiochip16、gpiochip73 这 3 个节点，查看对应的 label 标签文件，可以看到对应哪一种 GPIO。

```
root@uos-PC:/home/uos# cat /sys/class/gpio/gpiochip0/label
loongson-gpio
root@uos-PC:/home/uos# cat /sys/class/gpio/gpiochip16/label
loongson,ls7a-gpio
root@uos-PC:/home/uos# cat /sys/class/gpio/gpiochip73/label
loongson,ls7a-dc-gpio
```

向 /sys/class/gpio/export 写入如下命令：

```
echo 16 >/sys/class/gpio/export
```

命令执行成功后会生成 /sys/class/gpio/gpio16 目录，如果没有出现相应的目录，说明此引脚不可导出。其中 direction 文件，定义 I/O 方向，可以通过下面的命令定义为输出。

```
echo out > /sys/class/gpio/gpio16/direction
```

可接收的参数：in、out、high 和 low。high/low 设置方向为输出，并将 value 设置为相应的 1/0。value 文件表示端口的数值（为 1 或 0），1 代表高电平，0 代表低电平。执行如下命令：

```
echo 1 >/sys/class/gpio/gpio16/value
```

如果 /sys/class/gpio/gpio16/value 的值可以改变，则说明该 GPIO 可以操作。

14.3 input 子系统

input 子系统由事件处理层、核心层和设备驱动层组成。

- 事件处理层：Linux 抽象出通用的几个输入事件代码文件（如 evdev.c、keyboard.c、mousedev.c 等），为不同硬件类型提供用户访问及处理接口，/dev/input 目录下显示的是已经注册在内核中的设备节点（如 mice、mouse0、event0、event1、event2 等），用户通过打开这些设备节点对应的代码文件来打开不同的输入设备从而进行硬件操作。例如，打开 /dev/input/mice 时，会调用事件处理层的 Mouse Handler 来处理输入事件，这也使得设备驱动层无须关心设备文件的操作，因为 Mouse Handler 已经有了对应事件处理的方法。
- 核心层：搭建输入子系统，提供事件处理层和设备驱动层需要的 API。
- 设备驱动层：实现对硬件设备的读写访问，中断设置，并把硬件产生的事件转换为核心层定义的规范提交给事件处理层。

用户只需要实现设备驱动层，针对具体的输入设备实现输入设备驱动。

14.3.1 输入设备驱动

输入设备驱动主要包括以下几个步骤。

- 获取设备树硬件属性。
- 注册事件中断。
- 向 input 子系统申请 input_dev 设备。
- 设置 input_dev 设备相关参数。
- 注册 input_dev 设备。
- 中断服务函数上报输入事件。

输入设备用 input_dev 结构体描述，输入事件用 input_event 结构体描述。

1. input_event

输入事件的结构体定义如下：

```
struct input_event {
    struct timeval time;
    __u16 type;
    __u16 code;
    __s32 value;
};
```

其中，type 指事件类型，常见的事件类型有：EV_SYN（同步事件）；EV_KEY（键盘事件）；EV_REL（相对坐标事件），主要是鼠标；EV_ABS（绝对坐标事件），主要是触摸屏。以下为事件对应的十六进制信息。

```
#define EV_SYN          0x00
#define EV_KEY          0x01
#define EV_REL          0x02
#define EV_ABS          0x03
#define EV_MSC          0x04
#define EV_SW           0x05
#define EV_LED          0x11
#define EV_SND          0x12
#define EV_REP          0x14
#define EV_FF           0x15
#define EV_PWR          0x16
#define EV_FF_STATUS    0x17
```

解析 input_event 时，首先要确定 type 的值，code 和 value 根据不同的 type 有不同的含义。

执行命令 sudo apt install evtest 安装 evtest，运行 evtest，可以监听并解析 input_event。code 指事件的代码。如果 type 是 EV_ABS，code 为 ABS_X、ABS_Y、ABS_Z 等；如果 type 是 EV_REL，code 为 REL_X、REL_Y、REL_Z 等；如果 type 是 EV_KEY，code 为键盘按键代码。value 指事件的值。如果 type 是 EV_KEY，当按键盘按钮时 value 为 1，松开时 value 为 0。当 type 是 EV_ABS 时，如果 code 是 ABS_X，value 为“x”轴坐标；如果 code 是 ABS_Y，value 为“y”轴坐标；如果 code 是 ABS_Z，value 为“z”轴坐标。

2. 相关函数

输入设备相关函数如下。

申请输入设备。

```
struct input_dev *input_allocate_device(void);
```

注册输入设备。

```
int input_register_device(struct input_dev *dev)
```

注销输入设备。

```
void input_unregister_device(struct input_dev *dev)
```

告知 input 子系统支持哪些事件类型。

```
set_bit(long nr, volatile unsigned long *addr)
```

例如：

```
set_bit(EV_SYN, input_dev->evbit);
set_bit(EV_ABS, input_dev->evbit);
set_bit(ABS_X, input_dev->absbit);
set_bit(ABS_Y, input_dev->absbit);
set_bit(ABS_Z, input_dev->absbit);
void input_set_abs_params(struct input_dev *dev, unsigned int axis,
                          int min, int max, int fuzz, int flat)
```

设置范围参数，例如：

```
input_set_abs_params(input_dev, ABS_X, 0, 0xFFFF, 0, 0);
input_set_abs_params(input_dev, ABS_Y, 0, 0xFFFF, 0, 0);
input_set_abs_params(input_dev, ABS_Z, 0, 0xFFFF, 0, 0);
```

用于报告 EV_KEY、EV_REL、EV_ABS 事件的函数分别为 input_report_key、input_report_rel、input_report_abs，这 3 个函数都是调用 input_event 实现的。例如：

```
static inline void input_report_key(struct input_dev *dev, unsigned int code,
                                    int value)
{
    input_event(dev, EV_KEY, code, !!value);
}

static inline void input_report_rel(struct input_dev *dev, unsigned int code,
                                    int value)
{
    input_event(dev, EV_REL, code, value);
}

static inline void input_report_abs(struct input_dev *dev, unsigned int code,
                                    int value)
{
    input_event(dev, EV_ABS, code, value);
}
```

报告事件结束的代码为 void input_sync(struct input_dev *dev)。

14.3.2 应用示例

读取输入事件并解析的示例代码如下：

```
#include <stdio.h>
#include <stdlib.h>
#include <unistd.h>
```

```
#include <fcntl.h>
#include <string.h>
#include <linux/input.h>
#define PATH  "/dev/input/event0"

int main(int argc, char* argv[])
{
    int fd = 0 ,ret = 0, x = 0, y = 0, z = 0;
    struct input_event ev;
    fd = open(PATH, O_RDONLY);
    if(fd < 0)
    {
        printf("open file fail\n");
        return -1;
    }
    while (1)
    {
        ret = read(fd, &ev, sizeof(ev));
        if(ret < 0)    continue;
        if (ev.type == EV_ABS)
        {
            if(ev.code == ABS_X)
            {
                x = ev.value;
                printf("x = %d\n",x);
            }
            else if(ev.code == ABS_Y)
            {
                y = ev.value;
                printf("y = %d\n",y);
            }
            else if(ev.code == ABS_Z)
            {
                z = ev.value;
                printf("z = %d\n",z);
            }
        }
    }
    close(fd);
    return 0;
}
```

执行如下命令：

```
cat /proc/bus/input/devices
```

可以找到输入事件对应的 eventN（event0、event1、event2……），用于打开对应的设备节点，例如“/dev/input/event0”，读取输入事件并解析。

14.4 hwmon 子系统

hwmon 即 Hardware Monitoring Framework，意为硬件监视框架，是一个包括温度传感器、风扇、电源等器件驱动的框架。借助 sysfs，在设备驱动模型中创建和注册设备以及创建设备属性，可针对一个 Sensor 在 sysfs 中创建多个属性文件，从而使应用可以通过读写 /sys/class/hwmon 目录下的设备文件实现对设备属性的访问。

14.4.1 hwmon 驱动

每个 hwmon 设备都有自己的属性，这些属性被 SENSOR_DEVICE_ATTR 声明为 sensor_device_attribute 结构体。

```
#define SENSOR_DEVICE_ATTR(_name, _mode, _show, _store, _index)      \
struct sensor_device_attribute sensor_dev_attr_##_name               \
    = SENSOR_ATTR(_name, _mode, _show, _store, _index)
```

示例如下：

```
static SENSOR_DEVICE_ATTR(temp1_input, S_IRUGO, amdgpu_hwmon_show_temp,
          NULL, 0);
static SENSOR_DEVICE_ATTR(temp1_crit, S_IRUGO, amdgpu_hwmon_show_temp_
          thresh, NULL, 0);
static SENSOR_DEVICE_ATTR(temp1_crit_hyst, S_IRUGO, amdgpu_hwmon_show_temp_
          thresh, NULL, 1);
static SENSOR_DEVICE_ATTR(pwm1, S_IRUGO | S_IWUSR, amdgpu_hwmon_get_pwm1,
          amdgpu_hwmon_set_pwm1, 0);
static SENSOR_DEVICE_ATTR(pwm1_enable, S_IRUGO | S_IWUSR, amdgpu_hwmon_get_
          pwm1_enable, amdgpu_hwmon_set_pwm1_enable, 0);
static SENSOR_DEVICE_ATTR(pwm1_min, S_IRUGO, amdgpu_hwmon_get_pwm1_min,
          NULL, 0);
static SENSOR_DEVICE_ATTR(pwm1_max, S_IRUGO, amdgpu_hwmon_get_pwm1_max,
          NULL, 0);
static SENSOR_DEVICE_ATTR(fan1_input, S_IRUGO, amdgpu_hwmon_get_fan1_input,
          NULL, 0);
static SENSOR_DEVICE_ATTR(in0_input, S_IRUGO, amdgpu_hwmon_show_vddgfx,
          NULL, 0);
static SENSOR_DEVICE_ATTR(in0_label, S_IRUGO, amdgpu_hwmon_show_vddgfx_
          label, NULL, 0);
static SENSOR_DEVICE_ATTR(in1_input, S_IRUGO, amdgpu_hwmon_show_vddnb,
          NULL, 0);
```

```
static SENSOR_DEVICE_ATTR(in1_label, S_IRUGO, amdgpu_hwmon_show_vddnb_
            label, NULL, 0);
static SENSOR_DEVICE_ATTR(power1_average, S_IRUGO, amdgpu_hwmon_show_power_
            avg, NULL, 0);
static SENSOR_DEVICE_ATTR(power1_cap_max, S_IRUGO, amdgpu_hwmon_show_power_
            cap_max, NULL, 0);
static SENSOR_DEVICE_ATTR(power1_cap_min, S_IRUGO, amdgpu_hwmon_show_power_
            cap_min, NULL, 0);
static SENSOR_DEVICE_ATTR(power1_cap, S_IRUGO | S_IWUSR, amdgpu_hwmon_show_
            power_cap, amdgpu_hwmon_set_power_cap, 0);
```

这些属性被添加到 sysfs 框架的 struct attribute 属性结构体数组中，该结构体数组最后一项必须以 NULL 结尾：

```
static struct attribute *hwmon_attributes[] = {
    &sensor_dev_attr_temp1_input.dev_attr.attr,
    &sensor_dev_attr_temp1_crit.dev_attr.attr,
    &sensor_dev_attr_temp1_crit_hyst.dev_attr.attr,
    &sensor_dev_attr_pwm1.dev_attr.attr,
    &sensor_dev_attr_pwm1_enable.dev_attr.attr,
    &sensor_dev_attr_pwm1_min.dev_attr.attr,
    &sensor_dev_attr_pwm1_max.dev_attr.attr,
    &sensor_dev_attr_fan1_input.dev_attr.attr,
    &sensor_dev_attr_in0_input.dev_attr.attr,
    &sensor_dev_attr_in0_label.dev_attr.attr,
    &sensor_dev_attr_in1_input.dev_attr.attr,
    &sensor_dev_attr_in1_label.dev_attr.attr,
    &sensor_dev_attr_power1_average.dev_attr.attr,
    &sensor_dev_attr_power1_cap_max.dev_attr.attr,
    &sensor_dev_attr_power1_cap_min.dev_attr.attr,
    &sensor_dev_attr_power1_cap.dev_attr.attr,
    NULL
};
```

将这些属性汇总到结构体 struct attribute_group 中，代码如下。struct attribute_group 被 sysfs_create_group 函数调用即可建立整个属性框架。

```
static const struct attribute_group hwmon_attrgroup = {
    .attrs = hwmon_attributes,
};
```

每个属性都会创建对应的设备节点，应用打开对应的设备文件，调用 read 时对应的 _show 函数被调用，调用 write 时对应的 _store 函数被调用，在 _show 和 _store 函数中进行硬件操作，实现具体的功能。

14.4.2 应用示例

此处讲解一个获取 CPU 温度值的例子。

```
#include <stdio.h>
#include <stdlib.h>
#include <string.h>
#include <unistd.h>
#include <fcntl.h>
#define PATH "/sys/class/hwmon/hwmon0/temp1_input"
#define SIZE 32
int main(int argc, char* argv[])
{
    int fd = 0, ret = 0;
    char buf[SIZE] = {0};
    fd = open(PATH, O_RDONLY);
    if(fd < 0)
    {
        printf("open file fail\n");
        return -1;
    }
    ret = read(fd, buf, SIZE);
    if(ret < 0)
    {
        printf("read error\n");
        return -1;
    }
    printf("%s\n",buf);
    close(fd);
    return 0;
}
```

打开 CPU 温度对应的设备文件，通过 read 系统调用、访问 vfs 接口，vfs 则调用 sysfs 的文件操作接口，最终调用温度传感器驱动提供的读接口。

14.5 LTP

LTP（Linux Test Project，Linux 测试项目）是 SGI（Silicon Graphics Incorporation，美国硅图公司）、IBM、OSDL（Open Source Development Labs，开放源码开发实验室）和 Bull（公牛）公司合作的项目，目的是为开源社区提供测试套件，用来验证 Linux 系统的可靠性、健壮性和稳定性。LTP 的测试套件是测试 Linux 内核和内核相关特性的工具的集合，目的是把测试自动化引入 Linux 内核测试，提高 Linux 的内核质量。LTP 提供了验证 Linux 系统稳定性的标准，设计标准的压力场景，通过对 Linux 系统进行压力测试，对系统的功能、性能进行分析来验证 Linux 系统的可靠性、健壮性和稳定性。整个项目有几千个测试用例，绝大部分用例采用 C 或 Shell 编写。

14.5.1 LTP 执行原理

LTP 的测试套件有一个专门的测试驱动程序 pan，具体的测试用例都是由 pan 来调用、执行的。pan 从一个测试命令文件中读取要测试的条目和要执行的命令行，然后等待测试结束，并记录详细的、格式复杂的测试输出，但它不进行数据的整理和统计，数据整理、统计的工作由 scanner 完成。scanner 是一个测试结果分析工具，它会理解 pan 的输出格式，并通过表格的形式总结测试通过（passed）或失败（failed）的情况。

14.5.2 LTP 环境部署

LTP 位于 GitHub。

执行以下命令后，LTP 被安装到 Linux 系统中，默认安装目录为 /opt/ltp。

```
git clone https://github.com/linux-test-project/ltp.git  //获取源码命令
make autotools // 生成自动工具
./configure // 系统环境配置
make// 编译
sudo make install// 安装
```

14.5.3 安装目录

LTP 安装包目录结构描述如下。

- bin 目录：存放 LTP 测试的一些辅助脚本。
- results 目录：测试结果默认存储目录。
- testcases 目录：测试项集。
- output 目录：测试日志默认存储目录。
- share 目录：脚本使用说明目录。
- runtest 目录：测试驱动（用于链接 testscripts 内的测试脚本和 testcases 测试项目）。
- lib 目录：通用的库函数目录。

14.5.4 测试执行

测试分整体测试和单独测试，分别如下。

（1）整体测试。直接执行 runltp 命令可以测试所有的测试集，一次测试一般需几个小时。例如：

```
$ cd /opt/ltp
$ sudo ./runltp
```

（2）单独测试某个测试集。可以在 LTP 源码 runtest/ 目录下查看所有的测试集。若只测试某个测试集，runltp 需要指定 -f 参数，例如：

```
$ cd /opt/ltp
$ sudo ./runltp -f syscalls
```

（3）单独测试某个测试。若只测试某个测试，runltp 需要指定 -s 参数，例如：

```
$ cd /opt/ltp
$ sudo ./runltp -s access01
```

14.6 驱动问题

下面介绍一些常见的驱动问题及解决方法。

14.6.1 网卡速度异常问题

1. 问题描述

安装了统信 UOS 操作系统的飞腾 FT2000 计算机在网口无网线连接时，使用 ethtool（ethtool 是用于查询及设置网卡参数的命令）查看网口速度仍显示为 10Mb/s。

2. 分析过程

初步测试发现飞腾 FT2000 多网卡机器存在问题，如果有未连接网线的网卡则会出现 ethtool 回读 SPEED 状态异常及 DUPLEX 状态有问题，但测试了多台机器发现该问题并不单独存在于多网卡机器。

分析思路如下，通过调用流程顶层跟踪至底层寻找问题根源，首先获取同版本 ethtool 源码，分析调用流程发现错误显示的状态是通过 SIOCETHTOOL ioctl 系统调用，并发送 ETHTOOL_GLINKSETTINGS 命令回读网卡驱动状态获取的。分析对应的 stmmac 网卡驱动 SIOCETHTOOL 上报流程，发现 stmmac 驱动中的 ethtool 部分代码并未做网卡连接状态判断，故上报 SPEED 及 DUPLEX 状态是直接由 PHY 层发起的。分析 LIBPHY 的读取寄存器上报流程，通过调试发现 BMSR_LSTATUS 及 BMCR_LSTATUS 寄存器在上报状态时有跳变情况，初步分析可能跟该寄存器状态显示异常有关。但深入分析代码，发现该网卡配置开启了 auto negotiation 模式，故 PHY 层并未通过寄存器 BMCR 获取连接状态，而是通过 MII 接口寄存器分支获取的，分析 MII 接口寄存器状态并未有异常，但是上报的初始状态并未做正确处理，导致网线未连接时，上报的并不是寄存器回读的正确值而是错误的初始状态。

3. 解决方法

修改该初始状态来解决该问题。

14.6.2 USB 触摸板 S3 唤醒问题

1. 问题描述

ZX-E KX-U6780 计算机待机时触摸触摸板后系统会被唤醒，要求是不唤醒。

2. 分析过程

查看触摸板的接口信息和导出的输入事件 input_event 信息，可以看出触摸板是 USB 接口的，USB 设备所挂载的 host 端口已经映射到每个文件节点的 input_event。

USB 设备作为 S3 唤醒（即瞬间唤醒）源需要满足 3 个条件：（1）BIOS 支持 USB 唤醒；（2）系统层面的 ACPI USB 使能；（3）USB 设备端口 sysfs 文件节点 power 下的 wakeup 属性为 enabled。

目标是关闭某一个设备的 USB 唤醒功能，因此只需要使 3 个条件中的一个不满足即可。BIOS 是针对整个 USB 的唤醒功能，而不管这个设备是 usb host 还是 usb device 或者是 usb0、usb1……usb*n*

（0、1……n 是 usb bus 编号），所以 BIOS 这个配置是“总开关”，不能为了某个设备把所有的 usb host 和 usb device 的唤醒功能都关闭，这种方法不可取。ACPI USB 的使能和关闭是针对某个总线的，一个总线可以导出几个端口，因此为了某个 USB 设备去关闭 USB 总线的唤醒功能也不可取。只剩下修改 USB 设备的 wakeup 属性这种方法了。

查看 USB 设备的 wakeup 属性，示例如下：

```
grep . /sys/bus/usb/devices/*/power/wakeup

/sys/bus/usb/devices/1-3.2/power/wakeup:enabled

/sys/bus/usb/devices/1-3.3/power/wakeup:disabled

/sys/bus/usb/devices/1-3.4/power/wakeup:disabled
```

```
/sys/bus/usb/devices/1-3/power/wakeup:disabled

/sys/bus/usb/devices/1-8/power/wakeup:disabled

/sys/bus/usb/devices/2-4/power/wakeup:disabled

/sys/bus/usb/devices/usb1/power/wakeup:disabled

/sys/bus/usb/devices/usb2/power/wakeup:disabled
```

如上，/sys/bus/usb/devices/1-3.2/ 设备节点的 power/wakeup 属性为 enabled，理论上此设备可以唤醒处于挂起状态的系统，而属性为 disabled 的设备则不可以唤醒处于挂起状态的系统。

内核中 can_wakeup 标识表示设备或者驱动是否在物理上支持发出硬件唤醒信号，这个标识的配置接口是 device_set_wakeup_capable(struct device dev,bool capable) 函数，而查询接口是 device_can_wakeup(struct device dev)。具有唤醒能力的 device，在 sys/devices/xxx/ 下会存在 power 相关目录。设备可以触发唤醒信号，内核只是负责检测这类硬件信号的发生，内核层面是否使能一个具备发出唤醒信号能力的设备作为唤醒系统的设备则是系统的配置策略问题，在内核里使用 should_wakeup 来标识，它表示系统是否启用设备作为唤醒系统的信号。should_wakeup 可以通过 device_set_wakeup_enable(struct device dev,bool enable) 来配置为 enable，通过 device_wakeup_disable(struct device dev) 来配置为 disable。

3. 解决方法

用户空间可以通过 sysfs 的属性文件（power/wakeup）进行配置，用户写入“enable”或者“disabled”来设置或者清除 should_wakeup 标志，读取这个属性文件的时候返回的内容则跟 can_wakeup 的 true 或者 false 状态有关系。如果 can_wakeup 标志是 true，则返回对应的字符串；如果 can_wakeup 标志是 false，则返回一个空字符串，以此来表明设备不支持唤醒事件。只有当这两个标志都为 true 时，device_may_wakeup(struct device *dev) 函数才会返回 true。而设备驱动为了支持 Linux 中的电源管理，会调用 device_init_wakeup 来初始化 can_wakeup。在驱动初始化的时候，修改内核驱动代码，代码如下：

```
diff --git a/drivers/hid/usbhid/hid-core.c b/drivers/hid/usbhid/hid-core.c

index 11103efebbaa..d0aeeae0c75a 100644

--- a/drivers/hid/usbhid/hid-core.c

+++ b/drivers/hid/usbhid/hid-core.c

@@ -1178,7 +1178,10 @@ static int usbhid_start(struct hid_device *hid)

            interface->desc.bInterfaceProtocol ==
                    USB_INTERFACE_PROTOCOL_KEYBOARD) {
            usbhid_set_leds(hid);

-           device_set_wakeup_enable(&dev->dev, 1);

+

+           /** never enable touchpad wakeup on biyadi zhaoxin notebook **/

+           if (!(hid->vendor == 0x0c45 && hid->product == 0x7056))

+                 device_set_wakeup_enable(&dev->dev, 1);

    }

    return 0;
```

14.6.3　HDMI 热插拔连接状态错误问题

1. 问题描述

插拔高清多媒体接口（High Definition Multimedia Interface，HDMI）线时，先拔出一半等 10s 左右再全部拔出，这时候在 sys 下读到的 HDMI 连接状态还是 connected（连接）。

2. 分析过程

显示器的连接状态，可以通过两条命令查看，即 xrandr 和 cat /sys/class/drm/card0-HDMI-A-1/status。这两条命令有一点区别，xrandr 调用 drm 提供的接口读取显示器状态，而 sys 下的状态是 drm 每次更新状态之后填进去的。在这个问题中，拔出 HDMI 线，在 sys 下看到状态是 connected，但是执行 xrandr 之后，状态就更新为 disconnected。可以看出，第一次驱动判断 HDMI 状态出错，第二次判断是对的。

3. HDMI

HDMI 包括 3 个 TMDS（Transition-Minimized Differential Signal，最小化传输差分信号）数据

通道、1 个 TMDS 时钟通道、CEC 控制信号、DDC（Display Data Channel，显示数据通道）信号、+5V 电源输出和 HPD（Hot Plug Detection，热插拔检测）信号。TMDS 是用来传输 HDMI 数据的，CEC 是用来控制试听设备的。DDC 信号是显示器与主机进行通信的总线，基本功能是将显示器的基本信息发送给主机，如 EDID（Extended Display Identification Data，扩展显示器识别数据）信息。HPD 信号是显示器向主机发送的检测信号，用来检测显示器的连接或断开。HDMI 主机检测到 HPD 引脚电压大于 2V，表示显示器与主机连接；HDMI 主机检测到 HPD 引脚电压小于 0.8V，表示显示器与主机断开。当计算机通过 HDMI 与计算机相连时，主机通过 +5V 电源输出给显示器的 DDC 存储器供电，确保即使显示器不打开，计算机主机也能通过 HDMI 读到显示器的 EDID。

4. HDMI 识别过程

主机设备上电后会检测 HPD，当 HPD 被“上拉”到 2V 以上后，主机设备通过 +5V 电源输出给 EDID ROM 供电。通过 DDC 读取到显示器的 EDID，解析分辨率。检测 TMDS 是否被“拉上来”，如果是，准备输出 TMDS。主机设备检测到 HPD 电压小于 0.8V 时，停止输出 TMDS。HDMI 热插拔分为 3 部分：HPD 中断触发，通过 DDC 读取 EDID，HDMI 检测。

（1）HPD 中断触发

HPD 电平变化之后触发中断，CPU 探测到中断，经过解析、分发、映射等操作，最终调用驱动的中断处理函数，Radeon 驱动的中断处理函数入口是 radeon_driver_irq_handler_kms 函数。代码如下：

```
irqreturn_t radeon_driver_irq_handler_kms(int irq, void *arg)

{

    struct drm_device *dev = (struct drm_device *) arg;

    struct radeon_device *rdev = dev->dev_private;

    irqreturn_t ret;

    ret = radeon_irq_process(rdev);

    if (ret == IRQ_HANDLED)

        pm_runtime_mark_last_busy(dev->dev);

    return ret;

}
```

（2）通过 DDC 读取 EDID

显卡驱动都需要读取显示器的 EDID。EDID 存储的是显示器的一些基本信息，比如生产厂商、日期、颜色、Gamma（指失真的数值）、接口类型等。通过解析 EDID，可判断显示器支持的分辨率、频率等，Radeon 驱动读取 EDID，判断显示器的连接状态。代码如下：

```
bool radeon_ddc_probe(struct radeon_connector *radeon_connector, bool use_aux)

{

    if (radeon_connector->router.ddc_valid)

        radeon_router_select_ddc_port(radeon_connector);

    if (use_aux) {

        ret = i2c_transfer(&radeon_connector->ddc_bus->aux.ddc, msgs, 2);
    }   else {

        ret = i2c_transfer(&radeon_connector->ddc_bus->adapter, msgs, 2);

    }

    if (ret != 2)

        /* 在此连接上找不到可访问的 DDC

        return false;

    if (drm_edid_header_is_valid(buf) < 6) {

        /* 在此连接上找不到可访问的 EDID

        return false;

    }

    drm_edid_header_is_valid(buf));

    return true;

}
```

i2c 读取显示器 EDID，判断 i2c 的读取结果和 EDID 的合法性，都为成功的情况下，认为显示器状态正常，否则返回 false。

（3）HDMI 检测

根据 DDC 返回值，radeon_dvi_detect 函数根据显卡芯片类型、DDC 类型等设置显示器连接状态。代码如下：

```
static enum drm_connector_status

radeon_dvi_detect(struct drm_connector *connector, bool force)
```

```
{

    if (radeon_connector->ddc_bus)

        dret = radeon_ddc_probe(radeon_connector, false);

    if (dret) {
        radeon_connector->detected_by_load = false;

        radeon_connector_free_edid(connector);

        radeon_connector_get_edid(connector);

        if (!radeon_connector->edid) {

            if ((rdev->family == CHIP_RS690 || rdev->family == CHIP_RS740) &&

                radeon_connector->base.null_edid_counter) {

                ret = connector_status_disconnected;

                radeon_connector->ddc_bus = NULL;

            } else {

                ret = connector_status_connected;

                broken_edid = true;

            }

        } else {

            radeon_connector->use_digital =

            !!(radeon_connector->edid->input & DRM_EDID_INPUT_DIGITAL);

            if ((!radeon_connector->use_digital) && radeon_connector-
                >shared_ddc) {

                radeon_connector_free_edid(connector);

                ret = connector_status_disconnected;

            } else {
```

```
                    ret = connector_status_connected;

                }

            }

        }

}
```

5. 解决方法

在这个问题中，拔出 HDMI，HPD 检测到电压变化触发中断，DDC 读取显示器 EDID 返回成功，radeon_dvi_detect 函数设置显示器连接状态是 connected，真正出错的位置是 DDC，DDC 不应该读取到 EDID。

解决方法：拔出 HDMI 时，HPD 检测到电压变化触发中断，接下来 DDC 读取显示器 EDID 返回失败，最终在 radeon_dvi_detect 函数中，由于 DDC 返回失败，设置显示器连接状态为 disconnected。

第 15 章

开发工具相关

本章将主要介绍 Linux 环境下的其他开发工具，包括 Visual Studio Code（VS Code）、JetBrains 系列 IDE（Integrated Development Environment，集成开发环境）、Eclipse 等，另外会介绍 Node.js、Go、Rust 等语言开发环境的搭建。

15.1　其他开发工具

除了常用的 Qt 开发工具套件之外，Linux 环境下常用的开发工具还有 VS Code、JetBrains 系列 IDE、Eclipse 等。

15.1.1　VS Code

VS Code 是微软于 2015 年 4 月 30 日在 Build 开发者大会上正式发布的一种轻量级且强大的源码编辑器，可在桌面上运行，可用于 Windows、macOS 和 Linux。它配备了对 JavaScript、TypeScript 和 Node.js 的内置支持，并且具有支持其他语言（例如 C++、C #、Java、Python、PHP、Go）和运行时（例如 .NET 和 Unity）的丰富插件生态系统。VS Code 的界面如图 15-1 所示。

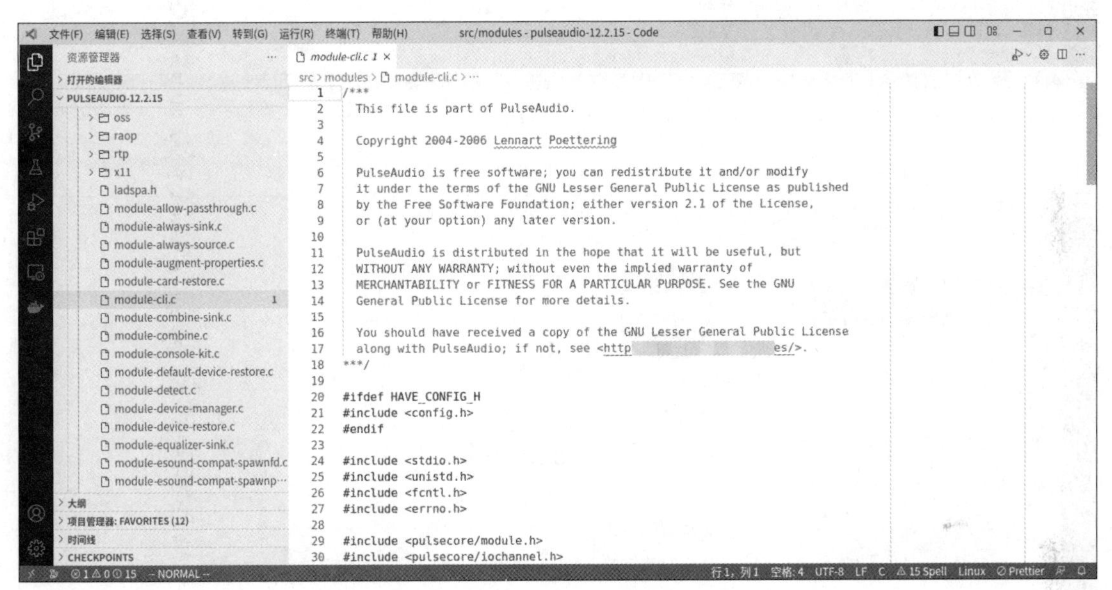

图 15-1　VS Code 界面

15.1.1.1　安装

从 VS Code 官方网址的 Download 页面可下载对应操作系统版本的 VS Code 安装包，统信 UOS 应使用 .deb 格式的。将安装包文件下载到本地后，可以在文件管理器中双击，会打开安装包安装器，单击安装按钮即可安装。

15.1.1.2　配置与使用

1. 安装中文语言包

VS Code 的默认界面是英文的，可先安装中文语言包。把侧边栏切换到“扩展”面板，搜索“chinese”，第一个扩展就是中文语言包，单击“install”按钮进行安装。之后系统会要求重启 VS Code 以使其生效。中文语言包扩展细节介绍界面如图 15-2 所示。

2. 配置 C/C++ 开发环境

搜索“C/C++”，C/C++ 扩展细节介绍界面如图 15-3 所示，选择第一项，单击“安装”按钮。

图 15-2　中文语言包扩展细节介绍界面

图 15-3　C/C++ 扩展细节介绍界面

3．安装 C/C++ Runner 扩展

这个扩展可以帮助我们在不了解任何编译器命令的情况下，轻松编译、运行和调试单个或多个 C/C++ 文件。在“扩展”面板搜索“C/C++ Runner”，第一个扩展就是我们需要的，单击“安装”按钮即可安装。

4．运行和调试

下面介绍通过 VS Code 创建一个程序，说明其创建、运行和调试过程。首先打开一个空文件夹，新建一个 main.cpp 文件，内容如下：

```
#include <iostream>
using namespace std;
int main(int argc, char const *argv[])
{
    int a;
    int b;
    cin>>a>>b;
    cout << a+b << endl;
    return 0;
}
```

编辑好的 main.cpp 文件如图 15-4 所示。

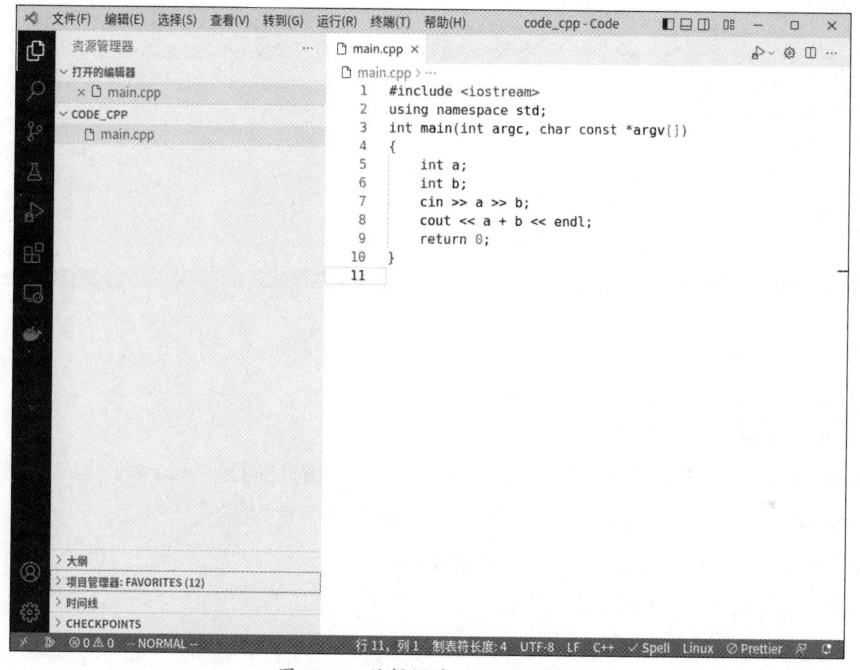

图 15-4　编辑好的 main.cpp 文件

把侧边栏切换到“运行和调试”面板，如图 15-5 所示。

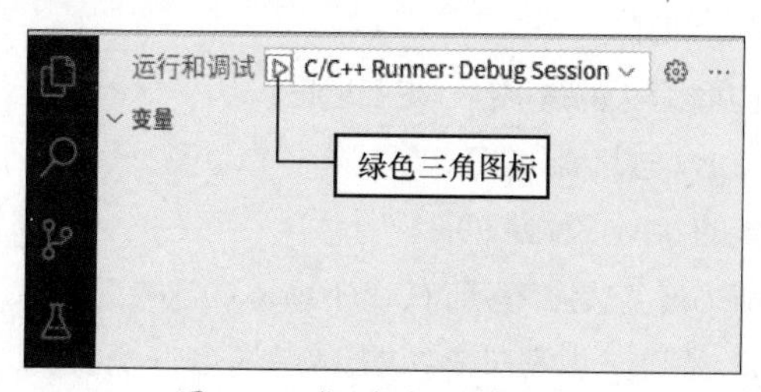

图 15-5　“运行和调试”面板

可以看到已经自动生成了一个配置项目“C/C++ Runner: Debug Session”，此时直接单击绿色三角图标会报错，因为可执行文件还未生成。我们需要按快捷键 Ctrl+Alt+B，或者单击编辑器底部状态栏上的齿轮图标（三角图标的左侧），或者执行编辑器的命令“C/C++ Runner: Build Single File”进行构建，以生成可执行文件。

单击代码编辑区域第 9 行的行号左侧空白区域，设置一个断点，然后再次尝试单击“运行和调试”面板的绿色三角图标，即可开始运行程序。在弹出的“终端”面板中输入 2 个数字，与程序进行交互，可以得到两数相加的结果；同时由于设置了断点，程序执行也暂停在第 9 行的位置，如图 15-6 所示。

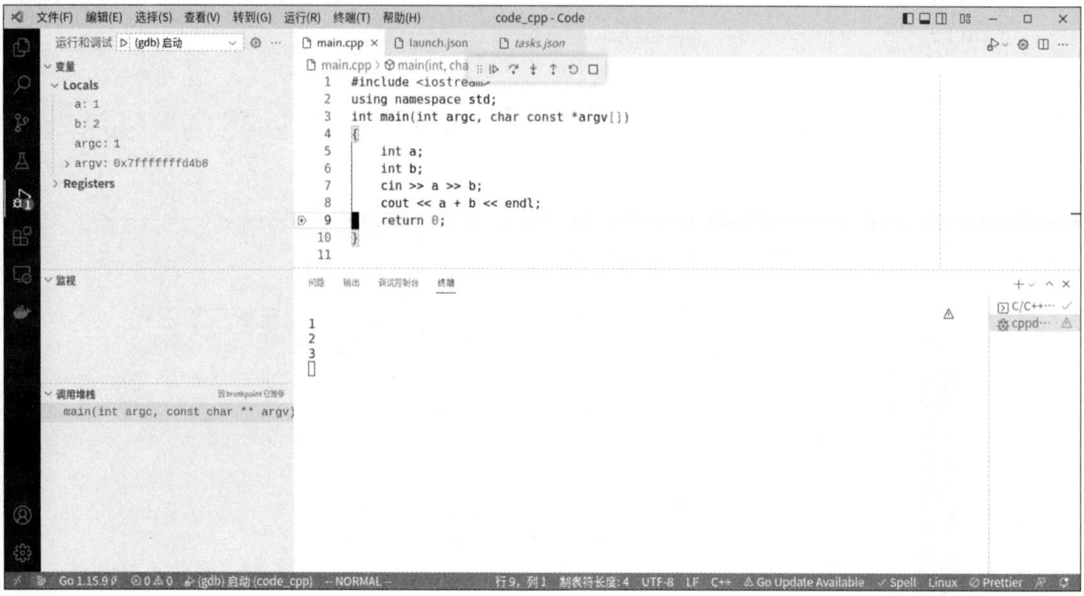

图 15-6　运行结果

15.1.2　JetBrains 系列 IDE

JetBrains 是捷克的一家软件开发公司，其为人所熟知的产品是 Java 编程语言开发时所用的 IDE——IntelliJ IDEA。这个系列的 IDE 支持各种主流编程语言，具体如下。

- AppCode：适用于 iOS/macOS 开发的智能 IDE。
- CLion：支持 C 和 C++ 的跨平台 IDE。
- GoLand：专为 Go 开发者设计的跨平台 IDE。
- IntelliJ IDEA：功能强大，符合人体工程学的 JVM IDE。
- PHPStorm：高效、智能的 PHP IDE。
- PyCharm：智能 Python IDE。
- Rider：运行速度快且功能强大的跨平台 .NET IDE。
- RubyMine：智能的 Ruby 与 Rails IDE。
- WebStorm：一种智能的 JavaScript IDE。

可以使用 JetBrains ToolBox，它是管理所有 JetBrains IDE 的工具。

接下来介绍 CLion 的安装、配置，以及在其中进行简单的 C++ 开发。

15.1.2.1　安装

首先从 JetBrains 官网的 CLion 页面下载 Linux 平台用的压缩包，然后将其解压到一个文件夹，再运行其中的 bin/clion.sh 文件即可运行程序。选择试用或者输入激活码开始使用。根据提示，创建一个简单的 C++ 文件项目，如图 15-7 所示。

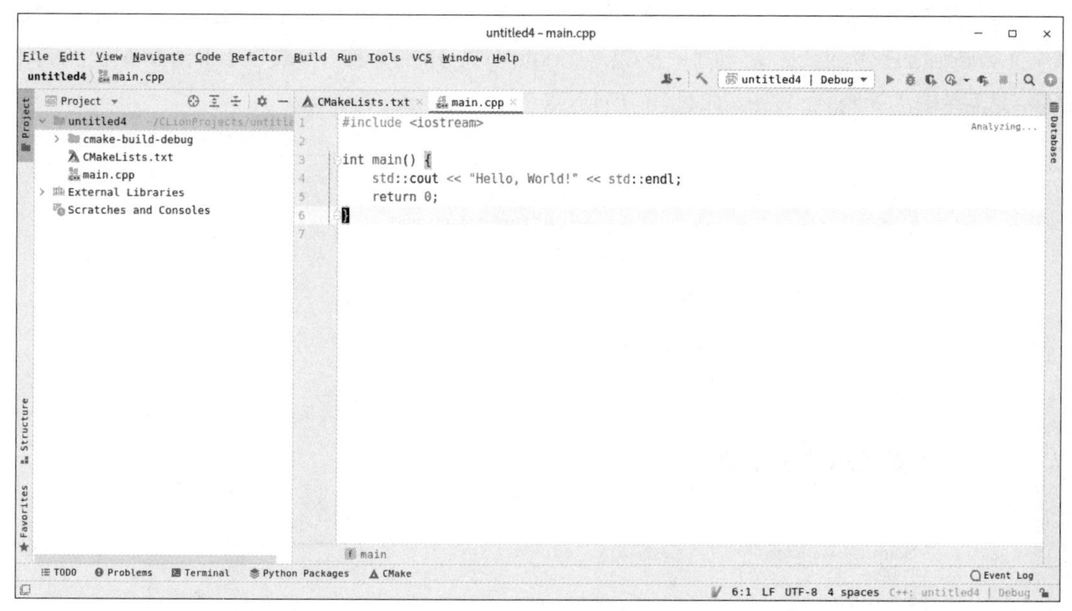

图 15-7　通过 CLion 创建项目

单击 main 函数左边的三角形按钮，然后选择 “Run” 即可开始运行，选择 “Debug” 即可开始调试。

15.1.2.2　配置与使用

首先进行简单的配置，具体包括以下步骤。

1. 创建桌面启动器

在操作菜单中选择 “Help” → “Find Action...”，然后输入 “desktop”，单击 “Create Desktop Entry...”，如图 15-8 所示，之后会弹出对话框，单击 “OK” 按钮。或者在刚才的对话框中勾选为所有用户创建，单击 “OK” 按钮之后，会弹出权限认证框，需要输入管理员密码并认证。当创建好桌面启动器时，就能在启动器中找到 CLion 的应用图标了。

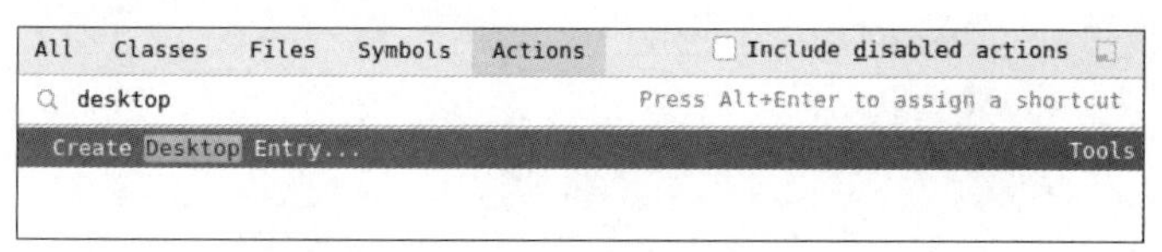

图 15-8　创建桌面启动器

2. 创建命令行启动器

在操作菜单中选择 “Help” → “Find Action...”，然后输入 “create command”，单击 “Create Command-line Launcher...”，如图 15-9 所示，之后会弹出对话框，默认在 “/usr/local/bin/clion” 路径创建一个脚本，单击 “OK” 按钮之后，会弹出权限认证框，需要输入管理员密码并认证。当命令行启动器创建好时，就能在终端执行 “clion” 命令打开它了。

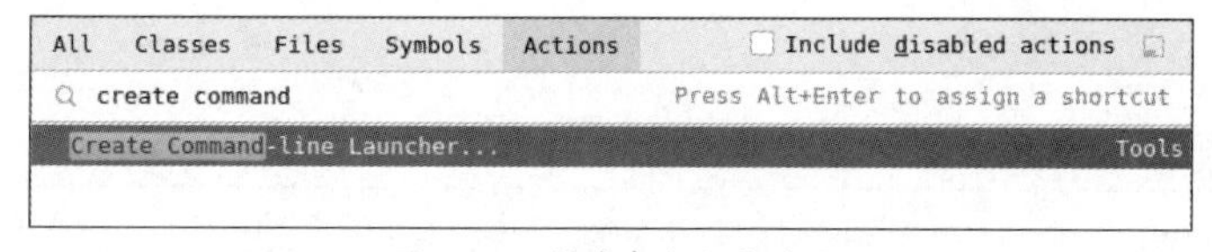

图 15-9　创建命令行启动器

3. 进行 Qt 开发

在操作菜单中选择“File”→“New Project”，然后打开“New Project”对话框。在对话框左侧选择“Qt Widgets Executable”，创建一个 Qt Widgets 可执行文件项目，修改 Location 文本框中的项目名称，然后单击“Create”按钮，如图 15-10 所示。

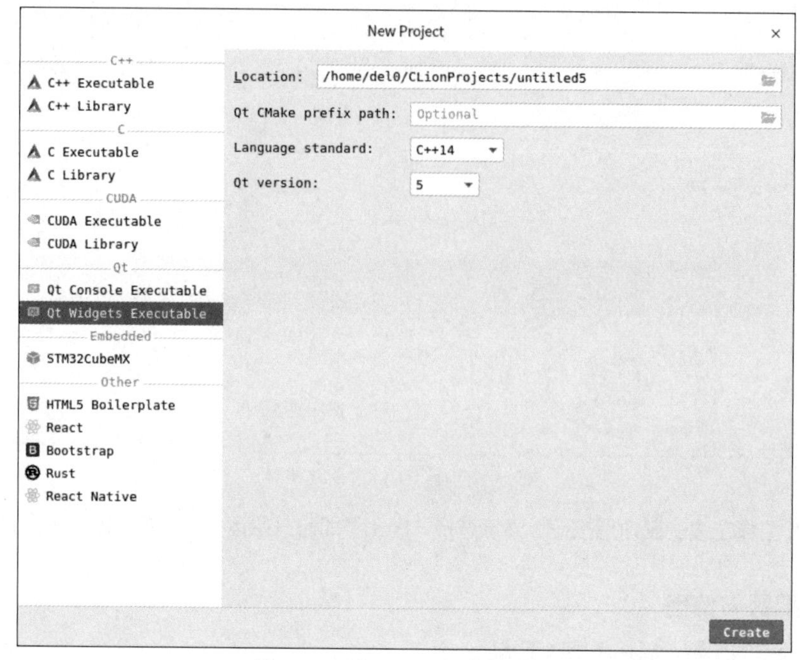

图 15-10 “New Project”对话框

图 15-11 所示为刚创建的 Qt Widgets 可执行文件项目。打开新项目，单击 main 函数左边的三角形按钮，然后选择“Run”即可开始运行，运行之后会弹出一个只有一个按钮的窗口。

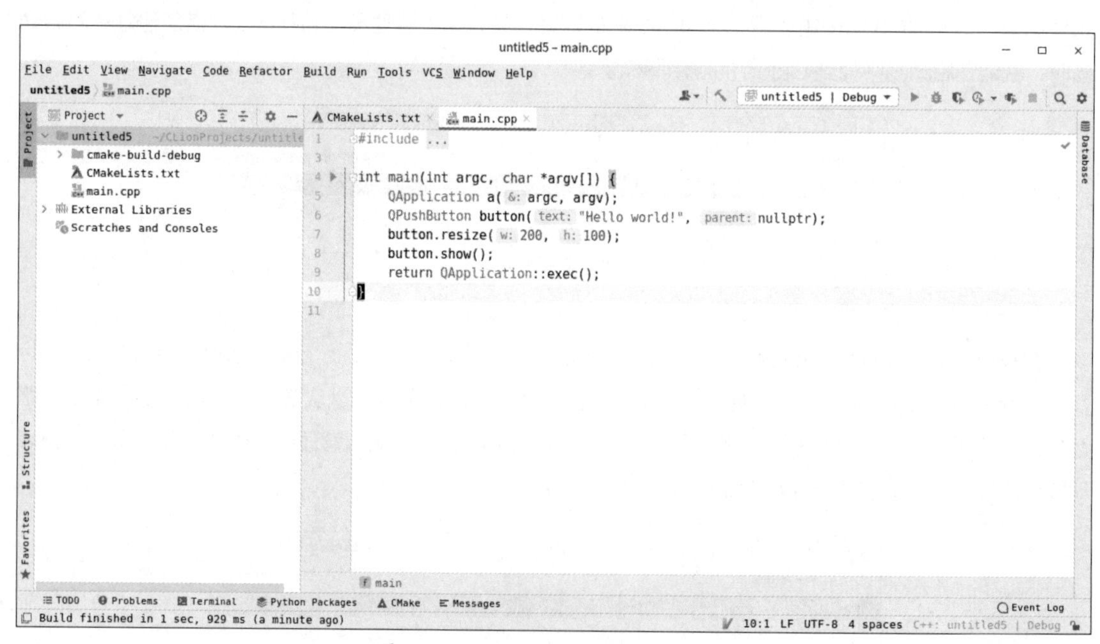

图 15-11 Qt Widgets 可执行文件项目

15.1.3 Eclipse

Eclipse 是一个开放源码、基于 Java 的可扩展开发平台，Eclipse 的欢迎界面如图 15-12 所示。就其本身而言，它只是一个框架平台，用于通过插件组件构建开发环境。Eclipse 最初是由 IBM 开发的替代商业软件 VisualAge for Java 的下一代 IDE 开发环境，2001 年 11 月贡献给开源社区，它由非营利软件供应商联盟 Eclipse 基金会管理。最初它主要用来做 Java 语言开发，但是通过安装不同的插件，Eclipse 可以支持不同的程序设计语言，比如 C++ 和 Python 等语言。众多插件的支持使得 Eclipse 拥有其他功能相对固定的 IDE 软件很难具有的灵活性。

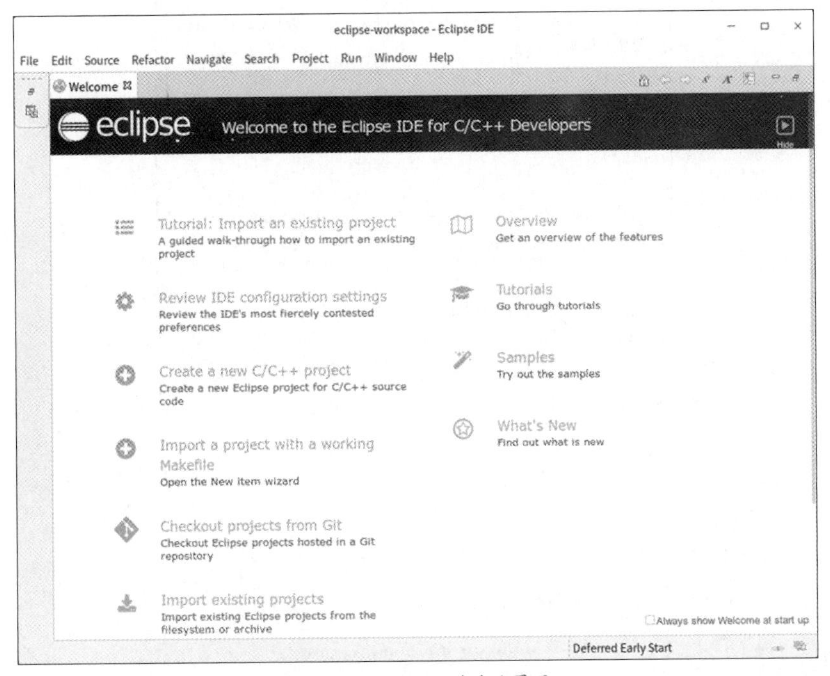

图 15-12 Eclipse 的欢迎界面

15.1.3.1 安装（C/C++ 开发环境）

从 Eclipse 官方网站下载 Linux 系统用的 Eclipse 安装包。然后将其解压到一个文件夹中，运行其中的 eclipse-inst 程序，这是一个安装器。打开安装器后需要选择一个开发方向，如图 15-13 所示，选择“Eclipse IDE for C/C++ Developers”，然后继续安装，系统会从网络下载相应的插件，默认安装位置为家目录的 eclipse 文件夹，安装完成后就可用 Eclipse 打开一个工作区。这个安装器程序可以反复使用，如用来安装其他开发方向的插件。单击安装器的菜单图标，选择“ADVANCED MODE”可以进入高级模式，进入高级模式之后，可以单击界面左下角的“Switch to simple mode”返回简单模式。

安装完成之后，可以从启动器找到“Eclipse IDE for C/C++ Developers”字样的应用，用来启动 IDE。

让我们先简单使用一下，创建一个简单的 C++ 新项目，依次选择“File”→“New”→“Project ...”，打开“New Project”对话框，选中 C/C++ 下面的“C/C++ Project”，单击“Next”跳转到下一页，在这一页要选一个模板，选中“C++ Managed Build”，单击“Next”跳转到下一页。然后输入项目名称，选择“Project type”，再选中“Executable”下的“Hello World C++ Project”，选择 Toolchains 中的“Linux GCC”，然后单击“Finish”按钮完成创建，之后会自动打开新项目。新项目创建完成后界面如图 15-14 所示。

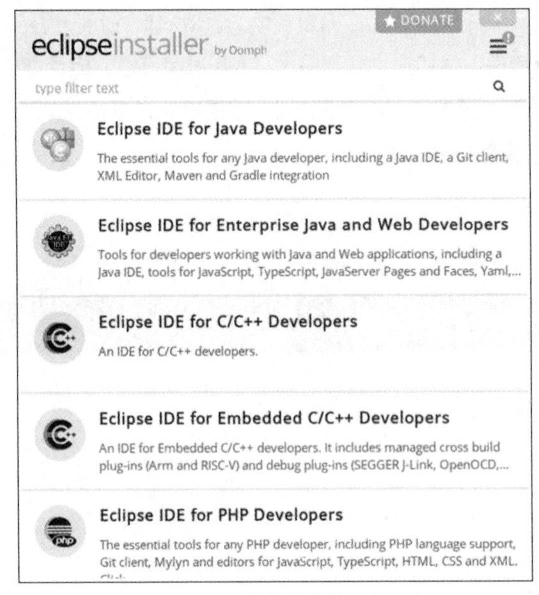

图 15-13　为安装器选择开发方向

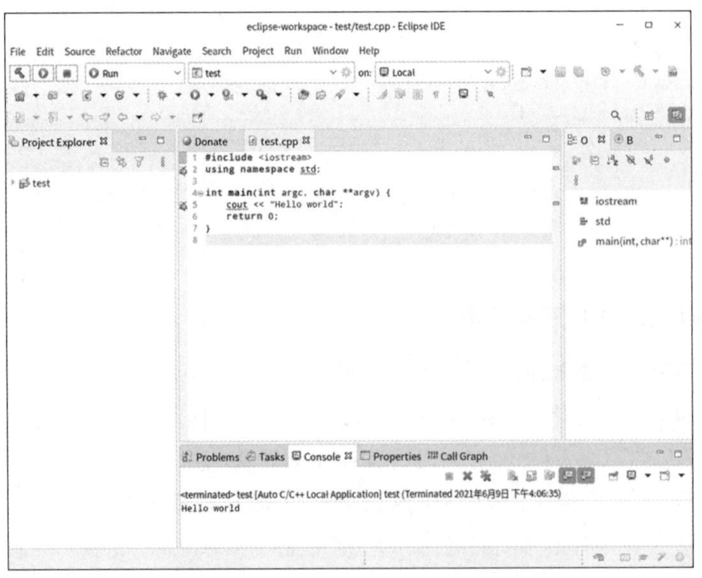

图 15-14　新项目创建完成后界面

单击“File”下方的“Build”按钮，开始构建程序。然后在操作菜单中依次选择“Run”→“Run”，会弹出“Run As”对话框，选中“Local C/C++ Application”，单击“OK”按钮，会创建运行程序的配置，在第一次运行程序之后如果想再次运行程序，可单击菜单“File”下方的“Run”按钮来运行程序。

如果发现不能使用中文输入法，则可以修改 Eclipse 的 .desktop 文件，其位置通常在 ~ /.local/

share/applications/epp.package.cpp.desktop 中，把文件中 Exec 字段的 env GTK_IM_MODULE=ibus 部分删除，因为在统信 UOS 中默认使用 Fcitx（小企鹅）输入法，然后进行保存，再重启 Eclipse 即可。

如果在代码编辑器的右边发现了 Bug 图标，错误提示是 Symbol 'std' could not be resolved，这表示遇到了符号没有找到的问题。可以依次选择"Project"→"C/C++ Index"→"Freshen All Files"，这样一般可以解决此问题。

15.1.3.2　安装、卸载中文语言包

如果你不熟悉英文界面，可以安装中文语言包。在操作菜单中选择"Help"，选择"Install new software..."，打开安装新软件对话框，然后在 Work with 后选择一个站点，单击下拉按钮，选择"Babel Language Pack Metadata Repository"，接着在下方的过滤器中搜索"chinese"以过滤出中文简体的结果，一般在可选项列表的最后找到"Babel Language Packs in Chinese（Simplified）"。这表示一个各种插件的中文语言集合包。勾选它，然后单击"Next"按钮，再一步步按照界面提示完成安装。

卸载中文语言包也需要打开新软件对话框，然后单击界面下方的"already installed"文字链接，可以打开 Eclipse IDE 安装细节对话框，在过滤器中搜索"chinese"，然后通过 Shift 键和鼠标实现连续多选，选中所有语言包，再单击"卸载"按钮，一步步按界面提示完成卸载。

15.1.3.3　安装、卸载插件

在操作菜单中选择"Help"，单击"Eclipse Marketplace..."，打开"Eclipse Marketplace"界面，如图 15-15 所示。在这里可以通过搜索关键字找到需要的插件，然后一步步按照界面提示完成安装即可。

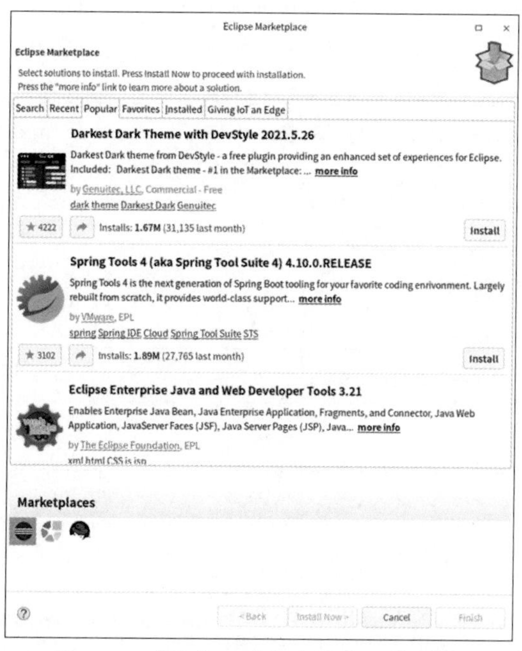

图 15-15　"Eclipse Marketplace"界面

卸载插件也需要先打开“Eclipse Marketplace”界面，切换到“Installed”选项卡，找到期望卸载的插件，然后单击下拉按钮，在弹出菜单中选择卸载选项，即可卸载插件。

15.2 其他语言开发环境搭建

在 Linux 中，除了以上开发工具之外，还有 Node.js、Go 和 Rust 等常用的开发语言，接下来介绍这些语言的开发环境搭建。

15.2.1 Node.js

Node.js 发布于 2009 年 5 月，是一个基于 Chrome V8 引擎的 JavaScript 运行环境，让 JavaScript 在服务端的开发平台运行，成为与 PHP、Python、Perl、Ruby 等服务端语言类似的脚本语言。

15.2.1.1 Node.js 安装

安装 Node.js 有多种方法，下面介绍 3 种常用方法。

1. 从统信 UOS 软件仓库安装

统信 UOS 软件仓库支持 x86-64、AArch64 和 MIPS64el。安装命令如下:

```
sudo apt install nodejs
```

运行命令如下:

```
node --version
```

2. 直接从官网下载预编译安装包

支持 x86-64 和 AArch64，且支持 Docker 版本（亦支持 x86-64 和 AArch64），至少从 4.0.0 版本开始，官方已提供预编译的二进制安装包，下载地址为 https://nodejs.org/dist/，选择版本后进行下载。此处以 16.2.0 版本为例。

下载。

```
wget https://nodejs.org/dist/v16.2.0/node-v16.2.0-linux-x64.tar.gz
```

解压。

```
tar zxvf node-v16.2.0-linux-x64.tar.gz -C ${HOME}
```

进入解压后的目录。

```
cd ${HOME}/node-v16.2.0-linux-x64/
```

尝试运行 Node.js。

```
./bin/node --version
```

配置环境变量。

```
echo "export PATH=${HOME}/node-v16.2.0-linux-x64/bin:\$PATH" | \
tee -a ${HOME}/.bashrc
```

重启 Shell，然后运行。

```
node --version
```

3. 编译安装

Node.js 理论上支持所有架构，以 12.19.0 版本为例。仅当应用对 Node.js 版本有特殊需求时采用编译安装，配合第一种方法进行应用开发，否则建议使用第一种或第二种方法安装然后进行开发。

```
$ sudo apt-get install python g++ make python3-distutils
$ wget https://nodejs.org/dist/v12.19.0/node-v12.19.0.tar.gz
$ tar zxvf node-v12.19.0.tar.gz
$ cd node-v12.19.0/
```

编译配置，可选安装路径为 --prefix=。

```
$./configure
```

编译。

```
$ make -j$(cat /proc/cpuinfo| grep "processor"| wc -l)
```

编译验证。

```
$./node -e "console.log('Hello from Node.js ' + process.version)"
```

安装。

```
$ sudo make install
```

运行。

```
$ node --version
```

其他安装方法请参考 Node.js 官网，也可以使用 NVM（Node.js Version Management，Node.js 版本管理工具）、FNM（Fast Node.js Management，快速节点管理工具）等安装 Node.js。请注意，不同的安装方法，支持的平台各不相同，有些只能支持 x86 平台。

15.2.1.2 Node.js 包管理工具配置

Node.js 是一种热门技术，使 JavaScript 跻身到服务器端的语言行列。下面对 Node.js 包管理工具配置进行介绍。

1. npm

npm 是官方的 Node.js 包管理器，安装代码如下：

```
sudo apt install npm
```

测试运行。

```
npm --version
```

默认的 npm 仓库服务器在国外，访问速度较慢，建议配置为使用国内镜像地址。下面以配置为淘宝提供的镜像为例进行介绍。

第一种方式，永久生效，使用 config 命令，代码如下：

```
npm config set registry https://registry.npm.taobao.org
```

第二种方式，临时生效，在运行 npm 时临时加载另一个镜像。

```
npm --registry https://registry.npm.taobao.org
```

第三种方式，永久生效，直接编辑配置文件，和第一种方式实质一样。

```
echo "registry = https://registry.npm.taobao.org" | tee -a ~/.npmrc
```

第四种方式，永久生效，使用 cnpm 命令替代 npm，cnpm 自动使用淘宝镜像。

```
npm install -g cnpm
```

测试运行 cnpm。

```
cnpm --version
```

如果需要针对 npm 不同镜像进行更精细的管理，可以考虑使用 nrm（npm Registry Manager，npm 注册管理器）。

2. yarn

yarn 是一个 JavaScript 包管理工具，通过它大家可以使用全世界开发者的代码或者分享自己的代码，它也是一个未来可能取代 npm 的新型包管理器。

yarn 的安装方式如下。

第一种方式，使用 npm 安装。

```
npm install -g yarn
yarnpkg --version
```

第二种方式，使用 apt 安装。

```
sudo apt install yarnpkg
yarnpkg --version
```

15.2.1.3 创建一个 Node.js 项目

下面通过创建 Node.js 源码项目来说明 Node.js 项目的创建。

首先新创建一个文档，名为 app.js，内容如下：

```
const http = require('http');

const hostname = '127.0.0.1';
// 端口，如果 3000 已被占用，请换一个
const port = 3000;

const server = http.createServer((req, res) => {
```

```
  res.statusCode = 200;
  res.setHeader('Content-Type', 'text/plain');
  res.end('Hello World');
});

server.listen(port, hostname, () => {
  console.log('Server running at http://${hostname}:${port}/');
});
```

执行如下命令运行项目:

```
node app.js
```

然后通过浏览器访问 http://localhost:3000 即可。

15.2.1.4 编辑器和 IDE 推荐

1. VS Code

VS Code 可以通过安装一些插件很方便地进行 Node.js 开发。VS Code 插件仓库的 Node.js 插件有很多，读者可以根据需要自行安装。VS Code 官方支持 x86-64 和 ARM64，统信 UOS 商店内亦有龙芯（3A3000/3A4000）版本，强烈推荐此版本。

2. WebStorm

WebStorm 是 JetBrains 出品的收费软件。官方支持 x86，由于该产品采用 Java 开发，经过测试亦能在 ARM64 上运行，MIPS 平台未测试兼容性。

15.2.2 Go

Go（或 Golang 语言）起源于 2007 年，在 2009 年正式对外发布。Go 是一门非常年轻的语言，它的主要目标是“兼具 Python 等动态语言的开发速度和 C/C++ 等编译型语言的性能与安全性”。Go 语言是编程语言设计的又一次尝试，是对类 C 语言的重大改进，它不但能访问底层操作系统，还提供了强大的网络编程和并发编程支持。Go 语言的用途众多，可以用来进行网络编程、系统编程、并发编程、分布式编程等。Go 语言的推出，旨在不损失应用性能的情况下降低代码的复杂性，Go 语言具有部署简单、并发性好、语言设计良好、执行性能好等优势。Go 语言的 logo、英文介绍和吉祥物如图 15-16 所示。

图 15-16 Go 语言的 logo、英文介绍和吉祥物

15.2.2.1 安装

Go 语言的安装方式有多种，下面介绍其中两种。

1. 从统信 UOS 软件仓库安装

使用如下命令安装。

```
$ sudo apt install golang-go
```

运行并显示版本信息。

```
$ go version
go version go1.11.6 linux/amd64
```

2. 从网站下载预编译安装包

从官方网站下载适合 Linux 系统的安装包，下载的是一个压缩包，将其解压到一个文件夹中（下面以把压缩包中的 go 文件夹放置到 /usr/local 文件夹中为例），然后配置环境变量，编辑 /etc/profile 文件，在末尾添加配置，代码如下:

```
export GOROOT=/usr/local/go
export PATH=$PATH:$GOROOT/bin
```

其中 GOROOT 环境变量表示放置 Go 的文件夹，这样其他软件（比如使用 Go 开发的 IDE）就可以自动找到 Go 安装目录，以达到自动配置 Go SDK 的目的。

第二行配置是把 /usr/local/go/bin 文件夹加入环境变量 PATH，这样可以在终端中直接执行 go 等常用命令来使用它，更简洁、方便，而不用再加上 /usr/local/go/bin 这一串绝对路径。

使用如下命令测试一下是否配置成功:

```
$ go version
go version go1.15.3 linux/amd64
```

15.2.2.2 简单使用

下面通过编写一个简单的程序来说明 Go 语言的使用。

把以下代码保存到 main.go 文件中:

```
package main

import "fmt"

func main() {
    fmt.Println("Hello, 世界")
}
```

然后使用命令进行编译和运行:

```
$ go run main.go
Hello, 世界
```

15.2.2.3 使用 IDE 开发

支持 Go 语言开发的编辑器和 IDE 有很多，比如 VS Code、vim、Sublime Text、GoLand、LiteIDE、GoClipse 等。接下来以 GoLand 为例进行介绍。GoLand 是 JetBrains 系列 IDE 中支持 Go 语言开发的 IDE。

打开 GoLand 的欢迎界面，单击“New Project”按钮，打开“New Project”对话框，如图 15-17 所示。在 Location 处选择项目位置，在 GOROOT 处选择使用哪一个 Go 开发环境（Go 工具和标准库），单击“Create”按钮即可创建完成。

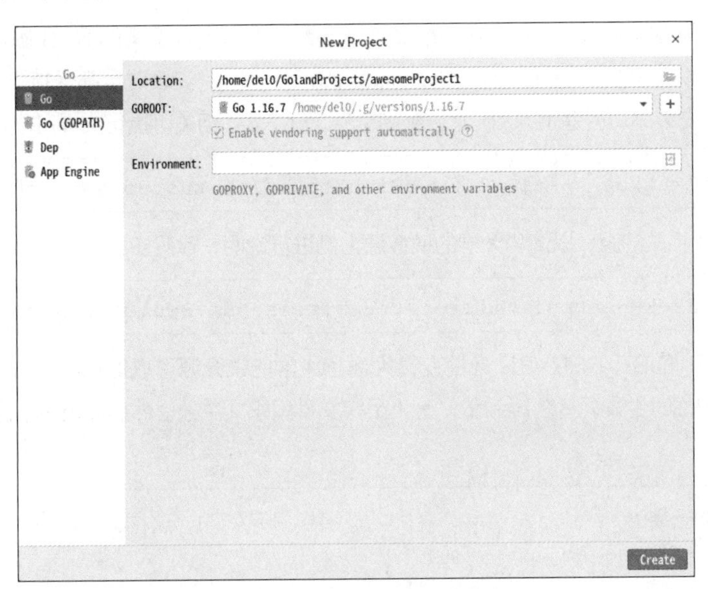

图 15-17 “New Project”对话框

可以发现这个项目里面一个文件也没有。可以在操作菜单中选择“File”→“New”→“Go File”，将会打开“New Go File”小面板，输入文件名“main”和选中“Simple application”，然后按 Enter 键即可创建第一个文件。然后在该文件中输入一些代码，比如之前给出的 Go 程序示例代码。单击代码中 main 函数左侧的三角形按钮，在弹出的菜单中选择第一项即“Run”开头的那项来运行程序，可在界面的下方看到程序运行后的输出，如图 15-18 所示。

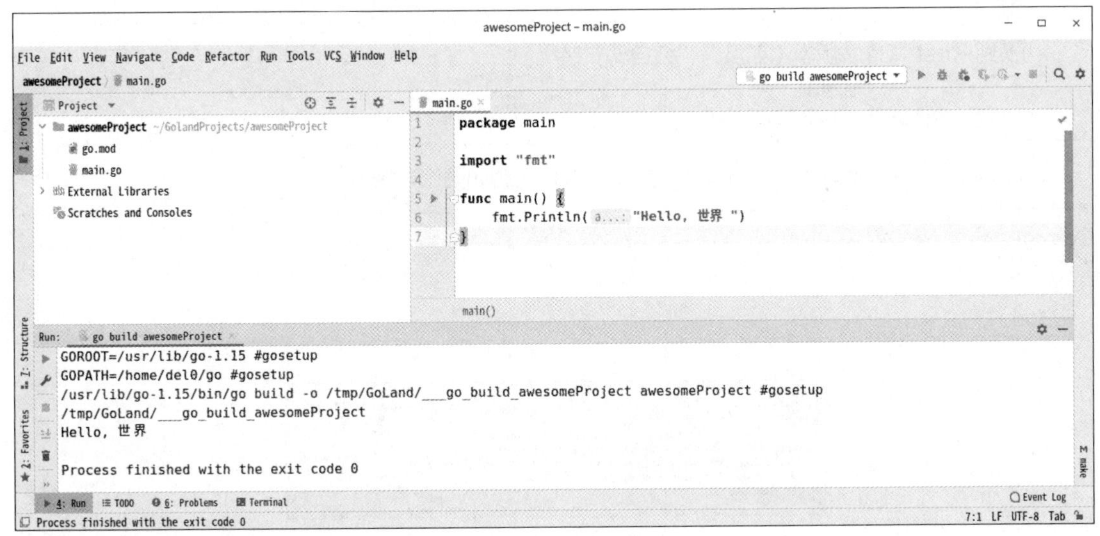

图 15-18 运行程序

15.2.3 Rust

Rust 语言由 Mozilla（谋智网络）开发，是一种高效、可靠的通用高级语言。其高效不仅限于开发效率，它的执行效率也是令人称赞的，Rust 是一种少有的兼顾开发效率和执行效率的语言。

15.2.3.1 安装与使用

可以通过如下命令安装 rustup（Rust 的工具链工具，可以安装不同的 Rust 版本）和当前最新稳定版的 Rust（可执行 cargo、rustc、rustfmt、rustdoc 等命令）。安装时全都保持默认设置即可，重启 Shell，或手动运行安装成功后提示的 source env 文件，让 Rust 相关可执行文件可以被加载，命令如下：

```
curl --proto '=https' --tlsv1.2 -sSf https://sh.rustup.rs | sh
```

（1）切换 Rust 相关的源，以清华大学的镜像源为例进行说明，代码如下：

```
RUSTUP_DIST_SERVER=https://mirrors.tuna.tsinghua.edu.cn/rustup
```

设置 RUSTUP_DIST_SERVER 环境变量为清华大学的镜像源可以加速 rustup 命令下载 Rust 的过程，写在Shell里临时生效，写在bashrc、zshrc等文件里永久生效。然后编辑 ~/.cargo/config文件，添加以下内容：

```
[source.crates-io]
replace-with = 'tuna'

[source.tuna]
registry = "https://mirrors.tuna.tsinghua.edu.cn/git/crates.io-index.git"
```

该镜像源可加快 cargo 读取软件包索引的速度。

（2）切换 Rust 版本。

切换到最新的 nightly（夜间发布版本）版本（如没有，会自动安装）。

```
$ rustup default nightly
```

切换到 Rust 1.34.2 版本（如没有，会自动安装）。

```
$ rustup default 1.34.2
```

（3）创建一个 Rust 项目并运行，代码如下，具体内容如图 15-19 所示。

```
cargo new hello
cd hello
cargo run
```

```
➜ cargo new hello
cd hello
cargo run
     Created binary (application) `hello` package
   Compiling hello v0.1.0 (/Users/yangdianqing/hello)
    Finished dev [unoptimized + debuginfo] target(s) in 8.01s
     Running `target/debug/hello`
Hello, world!
```

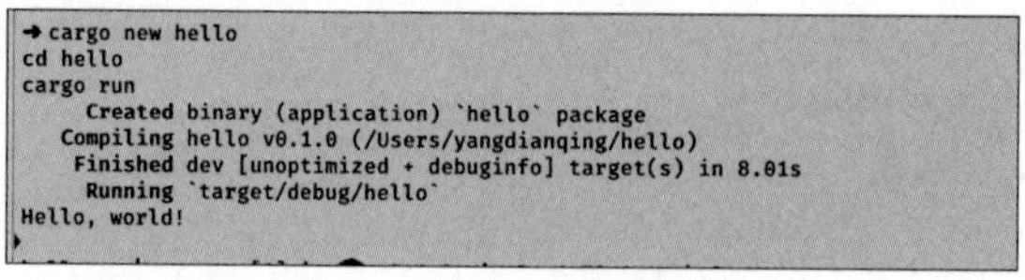

图 15-19　创建和运行 Rust 项目

15.2.3.2 IDE 推荐

对于 Rust 编程，推荐使用以下 IDE。

1. VS Code

打开一个 rs 文件，会提示下载 Rust 所需的插件。

2. IDEA 社区版

IDEA 社区版是免费的，安装 Rust 插件后，可以创建 Rust 项目，基本功能和 CLion 的一样，如图 15-20 所示。

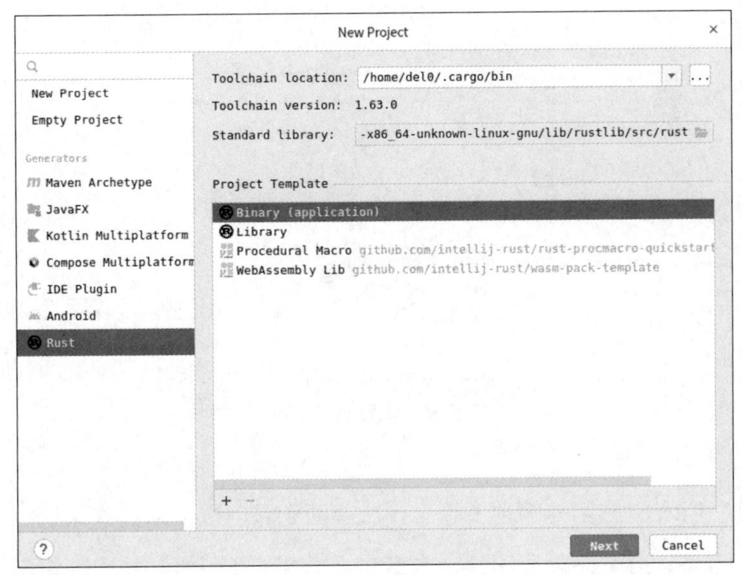

图 15-20　创建 Rust 项目

3. CLion

CLion 是一个收费软件，是 C 和 C++ 跨平台 IDE，也是用 Rust 开发时较好的 IDE，比 IDEA 社区版多一些功能，例如自动集成了界面版 LLDB（Low Level Debugger，低级调试器）和 GDB，CLion 的 IDE 界面如图 15-21 所示。

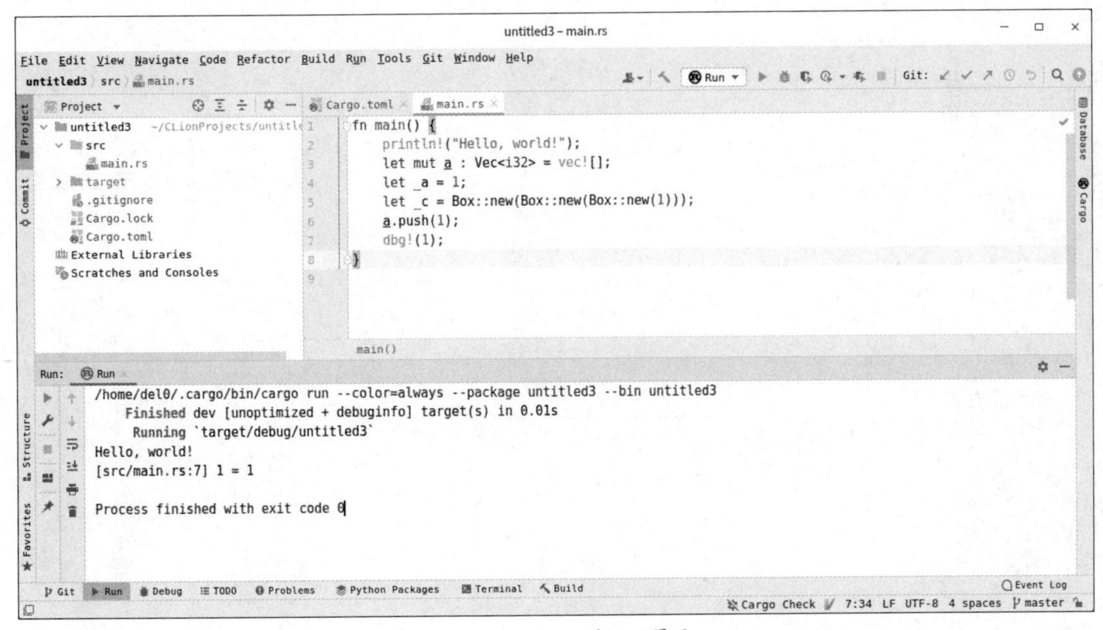

图 15-21　CLion 的 IDE 界面

第 16 章

常用资源

目前，Linux 应用范围越来越广，从桌面到服务器，从操作系统到嵌入式系统，Linux 发展很快。本章主要介绍 DTK 中一些比较常用的资源，包括 DTK 接口简要说明以及 Linux 开发常用资源。

16.1 DTK 接口简要说明

下面介绍 DTK 中比较常用的类和接口函数。

16.1.1 DMainWindow 自定义快捷菜单

如图 16-1 所示，在 DMainWindow 中，可以使用 DApplication 的接口去控制 3 个菜单项，即 About（关于）、Exit（退出），以及 F1 快捷键控制的帮助手册。打开控制中心，按 F1 键就会弹出帮助手册（需要配置与 appName 同名的帮助文件）。

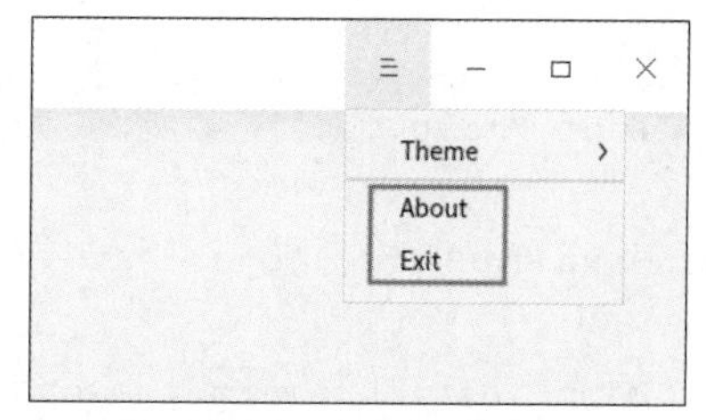

图 16-1 DApplication 的接口与控制的 3 个菜单项

这几个接口原本都有默认的行为，当然在新版本（dtkwidget 5.5）中也可以使用下面的接口来自定义一些行为，下面是完整的示例代码：

```
#include <DApplication>
#include <DMainWindow>
#include <DDialog>

DWIDGET_USE_NAMESPACE

class WindowHandle : public QObject, public DAppHandler {
    Q_OBJECT
public:
    explicit WindowHandle(QObject *parent = nullptr)
        : QObject (parent)
    {
    }
    virtual~WindowHandle() override { }

    virtual void handleHelpAction() override {
        m_dialog.setTitle("handleHelpAction");
        m_dialog.show();
        m_dialog.exec();
    }

    virtual void handleAboutAction() override {
        m_dialog.setTitle("handleAboutAction");
        m_dialog.show();
        m_dialog.exec();
    }

    virtual void handleQuitAction() override {
```

```
        m_dialog.setTitle("handleQuitAction");
        m_dialog.show();
        m_dialog.exec();
    }

    DDialog m_dialog;
};

#include "main.moc"

int main(int argc, char *argv[])
{
    DApplication a(argc, argv);
    a.setApplicationName("DAppHandlerExample");
    a.setApplicationVersion("1.0");

    DMainWindow w;
    DAppHandler *handle = new WindowHandle(&w);
    qApp->setCustomHandler(handle);
    w.show();
    return a.exec();
}
```

对应的 .pro 文件可以这样写：

```
greaterThan(QT_MAJOR_VERSION, 4): QT += widgets

TARGET      = demo
TEMPLATE    = app
CONFIG     += c++11 link_pkgconfig
PKGCONFIG += dtkwidget5.5

SOURCES    += main.cpp
```

在上面的代码中，通过继承 DAppHandler 实现了一个 WindowHandle 类，重写了 handleHelpAction、handleAboutAction、handleQuitAction 这 3 个函数。在这 3 个菜单项被单击后都会弹出一个只有标题的对话框，并在实例化后调用 qApp->setCustomHandler 设置到 DMainWindow 中，如此一来便可改写以上 3 个菜单项的默认行为。单击 About 或 Exit 都会弹出一个自定义的对话框，按 F1 键后也会显示，如图 16-2 所示。

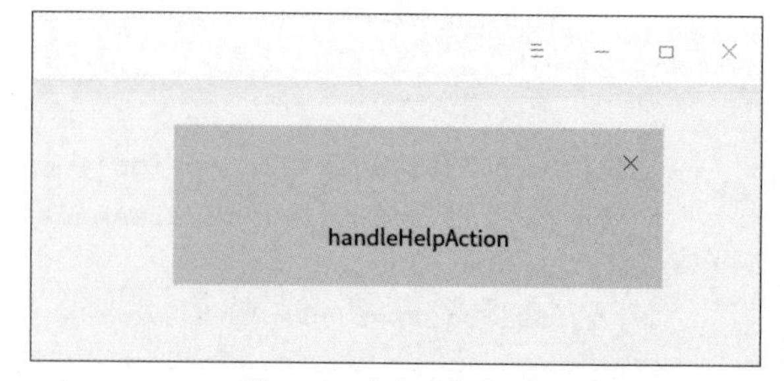

图 16-2　自定义的对话框

16.1.2 DApplication 接口函数

DApplication::newInstanceStarted 可以监控多次启动的信号，用得比较少，在 dtkwidget 的 DApplication::setSingleInstance 中会用到，实际上更推荐使用 dtkgui 里面的 DApplicationHelper::setSingleInstance 接口。另外下面这两个接口在一定场景下可能会用到，iconThemeChanged 用于控制中心个性化图标主题的改变提供了一个信号来监控，screenDevicePixelRatioChanged 对于虚拟机环境或者用户调节屏幕分辨率之后的程序的自适应提供了一个信号来监控。下面是这 3 个接口函数的原型。

```
void newInstanceStarted();
void iconThemeChanged();
void screenDevicePixelRatioChanged(QScreen *screen);
```

16.1.3 DTK 汉字转拼音

在开发应用时，有时需要将汉字转为拼音，DTK 提供了这个功能，可以直接使用。不需要使用其他库，使用 #include "dpinyin.h"，然后直接使用 Chinese2Pinyin 函数即可。

16.1.4 DListView DViewItemAction::setWidget 用法

DListView 控件允许用户通过上下滑动来将屏幕外的数据滚动到屏幕内，同时屏幕内原有的数据滚动到屏幕外，从而显示更多的数据内容。DListView 如何设置 Widget 窗体？DListView 中没有主要的方法添加 Widget，但是在 DViewItemAction 中可以通过 setWidget 添加，进而通过 Action 的方式将其添加进 DListView 中。添加时需要注意一些细节，如关于需要添加的 Widget 的父类的问题，需要将父类设置为 DListView 中的 DListView::viewport 返回的 Widget，否则会出现滚动区域 Widget 坐标不正确的问题。

以下是一个小案例：

```
#include <DApplication>
#include <DMainWindow>
#include <DWidget>
#include <DListView>
#include <QHBoxLayout>

DWIDGET_USE_NAMESPACE

int main(int argc, char *argv[])
{
    DApplication a(argc, argv);
    a.setApplicationName("DAppHandlerExample");
    a.setApplicationVersion("1.0");

    DMainWindow w;
    DWidget *widget = new DWidget(&w);
    QHBoxLayout *layout = new QHBoxLayout(widget);
    DListView *listview = new DListView(widget);
    layout->addWidget(listview);
```

```
    QStandardItemModel *model = new QStandardItemModel(widget);
    listview->setModel(model);
    for (uint i = 0; i < 5; ++i) {
        DStandardItem *standardItem1 = new DStandardItem;
        auto s1 = QSize(36, 36);  // icon size
        auto s2 = QSize(80, 80);  // max size
        auto itemAction = new DViewItemAction(Qt::AlignRight, s1, s2, true);
        QWidget *iconButtonList = new QWidget(listview->viewport());
        QHBoxLayout *iconButtonLayout = new QHBoxLayout(iconButtonList);

        auto style = QStyle::StandardPixmap (QStyle::SP_TitleBarMenuButton + i);
        iconButtonLayout->addWidget(new DIconButton(style));

        style = QStyle::StandardPixmap(QStyle::SP_TitleBarMenuButton+i*4+1);
        iconButtonLayout->addWidget(new DIconButton(style));

        style = QStyle::StandardPixmap(QStyle::SP_TitleBarMenuButton+i*4+2);
        iconButtonLayout->addWidget(new DIconButton(style));

        style = QStyle::StandardPixmap(QStyle::SP_TitleBarMenuButton+i*4+3);
        iconButtonLayout->addWidget(new DIconButton(style));

        style = QStyle::StandardPixmap(QStyle::SP_TitleBarMenuButton+i*4+4);
        iconButtonLayout->addWidget(new DIconButton(style));

        itemAction->setWidget(iconButtonList);
        standardItem1->setActionList(Qt::Edge::RightEdge, {itemAction});
        model->appendRow(standardItem1);
    }
    w.setCentralWidget(widget);
    w.show();

    return a.exec();
}
```

效果如图 16-3 所示。

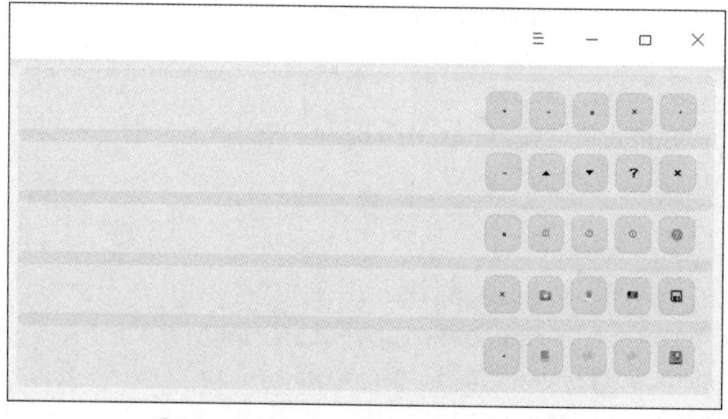

图 16-3 DListView 设置 Widget 窗体效果

16.1.5 打印预览

打印预览是指对文档进行打印设置后，通过“打印预览”来预先查看文档的打印效果，DTK 中直接传递原始图片数据到打印预览。

```
#include <DApplication>
#include <QStandardPaths>
#include <QPainter>
#include <DPrintPreviewDialog>

DWIDGET_USE_NAMESPACE

int main(int argc, char *argv[])
{
    DApplication a(argc, argv);
    DPrintPreviewDialog dialog;
    dialog.resize(600, 800);

    QObject::connect(&dialog, signalFunc,  [=](DPrinter *printer) {
        auto location = QStandardPaths:: HomeLocation;
        QString home = QStandardPaths::writableLocation(location);
        QString jpgPath("/Pictures/Wallpapers/Colorful- Abstraction01.jpg");
        QImage test_image(home + jpgPath);
        test_image = test_image.transformed(QMatrix().rotate(90));

        // 直接传递原始数据，但绘制进缩放后的 rect 中
        const QRect &page_rect = printer->pageRect();
        QSize target_size = test_image.size();
        QRect target_rect;

        int minval1 = qMin(test_image.width(), page_rect.width());
        int minval2 = qMin(test_image.height(), test_image.height());
        target_size.scale minval1,minval2, Qt::KeepAspectRatio);
        target_rect.setSize(target_size);
        target_rect.moveCenter(page_rect.center());

        QPainter painter(printer);
        painter.drawImage(target_rect, test_image);
    });

    dialog.show();
    return a.exec();
}
```

上面的代码会创建一个打印预览的对话框，并将一张系统自带的壁纸顺时针旋转 90° 后传入进去，预览效果如图 16-4 所示。

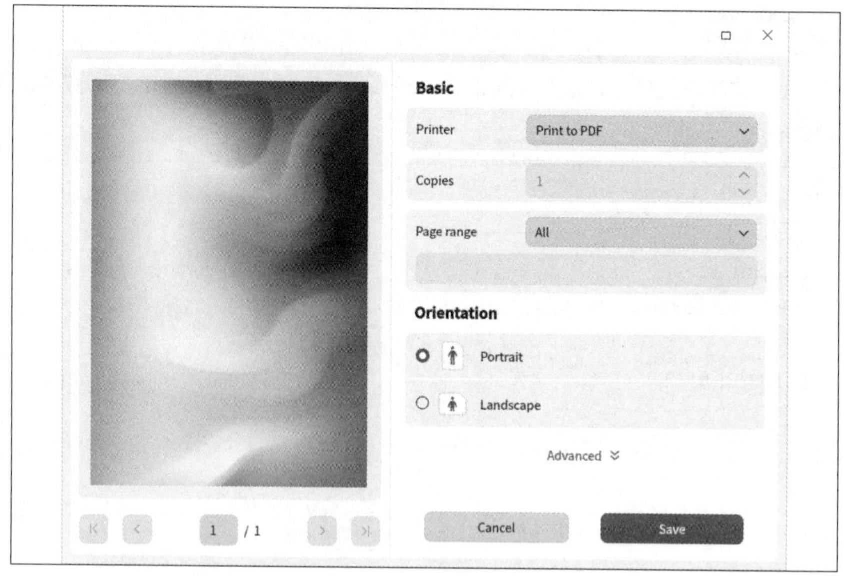

图 16-4 预览效果

16.1.6 DAccessibilityChecker 的用法

DAccessibilityChecker 类用于检测控件的 AccessibleName 可访问属性，基本用法如下：

```
MainWindow w;
#ifdef QT_DEBUG
  DAccessibilityChecker checker;
  checker.check();
#endif
  w.show();
```

或者：

```
MainWindow w;
#ifdef QT_DEBUG
  DAccessibilityChecker checker;
  checker.setOutputFormat(DAccessibilityChecker::FullFormat);
  checker.start();
#endif
  w.show();
```

输出格式如下：

```
Check Widget [QWidget] has no accessible name.
Widget Detail:
    Class Name: QWidget, Object Name: CentralWidget Widget Path:
MainWindow→QWidget
```

其中，可以从控件信息中获取类名（ClassName）、对象名（ObjectName）、对象路径（到顶层窗口的完整的父子关系）。设置对象名（setObjectName）的类，能够更容易找到是否添加了自动化标记名称。下面是函数的签名：

```
void setOutputFormat(DAccessibilityChecker::OutputFormat format);
```

setOutputFormat 函数设置输出日志的格式，目前有断言格式和全日志格式。断言格式下，程序会在检测到任意一个控件缺失自动化标记名称时退出。全日志格式下，程序会输出所有的日志信息，并不会退出。

check 函数表示开始检测，所有控件都存在自动化标记名称则返回 true，否则返回 false。建议该函数在 Debug 模式下执行，在 Release 模式下执行会影响程序运行。

```
bool check();
```

start 函数会定时检测控件的标记名称，调用此函数会定时执行自动化标记检测，如果发现某控件的自动化标记名称存在缺失，则程序退出并提示输出控件的相关信息。

```
void start(int msec);
```

isIgnore 函数指定需要忽视的控件，这是一个虚函数，集成本类并在该函数上重新实现内容来忽视某些特定类。被忽视的类如果缺少自动化标记名称将不会在日志中输出。目前的风格有 Widget 和 ViewItem 两种。

```
bool isIgnore(DAccessibilityChecker::Role role, const QWidget *w)
```

16.1.7 自定义按钮背景色

在 chameleon 风格插件中绘制按钮背景时用到了 QPalette::Light（浅色）和 QPalette::Dark（深色）两种风格，背景色取这两种风格颜色的线性渐变色。所以在要改变按钮背景色时，我们只需要改变 QWidget 获取的 QPalette 中的 QPalette::Light 和 QPalette::Dark 这两种风格的颜色。

1. 自定义调色板

QWidget 通过调用 setPalette 函数来设置自定义的调色板。下面介绍根据不同主题来设置调色板，首先根据系统获取基础的调色板，然后根据主题设置自定义调色板，最后将修改后的调色板设置到系统中。代码如下：

```
DPushButton *button = new DPushButton("recommend disabled", this);
auto changePalette = [button](DGuiApplicationHelper::ColorType themeType){
    DPalette pa = DApplicationHelper::instance()->palette(button);
    if (themeType == DGuiApplicationHelper::LightType) {
        pa.setBrush(QPalette::Light, Qt::red);
        pa.setBrush(QPalette::Dark, Qt::blue);
    } else {
        pa.setBrush(QPalette::Light, Qt::blue);
        pa.setBrush(QPalette::Dark, Qt::red);
    }
    DApplicationHelper::instance()->setPalette(button, pa);
};
changePalette(DApplicationHelper::instance()->themeType());
```

效果如图 16-5 所示，从左至右分别是原始效果、自定义浅色主题效果和自定义深色主题效果。若不需要渐变色，将 QPalette::Light 和 QPalette::Dark 设置为相同颜色即可。

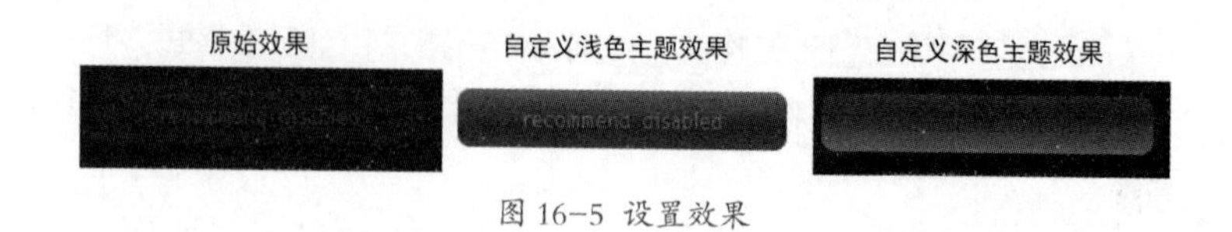

图 16-5 设置效果

2. 适配黑白主题

当 QWidget 调用 QWidget::setPalette 函数时，Qt::WA_SetPalette 会被设置，之后再获取 QPalette（DApplicationHelper::palette）时，Qt::WA_SetPalette 若被设置，就不会取系统的调色板，这时用户需要自己维护调色板，应通过监听主题变换信号来维护自定义的调色板。代码如下：

```
QObject::connect(DApplicationHelper::instance(),
                 &DGuiApplicationHelper::themeTypeChanged, button,
                 changePalette);
```

3. 特殊按钮

图标组件（Icon）为展示图标的组件，该组件不可交互，要实现交互的图标，可以考虑使用 DIconButton 组件。在 DIconButton 调用 setBackgroundRole(QPalette::Highlight) 后，因为 dtkwidget 内部将 QPalette::Light 和 QPalette::Dark 设置为了 QPalette::Highlight 所代表的颜色，所以我们如果需要自定义背景色，则需要修改 QPalette::Highlight 的颜色，而不是 QPalette::Light 和 QPalette::Dark 的颜色。代码如下：

```
DIconButton *button = new DIconButton(DStyle::SP_IncreaseElement, this);
auto changePalette = [button](DGuiApplicationHelper::ColorType themeType){
    DPalette pa = DApplicationHelper::instance()->palette(button);
    if (themeType == DGuiApplicationHelper::LightType) {
        pa.setBrush(QPalette::Highlight, Qt::red);
    } else {
        pa.setBrush(QPalette::Highlight, Qt::blue);
    }
    DApplicationHelper::instance()->setPalette(button, pa);
};
```

图标按钮活动用色效果如图 16-6 所示。

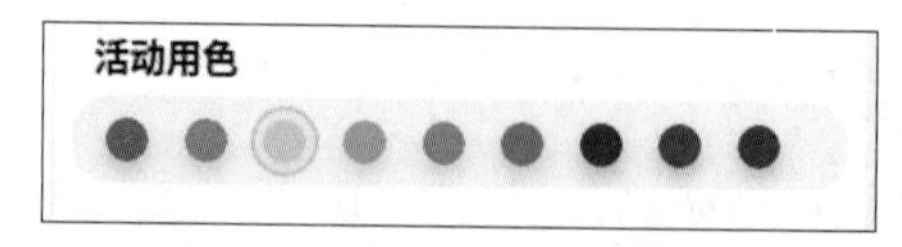

图 16-6 图标按钮活动用色效果

16.1.8 帮助手册

帮助手册是让用户快速熟悉和了解统信 UOS 及预装应用的辅助应用，主要分为系统和应用两部分，详细介绍了系统和预装应用的使用方法。帮助手册是标准的 markdown 格式的文档，应用安装文档时，必须安装到如下位置：

```
/usr/share/deepin-manual/manual-assets/application/[应用包名]/[应用名称]/[语言编码]
```

应用主文档名为 [应用名称].md，同时可以增加前缀以区分各平台。

1. 帮助手册概要

从启动器打开帮助手册即可进入帮助首页，页面展示为系统与应用两部分。系统部分有桌面环境的帮助入口；应用部分展现为已预装的应用的帮助入口。通过应用界面的更多菜单“三”→“帮助”即可进入应用的帮助页面，展示为页面导航和帮助内容。页面导航为应用帮助内容的目录，单击可跳转到对应文案；帮助内容是应用的各部分功能的描述，指导用户该如何使用应用。前进和后退导航按钮为“<”和“>”。单击“<”返回到帮助首页，单击“>”从首页前进到应用的帮助页面。

2. 搜索功能

单击输入框即可在输入框中自定义输入内容，列表会自动匹配该内容的所有帮助文档，支持模糊搜索和语音搜索。单击某一个匹配的文案即可进入该应用帮助文档页面，单击“x”按钮即可清除输入框的内容。

3. 更多菜单

菜单中默认展示主题、关于、退出 3 个菜单项。

- 主题：有浅色和深色两种，跟随系统，支持 3 种切换帮助手册主题的方式。
- 关于：帮助手册版本。
- 退出：退出帮助手册。

4. 客户端相关命令

下面对客户端相关命令进行介绍。

查看软件包版本：

```
$ sudo apt-cache policy deepin-manual
```

升级客户端：

```
$ sudo apt-get update; sudo apt-get install deepin-manual
```

查看日志文件位置：

```
$ ls ~/.cache/deepin/deepin-manual/deepin-manual.log
```

16.1.9 日志文件

dtkcore 可以配置日志输出的位置，可以选择输出到控制台或者文件，具体实现函数如下：

```
#include <DLog>
DCORE_USE_NAMESPACE

DLogManager::registerConsoleAppender();
// DLogManager::registerFileAppender();
```

默认为输出到控制台。

设置日志输出格式：

```
QLatin1String format("%{time}{yyyy-MM-dd, HH:mm:ss.zzz} [%{type:-7}]
%{message}\n");
DLogManager::setLogFormat(format);
```

日志输出到文件中：

```
RollingFileAppender *rollingFileAppender = new RollingFileAppender(DLogMana
ger::getlogFilePath());
// 日志格式
rollingFileAppender->setFormat(format);
// 日志等级，默认日志等级为 Debug
rollingFileAppender->setDetailsLevel(Logger::LogLevel::Debug);
// 最多保留 5（默认值）份日志，滚动输出
rollingFileAppender->setLogFilesLimit(5);
// 多久新建一次日志文件，默认每天新建一个日志文件
rollingFileAppender->setDatePattern(RollingFileAppender::DailyRollover);
Logger::globalInstance()->registerAppender(rollingFileAppender);
```

以上设置可以保证日志文件占用尽可能少的存储空间，每天创建一个新的日志文件，最多保留 5 份日志，滚动输出，因此可以保留最近 5 天的日志，也可以设置为按周、按月、按年滚动输出。

输出日志的各种方式：

```
qDebug() << "Hello Dtk core";
qInfo() << "通常只需要使用 DLogManager 接口就够了";
qWarning() << "如果相对日志文件有更多精细控制可以使用 RollingFileAppender 自行注册
（registerAppender）";
qCritical() << "RollingFileAppender 还不能满足要求可以继承自
RollingFileAppender、FileAppender、AbstractStringAppender 后再注册";
qFatal("%s", "注意！！Fatal 错误会直接调用 abort() 退出程序的");
```

以上接口将 Qt 的这些日志输出进行了管理、配置，使用更灵活。如果使用标准模板库系列的函数或者 C 语言的 printf 函数，则不会受到上面这些设置的影响，所以要保证使用 Qt 内置的这些日志输出接口。

16.1.10 系统信息

系统信息包括系统版本号、系统类型等，当前推荐从 /etc/os-version 文件中获取系统信息。DSysInfo 类提供了接口函数，以下是常用接口函数：

```
qInfo() << "大版本号：" << DSysInfo::majorVersion();
qInfo() << "小版本号：" << DSysInfo::minorVersion();
qInfo() << "系统类型：" << DSysInfo::uosType();
qInfo() << "系统类型名称：" << DSysInfo::uosProductTypeName();
qInfo() << "系统名称：" << DSysInfo::uosSystemName();
qInfo() << "发行版：" << DSysInfo::uosEditionName();
```

> 注意 旧的接口从 /etc/os-release 和 /usr/lib/os-release 获取，后期会逐渐废弃，如 DSysInfo::isDeepin、DSysInfo::isDDe、DSysInfo::deepinType 等不建议再使用。其他获取内存和 CPU 信息等的少数接口在部分架构中获取的信息不太准确，建议使用后端接口函数：
>
> ```
> DSysInfo::memoryInstalledSize();     // 本质是使用 lshw 命令获取
> DSysInfo::cpuModelName();            // 本质是从 /proc/cpuinfo 获取
> ```

16.1.11 系统通知

系统通知是系统发送的消息，下面是一个实例的代码。

```
#include <DUtil>
#include <DNotifySender>

Dtk::Core::DUtil::DNotifySender(" 这是一条系统通知 ")
        .appName("dtkcore-demo")
        .appIcon("dde-file-manager")
        .appBody("Here's the body of the notification")
        .replaceId(123)
        .timeOut(5000)
        .call();
```

以上代码使用 DBbus 发送一条系统消息。如果不设置 timeOut，消息将会一直存在直到手动关闭它。

16.1.12 DRegionMonitor

DRegionMonitor 类提供了一些监控鼠标指针在桌面上某个固定区域内的一些动作的方法。

下面的代码会实现监控桌面左上角 200×200px 范围内的鼠标指针进入时间：

```
#include <DApplication>
#include <DRegionMonitor>

DWIDGET_USE_NAMESPACE

int main(int argc, char *argv[])
{
    DApplication a(argc, argv);
    DRegionMonitor monitor;
    monitor.registerRegion(QRect(0, 0, 200, 200));
    QObject::connect(&monitor, &DRegionMonitor::cursorEnter, [](const QPoint &p)
{
        qDebug() << "Cursor enter pointer: " << p;
    });
```

```
    return a.exec();
}
```

该类还提供了其他的接口：

```
void buttonPress(const QPoint &p, const int flag) const;
void buttonRelease(const QPoint &p, const int flag) const;
void cursorMove(const QPoint &p) const;
void cursorEnter(const QPoint &p) const;
void cursorLeave(const QPoint &p) const;
void keyPress(const QString &keyname) const;
void keyRelease(const QString &keyname) const;
void registerdFlagsChanged(RegisterdFlags flags) const;
void coordinateTypeChanged(CoordinateType type) const;
```

以上这些接口，对于监控区域内的按钮单击、释放事件，鼠标指针移动、进入、离开事件，键盘按下、释放事件等，都提供了一系列的信号去监控。

更多的用法示例可以参见 dtkwidget 项目中的示例程序，如图 16-7 所示。

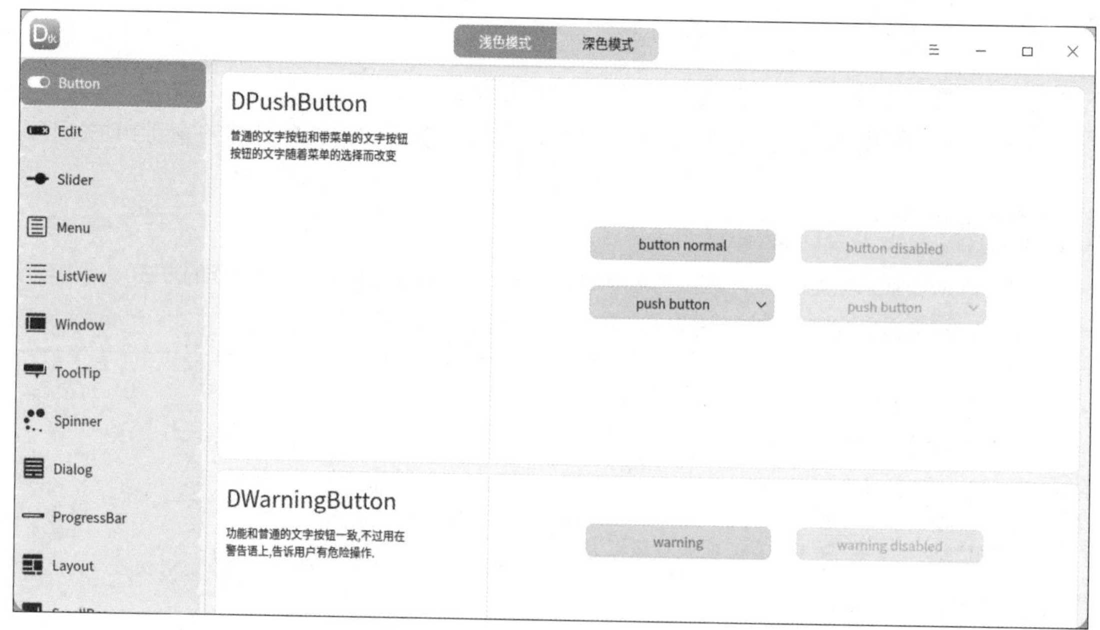

图 16-7　dtkwidget 项目中的示例程序

16.2　Linux 开发常用资源

Linux 开发常用资源比较多，本节将进行简单介绍。

16.2.1 libc 手册

libc 是 Linux 下的 ANSI C 函数库，libc 手册页面如图 16-8 所示。libc 手册地址为 http://www.gnu.org/software/libc/manual/html_node/index.html。

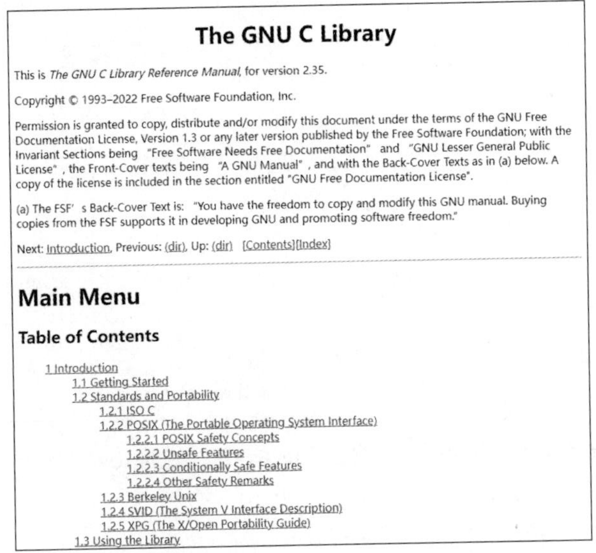

图 16-8 libc 手册页面

C 语言不提供用于执行 I/O、内存管理、字符串操作等常见操作的内置功能。这些功能是在标准库中定义的，可以编译该标准库并将其与程序链接。libc 手册中描述了 GNU C 库定义的 ISO C 标准指定的所有库函数，POSEX 和 UNIX 操作系统的其他派生版本所特有的附加功能，以及 GNU 系统所特有的扩展。libc 手册的作用是告诉用户如何使用 GNU C 库的功能。GNU C 库中有很多功能，全面熟悉该库提供的各种功能很有必要，这样在编写程序时，可以识别何时使用库函数，以及能知道可以在 libc 手册的何处找到有关它们的具体信息。

16.2.2 man 手册

学习 Linux 很头疼的事情就是有太多的命令需要记忆。其实，并不是每一条命令都需要学习和记忆，很多命令并不常用，所以刚开始学习 Linux 时只要记住那些基本的常用命令即可。如果说教会别人一条命令是授人以鱼，那么教会其 man 手册的使用就是授人以渔。man 手册分为 8 个目录，每个目录用一个数字表示。

- 1：可执行程序。
- 2：系统调用。
- 3：库调用。
- 4：特殊文件。
- 5：文件格式和规范。
- 6：游戏。
- 7：杂项，包括宏和规范。
- 8：系统管理命令。

例如，使用 man 1 ls 命令查看目录 1。如果不能确定是哪个目录就直接用 man ls 命令，前提是在 8

个目录中不存在相同的名称，如果发现默认的结果不是需要寻找的，可以去 8 个目录里分别查找。

还可以通过两种方式查看手册：在线和本地方式。

在线地址为 https://man7.org/linux/man-pages/index.html，起始页面如图 16-9 所示。Linux 命令中文在线手册可通过 http://linux.51yip.com/search/man 进行访问。

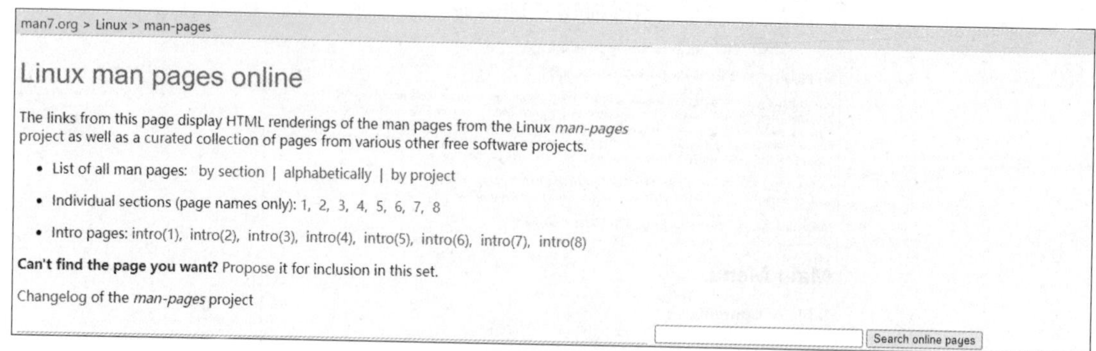

图 16-9　起始页面

在搜索栏里搜索需要的函数名即可得到手册里的有关信息，如图 16-10 所示。

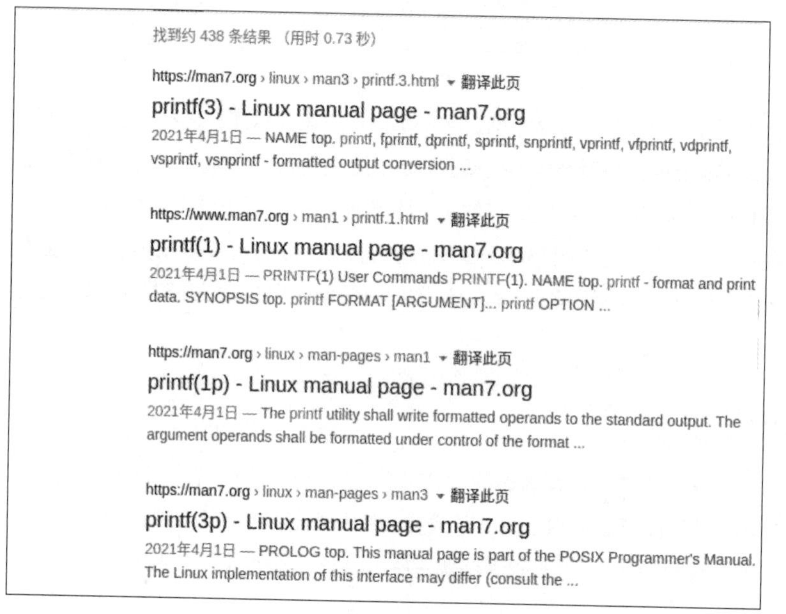

图 16-10　搜索结果

本地的方式可以通过 man 命令来获取手册，man 命令帮助显示如图 16-11 和图 16-12 所示。

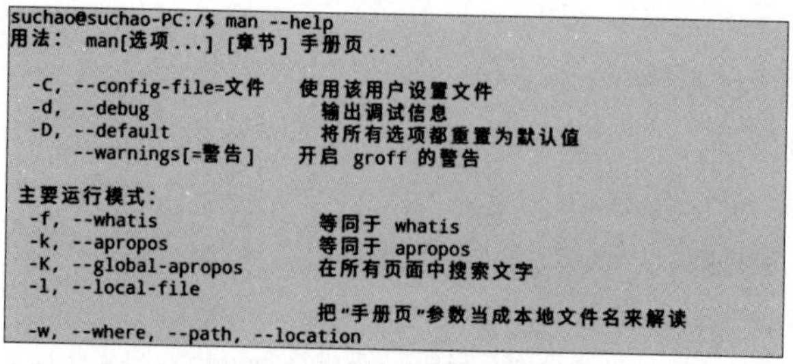

```
suchao@suchao-PC:/$ man --help
用法： man[选项...] [章节] 手册页...

  -C, --config-file=文件    使用该用户设置文件
  -d, --debug                 输出调试信息
  -D, --default               将所有选项都重置为默认值
      --warnings[=警告]     开启 groff 的警告

主要运行模式：
  -f, --whatis                等同于 whatis
  -k, --apropos               等同于 apropos
  -K, --global-apropos        在所有页面中搜索文字
  -l, --local-file
                              把“手册页”参数当成本地文件名来解读
  -w, --where, --path, --location
```

图 16-11　man 命令帮助显示 1

```
PRINTF(1)                                                    用户命令

名称
       printf - 格式化并显示数据

概述
       printf 格式[参数列表]...
       printf 选项

描述
       按照指定格式打印参数列表中的参数或按照选项执行：

       --help 显示此帮助信息并退出

       --version
              显示版本信息并退出

       格式以 C printf 的方式控制输出。转义序列如下：

       \"     双引号

       \\     反斜线

       \a     报警符(BEL)

       \b     退格符

       \c     禁止尾随的换行符

       \e     escape 字符

       \f     换页符
```

图 16-12　man 命令帮助显示 2

16.2.3 编辑器

本节介绍 Linux 下的一些可用编辑器，实际开发过程中读者可以根据自己的需要选择几款并熟悉其使用方法。

（1）Atom：一个可配置的文本编辑器。

（2）Bluefish：一款面向程序员与 Web 开发者的强大编辑器，拥有多种选项，可以用来编写网站、脚本和各种程序代码。

（3）Emacs：一款支持扩展、自定义、免费使用的文本编辑器，其实它还有很多特性。

（4）Geany：一个使用 GTK+ 工具包构建的文本编辑器，它拥有 IDE 的基础功能。它是小而快的 IDE，只依赖少量的其他软件包。

（5）Gedit：GNOME 文本编辑器。它简单、易用，它是一款非常强大而通用的文本编辑器。

（6）GoLand：JetBrains 打造的商业 IDE，致力于提供高效的 Go 开发环境，集成了一些帮助编码和 Go 语言专属工具。

（7）Kakoune：因受到 vim 的启发而开发的一款代码编辑器，类似于 vi。

（8）Kate：一个支持多种文档格式的编辑器，自 KDE 2.2 以后就成为 KDE 的一部分。

（9）Lighttable：下一代代码编辑器，支持在线编码。

（10）Spacemacs：社区驱动的 Emacs 发行版。

（11）Sublime：一直以来都是最棒的文本编辑器之一。

（12）Textadept：为程序员准备的极简主义风格的文本编辑器，可以使用 Lua 语言扩展它的功能。

（13）vim：一个高级文本编辑器，旨在提供实际 UNIX 上的 vi 编辑器的强大功能，还会提供更多完善的功能集合。不论你现在是在使用 vi 还是在使用其他的编辑器，学习它都是非常有帮助的。一般在 Linux 系统里都可以通过安装源去安装它。

（14）VS Code：一款轻量级、强大的源码编辑器，可在 Windows、macOS 和 Linux 系统上运行。支持 JavaScript、TypeScript 以及 Node.js，拥有丰富的扩展系统，可以支持其他语言（C++、C#、Python、PHP 等）和运行环境。

16.2.4 工具

除编辑器之外，Linux 中还有一些常用的工具，下面进行介绍。

（1）Anbox：可以在任何 GNU/Linux 操作系统上运行 Android 应用。

（2）Android studio：Android 官方 IDE，提供了用于在各种类型的 Android 设备上构建应用的急速工具。

（3）AppImage：用于向不同的发行版本发布 Linux 桌面应用的工具。

（4）Aptana Studio：利用了 Eclipse 的灵活性，并且专注于将它集成到一个强大的 Web 开发引擎中。

（5）Arduino IDE：开源 Arduino 软件，可以通过它，非常方便地编写代码并将它们上传到开发板中。

（6）BlueJ：为初学者设计的免费 Java 开发环境，全世界有数百万人在使用它，多用于教学环境场景。

（7）CLion：专门为 C 和 C++ 打造的跨平台、强大的 IDE。

（8）Code::Blocks：免费的 C、C++ 和 Fortran IDE，它可以满足开发者非常“苛刻”的需求。它被设计为具有很好的扩展性以及完全可配置。

（9）Codelite：一个免费、开源、跨平台的 C、C++、PHP 和 Node.js 集成开发环境。

（10）DBeaver：支持多平台、多种数据库的通用数据库客户端。

（11）Eclipse：Java IDE，C/C++ 以及 PHP 版本的 Eclipse 同样非常棒。

（12）Fisherman：Fish Shell 上的一款插件。

（13）Fish：智能、对用户友好的命令行 Shell。

（14）Fossil：一款自包含、分布式软件配置管理系统，集成了 Bug 追踪、wiki、技术笔记和 Web 界面。

（15）Fritzing：一款开源硬件电路设计工具，它可以让用户轻松地进行电路设计。

（16）Genymotion：一个第三方 Android 模拟器，它速度非常快，可以替代默认的 Android 模拟器。

（17）Giggle：用于 Git 内容追踪（content tracker）的图形化前端。

（18）GitCola：一款美观且功能强大的图形化 Git 客户端，使用 Python 编写，GPL 授权。

（19）Gitg：GNOME 下的一款查看 Git 仓库的图形化客户端。

（20）GitKraken：Git 客户端，支持 Windows、macOS 和 Linux。

（21）Git：一个免费、开源的分布式版本控制系统，旨在快速、高效地管理各种项目。

（22）Insomnia：一款简单、漂亮的免费 REST API 客户端。

（23）IntelliJ IDEA：非常强大的 Java IDE。

（24）Ipython：很强大的 Python Shell。

（25）Jupyter Notebook：开源、交互式的数据科学和科学计算方面的工具，支持超过 40 种编程语言。

（26）KDevelop：一个免费、开源的 IDE，功能丰富，支持插件扩展，支持 C/C++ 以及其他编程语言。

（27）Komodo Edit：免费、开源的多语言开发环境。

（28）MariaDB：流行的数据库服务器之一，由 MySQL 原班人马打造。

（29）MonoDevelop：针对 C#、F# 等语言的跨平台 IDE。

（30）Nemiver：一个用于编写独立的图形界面的调试项目，它与 GNOME 桌面环境很好地集成在一起。

（31）Netbeans IDE：能够快速、轻松地开发 Java 桌面应用、移动应用以及 Web 应用，当然也支持使用 HTML、JavaScript 和 CSS 编写 HTML5 应用。

（32）Node.js：一个基于 Chrome V8 引擎的 JavaScript 运行环境。

（33）Oh-my-zsh：一个让人喜爱的自由社区驱动的框架，专门用于管理 Zsh 配置。

（34）Pencil：一款开源并支持全平台的原型开发工具。

（35）Pick：简单的颜色拾取器。

（36）Postgresql：一个强大、开源的对象关系（object-relation）型数据库系统。

（37）Postman：可以帮助我们快速地测试 API。

（38）PyCharm：强大的 Python IDE。

（39）Qt Creator：全能型跨平台 IDE，用于轻松地创建连接设备、用户界面和应用。

（40）Rabbit VCS：一组图形化工具的集合，用于简单、直接地访问用户使用的版本控制系统。

（41）Sloeber IDE：基于 Eclipse 的 Arduino IDE。

（42）SmartGit：一个支持 GitHub 合并请求和评论的 Git 客户端，它还支持 SVN。

（43）SQLite Browser：以可视化的方式创建、管理和查看 SQLite 数据库文件。

（44）Swift：一种使用现代方法构建的通用编程语言，强调安全、性能和设计模式。

（45）Wireshark：一款知名的网络协议分析工具，它可以从微观层面发现网络正在发生的事情。

（46）Zeal：一款线下开发文档浏览器。

（47）Zsh：一款非常强大的 Shell。

16.2.5 代理

代理网络用户取得网络信息，下面介绍一些常用的代理工具。

（1）Privoxy：一个无缓存 Web 代理工具，它支持高级的过滤功能，用于加强隐私保护、修改 Web 页面数据和 HTTP 头、控制访问以及移除广告和其他网络垃圾信息。

（2）ProxyChains：一款很实用的程序，它可以强制将任何程序发起的 TCP 连接重定向到 TOR 或者其他的 Socks4、Socks5 或者 HTTP（S）代理，从而实现代理访问。

（3）Shadowsocks：安全的 Socks5 代理软件（分为服务器和客户端程序），旨在保护网络访问。

16.2.6 网络安全

网络安全是指网络系统的硬件、软件及其系统中的数据受到保护，下面介绍一些常用的网络安全方面的工具。

（1）ClamAV：防病毒软件包。

（2）Fail2ban：会扫描日志文件（如 /var/log/apache/error_log），并禁止有恶意迹象（比如太多次密码错误）的 IP 地址，以及搜寻漏洞等。

（3）GnuPG：GNU 护盾。

（4）GuFW：Linux 世界中非常简单的防火墙之一。

（5）OpenSSH：安全 Shell 服务器和客户端。

（6）Seahorse：GnuPG 的 GNOME 图形界面前端。

（7）Tcpdump TCP：调试 / 抓取工具。

16.2.7 文件共享

文件共享是指主动在网络上共享计算机文件，常用工具如下。

（1）aria2：一个轻量级的支持多种协议和多种来源的命令行下载工具。

（2）CrossFTP：可使管理 FTP（File Transfer Protocol，文件传送协议）相关的任务变得异常轻松。

（3）D-lan：免费局域网共享软件。

（4）Deluge：一个轻量级、免费、跨平台的 BitTorrent 客户端，类似 uTorrent。

（5）Dropbox：一个免费工具，它能够将照片、文档和视频带到任何地方，并能够轻松地分享它们。

（6）Filezilla：免费、开源的 FTP 软件。

（7）Flareget：全功能、多线程下载管理器和加速器。

（8）Meiga：一个可以通过 Web 让本地目录共享成为可能的工具。

（9）ownCloud：其目标是让你无论身在何处都可以访问你的文件。

（10）PushBullet：让设备连成一体。

（11）qBittorent：旨在成为 uTorrent 替代者的免费、开源软件。

（12）Quazaa：一个跨平台、多网络 P2P（Peer to Peer，点对点）文件共享客户端。

（13）SpiderOak：为关心隐私的团队和企业打造的实时协作软件。

（14）Syncthing：利用开放、值得信赖和分散的东西替代专有的同步云服务。

（15）Teamviewer PC：远程控制软件，个人可以免费使用。

（16）Transmission：简洁、轻量级、跨平台的 Torrent 种子客户端。

（17）uGet：Linux 平台下很好的下载管理器。

（18）uTorrent：优雅、高效的 Torrent 下载器。

（19）Vuze：一款端对端 BitTorrent 种子客户端。

16.2.8 终端

终端是一种字符型设备，它有多种类型。通常终端指 Linux 桌面环境中打开的终端窗口（terminal window）。具体如下。

（1）GNOME Terminal：Linux 平台下广泛预装的终端模拟器。

（2）Guake：GNOME 下的一款“可伸缩”的终端。

（3）Hyper：基于 Web 技术构建的终端。

（4）Konsole KDE：桌面环境下很好的终端。

（5）RXVT-Unicode fork：终端模拟器。

（6）RXVT-X11：终端模拟器，Xterm 的替代者。

（7）Sakura：简单且强大的基于 libvte 的终端模拟器，支持 UTF-8 编码，以及由 GTK+ 和 pango 库提供的输入法。

（8）Terminator：Linux 平台上强大并且具有填充功能的终端模拟器。

（9）Terminix：Linux 平台上平铺式的终端模拟器，使用 GTK+3 开发。

（10）Terminus：基于 Web 技术的一款现代、高度可配置的终端应用。

（11）Termite：一款以键盘为中心的 VTE（Virtual Terminal Environment，虚拟终端环境）终端，用于窗口管理器中，支持平铺或 Tab 布局。

（12）Termit：基于 VTE 库的简单终端模拟器，可通过 Lua 扩展。

（13）Termius：跨平台的终端，内建 SSH（Secure Shell，安全外壳）和 Telnet 支持。

（14）Xterm：X 视图系统的终端模拟器。可兼容不能直接使用视图系统的 DEC VT102 和 Tektronix 4014 程序。

（15）Yakuake：基于 KED Konsole 技术的 Quake 风格的终端模拟器。

16.2.9 图形界面

图形界面指采用图形方式显示的计算机操作用户界面，主要包括以下工具。

（1）Entrance：一个基于 UEFI（Unified Extensible Firmware Interface，统一的可扩展固件接口）的显示管理器，具有较高的实验性。

（2）GDM GNOME：显示管理器。

（3）KDM KDE 4：显示管理器（已停用）。

（4）LightDM：跨桌面环境的显示管理器，可以使用不同工具集开发的前端。

（5）LXDM：显示管理器。可独立于 LXDE 桌面环境使用。

（6）MDM：显示管理器，用于 Linux Mint，来自 GDM2 的分支。

（7）SDDM：基于 QML 编写的显示管理器，KDE 4 的 KDE 继承者；推荐用于 Plasma 5 和 LXQt。

（8）SLim：轻量级、优雅的图形登录解决方案（已停用）。

（9）XDM：支持 XDMCP 和主机选择器的 X 显示管理器。

16.2.10 数据备份与恢复

数据备份指将数据冗余存储，数据恢复指通过冗余数据还原数据的过程。关于 Linux 中的数据备份与恢复，主要包括以下工具。

（1）Borg Backup：一个很棒的数据备份工具。

（2）Deja Dup：内建加密功能的简易备份工具。

（3）Duplicity：会通过生成加密的 tar 格式卷备份目录，并将它们上传到远程或本地文件服务器。

（4）Photorec：一款文件数据恢复软件，旨在恢复各种丢失的文件，包括来自硬盘的视频、文档和归档，以及数码相机存储器丢失的照片等。照片恢复（photo recovery）即软件名称的含义。

（5）Qt4-fsarchiver：fsarchiver 程序的 GUI 前端，它用来保存 / 恢复分区、文件夹和 MRB/GTP。该应用可以在基于 Debian 的系统以及 SUSE 和 Fedora 上运行。

（6）Rclone：一款命令行应用，可以将文件和目录同步到不同的云服务上，同时支持加密备份功能。

（7）System Rescue CD：一个 Linux 系统救援盘，可以是可引导的 CD-ROM 或者 USB。可以用它来进行系统管理或者在系统崩溃后用它来进行修复。

（8）TestDisk：一款强大、免费的数据恢复软件，当由于软件故障而导致某些问题发生时，它可帮助恢复丢失的分区并且 / 或者让非启动盘再次可引导。

（9）Timeshift：一个系统恢复实用工具，它使用 rsync 和硬链接为系统做增量快照。我们可以在日后恢复这些快照，从而撤销所有在快照后做的任何修改。我们可以手动或者通过调度任务实现每隔一段时间自动生成快照。

16.2.11 控制台

字符控制台是 Linux 系统的核心，大部分操作都在其中完成。可使用以下工具。

（1）CDM：使用 Bash 脚本编写的短小精悍的登录管理器。

（2）Console TDM：使用纯 Bash 脚本为 xinit 编写的扩展。

（3）Nodm：自动登录用的简约显示管理器。

16.2.12 包管理工具

包管理工具主要包括 3 种，即 RPM、YUM 和 apt。

16.2.12.1 RPM 包的管理

RPM 是一种用于互联网下载包的打包及安装的工具，它包含在某些 Linux 分发版本中，会生成具有 .rpm 扩展名的文件。RPM 类似 Windows 的 Setup.exe。Linux 的某些分发版本有采用它，例如 Red Hat、SUSE、CentOS 等，它可以算公认的行业标准了。

1. RPM 包的简单查询

RPM 包查询常用格式如下：

```
$ rpm -qa # 查询所安装的所有 RPM 软件包
$ rpm -qa | more # 带分页
$ rpm -qa | grep xxx # 查询指定安装的 RPM 软件包
$ rpm -q 软件包名 # 查询软件包是否安装
$ rpm -qi 软件包名 # 查询安装的软件包信息
$ rpm -ql 软件包名 # 查询安装的软件包文件信息
$ rpm -qf 文件全路径名 # 查询该文件属于哪个软件包
```

2. 安装 RPM 包

安装基本语法：

```
$ rpm -ivh rpm包路径名称
```

选项说明如下。

- \- i：install，安装。
- \- v：verbose，提示。
- \- h：hash，进度条。

3. 卸载 RPM 包

卸载基本语法如下：

```
$ rpm -e rpm包的名称
```

注意 如果其他软件包依赖于即将删除的软件包，卸载时则会产生错误信息。此时若要强制删除，请添加 --nodeps。强制删除会导致依赖于该软件包的程序可能无法运行。

16.2.12.2 YUM包的管理

YUM是一个Shell前端软件包管理器，基于RPM包管理，能够从指定的服务器自动下载RPM包并安装，可以自动处理依赖关系，并且可一次安装所有依赖的软件包，使用YUM的前提是可以联网。

YUM的基本语法如下：

```
$ yum list | grep 软件名称  查询 yum 服务器是否存在该软件
$ yum install 软件名称  安装指定的 yum 包
```

16.2.12.3 apt包的管理

apt是一款安装包管理工具。在Ubuntu下，可以使用apt命令来进行软件包的安装、删除、清理等，它类似于Windows中的软件管理工具。常用命令介绍如下。

1. 修改apt远程软件仓库

首先通过vi或者vim修改sources.list文件。

```
$ vim /etc/apt/sources.list
```

修改完远程仓库后刷新。

```
$ sudo apt-get update
```

2. apt相关命令

apt相关命令如下：

```
$ sudo apt-get update # 更新源
$ sudo apt-get install package # 安装包
$ sudo apt-get remove package # 删除包
$ sudo apt-cache search package # 搜索软件包
$ sudo apt-cache show package # 获取包的相关信息，例如说明、大小、脚本等
$ sudo apt-get install package-reinstall # 重新安装包
$ sudo apt-get -f install# 修复安装
$ sudo apt-get remove package --purge # 删除包，包括配置文件等
$ sudo apt-get build-dep package # 安装相关的编译环境
$ sudo apt-get upgrade # 更新已安装的包
$ sudo apt-get dist-upgrade # 升级系统
$ sudo apt-cache depends package # 了解使用该包依赖哪些包
$ sudo apt-cache rdepends package # 查看该包被哪些包依赖
$ sudo apt-get source package # 下载该包的源码包
```

3. apt与apt-get的区别

通过apt命令，用户可以在同一地方集中得到所有必要的工具，apt的主要目的是以“让终端用户满意”的方式来处理Linux软件包。apt具有更精简但足够的命令选项，而且参数、选项的组织方式很有效。除此之外，它默认启用的几个特性对最终用户也非常有帮助。例如，可以在使用apt命令安装或删除程序时看到进度条。apt还会在更新存储库数据库时提示用户可升级的软件包个数。

如果使用apt的其他命令选项，也可以实现使用apt-get实现的操作。虽然apt与apt-get有一些类似的命令选项，但它并不能完全向下兼容apt-get命令。也就是说，可以用apt替换部分apt-get系列命令，但不能全部替换。